Springer-Lehrbuch

Springer

Berlin
Heidelberg
New York
Hongkong
London
Mailand
Paris
Tokio

Uwe Götze

Kostenrechnung
und
Kostenmanagement

Dritte Auflage

Mit 79 Abbildungen

 Springer

Professor Dr. Uwe Götze
Technische Universität Chemnitz
Lehrstuhl BWL III:
Unternehmensrechnung und Controlling
Fakultät für Wirtschaftswissenschaften
Reichenhainer Straße 39
09107 Chemnitz
Deutschland
u.goetze@wirtschaft.tu-chemnitz.de

Die 1. und 2. Auflage erschienen unter demselben Titel im Verlag
der Gesellschaft für Unternehmensrechnung und Controlling mbH

ISBN 3-540-00584-6 Springer-Verlag Berlin Heidelberg New York

Bibliografische Information Der Deutschen Bibliothek
Die Deutsche Bibliothek verzeichnet diese Publikation in der Deutschen Nationalbibliografie; detaillierte bibliografische Daten sind im Internet über <http://dnb.ddb.de> abrufbar.

Springer-Verlag ist ein Unternehmen von Springer Science+Business Media

springer.de

© Springer-Verlag Berlin Heidelberg 2004
Printed in Germany

Umschlaggestaltung: Design & Production GmbH, Heidelberg

SPIN 10915592   43/3130-5 4 3 2 1 0 – Gedruckt auf säurefreiem Papier

Vorwort zur 3. Auflage

Die beiden ersten Auflagen dieses Lehrbuches haben eine erfreulich positive Resonanz gefunden. Die Grundkonzeption des Buches wurde daher in der dritten Auflage beibehalten. Bei dieser erfolgten neben Aktualisierungen auch einige inhaltliche Änderungen und Erweiterungen. Dies betraf insbesondere Überlegungen zu spezifischen Varianten von Kostenrechnungssystemen sowie zur bewußten Gestaltung der Kostenrechnung.

Gedankt sei Herrn Dr. Christian Bosse für die Mitwirkung an den ersten Auflagen des Lehrbuches, Frau PD Dr. Barbara Mikus für die vielfältigen Hilfen sowie den Mitarbeitern der Professur BWL III: Unternehmensrechnung und Controlling der Technischen Universität Chemnitz für ihre Unterstützung. Von diesen möchte ich Frau Dr. Katja Glaser, Herrn Dipl.-Kfm. Dirk Hinkel und Frau Dipl.-Kffr. Anja Schmidt namentlich erwähnen.

Chemnitz, im Februar 2004   Uwe Götze

Vorwort zur 1. Auflage

Die Kostenrechnung stellt ein bedeutendes Instrument, das Kostenmanagement einen wesentlichen Bestandteil der Unternehmensführung dar. Das vorliegende Lehrbuch soll eine grundlegende und in ausgewählten Bereichen weiterführende Darstellung und Diskussion von Aufgaben, Methoden und Systemen der Kostenrechnung und des Kostenmanagements bieten. Es richtet sich an Studierende der Wirtschaftswissenschaften sowie an Praktiker aus Wirtschaft und Verwaltung.

Inhalte des Buches sind zum einen die Grundlagen der Kostenrechnung, deren unterschiedliche Bereiche und die dort einsetzbaren Verfahren sowie die Systeme der Deckungsbeitragsrechnung, Plankostenrechnung und Prozeßkostenrechnung. Zum anderen wird auf die eng mit der Kostenrechnung verbundenen und zum Teil aus dieser hervorgegangenen Ansätze des Kostenmanagements, insbesondere das Target Costing, das Life Cycle Costing sowie das Benchmarking, eingegangen.

Wir danken denjenigen, die durch Anregungen, Hinweise und Verbesserungsvorschläge zu diesem Buch beigetragen haben, insbesondere Frau Katja Glaser, Herrn Hans-Jürgen Prehm und Herrn Jan Lipowski. Weiterhin gilt unser Dank Frau Katja Bachmann, Frau Claudia Heyne, Frau Kristin Müller, Frau Katja Wunderlich sowie Herrn Janusz Haas für ihre Unterstützung.

Chemnitz, im April 1999   Uwe Götze
                                                                  Christian Bosse

Inhaltsverzeichnis

Abbildungsverzeichnis

I Grundlagen der Kostenrechnung

1 Einführung

In Unternehmen werden regelmäßig in einem Kombinationsprozeß Produktionsfaktoren eingesetzt, um Güter zu erstellen oder Dienstleistungen zu erbringen und diese Güter oder Dienstleistungen abzusetzen. Damit sind - wie Abbildung I-1 für ein Industrieunternehmen zeigt - eine Vielzahl von Aktivitäten innerhalb der Unternehmen sowie eine Reihe von Beziehungen zu deren Umwelt verbunden.

Zur gezielten Steuerung der entsprechenden Unternehmensaktivitäten unter Berücksichtigung der Unternehmensumwelt sind eine Fülle von Informationen, beispielsweise über die Beschaffungs- und Absatzmärkte, über Produktionsfaktoren und Produkte sowie über Güter- und Zahlungsströme, erforderlich. Um Informationen über Güter- und Zahlungsströme bereitzustellen, richten Unternehmen ein Rechnungswesen ein. Als ein Teilgebiet des Rechnungswesens bestimmt die *Kostenrechnung* den durch Aktivitäten der betrieblichen Leistungserstellung und -verwertung verursachten Wertverzehr, die Kosten, sowie den Wertzuwachs, der bei diesen Handlungen entsteht, den Erlös.

Aus dieser kurzen Inhaltsbeschreibung kann abgeleitet werden, daß die Bezeichnung *Kosten- und Erlösrechnung* zutreffender ist als der Begriff 'Kostenrechnung'. Da die Erfassung, Verrechnung und Auswertung von Kosten jedoch gegenüber der von Erlösen in diesem Buch - wie in der Literatur - im Vordergrund steht, wird hier vereinfachend der Begriff 'Kostenrechnung' verwendet.

In Teil I dieses Buches soll eine Basis für die Darstellung und Diskussion der Bereiche und Systeme der Kostenrechnung sowie der in ihnen angewandten Vorgehensweisen und Verfahren geschaffen werden. Dazu werden nach diesen einleitenden Bemerkungen zunächst der Begriff, die Gliederung und die Grundbegriffe des Rechnungswesens behandelt, um die Kostenrechnung von anderen Systemen der Unternehmensrechnung abzugrenzen. Danach werden die Merkmale und Aufgaben der Kostenrechnung sowie deren theoretische Grundlagen beschrieben. Abschließend wird ein Überblick über die Bereiche und Systeme der Kostenrechnung vermittelt. Ausführlich werden die Bereiche der Kostenrechnung, d.h. die Kostenarten-, Kostenstellen- und Kostenträgerrechnung, in Teil II des Buches behandelt. Gegenstand von Teil III sind Systeme der Kostenrechnung, insbesondere Konzepte der Teil-, Plan- und Prozeßkostenrechnung.

Teil IV widmet sich den eng mit der Kostenrechnung verbundenen und zum Teil aus dieser hervorgegangenen Ansätzen des *Kostenmanagements*. In den einleitenden Bemerkungen wird zunächst das Kostenmanagement charakterisiert und von der Kostenrechnung abgegrenzt. Anschließend wird differenziert auf ausgewählte Instrumente des Kostenmanagements, das Target Costing, das Life Cycle Costing sowie das Benchmarking, eingegangen.

Bei den nachfolgenden Ausführungen wird - wie in der Literatur zur Kostenrechnung zumindest nicht unüblich - primär vor dem Hintergrund produzierender Unternehmen argumentiert; auch die Beispiele stammen vorwiegend aus diesem Bereich. Weitgehend gelten die Aussagen aber auch für die Kostenrechnung in anderen Unternehmen und Institutionen bzw. lassen sich auf diese übertragen.

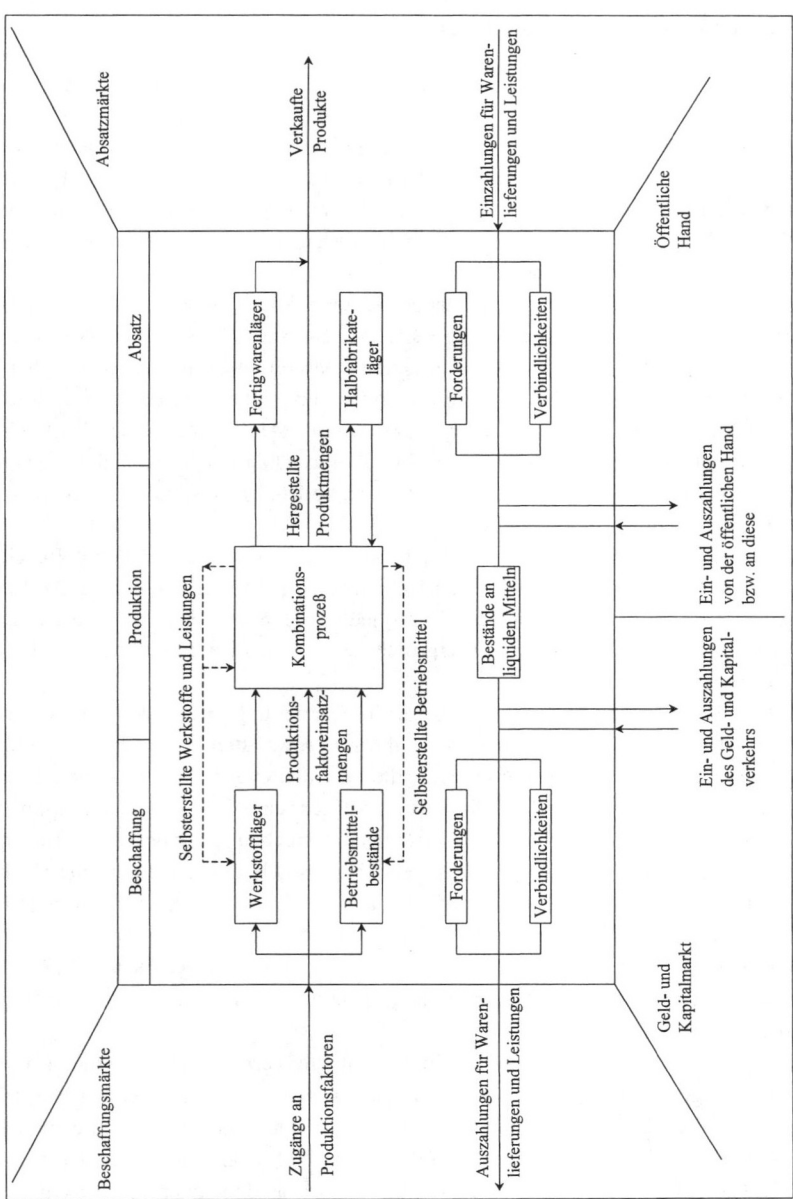

Abb. I-1:   Die Funktionsbereiche eines Industriebetriebes und ihre Verbindung zur
            Außenwelt[1]

---

2 Begriff, Gliederung und Grundbegriffe des Rechnungswesens

Begriff des Rechnungswesens

Das betriebliche bzw. betriebswirtschaftliche Rechnungswesen wird bereits in den 'Richtlinien zur Organisation der Buchhaltung' des Wirtschaftsministeriums des Deutschen Reiches von 1937 angesprochen. Gemäß diesen Richtlinien enthält es „alle Verfahren zur ziffernmäßigen Erfassung und Zurechnung der betrieblichen Vorgänge"[2]. Diese noch recht allgemeine Definition wurde dann in der betriebswirtschaftlichen Literatur weiter verfeinert. H.K. WEBER beispielsweise beschreibt das betriebswirtschaftliche Rechnungswesen als „systematische Ermittlung, Aufbereitung, Darstellung, Analyse und Auswertung von Zahlen (Mengen- und Wertgrößen) über den einzelnen Wirtschaftsbetrieb und seine Beziehungen zu anderen Wirtschaftssubjekten."[3]

Gliederung des Rechnungswesens

Die Untergliederung des betrieblichen bzw. betriebswirtschaftlichen Rechnungswesens wird in der Literatur nicht einheitlich vorgenommen. Es existieren einige Gliederungsvorschläge, denen zum Teil unterschiedliche Kriterien, wie betriebliche Funktionen, Rechnungsadressaten oder die im weiteren Verlauf des Abschnitts noch zu beschreibenden Rechnungsgrößen, zugrunde liegen.

Eine wichtige Unterscheidung ist die zwischen externem und internem Rechnungswesen.[4] Das externe Rechnungswesen stellt vor allem in der Bilanz sowie der Gewinn- und Verlustrechnung Informationen für nicht dem Unternehmen zugehörige Personen oder Institutionen (z.B. Gläubiger, Anteilseigner, Staat) bereit; es muß bei der Erfüllung dieser Aufgabe eine Reihe von rechtlichen Regelungen (vor allem aus dem Handels- und Steuerrecht) beachten. Das interne Rechnungswesen hingegen, dem auch die Kostenrechnung zugeordnet wird, dient der Information von Führungskräften und anderen Mitarbeitern des Unternehmens; es kann, mit wenigen Ausnahmen, unabhängig von rechtlichen Regelungen gestaltet werden. Die unternehmensexternen und -internen Informationsadressaten stellen unterschiedliche Anforderungen an die zu übermittelnden Informationen. Vor allem aus diesem Grund verwenden das externe und das interne Rechnungswesen zumeist verschiedene - der nachfolgend erläuterten - Rechnungsgrößen: das externe Rechnungswesen Aufwendungen und Erträge, die Kostenrechnung als Teil des internen Rechnungswesens hingegen Kosten und Erlöse.[5]

Es ist erwähnt worden, daß die Kostenrechnung nur einen Teil des internen Rechnungswesens darstellt. Als weitere Bestandteile werden die der Erfassung von Geldbewegungen dienende Finanzrechnung sowie die Investitionsrechnung als Instrument zur Beurteilung von

---

2   Fischer, J.; Heß, O.; Seebauer, G.: (Buchführung), S. 383.
3   Weber, H.K.: (Rechnungswesen), S. 2.
4   Vgl. Kilger, W.: (Einführung), S. 6 ff.; Hummel, S.; Männel, W.: (Kostenrechnung), S. 3 ff.
5   Derzeit wird allerdings - vor allem mit Blick auf die Wirtschaftlichkeit des Rechnungswesens sowie die Angleichung an international übliche Vorgehensweisen - verstärkt die Forderung nach Verwendung einheitlicher Rechnungsgrößen erhoben. Vgl. Coenenberg, A.G.: (Einheitlichkeit), S. 2077 ff.; Männel, W.: (Reorganisation), S. 9 ff.; Küpper, H.-U.: (Angleichung), S. 143 ff.; Männel, W.: (Entwicklungsperspektiven), S. 9 ff., sowie Abschnitt III.5.2.

Nominalgüter- bzw. Geldeinsätzen angesehen. Diese verwenden in der Regel die Rechnungsgrößen Ein- und Auszahlungen (und/oder Einnahmen und Ausgaben). Eine zusammenfassende Charakterisierung der Teilsysteme des Rechnungswesens enthält die folgende Abbildung.

Rechnungs-system / Rechnungs-merkmale	externes Rechnungswesen		internes Rechnungswesen		
	Bilanzrechnung		Kosten- und Erlösrechnung	Finanz-rechnung	Investitions-rechnung
	Bilanz	Gewinn- und Verlust-rechnung			
Zeitbezug	Zeitpunkt	Zeitraum	Zeitraum	Zeitraum	mehrere Zeiträume
Abbildungs-gegenstand	Güter-bestände	Güter-bewegungen	Güter-bewegungen	Geld-bewegungen	Zahlungswirkun-gen des Nomi-nalgütereinsatzes
Entscheidungsziel	Periodenerfolg	Periodenerfolg	Periodenerfolg, Stückerfolg	Liquidität	mehrperiodiger Erfolg
Maßausdrücke	Vermögen, Schulden	Erträge, Aufwendungen	Erlöse, Kosten	Einzahlungen, Auszahlungen	Einzahlungen, Auszahlungen

Abb. I-2:   Merkmale der Teilsysteme des Rechnungswesens[6]

Abschließend sei erwähnt, daß als weiteres Gebiet des Rechnungswesens die Statistik angesehen werden kann.[7]

Grundbegriffe des betriebswirtschaftlichen Rechnungswesens

Im Rechnungswesen lassen sich die für ein Unternehmen relevanten Güter- und Zahlungs-
mittelbewegungen auf vier Ebenen betrachten. Es existieren vier, jeweils einer Ebene zugeordnete Begriffspaare, die als Grundbegriffe oder Rechengrößen des Rechnungswesens bezeichnet werden:[8]

- Einzahlungen und Auszahlungen,
- Einnahmen und Ausgaben,
- Erträge und Aufwendungen sowie
- Erlöse und Kosten.

Die Begriffe Einzahlungen und Auszahlungen beziehen sich auf den *Zahlungsmittelbestand*,
d.h. die Summe aus Bar- und Buchgeldbeständen (jederzeit verfügbare Guthaben bei Banken).
Einzahlungen stellen einen Zahlungsmittelzufluß dar, sie führen zu einer Erhöhung des Zah-
lungsmittelbestandes. Bei *Auszahlungen* handelt es sich demgegenüber um einen Zahlungs-
mittelabfluß, durch den der Bestand an Zahlungsmitteln verringert wird. Die Differenz zwischen Ein- und Auszahlungen stellt einen Zahlungssaldo dar.

---

6   Quelle: In modifizierter Form übernommen von Schweitzer, M.; Küpper, H.-U.: (Systeme), S. 12.

7   Vgl. Kilger, W.: (Einführung), S. 11 f. und S. 18 f.

8   Vgl. hierzu und zu der nachfolgenden Charakterisierung der Begriffspaare Kilger, W.: (Einführung),
        S. 7 ff.; Kloock, J.; Sieben, G.; Schildbach, T.: (Leistungsrechnung), S. 24 ff.; Hoitsch, H.-J.; Lingnau, V.:
        (Erlösrechnung), S. 8 ff.

Mit Einnahmen und Ausgaben wird auf das *Geldvermögen* Bezug genommen. Dieses ergibt sich, indem der Zahlungsmittelbestand um den Saldo aus allen anderen Forderungen und den Verbindlichkeiten ergänzt wird:

$$
\begin{array}{rl}
 & \text{Zahlungsmittelbestand} \\
+ & \text{alle übrigen Forderungen} \\
- & \text{Verbindlichkeiten} \\
\hline
= & \text{Geldvermögen}
\end{array}
$$

Einnahmen stellen positive, Ausgaben negative Veränderungen des Geldvermögens dar; ihre Differenz ist der Finanzierungssaldo. Im Gegensatz zum Zahlungsmittelbestand werden bei der Betrachtung des Geldvermögens auch Kreditvorgänge einbezogen. Daher werden Einnahmen und Ausgaben nicht unbedingt im Zeitpunkt oder -raum der Zahlung (wie bei Ein- und Auszahlungen), sondern vielmehr in dem Zeitpunkt bzw. -raum erfaßt, in dem ein Güterzugang oder -abgang von oder nach außen erfolgt. Durch die Kreditvorgänge kann es zu Unterschieden zwischen Einzahlungen und Einnahmen sowie Auszahlungen und Ausgaben kommen. Daraus resultieren jeweils drei verschiedene Konstellationen für die Beziehungen zwischen Einzahlungen und Einnahmen sowie Auszahlungen und Ausgaben, wie die folgende Abbildung unter Einbeziehung von Beispielen zeigt:

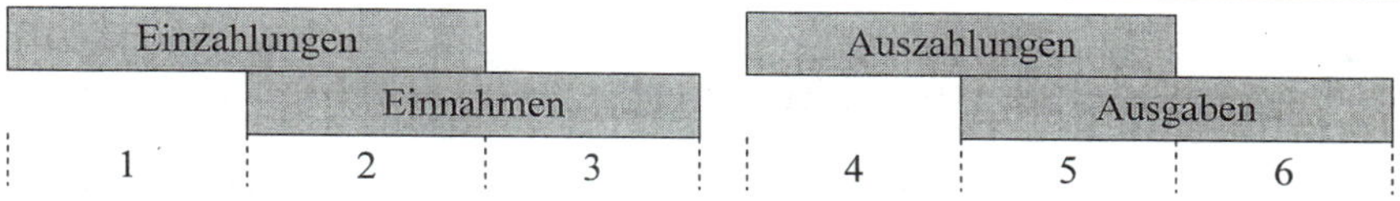

Einzahlungen				Auszahlungen		
	Einnahmen				Ausgaben	
1	2	3		4	5	6

Fall 1: Einzahlung, aber keine Einnahme, z.B. Aufnahme eines Kredites oder Begleichung einer Kundenforderung durch Barzahlung

Fall 2: Einzahlung und Einnahme, z.B. Barverkauf von Produkten

Fall 3: Einnahme, aber keine Einzahlung, z.B. Zielverkauf von Produkten

Fall 4: Auszahlung, aber keine Ausgabe, z.B. Tilgung eines Kredites, Begleichung einer Lieferantenverbindlichkeit durch Barzahlung

Fall 5: Auszahlung und Ausgabe, z.B. Bareinkauf von Rohstoffen

Fall 6: Ausgabe, aber keine Auszahlung, z.B. Zieleinkauf von Rohstoffen

Abb. I-3: Abgrenzung von Einzahlungen und Einnahmen sowie Auszahlungen und Ausgaben

Das Begriffspaar Erträge und Aufwendungen bezeichnet Veränderungen des Nettovermögens (synonym auch als Reinvermögen bezeichnet), das sich aus dem Geld- und dem Sachvermögen zusammensetzt:

$$
\begin{array}{rl}
 & \text{Geldvermögen} \\
+ & \text{Sachvermögen} \\
\hline
= & \text{Nettovermögen}
\end{array}
$$

Erträge sind positive Veränderungen des Nettovermögens und damit Wertzuwächse, Aufwendungen stellen negative Veränderungen des Nettovermögens und damit Wertverzehr dar. Die Differenz aus beiden kann als Erfolg des Unternehmens angesehen werden. Für den Ansatz von Erträgen und Aufwendungen ist nicht der Zeitpunkt (oder -raum) der Bezahlung (wie bei Einzahlungen und Auszahlungen) oder des Güterzugangs bzw. Güterabgangs (wie bei Einnahmen und Ausgaben) maßgeblich, sondern der der Güterentstehung (beispielsweise durch Produktion) und des Güterverzehrs (beispielsweise durch Einsatz im Produktionsprozeß). Unterschiede zwischen Einnahmen und Erträgen sowie Ausgaben und Aufwendungen werden vor allem durch Lagerbestandsveränderungen hervorgerufen. Dies zeigt die folgende Abbildung.

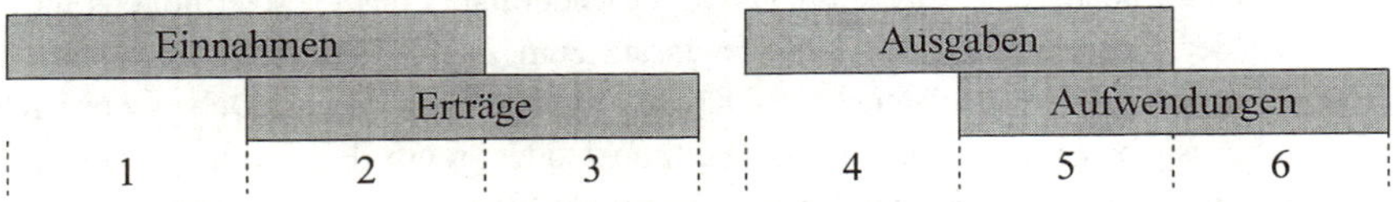

Einnahmen			Ausgaben		
	Erträge			Aufwendungen	
1	2	3	4	5	6

Fall 1:   Einnahme, aber kein Ertrag, z.B. Verkauf vom Lager (zu einem Preis, der den angesetzten Aufwendungen entspricht)

Fall 2:   Einnahme und Ertrag, z.B. Verkauf von in der gleichen Periode hergestellten Produkten

Fall 3:   Ertrag, aber keine Einnahme, z.B. Produktion und Lagerung von Produkten

Fall 4:   Ausgabe, aber kein Aufwand, z.B. Kauf und Lagerung von Rohstoffen

Fall 5:   Ausgabe und Aufwand, z.B. Verbrauch von in der gleichen Periode gekauften Rohstoffen

Fall 6:   Aufwand, aber keine Ausgabe, z.B. Verbrauch von Rohstoffen vom Lager

Abb. I-4:   Abgrenzung von Einnahmen und Erträgen sowie Ausgaben und Aufwendungen

Die Abgrenzung zwischen den bisher betrachteten Begriffspaaren ist zusammenfassend in Abbildung I-5 dargestellt.

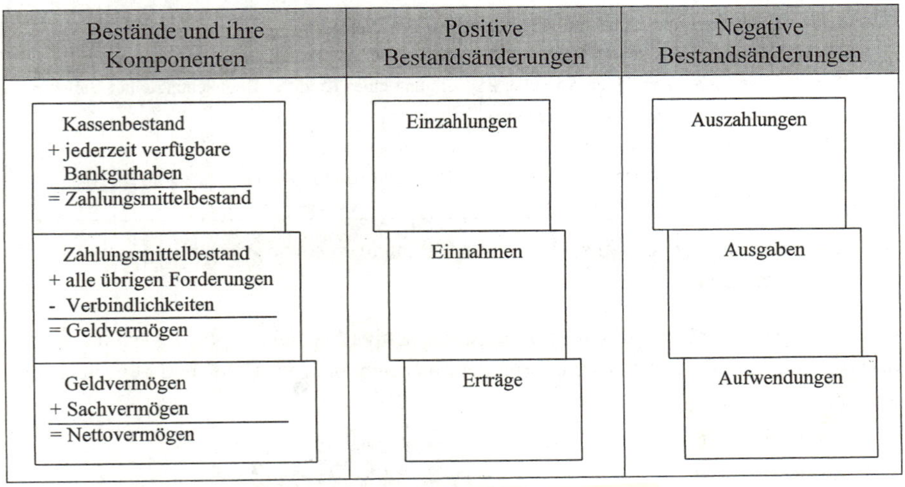

Bestände und ihre Komponenten	Positive Bestandsänderungen	Negative Bestandsänderungen
Kassenbestand + jederzeit verfügbare Bankguthaben = Zahlungsmittelbestand	Einzahlungen	Auszahlungen
Zahlungsmittelbestand + alle übrigen Forderungen - Verbindlichkeiten = Geldvermögen	Einnahmen	Ausgaben
Geldvermögen + Sachvermögen = Nettovermögen	Erträge	Aufwendungen

Abb. I-5:   Abgrenzung der Grundbegriffe des Rechnungswesens[9]

---

9   Quelle: Wöhe, G.: (Betriebswirtschaftslehre), S. 974.

Zusätzlich sind die in der Kostenrechnung untersuchten Erlöse[10] und Kosten zu charakterisieren und abzugrenzen. *Erlöse* können als das bewertete Ergebnis des betrieblichen Leistungserstellungs- und -verwertungsprozesses, *Kosten* als bewerteter, durch den betrieblichen Leistungserstellungs- und -verwertungsprozeß bedingter Güterverzehr angesehen werden.[11] Die Differenz aus beiden ist das Betriebsergebnis.

Zwischen Erlösen und Kosten sowie Erträgen und Aufwendungen bestehen die folgenden Unterschiede:

- Bestimmte Erträge und Aufwendungen, die sogenannten *neutralen Erträge und Aufwendungen*, stellen keine Erlöse und Kosten dar:
  - *betriebsfremde Erträge und Aufwendungen*, d.h. Wertzuwächse und -verzehre, die sich nicht auf den Haupttätigkeitsbereich (das sogenannte Sachziel) des Unternehmens, die Erstellung und Verwertung bestimmter Güter und Dienstleistungen, beziehen (z.B. Finanz- oder Mieterträge bei einem Industrieunternehmen oder eine Spende für wohltätige Zwecke),[12]
  - *periodenfremde Erträge und Aufwendungen*, d.h. Wertzuwächse und -verzehre, die in einer anderen Periode verursacht werden (z.B. eine Rückerstattung oder Nachzahlung für die Kfz-Steuer), sowie
  - *außerordentliche Erträge und Aufwendungen*, d.h. Wertzuwächse und -verzehre, die durch einen außerordentlichen Vorgang oder in außerordentlicher Höhe entstehen (z.B. bei einem nicht versicherten Brandschaden in einer Produktionshalle oder bei Begleichung einer bereits abgeschriebenen Forderung durch einen Kunden).
- Es existieren Erlöse und Kosten, die sogenannten *Zusatzerlöse und -kosten*, die nicht als Erträge und Aufwendungen im externen Rechnungswesen angesetzt werden (dürfen) (beispielsweise ein selbsterstelltes immaterielles Gut des Anlagevermögens, Zinskosten für Eigenkapital oder Lohnkosten für einen Einzelunternehmer, der in seinem Unternehmen arbeitet).
- Bei bestimmten Vorgängen, die sowohl im externen Rechnungswesen (als Ertrag oder Aufwand) als auch in der Kostenrechnung (als Erlöse oder Kosten) erfaßt werden, geschieht dies aufgrund der verschiedenartigen Rechnungsziele des externen Rechnungswesens und der Kostenrechnung mit unterschiedlichen Wertansätzen. Beispiele hierfür sind Abschreibungen, bei denen im externen Rechnungswesen maximal vom Anschaffungswert ausgegangen werden darf, während in der Kostenrechnung auch ein eventuell höherer Wiederbeschaffungs- oder Tageswert als Grundlage dienen kann, oder Bestandserhöhungen, deren Bewertung im externen Rechnungswesen an spezifische Vorschriften ge-

---

10 Anstelle des Begriffs 'Erlöse' wird häufig auch von 'Leistungen' gesprochen. Vgl. z.B. Weber, H.K.: (Leistungsrechnung), S. 37 ff.

11 Erlöse und Kosten werden üblicherweise nicht als Veränderungen einer spezifischen Vermögensgröße charakterisiert. Eine entsprechende Vermögensgröße könnte ein aus dem Netto- oder Reinvermögen abgeleitetes Betriebsvermögen darstellen.

12 Das Sachziel bzw. der Haupttätigkeitsbereich von Unternehmen kann sich allerdings im Zeitablauf verändern, z.B. wenn ein ursprünglich primär industriell tätiges Unternehmen seine Aktivitäten im Finanzdienstleistungsbereich erheblich ausweitet.

bunden ist. Die entsprechenden Erlöse und Kosten werden als *Anderserlöse* bzw. *Anderskosten* bezeichnet.

Sollen Erlöse und Kosten aus Erträgen und Aufwendungen abgeleitet werden, dann sind zunächst die neutralen Erträge und Aufwendungen zu eliminieren. Die restlichen Erträge und
Aufwendungen, der *Zweckertrag* bzw. *Zweckaufwand*, werden anschließend unverändert als
sogenannte *Grunderlöse* (z.B. beim Verkauf von Produkten) bzw. *Grundkosten* (z.B. beim
Verbrauch von Rohstoffen) oder mit veränderter Bewertung (Anderserlöse bzw. Anderskosten) übernommen. Abschließend werden die Zusatzerlöse und -kosten hinzugefügt. Für die
Anderserlöse bzw. -kosten sowie die Zusatzerlöse bzw. -kosten ist auch der Begriff *kalkulatorische Erlöse* und *Kosten* gebräuchlich.

Die Zusammenhänge zwischen Erträgen und Erlösen einerseits sowie Aufwendungen und
Kosten andererseits können zusammenfassend in der folgenden Form dargestellt werden.

Gesamtertrag				
Neutraler Ertrag	Zweckertrag (Ordentlicher, periodenbezogener, betriebsbezogener Ertrag)			
	Als Erlös verrechneter Zweckertrag	Nicht als Erlös verrechneter Zweckertrag		
	Grunderlöse	Anderserlöse	Zusatzerlöse	
		Kalkulatorische Erlöse		
Gesamterlöse				

Gesamtaufwand				
Neutraler Aufwand	Zweckaufwand (Ordentlicher, periodenbezogener, betriebsbezogener Aufwand)			
	Als Kosten verrechneter Zweckaufwand	Nicht als Kosten verrechneter Zweckaufwand		
	Grundkosten	Anderskosten	Zusatzkosten	
		Kalkulatorische Kosten		
Gesamtkosten				

Abb. I-6:   Abgrenzung von Aufwendungen und Kosten sowie Erträgen und Erlösen[13]

---

13   Quelle: in modifizierter Form übernommen von Huch, B.: (Einführung), S. 26 und S. 30. Vgl. dazu auch
      Kilger, W.: (Einführung), S. 25.

Abschließend können als Merkmale des Kostenbegriffs der Güterverzehr, dessen Betriebs- bzw. Sachzielbezug und dessen Bewertung herausgestellt werden. Analog dazu treffen für den Erlösbegriff die Eigenschaften Güterentstehung bzw. -erstellung, Betriebsbezug und Bewertung zu.[14]

Hinsichtlich der Freiheitsgrade bei der Bewertung von Güterverzehren bzw. entstandenen Gütern herrscht in der Literatur keine Einigkeit. Umstritten ist hierzu die Frage, ob ein pagatorischer oder ein wertmäßiger Kostenbegriff (und ein entsprechender Erlösbegriff) verwendet werden sollte.

Gemäß dem *pagatorischen Kostenbegriff* dienen zur Bewertung von Güterverbräuchen die bei der Beschaffung angefallenen Entgelte, die Anschaffungsauszahlungen. Um in einzelnen Situationen auch dann Kosten erfassen zu können, wenn ein Wertverzehr auftritt und keine Auszahlung erfolgt (ist), schlägt KOCH die Einführung entsprechender Hypothesen (daß eine Auszahlung stattgefunden habe) vor.[15]

Der vom überwiegenden Teil der Literatur präferierte *wertmäßige Kostenbegriff* geht auf SCHMALENBACH und KOSIOL zurück.[16] Die wertmäßige Sichtweise der Kosten ist umfassender. Da von subjektiven Nutzenvorstellungen bzw. dem Ziel der Erfüllung bestimmter Rechnungsziele ausgegangen wird, können Kosten auch angesetzt werden, ohne daß Auszahlungen anfallen. Zudem bestehen hinsichtlich der Wertansätze Freiheitsgrade, so können z.B. Anschaffungs-, Tages-, Wiederbeschaffungs- oder Durchschnittspreise gewählt werden. Auch in den folgenden Abschnitten dieses Buches wird weitgehend vom wertmäßigen Kostenbegriff ausgegangen.

3 Merkmale und Aufgaben der Kostenrechnung

Merkmale der Kostenrechnung

Die Kostenrechnung weist gemäß HUMMEL/MÄNNEL die folgenden Eigenschaften auf.[17] Sie ist

(i) ein Element des internen Rechnungswesens,
(ii) eine kalkulatorische Rechnung,
(iii) eine kurzfristige Rechnung,
(iv) eine Erfolgsrechnung,
(v) eine regelmäßig erstellte Rechnung und
(vi) eine freiwillig ausgeführte Rechnung.

Auf die Zugehörigkeit zum internen Rechnungswesen (i) wurde bereits hingewiesen. Die Kostenrechnung verwendet die Rechengrößen Erlöse und Kosten. Es handelt sich damit um

---

[14] Vgl. Hoitsch, H.-J.; Lingnau, V.: (Erlösrechnung), S. 16 ff.; Schweitzer, M.; Küpper, H.-U.: (Systeme), S. 16 ff.

[15] Vgl. Koch, H.: (Diskussion), S. 355 ff.; Schweitzer, M.; Küpper, H.-U.: (Systeme), S. 23 f.

[16] Vgl. Schmalenbach, E.: (Wirtschaftslenkung); Kosiol, E.: (Analyse); Schweitzer, M.; Küpper, H.-U.: (Systeme), S. 22 f.

[17] Vgl. Hummel, S.; Männel, W.: (Kostenrechnung), S. 7 ff.

eine kalkulatorische Rechnung (ii), da sie - im Gegensatz zu einer auf Zahlungsvorgängen basierenden Rechnung - an Realgüterbewegungen anknüpft, die bewertet werden. Die Kurzfristigkeit der Betrachtung (iii) ist auf den Zweck der kurzfristigen Steuerung des Betriebes zurückzuführen. Eine Ab- oder Aufzinsung der Rechengrößen erfolgt nicht; dies unterscheidet die Kostenrechnung neben dem Betrachtungszeitraum von der Investitionsrechnung. Mit der Kurzfristigkeit ist auch die Tatsache verbunden, daß die Kostenrechnung - anders als einige Ansätze des Kostenmanagements - weitgehend von gegebenen Strukturen, Kapazitäten und auch Produkten ausgeht.[18] Um eine Erfolgsrechnung (iv) handelt es sich, da mit der Kostenrechnung das Ergebnis der gesamten betrieblichen Aktivitäten und/oder einzelner Geschäftsbereiche, Produkt- oder Kundengruppen, Produktarten oder Leistungseinheiten bestimmt wird. Mit der Kostenrechnung wird das betriebliche Geschehen in der Regel laufend abgebildet und ausgewertet (v), wobei zusätzlich fallweise Sonderrechnungen durchgeführt werden können. Die Einführung und Gestaltung einer Kostenrechnung ist grundsätzlich der Unternehmensführung überlassen (vi); Ausnahmen stellen vor allem die Preiskalkulation bei öffentlichen Aufträgen sowie die Kalkulation von Kosten für die Bestandsbewertung dar (vgl. hierzu Abschnitt II.3.1).

Aufgaben der Kostenrechnung

Die Kostenrechnung soll Informationen über das betriebliche Geschehen bereitstellen, die einen fundierten Einblick in dieses ermöglichen und dessen Steuerung dienen. Im einzelnen werden vor allem die folgenden Rechnungsziele mit ihr verfolgt:[19]

(i)   Abbildung und Dokumentation des Betriebsprozesses,
(ii) Bereitstellung von Informationen zur Planung und Realisation des Betriebsprozesses,
(iii) Bereitstellung von Informationen zur Kontrolle des Betriebsprozesses,
(iv) Steuerung des Verhaltens der Entscheidungsträger und Mitarbeiter sowie
(v)   Bewertung von fertigen und halbfertigen Erzeugnissen sowie eigenerstellten Gütern des Anlagevermögens.

Die Abbildung des Betriebsprozesses (i) erfolgt durch die Bestimmung der realisierten Erlöse und Kosten (Istwerte) einer Periode und/oder einer Produktart, Leistungsmengeneinheit etc. Dazu werden die angefallenen Erlöse und Kosten erfaßt und auf Bezugsobjekte verteilt. Dies dient der Bereitstellung von Informationen über die realisierten Werte von Güterentstehung und Güterverbrauch sowie den Erfolg und damit der Dokumentation. Die gewonnenen Informationen können zudem bei der Erfüllung der anderen Rechnungsziele verwendet werden.

   Die Kostenrechnung soll (ii) Informationen für die Planung und Realisation des Betriebsprozesses bereitstellen. Dazu sind die zukünftigen Werte der Erlöse und Kosten, insbesondere die Kosten von Kostenträgern (erzeugte Güter und andere betriebliche Leistungen, die einen Wertverzehr auslösen und daher Kosten 'tragen' sollen, z.B. Produkteinheiten, Produktarten, Aufträge) in Abhängigkeit von den Ausprägungen der hierfür relevanten Kosteneinflußgrößen zu prognostizieren (zu Kosteneinflußgrößen vgl. Abschnitt I.4). Die Erlös- und Kostenprog-

---

18   Vgl. Günther, T.: (Neuentwicklungen), S. 101 ff.
19   Vgl. Schweitzer, M.; Küpper, H.-U.: (Systeme), S. 38 ff.

nosen können zur Vorbereitung einer Vielzahl betrieblicher Entscheidungen herangezogen werden. Dazu zählen insbesondere Entscheidungen

-   über das Absatz-, Produktions- und Beschaffungsprogramm, d.h. die Art und Mengen der abzusetzenden, zu produzierenden und zu beschaffenden Güter, und damit auch über Eigenfertigung oder Fremdbezug und die Annahme oder Ablehnung von Zusatzaufträgen (hierzu können unter anderem Preisuntergrenzen für Absatz- und Preisobergrenzen für Beschaffungsgüter gebildet werden),
-   über die Preisgestaltung für abzusetzende Güter und Dienstleistungen sowie interne Leistungen, wobei deren Preise zur Leistungsverrechnung zwischen Unternehmenseinheiten (vgl. dazu auch Abschnitt II.2) sowie zur Koordination dezentraler Entscheidungen im Unternehmen dienen können, und
-   zum Vorgehen und zum Verfahrenseinsatz in Absatz, Produktion und Beschaffung, z.B. über Losgrößen, Bestellmengen und Fertigungsverfahren.

Ein weiteres Rechnungsziel der Kostenrechnung ist die Bereitstellung von Informationen zur Kontrolle des Betriebsprozesses (iii). Kontrollen werden unter anderem zur Überwachung der Wirtschaftlichkeit von Betriebsbereichen, Produktgruppen etc. und zur Gewinnung von Anregungen für Verbesserungen des Betriebsprozesses durchgeführt. Oftmals werden dabei eine Plangröße und eine Vergleichsgröße einander gegenübergestellt und - falls erhebliche Abweichungen vorliegen - Abweichungsanalysen vorgenommen. In der Kostenrechnung können Plan- und Vergleichsgrößen in Form von Ist-Werten, Prognosen (Wird-Werte) und Zielvorgaben (Soll-Werte) der Erlöse und Kosten bestimmt werden; sie liefert damit die Grundlage für verschiedene Kontrollarten, vor allem:

-   Soll-Ist-Vergleiche (Ergebniskontrollen),
-   Soll-Wird-Vergleiche (Planfortschrittskontrollen) sowie
-   Wird-Ist-Vergleiche (Prämissenkontrollen).

Auch in Zeitvergleiche (zwischen den Ausprägungen einer Größe in verschiedenen Zeitpunkten oder -räumen), Betriebsvergleiche (zwischen verschiedenen Unternehmen oder Bereichen eines Unternehmens) sowie das Benchmarking (als spezifische Form des kennzahlengestützten Vergleichs zwischen Unternehmen(-sbereichen)) fließen Informationen der Kostenrechnung im Rahmen von Planungs- und Kontrollprozessen ein (zum Benchmarking vgl. Abschnitt IV.4).

Zur Steuerung des Verhaltens der Mitarbeiter und Entscheidungsträger (iv) kann die Kostenrechnung über die Vorgabe von Erlös- und Kostenzielen sowie die bereits erwähnten Kontrollen beitragen, wobei eine besonders starke Wirkung zu erwarten ist, falls diese mit einem Anreizsystem verknüpft werden. Zusätzlich kann auch die gezielte Weitergabe von Kosten- und Erlösinformationen zur Verhaltensbeeinflussung dienen (vgl. Abschnitt III.4.1).

Indem die Kostenrechnung Informationen bereitstellt, die bei der Anwendung anderer betriebswirtschaftlicher Instrumente verwertet werden, kann sie sowohl der Planung als auch der Kontrolle und der Verhaltenssteuerung dienen. Beispiele für solche Instrumente sind Kennzahlen-, Budgetierungs- und Verrechnungspreissysteme, Verfahren der Investitionsrechnung sowie über die Kostenrechnung hinausgehende Methoden des Kostenmanagements (vgl. dazu Abschnitt IV.1.3).

Schließlich soll die Kostenrechnung Informationen liefern, die zur Bewertung von fertigen und halbfertigen Erzeugnissen sowie eigenerstellten Gütern des Anlagevermögens genutzt werden können (v), die im Rahmen der gesetzlich vorgeschriebenen Erstellung des Jahresabschlusses erforderlich wird (vgl. hierzu Abschnitt II.3.1).

Inwieweit die Kostenrechnung eines Unternehmens dessen konkrete, unternehmensspezifisch formulierte und gewichtete Rechnungsziele erfüllt, ist von ihrer Ausgestaltung abhängig. Die Kostenrechnung kann als Modell bzw. als Modellsystem interpretiert werden. In ihrem Rahmen werden einige Vereinfachungen vorgenommen, die Modellannahmen implizieren. Die Aussagekraft der Ergebnisse einer Kostenrechnung beruht auf diesen Prämissen, die daher bei der Interpretation und Verwendung der Resultate berücksichtigt werden sollten. Die Vereinfachungen und Annahmen werden im folgenden bei der Darstellung und Diskussion von Bereichen und Systemen der Kostenrechnung jeweils angesprochen.

Die Beurteilung und Gestaltung eines Kostenrechnungssystems sollte sich auf die Erfüllung der Rechnungsziele beziehen, wobei anzumerken ist, daß möglicherweise nicht alle Ziele gleichzeitig auf hohem Niveau realisiert werden können und sollten. Es ist zudem der mit der Kostenrechnung verbundene Aufwand in die entsprechenden Überlegungen einzubeziehen.[20]

4   Theoretische Grundlagen der Kostenrechnung

Produktions- und Kostentheorie

Ein theoretisches Fundament der Kostenrechnung bildet die Produktions- und Kostentheorie. Im Rahmen der *Produktionstheorie* „werden die quantitativen Beziehungen zwischen den zur Leistungserstellung einzusetzenden Produktionsfaktormengen (Input) und den Ausbringungsmengen (Output) analysiert und die Einflüsse auf den Faktorverbrauch aufgezeigt"[21]. Mit der auf der Produktionstheorie basierenden *Kostentheorie* wird angestrebt, Beziehungen zwischen Kosteneinflußgrößen und der Kostenhöhe zu identifizieren und zu untersuchen.[22] Als Kosteneinflußgröße wird dabei vorrangig die Beschäftigung einbezogen, die vor allem durch Ausbringungsmengen, eventuell auch durch Fertigungszeiten oder andere Größen gemessen wird. Die Beziehung zwischen Kosteneinflußgrößen und Kosten kann unterschiedliche Ausprägungen annehmen; einige Kostenverläufe sind nachfolgend beschrieben.

Kostenverläufe

Für die Charakterisierung von Kostenverläufen in Abhängigkeit von einer Kosteneinflußgröße ist zunächst die Unterscheidung zwischen variablen und fixen Kosten wichtig. *Variable Kosten* verändern sich bei einer Veränderung der entsprechenden Kosteneinflußgröße, *fixe Kosten* nicht. Beispielsweise steigen die Kosten des Rohstoffverbrauchs bei einer Erhöhung der Kosteneinflußgröße Beschäftigung (variable Kosten), Gehälter hingegen oftmals nicht

---

20 Zur Beurteilung und Gestaltung von Kostenrechnungssystemen vgl. auch die Ausführungen in Abschnitt III.5.

21 Bloech, J.; Bogaschewsky, R.; Götze, U.; Roland, F.: (Einführung), S. 14.

22 Vgl. Fandel, G.; Heuft, B.; Paff, A.; Pitz, T.: (Kostenrechnung), S. 43 f.; Bloech, J.; Bogaschewsky, R.; Götze, U.; Roland, F.: (Einführung), S. 14.

(dann fixe Kosten). Werden die Begriffe variabel und fix ohne zusätzliche Bezeichnung genutzt, dann wird in der Regel die Kosteneinflußgröße Beschäftigung (in der Regel durch die Produktions- und Absatzmenge gemessen) zugrunde gelegt. Auf eine Bezugnahme auf andere Einflußfaktoren wird besonders hingewiesen. Stellt die Kosteneinflußgröße beispielsweise eine bestimmte Entscheidung (z.B. über die Annahme eines Auftrages) dar, werden die Bezeichnungen entscheidungsvariable bzw. entscheidungsfixe Kosten verwendet.[23]

Eine weitere Größe, die den Verlauf der Kosten in Abhängigkeit von einer Einflußgröße beschreibt, sind die *Grenzkosten*. Als Einflußgröße wird dabei häufig die durch eine Produktionsmenge gemessene Beschäftigung angesehen; hiervon wird auch nachfolgend ausgegangen. Für den Begriff Grenzkosten existieren eine Reihe verschiedener Definitionen. So werden diese - unter der Annahme, daß eine Erhöhung (Verringerung) der Menge eine Zunahme (Abnahme) der Kosten bewirkt - verstanden als:

- Kostenzuwachs, der bei einer zusätzlichen Menge entsteht (bzw. Kostenverringerung, die auf eine wegfallende Menge zurückzuführen ist),[24]
- Kostenzuwachs, der durch eine zusätzliche Mengeneinheit zustande kommt (bzw. eine durch eine entfallende Mengeneinheit induzierte Kostenverringerung),[25]
- Kostenzuwachs, der durch eine sehr kleine, strenggenommen unendlich kleine Produktmengenerhöhung bewirkt wird (bzw. Verringerung der Kosten bei einer analogen Mengenabnahme) und sich mathematisch als Produkt aus der ersten Ableitung der Kostenfunktion (dK/dx) sowie einer entsprechenden Produktmengenänderung (dx) ergibt (Grenzkosten als dK = dK/dx · dx),[26] und
- erste Ableitung der Kostenfunktion, die deren Steigung angibt (dK/dx bzw. K').[27]

Damit korrespondieren die Grenzkosten bei den ersten drei Sichtweisen (weitgehend) mit einem Grenzertrag, bei der letzten mit einer Grenzproduktivität.[28] Nachfolgend wird der Begriff der Grenzkosten vorwiegend als Ausdruck für die erste Ableitung der Kostenfunktion verwendet.

Die variablen und fixen Kosten können unterschiedliche Verlaufsformen aufweisen. Für die (in Abhängigkeit von der Beschäftigung) variablen Kosten lassen sich die folgenden Kategorien bilden:[29]

---

[23]　Vgl. Hummel, S.; Männel, W.: (Kostenrechnung), S. 101.
[24]　Vgl. Mellerowicz, K.: (Kosten), S. 353 f.
[25]　Vgl. z.B. Haberstock, L.: (Kostenrechnung), S. 35; Hoitsch, J.; Lingnau, V.: (Erlösrechnung), S. 405.
[26]　Vgl. Gutenberg, E.: (Grundlagen), S. 342 f. Der Unterschied zwischen den beiden ersten und der dritten Definition besteht vor allem, daß bei der dritten eine Differential- anstelle einer Differenzenbetrachtung vorgenommen wird.
[27]　Vgl. u.a. Gutenberg, E.: (Grundlagen), S. 339 ff.; Haberstock, L.: (Kostenrechnung), S. 35; Hoitsch, J.; Lingnau, V.: (Erlösrechnung), S. 45.
[28]　Vgl. zur dritten und vierten Interpretation Gutenberg, E.: (Grundlagen), S. 343, sowie zur Abgrenzung zwischen Grenzertrag und -produktivität auch Bloech, J.; Bogaschewsky, R.; Götze, U.; Roland, F.: (Einführung), S. 24.
[29]　Vgl. Hummel, S.; Männel, W.: (Kostenrechnung), S. 103 ff.

- *proportionale Kosten*: die Kosten verändern sich im gleichen Verhältnis wie die Beschäftigung,
- *überproportionale* oder *progressive Kosten*: die Kosten steigen stärker als die Beschäftigung,
- *unterproportionale* oder *degressive Kosten*: die Kosten steigen in geringerem Ausmaß als die Beschäftigung,
- *regressive Kosten*: die Kosten sinken (steigen) bei einer Erhöhung (Senkung) der Beschäftigung.

Bei den beschäftigungsfixen Kosten können zwei Formen unterschieden werden:[30]

- *sprung-* oder *intervallfixe Kosten*: die fixen Kosten steigen bei bestimmten Werten der Beschäftigung sprunghaft an (z.b. wenn das Unternehmen eine Anpassung durch Zuschaltung von Aggregaten vornimmt),
- *absolut fixe Kosten*: Die Kosten verändern sich in Abhängigkeit von der Beschäftigung überhaupt nicht (bei unteilbaren betrieblichen Potentialen; z.b. die Kosten eines für sämtliche möglichen Beschäftigungen ausreichend großen Betriebsgrundstücks).

In der folgenden Abbildung sind für die beschriebenen Kategorien der variablen und fixen Kosten beispielhaft Verläufe der Gesamtkosten (K), der Stückkosten (k) und der Grenzkosten (K') in Abhängigkeit von der Beschäftigung (gemessen durch die Ausbringungsmenge (x) einer Produktart) dargestellt.

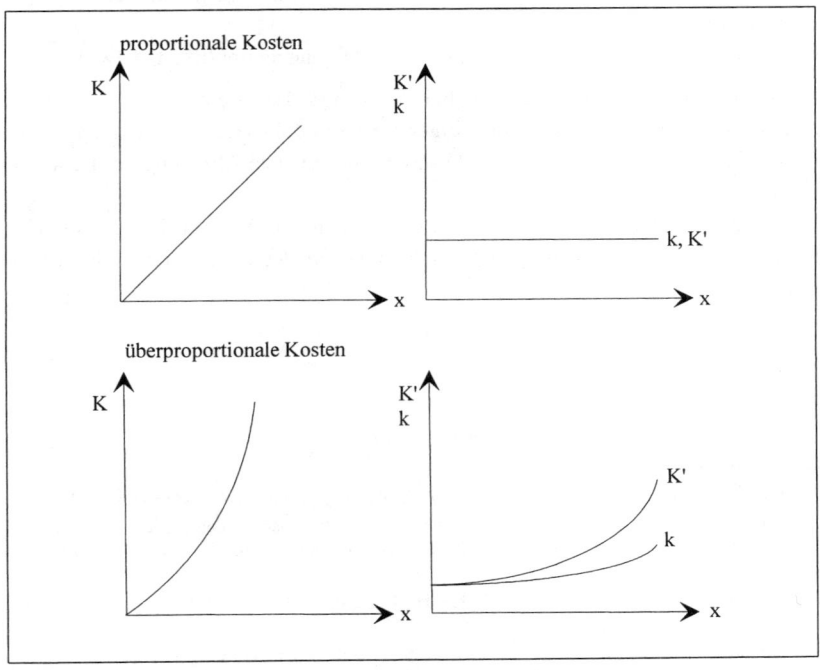

---

30   Vgl. Hummel, S.; Männel, W.: (Kostenrechnung), S. 106.

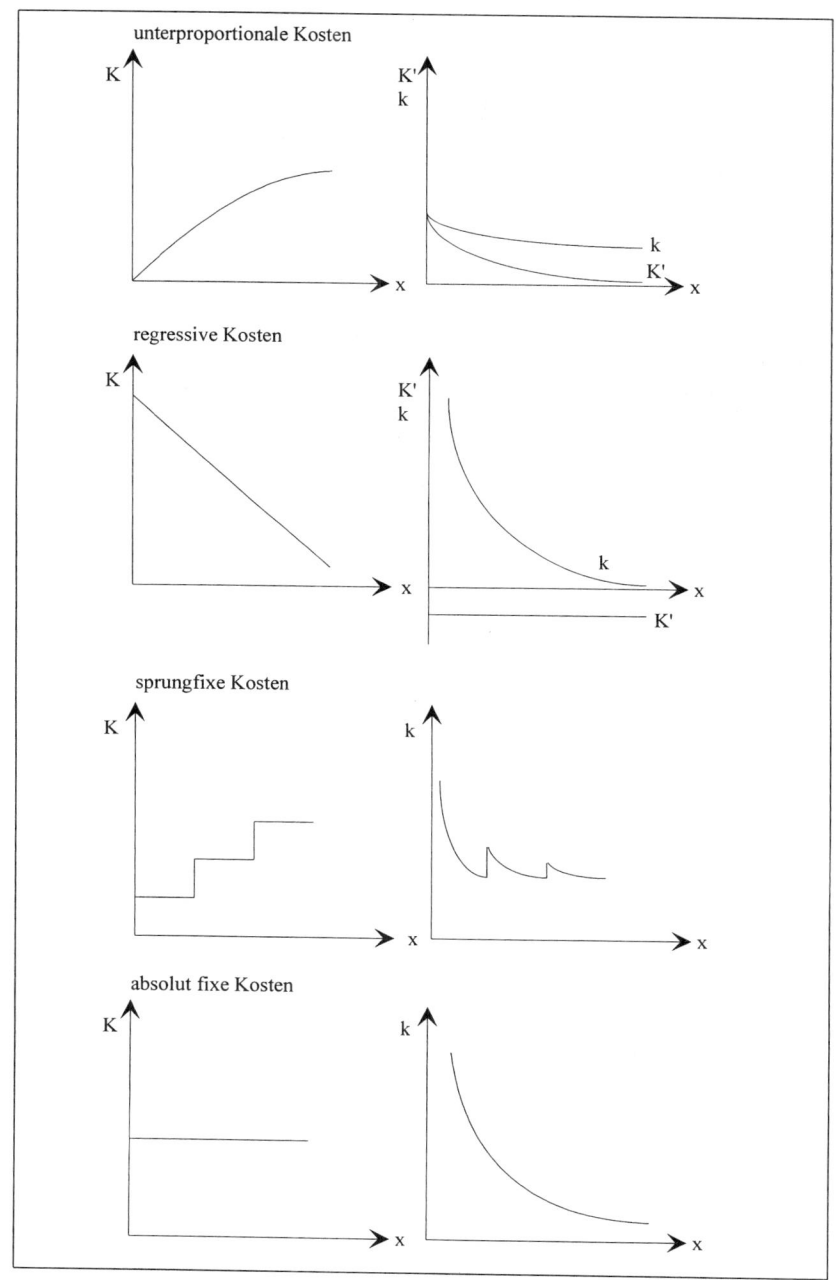

Abb. I-7:   Kostenverläufe[31]

---

[31]   Quelle: in modifizierter Form übernommen von Hummel, S.; Männel, W.: (Kostenrechnung), S. 104 f. Bei
         sprungfixen sowie absolut fixen Kosten nehmen die Grenzkosten einen Wert von Null an.

Die in der Betriebswirtschaftslehre häufig betrachteten Kostenfunktionen enthalten mehrere der oben angesprochenen Kostenkategorien. Dies zeigen die nachfolgend dargestellten Verläufe der Gesamtkosten und ihrer variablen sowie fixen Komponenten, der entsprechenden Stückkosten sowie der Grenzkosten bei den Kostenfunktionen der Produktionsfunktion vom Typ A (Ertragsgesetzliche Produktionsfunktion) sowie der Produktionsfunktion vom Typ B (GUTENBERG-Produktionsfunktion).

Bei beiden Funktionen bestehen die Gesamtkosten aus absolut fixen und variablen Kosten. Bei der Ertragsgesetzlichen Kostenfunktion steigen die variablen Kosten zunächst unter-, nach einem Wendepunkt (bei dem die Grenzkosten minimal sind) dann überproportional. Für die Kostenfunktion zur GUTENBERG-Produktionsfunktion ist charakteristisch, daß die variablen Kosten zunächst linear verlaufen (bei konstanten Grenz- und variablen Stückkosten) und dann überproportional steigen. Aus den Gesamtkosten resultieren jeweils spezifische Verläufe der gesamten, variablen und fixen Stückkosten sowie der Grenzkosten, auf die hier nicht im einzelnen eingegangen werden soll.

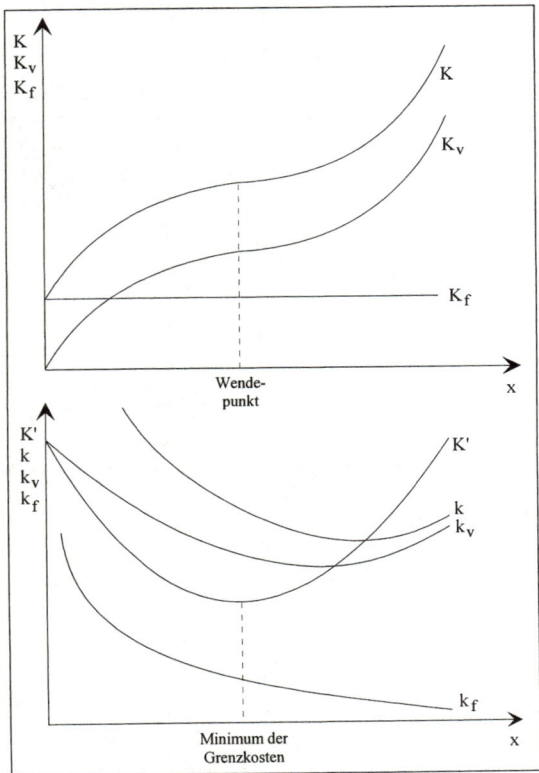

Abb. I-8:   Ertragsgesetzliche Kostenfunktionsverläufe[32]

---

32   Quelle: in modifizierter Form übernommen von Bloech, J.; Bogaschewsky, R.; Götze, U.; Roland, F.: (Einführung), S. 30.

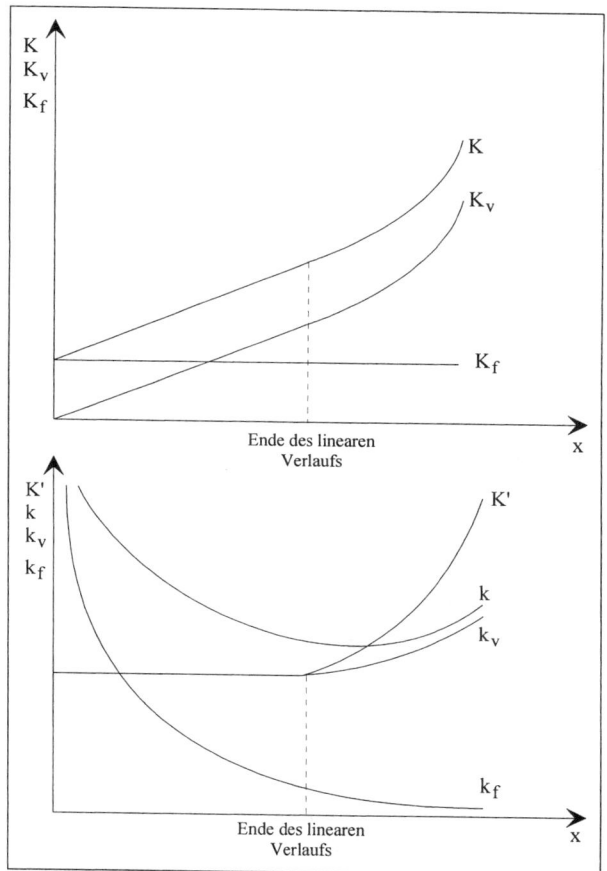

Abb. I-9:   Kostenfunktionsverläufe der Produktionsfunktion vom Typ B[33]

In der Kostenrechnung wird häufig (vereinfachend) von einem linearen Verlauf der variablen und/oder Gesamtkosten ausgegangen.

Systeme von Kosteneinflußfaktoren

Bisher wurde als Kosteneinflußgröße vor allem die Beschäftigung betrachtet. Es ist aber vielfach erkannt worden, daß auch andere Faktoren die Höhe der Kosten beeinflussen. So formuliert GUTENBERG ein Kosteneinflußgrößensystem mit den Haupteinflußfaktoren:[34]

---

[33]   Quelle: in modifizierter Form übernommen von Bloech, J.; Bogaschewsky, R.; Götze, U.; Roland, F.: (Einführung), S. 63.

[34]   Vgl. Gutenberg, E.: (Grundlagen), S. 332 ff.

-   Beschäftigung und deren Schwankungen,
-   Qualität der Einsatzgüter und deren Änderungen,
-   Preise der Einsatzgüter,
-   Betriebsgröße und deren Änderungen sowie
-   Fertigungsprogramm und dessen Änderungen.

Weitere Kosteneinflußgrößensysteme sind von diversen anderen Autoren ausgehend von einer kostenrechnerischen Perspektive entwickelt worden.[35] Mit dem System von KILGER wird eines davon in Abschnitt III.2.3 bei den Ausführungen zur Grenzplankosten- und Deckungsbeitragsrechnung aufgegriffen. Eine andere Gruppe von Kosteneinflußgrößensystemen entstammt primär Überlegungen zu einem (strategisch orientierten) Kostenmanagement;[36] auf das entsprechende Konzept von SCHWEITZER/KÜPPER wird in Abschnitt IV.1.2 eingegangen. Demgemäß existiert eine Reihe von Überlegungen zu Kosteneinflußgrößensystemen; Systeme von Erlöseinflußgrößen hingegen sind vergleichsweise selten thematisiert worden.[37]

Die Einflußgrößensysteme bilden eine wichtige Grundlage für die Gestaltung von Kostenrechnungen und die Interpretation von Kosten- und Erlösdaten. Mit ihrer Hilfe können die für das jeweilige Rechnungsziel relevanten Faktoren identifiziert und die Aussagekraft der Ergebnisse hinsichtlich der Einbeziehung dieser Faktoren beurteilt werden.

Prinzipien der Kostenverrechnung

Im Rahmen der Kostenrechnung sind Kosten (und Erlöse) in verschiedenen Schritten Kostenstellen (betriebliche Teilbereiche, die als selbständige Einheiten behandelt werden) und Kostenträgern zuzuordnen bzw. auf diese zu verrechnen. Als Grundlage der Zuordnung und Verrechnung von Kosten können unter anderem die folgenden Prinzipien dienen:[38]

-   *Verursachungsprinzip*: Einem Bezugsobjekt werden nur diejenigen Kosten zugeordnet, die von diesem verursacht worden sind. Das Verursachungsprinzip kann unterschiedlich ausgelegt werden. Gemäß einer *kausalen Sichtweise* liegt zwischen dem Bezugsobjekt und den Kosten eine Ursache-Wirkungs-Beziehung vor: So werden beispielsweise einer Produkteinheit nur die Kosten zugerechnet, die bei ihrer Erstellung zusätzlich anfallen; die Erstellung der Produkteinheit ist also Voraussetzung für die Kostenentstehung. Eine *finale Interpretation* hingegen geht von einem Zweck-Mittel-Verhältnis zwischen Kosten und Bezugsobjekt aus. Die Kosten (bzw. der ihnen zugrundeliegende Einsatz von Produktionsfaktoren) dienen als Mittel zum Zweck der Leistungserstellung. Die Leistungen

35   Vgl. insbesondere Schmalenbach, E.: (Kostenrechnung), S. 41 ff.; Mellerowicz, K.: (Kosten), S. 207 ff.; Kosiol, E.: (Kostenrechnung), S. 52 ff.; Heinen, E.: (Kostenlehre), S. 567 ff.; Kilger, W.; Pampel, J.; Vikas, K.: (Plankostenrechnung), S. 101 ff., sowie zu überblicksartigen Darstellungen Schweitzer, M.; Küpper, H.-U.: (Kostentheorie), S. 231 ff.; Brokemper, A.: (Kostenmanagement), S. 62 ff.; Schwartz, R.: (Controlling-Systeme), S. 333 ff.

36   Vgl. Porter, M.E.: (Wettbewerbsvorteile), S. 106 ff.; Shank, J.K.; Govindarajan, V.: (Vorsprung), S. 36 ff.; Brokemper, A.: (Kostenmanagement), S. 74 ff.; Schweitzer, M.; Küpper, H.-U.: (Kostentheorie), S. 267 ff.

37   Vgl. zu entsprechenden Ansätzen Engelhardt, W.H.: (Erlösplanung), S. 660 ff.; Rese, M.: (Erlösplanung), Sp. 456 f.; Hoitsch, H.-J.; Lingnau, V.: (Erlösrechnung), S. 290 ff.

38   Vgl. Haberstock, L.: (Kostenrechnung), S. 47 ff., und zu abweichenden Darstellungen von Prinzipien der Kostenverrechnung Schweitzer, M.; Küpper, H.-U.: (Systeme), S. 54 ff.; Kloock, J.; Sieben, G.; Schildbach, T.: (Leistungsrechnung), S. 51 ff.; Hoitsch, H.-J.; Lingnau, V.: (Erlösrechnung), S. 43 ff.

können nicht ohne die Kosten zustandekommen, Kosten können aber anfallen, ohne daß Leistungen erbracht werden.

- *Identitätsprinzip*: Eine Zuordnung von Kosten zu einem Bezugsobjekt wird nur vorgenommen, wenn die Existenz des Bezugsobjektes und die Kosten durch ein- und dieselbe (identische) Entscheidung ausgelöst werden (vgl. hierzu auch die Ausführungen zu der auf dem Identitätsprinzip basierenden Relativen Einzelkosten- und Deckungsbeitragsrechnung nach RIEBEL in Abschnitt III.1.2.3). Beispielsweise ließen sich bestimmte Kosten einer spezifischen Produktionsmenge einer Produktart als Bezugsobjekt dann zurechnen, wenn beide durch dieselbe Entscheidung über die Kombination bestimmter Einsatzgüter bewirkt werden.

- *Durchschnittsprinzip*: Es erfolgt eine durchschnittliche Verteilung von Kosten auf Bezugsobjekte. Bei Existenz mehrerer Kostenstellen oder -träger können dazu Bezugs- oder Maßgrößen genutzt werden; die Kosten werden dann proportional zu deren Ausprägungen verrechnet.[39]

- *Tragfähigkeitsprinzip*: Die Zuordnung von Kosten auf Bezugsobjekte wird an dem Ausmaß ausgerichtet, in dem diese die Kosten decken können (z.B. am Absatzpreis oder Deckungsbeitrag[40] von Kostenträgern).

Diese Prinzipien der Kostenverrechnung werden bei den weiteren Ausführungen in den Teilen II und III des Buches aufgegriffen. Sie liegen zudem der Unterscheidung zwischen Einzel- und Gemeinkosten (bzw. analog den entsprechenden Erlösgrößen) zugrunde. *Einzelkosten* können ausgehend vom Verursachungs- oder Identitätsprinzip einem Bezugsobjekt eindeutig bzw. direkt zugeordnet werden. Bei *Gemeinkosten* ist dies nicht der Fall, weil sie mindestens ein weiteres Bezugsobjekt betreffen.[41] Sollen diese Gemeinkosten einzelnen Bezugsobjekten zugeordnet werden, dann sind dazu das Durchschnitts- oder das Kostentragfähigkeitsprinzip heranzuziehen.

Werden die Begriffe Einzelkosten und Gemeinkosten ohne Zusatz verwendet, beziehen sie sich in der Regel auf Kostenträger, ansonsten erfolgt eine nähere Bezeichnung (z.B. als Kostenstelleneinzelkosten/-gemeinkosten). (Kostenträgerbezogene) Einzelkosten lassen sich einem Kostenträger, wie z.B. einer Mengeneinheit eines Produktes, einem Los, einem Auftrag oder einer Produktart, eindeutig zuordnen. Oft wird unterstellt, daß es sich bei dem der Abgrenzung zwischen Einzel- und Gemeinkosten zugrundeliegenden Bezugsobjekt um eine Mengeneinheit eines Produktes handelt. Bei dieser Interpretation, der auch in weiten Teilen dieses Lehrbuches gefolgt wird, stellen Einzelkosten, wie die Kosten von Rohstoffen, immer

---

39   In der Literatur wird auch zwischen einem Durchschnitts- und einem Proportionalitätsprinzip differenziert. Dabei wird der Unterschied darin gesehen, daß mit der Anwendung des Proportionalitätsprinzips im Gegensatz zum Durchschnittsprinzip angestrebt wird, durch die Verteilung der Kosten proportional zu einer Bezugs- oder Maßgröße eine verursachungsgerechte Kostenzuordnung zu erreichen. Dies ist dann möglich, wenn sämtliche Kosteneinflußgrößen berücksichtigt werden, eine lineare Kostenfunktion vorliegt und die Kosten nicht verteilt werden, die hinsichtlich der über die jeweilige Bezugsgröße erfaßten Kosteneinflußgröße fix sind. Vgl. Schweitzer, M.; Küpper, H.-U.: (Systeme), S. 57.

40   Der Deckungsbeitrag ist definiert als Umsatz abzüglich variable Kosten oder - bei einer stückbezogenen Betrachtung - Preis minus variable Stückkosten (vgl. Abschnitt III.1.2.1).

41   Vgl. Hummel, S.; Männel, W.: (Kostenrechnung), S. 52; Freidank, C.-C.: (Kostenrechnung), S. 95; Kloock, J.; Sieben, G.; Schildbach, T.: (Leistungsrechnung), S. 56.

variable Kosten dar.[42] (Kostenträgerbezogene) Gemeinkosten fallen dagegen für mehrere Kostenträger an und können deshalb nur über Schlüsselungen zugerechnet werden (z.B. zumeist Abschreibungen). Bei allen Fixkosten handelt es sich bezogen auf einzelne Mengeneinheiten von Produkten um Gemeinkosten. In der Unternehmenspraxis werden häufig zur Wahrung der Wirtschaftlichkeit bestimmte Kostenkomponenten nicht als Einzelkosten erfaßt, obwohl dies grundsätzlich möglich wäre (z.B. bei Hilfsstoffen). Die entsprechenden Kosten stellen sogenannte *unechte Gemeinkosten* dar. *Echte Gemeinkosten* hingegen lassen sich nicht ausgehend vom Verursachungs- oder Identitätsprinzip eindeutig einem Bezugsobjekt zuordnen.

5   Bereiche und Systeme der Kostenrechnung

Bereiche der Kostenrechnung

Die Kostenrechnung läßt sich gemäß mehrerer Kriterien in Bereiche untergliedern. So ist eine Trennung zwischen der Erfassung, Verrechnung und Auswertung von Kosten einerseits und Erlösen andererseits möglich. Nach dem Informationsziel wird die Kostenrechnung üblicherweise in die folgenden drei Bereiche untergliedert:

-    Kostenartenrechnung (zur Beantwortung der Frage: *Welche* Kosten sind angefallen bzw. werden anfallen?)
-    Kostenstellenrechnung (*Wo* sind die Kosten angefallen bzw. werden sie anfallen?)
-    Kostenträgerrechnung (*Wofür* sind die Kosten angefallen bzw. werden sie anfallen?)

Abbildung I-10 zeigt diese Bereiche der Kostenrechnung sowie die Verbindungen zwischen ihnen.

Mit der *Kostenartenrechnung* wird eine möglichst vollständige Erfassung der im Betrieb angefallenen bzw. erwarteten Kosten angestrebt. In der *Kostenstellenrechnung* werden die Gemeinkosten betrieblichen Bereichen zugeordnet und zwischen diesen verrechnet. Dies geschieht unter anderem, um eine Grundlage für die - häufig nach Kosten des Material-, des Fertigungs-, des Verwaltungs- und des Vertriebsbereiches differenzierte - Zuordnung der Gemeinkosten zu Kostenträgern zu schaffen. In der *Kostenträgerrechnung* werden zum einen die Kosten von Kostenträgern wie Mengeneinheiten eines Produktes, Aufträge, Dienstleistungen oder selbsterstellte Anlagen (Kostenträgerstückrechnung) ermittelt, zum anderen der Betriebserfolg einer Periode (Kostenträgerzeitrechnung). Die drei Bereiche der Kostenrechnung sind Gegenstand des nachfolgenden zweiten Teils des Buches.

---

[42]   Auf dieser Interpretation basiert auch die Unterscheidung zwischen Einzelkosten und Sondereinzelkosten. Vgl. dazu Abschnitt II.3.2.3.1.2.

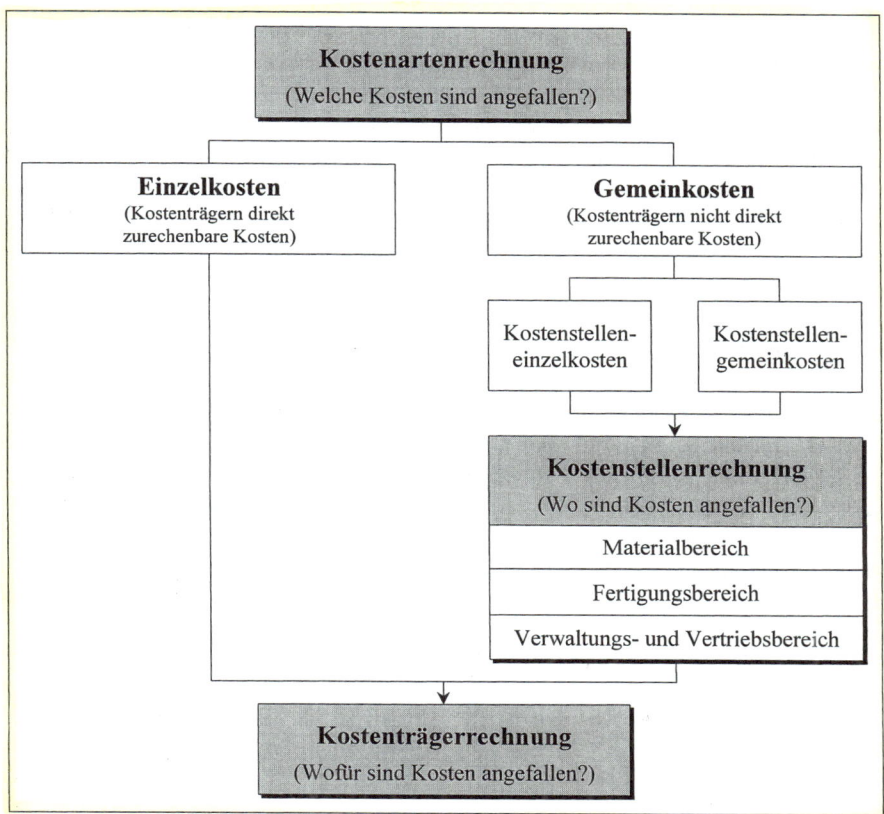

Abb. I-10: Bereiche der Kostenrechnung[43]

Systeme der Kostenrechnung

Auch Systeme der Kostenrechnung können hinsichtlich verschiedener Kriterien differenziert werden.[44] Eine Unterscheidung bezieht sich auf den Umfang der verrechneten Kosten. Bei einer *Vollkostenrechnung* werden den Kostenträgern sämtliche Kosten (sowohl variable als auch fixe bzw. Einzel- und Gemeinkosten) zugeordnet, bei einer *Teilkostenrechnung* hingegen wird nur ein Teil der Kosten auf die Kostenträger verrechnet, z.B. nur die variablen Kosten oder nur die Einzelkosten.[45]

Einer anderen Differenzierung liegt der Zeitbezug der Kosten und damit die Unterscheidung zwischen Ist-, Normal- und Plankosten zugrunde.[46] *Istkosten* sind in einer Periode tatsächlich angefallene Kosten, d.h. Vergangenheitswerte. Bei *Normalkosten* handelt es sich um

---

[43]   Quelle: zusammengestellt auf der Grundlage von Coenenberg, A.G.: (Kostenrechnung), S. 31 und S. 68.

[44]   Zu einer umfassenden Darstellung von Kriterien vgl. Schweitzer, M.; Küpper, H.-U.: (Systeme), S. 60 ff.

[45]   Vgl. Hummel, S.; Männel, W.: (Kostenrechnung), S. 13 ff.

[46]   Vgl. dazu Kilger, W.: (Einführung), S. 54 ff.; Fandel, G.; Heuft, B.; Paff, A.; Pitz, T.: (Kostenrechnung), S. 31 f.

Kosten, die als - gegebenenfalls um die Effekte außerordentlicher Vorgänge bereinigte - Durchschnittswerte aus Istkosten mehrerer Perioden gewonnen werden. *Plankosten* stellen Kosten dar, die für eine zukünftige Periode bei der geplanten Beschäftigung und ordnungsgemäßem Betriebsverlauf erwartet werden. Auch zwischen der Realisierung einer Ist-, Normal- oder Plankostenrechnung besteht die Wahl, wobei allerdings die Durchführung einer Normal- oder Plan- ohne eine Istkostenrechnung wenig sinnvoll erscheint, da Istkosten als Ausgangsbasis für die Ermittlung von Normalkosten sowie als Vergleichsgröße benötigt werden.[47] Mit den oben angesprochenen Voll- bzw. Teilkostenrechnungen sind die gemäß dem Zeitbezug der Kosten unterschiedenen Systeme beliebig kombinierbar.

Kostenrechnungen lassen sich weiterhin gemäß dem Zeitpunkt ihrer Durchführung in *Vorrechnungen* (z.B. die Vorkalkulation eines Auftrages) und *Nachrechnungen* (z.B. eine Nachkalkulation) differenzieren.[48] Für eine Vorrechnung sind grundsätzlich Normal- und Plankostenrechnungen geeignet, für eine Nachrechnung Istkostenrechnungen.

Die Besonderheiten von Teil- und Plankostenrechnungen werden in Teil III des Buches erörtert. Dort wird zusätzlich auf *Prozeßkostenrechnungen* eingegangen, d.h. Kostenrechnungssysteme, bei denen Kosten (in stärkerem Maße als bei der traditionellen Kostenrechnung) über Prozeßmengen verrechnet werden. Außerdem werden spezifische Varianten von Kostenrechnungssystemen sowie Überlegungen zur Ausgestaltung der Kostenrechnung thematisiert.

---

47   Vgl. Haberstock, L.: (Kostenrechnung), S. 177.
48   Vgl. Hummel, S.; Männel, W.: (Kostenrechnung), S. 12 f.

Aufgaben zu Teil I

Kontrollfragen

1) Was versteht man unter dem Betriebswirtschaftlichen Rechnungswesen, und wie kann es untergliedert werden?
2) Grenzen Sie Einzahlungen, Einnahmen, Erträge und Erlöse voneinander ab.
3) Grenzen Sie Auszahlungen, Ausgaben, Aufwendungen und Kosten voneinander ab.
4) Welche Unterschiede bestehen zwischen dem pagatorischen und dem wertmäßigen Kostenbegriff?
5) Welche Arten von Kostenverläufen können bei den beschäftigungsvariablen Kosten unterschieden werden?
6) Wie kann die Kosten- und Erlösrechnung untergliedert werden?
   Kostenarten, - Stellen, - trägerrechnung

Aufgabe I-1

Geben Sie für die folgenden Geschäftsvorfälle an, ob und in welcher Höhe es sich im laufenden Monat um

Einzahlungen, Einnahmen, Erträge und/oder Erlöse bzw.

Auszahlungen, Ausgaben, Aufwendungen und/oder Kosten

handelt.

1) Es werden Rohstoffe im Wert von 1.300 € verbraucht, die im vorherigen Monat geliefert und bezahlt wurden. *- Aufwand*
2) Hilfsstoffe für 500 €, die im laufenden Monat in der Produktion eingesetzt werden, sind Anfang des Monats geliefert worden. *- Ausgabe + Aufwand !*
3) Ein Kunde, der die im Vormonat gelieferten Waren im Wert von 2.000 € noch nicht bezahlt hat, beantragt die Eröffnung des Konkursverfahrens. Es wird damit gerechnet, daß diese Forderung uneinbringlich wird.
4) Die kalkulatorischen Abschreibungen für eine Maschine betragen für den laufenden Monat 800 €. Bilanziell wird die Maschine mit 500 € monatlich abgeschrieben. *Abschreibg ?*
5) Das Unternehmen gibt unverkäufliche Waren, deren Herstellungskosten 450 € betragen, an eine soziale Einrichtung ab. *- betriebsfremde Aufwendung*
6) Die jährliche Tilgungsrate für ein vom Unternehmen aufgenommenes Darlehen in Höhe von 1.200 € wird im laufenden Monat überwiesen. *- Auszahlung*
7) Ware im Wert von 3.000 €, die im Vormonat produziert und ausgeliefert wurde, wird bar bezahlt. *- Einnahme*
8) Das Unternehmen erhält eine Dividendenzahlung für das vergangene Jahr in Höhe von 2.100 €; diese resultiert aus dem Besitz von Wertpapieren, die zu spekulativen Zwecken gehalten werden. *- betriebsfremde Erträge*
9) Eine Nachzahlung der Grundsteuer für das vergangene Jahr in Höhe von 500 € wird überwiesen. *- periodenfremde Aufwendung*
10) Der kalkulatorische Unternehmerlohn beträgt 3.000 €. *- kalkulator. Kosten (Erlöse ?)*
11) Die Fertigungslöhne des laufenden Monats in Höhe von 50.000 € werden überwiesen.

Aufgabe I-2

Geben Sie für die folgenden Geschäftsvorfälle des Monats August an, in welcher Höhe Auszahlungen, Ausgaben, Aufwand und Kosten entstanden sind.

1) Zahlung einer Versicherungsprämie in Höhe von 100 € für den Monat September.
2) Eingang der Rechnung für eine im August ausgeführte außerordentliche Reparatur am Dach der Werkshalle in Höhe von 2.000 €.
3) Überweisung der Tilgungsrate für einen Kredit in Höhe von 500 €.
4) Die kalkulatorischen Zinsen für den Monat August betragen 300 €; für den gleichen Zeitraum wurden zu Beginn des Monats Fremdkapitalzinsen in Höhe von 100 € an die Bank überwiesen.
5) Es werden Rohstoffe im Wert von 3.000 € für einen Auftrag, der im nächsten Monat bearbeitet werden soll, geliefert. Die Rechnung soll erst im nächsten Monat beglichen werden.

Aufgabe I-3

In einem Industrieunternehmen sind in einer Periode folgende Geschäftsvorfälle gebucht worden:

1) Die gesamten kalkulatorischen Abschreibungen der Periode betragen 28.000 €. Für die bilanziellen Abschreibungen wurde ein Wert von 26.000 € angesetzt.
2) Anmeldung eines Patents im Wert von 30.000 €.
3) Nachzahlung der Grundsteuer für die Vorperiode in Höhe von 5.000 €.
4) Auszahlung der Löhne der aktuellen Periode in Höhe von 60.000 €.
5) Die kalkulatorischen Zinsen für das Eigenkapital betragen 3.000 €.
6) Verkauf einer bilanziell vollständig abgeschriebenen Anlage zum Preis von 5.000 €.
7) Verluste aus einem Wertpapiergeschäft in Höhe von 20.000 €.
8) Für den Kalkulatorischen Unternehmerlohn wird ein Betrag von 10.000 € angesetzt.
9) Eine im Unternehmen erstellte Anlage wird in der eigenen Fertigung eingesetzt. Eine vergleichbare Anlage hätte zu einem Preis von 50.000 € gekauft werden können. Die Herstellungskosten der Anlage betragen 30.000 €. Die Kosten bzw. Aufwendungen sind bereits verbucht worden.
10) Mieterträge in Höhe von 3.000 € für unternehmenseigene Wohnungen.
11) Umsatzerlöse in Höhe von 100.000 € aus dem Verkauf von Produkten, die in der aktuellen Perioden hergestellt wurden.

a) Ordnen Sie den Geschäftsvorfällen die Begriffe Grundkosten bzw. -erlöse, Anderskosten bzw. -erlöse, Zusatzkosten bzw. -erlöse und neutraler Aufwand bzw. Ertrag zu.

b) Ermitteln Sie das Betriebsergebnis, den Jahresüberschuß sowie das neutrale Ergebnis.

Aufgabe I-4

a) An einer Universität wird von einer Gruppe von Studenten eine monatlich erscheinende Zeitung erstellt und vertrieben. Es werden 400 Stück zu einem Preis von 5 € verkauft. Kosten fallen zum einen für die monatliche Miete des genutzten Kopiergerätes in Höhe von 500 € und zum anderen für Papier und andere Materialien in Höhe von 2,50 € pro Exemplar an.

a1) Ermitteln Sie die Kostenfunktion. $K(x) = 500 \cdot k$

a2) Wie hoch ist der Gewinn der Studenten? $G(x) = 2000 - 1500 = 500$

a3) Ab welcher Menge wird ein Gewinn erzielt? $(5 \cdot x) - (2,5 \cdot x) > 0$

a4) Stellen Sie die Kosten-, die Umsatz- und die Gewinnfunktion graphisch dar.

a5) Stellen Sie die Funktionen der fixen Stückkosten, der variablen Stückkosten und der gesamten Stückkosten graphisch dar.

b) Die Studenten, die an der Zeitung mitarbeiten, möchten die Kostenstruktur ihrer Zeitung mit der der Studentenzeitung der benachbarten Fachhochschule vergleichen. Diese läßt ihre Zeitung in einer kleinen Druckerei herstellen. Folgende Angaben über die Absatzmengen (= Produktionsmengen) und die zugehörigen Gesamtkosten stellt die Fachhochschule zur Verfügung:

Absatzmenge	Kosten
200	800 €
600	2.000 €

b1) Ermitteln Sie die Kostenfunktion der Studentenzeitung der Fachhochschule unter der Annahme eines linearen Kostenverlaufs.

b2) Welchen Gewinn erzielen die Studenten der Fachhochschule bei einem Preis von 5 € pro Zeitung und einer Absatzmenge von 400 Stück?

b3) Die Studenten der Universität überlegen, ob sie das 'Produktionsverfahren' der Fachhochschule übernehmen sollen. Sie planen jedoch, den Verkauf ihrer Zeitung in den nächsten Monaten auszuweiten, so daß sich die monatliche Absatzmenge auf 700 Stück erhöht. Welches Produktionsverfahren führt bei dieser monatlichen Absatzmenge zu einem höheren Gewinn?

b4) Ab welcher monatlichen Absatzmenge führt die Produktionsalternative der Universität zu einem höheren Gewinn als die der Fachhochschule?

Aufgabe I-5

Eine Bäckerei hat sich auf die Herstellung einer besonderen Brötchensorte spezialisiert, die sie an mehreren Ständen in der Fußgängerzone verkauft. Monatlich werden 20.000 Stück zu einem Preis von 0,40 € abgesetzt. Die variablen Kosten pro Brötchen betragen 0,15 €. Weiterhin fallen monatlich fixe Kosten in Höhe von 1.500 € unter anderem für die Miete der Verkaufsstände an.

a) Ermitteln Sie die Kosten-, die Umsatz- und die Gewinnfunktion.

b) Wie hoch ist der Gewinn?

c) Ab welcher Menge wird ein Gewinn erzielt?

Aufgabe I-6

Eine Kostenanalyse ergab für ein Einproduktunternehmen folgende Gesamtkostenfunktion:

$$K(x) = \frac{1}{100} \cdot x^3 - \frac{1}{8} \cdot x^2 + \frac{3}{4} \cdot x + 10$$

Das Produkt wird zu einem Preis von 15 € pro Stück abgesetzt.

a) Bestimmen Sie die zugehörigen Funktionen der Grenzkosten, gesamten Stückkosten, variablen Stückkosten sowie fixen Stückkosten.

b) Ermitteln Sie die Menge, bei der
    b1) die variablen Stückkosten minimal sind,
    b2) die gesamten Stückkosten minimal sind,
    und berechnen Sie für diese Menge jeweils die Höhe der Kosten, der Grenzkosten sowie der variablen und gesamten Stückkosten.

c) Bestimmen Sie die gewinnmaximale Menge sowie die Höhe von Umsatz, Kosten sowie Gewinn bei dieser Menge.

Aufgabe I-7

Eine Kostenanalyse ergab für ein Einproduktunternehmen folgende Gesamtkostenfunktion:

$$K(x) = 5x^3 - 50x^2 + 180x + 360$$

Das Produkt wird zu einem Preis von 2.000 € pro Stück abgesetzt.

a) Bestimmen Sie die zugehörigen Funktionen der Gesamtkosten, der Grenzkosten, der gesamten Stückkosten, der variablen Stückkosten sowie der fixen Stückkosten.

b) Ermitteln Sie die Menge, bei der
    b1) die variablen Stückkosten minimal sind,
    b2) die gesamten Stückkosten minimal sind,
    b3) der Gewinn maximal ist.

II   Bereiche der Kostenrechnung

1   Kostenartenrechnung

1.1   Aufgaben der Kostenartenrechnung und Differenzierung von Kostenarten

In der Kostenartenrechnung soll die Frage beantwortet werden, *welche* Kosten angefallen sind bzw. anfallen werden. Dazu werden sämtliche in einer Abrechnungsperiode angefallenen oder für diese erwarteten Kosten - zum Teil zunächst getrennt nach Mengen- und Wertkomponente(n) - erfaßt und nach bestimmten Kriterien gegliedert.

Wie in Teil I des Buches beschrieben, können Kosten nach verschiedenen Kriterien differenziert werden, z.B. nach der Art der Zuordnung bzw. Verrechnung (Einzel- und Gemeinkosten), nach der Beschäftigungsabhängigkeit (variable und fixe Kosten) oder nach betrieblichen Funktionen (Kosten der Beschaffung, der Produktion, des Absatzes, der Finanzierung etc.).

In der Kostenartenrechnung ist eine Untergliederung nach den verbrauchten oder eingesetzten Produktionsfaktoren üblich.[1] Einen Überblick über die danach unterschiedenen 'natürlichen' Kostenarten sowie die Charakterisierung des ihnen zugrunde liegenden Verbrauchs enthält die folgende Abbildung:

Art des Verbrauchs	Kostenarten
I. Kurzfristiger Verbrauch	
1. Verbrauch von materiellen Gütern (Sachgüter)	(1) Material- bzw. Stoff- oder Werkstoffkosten
2. Verbrauch von immateriellen Gütern	
a) Verbrauch eigener Arbeitsleistungen	(2) Personalkosten (Lohn- und Gehaltskosten)
b) Verbrauch fremder Dienstleistungen	(3) Kosten für Fremddienste
c) Verbrauch von Gütern, die auf Rechten beruhen	(4) Kosten für Rechtsgüter
II. Langfristiger Verbrauch (von Sachgütern und Gütern, die auf Rechten beruhen)	(5) Abschreibungen
III. Zwangsverbrauch	
1. Technisch-ökonomische Vernichtung	(6) Wagniskosten
2. Staatlich-politische Abgaben	(7) Abgaben
IV. Zeitlicher Vorrätigkeitsverbrauch	(8) Zinsen

Abb. II-1:   Klassifikation von Kostenarten nach den Merkmalen Güterart und Verbrauchscharakter[2]

Die Kostenartenrechnung liefert Daten für die ihr nachgelagerten Rechnungen, d.h. für die Kostenstellenrechnung und die Kostenträgerrechnung. Es können aber auch unabhängig von diesen bereits in der Kostenartenrechnung eigenständige Analysen durchgeführt werden, z.B. zum Anteil oder zur zeitlichen Entwicklung bestimmter Kostenarten. Aus den Zielen dieser

---

[1]   Zu Produktionsfaktorsystemen vgl. Gutenberg, E.: (Grundlagen), S. 3 ff.; Weber, H.K.: (System), S. 1056 ff.; Bloech, J.; Bogaschewsky, R.; Götze, U.; Roland, F.: (Einführung), S. 7 ff.

[2]   Quelle: in leicht modifizierter Form übernommen von Schweitzer, M.; Küpper, H.-U.: (Systeme), S. 78.

Untersuchungen sowie der nachgelagerten Bereiche und der Kostenrechnung insgesamt resultieren Anforderungen an die Kostenartenrechnung, zu denen

- die isomorphe (strukturgleiche) Abbildung der tatsächlichen Sachverhalte durch die erfaßten Kosten (und Erlöse),
- die intersubjektive Überprüfbarkeit (realisierbar vor allem durch Aufbewahrung entsprechender Belege),
- die hohe Aussagekraft der Informationen (Vollständigkeit, Genauigkeit, Aktualität, Einheitlichkeit der Erfassung, den Rechnungszielen der Kostenstellen- und Kostenträgerrechnung entsprechende Zusammenfassung sowie Angaben zur Zurechenbarkeit bzw. Weiterverrechnung, Periodenzugehörigkeit, Auszahlungsrelevanz und Abbaubarkeit) sowie
- die hohe Wirtschaftlichkeit (unter anderem durch einmalige Erfassung)

zählen können.[3] Im folgenden werden die oben aufgeführten Kostenarten sowie Verfahren zu ihrer Erfassung im Rahmen der Kostenartenrechnung beschrieben. Im Zusammenhang damit wird kurz auch die weitere Behandlung der Kostenarten (als Einzel- oder Gemeinkosten) angesprochen.

1.2   Materialkosten

Bestandteile und Verrechnung der Materialkosten

Materialkosten (bzw. Stoff- oder Werkstoffkosten) setzen sich aus den bewerteten Verbrauchsmengen an fremdbezogenen, materiellen Verbrauchsgütern, insbesondere Roh-, Hilfs- und Betriebsstoffen, zusammen. Sowohl Rohstoffe als auch Hilfsstoffe werden zu Produktbestandteilen. Dabei stellen Rohstoffe Hauptbestandteile der Produkte dar, zu ihnen können auch fremdbezogene Halbfabrikate gezählt werden (Beispiele für Rohstoffe sind Holz bei der Herstellung von Tischen und Reifen bei der Automobilproduktion).[4] Hilfsstoffe hingegen bilden nur unwesentliche Produktelemente (z.B. Schrauben, Nägel, Leim). Betriebsstoffe (wie Schmierstoffe oder Kühl- und Reinigungsmittel) werden zwar im Leistungserstellungs- und -verwertungsprozeß verbraucht, gehen aber nicht in die Produkte ein. Die Materialkosten ergeben sich aus Mengen- und Wertkomponenten; sie werden bestimmt, indem zunächst die Verbrauchsmengen ermittelt und diese anschließend bewertet werden.

Materialkosten können Einzel- oder Gemeinkosten darstellen. Bei Rohstoffkosten wird es sich häufig um Einzelkosten handeln, und sie werden in der Regel auch als solche erfaßt. Dies ist bei Hilfsstoffkosten zwar oftmals ebenfalls grundsätzlich möglich; aus Wirtschaftlichkeitsgründen wird aber zumeist darauf verzichtet. Betriebsstoffkosten sind in der Regel echte Gemeinkosten.

---

3   Vgl. zu einzelnen Aspekten auch Schweitzer, M.; Küpper, H.-U.: (Systeme), S. 76.

4   In einer engeren Fassung des Begriffs 'Rohstoffe' werden diese als weitgehend unbearbeitete Naturgüter verstanden; fremdbezogene Halbfabrikate fallen dann nicht unter die Rohstoffe. Vgl. Bloech, J.; Bogaschewsky, R.; Götze, U.; Roland, F.: (Einführung), S. 179.

Bestimmung der Materialverbrauchsmengen

Zur Bestimmung der Materialverbrauchsmengen können die Inventurmethode, die Retrograde Methode sowie die Skontrationsmethode genutzt werden.[5]

Bei der *Inventurmethode* wird sowohl der Endbestand als auch der Anfangsbestand einer Periode durch (Stichtags-)Inventur ermittelt. Die Verbrauchsmenge der Periode ergibt sich, indem von der Summe aus Anfangsbestand und Zugängen (laut Beleg) der Endbestand subtrahiert wird:

$$Verbrauchsmenge = \underset{(laut\ Inventur)}{Ist\text{-}Anfangsbestand} + \underset{(laut\ Beleg)}{Ist\text{-}Zugang} - \underset{(laut\ Inventur)}{Ist\text{-}Endbestand}$$

Da diese Methode die Durchführung einer Inventur für jede Verbrauchsmengenermittlung voraussetzt, ist sie mit hohem Aufwand verbunden, falls häufig (monatlich, quartalsweise) Verbrauchsmengen bestimmt werden sollen. Außerdem läßt sich nicht erkennen, welche Mengen durch Einsatz in der Produktion oder aus anderen Gründen (Schwund etc.) verbraucht worden sind. Schließlich können die Verbrauchsmengen ohne zusätzliche Angaben nicht Kostenträgern oder -stellen zugeordnet werden.

Für die *Retrograde Methode* (Rückrechnung) ist charakteristisch, daß von den produzierten Mengen und deren in Stücklisten oder Rezepturen dokumentierter Zusammensetzung (unter Berücksichtigung eines Zuschlags für Abfall und Ausschuß) auf die Verbrauchsmengen einer Periode geschlossen wird. Die Verbrauchsmenge eines Materials ergibt sich dann aus der über alle Produkte, in denen dieses eingeht, gebildeten Summe der Produkte aus Produktionsmenge und Verbrauch pro Stück:

$$Verbrauchsmenge = \sum_{i=1}^{I} x_i \cdot b_i$$

mit:

x_i = Produktionsmenge der Produktart i (i = 1,...I)

b_i = Verbrauch der Materialart für die Herstellung einer Mengeneinheit der Produktart i

Unter Berücksichtigung des Ist-Anfangsbestands und der Zugänge kann mit der Retrograden Methode - ohne Inventur - ein Soll-Endbestand berechnet werden:

$$\underset{(laut\ Berechnung)}{Soll\text{-}Endbestand} = \underset{(laut\ Inventur)}{Ist\text{-}Anfangsbestand} + \underset{(laut\ Beleg)}{Ist\text{-}Zugang} - \underset{(laut\ Berechnung)}{Verbrauchsmenge}$$

Ein Nachteil dieser Methode besteht darin, daß nur Soll- und nicht Istverbräuche in der Produktion ermittelt werden. Dadurch ist die Aussagekraft von Kostenkontrollen bzw. Nachkalkulationen hinsichtlich der Materialverbräuche gering. Bestandsminderungen durch Schwund etc. lassen sich nur mittels zusätzlicher Inventuren feststellen.

Bei der *Skontrationsmethode* werden Materialverbrauchsmengen über Materialbestandskonten und Belege (Materialentnahmescheine) erfaßt. Die Verbrauchsmenge ergibt sich als Summe der auf Materialentnahmescheinen dokumentierten Materialentnahmen:

$$Verbrauchsmenge = Summe\ aller\ Materialentnahmen$$

---

[5] Vgl. Hummel, S.; Männel, W.: (Kostenrechnung), S. 143 ff.

Auch bei der Skontrationsmethode kann ein Soll-Endbestand ermittelt werden:

> *Soll-Endbestand* = *Anfangsbestand* + *Ist-Zugang* - *Verbrauchsmenge*
> *(laut Berechnung)* *(laut Inventur oder* *(laut Beleg)* *(laut Beleg)*
> *Lagerbuchhaltung)*

Die Skontrationsmethode ist in der Regel das geeignetste Verfahren. Im Vergleich zu den beiden anderen Methoden werden genauere Aussagen zu den Verbrauchsmengen der Produktion getroffen. Es muß zwar ebenfalls eine Inventur durchgeführt werden, um Informationen über Materialverbräuche durch Schwund etc. (als Differenz zwischen Soll- und Ist-Endbestand) gewinnen zu können, dies kann aber losgelöst vom Stichtag im Rahmen einer permanenten Inventur geschehen.

Bei relativ geringwertigen Materialien und/oder konstanten Lagerbeständen ist es eventuell vertretbar, die Verbrauchserfassung zu vereinfachen. Dazu kann zum einen unterstellt werden, daß die Anlieferungs- und die Verbrauchsperiode bzw. die in einer Periode angelieferten und verbrauchten Mengen einander entsprechen. Zum anderen lassen sich Schätzverfahren anwenden.[6]

Bewertung der Materialverbrauchsmengen

Um die Materialkosten ermitteln zu können, sind die Materialverbrauchsmengen zu bewerten. Ausgangspunkt der Bewertung sollte der Preis sein, zu dem das Material im Unternehmen verfügbar ist (Einstandspreis frei Lager). Dieser ergibt sich aus dem Einkaufspreis abzüglich Preisnachlässen (Rabatte, Boni etc.) sowie zuzüglich der außerbetrieblichen Beschaffungskosten für Transport, Versicherung und Zölle etc. Strittig ist, ob auch Skonto abgezogen werden sollte. Während HUMMEL/MÄNNEL dies befürworten, wendet sich KILGER mit der Begründung dagegen, es handele sich nicht um echte Preiskorrekturen.[7] Dies trifft zwar zu, doch kann die Erhöhung des notwendigen Kapitals, die mit der frühzeitigen Zahlung des um Skonto verringerten Preises im Vergleich zu einer Ausnutzung des Zahlungsziels verbunden ist, in den Zinskosten berücksichtigt werden (vgl. Abschnitt II.1.5), so daß hier ein Abzug von Skonto befürwortet wird.

Für die Materialverbrauchsbewertung können Istpreise oder Planpreise herangezogen werden. Im folgenden sollen die möglichen Vorgehensweisen beschrieben und beurteilt werden.

Verfahren der Istpreisbewertung

Verfahrensdarstellung

Eine Istpreisbewertung kann mit einer Reihe von Verfahren durchgeführt werden:[8]

- Partieweise Istpreisbewertung (Einzelbewertung)

- Gruppenbewertung

- Sammelbewertung

---

6   Vgl. Freidank, C.-C.: (Kostenrechnung), S. 99.

7   Vgl. Hummel, S.; Männel, W.: (Kostenrechnung), S. 149 ff.; Kilger, W.: (Einführung), S. 83.

8   Vgl. Hummel, S.; Männel, W.: (Kostenrechnung), S. 146 ff.

- Durchschnittsbewertung (periodisch, permanent)
- Verbrauchsfolgeverfahren (Selektive Istpreisbewertung)
  - FIFO
  - LIFO (periodisch, permanent)
  - HIFO (periodisch, permanent)
  - LOFO (periodisch, permanent)

Bei einer *partieweisen Istpreisbewertung* werden die Materialzugänge, bei denen die Einstandspreise unterschiedlich sind, isoliert erfaßt und getrennt verrechnet. Dies bedeutet, daß den Verbrauchsmengen die Preise zugeordnet werden, die für die Materialien bei deren jeweiligem Zugang angefallen sind. Dies entspricht zwar dem Grundgedanken einer Istkostenrechnung, die tatsächlichen Kosten zu erfassen, verursacht aber einen hohen Aufwand und ist daher in der Regel nicht realisierbar oder sinnvoll.[9]

Für eine *Gruppenbewertung* ist charakteristisch, daß verschiedene Materialarten zu einer Gruppe zusammengefaßt und mit einem einheitlichen Preis bewertet werden. Ein derartiges Vorgehen führt zu einem Verlust an Aussagekraft, es erscheint daher nur bei relativ geringwertigen und einander ähnlichen Werkstoffen angebracht.[10]

Bei einer *Sammelbewertung* werden die Verbräuche einer Materialart im Zusammenhang bewertet, d.h. ohne strikte Kopplung an den Preis des tatsächlichen Zugangs wie bei der Einzelbewertung.

Ein Verfahren der Sammelbewertung ist die *Durchschnittsbewertung*, bei der ein (mit den Beschaffungsmengen) gewogener arithmetischer Mittelwert der Anschaffungspreise gebildet und der Bewertung zugrunde gelegt wird. Dieses Verfahren läßt sich zum einen in einer *periodenbezogenen Variante* anwenden, indem einmal ein Durchschnittspreis unter Einbeziehung des Anfangsbestandes und aller Zugänge berechnet wird. Mit diesem Preis werden sämtliche Abgänge bzw. Verbräuche bewertet. Zum anderen kann eine *permanente Durchschnittsbildung* erfolgen, bei der nach jedem Zugang ein neuer Durchschnittspreis bestimmt wird, der dann nur für den Zeitraum bis zum nächsten Zugang verwendet wird. Dies ist allerdings mit höherem Aufwand verbunden.[11]

Bei den *Verbrauchsfolgeverfahren* wird eine Annahme hinsichtlich der Reihenfolge getroffen, in der die Güter verbraucht werden. Diese kann sich einerseits auf die Zeitpunkte der Zugänge beziehen, indem unterstellt wird, daß jeweils die Güter zuerst verbraucht werden, die als erste (FIFO-Verfahren; first in, first out) bzw. als letzte (LIFO-Verfahren; last in, first out) beschafft worden sind. Andererseits ist eine Bezugnahme auf die Preise möglich. Es wird dabei davon ausgegangen, daß die Zugänge mit den höchsten (HIFO-Verfahren; highest in, first out) bzw. den geringsten (LOFO-Verfahren; lowest in, first out) Preisen zuerst verbraucht werden. Diese Methoden können ebenfalls in einer periodischen und einer permanenten Variante durchgeführt werden, wobei beim FIFO-Verfahren keine Ergebnisunterschiede auftreten,

---

9   Vgl. Kilger, W.: (Einführung), S. 84 f.
10   Vgl. Hummel, S.; Männel, W.: (Kostenrechnung), S. 146 f.
11   Vgl. Hummel, S.; Männel, W.: (Kostenrechnung), S. 149 f.; Kilger, W.: (Einführung), S. 85.

da die Mengen annahmegemäß entsprechend der Reihenfolge ihres Zugangs verbraucht werden.[12]

Beispiel

In einem Unternehmen wurden im Monat Januar folgende Zu- und Abgänge einer Materialart registriert:

Zugänge:	Abgänge:
4.1. 140 [ME] zu 20 [€/ME]	9.1. 110 [ME]
15.1. 120 [ME] zu 21 [€/ME]	20.1. 100 [ME]

Zu Beginn des Monats befanden sich 100 ME der Materialart bewertet zu einem Preis von 22 €/ME auf Lager.

Bei der *partieweisen Istpreisbewertung* muß bekannt sein, inwieweit die Verbrauchsmengen aus dem Anfangsbestand sowie den verschiedenen Zugängen stammen. Wenn im Beispiel davon ausgegangen wird, daß 60 ME des Anfangsbestandes, 50 ME des Zugangs vom 4.1. und 100 ME des Zugangs vom 15.1. verbraucht wurden, ergeben sich Materialkosten in Höhe von:

$$60 \cdot 22 + 50 \cdot 20 + 100 \cdot 21 = 4.420 \ [€]$$

Bei der *periodischen Durchschnittsbewertung* wird in der folgenden Form ein durchschnittlicher Preis für die aus dem Anfangsbestand sowie sämtlichen Zugängen resultierende gesamte verfügbare Menge ermittelt:

$$q = \frac{100 \cdot 22 + 140 \cdot 20 + 120 \cdot 21}{360} = 20,89 \ [€/ME]$$

Der Gesamtverbrauch von 210 ME wird nun zu diesem Preis bewertet, so daß sich Materialkosten in Höhe von 4.386,90 € ergeben.

Bei Verwendung der *permanenten Durchschnittsbewertung* werden die Verbrauchsmengen mit einem Durchschnittspreis für die im Lager vorhandene Menge bewertet; dieser Durchschnittspreis wird unter Einbeziehung der Preise der Zugänge laufend angepaßt.

	Menge	Preis	
Anfangsbestand	100	22,00	
Zugang 4.1.	140	20,00	
Abgang 9.1.	-110	20,83	$q = \frac{100 \cdot 22 + 140 \cdot 20}{240} = 20,83 \ [€/ME]$
Zugang 15.1.	120	21,00	
Abgang 20.1.	-100	20,91	$q = \frac{130 \cdot 20,83 + 120 \cdot 21}{250} = 20,91 \ [€/ME]$

Die Materialkosten betragen nun 4.382,30 € (110 · 20,83 + 100 · 20,91).

Beim *FIFO-Verfahren* wird davon ausgegangen, daß zunächst die zu Beginn der Periode vorhandenen bzw. gelieferten Mengen verbraucht werden. Im Beispiel würden der Anfangs-

---

12   Vgl. Kilger, W.: (Einführung), S. 86 f.

bestand in voller Höhe sowie 110 ME des ersten Zugangs verbraucht, so daß sich Materialkosten in Höhe von

$$100 \cdot 22 + 110 \cdot 20 = 4.400 \ [\text{€}]$$

ergeben.

Beim *periodischen LIFO-Verfahren* wird unterstellt, daß die in der Periode als letzte gelieferten Mengen als erste verbraucht werden. Dies sind im Beispiel die vollständige Menge des Zugangs vom 15.1. sowie 90 ME des Zugangs vom 4.1., so daß die Materialkosten

$$120 \cdot 21 + 90 \cdot 20 = 4.320 \ [\text{€}]$$

betragen. Zu Materialkosten in anderer Höhe führt das *permanente LIFO-Verfahren*, nach dem folgende Mengen verbraucht werden und sich Materialkosten in Höhe von 4.300 € ergeben.

	Menge	Preis
Anfangsbestand	100	22,00
Zugang 4.1.	140	20,00
Abgang 9.1.	-110	20,00
Zugang 15.1.	120	21,00
Abgang 20.1.	-100	21,00

Für die Verbrauchsfolgeverfahren HIFO und LOFO sind die Materialkosten und die Schritte ihrer Berechnung in den folgenden Tabellen dargestellt:

	periodisches HIFO			periodisches LOFO		
	Menge	Preis		Menge	Preis	
Verbrauch	100	22,00	2.200	140	20,00	2.800
	110	21,00	2.310	70	21,00	1.470
Materialkosten			4.510			4.270

	permanentes HIFO			permanentes LOFO		
	Menge	Preis		Menge	Preis	
Anfangsbestand	100	22,00		100	22,00	
Zugang 4.1.	140	20,00		140	20,00	
Abgang 9.1.	-100	22,00	2.200	-110	20,00	2.200
	-10	20,00	200			
Zugang 15.1.	120	21,00		120	21,00	
Abgang 20.1.	-100	21,00	2.100	-30	20,00	600
				-70	21,00	1.470
Materialkosten			4.500			4.270

Verfahrensbeurteilung

Die Eignung der dargestellten Verfahren für die Verbrauchsmengenbewertung ist vor allem von der Abbildungsgenauigkeit und dem Aufwand abhängig. Die Wahl zwischen den Verfahren kann sich an diesen Kriterien ausrichten.[13] Auf eine detaillierte Beurteilung der einzelnen

---

13   Rechtliche Vorschriften wie im externen Rechnungswesen müssen dabei nicht beachtet werden.

Verfahren soll hier aber verzichtet werden, eine Beurteilung der Istpreisbewertung insgesamt im Vergleich zur Planpreisbewertung erfolgt nach deren Darstellung.

Planpreisbewertung

Verfahrensdarstellung

Bei der Planpreisbewertung wird für einen bestimmten Zeitraum ein Preis zur Bewertung der Verbrauchsmengen festgelegt. Als Planpreis sollte dabei nicht der historische Anschaffungspreis verwendet werden. Um bei den auf der Basis von Kosteninformationen zu treffenden Entscheidungen nicht von einem überholten Preisniveau auszugehen und damit beispielsweise zwischenzeitliche Preissteigerungen zu vernachlässigen, ist es vielmehr sinnvoll, den Preis zum Wiederbeschaffungszeitpunkt bzw. - da dieser kaum ermittelt werden kann - den erwarteten durchschnittlichen Preis der betrachteten Periode anzusetzen.[14] Die Verwendung von Planpreisen führt dazu, daß nicht die Istpreise in die Kostenstellen- und Kostenträgerrechnung eingehen, so daß von der für eine Vollkostenrechnung auf Istkostenbasis ansonsten typischen vollständigen Überwälzung der tatsächlich angefallenen Kosten auf Kostenstellen und -träger abgewichen wird.

Für die konkrete Realisation einer Materialabrechnung mit Planpreisen sind verschiedene Methoden konzipiert worden, von denen im folgenden eine dargestellt wird, bei der sowohl die Materialbestände als auch die Verbräuche mit Planpreisen bewertet und die Preisabweichungen mit Hilfe von Preisdifferenzbestands- und Preisdifferenzkostenkonten erfaßt werden.[15]

Die Materialabrechnung erfolgt in den folgenden Schritten, die in Abbildung II-2 unter Einbeziehung der Konten für die Preisdifferenzen sowie für die Materialbestände und Materialkosten sowie der Gegenkonten der entsprechenden Buchungen für eine Periode t zusammenfassend dargestellt sind:

(1) Erfassung der Anfangsbestände des Materials, bewertet zu Planpreisen, auf dem Materialbestandskonto (1a) sowie der Preisdifferenz auf dem Preisdifferenzbestandskonto (1b),[16]

(2) Erfassung der Zugänge (2a) auf dem Material- und dem Preisdifferenzbestandskonto sowie der Abgänge bzw. Verbräuche (2b) auf dem Materialbestandskonto und dem Materialkostenkonto, jeweils bewertet zu Planpreisen,

(3) Erfassung der Zugänge zu Istpreisen auf dem Preisdifferenzbestandskonto,

(4) Berechnung eines Preisdifferenzprozentsatzes, der das Verhältnis zwischen der gesamten Preisdifferenz und dem gesamten Planwert der verfügbaren Materialien angibt, mittels der folgenden Formel:

$$p = \frac{AB^{PD} + Z^I - Z^P}{AB^{MB} + Z^P}$$

Vgl. Kilger, W.: (Einführung), S. 89 f.

[15] Vgl. zu dieser Methode Kilger, W.: (Einführung), S. 90 ff.

[16] In der Abbildung ist hinsichtlich des Anfangs- und des Endbestandes unterstellt, daß die Istwerte bisher insgesamt höher waren als die Planwerte.

mit:

p   = Preisdifferenzprozentsatz

AB^{PD} = Anfangsbestand Preisdifferenzbestandskonto

Z^I = Materialzugänge zu Istpreisen

Z^P = Materialzugänge zu Planpreisen

AB^{MB} = Anfangsbestand Materialbestandskonto (zu Planpreisen)

(5) Bestimmung (durch Multiplikation des Preisdifferenzprozentsatzes und des Materialverbrauchs zu Planpreisen) und Verbuchung der auf den Materialverbrauch bezogenen Preisdifferenz auf dem Preisdifferenzbestandskonto und dem Preisdifferenzkostenkonto,

(6) Erfassung der Endbestände an Material auf dem Materialbestandskonto (6a) und an Preisdifferenz auf dem Preisdifferenzbestandskonto (6b),[17]

(7) Verbuchung der Materialkosten (7a) und der Preisdifferenzkosten (7b) auf den entsprechenden Konten.

Gegenkonto		Materialbestandskonto			*Gegenkonto*
Abschlußbestandskonto t-1	(1a)	Anfangsbestand	Abgänge zu Planpreisen	(2b)	Materialkostenkonto
Preisdifferenzbestandskonto	(2a)	Zugänge zu Planpreisen	Endbestand	(6a)	Abschlußbestandskonto t

Gegenkonto		Preisdifferenzbestandskonto			*Gegenkonto*
Abschlußbestandskonto t-1	(1b)	Anfangsbestand	Zugänge zu Planpreisen	(2a)	Materialbestandskonto
Verbindlichkeits- oder Zahlungsmittelkonto	(3)	Zugänge zu Istpreisen	Preisdifferenz der Abgänge	(5)	Preisdifferenzkostenkonto
			Endbestand	(6b)	Abschlußbestandskonto t

Gegenkonto		Materialkostenkonto			*Gegenkonto*
Materialbestandskonto	(2b)	Abgäng zu Planpreisen	Materialkosten	(7a)	Betriebsergebniskonto t

Gegenkonto		Preisdifferenzkostenkonto			*Gegenkonto*
Preisdifferenzbestandskonto	(5)	Preisdifferenz der Abgänge	Preisdifferenzkosten	(7b)	Betriebsergebniskonto t

Abb. II-2: Materialabrechnung bei Planpreisbewertung

---

[17] Der Endbestand des Preisdifferenzbestandskontos kann unter anderem durch die Multiplikation des Preisdifferenzprozentsatzes mit dem Endbestand des Materialbestandskontos ermittelt werden.

Die Preisdifferenzkosten, die auch negativ sein können bzw. an deren Stelle auch Preisdifferenzerlöse auftreten können, gehen gemäß dem beschriebenen Vorgehen in das Betriebsergebnis ein. Bei außerordentlicher Höhe von Preisdifferenzen sollten diese eher als neutraler Aufwand bzw. Ertrag verbucht werden.

Beispiel

Zur Verdeutlichung des Vorgehens wird auf das Beispiel zur Istpreisbewertung zurückgegriffen und ein Planpreis von 20 € unterstellt. Es ergeben sich folgende Buchungen:

Materialbestandskonto

(1a) Anfangsbestand: $100 \cdot 20 =$ 2.000	Abgänge zu Planpreisen:		(2b)
(2a) Zugänge zu Planpreisen:	9.1.	110	
4.1. 140	20.1.	100	
15.1. 120		$210 \cdot 20 =$ 4.200	
$260 \cdot 20 =$ 5.200	Endbestand: $150 \cdot 20 =$ 3.000 (6a)		
7.200	7.200		

Preisdifferenzbestandskonto

(1b) Anfangsbestand: 200,00			
(3) Zugänge zu Istpreisen:	Zugänge zu Planpreisen:	(2a)	
4.1. $140 \cdot 20$	4.1. 140		
15.1. $120 \cdot 21$	15.1. 120		
5.320,00	$260 \cdot 20 =$ 5.200,00		
	Preisdifferenz der Abgänge:		
	$4.200 \cdot 4,4444 \%$ 186,67 (5)		
	Endbestand: 133,33 (6b)		
5.520,00	5.520,00		

Materialkostenkonto

(2b) Abgänge zu Planpreisen:	Materialkosten: 4.200 (7a)	
9.1. 110		
20.1. 100		
$210 \cdot 20 =$ 4.200		
4.200	4.200	

Preisdifferenzkostenkonto

(5) Preisdifferenz der Abgänge: 186,67	Preisdifferenzkosten: 186,67 (7b)
186,67	186,67

Nach der Erfassung des Anfangsbestandes zum Planpreis auf dem Materialbestandskonto (1a) wird die Preisdifferenz des Anfangsbestandes ermittelt, indem die Differenz aus Ist- und Planpreis mit dem Anfangsbestand multipliziert wird. Eine positive (negative) Differenz wird auf der Sollseite (Habenseite) des Preisdifferenzbestandskontos verbucht (1b). In den Schritten (2) und (3) werden die Zu- und Abgänge verbucht, bevor der Preisdifferenzprozentsatz auf folgende Weise ermittelt wird (4):

$$p = \frac{200 + 5320 - 5200}{2000 + 5200} = 4,4444 \ [\%]$$

Dieser Prozentsatz wird mit dem zum Planpreis bewerteten Verbrauch multipliziert und das Ergebnis auf dem Preisdifferenzbestandskonto sowie dem Preisdifferenzkostenkonto verbucht (5).[18] Abschließend werden noch die Endbestände des Materialbestandskontos (6a) sowie des Preisdifferenzbestandskontos (6b) berechnet und ebenso wie die Materialkosten (7a) sowie die Preisdifferenz der Abgänge (7b) verbucht.

Beurteilung

Die Planpreisbewertung weist gegenüber der Istpreisbewertung einige Vorteile auf:[19]

- der rechentechnische Aufwand ist geringer, da über einen bestimmten Zeitraum mit festen Preisen gearbeitet wird,
- die Kostenkontrolle (einschließlich Abweichungsanalyse) wird erleichtert, da keine Preisabweichungen bei den Materialkosten auftreten,
- die Bewertung zu Planpreisen, die sich an den aktuellen Preisen orientieren, wird dispositiven Aufgaben der Kostenrechnung eher gerecht; es besteht nicht die Gefahr, daß aufgrund der Verwendung überholter Preise Fehlentscheidungen getroffen werden.

1.3   Personalkosten

Komponenten der Personalkosten

Personalkosten sind die Kosten, die durch den Einsatz des Produktionsfaktors 'menschliche Arbeit' verursacht werden. Dazu zählen Löhne, Gehälter, Kalkulatorischer Unternehmerlohn, gesetzliche Sozialkosten, freiwillige Sozialkosten sowie sonstige Personalkosten.[20]

Löhne sind Entgelte für Personen, die als Arbeiter in einem Unternehmen beschäftigt sind. Die verschiedenen Arten sowie die Ermittlung und Verrechnung von Löhnen werden nachfolgend gesondert behandelt.

Gehälter stellen Entgelte für Angestellte eines Unternehmens dar. Sie werden i.d.R. für einen Monatszeitraum fixiert und ausgezahlt und als Gemeinkosten verrechnet. Sollen die durch einen oder mehrere Angestellte(n) in einem Zeitraum insgesamt 'verursachten' Kosten erfaßt werden, sind den Bruttomonatsgehältern die gesetzlichen Sozialkosten sowie eventuell Anteile einmaliger Zahlungen, anteilige freiwillige Sozialkosten oder sonstige Personalkosten hinzuzufügen, außerdem können Fehlzeiten und deren Kostenanteile berücksichtigt werden (vgl. hierzu auch die Ausführungen zur Bestimmung der Personalkosten bei Lohnempfängern).

Für die Tätigkeit der Eigentümer von Einzelunternehmen oder Personengesellschaften in den entsprechenden Unternehmen darf kein Gehalt gezahlt und kein Aufwandsposten im externen Rechnungswesen gebildet werden; sie erhalten ihre 'Vergütung' vielmehr in Form von

---

18   Ein hoher Planpreis kann dazu führen, daß sich ein negativer Prozentsatz und damit auch eine negative Preisdifferenz der Abgänge ergibt. In diesem Fall würde die Preisdifferenz der Abgänge auf der Sollseite des Preisdifferenzbestandskontos und als Preisdifferenzerlös auf der Habenseite des Preisdifferenzkosten- bzw. eines Preisdifferenzerlöskontos verbucht.

19   Vgl. Kilger, W.: (Einführung), S. 87 f.

20   Vgl. Haberstock, L.: (Kostenrechnung), S. 67. HABERSTOCK ordnet allerdings den Kalkulatorischen Unternehmerlohn nicht den Personalkosten zu.

Gewinnbeteiligungen. Es erscheint aber sinnvoll, für diese Tätigkeit einen *Kalkulatorischen Unternehmerlohn* in der Kostenrechnung anzusetzen, da

- der Eigentümer eine Leistung für das Unternehmen erbringt,
- ihm dadurch Nutzen entgeht, da er seine Arbeitskraft nicht anderweitig einsetzen kann, und
- auf diesem Wege die Vergleichbarkeit mit anderen Unternehmen hergestellt werden kann, in denen für die entsprechende Tätigkeit Personal beschäftigt ist.

Beim Kalkulatorischen Unternehmerlohn handelt es sich um Zusatz- und Opportunitätskosten (Nutzenentgang durch Verzicht auf anderweitigen Einsatz der Arbeitskraft). Für die Bemessung der Höhe des Kalkulatorischen Unternehmerlohns wurde die sogenannte 'Seifenformel', eine staatliche Kalkulationsvorschrift aus dem Jahre 1940, vorgeschlagen. Danach läßt sich der jährliche Kalkulatorische Unternehmerlohn wie folgt bemessen:[21]

$$\text{Jährlicher Kalkulatorischer Unternehmerlohn} = 18 \cdot \sqrt{\text{Jahresumsatz}}$$

Allerdings werden bei Verwendung der Seifenformel weder Branchenbesonderheiten noch die Art der Tätigkeit des Unternehmers oder dessen Qualifikation berücksichtigt. Dies ist eher möglich, indem die Vergütung als Kalkulatorischer Unternehmerlohn angesetzt wird, die ein Angestellter bei einer vergleichbaren Stelle und Qualifikation in einem anderen Unternehmen erhält.

Gesetzliche Sozialkosten sind vor allem die Arbeitgeberanteile an den Sozialversicherungen (Renten-, Kranken-, Arbeitslosen-, Pflege- und Unfallversicherung). Sie können zusammen mit den Löhnen oder Gehältern der entsprechenden Mitarbeiter verrechnet werden.

Freiwillige Sozialkosten kommen zum einen durch Leistungen an einzelne Arbeitnehmer zustande (z.B. freiwillige Pensionszusagen, Beihilfen für Fahrt und Verpflegung, Jubiläumsgeschenke). Zum anderen werden dieser Kategorie auch Wertverzehre zugerechnet, die durch Einrichtungen bzw. Leistungen verursacht werden, die die Mitarbeiter gemeinsam nutzen können (z.B. Kantine, Bücherei, Sportanlagen). Es ist allerdings zu beachten, daß diese zweite Kategorie der freiwilligen Kosten auch Kostenarten enthält, die keine Personalkosten darstellen (z.B. Abschreibungen für Gebäude und Einrichtung der Kantine). Für eine differenzierte Erfassung, Planung, Analyse, Verrechnung und Kontrolle der Kosten kann es sinnvoll sein, Kostenstellen für die entsprechenden Bereiche einzurichten.

Sonstige Personalkosten umfassen Umzugs- und Abfindungskosten sowie Kosten für die Personalwerbung und für Vorstellungsgespräche. Auch diese Kosten beinhalten zum Teil andere natürliche Kostenarten.

Arten, Erfassung und Verrechnung von Löhnen

Lohnformen
Gebräuchliche Lohnformen sind vor allem der Zeitlohn, der Stück- bzw. Akkordlohn und der Prämienlohn.[22] Der *Zeitlohn* wird in Abhängigkeit von der Arbeits- oder Anwesenheitszeit im

---

21   Vgl. Kilger, W.: (Einführung), S. 151.
22   Da hier die Bestimmung und Verrechnung der Personalkosten im Vordergrund steht, wird eine Beurteilung dieser Lohnformen nicht vorgenommen. Vgl. dazu Lücke, W.: (Arbeitsleistung), S. 230 ff.

Betrieb gezahlt, der *Akkordlohn* in Abhängigkeit von der erbrachten Leistungsmenge. Ein *Prämienlohn* stellt in der Regel ein Entgelt dar, das zusätzlich zum Zeit- oder Akkordlohn für bestimmte quantitative oder qualitative Leistungen gezahlt wird.

Der Zeitlohn ergibt sich aus dem Arbeitsvertrag bzw. den relevanten Tarifverträgen oder Betriebsvereinbarungen, der Prämienlohn aus dem Prämiensystem und dem Ausmaß, in dem die Bemessungsgrundlage der Prämie erfüllt ist. Als Grundlage der Bestimmung eines Akkordlohnes ist zunächst eine Vorgabezeit für die Erstellung einer Mengeneinheit festzulegen. Bei Einhaltung der Vorgabezeit entspricht der zu zahlende Lohn dem Tariflohn zuzüglich einem Akkordzuschlag, der in der Regel für die Bereitschaft, in einem Akkordsystem zu arbeiten, gewährt wird. Bei Unterschreitung der Vorgabezeit steigt der Lohn. In Situationen, in denen Arbeiter aus von ihnen nicht zu vertretenden Gründen keine Produkte herstellen können (z.B. durch Betriebsstörungen oder Umrüstvorgänge), wird ein Zusatzlohn in Höhe des (tariflichen) Mindestlohnes oder des durchschnittlichen Akkordlohnes gezahlt. Auch für bestimmte Abwesenheitszeiten (Feier-, Urlaubs- und Krankheitstage) wird in der Regel ein Entgelt gewährt. Der Lohn einer Periode kann sich für einen im Akkordlohn beschäftigten Mitarbeiter demgemäß aus Akkordlohn, Zusatzlohn sowie 'Abwesenheitslohn' zusammensetzen. Schließlich wird den im Akkord Beschäftigten zumeist zugesichert, daß sie den Mindestlohn erhalten, falls die nach der erbrachten Leistung errechnete Vergütung einer Periode diesen unterschreitet.

Es existieren zwei *Abrechnungsformen des Akkordlohns*, der Geldakkord und der Stückzeitakkord (oder Zeitakkord).[23] Beim *Geldakkord* wird für jedes hergestellte Stück ein bestimmter Lohnsatz gezahlt. Dieser Lohnsatz pro Stück sowie der Lohn einer Periode ergeben sich wie folgt:

$$\text{Lohnsatz pro Stück [€/ME]} = \text{Tariflohn [€/h]} \cdot \left(1 + \frac{\text{Akkordzuschlag}}{100}\right) \cdot \frac{\text{Vorgabezeit [min/ME]}}{60\,[\text{min/h}]}$$

$$\text{Lohn [€/Periode]} = \text{Stückzahl [ME/Periode]} \cdot \text{Lohnsatz pro Stück [€/ME]}$$

Beim *Stückzeitakkord* erfolgt die Zahlung auf der Grundlage der Vorgabezeiten sowie des Minutenfaktors, d.h. des bei Einhaltung der Vorgabezeiten vorgesehenen Lohnes pro Minute. Der Minutenfaktor sowie der Lohn einer Periode lassen sich in der folgenden Form bestimmen:

$$\text{Minutenfaktor [€/min]} = \text{Tariflohn [€/h]} \cdot \left(1 + \frac{\text{Akkordzuschlag}}{100}\right) \cdot \frac{1}{60\,[\text{min/h}]}$$

$$\text{Lohn [€/Periode]} = \text{Stückzahl [ME/Periode]} \cdot \text{Minutenfaktor [€/min]} \cdot \text{Vorgabezeit [min/ME]}$$

Beispiel

Die Bestimmung des Akkordlohnes beim Geld- und beim Stückzeitakkord soll im folgenden an einem Beispiel veranschaulicht werden. Für einen in einem Unternehmen beschäftigten Arbeiter gelten in einem Monat die folgenden Daten (GE = Geldeinheiten):

---

[23] Vgl. Wöhe, G.; Döring, U.: (Betriebswirtschaftslehre), S. 232.

Vorgabezeit:	12 [min/ME]
Tariflohn:	15,50 [GE/h]
Akkordzuschlag:	20 [%]
Produzierte Stücke:	900 [ME]

Der Bruttolohn des Monats ergibt sich wie folgt:

bei Geldakkord:

$$\text{Lohnsatz pro Stück} = 15,50 \cdot (1 + 0,20) \cdot \frac{12}{60} = 3,72 \, [\text{GE/ME}]$$

$$\text{Lohn} = 900 \cdot 3,72 = 3.348,00 \, [\text{GE}]$$

bei Stückzeitakkord:

$$\text{Minutenfaktor} = 15,50 \cdot (1 + 0,2) \cdot \frac{1}{60} = 0,31 \, [\text{GE/min}]$$

$$\text{Lohn} = 900 \cdot 0,31 \cdot 12 = 3.348,00 \, [\text{GE}]$$

Die Lohnhöhe ist generell unabhängig von der angewandten Abrechnungsform.

Für die Bestimmung des Bruttolohnes ist zu prüfen, ob der Mindestlohn unterschritten wird. Falls der Mindestlohn dem Tariflohn entspricht und von 23 Arbeitstagen im Monat sowie 8 Arbeitsstunden am Tag ausgegangen wird, beläuft sich der Mindestlohn auf:

$$\text{Mindestlohn} = 15,50 \cdot 23 \cdot 8 = 2.852 \, [\text{GE}]$$

Hier überschreitet der oben ermittelte Akkordlohn den Mindestlohn, so daß der Akkordlohn als Bruttolohn festgelegt wird. Die Nettozahlung, die der Arbeitnehmer erhält, ist vor allem von seinen Sozialversicherungsbeiträgen und dem Einkommensteuersatz abhängig. Betragen der Anteil der Sozialversicherungsbeiträge am Bruttolohn insgesamt 20% sowie der Einkommensteuersatz 25% und sind keine weiteren Zahlungen (z.B. für Vermögenswirksame Leistungen, Solidaritätszuschlag) relevant, dann ergibt sich ein Nettolohn von:

Bruttolohn:	3.348,00 [GE]	
- Sozialversicherungsbeiträge	669,60 [GE]	(20% von 3.348,00)
- Einkommensteuer	837,00 [GE]	(25% von 3.348,00)
= Nettolohn	1.841,40 [GE]	

Nach *verrechnungstechnischen Gesichtspunkten* wird zwischen Hilfslöhnen und Fertigungslöhnen differenziert. *Hilfslöhne* liegen bei Arbeiten vor, die nicht unmittelbar der Leistungserstellung dienen (z.B. Instandhaltungsarbeiten, Betriebsreinigung). Sie werden nicht für einzelne Kostenträger(-einheiten) erbracht, so daß Hilfslöhne (und die mit ihnen verbundenen Sozialkosten) Kostenträgergemeinkosten darstellen.

Fertigungslöhne werden für Arbeiten gezahlt, die direkt an den zu erstellenden Produkten geleistet werden. Sie werden oftmals als Einzelkosten verrechnet. Ein Grund hierfür dürfte sein, daß über entsprechende Aufschreibungen häufig festgestellt werden kann, welche Zeit Arbeiter für die Bearbeitung eines Kostenträgers benötigt haben. Allerdings ist die Zuordnung als Einzelkosten nicht unproblematisch. Fertigungslöhne stellen in Abhängigkeit von der Beschäftigung - zumindest bei kurzfristigen Betrachtungszeiträumen - weitgehend fixe Kosten dar, da es aus arbeitsrechtlichen und eventuell ökonomischen Gründen in der Regel nicht möglich oder sinnvoll ist, die entsprechenden Arbeitnehmer kurzfristig freizusetzen. Diesen muß daher auch, falls sie nicht ausgelastet sind, mindestens für den Zeitraum bis zum Ende der Kündigungsfrist Lohn gezahlt werden. Außerdem wird der Lohn bei Zeitlohn generell und bei Akkordlohn im Falle der Unterschreitung des Mindestlohnes unabhängig von dem Ergebnis der Arbeit gezahlt - der entsprechende Wertverzehr entsteht damit nicht durch die Herstellung einzelner Produkteinheiten. Bezogen auf diese handelt es sich daher bei Fertigungslöhnen eigentlich fast immer um Gemeinkosten. Ausnahmen davon können insbesondere bei Überstundenlöhnen oder aufgrund höherer Beschäftigung gezahlten zusätzlichen Akkordzuschlägen vorliegen.

Berücksichtigung von einmaligen Zahlungen und Abwesenheitszeiten bei der Personalkostenermittlung

Problemdarstellung und Lösungsansatz

Sollen jährlich einmalige Zahlungen, wie Urlaubs- und Weihnachtsgeld, bei der Personalkostenermittlung berücksichtigt werden, erscheint es sinnvoll, sie nicht vollständig dem Monat zuzuordnen, in dem sie ausgezahlt werden, sondern sie auf die Monate oder genauer die effektiven Arbeitstage oder Arbeitsleistungen zu verrechnen. Ähnlich verhält es sich mit den Löhnen, die für Abwesenheitszeiten wie Feier-, Urlaubs- oder Krankheitstage gezahlt werden. Auch sie sollten den effektiven Arbeitstagen oder Arbeitsleistungen zugeordnet werden, da ansonsten in Monaten mit hohen Fehlzeiten unverhältnismäßig hohe Personalkosten pro Anwesenheitstag und damit pro Einheit eines Kostenträgers verrechnet würden.

Eine entsprechende Verrechnung kann in den folgenden Schritten erfolgen:

- Prognose des Jahreslohnes bezogen auf die Anwesenheitszeit ('Jahresanwesenheitslohn')
- Prognose der 'Jahreslohnnebenkosten' als Summe aus
  - Sozialkostenanteil des Arbeitgebers bezogen auf den Jahresanwesenheitslohn
  - prognostiziertem jährlichen Abwesenheitslohn
  - Sozialkostenanteil des Arbeitgebers bezogen auf den Abwesenheitslohn
  - prognostizierter Summe der einmaligen Zahlungen
  - Sozialkostenanteil des Arbeitgebers bezogen auf die einmaligen Zahlungen
- Ermittlung eines Lohnnebenkostenzuschlagsatzes durch Division der prognostizierten Jahreslohnnebenkosten durch den prognostizierten Jahresanwesenheitslohn
- Berechnung des für die Kostenrechnung relevanten Anwesenheitslohnes eines Monats als Differenz aus Bruttolohn und Abwesenheitslohn
- Bestimmung der Personalkosten des Arbeiters durch Hinzufügen des Lohnnebenkostenzuschlags

Indem man im vorletzten Schritt den für die Kostenrechnung relevanten Lohn als Differenz aus Bruttolohn und Abwesenheitslohn bestimmt, wird bei einem im Akkord Beschäftigten die erbrachte Leistung berücksichtigt und die Basis für eine konstante Belastung von Kostenträgereinheiten im Jahresablauf geschaffen.

Beispiel

Im folgenden soll das obige Beispiel erweitert und modifiziert werden, um dieses Vorgehen bei der Bestimmung der Auszahlungen und Personalkosten eines Monats (hier März) für einen Arbeiter zu veranschaulichen:

Es sind folgende weitere Daten gegeben:

Arbeitstage im Jahr:	250 [Tage]
Jahresurlaub:	30 [Tage]
Durchschnittliche Krankheitstage pro Jahr:	20 [Tage]
Urlaubs- und Weihnachtsgeld:	4.000 [GE] (zahlbar im Dezember)

Von den 23 Arbeitstagen, die der Monat März aufweist, hatte der Arbeiter 4 Tage Urlaub und ist an 2 Tagen krank gewesen. Für diese Tage erhält er den Tariflohn. Anders als im vorherigen Beispiel angegeben soll der Arbeiter 650 Stück produziert haben, Rüstarbeiten sind nicht angefallen.

Zunächst ist nun wieder der gemäß der erbrachten Leistung zu zahlende Lohn zu berechnen:

$$\text{Lohn} = \underbrace{650 \cdot 15,5 \cdot 1,2 \cdot \frac{12}{60}}_{Akkordlohn} + \underbrace{6 \cdot 8 \cdot 15,50}_{Abwesenheitslohn} = 3.162 \; [\text{GE}]$$

Da dieser höher ist als der bereits oben bestimmte Mindestlohn, stellt er den Bruttolohn der Periode dar. Die Auszahlung des Monats ergibt sich, indem zu diesem Betrag die Sozialversicherungsbeiträge des Arbeitgebers (sowie etwaige einmalige oder sonstige Zahlungen, die hier nicht anfallen sollen) addiert werden:[24]

Auszahlung = 3.162 + 0,2 · 3.162 = 3.794,40 [GE]

Als Basis für die Berechnung der Personalkosten des Monats März sind der geschätzte Jahresanwesenheitslohn sowie die geschätzten Lohnnebenkosten des Jahres zu ermitteln:

geschätzter Jahresanwesenheitslohn = 200 · 8 · 15,5 · 1,2 = 29.760 [GE]

geschätzte Jahreslohnnebenkosten:

Sozialversicherungsanteil bezogen auf den geschätzten Jahresanwesenheitslohn:	0,2 · 29.760	= 5.952 [GE]
+ geschätzter jährlicher Abwesenheitslohn:	(30 + 20) · 8 · 15,50	= 6.200 [GE]
+ Sozialversicherungsanteil bezogen auf den geschätzten jährlichen Abwesenheitslohn:	0,2 · 6.200	= 1.240 [GE]
+ Weihnachts- und Urlaubsgeld:		4.000 [GE]
+ Sozialversicherungsanteil bezogen auf Weihnachts- und Urlaubsgeld:	0,2 · 4.000	= 8000 [GE]
= geschätzte Jahreslohnnebenkosten:		18.192 [GE]

Durch Division der geschätzten Jahreslohnnebenkosten durch den geschätzten Jahresanwesenheitslohn ergibt sich ein Lohnnebenkostenzuschlagsatz, der angibt, wieviel € Lohnnebenkosten auf eine € für eine effektive Arbeitsstunde gezahlten Lohn entfallen:

---

24 Es wird unterstellt, daß sämtliche Zahlungen im März zu leisten sind.

$$\text{Lohnnebenkostenzuschlagsatz} = \frac{18.192}{29.760} = 61,13 \quad [\%]$$

Des weiteren ist der Anwesenheitslohn zu berechnen, der im Monat März für die Kostenberechnung relevant ist. Er ergibt sich aus dem Bruttolohn abzüglich des Abwesenheitslohnes:

Kostenrelevanter Anwesenheitslohn: $3.162 - 6 \cdot 8 \cdot 15,50 = 2.418$ [GE]

Durch Hinzufügen des Lohnnebenkostenzuschlages werden die Personalkosten des Arbeiters im Monat März (unter Vernachlässigung von freiwilligen Sozialkosten bzw. Anteilen daran etc.) ermittelt:

Personalkosten: $2.418 \cdot (1 + 0,6113) = 3.896,12$ [GE]

Beurteilung des Lösungsansatzes

Mit dem dargestellten Vorgehen wird erreicht, daß die Lohnkosten pro Stück bei reinem Akkordlohn (ohne Zusatzlöhne für Rüstzeiten etc.) in jedem Monat gleich hoch sind - unabhängig von Fehlzeiten etc. Bei Auftreten von Rüstzeiten gilt dies aufgrund deren Einflusses näherungsweise. Allerdings basiert der Lohnnebenkostenzuschlag auf Annahmen über die jährliche Anwesenheit. Bei der Bestimmung des jährlichen Anwesenheitslohnes ist im Beispiel zudem von einer Einhaltung der Vorgabezeiten sowie einem ausschließlichem Einsatz bei Akkordarbeiten ausgegangen worden. Dies kann sich jeweils als unzutreffend erweisen. Insgesamt erscheint der aufgezeigte Lösungsansatz geeignet, den einzelnen Leistungseinheiten über ein Jahr weitgehend konstante gesamte Lohnkosten zuzuordnen. Er kann auch für Zeit- oder Prämienlohnempfänger sowie in modifizierter Form für Angestellte angewendet werden. Allerdings ist er mit relativ hohem Aufwand verbunden. Die Einbeziehung von jahresbezogenen Zahlungen (einmalige Zahlungen, Zahlungen für Fehlzeiten) in die Personalkosten kann bei Fertigungslöhnen zudem die Aussagekraft der Kostenträgerstückrechnung beeinträchtigen, falls diese als Einzelkosten verrechnet werden. Der mit der Verrechnung als Einzelkosten unterstellte direkte Zusammenhang zwischen diesen Kostenanteilen und den Kostenträgern dürfte kaum gegeben sein.

1.4 Kalkulatorische Abschreibungen

Durch kalkulatorische Abschreibungen werden Wertverzehre im Anlagevermögen, bei materiellen Gebrauchsgütern oder immateriellen Gütern, erfaßt.[25] Abschreibungen werden in der Regel als Gemeinkosten verrechnet; in Ausnahmefällen können sie auch Einzelkosten darstellen, z.B. bei nutzungsabhängigem Wertverzehr und entsprechender Abschreibung einer Maschine.

Abschreibungsursachen

Ursachen des Wertverzehrs bei Gegenständen des Anlagevermögens können sein:

- Zeitverschleiß, z.B. bei einer Maschine, die im Freien steht,
- Gebrauchsverschleiß, z.B. durch den Einsatz einer Maschine im Produktionsprozeß,

---

[25] Die Abschreibungen können sich auch auf Gegenstände beziehen, die aus handels- oder steuerrechtlichen Gründen nicht in der Bilanz erfaßt sind.

- technischer Fortschritt, z.B. indem leistungsfähigere Betriebsmittel verfügbar oder die mit einem Betriebsmittel hergestellten Produkte durch andere verdrängt werden,
- Substanzabbau bei Grundstücken, z.B. Sandgruben, Kiesgruben,
- Fristablauf bei Patenten.

Relevante Daten

Um die Abschreibungen für einen Gegenstand des Anlagevermögens bestimmen zu können, sind Informationen über

(i)   dessen Ausgangswert,
(ii) dessen Nutzungsdauer und/oder Nutzungspotential,
(iii) dessen Restwert bzw. Liquidationserlös am Ende der Nutzungsdauer sowie
(iv) die Abschreibungsmethode, die zur Erfassung des Wertverzehrs geeignet ist,

erforderlich.

Die Ausgangswerte (i) der Abschreibungsermittlung bilden die aus Anschaffungspreis sowie Anschaffungsnebenkosten, wie Errichtungs- oder Transportkosten, zusammengesetzten Anschaffungskosten (bzw. entsprechende Herstellkosten bei Eigenerstellung des Betriebsmittels). Es stellt sich nun die Frage, ob die bei der Anschaffung eines Objektes angefallenen 'historischen' Anschaffungskosten einen geeigneten Ausgangswert darstellen. Dies ist zu verneinen, falls sich die Anschaffungspreise im Zeitablauf gravierend ändern; bei Preissteigerungen würde es die Substanzerhaltung des Betriebes gefährden. Auch der Ansatz von Preisen der Wiederbeschaffungszeitpunkte wird abgelehnt, da die Wiederbeschaffungszeitpunkte und -preise sehr unsicher sind und es sich bei der Kostenrechnung um eine kurzfristige Rechnung handelt. Vorgeschlagen wird stattdessen der Ansatz von Tageswerten bzw. -preisen.[26] Diese sollten modifiziert werden, falls sich auch das Leistungsniveau gegenüber dem Anschaffungszeitpunkt verändert hat. Die Berücksichtigung von Preis-/Leistungsveränderungen wird im weiteren Verlauf des Abschnitts aufgegriffen.

Bei der Nutzungsdauer (ii) ist von der wirtschaftlichen, d.h. von der unter ökonomischen Gesichtspunkten sinnvollen, und nicht von der technisch oder steuerrechtlich möglichen Nutzungsdauer auszugehen. Zur Bestimmung der optimalen Nutzungsdauer bieten sich Verfahren der Investitionsrechnung an.[27] Als Grundlage einer nutzungsabhängigen Abschreibung muß ergänzend oder alternativ zur Nutzungsdauer das gesamte Nutzungspotential des Gutes ermittelt werden.

Ist am Ende der Nutzungsdauer ein Restwert bzw. Liquidationserlös (iii) zu erwarten, sollte dieser bei der Bemessung der Abschreibungen berücksichtigt werden. Als Wert läßt sich der bei einem Verkauf des Gutes am Ende der Nutzungsdauer erzielbare Preis abzüglich etwaiger Demontage-, Transport- oder Verkaufskosten heranziehen, auch dieser Wert sollte an Preisveränderungen angepaßt werden.[28]

---

26   Vgl. Kilger, W.: (Einführung), S. 116.
27   Vgl. Götze, U.; Bloech, J.: (Investitionsrechnung), S. 235 ff.
28   Vgl. Kilger, W.: (Einführung), S. 114 ff.

Als Abschreibungsmethoden (iv) kommen - im Unterschied zum externen Rechnungswesen - grundsätzlich sämtliche Formen der kalenderzeitabhängigen Abschreibung (lineare, degressive oder progressive Abschreibung), der nutzungsabhängigen Abschreibung oder von Kombinationen aus beiden in Betracht. Von diesen Abschreibungsverfahren wird hier die durch steigende Abschreibungsbeträge charakterisierte progressive Abschreibung aufgrund ihrer geringen Relevanz (der Wertverzehr steigt in der Regel nicht in Abhängigkeit von der Zeit) vernachlässigt. Behandelt werden nachfolgend die lineare Abschreibung, die arithmetisch- und die geometrisch-degressive sowie die nutzungsabhängige Abschreibung. Als Ausgangswerte werden dabei vereinfachend die Anschaffungskosten zugrunde gelegt.

Lineare Abschreibung

Verfahrensdarstellung

Bei der linearen Abschreibung werden die Anschaffungskosten abzüglich Restwert gleichmäßig auf die Nutzungsdauer verteilt, so daß die Abschreibungsbeträge pro Periode konstant sind. Es gilt:

$$a_t = \frac{A - R_n}{n}$$

mit:

a_t = Abschreibung in Periode t

A = Anschaffungskosten

R_n = Restwert bzw. Liquidationserlös am Ende der Nutzungsdauer

n = Nutzungsdauer

Bei einer linearen Abschreibung ergibt sich die nachfolgend dargestellte Entwicklung der Abschreibungsbeträge (a_t) und der aus den Anschaffungskosten abzüglich kumulierter Abschreibungen resultierenden Restbuchwerte (R_t) im Zeitablauf.

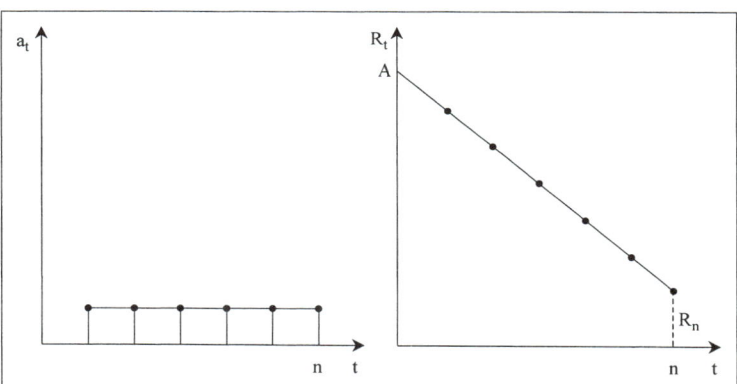

Abb. II-3: Abschreibungsbeträge und Restbuchwerte bei linearer Abschreibung[29]

---

29   Quelle: Kilger, W.: (Einführung), S. 119 f.

Beispiel
Eine Maschine wird zum Preis von 280.000 € angeschafft. Die Aufstellung und Erprobung verursacht Kosten in Höhe von 20.000 €. Die Nutzungsdauer der Anlage beträgt voraussichtlich 6 Jahre. Nach dieser Zeit wird ein Restwert von 60.000 € erwartet. Wie hoch sind die Abschreibungen für die ersten drei Jahre und der Restbuchwert (R$_3$) am Ende des dritten Jahres bei linearer Abschreibung?

$$a_t = \frac{(280.000 + 20.000) - 60.000}{6} = 40.000 \ [\text{€}]$$ Abschreibungen jäwe.

$$R_3 = 300.000 - 3 \cdot 40.000 = 180.000 \ [\text{€}]$$ Restbuchwert am Ende $t = 3$

Auf eine Beurteilung der linearen Abschreibung wird hier zugunsten einer späteren vergleichenden Wertung aller Verfahren verzichtet.

Arithmetisch-degressive Abschreibung

Verfahrensdarstellung
Für degressive Abschreibungsverfahren ist charakteristisch, daß die Abschreibungsbeträge im Zeitablauf sinken. Bei der arithmetisch-degressiven (digitalen) Abschreibung nehmen sie von Periode zu Periode um einen gleichbleibenden Betrag ab. Dieser Degressionsbetrag (d) entspricht der Abschreibung der letzten Periode. Eine Formel zur Bestimmung des Betrages läßt sich herleiten, indem von folgenden Überlegungen ausgegangen wird:[30]

- Insgesamt ist die Differenz aus Anschaffungskosten und Restwert am Ende der Nutzungsdauer (A - R$_n$) abzuschreiben, und
- für die Abschreibungsbeträge der einzelnen Perioden gilt aufgrund der oben beschriebenen Merkmale der arithmetisch-degressiven Abschreibung:

$$a_n = 1 \cdot d$$
$$a_{n-1} = 2 \cdot d$$
$$\vdots$$
$$a_2 = (n - 1) \cdot d$$
$$a_1 = n \cdot d$$

Die Summe dieser Abschreibungsbeträge muß dem insgesamt abzuschreibenden Betrag entsprechen, daher gilt

$$\sum_{t=1}^{n} t \cdot d = A - R_n$$

und bei Nutzung der Summenformel für eine arithmetische Reihe:

$$\frac{n(n+1)}{2} \cdot d = A - R_n \qquad \text{bzw.} \qquad d = \frac{2 \cdot (A - R_n)}{n(n+1)}$$

Die Abschreibungen einer Periode t betragen:

$$a_t = (n - t + 1) \cdot d$$

---

30   Vgl. Kilger, W.: (Einführung), S. 122.

Bei einer arithmetisch-degressiven Abschreibung verlaufen die Abschreibungsbeträge und Restbuchwerte in der nachfolgend dargestellten Form:

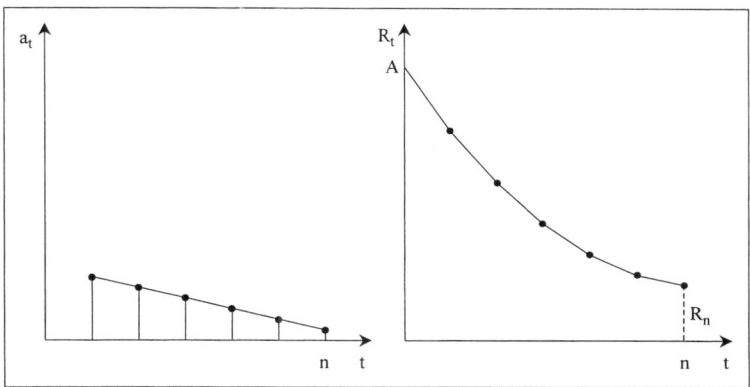

Abb. II-4: Abschreibungsbeträge und Restbuchwerte bei arithmetisch-degressiver Abschreibung[31]

Beispiel
Für das oben eingeführte Beispiel sollen nun die Abschreibungsbeträge der ersten drei Jahre sowie der Restbuchwert am Ende des dritten Jahres mit der arithmetisch-degressiven Abschreibung bestimmt werden. Es ergibt sich:

$$d = \frac{2(300.000 - 60.000)}{6(6+1)} = 11.428.57 \ [€]$$

$$a_1 = (6 - 1 + 1) \cdot 11.428,57 = 68.571,42 \ [€]$$

$$a_2 = (6 - 2 + 1) \cdot 11.428,57 = 57.142,85 \ [€]$$

$$a_3 = (6 - 3 + 1) \cdot 11.428,57 = 45.714,28 \ [€]$$

$$R_3 = 300.000 - (68.571,42 + 57.142,85 + 45.714,28) = 128.571,45 \ [€]$$

Eventuell lassen sich Fehler mit einer Probe identifizieren, bei der die Abschreibungsbeträge der restlichen Perioden berechnet werden und mit ihrer Hilfe der Restbuchwert am Ende der Nutzungsdauer ermittelt wird. Er sollte mit dem Restwert übereinstimmen:

$$a_4 = 34.285,71 \ [€] \qquad a_5 = 22.857,14 \ [€] \qquad a_6 = 11.428,57 \ [€]$$

$$R_6 = 128.571,45 - (34.285,71 + 22.857,14 + 11.428,57) = 60.000,03 \ [€]$$

Hier ist dies bis auf eine Rundungsdifferenz der Fall.

---

31 Quelle: Kilger, W.: (Einführung), S. 119 f.

Geometrisch-degressive Abschreibung

Verfahrensdarstellung

Bei der geometrisch-degressiven Abschreibung nehmen die jährlichen Abschreibungsbeträge um einen gleichbleibenden Prozentsatz ab. Die Abschreibungsbeträge werden bestimmt, indem der jeweilige Restbuchwert mit einem konstanten Satz $\left(\dfrac{p}{100}\right)$ multipliziert wird:

$$a_t = R_{t-1} \cdot \frac{p}{100}$$

Bei gegebenen Anschaffungskosten führt jeder Prozentsatz zu einem bestimmten Restbuchwert am Ende der Nutzungsdauer. Ein spezifischer Restwert, auf den abgeschrieben werden soll, wird daher mit genau einem Prozentsatz erreicht, so daß der entsprechende Prozentsatz zu ermitteln ist. Eine geeignete Formel läßt sich herleiten, indem zunächst die Entwicklung der Restbuchwerte analysiert wird:[32]

$$R_1 = A - A \cdot \frac{p}{100} = A \cdot \left(1 - \frac{p}{100}\right)$$

$$R_2 = R_1 - R_1 \cdot \frac{p}{100} = R_1 \cdot \left(1 - \frac{p}{100}\right) = A \cdot \left(1 - \frac{p}{100}\right) \cdot \left(1 - \frac{p}{100}\right) = A \cdot \left(1 - \frac{p}{100}\right)^2$$

$$R_3 = R_2 - R_2 \cdot \frac{p}{100} = R_2 \cdot \left(1 - \frac{p}{100}\right) = A \cdot \left(1 - \frac{p}{100}\right)^2 \cdot \left(1 - \frac{p}{100}\right) = A \cdot \left(1 - \frac{p}{100}\right)^3$$

$$\vdots$$

$$R_n = A \cdot \left(1 - \frac{p}{100}\right)^n$$

Durch Umstellung des Ausdrucks für den Restbuchwert am Ende der Nutzungsdauer (der dem Restwert entsprechen soll) läßt sich eine Formel für den gesuchten Prozentsatz bestimmen:

$$\frac{R_n}{A} = \left(1 - \frac{p}{100}\right)^n$$

$$\sqrt[n]{\frac{R_n}{A}} = 1 - \frac{p}{100}$$

$$1 - \sqrt[n]{\frac{R_n}{A}} = \frac{p}{100}$$

$$p = 100 \cdot \left(1 - \sqrt[n]{\frac{R_n}{A}}\right)$$

Bei der geometrisch-degressiven Abschreibung gilt, daß sowohl die Abschreibungsbeträge als auch die Restbuchwerte aufeinanderfolgender Perioden in einem festen Verhältnis zueinander stehen, das durch den Abschreibungsprozentsatz determiniert wird:

---

32   Vgl. Kilger, W.: (Einführung), S. 124.

$$\frac{a_t}{a_{t-1}} = \frac{R_t}{R_{t-1}} = 1 - \frac{p}{100}$$

Die Abschreibungsbeträge und Restbuchwerte lassen sich daher auch berechnen, indem die entsprechenden Werte der Vorperiode mit dem Faktor $\left(1 - \frac{p}{100}\right)$ multipliziert werden.

Bei einer geometrisch-degressiven Abschreibung ergibt sich die nachfolgend dargestellte Entwicklung der Abschreibungsbeträge und Restbuchwerte im Zeitablauf.

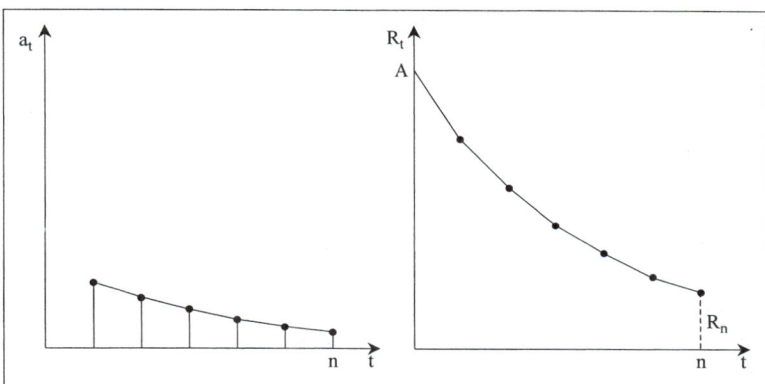

Abb. II-5: Abschreibungsbeträge und Restbuchwerte bei geometrisch-degressiver Abschreibung[33]

Beispiel

Für das oben eingeführte Beispiel sind die Abschreibungsbeträge der ersten drei Jahre sowie der Restbuchwert am Ende des dritten Jahres nun mit der geometrisch-degressiven Abschreibung zu ermitteln. Dazu ist zunächst der Abschreibungssatz p zu berechnen:

$$p = 100 \cdot \left(1 - \sqrt[6]{\frac{60.000}{300.000}}\right) = 23,5275507 \ [\%]$$

Die Abschreibungsbeträge und der Restbuchwert betragen dann:

a_1 = 300.000 · 0,235275507 = 70.582,65 [€]

a_2 = (300.000 - 70.582,65) · 0,235275507 = 53.976,28 [€] oder

a_2 = 70.582,65 · (1 - 0,235275507) = 53.976,28 [€]

a_3 = (300.000 - 70.582,65 - 53.976,28) · 0,235275507 = 41.276,99 [€]

R_3 = 300.000 - (70.582,65 + 53.976,28 + 41.276,99) = 134.164,08 [€]

---

[33] Quelle: Kilger, W.: (Einführung), S. 125.

Analog zur arithmetisch-degressiven Abreibung läßt sich auch bei diesem Verfahren eine Probe durchführen.

Problematisch ist die geometrisch-degressive Abschreibung, wenn nur ein geringer oder gar kein Restwert vorhanden ist. Im ersten Fall ergibt sich ein sehr hoher Abschreibungsprozentsatz, auf einen Restwert von Null kann nicht abgeschrieben werden. Um sehr hohe Abschreibungsbeträge in den ersten Periode zu vermeiden bzw. auf Null abschreiben zu können, kann zum einen nach einer bestimmten Zeit auf die lineare Abschreibung gewechselt werden. Zum anderen ist es möglich, einen hypothetischen Restwert zu unterstellen und diesen zusätzlich zur gemäß dem obigen Vorgehen ermittelten Abschreibung auf die Perioden der Nutzungsdauer zu verteilen.

Nutzungsabhängige Abschreibung

Verfahrensdarstellung

Bei der nutzungsabhängigen Abschreibung wird der abzuschreibende Betrag proportional zur Inanspruchnahme des Nutzungspotentials des abzuschreibenden Gegenstands auf die einzelnen Perioden verteilt. Dies setzt voraus, daß eine Maßgröße für die Nutzung festgelegt wird, z.B. Maschinenstunden bei einer Anlage oder Kilometer bei einem Fahrzeug. Es ist dann das gesamte Nutzungspotential (L) zu prognostizieren, das das Betriebsmittel aufweist. Indem der abzuschreibende Betrag durch das Nutzungspotential dividiert wird, läßt sich ein Abschreibungsbetrag pro Nutzungseinheit (a_l) berechnen:

$$a_l = \frac{A - R_n}{L}$$

mit:

a_l = Abschreibungsbetrag pro Nutzungseinheit

L = gesamtes Nutzungspotential

Der Abschreibungsbetrag einer Periode ergibt sich, indem die Leistungsmenge der Periode (l_t) mit diesem Betrag multipliziert wird:

$$a_t = l_t \cdot a_l$$

Beispiel

Es wird wiederum das oben eingeführte Beispiel betrachtet. Die jährliche durchschnittliche Nutzungszeit wird auf 4.000 Stunden geschätzt. In den ersten drei Jahren beträgt die tatsächliche Nutzung 4.200, 4.400 und 3.800 Stunden. Der Abzuschreibungsbetrag pro Nutzungseinheit lautet dann:

$$a_l = \frac{300.000 - 60.000}{24.000} = 10 \quad [\text{€/h}]$$

Die Abschreibungsbeträge (a_t) und der Restbuchwert betragen:

a_1 = 4.200 · 10 = 42.000 [€]

a_2 = 4.400 · 10 = 44.000 [€]

$$a_3 = 3.800 \cdot 10 = 38.000 \ [\text{€}]$$
$$R_3 = 300.000 - (42.000 + 44.000 + 38.000) = 176.000 \ [\text{€}]$$

Beurteilung der Abschreibungsverfahren

Es stellt sich nun die Frage, welche Abschreibungsmethode vorzuziehen ist. Die entsprechende Entscheidung sollte sich an der Erfassung der oben dargestellten Abschreibungsursachen, z.B. Zeit- oder Gebrauchsverschleiß bei einer Maschine, und des darauf basierenden Wertverzehrs ausrichten. Die Wahl der Abschreibungsmethode sollte so erfolgen, daß die Abschreibungen möglichst weitgehend dem tatsächlichen Wertverzehr entsprechen.

Die zeitbezogenen Methoden sind zu präferieren, falls der Zeitverschleiß überwiegt. Der erwartete Verlauf dieses Zeitverschleißes ist dann der Entscheidung für eines der zeitbezogenen Verfahren zugrunde zu legen. Eine nutzungsabhängige Abschreibung erscheint vorteilhaft, falls dem Gebrauchsverschleiß die größere Bedeutung zukommt. Um sowohl Zeit- als auch Gebrauchsverschleiß berücksichtigen zu können, bietet sich eine Kombination der Verfahren an.[34]

Erfassung von Preis-/Leistungsveränderungen

Insbesondere aus Gründen der Substanzerhaltung sollte bei der Bemessung der Abschreibungen nicht von den historischen Anschaffungskosten, sondern von dem Preisniveau der Abrechnungsperiode (Tagespreis) ausgegangen werden. Damit können Preissenkungen wie -steigerungen berücksichtigt werden, so daß ein dem aktuellen Preisniveau entsprechender Wertverzehr erfaßt wird. Analoges gilt für Veränderungen des Leistungsniveaus.

Verfahrensdarstellung

Preisveränderungen lassen sich bei allen Abschreibungsverfahren berücksichtigen, indem für den Ausgangswert und den Restwert bzw. Liquidationserlös die aktuellen Werte eingesetzt werden und auf ihrer Basis eine erneute Berechnung von Abschreibungen erfolgt. Vereinfachen läßt sich das Vorgehen, falls Ausgangswert und Restwert am Ende der Nutzungsdauer sich proportional zueinander verändert haben. Dann kann der einmal errechnete Abschreibungsbetrag (a^*) mit einem Preisfaktor (q_f) multipliziert werden, der das Verhältnis der aktuellen Preise bzw. Werte zu den bei der bisherigen Berechnung zugrunde gelegten angibt.

Eine Leistungsveränderung läßt sich mit Hilfe eines Leistungsfaktors (l_f) einbeziehen, der mißt, in welcher Relation die Leistung der aktuell verfügbaren zu der der vorhandenen Maschine steht. Die vorher bestimmte Abschreibung ist durch diesen Leistungsfaktor zu dividieren.

Beispiel

Es ist nun davon auszugehen, daß die bisher betrachtete Maschine, eine Stanzmaschine, am 1.1.2002 angeschafft worden ist. Am 1.1.2004 holt das Unternehmen ein Angebot für eine vergleichbare Stanze ein. Bei gleicher Leistung beträgt der Preis nun 330.000 €, der Restwert am Ende der Nutzungsdauer von ebenfalls 6 Jahren wird mit 20% dieses Preises veranschlagt.

---

34   Vgl. Kilger, W.: (Einführung), S. 130 ff.

Es sollen die in der Kostenrechnung für das Jahr 2004 bei Verwendung der linearen Abschreibungsmethode anzusetzenden Abschreibungen (a_{2004}) berechnet werden. Diese ergeben sich wie folgt:

$$a_{2004} = \frac{330.000 - 66.000}{6} = 44.000 \ [\text{€}] \qquad \text{bzw.}$$

$$q_f = \frac{330.000}{300.000} = 1,1 \qquad a_{2004} = 1,1 \cdot a^* = 1,1 \cdot 40.000 = 44.000 \ [\text{€}]$$

Es geht ein weiteres Angebot ein, bei dem sich der Preis auf 360.000 € beläuft (prognostizierter Restwert ebenfalls 20% des Preises). Die angebotene Stanze leistet allerdings 300 Stück/h, während die Leistung der bisher genutzten bei 200 Stück/h liegt. Die prognostizierte Nutzungsdauer beträgt ebenfalls 6 Jahre. Es soll nun der Abschreibungsbetrag für das Jahr 2004 bei der arithmetisch-degressiven Methode bestimmt werden:

$$d = \frac{2 \cdot (360.000 - 72.000)}{6 \cdot (6+1)} \cdot \frac{1}{1,5} \quad = \quad 9.142,86 \ [\text{€}] \qquad \text{mit:} \quad l_f = \frac{300}{200} = 1,5$$

$$a_{2004} = (6 - 3 + 1) \cdot 9.142,86 \quad = \quad 36.571,44 \ [\text{€}]$$

oder

$$a_{2004} = a^* \cdot \frac{1,2}{1,5} = 45.714,28 \cdot \frac{1,2}{1,5} = \quad 36.571,42 \ [\text{€}] \qquad \text{mit:} \quad q_f = \frac{360.000}{300.000} = 1,2$$

Fehlschätzung der Nutzungsdauer bzw. des Nutzungspotentials

Problemdarstellung und Lösungsansatz

Im Zusammenhang mit der Festlegung der Abschreibungen kann das Problem auftreten, daß die Nutzungsdauer oder das Nutzungspotential falsch prognostiziert wird. Falls dies vor dem Nutzungsende bemerkt wird, stellt sich die Frage, wie für den restlichen Nutzungszeitraum abgeschrieben werden soll.

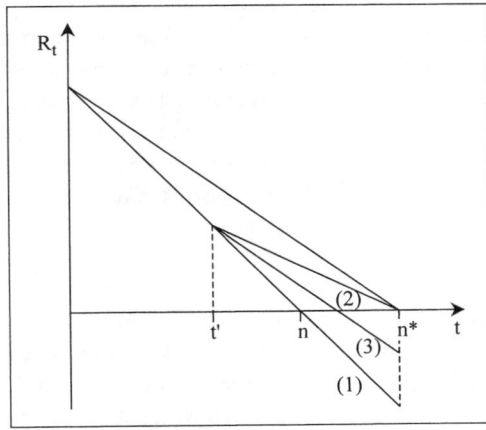

Abb. II-6:   Abschreibungsverläufe bei einer Fehlschätzung der Nutzungsdauer

In der Abbildung II-6 sind für eine lineare Abschreibung und eine Unterschätzung der Nutzungsdauer, die im Zeitpunkt t' bemerkt wird, drei grundsätzlich denkbare Möglichkeiten dargestellt:

(1) Beibehaltung des bisherigen Abschreibungsbetrages
(2) Verteilung des Restbuchwertes auf die verbleibenden Perioden der Nutzungsdauer
(3) Neubestimmung des Abschreibungsbetrages unter der Annahme, daß von Beginn an die 'richtige' Nutzungsdauer (n*) bekannt war.

Wird von der Zielsetzung der Kostenartenrechnung ausgegangen, Informationen über den 'tatsächlichen' Wertverzehr bereitzustellen, dann ist die dritte Möglichkeit zu präferieren. Nur bei dieser werden in den verbleibenden Perioden der Nutzungsdauer auf der Nutzungsdauerfehlschätzung beruhende Fehler vermieden und in dieser Hinsicht nach dem derzeitigen Erkenntnisstand 'richtige' Abschreibungsbeträge bestimmt. Bei der ersten Möglichkeit würde der bisherige Fehler beibehalten, bei der zweiten eine zu starke Korrektur vorgenommen, die zu zu geringen Abschreibungen in den restlichen Perioden führt. Analoges gilt für eine Fehlschätzung des Nutzungspotentials. Im Zusammenhang mit der Neubestimmung der Abschreibungsbeträge sollten auch die Restbuchwerte an den aktuellen Informationsstand angepaßt werden.

Beispiel

Es soll nun wieder von einer Situation ausgegangen werden, bei der die ursprünglichen Werte der Anschaffungskosten, des Restwertes sowie der Leistung relevant sind. Wie hoch sind bei linearer und bei geometrisch-degressiver Abschreibung die Abschreibungsbeträge für 2004, wenn das Unternehmen am 1.1.2004 feststellt, daß die Maschine bei gleichem Restwert nur 5 statt 6 Jahre genutzt werden kann (die Nutzungsdauer also überschätzt und nicht - wie in Abbildung II-6 unterstellt - unterschätzt worden ist)?

Lineare Abschreibung:

$$a_{2004} = \frac{300.000 - 60.000}{5} = 48.000 \ [€]$$

Geometrisch-degressive Abschreibung:

$$p = 100 \cdot \left(1 - \sqrt[5]{\frac{60.000}{300.000}}\right) = 27,5220336 \ [\%]$$

$$a_{2002} = 300.000 \cdot 0,275220336 = 82.566,10 \ [€]$$

$$a_{2003} = (300.000 - 82.566,10) \cdot 0,275220336 = 59.842,23 \ [€]$$

$$a_{2004} = (300.000 - 82.566,10 - 59.842,23) \cdot 0,275220336 = 43.372,43 \ [€]$$

1.5   Kalkulatorische Zinsen

Ansatz und Bestandteile kalkulatorischer Zinsen

Kalkulatorische Zinsen stellen die Kosten dar, die durch die Bereitstellung von Kapital entstehen. Allerdings existieren unterschiedliche Auffassungen über die Kapitalbestandteile, für die Zinsen anzusetzen sind:[35]

(i)   Zinskosten sollten weder für Eigen- noch für Fremdkapital erfaßt werden, da Geld kein Gut ist und daher seine Nutzung keinen Güterverzehr auslöst und keine Kosten verursacht; außerdem soll durch den Verzicht auf die Berücksichtigung von Zinsen eine Abgrenzung zur Investitionsrechnung erfolgen.

(ii) Zinsen sind gemäß dem pagatorischen Kostenbegriff (ohne zusätzliche Hypothesen) nur für das Fremdkapital anzusetzen, da mit der Nutzung von Eigenkapital keine Zahlungen verbunden sind (mit Ausnahme etwaiger ausgeschütteter Gewinnanteile).

(iii) Zinsen sollten nach dem wertmäßigen Kostenbegriff sowohl für Fremd- als auch für Eigenkapital berücksichtigt werden, da mit der Inanspruchnahme von Eigenkapital auf die anderweitige Verwendung der entsprechenden finanziellen Mittel verzichtet wird, durch den Zinsentgang Opportunitätskosten entstehen und die unternehmensinterne Finanzierungsstruktur die Ergebnisse der Kostenrechnung nicht beeinflussen sollte.

Hier wird in Übereinstimmung mit dem überwiegenden Teil der Literatur zur Kostenrechnung von der dritten Auffassung ausgegangen. Zinsen sind demgemäß unabhängig von der Finanzierung für das gesamte betriebsnotwendige Kapital anzusetzen. Bei den Kosten, die auf der Nutzung von Fremdkapital basieren, handelt es sich damit um Grund- oder Anderskosten; durch Inanspruchnahme von Eigenkapital entstehen Zusatzkosten. Die kalkulatorischen Zinsen stellen in der Regel Gemeinkosten dar. Sie können berechnet werden, indem das betriebsnotwendige Kapital mit dem kalkulatorischen Zinssatz multipliziert wird. Für die Bestimmung dieser Komponenten existieren verschiedene Möglichkeiten, die nachfolgend dargestellt sind.

Kalkulatorischer Zinssatz

Die Ansätze zur Wahl eines kalkulatorischen Zinssatzes entsprechen weitgehend denen, die für die Festlegung des Kalkulationszinssatzes in der Investitionsrechnung bestehen.[36] Ausgangspunkte können auch in der Kostenrechnung die Zinssätze für Fremdkapital sowie die Opportunitätskosten der Inanspruchnahme des Eigenkapitals und damit die eigenen Anlagemöglichkeiten sein. Grundsätzlich lassen sich unter anderem der Zinssatz einer bestimmten Fremdkapitalkomponente, ein (gewichteter) Durchschnittssatz der Fremdkapitalzinsen, der - eventuell um einen Risikozuschlag erhöhte - Zinssatz einer Anlagemöglichkeit (z.B. ein 'landesüblicher' Zinssatz für sichere Anlagen) oder ein Durchschnittssatz aus Fremd- und Eigenkapitalzinssätzen ansetzen. Es erscheint sinnvoll, sich bei der konkreten Festlegung des

---

[35] Vgl. Kilger, W.: (Einführung), S. 134.

[36] Vgl. dazu Kruschwitz, L.: (Investitionsrechnung), S. 95 ff.; Götze, U.; Bloech, J.: (Investitionsrechnung), S. 88 ff.

Zinssatzes an der betrieblichen Situation zu orientieren und die Kapitalkomponente zugrunde zu legen, die als nächste vermindert oder weiter in Anspruch genommen wird. Dies können der Zinssatz der letzten benötigten Fremdkapitaleinheit oder die Verzinsung der besten nicht realisierten Anlagemöglichkeit sein.[37]

Betriebsnotwendiges Kapital

Das betriebsnotwendige Kapital wird aus dem betriebsnotwendigen Vermögen abgeleitet. Kontrovers diskutiert wird, ob beide Größen einander entsprechen oder aber das betriebsnotwendige Kapital sich ergibt, indem das betriebsnotwendige Vermögen um das sogenannte Abzugskapital reduziert wird:

	Betriebsnotwendiges Vermögen
-	Abzugskapital
=	Betriebsnotwendiges Kapital

Das *Abzugskapital* setzt sich aus Fremdkapitalbestandteilen wie Lieferantenverbindlichkeiten und Kundenanzahlungen zusammen, für die keine Zinsen zu zahlen sind. Kosten entstehen aber auch im Zusammenhang mit Posten wie Lieferantenverbindlichkeiten (in Form höherer Materialpreise durch einen Verzicht auf die Ausnutzung von Skonto oder indem der Lieferant 'Zinsen' im Preis berücksichtigt) oder Kundenanzahlungen (als Minderungen des Verkaufspreises gegenüber einem bei Verzicht auf Anzahlung realisierbaren Preis (Opportunitätskosten)).[38] Diese Wertverzehre werden in der Kosten- und Erlösrechnung als Teil der Materialkosten bzw. bei der Erfassung der Erlöse berücksichtigt.[39] Um sie nicht doppelt einzubeziehen, erscheint es daher sinnvoll, bei der Bestimmung des betriebsnotwendigen Kapitals das betriebsnotwendige Vermögen um das Abzugskapital zu kürzen. Dadurch nimmt allerdings die - für die Kostenrechnung eigentlich irrelevante - Finanzierungsstruktur Einfluß auf die Höhe der kalkulatorischen Zinsen; die Vergleichbarkeit von Betrieben wird beeinträchtigt. Dies ließe sich vermeiden, indem anstelle der Berücksichtigung von Abzugskapital die durch Lieferantenverbindlichkeiten und Kundenanzahlungen verursachten Kosten bei der Erfassung von Materialkosten und Erlöse herausgerechnet werden. Die Bemessung dieser Kosten dürfte allerdings kaum möglich sein.[40]

Im Zusammenhang mit dem Abzugskapital weist FREIDANK darauf hin, daß im betriebsnotwendigen Vermögen Positionen enthalten sein können, für die Zinsen oder zinsähnliche Vergütungen erzielt werden, z.B. Bankguthaben oder warenbezogene Forderungen, bei denen im Preis eine Zinsvergütung einkalkuliert worden ist. Er schlägt vor, die auf der Basis des betriebsnotwendigen Kapitals bestimmten kalkulatorischen Zinsen um die entsprechenden 'Zinserlöse' zu kürzen, geht allerdings auf die Problematik der Ermittlung dieser Werte sowie die Gefahr einer Doppelerfassung als Minderung der Zinskosten und als Erlöse nicht ein.[41]

---

37 Vgl. Freidank, C.-C.: (Kostenrechnung), S. 128.
38 Vgl. Lücke, W.: (Zinsen), S. 8.
39 Im Hinblick auf Skonto wird dies zwar hier befürwortet, es ist allerdings auch nicht unumstritten. Vgl. Abschnitt II.1.2.
40 Vgl. Freidank, C.-C.: (Kostenrechnung), S. 127 f.
41 Vgl. Freidank, C.-C.: (Kostenrechnung), S. 128.

Aufgrund dieser Probleme dürfte es sinnvoller sein, die angesprochenen 'Zinserlöse' bei den Erlösen zu erfassen.

Betriebsnotwendiges Vermögen

Zur Bestimmung des betriebsnotwendigen Kapitals ist das betriebsnotwendige Vermögen zu ermitteln. Hinsichtlich des Vorgehens bei diesem Schritt sind zwei Fragen zu klären:

- Sollte die Bilanz den Ausgangspunkt darstellen (Globalverfahren) oder eine Erfassung der Vermögensgegenstände in den einzelnen Kostenstellen (positionsweise Erfassung) erfolgen?
- Wie sollten die Wertansätze für einzelne Vermögensgegenstände bestimmt werden?

Globalverfahren und positionsweise Erfassung

Beim *Globalverfahren* wird von den in der Bilanz erfaßten Vermögensgegenständen ausgegangen. Von diesen werden die Objekte nicht in die Bestimmung des betriebsnotwendigen Vermögens einbezogen, die betriebsfremden Zwecken dienen. Zusätzlich berücksichtigt werden demgegenüber betrieblich genutzte Anlagegüter, die bilanziell nicht erfaßt sind (z.B. da sie bereits voll abgeschrieben wurden). Außerdem kann - wie unten aufgegriffen - eine Umbewertung von Vermögensgegenständen sinnvoll sein, die sich an den Rechnungszielen der Kostenrechnung orientiert. Auf der Grundlage des derart bestimmten betriebsnotwendigen Vermögens werden dann (eventuell unter Berücksichtigung von Abzugskapital) die Zinsen für den Gesamtbetrieb ermittelt. Diese lassen sich einzelnen Kostenstellen über Schlüssel zuordnen.

Bei der *positionsweisen Erfassung* werden die in den einzelnen Kostenstellen betrieblich genutzten Vermögensgegenstände erfaßt und bewertet. Es können dann kalkulatorische Zinsen für die Kostenstellen ermittelt und zu gesamten Zinskosten des Betriebs aggregiert werden. Auf der Betriebsebene läßt sich eine Korrektur durchführen, bei der die mit dem Abzugskapital einhergehende Minderung der Zinskosten berücksichtigt wird. Diese Minderung kann dann auf die einzelnen Kostenstellen 'verteilt' werden und bei diesen zu einer Korrektur der Zinskosten führen.

Die positionsweise Erfassung ist mit dem Vorteil verbunden, daß eine Schlüsselung nur für das Abzugskapital erforderlich wird.[42] Allerdings verursacht das Verfahren einen höheren Aufwand. Beide Ansätze können miteinander kombiniert werden; eine sorgfältige Korrektur der Bilanzansätze ist auch nur bei einer positionsweisen Untersuchung möglich.

Wertansätze für einzelne Vermögensgegenstände

Grundsätzlich sollten bei der Bewertung einzelner Vermögensgegenstände sowohl des Anlage- als auch des Umlaufvermögens stille Reserven aufgelöst, d.h. den bilanziellen Werten hinzugefügt, werden.[43]

---

42 Vgl. hierzu und zur Beschreibung der Ansätze Kilger, W.: (Kostenrechnung), S. 135.
43 Vgl. Freidank, C.-C.: (Kostenrechnung), S. 126.

Wertansätze im Umlaufvermögen

Bei Positionen des Umlaufvermögens tritt - ebenso wie bei den Komponenten des Abzugs-kapitals - das Problem auf, daß deren Bestände in der Regel Schwankungen unterworfen sind. Dies läßt sich berücksichtigen, indem beispielsweise bei der jährlichen Rechnung der Durch-schnittswert aus dem Anfangsbestand des Jahres sowie allen Monatsendbeständen gebildet wird.

Bewertung und Zinsermittlung bei Gegenstände des Anlagevermögens - Verfahrens-darstellung

Bei *nicht abnutzbaren Gegenständen* des Anlagevermögens wie Grundstücken oder Beteili-gungen können zur Bewertung die Anschaffungskosten oder ein Tageswert herangezogen werden. Hinsichtlich der Bewertung von *abnutzbaren Gegenständen* des Anlagevermögens stellt sich vor allem die Frage, wie deren Wertverzehr berücksichtigt werden kann. Hierfür werden die Durchschnittsmethode und die Restwertmethode vorgeschlagen.

Bei der *Durchschnittsmethode* wird das durchschnittlich über die gesamte Nutzungsdauer in den Vermögensgegenständen gebundene Kapital ermittelt und in jeder Periode der Verzin-sung zugrunde gelegt. Wird von einer linearen Abnahme der Kapitalbindung von den An-schaffungskosten (zu Beginn der Nutzung) bis zum Restwert bzw. Liquidationserlös (am Ende der Nutzung) ausgegangen, dann betragen die durchschnittliche Kapitalbindung und die Zinsen einer Periode bezogen auf einen Vermögensgegenstand:

$$K_d = \frac{A - R_n}{2} + R_n = \frac{A + R_n}{2}$$

$$z_t = \frac{A + R_n}{2} \cdot i$$

mit:

K_d = durchschnittliche Kapitalbindung

z_t = kalkulatorische Zinsen in Periode t (t = 1,..,n)

i = kalkulatorischer Zinssatz

Den Verlauf der Kapitalbindung, die durchschnittliche Kapitalbindung sowie die periodischen Zinskosten zeigt die folgende Abbildung.

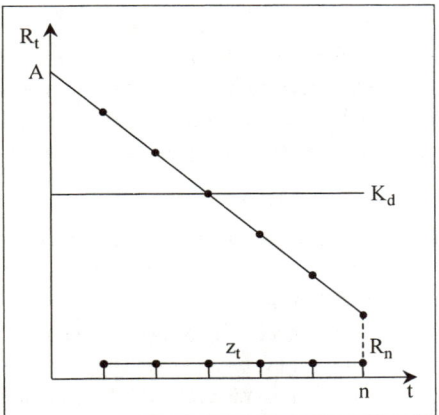

Abb. II-7:   Kapitalbindung und kalkulatorische Zinsen bei der Durchschnittsmethode[44]

Für die *Restwertmethode* ist charakteristisch, daß für jede Periode ein durchschnittlicher Restwert berechnet wird, der in die Bestimmung des betriebsnotwendigen Vermögens eingeht. Die Zinsen einer Periode ergeben sich dann für einen Vermögensgegenstand wie folgt:

$$z_t = \frac{(R_{t-1} + R_t)}{2} \cdot i \qquad \text{mit: } t = 1,..,n$$

Den Verlauf der durchschnittlichen Restwerte und der Zinsen zeigt - unter der Annahme, daß die Restwerte während der Nutzungsdauer linear von den Anschaffungskosten bis zum Restwert am Ende der Nutzung abnehmen - die folgende Abbildung. Es ist ersichtlich, daß die Zinsen bei dieser Methode im Zeitablauf proportional zur Verringerung des Restwertes (bzw. Restbuchwertes) abnehmen.

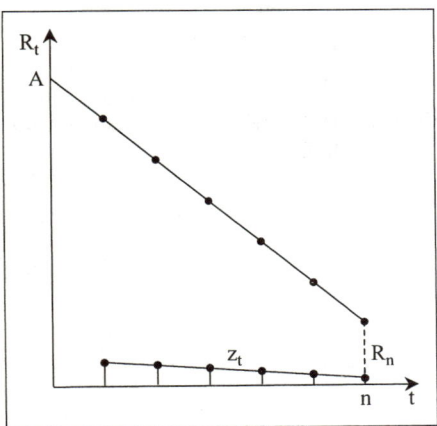

Abb. II-8:   Kapitalbindung und kalkulatorische Zinsen bei der Restwertmethode[45]

---

44   Quelle: Kilger, W.: (Einführung), S. 136.
45   Quelle: Kilger, W.: (Einführung), S. 136.

Bei der Darstellung der Durchschnitts- und der Restwertmethode ist bisher davon ausgegangen worden, daß die Durchschnitts- bzw. Restwerte ausgehend von den Ist-Anschaffungskosten ermittelt werden. Es können jedoch auch bei der Bestimmung des betriebsnotwendigen Vermögens Preis- und Leistungsveränderungen von Gütern des Anlagevermögens berücksichtigt werden, um die Zinsen an die Preis- und Leistungsentwicklungen anzupassen und etwaige Kapitalrücklagen (näherungsweise) einzubeziehen, die zur Substanzerhaltung gebildet werden. Dies ist bei beiden Verfahren möglich, indem die relevanten Daten, d.h. Anschaffungskosten und Restwert am Ende der Nutzungsdauer bei der Durchschnittsmethode sowie Restwerte bei der Restwertmethode, an das aktuelle Preis- und Leistungsniveau angepaßt werden (vgl. dazu auch die Ausführungen zu kalkulatorischen Abschreibungen in Abschnitt II.1.4). KILGER sieht allerdings bei der Durchschnittsmethode einen Widerspruch zwischen der Einbeziehung einer durchschnittlichen Kapitalbindung für die gesamte Nutzungsdauer sowie der Anpassung an Preis- und Leistungsveränderungen und empfiehlt daher, diese Kombination nicht zu verwenden.[46]

Bewertung und Zinsermittlung bei Gegenständen des Anlagevermögens - Beispiel
Für die bereits im vorherigen Abschnitt betrachtete Maschine mit 300.000 € Anschaffungskosten, 6 Jahren Nutzungsdauer und 60.000 € Restwert am Ende der Nutzungsdauer sollen die kalkulatorischen Zinsen der ersten drei Perioden mit der Durchschnitts- und der Restwertmethode bestimmt werden. Dabei wird von einem Zinssatz von 8% sowie einer linearen Abnahme des Restwerts über die Nutzungsdauer ausgegangen; Preis- und Leistungsveränderungen werden zunächst vernachlässigt.

Bei der Durchschnittsmethode betragen die durchschnittliche Kapitalbindung und die Zinsen der ersten drei (und sämtlicher anderer) Perioden der Nutzungsdauer:

$$K_d = \frac{300.000 + 60.000}{2} = 180.000 \; [€]$$

$$z_t = \frac{300.000 + 60.000}{2} \cdot 0,08 = 14.400 \; [€]$$

Bei der Restwertmethode ergibt sich die folgende Entwicklung der Zinsen:

$$z_1 = \frac{300.000 + 260.000}{2} \cdot 0,08 = 22.400 \; [€]$$

$$z_2 = \frac{260.000 + 220.000}{2} \cdot 0,08 = 19.200 \; [€]$$

$$z_3 = \frac{220.000 + 180.000}{2} \cdot 0,08 = 16.000 \; [€]$$

Es soll nun davon ausgegangen werden, daß die Anschaffungskosten der Maschine bei gleicher Leistung pro Jahr um 10% steigen und dies auch für den erwarteten Restwert am Ende der Nutzungsdauer gilt. In diesem Fall sind die Werte für durchschnittliche Kapitalbindung

---

46   Vgl. Kilger, W.: (Einführung), S. 135 ff.

und Zinsen bei der Durchschnittsmethode unter Verwendung der jeweils aktuellen Daten für jedes Jahr neu zu bestimmen, wobei sich die folgenden Resultate ergeben:[47]

$$K_{d1} = \frac{300.000 + 60.000}{2} \qquad = \qquad 180.000 \; [\text{€}]$$

$$z_1 = \frac{300.000 + 60.000}{2} \cdot 0{,}08 \qquad = \qquad 14.400 \; [\text{€}]$$

$$K_{d2} = \frac{330.000 + 66.000}{2} \qquad = \qquad 198.000 \; [\text{€}]$$

$$z_2 = \frac{330.000 + 66.000}{2} \cdot 0{,}08 \qquad = \qquad 15.840 \; [\text{€}]$$

$$K_{d3} = \frac{363.000 + 72.600}{2} \qquad = \qquad 217.800 \; [\text{€}]$$

$$z_3 = \frac{363.000 + 72.600}{2} \cdot 0{,}08 \qquad = \qquad 17.424 \; [\text{€}]$$

Bei der Restwertmethode sind nun die an die Preisentwicklung angepaßten Restwerte zu berücksichtigen. Es gilt:

$$z_1 = \frac{300.000 + 286.000}{2} \cdot 0{,}08 \qquad = \qquad 23.440{,}00 \; [\text{€}]$$

$$z_2 = \frac{286.000 + 266.200}{2} \cdot 0{,}08 \qquad = \qquad 22.088{,}00 \; [\text{€}]$$

$$z_3 = \frac{266.200 + 239.580}{2} \cdot 0{,}08 \qquad = \qquad 20.231{,}20 \; [\text{€}]$$

Bewertung und Zinsermittlung bei Gegenständen des Anlagevermögens - Verfahrensbeurteilung

Die Durchschnittsmethode ist mit geringerem Aufwand verbunden als die Restwertmethode, da eine laufende Anpassung von Restwerten nicht notwendig wird; allerdings werden mit ihr die Istkosten auch ungenauer erfaßt als mit der Restwertmethode. Vor allem in den ersten und den letzten Perioden der Nutzungsdauer weichen die mit der Durchschnittsmethode berechneten Zinsen erheblich von denen ab, die bei Berücksichtigung der tatsächlichen Kapitalbindung anzusetzen wären. Bei Anwendung der Restwertmethode werden allerdings Betriebe und Kostenstellen mit unterschiedlicher Altersstruktur der Anlagen ungleich mit Zinskosten belastet; dies ist bei etwaigen Kostenvergleichen zu beachten.

---

[47] Bei proportionaler Veränderung der Anschaffungskosten und des Restwertes kann hier wie bei den Abschreibungen ein Preisfaktor für die Berechnungen genutzt werden.

1.6   Weitere Kostenarten

In diesem Abschnitt soll auf die bisher nicht behandelten Kostenarten - Kosten für Fremddienste und für Rechtsgüter, Wagniskosten sowie Abgaben - eingegangen werden.

Kosten für Fremddienste

Kosten für Fremddienste bzw. -leistungen fallen unter anderem für Mieten, Pachten, Leasinggebühren, Fremdreparaturen und -instandhaltung, Prüfung und Beratung, Frachten sowie Provisionen an. Ihre Erfassung ist zumeist unproblematisch; der entsprechende Betrag kann aus einer Rechnung übernommen werden. Sie können Einzel- und Gemeinkosten darstellen, die Zurechenbarkeit ist im Einzelfall zu prüfen.[48]

Kosten für Rechtsgüter

Kosten für Rechtsgüter resultieren vor allem aus Zahlungen für Lizenzen und Patente. Sie können häufig zwar nicht einzelnen Produktmengeneinheiten, aber doch Produktarten oder Produktgruppen zugeordnet werden.[49]

Wagniskosten

Betriebe weisen eine Vielzahl von Risikoquellen auf, die außerordentliche Ertragseinbußen (z.B. durch Forderungsverluste oder Verderb von Erzeugnissen) oder Mehraufwendungen (z.B. durch Brandschäden) verursachen können, falls keine Versicherungen bestehen. Außerordentliche Aufwendungen und Erträge sollten - wie in Abschnitt I.2 erörtert - nicht in die Kostenrechnung eingehen. Da aber im Verlaufe mehrerer Perioden das Auftreten einzelner außerordentlicher Vorgänge zu erwarten ist, wird angestrebt, die auf diese Vorgänge zurückzuführenden Wertverzehre in die Kostenrechnung einzubeziehen und dabei alle Perioden gleichmäßig zu belasten. Um dies zu erreichen, werden Wagniskosten angesetzt. Diese lassen sich auch als interne Versicherungsprämien interpretieren.

Die Wagnisse des Unternehmens können in das allgemeine Unternehmerwagnis sowie spezielle Einzelwagnisse untergliedert werden. Das allgemeine Unternehmerwagnis betrifft das Unternehmen als Ganzes; Beispiele für entsprechende Gefahrenquellen sind die gesamtwirtschaftliche Entwicklung, technischer Fortschritt oder die Nachfrage nach den Produkten eines auf eine Technologie oder einen Markt spezialisierten Unternehmens. Das allgemeine Unternehmerwagnis wird nicht in den Wagniskosten erfaßt, es soll vielmehr durch den Gewinn abgedeckt werden.

Einzelwagnisse lassen sich in vielfältiger Form untergliedern, beispielsweise in:

- Beständewagnis (z.B. Schwund, Veralten, Preissenkungen und Qualitätsverluste bei Werkstoffen),
- Anlagewagnis (z.B. außerordentliche Schäden bei Anlagegütern),
- Fertigungswagnis (z.B. Material-, Arbeits- und Konstruktionsfehler),

---

[48]   Vgl. Schweitzer, M.; Küpper, H.-U.: (Systeme), S. 109.
[49]   Vgl. Schweitzer, M.; Küpper, H.-U.: (Systeme), S. 109.

- Gewährleistungswagnis (z.B. Nacharbeiten, Umtausch von Teilen oder Produkten, Gutschriften),
- Entwicklungswagnis (z.B. Fehlschlag von Forschungs- und Entwicklungsprojekten) sowie
- Vertriebswagnis (z.B. Forderungsausfall, Währungsverlust).[50]

Wagnisse können durch Abschluß von Versicherungen abgedeckt oder selbst getragen werden. Falls Versicherungen existieren, stellen deren Prämien Kosten dar. Werden die Wagnisse selbst getragen, sollten die Wahrscheinlichkeit des Eintritts einer Risikoquelle bzw. -art sowie der zu erwartende Wertverzehr der Bemessung der Wagniskosten zugrunde gelegt werden. Beispielsweise kann bei Forderungsausfällen ein Anteil der Ausfälle am Forderungsbestand aus den Werten vergangener Perioden sowie den Erwartungen zum zukünftigen Zahlungsverhalten abgeleitet werden.[51]

Wagniskosten stellen zumeist Gemeinkosten dar, da sie sich nicht eindeutig einzelnen Produktmengeneinheiten zuordnen lassen.

Abgaben

Abgaben fallen in Form von Gebühren (für Leistungen öffentlich-rechtlicher Institutionen), Beiträgen (für Selbstverwaltungsorgane wie Industrie- und Handelskammern) sowie Steuern an. Die Frage, welche Steuern in die Kostenrechnung einzubeziehen sind, wird kontrovers diskutiert, wobei die Einbeziehung von Verbrauchs- und Verkehrssteuern eher befürwortet, die von gewinnabhängigen Steuern eher abgelehnt wird. Unstrittig ist beispielsweise die Berücksichtigung der Kfz-Steuer. Zur Beantwortung der Frage, welche Steuern erfaßt werden sollten, kann man sich an den Rechnungszielen der Kostenrechnung orientieren und z.B. danach richten, ob die jeweilige Steuerart die mit den Kostenrechnungsdaten vorzubereitenden Entscheidungen beeinflußt oder nicht.[52]

---

50   Vgl. Freidank, C.-C.: (Kostenrechnung), S. 130 f., sowie zu anderen Untergliederungen von Wagnisarten Hummel, S.; Männel, W.: (Kostenrechnung), S. 180; Haberstock, L.: (Kostenrechnung), S. 101 ff.
51   Vgl. Freidank, C.-C.: (Kostenrechnung), S. 131.
52   Vgl. Schweitzer, M.; Küpper, H.-U.: (Systeme), S. 115 f.

Aufgaben zu Abschnitt II.1

Kontrollfragen

1) Nennen Sie die Aufgaben der Kostenartenrechnung.
2) Welche Kostenarten können unterschieden werden?
3) Mit welchen Verfahren lassen sich die Verbrauchsmengen von Rohstoffen ermitteln?
4) Aus welchen Komponenten bestehen die gesamten Personalkosten, und stellen diese Komponenten typischerweise Einzel- oder Gemeinkosten dar?
5) Welche Fragen müssen zur Bestimmung der Abschreibungen geklärt werden?
6) Welche Abschreibungsmethoden gibt es, und welche Unterschiede bestehen zwischen ihnen?
7) Welche Unterschiede bestehen zwischen der Durchschnittsmethode und der Restwertmethode zur Bestimmung kalkulatorischer Zinsen?
8) Aus welchem Grund werden in der Kostenrechnung kalkulatorische Wagniskosten angesetzt?

Aufgabe II.1-1

In einem Unternehmen wurden im vergangenen Monat 120 Stück der Produktart A und 75 Stück der Produktart B hergestellt. Zur Produktion eines Stücks der Produktart A werden 5 kg und pro Stück der Produktart B 10 kg eines bestimmten Rohstoffs benötigt.
Zu Beginn des Monats befanden sich 900 kg des Rohstoffs auf Lager. Innerhalb des Monats wurden folgende Mengen des Rohstoffs beschafft:
Zugänge:

Datum	Menge
3.1.	500 [kg]
9.1.	200 [kg]
24.1.	400 [kg]

Die Abgänge des Rohstoffs wurden anhand von Materialentnahmescheinen erfaßt. Sie betrugen während des gesamten Monats 1.400 kg. Am Ende des Monats wurde bei der Inventur ein Endbestand von 500 kg festgestellt.
Ermitteln Sie den mengenmäßigen Verbrauch mit der
a) Inventurmethode,
b) Skontrationsmethode und
c) retrograden Methode.

Aufgabe II.1-2

In einem Unternehmen soll der Materialverbrauch einer Periode ermittelt werden.

Anfangsbestand gemäß Inventur:	2.000 [ME]
Endbestand gemäß Inventur:	1.400 [ME]
Zugänge (Summe aller Einzellieferungen):	3.000 [ME]
Abgänge (Summe der Entnahmen laut Materialentnahmeschein):	3.500 [ME]

Das Material wird zur Herstellung von zwei Produkten eingesetzt. Die Produktionsmengen und der Materialeinsatz pro Produkteinheit sind in der folgenden Tabelle angegeben:

	Produktions-menge	Materialeinsatz pro Produkteinheit
Produkt 1	500 [ME]	5 [ME]
Produkt 2	300 [ME]	3 [ME]

Ermitteln Sie den Materialverbrauch mit der
a) Inventurmethode,
b) Skontrationsmethode,
c) retrograden Methode.

Aufgabe II.1-3

In einem Unternehmen wurden im Monat Mai folgende Materialzugänge und -abgänge registriert:

Zugänge:

    2.5. 100 [ME] zu 10,- [€/ME]
  11.5. 80 [ME] zu 11,- [€/ME]
  18.5. 140 [ME] zu 9,50 [€/ME]
  22.5. 70 [ME] zu 9,- [€/ME]

Abgänge:

    1.5. 50 [ME]
  15.5. 180 [ME]
  17.5. 80 [ME]
  30.5. 40 [ME]

Zu Beginn des Monats Mai befanden sich 200 ME im Lager. Deren Wert betrug 9,50 €/ME.

a) Ermitteln Sie den Materialverbrauch mittels einer Periodenrechnung
  (1) nach der Lifo-Methode,
  (2) nach der Fifo-Methode,
  (3) nach der Hifo-Methode,
  (4) nach der Methode der Durchschnittsbewertung.

b) Ermitteln Sie den Materialverbrauch mittels einer permanenten Rechnung
  (1) nach der Lifo-Methode,
  (2) nach der Fifo-Methode,
  (3) nach der Hifo-Methode,
  (4) nach der Methode der Durchschnittsbewertung.

c) Führen Sie eine Materialabrechnung mit einem Planpreis von 10,- €/ME durch.

Aufgabe II.1-4

In einem Unternehmen der Fahrradindustrie sollen die Personalkosten für zwei Arbeitnehmer für den Monat Juli ermittelt werden.

Herr Speiche arbeitet in der Abteilung 'Bremsen-Montage'. Im Monat Juli montierte er 700 Bremssysteme. Von den 21 Arbeitstagen war Herr Speiche 3 Tage krank und hatte zwei Tage Urlaub. Der für ihn geltende Tariflohn beträgt 15 Geldeinheiten (GE) pro Stunde. Während der Arbeit im Akkord erhält er bei einer Vorgabezeit von 12 Minuten pro Bremssystem einen Akkordzuschlag von 10% auf den Tariflohn.

Herr Besen, der dem Reinigungsdienst des Unternehmens angehört, bekommt einen monatlichen Bruttolohn von 2.300 GE. Im Monat Juli war Herr Besen von den 21 Arbeitstagen 4 Tage krank, er hatte keinen Urlaub.

Folgende für beide Arbeitnehmer geltende Informationen stehen zur Verfügung:

- Arbeitstage pro Jahr: 240 [Tage]
- Urlaubstage pro Jahr: 26 [Tage]
- durchschnittliche Krankheitstage pro Jahr: 11 [Tage]
- Arbeitsstunden pro Tag: 8 [h]
- Urlaubsgeld (Auszahlung im Juni): 1.000 [GE]
- Weihnachtsgeld (Auszahlung im November): 2.300 [GE]
- gesetzliche Sozialabgaben (Arbeitgeberanteil): 20 [%]
- Einkommensteuersatz: 25 [%]

a) Ermitteln Sie die Brutto- und Nettolohnzahlung für beide Arbeitnehmer im Monat Juli.

b) Berechnen Sie die in der Kostenrechnung anzusetzenden Lohnkosten einschließlich Lohnnebenkosten für den Monat Juli.

c) Welche Anzahl von Bremssystemen muß Herr Speiche im Monat Juli mindestens montieren, um einen Bruttolohn zu erhalten, der über dem Mindestlohn liegt?

Aufgabe II.1-5

Eine maschinelle Anlage, die zu Beginn des Jahres 2000 für 480.000 € beschafft wurde, wird kalkulatorisch über acht Jahre arithmetisch-degressiv abgeschrieben. Die jährliche Preissteigerungsrate für technisch vergleichbare Anlagen beträgt 4%. Ein Liquidationserlös am Ende der Nutzungsdauer wird nicht erwartet. Bestimmen Sie die kalkulatorischen Abschreibungen für 2004.

Aufgabe II.1-6

Ein Copy-Shop kauft zu Beginn des Jahres 2002 einen Farbdrucker zu einem Preis von 18.000 GE. Die voraussichtliche Nutzungsdauer ist nach Angaben des Herstellers 5 Jahre. Der Restwert am Ende der Nutzungsdauer wird voraussichtlich 2.000 GE betragen.

a) Ermitteln Sie die Abschreibungsbeträge der Jahre 2003 und 2004 nach der geometrisch-degressiven Abschreibungsmethode.

b) Nach Angaben des Herstellers beläuft sich die maximale Leistungsmenge des Farbdruckers auf 1.600.000 Blatt. Ermitteln Sie die Höhe der durchschnittlichen jährlichen Abschreibungen nach der nutzungsabhängigen Abschreibungsmethode.

c) Die jährliche Preissteigerungsrate für Farbdrucker sei 2%. In welcher Höhe sollte der jährliche Abschreibungsbetrag für das Jahr 2004 bei Anwendung der linearen Abschreibungsmethode angesetzt werden, wenn davon ausgegangen wird, daß der Restwert im gleichen Ausmaß steigt?

d) Da der Drucker sehr intensiv genutzt wird, stellt sich zu Beginn des Jahres 2003 heraus, daß die Nutzungsdauer voraussichtlich nur 4 Jahre betragen wird. Es ist die lineare Abschreibungsmethode ohne Berücksichtigung einer jährlichen Preissteigerung gewählt worden. Für welche Jahre sollte eine Änderung des Abschreibungsbetrages vorgenommen werden, und wie hoch ist der neue Abschreibungsbetrag?

Aufgabe II.1-7

In einem Unternehmen wurde eine Maschine zum Preis von 200.000 € angeschafft. Dabei fielen zusätzlich 20.000 € an Anschaffungsnebenkosten an. Nach Herstellerangaben beträgt die Nutzungsdauer ca. 5 Jahre bei einer Gesamtleistung von 10.000 Maschinenstunden. Am Ende der Nutzungsdauer ist nicht mehr mit einem Liquidationserlös zu rechnen, da es sich um eine spezielle Anfertigung für das Unternehmen handelt. Die Demontage der Maschine verursacht voraussichtlich Kosten in Höhe von 10.000 €.

a) Ermitteln Sie die jährlichen kalkulatorischen Abschreibungen unter Anwendung der linearen Abschreibungsmethode.

b) Nach drei Jahren bietet der Hersteller dem Unternehmen ein weiterentwickeltes Modell der Maschine an. Der neue Anschaffungspreis beträgt 300.000 €, wobei die gleichen Nebenkosten sowie Kosten für die Demontage am Ende der Nutzungsdauer anfallen. Die Nutzungsdauer bleibt unverändert. Nach Herstellerangaben erhöht sich die voraussichtliche Gesamtleistung der Maschine auf 12.000 Maschinenstunden. Ermitteln Sie die jährlichen kalkulatorischen Abschreibungen unter Anwendung der linearen Abschreibungsmethode.

Aufgabe II.1-8

Ein Unternehmen beschafft Anfang 2002 für seinen Kundendienst ein neues Servicefahrzeug zu einem Preis von 55.000 Geldeinheiten (GE). Es wird damit gerechnet, daß das Fahrzeug am Ende der fünfjährigen Nutzungsdauer zu einem Preis von 5.000 GE verkauft werden kann. Da zum einen der Wertverlust bei Fahrzeugen in den ersten Jahren sehr hoch ist und zum anderen davon ausgegangen wird, daß die Inanspruchnahme des Fahrzeugs während der Nutzungsdauer stark variiert, sollen die kalkulatorischen Abschreibungen in einen nutzungsabhängigen (60%) und einen zeitabhängigen (40%) Teil aufgespalten werden. Zur Ermittlung der zeitabhängigen Abschreibungen wird die arithmetisch-degressive Abschreibungsmethode gewählt. Die erwartete Fahrleistung in den einzelnen Jahren beträgt:

Jahr	Fahrleistung
2002	28.000 [km]
2003	30.000 [km]
2004	25.000 [km]
2005	19.000 [km]
2006	18.000 [km]

Ermitteln Sie die jährlichen Abschreibungsbeträge sowie die Restbuchwerte am Jahresende für die gesamte Nutzungsdauer.

Aufgabe II.1-9

In einem Unternehmen wurde Anfang des Jahres 2001 ein Lieferwagen zu einem Preis von 68.000 Geldeinheiten (GE) angeschafft. Die maximale Gesamtleistung wird mit 210.000 km bei einer durchschnittlichen Fahrleistung von 35.000 km pro Jahr angenommen. Der Liquidationserlös am Ende der Nutzungsdauer wird voraussichtlich 5.000 GE betragen.

a) Berechnen Sie die leistungsabhängigen Abschreibungsbeträge der Jahre 2001 bis 2003, wenn folgende Kilometerstände am jeweiligen Jahresende ermittelt wurden:

Kilometerstand am:	
31.12.01	22.000 [km]
31.12.02	65.000 [km]
31.12.03	90.000 [km]

b) Bestimmen Sie die jährlichen kalkulatorischen Abschreibungsbeträge der Jahre 2001 bis 2003 sowie die sich daraus ergebenden Restbuchwerte unter Verwendung der geometrisch-degressiven Abschreibungsmethode.

c) Die folgende Tabelle stellt die Preisentwicklung vergleichbarer Automobile für die Jahre 1998 bis 2003 dar:

Jahr	1998	1999	2000	2001	2002	2003
Preisindex	106 [%]	111,5 [%]	114 [%]	116,4 [%]	121 [%]	122,2 [%]

Bestimmen Sie die kalkulatorischen Abschreibungen für die Jahre 2001 bis 2003 mit der linearen Abschreibungsmethode und unter Berücksichtigung der Preissteigerung, die sich sowohl auf den Anschaffungspreis als auch auf den Liquidationserlös beziehen soll.

Aufgabe II.1-10

Ein Straßenbauunternehmen kauft zu Beginn des Jahres 2001 eine Maschine, deren Anschaffungskosten 20.000 € betragen. Mit einer Preissteigerung wird in den nächsten Jahren nicht gerechnet. Am Ende der sechsjährigen Nutzungsdauer wird ein Schrottwert von 2.000 € erwartet. Das Unternehmen geht von einer konstanten Wertminderung über die Nutzungsdauer aus. Der kalkulatorische Zinssatz beläuft sich auf 10%.

a) Ermitteln Sie die kalkulatorischen Zinsen pro Jahr mit der Durchschnittsmethode.

b) Berechnen Sie die nach der Restwertmethode anzusetzenden kalkulatorischen Zinsen für das Jahr 2004.

Aufgabe II.1-11

In einer Kostenstelle sollen die kalkulatorischen Zinsen der vorhandenen Anlagen für das Jahr 2003 positionsweise erfaßt werden. Der kalkulatorische Zinssatz beträgt 8%.

Anlage 1 wurde am 01.01.2000 zu einem Preis von 100.000 € gekauft. Die Anlage wird kalkulatorisch linear über 5 Jahre abgeschrieben. Ein Restwert am Ende der Nutzungsdauer wird nicht erwartet.

Anlage 2 wurde ebenfalls am 01.01.2000 angeschafft. Die Anschaffungskosten betrugen 160.000 €, zusätzlich sind Anschaffungsnebenkosten in Höhe von 20.000 € angefallen. Die Anschaffungskosten gleichwertiger Anlagen sind seit der Inbetriebnahme der Anlage jährlich um 2% gestiegen. Der Restwert am Ende der Nutzungsdauer wurde zum 01.01.2003 und 31.12.2003 jeweils auf 10.000 € geschätzt. Kalkulatorisch wird die Anlage linear über einen Zeitraum von 6 Jahren abgeschrieben.

a) Ermitteln Sie die jährlichen kalkulatorischen Zinsen der beiden Anlagen mit der Durchschnittsmethode.

b) Bestimmen Sie die jährlichen kalkulatorischen Zinsen der Anlagen mit der Restwertmethode.

Aufgabe II.1-12

Ermitteln Sie auf der Grundlage der folgenden Angaben kalkulatorische Abschreibungen und Zinsen. Die - vereinfachte - Bilanz zum 31.12.2003 sieht wie folgt aus (Werte in €):

Aktiva	Bilanz	Passiva	
I. Anlagevermögen		**I. Eigenkapital**	
1. Grundstücke	450.000	1. Grundkapital	850.000
2. Gebäude	779.000	2. Jahresüberschuß	109.000
3. Maschinen	390.000	**II. Verbindlichkeiten**	
4. Fuhrpark	70.000	1. Langfristige	
II. Umlaufvermögen		Verbindlichkeiten	1.200.000
1. Roh-, Hilfs-, Betriebsstoffe	338.000	2. Kundenanzahlungen	330.000
2. Fertigerzeugnisse	620.000	3. Lieferantenverbindlichkeiten	680.000
3. Kundenforderungen	430.000		
4. Kasse	92.000		
	3.169.000		3.169.000

Weitere Angaben:
Grundstücke: gesamter Anschaffungswert: 450 T€, Preisindex 220%. Anschaffungskosten eines Grundstücks, auf dem eine seit Ende 2000 stillgelegte Fabrikationshalle steht, die demnächst verkauft werden soll: 70 T€.
Gebäude: Anschaffungswert 950 T€, Nutzungsdauer 50 Jahre, Preisindex 250%. In der Position ist die nicht genutzte Halle enthalten, Anschaffungswert dieser Halle: 230 T€.
Maschinen: Anschaffungswert: 780 T€, durchschnittlicher Preisindex: 160%, Nutzungsdauer: 8 Jahre.
Fuhrpark: Anschaffungswert: 280 T€, durchschnittlicher Preisindex: 120%, Nutzungsdauer: 4 Jahre.
Für geringwertige Wirtschaftsgüter und andere betrieblich genutzten Güter, die im Jahr 2001 bilanziell bereits vollständig abgeschrieben waren, betragen die Abschreibungen im gesamten Jahr 2001 36 T€.

a) Berechnen Sie für den Berichtsmonat Dezember 2003 die kalkulatorischen Abschreibungen vom jeweiligen Tageswert. Die Abschreibungen werden linear vorgenommen. Restwerte sind nicht zu berücksichtigen.

b) Die kalkulatorischen Zinsen sollen ohne und mit Berücksichtigung des Abzugskapitals mit der Durchschnittsmethode und einem Zinssatz von 8% berechnet werden. Auszugehen ist von Anschaffungskosten. In der Bilanz nicht enthaltene Wirtschaftsgüter sollen unberücksichtigt bleiben.

Die Anfangsbestände am 01.12.2003 betrugen:

Anlagevermögen	wie am 31.12.2003
Roh-, Hilfs- und Betriebsstoffe	242 [T€]
Fertigerzeugnisse	560 [T€]
Kundenforderungen	630 [T€]
Kasse	102 [T€]
Langfristige Verbindlichkeiten	1.300 [T€]
Kundenanzahlungen	294 [T€]
Lieferantenverbindlichkeiten	650 [T€]

Aufgabe II.1-13

In einem Unternehmen sollen die kalkulatorischen Zinsen nach dem Globalverfahren ermittelt werden. Folgende Bilanz liegt am Ende des Jahres vor:

Aktiva	Bilanz		Passiva
I. Anlagevermögen		**I. Eigenkapital**	
1. Bebaute Grundstücke	350.000	1. Grundkapital	300.000
2. Maschinen	180.000	2. Gewinnrücklagen	60.000
3. Beteiligungen	16.000	3. Jahresüberschuß	32.000
II. Umlaufvermögen		**II. Verbindlichkeiten**	
1. Vorräte	23.000	1. langfristige Bank-	
2. Forderungen	10.000	verbindlichkeiten	150.000
3. Wertpapiere	20.000	2. kurzfristige Bank-	
4. Kassenbestand, Bankguthaben	15.000	verbindlichkeiten	35.000
		3. Erhaltene Anzahlungen	21.000
		4. Verbindlichkeiten aus	
		Lieferungen und Leistungen	16.000
	614.000		614.000

Außerdem stehen folgende Informationen aus dem Rechnungswesen zur Verfügung:

I. Anlagevermögen:

zu 1. Der Tageswert der betrieblich genutzten Grundstücke und Gebäude ist 500.000 €. Der Gebäudeanteil innerhalb dieser Position beträgt 60%.

zu 2. Der kalkulatorische Restwert beläuft sich auf 230.000 € und entspricht ungefähr dem durchschnittlichen Wert.

zu 3. Die Beteiligungen, deren Tages- und Durchschnittswert 23.000 € beträgt, dienen dem Unternehmenszweck.

II. Umlaufvermögen:

Folgende Bestandswerte wurden zu Beginn des Jahres ermittelt:

Vorräte:	15.000 [€]
Forderungen:	6.000 [€]
Wertpapiere:	4.000 [€]
Kassenbestand, Bankguthaben:	3.000 [€]

Die Wertpapiere werden aus spekulativen Gründen gehalten.

Für die Positionen 'Erhaltene Anzahlungen' sowie 'Verbindlichkeiten aus Lieferungen und Leistungen' wird unterstellt, daß die Werte in der Bilanz denen zu Beginn des Jahres entsprechen.

Bestimmen Sie die jährlichen kalkulatorischen Zinsen (kalkulatorischer Zinssatz: 10%) mit der Durchschnittsmethode sowohl mit als auch ohne Berücksichtigung des Abzugskapitals.

2 Kostenstellenrechnung

2.1 Aufgaben der Kostenstellenrechnung

Der Kostenstellenrechnung liegt die Frage zugrunde, *wo*, d.h. in welchen Bereichen eines Betriebes, Kosten entstehen bzw. entstanden sind. Diese Frage bezieht sich vor allem auf die Gemeinkosten des Betriebes, da die Einzelkosten den Kostenträgern direkt zugeordnet werden können. Zur Beantwortung der Frage werden Kostenstellen gebildet und diesen die in der Kostenartenrechnung erfaßten Gemeinkosten zugewiesen. Kostenstellen sind Betriebsabteilungen oder betriebliche Teilbereiche, die in der Kostenrechnung als selbständige Abrechnungseinheiten behandelt werden, d.h. für sie werden Kosten erfaßt, ausgewiesen sowie in der Regel auch geplant und kontrolliert.[1]

Die Kostenstellenrechnung hat vor allem zwei Aufgaben:[2]

- Die erste Aufgabe besteht darin, eine relativ genaue Zurechnung der Gemeinkosten auf die Kostenträger zu ermöglichen. Ohne eine Kostenstellenrechnung (oder eine andere differenzierte Rechnung) könnten die Gemeinkosten eines Betriebes den Kostenträgern entweder nur undifferenziert gemeinsam mit den Einzelkosten[3] oder lediglich in Form eines Gesamtzuschlags auf eine Zuschlagsbasis bzw. Bezugsgröße (z.B. die Einzelkosten) zugeordnet werden. Im letztgenannten Fall würde dann unterstellt, daß das Verhältnis zwischen den insgesamt angefallenen Einheiten der Zuschlagsbasis bzw. Bezugsgröße und den Gemeinkosten bei allen Kostenträgern gleich ist. Mit Hilfe der Kostenstellenrechnung läßt sich bei der Zurechnung von Gemeinkosten zu Kostenträgern berücksichtigen, ob und in welchem Ausmaß ein Kostenträger die Leistungen einer Kostenstelle in Anspruch genommen und damit Gemeinkosten verursacht hat. Damit schafft die Kostenstellenrechnung auch eine Grundlage für die Bewertung von Beständen an Halb- und Fertigfabrikaten unter Einbeziehung von Gemeinkosten.
- Die zweite Aufgabe der Kostenstellenrechnung ist die Überwachung der betrieblichen Aktivitäten in den einzelnen Kostenstellen hinsichtlich ihrer Wirtschaftlichkeit und der Einhaltung von Kostenbudgets. Durch die Aufgliederung des Betriebes in Teilbereiche soll eine wirksame Kostenkontrolle ermöglicht werden.

Die Verfolgung dieser Zwecke kann eine Reihe von Anforderungen an die Kostenstellenrechnung implizieren. So kann es das Ziel einer möglichst exakten Verrechnung der Gemeinkosten auf die Kostenträger nahe legen, im Rahmen der Kostenstellenrechnung das Verursachungsprinzip zu beachten und Bezugsgrößen für die Kostenverrechnung zu wählen, mit denen sich der Kostenverlauf relativ genau abbilden läßt.

---

[1] Vgl. Kilger, W.: (Einführung), S. 15; Hummel, S.; Männel, W.: (Kostenrechnung), S. 190; Haberstock, L.: (Kostenrechnung), S. 105.

[2] Vgl. Hummel, S.; Männel, W.: (Kostenrechnung), S. 193; Freidank, C.-C.: (Kostenrechnung), S. 132 f.

[3] Dies geschieht bei der Divisions- und der Äquivalenzziffernkalkulation. Vgl. die Abschnitte II.3.2.2 und II.3.2.3.1.1.

2.2   Bildung von Kostenstellen und Bezugsgrößenwahl

Bei der Einteilung eines Betriebes in Kostenstellen sind einige Grundsätze zu beachten, die aus den Zielen der Kostenrechnung allgemein und denen der Kostenstellenrechnung im speziellen abgeleitet werden können. Die Gliederung des Betriebes in Kostenstellen sollte so vorgenommen werden, daß

a)   eine eindeutige Zuordnung der Gemeinkosten zu einer Kostenstelle möglich ist,
b)   eine eindeutige Beziehung zwischen den Leistungen, die eine Kostenstelle erstellt und abgibt, und den in den Kostenstellen verursachten Kosten besteht,
c)   die Kostenstellen Verantwortungsbereichen entsprechen sowie
d)   die Wirtschaftlichkeit der Kostenstellenrechnung gewahrt bleibt.[4]

Mit dem Grundsatz a) soll eine zweifelsfreie Zuordnung der in der Kostenartenrechnung erfaßten Gemeinkosten ermöglicht werden. Dies setzt unter anderem eine eindeutige Abgrenzung der Kostenstellen voraus. Die in b) geforderte Existenz eindeutiger Beziehungen zwischen Leistungsabgabe und Kostenverursachung ist für die innerbetriebliche Leistungsverrechnung sowie die Bildung von Zuschlagsätzen notwendig (zu diesen Schritten der Kostenstellenrechnung vgl. Abschnitt II.2.3). Es sollten eine Bezugsgröße oder mehrere Bezugsgrößen identifiziert werden können, zu der bzw. denen sich die Leistungsabgabe der Kostenstellen und die entstehenden Kosten proportional verhalten. Bei Identität zwischen Kostenstellen und Verantwortungsbereichen - Grundsatz c) - existieren Verantwortliche für die Kosten der Kostenstelle. Dies verbessert, unter anderem in Verbindung mit Wirtschaftlichkeitskontrollen, die Möglichkeiten der Kostensenkung bzw. -begrenzung. Eine wirtschaftliche Ausgestaltung - Grundsatz d) - ist für die Kostenstellenrechnung ebenso wie für die Kostenrechnung insgesamt anzustreben.

Die in den Grundsätzen a) - d) formulierten Forderungen haben den Charakter von Leitlinien. Sie können nicht gleichzeitig in vollem Umfang erfüllt werden, da sie zum Teil zu widersprüchlichen Empfehlungen für die Kostenstellenbildung führen. So legen die Kriterien a) und d) eine Beschränkung auf wenige Kostenstellen nahe. Der Grundsatz b) hingegen spricht oftmals für die Einrichtung einer großen Anzahl von Kostenstellen, da in vielen Betriebsbereichen mit abnehmender Größe der Kostenstellen tendenziell eher eindeutige Beziehungen zwischen Leistungsabgabe und Kostenverursachung bestehen werden. Der Grundsatz c) kann - je nach Verantwortungsverteilung im Unternehmen - zu Empfehlungen in beide Richtungen führen. Bei der Kostenstellenbildung in einem Betrieb ist ein Kompromiß zu suchen, der eine zufriedenstellende Erfüllung aller Grundsätze bedeutet.

Für die konkrete Umsetzung dieser Grundsätze im Rahmen der Kostenstellenbildung existieren verschiedene Ansatzpunkte. Häufig erfolgt bei der Kostenstellenbildung eine Orientierung an

-   den Verantwortungsbereichen von Betrieben,
-   den Funktionsbereichen der Betriebe sowie
-   leistungs- bzw. produktionstechnischen Gesichtspunkten.

---

4   Vgl. Kilger, W.: (Einführung), S. 154 f.; Hummel, S.; Männel, W.: (Kostenrechnung), S. 198; Haberstock, L.: (Kostenrechnung), S. 105 ff.

Eine Orientierung an Verantwortungsbereichen bietet sich aufgrund von Grundsatz c) an. Hinsichtlich der Funktionsbereiche von Betrieben läßt sich eine Untergliederung unter anderem in Material-, Fertigungs-, Vertriebs- und Verwaltungsstellen vornehmen:

- Von Materialstellen werden Werkstoffe beschafft, angenommen, geprüft, gelagert und/oder ausgegeben.
- In Fertigungsstellen erfolgen zum einen die eigentliche Be- oder Verarbeitung von Materialien, zum anderen vorbereitende und unterstützende Tätigkeiten wie Arbeitsvorbereitung und Reparaturen.
- Vertriebsstellen dienen der Lagerung, dem Verkauf und dem Versand der Fertigprodukte.
- Verwaltungsstellen können für Tätigkeiten wie Geschäftsführung, Buchhaltung, Personalabrechnung und -betreuung etc. eingerichtet werden.

Die - mit der Unterscheidung nach Funktionen verwandte - Gliederung nach leistungs- bzw. produktionstechnischen Gesichtspunkten führt zur Differenzierung zwischen Haupt-, Neben- und Hilfskostenstellen. Hauptkostenstellen nehmen Be- oder Verarbeitungen an den Kostenträgern vor (z.b. Fertigungsabteilungen, in denen eine Endmontage erfolgt). Gleiches gilt für Nebenkostenstellen, allerdings werden in diesen sog. Nebenprodukte, z.B. die Schlacke in einem Hüttenwerk, behandelt. Bei Hilfskostenstellen lassen sich wiederum zwei Arten unterscheiden. Allgemeine Kostenstellen erbringen innerbetriebliche Leistungen für alle Betriebsbereiche (z.B. Energieerzeugung, Betriebsfeuerwehr oder Kantine). In Fertigungshilfsstellen werden Hilfsfunktionen für die Fertigung der Kostenträger übernommen (z.B. Reparaturwerkstatt oder Arbeitsvorbereitung).[5]

Die konkrete Bildung des Kostenstellensystems sollte vom jeweiligen Betrieb und der angestrebten Genauigkeit der Kostenrechnung abhängig gemacht werden. Ein Beispiel für ein Kostenstellensystem eines Industrieunternehmens enthält Abbildung II-9.

Häufig wird besonders im Fertigungsbereich eine relativ differenzierte Kostenstellengliederung gewählt, im Extremfall werden sogar für einzelne Arbeitsplätze Kostenstellen eingerichtet (Platzkostenrechnung). Dies dürfte auch darauf zurückzuführen sein, daß dort relativ gut (annähernd) verursachungsgerechte Beziehungen zwischen Gemeinkosten und Bezugsgrößen identifiziert werden können, falls eine feine Kostenstelleneinteilung vorliegt. Mit einer Verfeinerung der Kostenstelleneinteilung läßt sich daher oftmals die Aussagekraft erhöhen. In anderen Bereichen, z.B. in der Verwaltung, ist dies hingegen kaum möglich.[6]

---

[5] Vgl. Kloock, J.; Sieben, G.; Schildbach, T.: (Leistungsrechnung), S. 112 f.; Schweitzer, M.; Küpper, H.-U.: (Systeme), S. 123 f.

[6] Vgl. Haberstock, L.: (Kostenrechnung), S. 108 f.; Michel, R.; Torspecken, H.-D.; Jandt, J.: (Formen), S. 45 f.

1. Allgemeiner Bereich
  11 Gruppe Forschung, Entwicklung, Konstruktion
     111 Leitung der Gruppe
     112 Zentrallabor
     113 Konstruktionsabteilung
     114 Versuchswerkstatt
     115 Patentstelle
  12 Gruppe Raum
     121 Grundstücke und Gebäude
     122 Heizung und Beleuchtung
     123 Reinigung
     124 Bewachung
     125 Feuerschutz
  13 Gruppe Energie
     131 Wasserverteilung
     132 Stromerzeugung und -verteilung
     133 Gaserzeugung und -verteilung
     134 Dampferzeugung und -verteilung
     135 Preßlufterzeugung und -verteilung
  14 Gruppe Transport
     141 Schienenfahrzeuge und Gleisanlagen
     142 Förderanlagen und Kräne
     143 Fuhrpark LKW
     144 Fuhrpark PKW
     145 Fuhrpark Hubstapler
  15 Gruppe Instandhaltung
     151 Werkstättenleitung
     152 Bauabteilung
     153 Schlosserei
     154 Tischlerei
     155 Elektrowerkstatt
  16 Gruppe Sozial
     161 Gesundheitsdienst
     162 Kantine
     163 Werksbücherei
     164 Sportanlagen
     165 Betriebsrat

2. Materialbereich
     211 Einkaufsleitung
     212
      ⋮   Einkaufsabteilungen
     216
     221 Lagerleitung
     222 Warenannahme
     223 Prüflabor
     224
      ⋮   Werkstoffläger
     227
     228 Lagerkartei
     229 Warenausgabe
      ⋮

3. Fertigungsbereich
     311 Technische Betriebsleitung
     312 Arbeitsvorbereitung
     313 Terminstelle
     314 Werkzeugausgabe
     315 Werkzeugmacherei
     316 Lehrwerkstatt
     321 Meisterbüro 1
     322
      ⋮   Fertigungsstellen
     326
     331 Meisterbüro 2
     332
      ⋮   Fertigungsstellen
     336
      ⋮

4. Vertriebsbereich
     411 Verkaufsleitung Inland
     412
      ⋮   Verkaufsabteilungen Inland
     416
     421 Verkaufsleitung Ausland
     422
      ⋮   Exportabteilung
     426
     431
      ⋮   Fabrikateläger
     441 Marktforschung
     442 Werbung
     451 Kundendienst
     452 Montage
     461 Verpackung
     462 Verpackungsmateriallager
     463 Expedition
      ⋮

5. Verwaltungsbereich
     511 Geschäftsleitung
     512 Betriebswirtschaftliche Abteilung
     513 Interne Revision
     514 Rechtsabteilung
     521 Buchhaltung
     522 Betriebsabrechnung
     523 Kalkulation
     524 Personalbüro/Lohnbüro
     525 Statistik
     526 Rechenzentrum
     531 Registratur
     532 Poststelle/Botendienst
     533 Büromateriallager und -ausgabe
     541 Gästehaus
     542 Yacht und Jagd
      ⋮

Abb. II-9:   Beispiel eines Kostenstellensystems[7]

Wie erwähnt, sollte eine eindeutige Beziehung zwischen den Kosten der Kostenstelle und einer oder mehreren Bezugsgröße(n) bestehen. Im Zusammenhang mit der Kostenstellenbildung ist es daher auch erforderlich, Bezugsgrößen für die Kostenstellen festzulegen. Bezugsgrößen werden für die Planung und Kontrolle der Kostenstellenkosten sowie deren Weiterverrechnung auf andere Kostenstellen oder Kostenträger benötigt.[8]

Dazu ist zum einen zu analysieren, von welcher oder welchen Einflußgröße(n) die Kosten abhängig sind. Bei einer homogenen Kostenverursachung liegt lediglich eine Einflußgröße vor, die dann als Bezugsgröße verwendet oder aus der eine Bezugsgröße abgeleitet werden sollte. Im Fertigungsbereich kann die Fertigungszeit eine solche Einflußgröße sein. Eventuell wirken sich aber auch mehrere Einflußgrößen auf die Kosten aus, z.B. können die Kosten sowohl von der Rüstzeit als auch von der Bearbeitungszeit oder aber von der Maschinenlaufzeit und der Einsatzzeit des Personals abhängig sein. Bei einer derartigen heterogenen Kostenverursachung sind mehrere Bezugsgrößen zu verwenden, falls keine konstante Beziehung zwischen den Bezugsgrößen besteht (z.B. aufgrund wechselnder Auftragszusammensetzung, die zu unterschiedlichen Verhältnissen von Rüst- und Bearbeitungszeiten führt)[9] und die Kosten möglichst exakt verrechnet werden sollen. Dadurch wird die Verrechnung allerdings komplizierter und aufwendiger, so daß oft angestrebt wird, lediglich eine Bezugsgröße zu nutzen.

Zum anderen muß untersucht werden, in welcher Form die Kosten von den Ausprägungen einer Bezugsgröße oder mehrerer Bezugsgrößen abhängig sind. Oftmals wird eine proportionale Beziehung zwischen den Werten von Bezugsgrößen und den anfallenden Kosten unterstellt und damit eine Variante des Durchschnittsprinzips angewendet. Es ist allerdings darauf hinzuweisen, daß eine streng proportionale Beziehung häufig nicht vorliegt; dies gilt vor allem, falls in einer Vollkostenrechnung auch Fixkosten verrechnet werden.

Für die Verrechnung der einer Kostenstelle zugeordneten Kosten, aber auch für die Verteilung von Gemeinkosten auf die Kostenstellen, läßt sich grundsätzlich eine Vielzahl von Bezugsgrößen bzw. Maß- oder Schlüsselgrößen verwenden. Einen Überblick über derartige Größen vermittelt die nachfolgende Abbildung.

---

[7] Quelle: Haberstock, L.: (Kostenrechnung), S. 111 f. Zu einem anderen Beispiel vgl. Kilger, W.: (Einführung), S. 162.

[8] Zur Bezugsgrößenwahl allgemein vgl. Kilger, W.: (Einführung), S. 163 ff., sowie - unter Bezugnahme auf eine Plankostenrechnung - Kilger, W.; Pampel, J.; Vikas, K.: (Plankostenrechnung), S. 244 ff.

[9] Bei einer konstanten Beziehung gilt das Gesetz von der Austauschbarkeit der Maßgrößen, und es ist nur eine Bezugsgröße notwendig, obwohl eine heterogene Kostenverursachung vorliegt.

Kostenschlüssel für die Kostenverteilung bzw. -zurechnung	
Mengenschlüssel	**Wertschlüssel**
Zählgrößen (z.B. Zahl der eingesetzten, hergestellten oder abgesetzten Stücke, Zahl der Buchungen)	**Kostengrößen** (z.B. Fertigungslohnkosten, Fertigungsmaterialkosten, Fertigungskosten, Herstellkosten)
Zeitgrößen (z.B. Kalenderzeit, Fertigungszeit, Maschinenstunden, Rüstzeit, Meisterstunden)	**Einstandsgrößen** (z.B. Wareneingangswert, Lagerzugangswert)
Raumgrößen (z.B. Länge, Fläche, Rauminhalt)	**Absatzgrößen** (z.B. Warenumsatz, Kreditumsatz)
Gewichtsgrößen (z.B. Einsatzgewichte, Transportgewichte, Produktmengen in Gewichtseinheiten)	**Bestandsgrößen** (z.B. Bestandswert an Stoffen, Zwischen- oder Endprodukten, Anlagenbestandswert)
Technische Maßgrößen (z.B. kWh, PS, km, Kalorien)	**Verrechnungsgrößen** (z.B. Verrechnungspreise)

Abb. II-10: Bezugs- bzw. Schlüsselgrößen für die Kostenverteilung[10]

2.3   Schritte der Kostenstellenrechnung

Die Kostenstellenrechnung erfolgt in vier Schritten:[11]

1. Zuordnung der in der Kostenartenrechnung erfaßten Gemeinkosten zu Kostenstellen,
2. Verrechnung innerbetrieblicher Leistungen,
3. Bildung von Zuschlagsätzen für die Kostenträgerrechnung und
4. Wirtschaftlichkeitskontrolle.

Die Ausgestaltung der Kostenstellenrechnung ist abhängig vom realisierten System der Kostenrechnung (Ist-, Normal- oder Plankostenrechnung; Voll- oder Teilkostenrechnung). Die Ausführungen in diesem Abschnitt beziehen sich auf eine Vollkostenrechnung auf Istkostenbasis (zum Teil unter Einbeziehung von Normalkosten), lassen sich aber weitgehend auch auf die anderen Formen der Kostenrechnung übertragen. Besonderheiten der Kostenstellenrechnung bei einer Teilkostenrechnung werden in Abschnitt III.1.2.1 dargestellt.

Im ersten Schritt werden die nach Kostenarten gegliederten Gemeinkosten einer Abrechnungsperiode Kostenstellen zugeordnet. Die Zuordnung sollte so weit wie möglich bzw. wirtschaftlich sinnvoll entsprechend dem Verursachungsprinzip erfolgen, d.h. die Gemeinkosten sollten den Kostenstellen zugeordnet werden, die für ihre Entstehung verantwortlich sind. Die aus der Kostenartenrechnung übernommenen Kosten werden als primäre Kosten bezeichnet.

Bei den primären Kosten kann es sich um Stelleneinzelkosten oder Stellengemeinkosten handeln. Stelleneinzelkosten lassen sich gemäß dem Verursachungsprinzip direkt bestimmten Kostenstellen zuordnen. Hierzu zählen beispielsweise die Kosten von Personal, das nur in

---

10   Quelle: Schweitzer, M.; Küpper, H.-U.: (Systeme), S. 129.
11   Vgl. Haberstock, L.: (Kostenrechnung), S. 115 ff.

einer Kostenstelle tätig ist, die Kosten einer Fremdreparatur oder der bewertete Verbrauch an Hilfs- und Betriebsstoffen in einer Kostenstelle. Bei Stellengemeinkosten hingegen ist eine Verteilung nur mit Hilfe von Schlüsselgrößen möglich. Beispielsweise kann das Gehalt eines Meisters, der mehrere Kostenstellen leitet, nach der Anzahl der Anlagen oder der Beschäftigten in den einzelnen Kostenstellen aufgeteilt werden. Der Wasserverbrauch läßt sich, sofern er nicht direkt in den Kostenstellen mit Zählern erfaßt wird, über die Anzahl der Anschlüsse in den Kostenstellen verrechnen. Weitere denkbare Schlüsselgrößen sind bereits in Abbildung II-10 aufgeführt worden.

Der zweite Schritt der Kostenstellenrechnung ist die innerbetriebliche Leistungsverrechnung zwischen den Kostenstellen. Dieser Schritt ist erforderlich, da in Betrieben häufig Kostenstellen existieren, deren Leistungen im Betrieb selbst verzehrt werden und keinen unmittelbaren Bezug zu den Kostenträgern aufweisen. Einige dieser Leistungen (z.B. selbst erstellte Anlagen und Werkzeuge) sind mehrjährig nutzbar und können daher aktiviert werden. Diese Leistungen werden als Kostenträger behandelt und in Bilanz und Anlagenkartei erfaßt.[12] Über Abschreibungen und Zinsen gehen sie in die Kostenstellenrechnungen mehrerer Perioden ein. Andere innerbetriebliche Leistungen hingegen, z.B. Energie, Kantinenessen oder Instandhaltungsarbeiten, werden in der Periode, in der sie erbracht werden, auch wieder verzehrt. Diese Leistungen bzw. deren Kosten sind in der entsprechenden Periode im Rahmen der Kostenstellenrechnung zwischen den abgebenden und den empfangenden Kostenstellen zu verrechnen.[13]

Die abgebenden Kostenstellen werden nach ihrer Stellung im Abrechnungsgang der Kostenstellenrechnung als Vorkostenstellen bezeichnet und von Endkostenstellen unterschieden. Für Endkostenstellen ist charakteristisch, daß ihre Kosten unmittelbar auf die Kostenträger verrechnet werden können. In der Regel werden Hauptkostenstellen als Endkostenstellen und Hilfskostenstellen als Vorkostenstellen behandelt. Ausnahmen liegen häufig bei Material-, Verwaltungs- und Vertriebsstellen vor, die zwar einen Hilfscharakter haben, in der Regel aber dennoch als Endkostenstellen eingerichtet werden.[14]

Die Aufgabe der innerbetrieblichen Leistungsverrechnung ist es, die im ersten Schritt den Vorkostenstellen zugeordneten primären Kosten entsprechend der Leistungsabgabe und -inanspruchnahme auf die Endkostenstellen zu verrechnen. Dabei ist - ausgehend vom Ziel einer möglichst exakten Verrechnung der Gemeinkosten - wiederum dem Verursachungsprinzip zu folgen. Zur Kostenverrechnung werden Bezugsgrößen genutzt, wobei in der Regel unterstellt wird, daß deren Ausprägungen sowohl zur Leistungsabgabe einer Kostenstelle als auch zu den in dieser entstehenden Kosten in einem proportionalen Verhältnis stehen. Beispielsweise bietet sich für eine Reparaturkostenstelle die Anzahl der geleisteten Reparaturstunden als Be-

---

12 Für diese selbst erstellten und aktivierbaren Leistungen können auch eigenständige Kostenstellen eingerichtet werden, denen dann die verursachten Kosten zugerechnet werden (Kostenträgerverfahren). Vgl. Freidank, C.-C.: (Kostenrechnung), S. 146.

13 Es kann auch der Fall auftreten, daß Kostenstellen Leistungen beanspruchen, die sie selbst erbringen, z.B. bei der Energieversorgung oder der Personalabteilung. Die entsprechenden 'Eigenleistungen' können im Rahmen der innerbetrieblichen Leistungsverrechnung unberücksichtigt bleiben.

14 Unter Vernachlässigung dieser Besonderheit werden in der Literatur auch die Begriffe Hilfs- und Hauptkostenstelle anstelle von Vor- und Endkostenstelle verwendet. Vgl. Haberstock, L.: (Kostenrechnung), S. 113; Scherrer, G.: (Kostenrechnung), S. 373 f.

zugsgröße an. Die Kosten pro Bezugsgrößeneinheit lassen sich als Verrechnungspreise zur Kostenverteilung nutzen. Die im Rahmen der Kostenverrechnung auf die Endkostenstellen verteilten Kosten werden als sekundäre Kosten bezeichnet. Nach Abschluß der innerbetrieblichen Leistungsverrechnung sind sämtliche einbezogenen Gemeinkosten den Endkostenstellen zugeordnet. Auf Verfahren zur innerbetrieblichen Leistungsverrechnung wird im nachfolgenden Abschnitt gesondert eingegangen.

Im dritten Schritt der Kostenstellenrechnung werden für die Endkostenstellen Kalkulations- bzw. Zuschlagsätze gebildet. Dabei werden die gesamten einer Endkostenstelle zugeordneten - primären und sekundären - Gemeinkosten zu einer bestimmten Bezugsgröße (z.B. Fertigungseinzelkosten, hergestellte Produktmenge, geleistete Maschinenstunden) in Relation gesetzt. Es ergibt sich ein Zuschlagsatz (bei Verwendung einer Wertgröße als Bezugsbasis) bzw. ein Verrechnungssatz (bei Nutzung anderer Schlüsselgrößen), mit dessen Hilfe die Gemeinkosten bei der Kostenträgerrechnung differenziert berücksichtigt werden können.[15] Beispiele sind:[16]

$$\text{Materialgemeinkostenzuschlagsatz [\%]} = \frac{\text{Materialgemeinkosten (MGK)}}{\text{Materialeinzelkosten}} \cdot 100$$

$$\text{Fertigungsgemeinkostenzuschlagsatz [\%]} = \frac{\text{Fertigungsgemeinkosten (FGK)}}{\text{Fertigungseinzelkosten (Fertigungslöhne)}} \cdot 100$$

$$\text{Maschinenstundensatz [€/h]} = \frac{\text{Fertigungsgemeinkosten}}{\text{Maschinenstunden}} \cdot 100$$

$$\text{Verwaltungsgemeinkostenzuschlagsatz [\%]} = \frac{\text{Verwaltungskosten (VwGK)}}{\text{Herstellkosten des Umsatzes}} \cdot 100$$

$$\text{Vertriebsgemeinkostenzuschlagsatz [\%]} = \frac{\text{Vertriebskosten (VtGK)}}{\text{Herstellkosten des Umsatzes}} \cdot 100$$

Der dritte Schritt stellt eine Nahtstelle zwischen Kostenstellen- und Kostenträgerrechnung dar. Er wird erforderlich, falls bei letzterer eine Zuschlags- oder Bezugsgrößenkalkulation angewendet wird (vgl. Abschnitt II.3.2.3.1). Die Kostenstellenrechnung insgesamt stellt - mit dem ersten bis dritten Schritt - ein Verbindungsglied zwischen Kostenarten- und Kostenträgerrechnung dar.

---

15 Vgl. dazu und zu den nachfolgenden Beispielen Hummel, S.; Männel, W.: (Kostenrechnung), S. 247 f.

16 Bei den zur Verrechnung von Verwaltungs- und Vertriebsgemeinkosten verwendeten Herstellkosten muß zwischen den Herstellkosten der Produktion und den Herstellkosten des Umsatzes unterschieden werden. Die Herstellkosten der Produktion sind die Summe aus Material- und Fertigungskosten, wobei diese sich jeweils aus Einzel- und Gemeinkosten zusammensetzen. Die Herstellkosten des Umsatzes ergeben sich aus den Herstellkosten der Produktion abzüglich der wertmäßigen Bestandserhöhungen und zuzüglich der Werte der Bestandsminderungen. Sie werden häufig als Zuschlagsgrundlage empfohlen, um die Verwaltungs- und Vertriebskosten auf die verkauften Produkte zu verteilen. Vgl. Freidank, C.-C.: (Kostenrechnung), S. 159 f.; Schweitzer, M.; Küpper, H.-U.: (Systeme), S. 152. Für die Verwaltungsgemeinkosten wird aber auch vorgeschlagen, die Herstellkosten der Produktion als Zuschlagsbasis zu nutzen. Vgl. Coenenberg, A.G.: (Kostenrechnung), S. 78.

Der vierte Schritt einer Kostenstellenrechnung ist die Wirtschaftlichkeitskontrolle. In der Literatur wird eine sehr einfache Form der Wirtschaftlichkeitskontrolle beschrieben, bei der die gesamten Istkosten der Endkostenstellen deren gesamten Normalkosten (d.h. durchschnittlichen Vergangenheitswerten der Kosten) gegenübergestellt werden. Falls zur Verrechnung der Gemeinkosten auf die Kostenträger die Normalgemeinkostenzuschlag- bzw. -verrechnungssätze verwendet werden, stellt eine positive (negative) Differenz zwischen Normal- und Istkosten eine Überdeckung (Unterdeckung) dar.[17] Im Falle einer Unterdeckung werden mit dem Normalgemeinkostensatz weniger Gemeinkosten auf die Kostenträger verrechnet als tatsächlich angefallen sind. Eine effektive Wirtschaftlichkeitskontrolle ist allerdings mit diesem Vergleich zwischen Istkosten und Normalkosten, die jeweils noch von anderen Kostenstellen verrechnete Kosten enthalten können, nicht möglich. Auf aussagekräftigere Vorgehensweisen der Kostenkontrolle wird in Abschnitt III.2.2 eingegangen.

Die Kostenstellenrechnung wird entweder mit Hilfe von Konten für die einzelnen Kostenstellen oder in einer tabellarischen Form durchgeführt. Zur tabellarischen Rechnung dient der sogenannte Betriebsabrechnungsbogen (BAB).

Der Betriebsabrechnungsbogen ist ein Kostensammelbogen, in dem die Kostenarten vertikal und die Kostenstellen horizontal - sinnvollerweise in einer Reihenfolge, die dem Leistungsfluß entspricht, - angeordnet sind.[18] Es lassen sich verschiedene Bereiche des Betriebsabrechnungsbogens unterscheiden, die gleichzeitig den Schritten der Kostenstellenrechnung entsprechen. Auch der Betriebsabrechnungsbogen ist betriebsindividuell zu gestalten. Die Abbildung II-11 soll seine Grundstruktur veranschaulichen.

In Abbildung II-12 wird ein Betriebsabrechnungsbogen für ein Zahlenbeispiel dargestellt. Bei diesem können allerdings die Verteilung der primären Stellenkosten sowie die Umlage der sekundären Stellenkosten (innerbetriebliche Leistungsverrechnung) nicht nachvollzogen werden, da die Verteilungsgrundlagen nicht aufgeführt sind.[19] Zur Berechnung der Ist-Zuschlag- bzw. Verrechnungssätze wird jeweils der Quotient aus der Summe der auf die Erzeugnisse zu verrechnenden Stellenkosten und der Bezugsbasis gebildet. Im Beispiel werden wertmäßige Bezugsbasen verwendet.[20] Mit Hilfe der Normal-Zuschlag- und -Verrechnungssätze werden die verrechneten Gemeinkosten ermittelt; durch Vergleich mit den angefallenen Gemeinkosten der Kostenstellen läßt sich eine Über- oder Unterdeckung bestimmen.

---

[17] Vgl. Haberstock, L.: (Kostenrechnung), S. 118 ff.

[18] Vgl. Hummel, S.; Männel, W.: (Kostenrechnung), S. 202.

[19] Auf die für die innerbetriebliche Leistungsverrechnung anwendbaren Verfahren wird im nächsten Abschnitt eingegangen.

[20] Bestandsveränderungen liegen nicht vor, und bei den Einzelkosten sollen Ist- und Normalkosten übereinstimmen. Daher ergibt sich die Bezugsbasis für die Verwaltungs- und Vertriebsgemeinkosten als Summe der Material- und Fertigungseinzelkosten sowie der darauf verrechneten (Normal-)Gemeinkosten.

Schritt		Erzeugnisgemein-kostenarten	Verteilungs-grundlage	Gesamt-betrag	Vorkostenstellen	Endkostenstellen			
					Allgemeine und Fert.-hilfskostenst.	Material-kostenstellen 1 2 3 ...	Fertigungshaupt-kostenstellen 1 2 3 ...	Verwaltungs-kostenstellen 1 2 3 ...	Vertriebs-kostenstellen 1 2 3 ...
1	Primärkosten	Stelleneinzelkosten							
		Stellengemeinkosten							
		gesamte Primärkosten							
2	Sekundär-kosten	Entlastung	-						
		Belastung	+						
		Summe der auf die Erzeugnisse zu verrechnenden Stellenkosten			0	+	+	+	+
3	Kostenverrechnung und Kostenanalyse	Bezugsbasen				Fertigungs-material-kosten	Fertigungslöhne oder Maschinen-stunden	Herstell-kosten des Umsatzes	Herstell-kosten des Umsatzes
		Ist-Zuschlag- bzw. Verrechnungssätze				%	% oder €je h	%	%
		Normal-Zuschlag- bzw. Verrechnungssätze				%	% oder €je h	%	%
4		Verrechnete Gemeinkosten				verrechnete MGK	verrechnete FGK	verrechnete VwGK	verrechnete VtGK
		Über-/Unterdeckung				±€	±€	±€	±€

Abb. II-11: Aufbau des Betriebsabrechnungsbogens (BAB)[21]

---

[21] Quelle: zusammengestellt auf der Grundlage von Haberstock, L.: (Kostenrechnung), S. 117 und S. 119.

Schritt		Erzeugnisgemein-kostenarten	Verteilungs-grundlage	Gesamt-betrag	Vorkostenstellen		Material-kostenstelle	Endkostenstellen			
					Fuhr-park	Reparatur-werkstatt		Fertigung 1	Fertigung 2	Verwal-tung	Vertrieb
1	Primärkosten	**Stelleneinzelkosten**									
		Gehälter	Gehaltsliste	75.000			10.000	10.000	15.000	30.000	10.000
		Hilfslöhne	Lohnscheine	70.000	12.000	7.000	3.000	22.000	26.000		
		Hilfs- und Betriebsstoffe	Materialent-nahmescheine	34.300	3.500	7.800		13.000	8.000		2.000
		Stellengemeinkosten									
		Kalkulatorische Abschreibungen	gebundenes Kapital	147.500	24.000	11.000	3.500	56.000	44.000	5.000	4.000
		Kalkulatorische Zinsen	gebundenes Kapital	44.300	7.200	3.300	1.100	16.800	13.200	1.500	1.200
		Energiekosten	Raumgröße	37.100	9.200	4.000	1.400	12.500	6.900	500	2.600
		Steuern, Versicherungen	Angaben der Finanzbuch-haltung	40.000	4.000	3.000	2.000	9.500	10.700	6.000	4.800
		gesamte Primärkosten		448.200	59.900	36.100	21.000	139.800	123.800	43.000	24.600
2	Sekundär-kosten	Umlage Fuhrpark — Entlastung	gefahrene km		-59.900						
		Umlage Fuhrpark — Belastung				5.900	8.985	2.995	1.797	16.263	23.960
		Umlage Repa-raturwerkstatt — Entlastung	Reparatur-stunden			-42.000					
		Umlage Repa-raturwerkstatt — Belastung					2.100	12.600	18.900		8.400
		Summe der auf die Erzeugnisse zu verrechnenden Stellenkosten		448.200			32.085	155.395	144.497	59.263	56.960
3	Kostenverrechnung und Kostenanalyse	Bezugsbasen					120.000	200.000	84.000	734.400	734.400
		Ist-Zuschlagsätze					26,74%	77,70%	172,02%	8,07%	7,76%
4		Normal-Zuschlagsätze					30%	80%	160%	7,5%	8%
		Verrechnete Gemeinkosten					36.000	160.000	134.400	55.080	58.752
		Über-/Unterdeckung					3.915	4.605	-10.097	-4.183	1.792

Abb. II-12: Numerisches Beispiel für einen Betriebsabrechnungsbogen

Abschließend ist auf die Aussagekraft der Resultate der Kostenstellenrechnung einzugehen. Diese wird vor allem dadurch beeinträchtigt, daß bei der Zuordnung von primären Stellenkosten, bei der innerbetrieblichen Leistungsverrechnung sowie bei der Bildung von Zuschlagsätzen und der darauf basierenden Zuordnung von Gemeinkosten zu Kostenträgern eine Kostenverteilung (mit Hilfe von Bezugs- bzw. Schlüsselgrößen) stattfindet. Die Ergebnisse der Kostenstellenrechnung, d.h. vor allem die Verrechnungspreise, die Gesamtkosten der Endkostenstellen sowie die daraus abgeleiteten Zuschlagsätze, geben nur dann den tatsächlichen Ressourcenverzehr an, wenn die folgenden Voraussetzungen erfüllt sind:

-   Die primären Stellenkosten werden in der Kostenartenrechnung zutreffend bestimmt.
-   Die Zuordnung der Stellengemeinkosten zu den Kostenstellen erfolgt verursachungsgerecht.
-   Die Leistungen bzw. Bezugsgrößenausprägungen der Vorkostenstellen werden exakt ermittelt.
-   Die Beziehung zwischen den Bezugsgrößenausprägungen der Vorkostenstellen und den Kosten wird richtig erfaßt.
-   Bei der innerbetrieblichen Leistungsverrechnung werden sämtliche Leistungsbeziehungen zutreffend berücksichtigt.
-   Die Zuschlagsgrundlagen der Endkostenstellen sind richtig.

Oftmals werden diese Voraussetzungen - vor allem bei Verrechnung fixer Kosten in einer Vollkostenrechnung - nicht vollständig erfüllt sein; die angesprochenen Aspekte stellen daher gleichzeitig Fehlerquellen der Kostenstellenrechnung dar.

2.4   Verfahren der innerbetrieblichen Leistungsverrechnung

2.4.1   Einführung

Die Verrechnung der primären Stellenkosten der Vor- auf die Endkostenstellen (innerbetriebliche Leistungsverrechnung) kann eine schwierige Aufgabe darstellen, da gegebenenfalls eine hohe Anzahl von Kostenstellen zu berücksichtigen ist und zudem häufig wechselseitige Leistungsbeziehungen zwischen den Kostenstellen bestehen. Wechselseitige Leistungsbeziehungen liegen beispielsweise vor, wenn eine Reparaturstelle Arbeiten im Kraftwerk vornimmt und gleichzeitig die dort erzeugte Energie verbraucht.

Für die innerbetriebliche Leistungsverrechnung wurden eine Reihe von Verfahren entwickelt. Diese unterscheiden sich vor allem dahingehend, daß die Leistungsverflechtungen zwischen den Kostenstellen und in Verbindung damit die primären Stellenkosten in unterschiedlichem Ausmaß Berücksichtigung finden. Einen Überblick über die Verfahren vermittelt die Abbildung II-13.

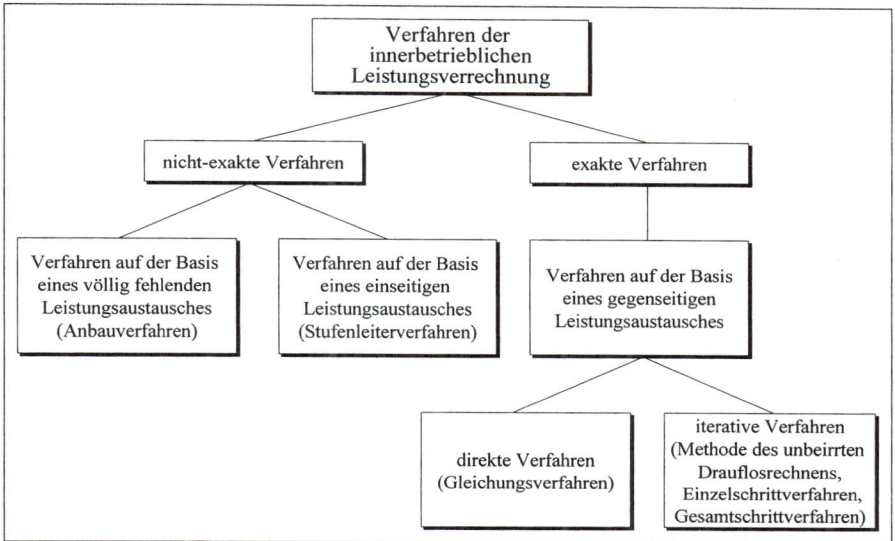

Abb. II-13: Verfahren der innerbetrieblichen Leistungsverrechnung[22]

Im folgenden sollen das Anbau-, das Stufenleiter- und das Gleichungsverfahren sowie die Methode des unbeirrten Drauflosrechnens und das Einzelschrittverfahren dargestellt werden. Für sämtliche dieser Verfahren gilt, daß sie die primären Stellenkosten der Vorkostenstellen vollständig in die innerbetriebliche Leistungsverrechnung einbeziehen.[23] Außerdem wird nachfolgend jeweils angenommen, daß die Gemeinkosten zu den Ausprägungen der jeweiligen Bezugsgröße in einem proportionalen Verhältnis stehen und damit ein linearer Verlauf dieser Kosten in Abhängigkeit von den Werten der Bezugsgröße vorliegt.

2.4.2 Anbauverfahren

Beim Anbau- oder Blockverfahren werden innerbetriebliche Leistungsbeziehungen zwischen Kostenstellen gleicher Kategorie, d.h. zwischen den verschiedenen Vorkostenstellen einerseits und zwischen den unterschiedlichen Endkostenstellen andererseits, vernachlässigt. Eine Verrechnung erfolgt nur von Vor- auf Endkostenstellen.[24] Bei der Verrechnung werden die primären Stellenkosten proportional zur Leistungsinanspruchnahme auf die Endkostenstellen verteilt. Dazu wird ein Verrechnungspreis gebildet, der sich aus den primären Stellenkosten dividiert durch die Summe der an die Endkostenstellen abgegebenen Leistungseinheiten er-

---

22 Quelle: in modifizierter Form übernommen von Kruschwitz, L.: (Leistungsverrechnung), S. 108.
23 Zur nachfolgenden Verfahrensdarstellung vgl. Kruschwitz, L.: (Leistungsverrechnung), S. 107 ff.; Maltry, H.: (Leistungsverrechnung), S. 461 ff.; Maltry, H.: (Lieferbeziehungen), S. 549 ff.; Michel, R.; Torspecken, H.-D.; Großmann, U.: (Grundlagen), S. 127 ff.
24 Zu einer Variante des Anbauverfahrens, bei der im Gegensatz zur obigen Beschreibung die Vorkostenstellen in zwei Gruppen unterteilt werden und eine Kostenverrechnung auch von den Kostenstellen der ersten auf die der zweiten Gruppe erfolgt, vgl. Kilger, W.: (Einführung), S. 183.

gibt. Im Betriebsabrechnungsbogen erscheinen die von den Vor- auf die Endkostenstellen verrechneten Kosten als 'Anbau' oder 'Block' unter deren primären Stellenkosten, wodurch sich der Name des Verfahrens erklärt.[25]

Zur Veranschaulichung des Anbauverfahrens soll im folgenden ein Beispiel eingeführt werden. In diesem wird ein einfaches Kostenstellensystem mit lediglich vier Kostenstellen betrachtet. Davon sind zwei Kostenstellen Fertigungshilfsstellen, die Kostenstellen 1 (Reparaturwerkstatt) und 2 (Arbeitsvorbereitung). Sie werden im Abrechnungsgang als Vorkostenstellen behandelt. In den beiden Kostenstellen 3 und 4 werden Maschinenteile hergestellt; es handelt sich um Haupt- und gleichzeitig um Endkostenstellen.

Den Kostenstellen wurden im ersten Schritt der Kostenstellenrechnung die folgenden primären Stellenkosten zugeordnet:

Kostenstelle 1:	134.000 [€]
Kostenstelle 2:	64.500 [€]
Kostenstelle 3:	112.000 [€]
Kostenstelle 4:	97.500 [€]

Als Bezugsgrößen werden für die Vorkostenstellen die Anzahl der geleisteten Reparaturstunden (Kostenstelle 1) bzw. die Anzahl der vorbereiteten Arbeitsaufträge (Kostenstelle 2) gewählt. Die Leistungsbeziehungen zwischen den Kostenstellen gehen aus dem nachfolgenden Schaubild hervor. Beispielhaft sei die Vorkostenstelle 1 betrachtet. Sie leistet 150 Reparaturstunden für die Vorkostenstelle 2 sowie 1.300 und 1.550 Stunden für die Endkostenstellen 3 und 4; die gesamte Leistungsmenge dieser Kostenstelle beträgt demzufolge 3.000 Reparaturstunden.

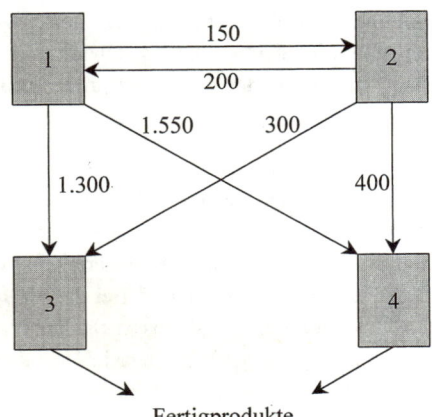

Fertigprodukte

Die Verteilung der Kosten kann nun mittels Verrechnungspreisen für die Leistungen einer Kostenstelle vorgenommen werden. Ein Verrechnungspreis gibt die Kosten pro Leistungs- bzw. Bezugsgrößeneinheit für eine Kostenstelle an. Er wird bestimmt, indem die gesamten zu berücksichtigenden Kosten durch die gesamten einzubeziehenden Leistungseinheiten dividiert

---

25   Vgl. Kloock, J.; Sieben, G.; Schildbach, T.: (Leistungsrechnung), S. 121.

werden. Die Verrechnungspreise für eine Leistungseinheit (LE) der Kostenstellen 1 (q_1) und 2 (q_2) lauten:

$$q_1 = \frac{134.000}{2.850} = 47,02 \ [\text{€/LE}] \qquad q_2 = \frac{64.500}{700} = 92,14 \ [\text{€/LE}]$$

Diese Verrechnungspreise werden nun mit den jeweils in Anspruch genommenen Leistungseinheiten multipliziert. Die Produkte stellen die den Endkostenstellen zuzurechnenden sekundären Kosten dar. Daraus ergeben sich im Beispiel die folgenden sekundären Kosten und Gesamtkosten der Endkostenstellen:[26]

	Endkostenstelle 3	Endkostenstelle 4
primäre Stellenkosten	112.000,00	97.500,00
sekundäre Stellenkosten		
Leistungen von Vorkostenstelle 1	1.300 · 47,02 = 61.122,81	1.550 · 47,02 = 72.877,19
Leistungen von Vorkostenstelle 2	300 · 92,14 = 27.642,86	400 · 92,14 = 36.857,14
Gesamtkosten	200.765,67	207.234,33

Als Abschluß der innerbetrieblichen Leistungsverrechnung sollte - unabhängig vom angewandten Verfahren - eine Probe durchgeführt werden. In dieser wird geprüft, ob die Summe der primären Stellenkosten aller Kostenstellen der Summe der Beträge entspricht, die nach der Verrechnung den Endkostenstellen zugeordnet sind. Nur wenn dies der Fall ist, kann die Leistungsverrechnung korrekt erfolgt sein.

Das Anbauverfahren stellt ein sehr einfaches Verfahren der innerbetrieblichen Leistungsverrechnung dar. Allerdings ist es auch ein relativ 'grobes' Verfahren, da die Leistungsbeziehungen zwischen Kostenstellen gleicher Kategorie völlig vernachlässigt werden. Dadurch werden unter anderem Endkostenstellen mit relativ hoher Inanspruchnahme innerbetrieblicher Leistungen anderer Endkostenstellen zu gering 'belastet'. Das Verfahren führt zu exakten Ergebnissen, wenn weder zwischen den Vorkostenstellen noch zwischen den Endkostenstellen Leistungsbeziehungen bestehen.

2.4.3 Stufenleiterverfahren

Für das Stufenleiter- bzw. Treppenverfahren ist charakteristisch, daß die Kostenstellen in der Reihenfolge angeordnet werden, gemäß der die Verrechnung innerbetrieblicher Leistungen bzw. der entsprechenden Gemeinkosten erfolgen soll. Dabei ist eine Kostenzuordnung jeweils nur an nachgeordnete Stellen möglich. Um ein möglichst genaues Ergebnis zu erhalten, sollte die Reihenfolge daher so gebildet werden, daß - wenn überhaupt - nur möglichst geringwertige Leistungsbeziehungen vernachlässigt werden. Wechselseitige Leistungsbeziehungen zwischen zwei Kostenstellen können nicht vollständig berücksichtigt werden. Die Vorgehensweise des Stufenleiterverfahrens soll im folgenden anhand des oben eingeführten Beispiels verdeutlicht werden.

---

[26] Es wird hier und im folgenden mit ungerundeten Werten weitergerechnet.

Zur Durchführung des Stufenleiterverfahrens ist zunächst eine Reihenfolge für die Kostenstellen festzulegen. Dabei sind die Vorkostenstellen in jedem Fall vor den Endkostenstellen anzuordnen. Genauerer Überlegung bedarf hier aufgrund der wechselseitigen Leistungsbeziehungen die Festlegung der Reihenfolge in bezug auf die Kostenstellen 1 und 2. Zu ihrer Bestimmung sollte eine Hilfsrechnung durchgeführt werden.

In der Hilfsrechnung werden näherungsweise die Werte der zu vergleichenden Leistungen (von 1 an 2 sowie von 2 an 1) bestimmt. Der Wert einer Leistungsbeziehung wird durch Aufteilung der primären Stellenkosten der abgebenden Kostenstelle berechnet; die Aufteilung erfolgt entsprechend des Anteils der Leistungsbeziehung an der gesamten Leistungsabgabe der Kostenstelle. Es gilt:

-   für die Leistungen der Kostenstelle 1 an die Kostenstelle 2:

$$\frac{134.000}{3.000} \cdot 150 = 6.700 \quad [\text{€}]$$

-   für die Leistungen der Kostenstelle 2 an die Kostenstelle 1:

$$\frac{64.500}{900} \cdot 200 = 14.333,33 \quad [\text{€}]$$

Da die Leistung der Kostenstelle 2 an die Kostenstelle 1 einen höheren Wert aufweist als die 'Gegenleistung', ist die Kostenstelle 2 vor der Kostenstelle 1 anzuordnen. Die geringerwertige Leistung von 1 an 2 wird demzufolge vernachlässigt.

Da zwischen den Endkostenstellen keine Leistungsbeziehungen bestehen, kann deren Reihenfolge beliebig gewählt werden, im folgenden wird 3 vor 4 angeordnet.

Das Stufenleiterverfahren läßt sich dann in einer Rechentabelle durchführen, deren Kopf die Kostenstellen in der festgelegten Reihenfolge enthält. In der ersten Zeile werden die primären Stellenkosten aufgeführt. Die Verrechnung erfolgt nun stufenweise.[27] Im ersten Schritt werden die primären Stellenkosten der Kostenstelle 2 entsprechend der Leistungsabgabe auf die nachgelagerten Kostenstellen 1, 3 und 4 verteilt. Dies kann analog zum Anbauverfahren mit Hilfe von Verrechnungspreisen für die Leistungen der Kostenstelle geschehen.

Im Beispiel wird der Verrechnungspreis für die Leistungen der Kostenstelle 2 mittels Division der primären Stellenkosten (64.500 €) durch die gesamte Leistungsmenge (900) berechnet; er beträgt gerundet 71,67 €/Arbeitsauftrag. Die an die nachfolgenden Kostenstellen zu verteilenden Kosten resultieren aus der Multiplikation des Verrechnungspreises mit der Anzahl der jeweils von der Kostenstelle empfangenen Leistungseinheiten. Hier werden beispielsweise 14.333,33 € (= 200 · 71,67) der Kostenstelle 1 zugeordnet. Die verteilten Kosten sind in der zweiten Zeile der Rechentabelle erfaßt. Die dritte Zeile enthält die für die Kostenstellen nach dem ersten Verteilungsschritt aufgelaufenen Kostenbeträge. Diese bilden die Basis für die weitere Verrechnung.

---

27 Auch bei diesem Verfahren ist der Name aus der Struktur der verrechneten Sekundärkosten im Betriebsabrechnungsbogen abgeleitet.

Vorkosten-stelle 2	Vorkosten-stelle 1	Endkosten-stelle 3	Endkosten-stelle 4	
64.500	134.000,00	112.000,00	97.500,00	$q_2 = \dfrac{64.500}{900} = 71,67$
⇘	14.333,33	21.500,00	28.666,67	
	148.333,33	133.500,00	126.166,67	$q_1 = \dfrac{148.333,33}{2.850} = 52,05$
	⇘	67.660,82	80.672,51	
		201.160,82	206.839,18	

Im zweiten Verteilungsschritt werden die Kosten der anderen Vorkostenstelle, der Kostenstelle 1, verteilt. Der Verrechnungspreis ergibt sich in diesem Schritt - wie auch in etwaigen folgenden Schritten - als Quotient aus den bisher aufgelaufenen Kosten (hier 148.333,33 €) und den zu berücksichtigenden Leistungseinheiten der Kostenstelle 1. Diese entsprechen nicht den gesamten Leistungseinheiten der Stelle. Da die Leistung an die Kostenstelle 2 nicht in die Verteilung einbezogen werden kann, ist die gesamte Leistungsmenge (3.000) um die entsprechenden Leistungseinheiten (150) zu verringern. Es ergibt sich ein Verrechnungspreis in Höhe von 52,05 €/Reparaturstunde. Dieser Verrechnungspreis dient als Basis für die Kostenverteilung auf die Endkostenstellen. Nach der Kostenverteilung ist für die Endkostenstellen wiederum eine Addition durchzuführen, deren Ergebnis die Summe der bisher aufgelaufenen Kosten ist. Im Beispiel ist damit die innerbetriebliche Leistungsverrechnung bereits nach zwei Verrechnungsschritten beendet, die Gesamtkosten der Endkostenstellen liegen vor. Allgemein entspricht die Zahl der Verrechnungsschritte der der Vorkostenstellen, falls keine Leistungsbeziehungen zwischen den Endkostenstellen bestehen.

Das Stufenleiterverfahren läßt sich rechnerisch relativ einfach durchführen. Der Nachteil des Verfahrens ist, daß wechselseitige Leistungsbeziehungen nicht vollständig berücksichtigt werden können, da bei mindestens einer Kostenstelle eine in Anspruch genommene Leistung vernachlässigt werden muß. Falls derartige Leistungsbeziehungen vorliegen, führt das Verfahren zu ungenauen Ergebnissen. Dies wird bei dem nachfolgend beschriebenen Gleichungsverfahren vermieden.

2.4.4 Gleichungsverfahren

Beim Gleichungsverfahren werden alle Leistungsverflechtungen eines Kostenstellensystems berücksichtigt. Es erfolgt eine simultane Verrechnung aller innerbetrieblichen Leistungen in einem System von Gleichungen, dessen Lösung die exakten Verrechnungspreise für die Leistungen angibt.

Das Gleichungssystem beinhaltet jeweils eine Gleichung für eine Kostenstelle. Als bekannte Größen gehen die primären Stellenkosten sowie die abgegebenen und empfangenen Leistungsmengen in das Gleichungssystem ein. Die unbekannten Größen sind die Verrechnungspreise für die Leistungen der Kostenstellen. Da die Zahl der Verrechnungspreise der der Kostenstellen und damit auch der Zahl der Gleichungen entspricht, kann eine eindeutige Lösung des Systems berechnet werden.

Die Gleichungen für die einzelnen Kostenstellen haben die folgende Grundstruktur:

gesamter Wertverzehr   =   gesamter Wert der abgegebenen Leistungen

Es wird damit unterstellt, daß der auf der rechten Seite einer Gleichung angegebene gesamte Wert der von einer Kostenstelle abgegebenen Leistungen dem gesamten Wertverzehr in dieser Kostenstelle entspricht.

Die linke Seite der Gleichungen läßt sich weiter spezifizieren. Der gesamte Wertverzehr setzt sich aus den primären Stellenkosten sowie dem Wert der von einer Kostenstelle in Anspruch genommenen Leistungen anderer Kostenstellen zusammen. Damit ergibt sich die folgende Gleichungsstruktur:

$$\begin{matrix} \textit{primäre} \\ \textit{Stellenkosten} \end{matrix} + \begin{matrix} \textit{Wert der gesamten} \\ \textit{empfangenen Leistungen} \end{matrix} = \begin{matrix} \textit{gesamter Wert der} \\ \textit{abgegebenen Leistungen} \end{matrix}$$

Es sind dabei auf beiden Seiten der Gleichungen sämtliche Leistungsbeziehungen zu berücksichtigen. Eine Ausnahme stellt lediglich ein etwaiger Eigenverbrauch dar, der vernachlässigt werden kann. Der Wert der gesamten empfangenen (abgegebenen) Leistungen ist demgemäß die Summe der Werte aller einzelnen empfangenen (abgegebenen) Leistungen; der Wert einer einzelnen Leistungsbeziehung ergibt sich als Produkt aus der Anzahl der Leistungseinheiten und dem Verrechnungspreis.

Das Gleichungssystem läßt sich in allgemeiner Form wie folgt formulieren:[28]

$$
\begin{aligned}
PSK_1 &+ q_1 \cdot m_{11} &+ q_2 \cdot m_{21} &+ \ldots &+ q_i \cdot m_{i1} &+ \ldots &+ q_I \cdot m_{I1} &= q_1 \cdot M_1 \\
PSK_2 &+ q_1 \cdot m_{12} &+ q_2 \cdot m_{22} &+ \ldots &+ q_i \cdot m_{i2} &+ \ldots &+ q_I \cdot m_{I2} &= q_2 \cdot M_2 \\
&\vdots \\
PSK_i &+ q_1 \cdot m_{1i} &+ q_2 \cdot m_{2i} &+ \ldots &+ q_i \cdot m_{ii} &+ \ldots &+ q_I \cdot m_{Ii} &= q_i \cdot M_i \\
&\vdots \\
PSK_I &+ q_1 \cdot m_{1I} &+ q_2 \cdot m_{2I} &+ \ldots &+ q_i \cdot m_{iI} &+ \ldots &+ q_I \cdot m_{II} &= q_I \cdot M_I
\end{aligned}
$$

mit:

PSK_i = Primäre Stellenkosten der Kostenstelle i

q_i = Verrechnungspreis für eine Leistungseinheit der Stelle i

m_{ji} = Anzahl der Leistungseinheiten, die die Stelle j an die Stelle i abgibt

M_i = Summe der Leistungseinheiten, die die Stelle i insgesamt abgibt

I = Anzahl der Kostenstellen

Es handelt sich um ein lineares Gleichungssystem, zu dessen Lösung die bekannten mathematischen Verfahren einschließlich GAUß'schem Algorithmus, Determinantenmethode oder Matrizeninversion genutzt werden können. Die Formulierung und Lösung des Gleichungssystems soll im folgenden anhand des Beispiels erläutert werden, das bei der Darstellung des Anbauverfahrens eingeführt worden ist.

Für die Kostenstelle 1 ergibt sich die folgende Gleichung:

Kostenstelle 1: $134.000 + 200\, q_2 = 3.000\, q_1$

Auf der linken Seite der Gleichung ist der gesamte Wertverzehr erfaßt, der sich aus den primären Stellenkosten in Höhe von 134.000 € sowie dem Wert der von der Kostenstelle 2 erhaltenen Leistungen (200 Arbeitsaufträge) zusammensetzt. Die rechte Seite stellt die gesamte

---

28   Vgl. Schweitzer, M.; Küpper, H.-U.: (Systeme), S. 140 f.; Coenenberg, A.G.: (Kostenrechnung), S. 66; Haberstock, L.: (Kostenrechnung), S. 128.

bewertete Leistungsabgabe der Kostenstelle 1 in Höhe von 3.000 Reparaturstunden, bewertet mit dem noch unbekannten Verrechnungspreis q_1, dar.

Entsprechend lauten die Gleichungen für die anderen Kostenstellen:

Kostenstelle 2:	64.500	$+$	$150\,q_1$			$=$	$900\,q_2$
Kostenstelle 3:	112.000	$+$	$1.300\,q_1$	$+$	$300\,q_2$	$=$	q_3
Kostenstelle 4:	97.500	$+$	$1.550\,q_1$	$+$	$400\,q_2$	$=$	q_4

In diesen Gleichungen ist die Leistungsabgabe der Kostenstellen 3 und 4 jeweils mit 1 angesetzt worden, da im Beispiel keine Aussagen darüber getroffen werden, in welcher Art und Höhe diese Kostenstellen Leistungen erbringen. q_3 bzw. q_4 stellen demgemäß die Gesamtkosten der Kostenstelle 3 bzw. 4 dar.

Bei der Betrachtung des Gleichungssystems fällt auf, daß sich ein Teilsystem bilden läßt, welches aus den beiden ersten Gleichungen besteht und nur zwei unbekannte Größen enthält. Dieses Gleichungssystem kann zur Berechnung der Verrechnungspreise q_1 und q_2 gelöst werden. Es gilt:

Kostenstelle 1:	134.000	$+$	$200\,q_2$	$=$	$3.000\,q_1$
Kostenstelle 2:	64.500	$+$	$150\,q_1$	$=$	$900\,q_2$

Die Lösung dieses Gleichungssystems lautet:

$$q_1 = 50\ [\text{€/LE}] \qquad q_2 = 80\ [\text{€/LE}]$$

Werden diese Verrechnungspreise in die Gleichungen für die Kostenstellen 3 und 4 eingesetzt, so erhält man auf der linken Seite der Gleichungen den gesamten Wertverzehr, der den gesamten primären und sekundären Kosten dieser Endkostenstellen entspricht. Es gilt:

Kostenstelle 3:	$112.000 + 1.300 \cdot 50 + 300 \cdot 80 = 201.000\ [\text{€}]$
Kostenstelle 4:	$97.500 + 1.550 \cdot 50 + 400 \cdot 80 = 207.000\ [\text{€}]$

Der Vergleich der exakten Ergebnisse des Gleichungsverfahrens mit den Resultaten des Anbau- und des Stufenleiterverfahrens zeigt, daß die Abweichungen bei diesem einfachen Kostenstellensystem relativ gering sind. Diese Aussage ist allerdings nicht verallgemeinerbar.

Mit dem Gleichungsverfahren können - unter der Annahme zutreffender primären Stellenkosten, Leistungsmengen sowie Kostenverläufe (in Abhängigkeit von der Bezugsgröße) und unter Vernachlässigung von Rundungsfehlern - die exakten Verrechnungspreise und damit auch die exakten Gesamtkosten der Endkostenstellen für ein Kostenstellensystem bestimmt werden. Diesem Vorteil steht allerdings bei komplexen Kostenstellensystemen, wie sie in der Unternehmenspraxis oftmals vorliegen, der Nachteil eines relativ hohen Rechenaufwandes gegenüber.

2.4.5 Iterative Verfahren

Mit den nachfolgend beschriebenen iterativen Verfahren kann eine beliebig genaue Annäherung an die optimale Lösung des oben dargestellten Gleichungssystems und damit an die exakten Verrechnungspreise ermittelt werden.[29] Für die Verfahren ist charakteristisch, daß sie zunächst eine (beliebige) Startlösung wählen. Diese Lösung wird dann mit Hilfe eines bestimmten, zumeist relativ einfachen Vorgehens verbessert. Die neue Lösung dient als Ausgangspunkt für weitere Iterationen, in denen jeweils mit dem gleichen Vorgehen weitere Lösungsverbesserungen erzielt werden. Bei der hier vorliegenden Problemstellung ist die Konvergenz der Verfahren, d.h. die beliebig genaue Annäherung an die exakte Lösung, garantiert. Die Berechnungen können beendet werden, sobald eine ausreichende Annäherung an die exakte Lösung erzielt wird.

Die *Methode des unbeirrten Drauflosrechnens* (Methode der Kreislaufverrechnung, sukzessives Näherungsverfahren, Schaukelverfahren) besteht aus den folgenden Schritten:

- Die primären Kosten der ersten Kostenstelle werden proportional zur Leistungsabgabe den anderen Kostenstellen zugerechnet.
- Die Summe der primären und bisher zugeordneten sekundären Kosten der zweiten, dritten, ..., letzten Vorkostenstelle werden nacheinander leistungsproportional auf alle anderen Kostenstellen verteilt, die Leistungen von der jeweiligen Kostenstelle erhalten. Dazu können auch Kostenstellen zählen, deren Kosten bereits umgelegt worden sind.
- Beginnend bei der ersten Kostenstelle werden anschließend in gleicher Form die in der vorherigen Iteration zugeordneten Kosten verrechnet, bis die verbleibenden Kosten vernachlässigbar klein geworden sind.

Im Beispiel ergibt sich der folgende Rechengang:

	Vorkosten-stelle 1	Vorkosten-stelle 2	Endkosten-stelle 3	Endkosten-stelle 4
primäre Stellenkosten	134.000,00	64.500,00	112.000,00	97.500,00
1. Iteration[30]	-134.000,00	6.700,00	58.066,67	69.233,33
	15.822,22	-71.200,00	23.733,33	31.644,45
	15.822,22	0,00	193.800,00	198.377,78
2. Iteration	-15.822,22	791,11	6.856,30	8.174,81
	175,80	-791,11	263,70	351,61
	175,80	0,00	200.920,00	206.904,20
3. Iteration	-175,80	8,79	76,18	90,83
	1,95	-8,79	2,93	3,91
	1,95	0,00	200.999,11	206.998,94
4. Iteration	-1,95	0,10	0,84	1,01
	0,02	-0,10	0,04	0,04
	0,02	0,00	200.999,99	206.999,99
5. Iteration	-0,02	0,00	0,01	0,01
	0,00	0,00	201.000,00	207.000,00

---

29   Die nachfolgende Darstellung der iterativen Verfahren basiert auf Kruschwitz, L.: (Leistungsverrechnung), S. 111 ff.

30   In der 1. Iteration werden folgende Verrechnungspreise zur Kostenverteilung verwendet:
$$q_1 = \frac{134.000}{3.000} = 44,67 \, ; \; q_2 = \frac{71.200}{900} = 79,11 \, .$$

Ein weiteres iteratives Verfahren stellt das *Einzelschrittverfahren* dar. Bei diesem wird zunächst eine beliebige Startlösung mit Werten q_i^0 für die gesuchten Verrechnungspreise q_i gewählt. Zur Ermittlung dieser Startlösung läßt sich der Quotient aus den primären Stellenkosten und den gesamten abgegebenen Leistungseinheiten (ohne Eigenverbrauch; symbolisiert durch M_i^*) nutzen,[31] außerdem kann auf Verrechnungspreise früherer Perioden zurückgegriffen werden. Anschließend erfolgt ein erster Iterationsschritt, bei dem unter Verwendung der Startlösung gemäß der folgenden Rechenvorschrift Werte q_i^1 berechnet werden:

$$PSK_1 \quad\quad +q_2^0 \cdot m_{21} \quad +...+q_i^0 \cdot m_{i1} \quad +...+q_I^0 \cdot m_{I1} \quad = q_1^1 \cdot M_1^*$$

$$PSK_2 \quad +q_1^1 \cdot m_{12} \quad\quad\quad +...+q_i^0 \cdot m_{i2} \quad +...+q_I^0 \cdot m_{I2} \quad = q_2^1 \cdot M_2^*$$

$$\vdots$$

$$PSK_i \quad +q_1^1 \cdot m_{1i} \quad +q_2^1 \cdot m_{2i} \quad\quad\quad\quad +...+q_I^0 \cdot m_{Ii} \quad = q_i^1 \cdot M_i^*$$

$$\vdots$$

$$PSK_I \quad +q_1^1 \cdot m_{1I} \quad +q_2^1 \cdot m_{2I} \quad +...+q_i^1 \cdot m_{iI} \quad +... \quad\quad\quad = q_I^1 \cdot M_I^*$$

Dabei werden die bei dieser Iteration ermittelten Werte q_i^1 sofort in die Berechnung weiterer Verrechnungspreise q_j^1 (mit $j > i$) einbezogen.

Die in dieser Iteration bestimmten Verrechnungspreise dienen dann als Startlösung für die zweite Iteration, die nach dem gleichen Muster abläuft. Allgemein lautet die Rechenvorschrift für eine beliebige Iteration v:

$$PSK_1 \quad\quad +q_2^{v-1} \cdot m_{21} \quad +...+q_i^{v-1} \cdot m_{i1} \quad +...+q_I^{v-1} \cdot m_{I1} \quad = q_1^v \cdot M_1^*$$

$$PSK_2 \quad +q_1^v \cdot m_{12} \quad\quad\quad +...+q_i^{v-1} \cdot m_{i2} \quad +...+q_I^{v-1} \cdot m_{I2} \quad = q_2^v \cdot M_2^*$$

$$\vdots$$

$$PSK_i \quad +q_1^v \cdot m_{1i} \quad +q_2^v \cdot m_{2i} \quad\quad\quad\quad +...+q_I^{v-1} \cdot m_{Ii} \quad = q_i^v \cdot M_i^*$$

$$\vdots$$

$$PSK_I \quad +q_1^v \cdot m_{1I} \quad +q_2^v \cdot m_{2I} \quad +...+q_i^v \cdot m_{iI} \quad +... \quad\quad\quad = q_I^v \cdot M_I^*$$

Es gilt demgemäß generell, daß die in einer Iteration v bestimmten Werte q_i^v in der gleichen Iteration bei der Ermittlung weiterer Verrechnungspreise q_j^v ($j > i$) verwendet werden. Das Verfahren endet, sobald die gewünschte Annäherung an die exakte Lösung erreicht ist. Da die exakte Lösung unbekannt ist, kann als Hinweis für die Güte der Annäherung die Veränderung der Lösung durch einen Iterationsschritt herangezogen werden; ein Abbruch erfolgt dann, falls

---

[31] Der derart bestimmte Verrechnungspreis ist bei Existenz wechselseitiger Leistungsverflechtungen genauer als der im Rahmen des Stufenleiterverfahrens zur Verrechnung verwendete.

die Unterschiede zwischen zwei aufeinanderfolgenden Lösungen einen bestimmten vorzuge-
benden Grenzwert unterschreiten.

Existieren - wie im betrachteten Beispiel - Kostenstellen, die keine Leistungen an andere
Kostenstellen abgeben (reine Endkostenstellen), brauchen diese nicht in die Iterationen einbezogen zu werden. Beim hier betrachteten Zahlenbeispiel ergibt sich die folgende Rechnung:

Startlösung:

$$q_1^0 = \frac{134.000}{3.000} = 44,67 \quad q_2^0 = \frac{64.500}{900} = 71,67$$

1. Iteration:

KS 1: $134.000 + 200 \cdot 71,67 = 3.000\,q_1^1 \quad \Rightarrow \quad q_1^1 = 49,44$

KS 2: $64.500 + 150 \cdot 49,44 = 900\,q_2^1 \quad \Rightarrow \quad q_2^1 = 79,91$

2. Iteration:

KS 1: $134.000 + 200 \cdot 79,91 = 3.000\,q_1^2 \quad \Rightarrow \quad q_1^2 = 49,99$

KS 2: $64.500 + 150 \cdot 49,99 = 900\,q_2^2 \quad \Rightarrow \quad q_2^2 = 80$

3. Iteration:

KS 1: $134.000 + \quad 200 \cdot 80 = 3.000\,q_1^3 \quad \Rightarrow \quad q_1^3 = 50$

KS 2: $64.500 + \quad 150 \cdot 50 = 900\,q_2^3 \quad \Rightarrow \quad q_2^3 = 80$

Ermittlung der auf die Endkostenstellen zu verrechnenden Kosten:[32]

KS 3: $112.000 + \quad 1.300 \cdot 50 + 300 \cdot 80 = 201.000$

KS 4: $97.500 + \quad 1.550 \cdot 50 + 400 \cdot 80 = 207.000$

Die beschriebenen iterativen Verfahren lassen sich relativ einfach programmieren. Da die Lö-
sungsgüte ähnlich ist wie bei der direkten Bestimmung der exakten Verrechnungspreise und
Gesamtkosten der Endkostenstellen, stellen sie eine interessante Alternative hierzu dar.

---

[32]   Zur Ermittlung der Gesamtkosten der Endkostenstellen wurden die gerundeten Verrechnungspreise verwendet.

Aufgaben zu Abschnitt II.2

Kontrollfragen

1) Welche Aufgaben übernimmt die Kostenstellenrechnung?
2) Nach welchen Kriterien sollten Kostenstellen gebildet werden?
3) Unterscheiden Sie verschiedene Arten von Kostenstellen.
4) In welche Schritte läßt sich die Kostenstellenrechnung untergliedern?
5) Was sind primäre und sekundäre Stellenkosten?
6) Warum erfolgt eine innerbetriebliche Leistungsverrechnung?
7) Welche Beziehungen bestehen zwischen der Kostenstellenrechnung sowie der Kosten-arten- und der Kostenträgerrechnung?
8) Beschreiben Sie die Struktur eines Betriebsabrechnungsbogens.
9) Wann werden beim Stufenleiterverfahren exakte Verrechnungspreise bestimmt?

Aufgabe II.2-1

In einem Betrieb liegt ein Kostenstellensystem aus zwei Vorkostenstellen (Kostenstellen 1 und 2) sowie zwei Endkostenstellen (Kostenstellen 3 und 4) vor. Diesen Kostenstellen sind die folgenden primären Stellenkosten zugeordnet worden:

Kostenstelle 1: 120.000 [€]
Kostenstelle 2: 104.000 [€]
Kostenstelle 3: 90.000 [€]
Kostenstelle 4: 72.000 [€]

Die Kostenstelle 1 gibt 400 Leistungseinheiten an die Kostenstelle 2 ab sowie 800 und 600 Einheiten an die Kostenstellen 3 und 4.
Von Kostenstelle 2 werden 360 Leistungseinheiten für Kostenstelle 1, 700 Einheiten für Kostenstelle 3 sowie 940 Einheiten für Kostenstelle 4 erbracht.
Die Kostenstellen 3 und 4 sind Fertigungsstellen, deren Leistungen hier nicht näher aufge-schlüsselt werden sollen.

a) Verwenden Sie das Anbauverfahren zur innerbetrieblichen Leistungsverrechnung.

b) Führen Sie eine innerbetriebliche Leistungsverrechnung mit dem Stufenleiterverfahren durch.

c) Stellen Sie ein Gleichungssystem zur simultanen innerbetrieblichen Leistungsverrechnung auf, und bestimmen Sie mit diesem Verfahren die Gesamtkosten der Endkostenstellen.

Aufgabe II.2-2

In einem Betrieb wurden vier Kostenstellen gebildet. Für diese Kostenstellen sind die folgen-den primären Stellenkosten ermittelt worden:

Kostenstelle 1 (Vorkostenstelle): 60.000 [€]
Kostenstelle 2 (Vorkostenstelle): 48.000 [€]

Kostenstelle 3 (Endkostenstelle):   70.000 [€]
Kostenstelle 4 (Endkostenstelle):   62.000 [€]

Die Kostenstelle 1 gibt 200 Leistungseinheiten an die Kostenstelle 2 sowie je 100 Einheiten an die Kostenstellen 3 und 4 ab.

Die Leistungsabgabe der Kostenstelle 2 beträgt 150 Einheiten an Kostenstelle 1, 250 Einheiten an Kostenstelle 3 sowie 400 Einheiten an Kostenstelle 4.

a) Nehmen Sie eine innerbetriebliche Leistungsverrechnung mit dem Anbauverfahren vor.

b) Nutzen Sie das Stufenleiterverfahren für eine innerbetriebliche Leistungsverrechnung.

c) Stellen Sie ein Gleichungssystem zur simultanen innerbetrieblichen Leistungsverrechnung auf, und berechnen Sie damit die Gesamtkosten der Endkostenstellen.

Aufgabe II.2-3

Ein Betrieb besteht aus 3 Hilfskostenstellen (1, 2 und 3) sowie 2 Hauptkostenstellen (4 und 5). Die Hilfskostenstellen werden im Abrechnungsgang der Kostenstellenrechnung als Vorkostenstellen behandelt, die Hauptkostenstellen stellen Endkostenstellen dar. In jeder Hauptkostenstelle wird ein Endprodukt gefertigt. Die Leistungsbeziehungen zwischen den Stellen sind in der folgenden Tabelle angegeben.

nach von	1	2	3	4	5	Summe
1	-	20	10	50	40	120
2	-	-	-	40	40	80
3	40	30	-	30	20	120

Zwischen den Hauptkostenstellen bestehen keine Leistungsbeziehungen.

An primären Stellenkosten wurden für die einzelnen Stellen bisher ermittelt:

Stelle 1:   40.000 [€]
Stelle 2:   68.500 [€]
Stelle 3:   72.000 [€]
Stelle 4:   120.000 [€]
Stelle 5:   96.000 [€]

Noch nicht den fünf Stellen zugeordnet wurden die folgenden Stellengemeinkosten: Kalkulatorische Zinsen in Höhe von 130.000 € sowie Personalkosten in Höhe von 54.000 €. Diese sollen entsprechend dem Wert des Vermögens bzw. gemäß der Anzahl der Beschäftigten in den Stellen auf diese verteilt werden.

Der Wert des Vermögens sowie die Anzahl der Beschäftigten betragen bei den fünf Stellen:

Kostenstelle	Vermögen [€]	Beschäftigte
1	210.000	4
2	120.000	2
3	300.000	3
4	390.000	5
5	280.000	4

a) Berechnen Sie die gesamten primären Stellenkosten.

b) Führen Sie eine innerbetriebliche Leistungsverrechnung mit dem
   b1) Anbauverfahren
   b2) Stufenleiterverfahren
   b3) Gleichungsverfahren
   durch.

Aufgabe II.2-4

In einem Betrieb sind drei Vorkostenstellen (A1, A2, A3) und zwei Endkostenstellen (H4, H5) gebildet worden. In Endkostenstelle H4 wird das Produkt X und in Endkostenstelle H5 das Produkt Y hergestellt. Die Leistungsbeziehungen zwischen den Kostenstellen und die Produktionsmengen der Produkte X und Y sind in der folgenden Zeichnung dargestellt:

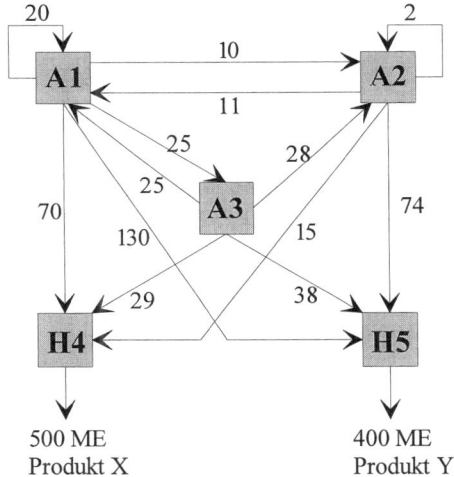

Es sind folgende primäre Stellenkosten (in €) angefallen:

Kostenstelle	A1	A2	A3	H4	H5
primäre Stelleneinzelkosten	26.000	55.000	26.440	34.000	55.000
primäre Stellengemeinkosten	14.000	25.000	33.560	46.000	65.000

a)
   a1) In welcher Reihenfolge sollten die Kostenstellen angeordnet werden, damit das Stufenleiterverfahren zu möglichst genauen Ergebnissen führt?
   a2) Führen Sie eine innerbetriebliche Leistungsverrechnung mit dem Stufenleiterverfahren durch. Geben Sie dabei auch die zu verrechnenden Kosten pro Mengeneinheit der Produkte X und Y an.
   a3) Handelt es sich bei dem von Ihnen in Aufgabenteil a2) berechneten Ergebnis um die exakte Lösung des Problems? Begründen Sie Ihre Aussage.

b)

b1) Stellen Sie das Gleichungssystem eine die simultane Leistungsverrechnung auf, und ermitteln Sie die exakten Verrechungspreise mit dem Gleichungsverfahren.

b2) Bestimmen Sie mit Hilfe der 'Methode des unbeirrten Drauflosrechnens' die Gesamtkosten der Endkostenstellen sowie die zu verrechnenden Kosten pro Mengeneinheit der Produkte X und Y.

b3) Ermitteln Sie die Verrechnungspreise mit Hilfe des Einzelschrittverfahrens. Berechnen Sie die Ausgangslösung, indem Sie die gesamten primären Stellenkosten durch die gesamten abgegebenen Leistungseinheiten (ohne Eigenverbrauch) dividieren.

Aufgabe II.2-5

Für einen Betrieb ist eine Kostenstellenrechnung vorzunehmen. Es liegen folgende Angaben über die entstandenen Kosten (in €) vor:

Kostenstelle	A1	A2	E3	E4
primäre Stelleneinzelkosten	5.000	8.000	16.000	10.000
primäre Stellengemeinkosten	10.000	14.000	14.000	34.000

Folgende Leistungsmengen m_{ij} wurden von Kostenstelle i an Kostenstelle j abgegeben:

$$m_{11} = 22 \qquad m_{21} = 10 \qquad m_{34} = 10 \qquad m_{43} = 2$$
$$m_{12} = 35 \qquad m_{22} = 5$$
$$m_{13} = 10 \qquad m_{23} = 67$$
$$m_{14} = 55 \qquad m_{24} = 33$$

Insgesamt werden in der Endkostenstelle E3 240 Leistungseinheiten und in der Endkostenstelle E4 400 Leistungseinheiten produziert.

a) Stellen Sie das Gleichungssystem für die simultane Leistungsverrechnung auf, und berechnen Sie die exakten Verrechnungspreise für die Leistungen der Kostenstellen mit Hilfe des Gleichungsverfahrens.

b) Ermitteln Sie die zu verrechnenden Kosten je Stück der Produktarten A und B mit Hilfe der 'Methode des unbeirrten Drauflosrechnens'.

c) Bestimmen Sie die Verrechnungspreise mit Hilfe des Einzelschrittverfahrens. Verwenden Sie dabei eine Ausgangslösung, die sich aus der Division der gesamten primären Stellenkosten durch die insgesamt abgegebenen Leistungseinheiten (ohne Eigenverbrauch) ergibt.

3 Kostenträgerrechnung

3.1 Aufgaben und Bereiche der Kostenträgerrechnung

In der Kostenträgerrechnung werden Informationen bezüglich der Kostenträger zusammengestellt, um die Frage zu beantworten, *wofür* Kosten angefallen sind bzw. anfallen werden. Kostenträger sind erzeugte Güter und andere betriebliche Leistungen, die einen Wertverzehr ausgelöst haben bzw. auslösen werden und daher Kosten 'tragen' sollen. Beispiele sind

- Aufträge bei Einzelfertigung (z.B. Anlagen- oder Schiffbau),
- Produkteinheiten oder Lose bei Sorten-, Serien- oder Massenfertigung,
- Beratungs-, Forschungs-, Transport- und andere Dienstleistungen für Unternehmensexterne sowie
- innerbetriebliche Leistungen (z.B. selbst erstellte Anlagegüter).[1]

Die Kostenträgerrechnung besteht aus zwei Bereichen. In der *Kostenträgerstückrechnung* (Kalkulation) werden die Kosten einzelner Leistungseinheiten bestimmt, und zwar oftmals als stück-, los- oder auftragsbezogene Herstellkosten (Einzel- und Gemeinkosten des Material- und des Fertigungsbereichs) und/oder Selbstkosten (Herstellkosten zuzüglich Verwaltungs- und Vertriebskosten). Dies dient vor allem der Vorbereitung von Entscheidungen, beispielsweise über das Produktionsprogramm einschließlich der Wahl zwischen Eigenfertigung und Fremdbezug, die Absatzpreise sowie die Fertigungsverfahren. Die gewonnenen Informationen ermöglichen zudem - zum Teil in Verbindung mit der nachfolgend angesprochenen Kostenträgerzeitrechnung - die Beurteilung der Ertragskraft der Kostenträger, Kostenvergleiche und Kontrollen, die Bildung von internen Verrechnungspreisen sowie die Bewertung von Erzeugnisbeständen und sonstigen Leistungen.[2] Letztere erfolgt in der unternehmensinternen Rechnung in der Regel zu *Herstellkosten*. Im unternehmensexternen Rechnungswesen (Handelsbilanz, Steuerbilanz, Gewinn- und Verlustrechnung) sind hingegen *Herstellungskosten* anzusetzen. Diese werden aus den Herstellkosten abgeleitet, wobei aufgrund der Bindung der Herstellungskosten an Ausgaben folgende Korrekturen vorzunehmen sind:

- Zusatzkosten wie z.B. kalkulatorischer Unternehmerlohn dürfen nicht angesetzt werden, so daß entsprechende Positionen aus den Herstellkosten herausgerechnet werden müssen.
- Anderskosten sind durch den dazugehörigen Zweckaufwand zu ersetzen.

Außerdem dürfen angemessene Teile der allgemeinen Verwaltungskosten hinzugefügt werden.[3]

In der *Kostenträgerzeitrechnung* (Kurzfristige Erfolgsrechnung, Betriebsergebnisrechnung) erfolgt eine Gegenüberstellung der Erlöse und der Kosten zur Ermittlung des Betriebsergebnisses für einen - in der Regel relativ kurzen - Abrechnungszeitraum. Dies dient der Be-

---

1 Vgl. Coenenberg, A.G.: (Kostenrechnung), S. 73.
2 Vgl. Hummel, S.; Männel, W.: (Kostenrechnung), S. 258 f.; Schweitzer, M.; Küpper, H.-U.: (Systeme), S. 155 f.
3 Zu einer differenzierten Darstellung des Verhältnisses von Herstell- und Herstellungskosten vgl. Kilger, W.: (Einführung), S. 270 ff.; Freidank, C.-C.: (Kostenrechnung), S. 169 ff.

stimmung des Erfolgs sowie der Analyse der Erfolgs- bzw. Mißerfolgsursachen und damit der kurzfristigen Steuerung des Betriebs.

Sowohl die Kalkulation als auch die Kostenträgerzeitrechnung lassen sich auf der Basis von Teil- oder Vollkosten sowie als Ist-, Normal- oder Planrechnungen durchführen. Im folgenden wird von einer Istkostenrechnung auf Vollkostenbasis ausgegangen; die Aussagen gelten aber weitgehend auch für die anderen Systeme der Kostenrechnung.

Um eine hohe Aussagekraft der Kosteninformationen über Kostenträger zu erzielen, sollte der durch die Erbringung der betreffenden Leistungen *verursachte* Wertverzehr erfaßt werden. Dies gelingt allerdings - unter anderem aufgrund der Beachtung des Wirtschaftlichkeitsprinzips bei der Gestaltung der Kostenrechnung - in der Regel nur annähernd; die Aussagekraft der Informationen wird typischerweise durch eine Reihe von Vereinfachungen und damit verbundenen Prämissen eingeschränkt. Die mit den Verfahren der Kostenträgerrechnung einhergehenden spezifischen Annahmen werden im folgenden bei deren Erörterung jeweils angesprochen. Zusätzlich ist bei der Interpretation der Ergebnisse der Kostenträgerrechnung zu beachten, daß diese Informationen über Einzel- und Gemeinkosten verarbeitet, die in der Kostenarten- und zumeist auch Kostenstellenrechnung gewonnen worden sind. Ungenauigkeiten aus diesen Bereichen der Kostenrechnung wirken sich daher auf die Resultate der Kostenträgerrechnung aus. Schließlich werden bei einer Vollkostenrechnung Fixkosten verrechnet, bei einer Istkostenrechnung vergangenheitsbezogene Werte und bei einer Plankostenrechnung mit Unsicherheiten verbundene prognostizierte Werte - dies kann die Aussagekraft einer Kostenträgerrechnung ebenfalls mindern.

3.2   Kostenträgerstückrechnung

3.2.1   Einführung

Für die Kostenträgerstückrechnung sind eine Reihe von Verfahren entwickelt worden, die nachfolgend dargestellt und beurteilt werden sollen. Die Eignung dieser Verfahren hängt von den Eigenschaften des jeweiligen Betriebes (Produkte, Produktionsbedingungen etc.) ab. Einflußfaktoren sind: [4]

-    die Mengenleistung der Produktion (Massen-, Sorten-, Serien-, Einzel- oder Partie- bzw. Chargenfertigung),
-    der Produktaufbau (einteilige Stückgüter wie Schrauben, Fließgüter wie Flüssigkeiten, Gase oder pulverisierte Stoffe, zusammengesetzte Erzeugnisse wie Autos) sowie
-    das Produktionsverfahren (unter anderem die Anzahl der Produktionsstufen).

Für die Anwendbarkeit von Kalkulationsverfahren ist es wichtig, ob ein Kostenträger hergestellt wird oder mehrere. Bei mehreren Kostenträgern ist die Frage zu klären, ob bei den einsetzbaren Produktionsverfahren Produkte unabhängig voneinander entstehen oder ein Produktionsvorgang zwangsläufig zu mehreren Produkten, sogenannten Kuppelprodukten, führt. Einen Überblick über die bei unabhängigen Produkten und Kuppelprodukten vorrangig einsetzbaren und nachfolgend erörterten Kalkulationsverfahren vermittelt Abbildung II-14.

---

4   Vgl. Kilger, W.: (Einführung), S. 305.

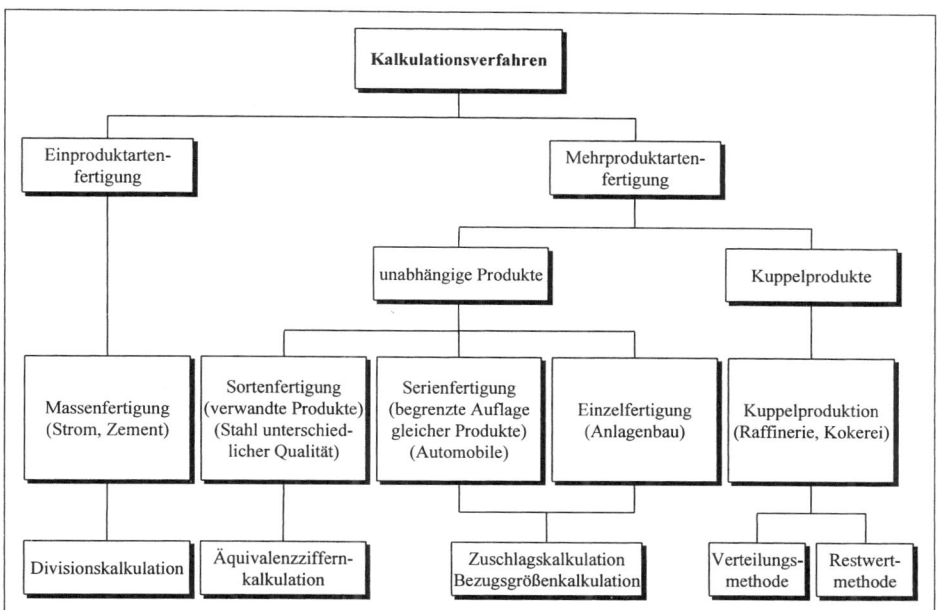

Abb. II-14: Verfahren der Kostenträgerstückrechnung[5]

3.2.2 Kostenträgerstückrechnung bei Einproduktartenfertigung mittels Divisionskalkulation

Für die Divisionskalkulation ist charakteristisch, daß die gesamten Kosten einer Periode gleichmäßig - durch eine Division - auf die einzelnen Einheiten des Kostenträgers verteilt werden. Damit wird unterstellt, daß sich die Kosten proportional zur Menge der Kostenträger verhalten. Eine Trennung von Einzel- und Gemeinkosten unterbleibt bei der Divisionskalkulation.[6]

Die Divisionskalkulation läßt sich in einer einstufigen und einer mehrstufigen Form durchführen. Beide Formen werden im folgenden dargestellt und jeweils anhand von Beispielen veranschaulicht.

Einstufige Divisionskalkulation

Verfahrensdarstellung

Bei der einstufigen Divisionskalkulation werden die einer Einheit des Kostenträgers insgesamt zuzuordnenden Kosten, die Selbstkosten pro Stück, ermittelt, indem die gesamten Kosten der

---

5 Quelle: in modifizierter Form übernommen von Freidank, C.-C.: (Kostenrechnung), S. 149; Coenenberg, A.G.: (Kostenrechnung), S. 74.

6 Vgl. Scherrer, G.: (Kostenrechnung), S. 403 f.

Periode durch die gesamte Produktions- bzw. Absatzmenge[7] dividiert werden. Es gilt:

$$k_s = \frac{K}{x}$$

mit:

k_s = Selbstkosten pro Stück
K = Gesamtkosten
x = Produktions- und Absatzmenge

Beispiel

Sind in einer Abrechnungsperiode Gesamtkosten in Höhe von 150.000 € bei einer Produktions- und Absatzmenge von 2.000 Stück angefallen, dann ergeben sich die Selbstkosten pro Stück gemäß der folgenden Rechnung:

$$k_s = \frac{150.000}{2.000} = 75 \quad [€/ME]$$

Verfahrensbeurteilung

Bei der einstufigen Divisionskalkulation werden die gesamten Kosten des Leistungserstellungs- und -verwertungsprozesses in einem Schritt auf den Kostenträger verteilt. Damit entfällt aus der Sicht der Kostenträgerrechnung die Notwendigkeit einer Kostenstellenrechnung.[8] Das Verfahren verursacht relativ geringen Aufwand, allerdings ist die Aussagekraft des Ergebnisses auch vergleichsweise gering. Soll die einstufige Divisionskalkulation zu einem exakten Resultat führen, dann ist neben der zutreffenden Ermittlung der Kosten sowie der Produktions- und Absatzmenge anzunehmen, daß

- der Betrieb nur eine Kostenträgerart (Produkt oder Dienstleistung) produziert und keine weiteren Leistungen (wie die Erstellung von im Betrieb genutzten Gütern des Anlagevermögens) erbringt,
- eine einstufige Fertigung vorliegt oder die Lagerbestände an Halbfabrikaten gleich bleiben und
- keine Lagerbestandsveränderungen bei dem Fertigfabrikat auftreten.[9]

Sinnvoll erscheint der Einsatz der einstufigen Divisionskalkulation nur, falls diese Voraussetzungen erfüllt sind. Ansonsten kann es zu großen Ungenauigkeiten bei der Kalkulation kommen. Die Anwendung einer solchen Divisionskalkulation ist beispielsweise bei einer Massenproduktion denkbar, bei der einteilige Produkte oder Fließgüter hergestellt werden (z.B. bei einem Elektrizitätswerk oder einer Brauerei, die eine Biersorte produziert).[10] Auf die Einsetzbarkeit der Divisionskalkulation insgesamt wird nachfolgend im Zusammenhang mit der Beurteilung der mehrstufigen Divisionskalkulation tiefer eingegangen.

---

7   Im folgenden wird zunächst angenommen, daß keine Bestandsveränderungen auftreten und daher die Produktionsmenge und die Absatzmenge gleich sind.
8   Vgl. Kilger, W.: (Einführung), S. 306.
9   Vgl. Kloock, J.; Sieben, G.; Schildbach, T.: (Leistungsrechnung), S. 133.
10 Vgl. Kilger, W.: (Einführung), S. 306.

Oftmals werden in einem mehrstufigen Produktionsprozeß - eine Ausnahme stellen nicht lagerfähige Produkte wie Elektrizität, Transport- und Dienstleistungen dar - Lagerbestandsveränderungen an Halb- und/oder Fertigfabrikaten auftreten. In diesem Fall käme es zu Ungenauigkeiten, wenn mit einer einstufigen Divisionskalkulation die gesamten Kosten auf eine der Produktionsmengen bzw. die Absatzmenge verteilt würden.[11] Dieses sollte durch Anwendung einer mehrstufigen Divisionskalkulation vermieden werden.

Mehrstufige Divisionskalkulation

Verfahrensdarstellung
Die Anwendung der mehrstufigen Divisionskalkulation ist sinnvoll, falls ein mehrstufiger Produktionsprozeß vorliegt, wie er in der folgenden Abbildung skizziert ist (und weitere, unten beschriebene Voraussetzungen erfüllt sind).

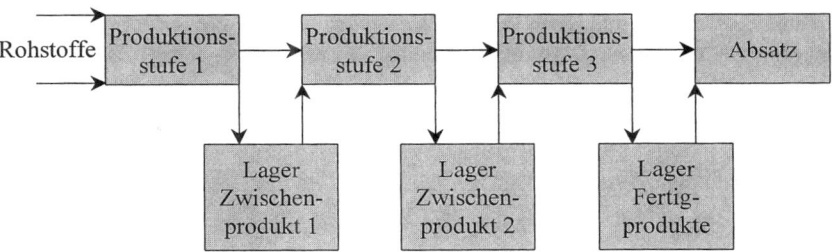

Abb. II-15: Mehrstufiger Produktionsprozeß

Bei diesem Verfahren wird zunächst zwischen dem Fertigungsbereich und dem Verwaltungs- und Vertriebsbereich differenziert; falls mehrere Fertigungsstufen vorliegen und Bestandsveränderungen an Halbfabrikaten auftreten, ist eine weitere Aufteilung des Fertigungsbereichs erforderlich. Von diesem Fall wird im folgenden ausgegangen.

Nach der Aufteilung des Fertigungsbereiches in einzelne Fertigungsstufen werden deren jeweilige Gesamtkosten ermittelt. Mittels Division dieser Gesamtkosten durch die Produktionsmenge der Fertigungsstufe wird anschließend ein stufenspezifischer Stückherstellkostenwert berechnet. Falls alle Fertigungsstufen für die Fertigung einer Leistungseinheit jeweils genau eine Einheit der Vorstufe benötigen, lassen sich die Stückherstellkosten des in einer Stufe gefertigten Halbfabrikats berechnen, indem der stufenspezifische Kostensatz zu den Stückherstellkosten der Vorstufe addiert wird. Die Summe aller stufenspezifischen Stückkostenwerte ergibt die - unter anderem für die Bestandsbewertung der Fertigfabrikate relevanten - gesamten Herstellkosten pro Stück.

Gemäß dem Divisionsprinzip werden auch die Vertriebs- und Verwaltungskosten pro Stück bestimmt. Dazu sind die gesamten Vertriebs- und Verwaltungskosten zu ermitteln und durch die gesamte Absatzmenge zu dividieren.

Der letzte Schritt der mehrstufigen Divisionskalkulation besteht in der Addition der Stückherstellkosten und der Stückvertriebskosten zu den Selbstkosten pro Stück.

---

[11]   Vgl. Hummel, S.; Männel, W.: (Kostenrechnung), S. 269 f.

Formal lassen sich die Selbstkosten pro Stück - unter der oben angesprochenen Annahme, daß alle Fertigungsstufen für die Fertigung einer Leistungseinheit jeweils genau eine Einheit der Vorstufe benötigen, - wie folgt darstellen:

$$k_s = \frac{K_1}{x_1} + \frac{K_2}{x_2} + \frac{K_3}{x_3} + ... + \frac{K_j}{x_j} + ... + \frac{K_J}{x_J} + \frac{K_A}{x_A} \qquad \text{bzw.} \qquad k_s = \sum_{j=1}^{J} \frac{K_j}{x_j} + \frac{K_A}{x_A}$$

mit:

k_s = Selbstkosten pro Stück
K_j = Gesamtkosten der Fertigungsstufe j (j = 1, 2, ..., J)
x_j = Produktionsmenge der Fertigungsstufe j
K_A = Gesamtkosten des Verwaltungs- und Vertriebsbereichs
x_A = Absatzmenge

Bei manchen Fertigungsprozessen ist es möglich, daß über Lagerbestandsveränderungen hinaus in den einzelnen Fertigungsstellen *Mengengewinne oder Mengenverluste* auftreten.[12] Die Produktionsmenge einer Stufe stimmt dann nicht mit der Einsatzmenge des in der Vorstufe erzeugten Halbfabrikats überein. Um entsprechende Mengenänderungen bei einer mehrstufigen Divisionskalkulation zu berücksichtigen, können die Stückkosten des Halbfabrikats der Vorstufe gemäß dem Verhältnis zwischen der Einsatzmenge dieses Halbfabrikats und der Produktionsmenge auf eine Einheit des produzierten Halb- oder Fertigfabrikats umgerechnet werden.

Beispiel

In einem Betrieb liegen drei Fertigungsstufen vor, in denen Gesamtkosten von 60.000 € (Stufe 1) sowie jeweils 30.400 € (Stufen 2 und 3) anfallen; zusätzlich sind Vertriebskosten in Höhe von 29.700 € zu berücksichtigen. Die Absatzmenge beträgt 1.800 Stück, die Produktionsmengen belaufen sich auf 2.500 Stück (Stufe 1), 2.000 Stück (Stufe 2) sowie 1.900 Stück (Stufe 3). Alle Fertigungsstufen benötigen für die Herstellung einer Einheit genau eine Einheit des in der Vorstufe gefertigten Halbfabrikates. Die Herstellkosten pro Stück (k_{hj} bzw. k_h) betragen dann für die Halbfabrikate der Stufe j und das Fertigfabrikat:

Halbfabrikat Stufe 1: $\qquad k_{h1} = \dfrac{60.000}{2.500} \qquad = \quad 24,00 \ [\text{€/ME}]$

Halbfabrikat Stufe 2: $\qquad k_{h2} = 24,00 + \dfrac{30.400}{2.000} \qquad = \quad 39,20 \ [\text{€/ME}]$

Fertigfabrikat: $\qquad k_h = 39,20 + \dfrac{30.400}{1.900} \qquad = \quad 55,20 \ [\text{€/ME}]$

Die Selbstkosten pro abgesetztem Stück belaufen sich auf:

$$k_s = 55,20 + \frac{29.700}{1.800} \qquad = \quad 71,70 \ [\text{€/ME}]$$

---

[12]   Zur Berücksichtigung von Mengenveränderungen im Produktionsprozeß vgl auch Kilger, W.: (Einführung), S. 308 f.

Die mengen- und wertmäßigen Lagerbestandserhöhungen sind nachfolgend aufgeführt:

	Menge	Wert
Halbfabrikat Stufe 1:	500	12.000
Halbfabrikat Stufe 2:	100	3.920
Fertigfabrikat:	100	5.520
Summe:		21.440

Um zu gewährleisten, daß sämtliche Kosten verrechnet worden sind, läßt sich eine Probe vornehmen. Die Summe aus den Selbstkosten der abgesetzten Menge (71,70 · 1.800 = 129.060 €) sowie der gesamten wertmäßigen Lagerbestandserhöhung (21.440 €) muß den Gesamtkosten aller Fertigungsstufen sowie des Verwaltungs- und Vertriebsbereichs (150.500 €) entsprechen.

Zur Veranschaulichung des Vorgehens einer mehrstufigen Divisionskalkulation bei *Mengengewinnen oder Mengenverlusten* soll das obige Beispiel modifiziert werden. Es liegen wiederum drei Fertigungsstufen vor, die Gesamtkosten der Fertigungsstufen und die Vertriebskosten entsprechen den oben angegebenen. Auch die Produktionsmengen der Stufen 1 (2.500 Stück) und 2 (2.000 Stück) sollen unverändert gelten. Abweichend vom obigen Beispiel wird nun unterstellt, daß die Produktionsmenge der dritten Stufe 950 Stück beträgt; die Absatzmenge soll mit dieser Menge übereinstimmen. Für eine in der dritten Fertigungsstufe produzierte Einheit werden zwei Einheiten des Halbfabrikats der Vorstufe benötigt. Die Herstellkosten pro Stück (k_{hj} bzw. k_h) betragen für die Halbfabrikate der Stufe j und das Fertigfabrikat nun:

Halbfabrikat Stufe 1: $\quad k_{h1} = \dfrac{60.000}{2.500} \quad\quad = 24,00\ [\text{€/ME}]$

Halbfabrikat Stufe 2: $\quad k_{h2} = 24,00 + \dfrac{30.400}{2.000} \quad = 39,20\ [\text{€/ME}]$

Fertigfabrikat: $\quad k_h = 2 \cdot 39,20 + \dfrac{30.400}{950} = 110,40\ [\text{€/ME}]$

Die Selbstkosten pro abgesetztem Stück belaufen sich auf:

$$k_s = 110,40 + \frac{29.700}{950} \quad = 141,66\ [\text{€/ME}]$$

Verfahrensbeurteilung

Auch die mehrstufige Divisionskalkulation läßt sich mit relativ geringem Aufwand durchführen, obwohl sie im Gegensatz zur einstufigen eine differenzierte Erfassung von Kosten für einzelne Betriebsbereiche bzw. Fertigungsstufen erfordert.

Die ermittelten Stückherstellkosten sind zur Bewertung der Bestände sowie der Bestandsveränderungen an Halb- und Fertigfabrikaten geeignet. Ebenso wie die Stückselbstkosten lassen sie sich zudem zur Entscheidungsvorbereitung nutzen, wobei ihre Eignung allerdings davon abhängig ist, ob eine Voll- oder Teilkostenrechnung durchgeführt wird (vgl. dazu Abschnitt III.1). Bei einer Vollkostenrechnung werden Fixkosten verrechnet; dies führt unter anderem dazu, daß der berechnete Stückkostenbetrag in der Regel falsch ist, wenn die zugrunde gelegte Produktions- und Absatzmenge nicht zutrifft. Bei Voll- und Teilkostenrechnungen wird zudem von einem linearen Kostenverlauf ausgegangen. Dieser muß auch bei den variablen Kosten nicht gegeben sein.

Des weiteren ist auch bei dieser Variante der Divisionskalkulation eine relativ hohe Aussagekraft der Ergebnisse nur erzielbar, falls der Betrieb nur eine Kostenträgerart produziert und keine weiteren Leistungen wie die Erstellung selbst genutzter Anlagegüter erbringt. Diese Voraussetzungen dürften relativ selten vorliegen, denn Einproduktunternehmen stellen eine Ausnahme dar, und auch die Fertigung im eigenen Betrieb genutzter Anlagegüter ist nicht unüblich. Falls diese nicht mit dem Kostenträger übereinstimmen, können mit einer Divisionskalkulation deren Kosten nicht gesondert ermittelt werden, wie es beispielsweise für die Bestimmung von Abschreibungen oder für eine Entscheidung über Eigenfertigung oder Fremdbezug anzustreben ist. Außerdem werden dann die Kosten des Kostenträgers zu hoch ausgewiesen.

Die Voraussetzung der Existenz nur eines Kostenträgers schränkt den Einsatzbereich der Divisionskalkulation erheblich ein. Bei Betrieben bzw. betrieblichen Teilbereichen, in denen mehrere Kostenträger erzeugt werden, sind andere Kalkulationsverfahren anzuwenden. Ein derartiges Verfahren ist die nachfolgend angesprochene Äquivalenzziffernkalkulation, die aus der Divisionskalkulation hervorgegangen ist und auch als Variante der Divisionskalkulation angesehen werden kann.[13]

3.2.3 Kostenträgerstückrechnung bei Mehrproduktartenfertigung

3.2.3.1 Kalkulation von unabhängigen Produkten

3.2.3.1.1 Äquivalenzziffernkalkulation

Die Äquivalenzziffernkalkulation ist anwendbar, wenn in Sortenfertigung mehrere Produkte hergestellt werden, die sich in bezug auf die Produktmerkmale und die verwendete Fertigungstechnik weitgehend ähneln.[14] Dabei kann es sich beispielsweise um Bleche, Drähte, Garne oder Gewebe unterschiedlicher Stärke oder Biersorten handeln.[15] Bei derartigen Sorten liegt häufig eine ähnliche Kostenstruktur vor (z.B. werden die gleichen Rohstoffe benötigt und/oder die gleichen Fertigungsanlagen beansprucht).

Bei der Äquivalenzziffernkalkulation wird davon ausgegangen, daß die Stückkosten der verschiedenen Sorten in einem bestimmten Verhältnis zueinander stehen. Diese Kostenrelation wird in Form von Äquivalenzziffern angegeben. Beispielhaft sei unterstellt, daß einer Sorte A eine Äquivalenzziffer von 1 zugeordnet wird. Man spricht in diesem Fall auch von einer 'Bezugssorte' oder 'Einheitssorte'.[16] Falls eine andere Sorte B eine Äquivalenzziffer von

---

13   Vgl. Schweitzer, M.; Küpper, H.-U.: (Systeme), S. 166. Die Äquivalenzziffernkalkulation wird auch als Divisionskalkulation mit Äquivalenzziffern bezeichnet. Vgl. Kloock, J.; Sieben, G.; Schildbach, T.: (Leistungsrechnung), S. 137.

14   Vgl. Coenenberg, A.G.: (Kostenrechnung), S. 74 und S. 82. COENENBERG sieht die Anwendbarkeit aber auch bei einer Serienfertigung als gegeben an, wenn die Kostenverhältnisse zwischen den Produkten bzw. Produktvarianten eindeutig bestimmbar und stabil sind.

15   Vgl. Kilger, W.: (Einführung), S. 316.

16   Vgl. Kilger, W.: (Einführung), S. 315.

0,8 aufweist, dann bedeutet dies annahmegemäß, daß diese Sorte (B) pro Stück 80% der Kosten eines Stückes der Sorte A verursacht.

Auch die Äquivalenzziffernkalkulation läßt sich in einer ein- oder einer mehrstufigen Form anwenden, wie im folgenden beschrieben wird.

Einstufige Äquivalenzziffernkalkulation

Verfahrensdarstellung

Bei einer einstufigen Äquivalenzziffernkalkulation werden die Produktions- und Absatzmengen der einzelnen Sorten mit den jeweiligen Äquivalenzziffern multipliziert. Dadurch erfolgt eine Transformation dieser Mengen verschiedener Sorten in homogene Rechnungseinheiten. Nach der Homogenisierung ist das Divisionsverfahren anwendbar, das - wie erwähnt - von der Prämisse einer Produktart ausgeht.

Mittels Division der gesamten Kosten durch die Summe der Rechnungseinheiten wird nun ein Kostensatz pro Rechnungseinheit bestimmt. Es gilt demgemäß:

$$k_{re} = \frac{K}{a_1 \cdot x_1 + a_2 \cdot x_2 + \ldots + a_i \cdot x_i + \ldots + a_I \cdot x_I} \quad \text{bzw.} \quad k_{re} = \frac{K}{\displaystyle\sum_{i=1}^{I} a_i \cdot x_i}$$

mit:

k_{re} = Kosten pro Rechnungseinheit
K = Gesamtkosten
a_i = Äquivalenzziffer der Sorte i
x_i = Produktions- und Absatzmenge der Sorte i
I = Anzahl der Sorten

Der Kostensatz pro Rechnungseinheit entspricht den Selbstkosten pro Stück der Bezugssorte. Für die anderen Sorten lassen sich die Selbstkosten pro Stück berechnen, indem dieser Kostensatz mit der jeweiligen Äquivalenzziffer, die das Kostenverhältnis zur Bezugssorte angibt, multipliziert wird:

$$k_{si} = k_{re} \cdot a_i$$

mit:

k_{si} = Selbstkosten pro Stück der Sorte i

Beispiel

In einem Betrieb werden die drei Sorten A, B und C produziert und abgesetzt. Die Gesamtkosten betragen 180.000 €. Die Produktions- und Absatzmengen sowie die Äquivalenzziffern der Sorten sind nachfolgend angegeben.

Sorte	A	B	C
Produktions- und Absatzmenge (x_i)	3.000	8.000	5.000
Äquivalenzziffer (a_i)	4	1	2

Es sollen nun die Selbstkosten pro Stück und die Gesamtkosten für die drei Sorten berechnet werden. Dazu sind zunächst die Kosten pro Rechnungseinheit zu bestimmen. Sie betragen:

$$k_{re} = \frac{180.000}{4 \cdot 3.000 + 1 \cdot 8.000 + 2 \cdot 5.000} = 6 \ [€/ME]$$

Für die Selbstkosten pro Stück (k_{si}) sowie die Gesamtkosten (K_{si}) der Sorten gilt:

$k_{sA} = 6 \cdot 4 = 24 \ [€/ME]$	$K_{sA} = 72.000 \ [€]$
$k_{sB} = 6 \cdot 1 = 6 \ [€/ME]$	$K_{sB} = 48.000 \ [€]$
$k_{sC} = 6 \cdot 2 = 12 \ [€/ME]$	$K_{sC} = 60.000 \ [€]$

Die Summe der Gesamtkosten der Sorten muß mit den Gesamtkosten von 180.000 € übereinstimmen, wenn die Verrechnung korrekt erfolgt ist.

Verfahrensbeurteilung
Die Beurteilung der einstufigen Äquivalenzziffernkalkulation stimmt weitgehend mit der der einstufigen Divisionskalkulation überein, es soll daher hier vor allem auf die Unterschiede eingegangen werden. Der Anwendungsbereich der einstufigen Äquivalenzziffernkalkulation ist breiter, da sich aufgrund der Einbeziehung von Äquivalenzziffern auch mehrere Produktarten kalkulieren lassen, die in Sortenfertigung hergestellt werden. Die Berücksichtigung von Äquivalenzziffern ist aber gleichzeitig auch als problematisch anzusehen. Die Güte der Ergebnisse einer Äquivalenzziffernkalkulation ist davon abhängig, inwieweit die Äquivalenzziffern das tatsächliche Kostenverhältnis widerspiegeln. Um brauchbare Resultate zu erhalten, sollten Äquivalenzziffern aus Größen abgeleitet werden, die für die Kostenverursachung verantwortlich sind, z.B. Materialgewichten, Blechstärken, Oberflächen, Längen, Durchmessern oder Fertigungszeiten.[17] Problematisch ist die Anwendung des Verfahrens in der hier dargestellten Form vor allem bei einer größeren Anzahl von Produkten, die sich bezüglich mehrerer Kosteneinflußgrößen wie Materialverbrauch oder Inanspruchnahme des Fertigungsbereichs stark unterscheiden, da dann die Kostenrelationen kaum in Abhängigkeit von *einer* Größe bestimmt werden können. Abhilfe läßt sich in dieser Hinsicht mit der nach Kostenarten differenzierten Äquivalenzziffernkalkulation schaffen, die nach der mehrstufigen Äquivalenzziffernkalkulation dargestellt wird. Neben der Verwendung von Äquivalenzziffern können aber auch weitere Aspekte die Aussagekraft der Ergebnisse einer Äquivalenzziffernkalkulation begrenzen, unter anderem die Verrechnung von fixen Kosten sowie die Annahme eines linearen Kostenverlaufs.

Mehrstufige Äquivalenzziffernkalkulation

Verfahrensdarstellung
Die mehrstufige Äquivalenzziffernkalkulation läßt sich nutzen, falls bei einer mehrstufigen Sortenfertigung Lagerbestandsveränderungen an Halb- und/oder Fertigfabrikaten auftreten. Bei diesem Verfahren werden die Vorgehensweisen der einstufigen Äquivalenzziffernkalkulation und der mehrstufigen Divisionskalkulation miteinander verbunden, indem die Stückkosten für jede Stufe mit einer stufenbezogenen Äquivalenzziffernkalkulation separat ermittelt und anschließend zusammengefaßt werden. Dabei können in den verschiedenen Stufen unter-

---

17   Vgl. Hummel, S.; Männel, W.: (Kostenrechnung), S. 277.

schiedliche Äquivalenzziffernreihen verwendet werden. Die Kosten pro Rechnungseinheit sind nun differenziert für die einzelnen Stufen j zu ermitteln:

$$k_{rej} = \frac{K_j}{a_{1j} \cdot x_{1j} + a_{2j} \cdot x_{2j} + \ldots + a_{ij} \cdot x_{ij} + \ldots + a_{Ij} \cdot x_{Ij}} \quad \text{bzw.} \quad k_{rej} = \frac{K_j}{\sum\limits_{i=1}^{I} a_{ij} \cdot x_{ij}}$$

mit:

k_{rej} = Kosten pro Rechnungseinheit in der Stufe j
K_j = Gesamtkosten der Stufe j
a_{ij} = Äquivalenzziffer der Sorte i in der Stufe j
x_{ij} = Produktionsmenge der Sorte i in der Stufe j
I = Anzahl der Sorten

Ein analoges Vorgehen ist für den Verwaltungs- und Vertriebsbereich möglich. Die Selbstkosten pro Stück lassen sich dann - unter der Annahme, daß alle Fertigungsstufen für die Fertigung einer Leistungseinheit jeweils genau eine Einheit der Vorstufe benötigen, - wie folgt bestimmen:

$$k_{si} = k_{re1} \cdot a_{i1} + k_{re2} \cdot a_{i2} + k_{re3} \cdot a_{i3} + \ldots + k_{reJ} \cdot a_{iJ} + k_{reA} \cdot a_{iA}$$

mit:

k_{si} = Selbstkosten pro Stück der Sorte i
J = Anzahl der Fertigungsstufen
k_{reA} = Kosten pro Rechnungseinheit im Verwaltungs- und Vertriebsbereich
a_{iA} = Äquivalenzziffer der Sorte i im Verwaltungs- und Vertriebsbereich

Dieses Vorgehen der Äquivalenzziffernkalkulation kann zudem in bezug auf die Berücksichtigung von Mengenveränderungen variiert werden (zum Vorgehen vgl. Abschnitt II.3.2.2).

Beispiel
Für die beiden Stufen j eines Fertigungsprozesses sowie den Verwaltungs- und Vertriebsbereich konnten die folgenden stufen- bzw. bereichsspezifischen Kosten, Produktionsmengen und Äquivalenzziffern (a_{ij} bzw. a_{iA}) der Sorten A, B und C bestimmt werden:

Sorte	Stufe 1		Stufe 2		Verwaltungs- und Vertriebsbereich	
	Menge	a_{i1}	Menge	a_{i2}	Menge	a_{iA}
A	4.000	3	3.500	2	3.800	1
B	6.500	2	7.000	2	6.500	1
C	5.000	1	4.000	1	3.700	1
Kosten	150.000 [€]		100.000 [€]		42.000 [€]	

Es ist davon auszugehen, daß jeweils eine Mengeneinheit des Halbfabrikats zur Herstellung einer Einheit des Fertigfabrikats benötigt wird. Die Kosten pro Rechnungseinheit in den beiden Stufen (k_{rej}), die Stückkosten des Vertriebs und der Verwaltung (k_A), die Stück- und Gesamtherstellkosten des Halbfabrikats (k_{hi1} bzw. K_{hi1}) und des Fertigfabrikats (k_{hi} bzw. K_{hi}), die Stück- und Gesamtselbstkosten der abgesetzten Menge (k_{si} bzw. K_{si}) sowie die Lagerbestandsveränderungen ergeben sich dann wie folgt:[18]

$$k_{re1} = \frac{150.000}{3 \cdot 4.000 + 2 \cdot 6.500 + 1 \cdot 5.000} = 5 \; [\text{€/RE}]$$

$$k_{re2} = \frac{100.000}{2 \cdot 3.500 + 2 \cdot 7.000 + 1 \cdot 4.000} = 4 \; [\text{€/RE}]$$

$$k_A = \frac{42.000}{3.800 + 6.500 + 3.700} = 3 \; [\text{€/ME}]$$

$k_{hA1} = 5 \cdot 3 \quad = 15 \; [\text{€/ME}]$	$K_{hA1} = 15 \cdot 4.000 = 60.000 \; [\text{€}]$
$k_{hB1} = 5 \cdot 2 \quad = 10 \; [\text{€/ME}]$	$K_{hB1} = 10 \cdot 6.500 = 65.000 \; [\text{€}]$
$k_{hC1} = 5 \cdot 1 \quad = 5 \; [\text{€/ME}]$	$K_{hC1} = 5 \cdot 5.000 = 25.000 \; [\text{€}]$
$k_{hA} = 15 + 4 \cdot 2 = 23 \; [\text{€/ME}]$	$K_{hA} = 23 \cdot 3.500 = 80.500 \; [\text{€}]$
$k_{hB} = 10 + 4 \cdot 2 = 18 \; [\text{€/ME}]$	$K_{hB} = 18 \cdot 7.000 = 126.000 \; [\text{€}]$
$k_{hC} = 5 + 4 \cdot 1 = 9 \; [\text{€/ME}]$	$K_{hC} = 9 \cdot 4.000 = 36.000 \; [\text{€}]$
$k_{sA} = 23 + 3 \quad = 26 \; [\text{€/ME}]$	$K_{sA} = 26 \cdot 3.800 = 98.800 \; [\text{€}]$
$k_{sB} = 18 + 3 \quad = 21 \; [\text{€/ME}]$	$K_{sB} = 21 \cdot 6.500 = 136.500 \; [\text{€}]$
$k_{sC} = 9 + 3 \quad = 12 \; [\text{€/ME}]$	$K_{sC} = 12 \cdot 3.700 = 44.400 \; [\text{€}]$

Lagerbestandsveränderungen:

	A		B		C	
	Menge	Wert	Menge	Wert	Menge	Wert
Halbfabrikat	500	7.500	-500	-5.000	1.000	5.000
Fertigfabrikat	-300	-6.900	500	9.000	300	2.700

Analog zur mehrstufigen Divisionskalkulation läßt sich auch hier eine Probe durchführen, indem geprüft wird, ob die Summe der Selbstkosten der abgesetzten Mengen (279.700 €) und der gesamten Lagerbestandsveränderung bei Halb- und Fertigfabrikaten (12.300 €) den Gesamtkosten aller Fertigungsstufen sowie des Verwaltungs- und Vertriebsbereichs (292.000 €) entspricht.

Verfahrensbeurteilung
Da sich die Beurteilung der mehrstufigen Äquivalenzziffernkalkulation aus den entsprechenden Aussagen zur einstufigen Äquivalenzziffernkalkulation und zur mehrstufigen Divisionskalkulation ergibt, kann hier auf weitere Ausführungen verzichtet werden.

---

[18] Bei den Produktarten A und B ist eine Lagerentnahme von Fertig- bzw. Halbfabrikaten erforderlich. Es wird unterstellt, daß diese die gleichen Kosten aufweisen wie die in der betrachteten Periode hergestellten Fabrikate.

Nach Kostenarten differenzierte Äquivalenzziffernkalkulation

Verfahrensdarstellung

Falls für verschiedene Kostenarten (z.B. Personal-, Materialkosten) unterschiedliche Kostenrelationen im Betrieb bzw. in dem betrachteten Teilbereich gelten, läßt sich dies durch eine nach Kostenarten differenzierte Äquivalenzziffernrechnung berücksichtigen.[19] Bei dieser wird - für den gesamten Betrieb, eine Fertigungsstufe oder den Verwaltungs- und Vertriebsbereich - für jede relevante Kostenart oder Kostenartengruppe eine Ziffernreihe gebildet und mittels der Äquivalenzziffern eine Verteilung der entsprechenden Kosten auf die Sorten vorgenommen. Für eine Stufe j und eine Kostenart k ergeben sich die Kosten pro Rechnungseinheit wie folgt:

$$k_{rejk} = \frac{K_{jk}}{a_{1jk} \cdot x_{1j} + a_{2jk} \cdot x_{2j} + \ldots + a_{ijk} \cdot x_{ij} + \ldots + a_{Ijk} \cdot x_{Ij}} \quad \text{bzw.} \quad k_{rejk} = \frac{K_{jk}}{\sum_{i=1}^{I} a_{ijk} \cdot x_{ij}}$$

mit:

k_{rejk} = Kosten pro Rechnungseinheit in der Stufe j für die Kostenart k

K_{jk} = Gesamtkosten der Stufe j für die Kostenart k

a_{ijk} = Äquivalenzziffer der Sorte i in der Stufe j für die Kostenart k

x_{ij} = Produktionsmenge der Sorte i in der Stufe j

I = Anzahl der Sorten

Beispiel

Für das bisher betrachtete Beispiel wird unterstellt, daß in der ersten Fertigungsstufe die Materialkosten und sämtliche weiteren Kosten von verschiedenen Produktmerkmalen abhängig sind:

Sorte	Menge	Materialkosten a_{mi}	weitere Kosten a_{wi}
A	4.000	3	2,5
B	6.500	2	1,5
C	5.000	1	1
Kosten		90.000 [€]	60.000 [€]

Es ergeben sich dann die folgenden Kosten pro Rechnungseinheit bei den Materialkosten (k_{relm}) und den weiteren Kosten (k_{relw}) sowie Stückherstellkosten in der ersten Fertigungsstufe (k_{hi1}).

$$k_{relm} = \frac{90.000}{3 \cdot 4.000 + 2 \cdot 6.500 + 1 \cdot 5.000} = 3 \ [€/RE]$$

$$k_{relw} = \frac{60.000}{2,5 \cdot 4.000 + 1,5 \cdot 6.500 + 1 \cdot 5.000} = 2,\overline{42} \ [€/RE]$$

$$k_{hA1} = 3 \cdot 3 + 2,\overline{42} \cdot 2,5 = 15,06 \ [€/ME]$$

---

[19] Vgl. Huch, B.: (Einführung), S. 117 ff.

$$k_{hB1} = 3 \cdot 2 + 2,\overline{42} \cdot 1,5 = 9,64 \ [\text{€/ME}]$$

$$k_{hC1} = 3 \cdot 1 + 2,\overline{42} \cdot 1,0 = 5,42 \ [\text{€/ME}]$$

Verfahrensbeurteilung

Eine Äquivalenzziffernkalkulation mit mehreren Ziffernreihen ermöglicht es, die Kosten exakter zu verrechnen als dies bei Beschränkung auf eine Ziffernreihe realisierbar wäre. Allerdings erhöht sich dadurch der Aufwand. Auch bei einer Äquivalenzziffernkalkulation mit mehreren Ziffernreihen wird nicht zwischen Einzel- und Gemeinkosten differenziert. Dies geschieht bei der nachfolgend dargestellten Zuschlagskalkulation.

3.2.3.1.2 Zuschlagskalkulation

Die Zuschlagskalkulation ist in Betrieben sehr gebräuchlich, in denen mehrere Produktarten erzeugt werden, deren Kostenstruktur erhebliche Unterschiede aufweist. Dies sind zum Beispiel Betriebe mit mehreren Fertigungsstufen und einer Serien- oder Einzelfertigung.[20]

Die Zuschlagskalkulation geht von der Trennung der Kosten in Einzel- und Gemeinkosten aus.[21] Die Einzelkosten werden den Kostenträgern direkt zugeordnet; die Gemeinkosten werden mit Hilfe von Kalkulationssätzen 'zugeschlagen'. Als Basis für die Bildung dieser Zuschlagssätze können unter anderem die Einzelkosten dienen.

Es existieren verschiedene Varianten der Zuschlagskalkulation, wobei insbesondere zwischen der summarischen und der differenzierenden Form zu unterscheiden ist.

Summarische Zuschlagskalkulation

Verfahrensdarstellung

Die summarische Zuschlagskalkulation ist dadurch gekennzeichnet, daß die gesamten Gemeinkosten des Betriebes als ein (summarischer) Zuschlag verrechnet werden. Als Zuschlagsgrundlage können die gesamten Einzelkosten, die Materialeinzelkosten (insbesondere bei materialintensiver Produktion) oder die Fertigungseinzelkosten (vor allem bei arbeitsintensiver Produktion) Verwendung finden.[22] Eine Kostenstellenrechnung ist zur Anwendung der summarischen Zuschlagskalkulation nicht unbedingt erforderlich.

Der Zuschlagsatz ergibt sich bei diesem Verfahren in der folgenden Form:

$$z = \frac{K_g}{ZG}$$

mit:

z = Zuschlagsatz
K_g = Gemeinkosten
ZG = Zuschlagsgrundlage

---

20 Vgl. Freidank, C.-C.: (Kostenrechnung), S. 157.
21 Vgl. Scherrer, G.: (Kostenrechnung), S. 412.
22 Vgl. Freidank, C.-C.: (Kostenrechnung), S. 158.

Falls die gesamten Einzelkosten die Zuschlagsgrundlage darstellen, können die Stückselbstkosten gemäß der nachstehenden Formel ermittelt werden:

$$k_{si} = k_{ei}(1+z) \qquad \text{wobei gilt:} \qquad k_{ei} = \frac{K_{ei}}{x_i}$$

mit:

k_{si} = Stückselbstkosten der Produktart i
k_{ei} = Stückeinzelkosten der Produktart i
K_{ei} = Einzelkosten der Produktart i
x_i = Produktionsmenge (= Absatzmenge) der Produktart i

Werden die Materialeinzelkosten als Zuschlagsgrundlage gewählt, dann lautet die Formel für die Stückselbstkosten:

$$k_{si} = k_{emi}(1+z) + k_{efi} \qquad \text{wobei gilt:} \qquad k_{emi} = \frac{K_{emi}}{x_i} \;; \qquad k_{efi} = \frac{K_{efi}}{x_i}$$

mit:

k_{emi} = Materialeinzelkosten pro Stück der Produktart i
K_{emi} = Materialeinzelkosten der Produktart i
k_{efi} = Fertigungseinzelkosten pro Stück der Produktart i
K_{efi} = Fertigungseinzelkosten der Produktart i

Bei der Zuschlagsgrundlage 'Fertigungseinzelkosten' können die Stückselbstkosten in der folgenden Form berechnet werden:

$$k_{si} = k_{emi} + k_{efi}(1+z)$$

Beispiel
Es sind folgende Werte für die Gemeinkosten sowie die Material- und Fertigungseinzelkosten eines Betriebes ermittelt worden:

Gemeinkosten: 100.000 [€]
Materialeinzelkosten: 200.000 [€]
Fertigungseinzelkosten: 100.000 [€]

Unter Verwendung der verschiedenen oben beschriebenen Zuschlagsgrundlagen sollen nun die Stückselbstkosten einer Produktart kalkuliert werden, bei der die Materialeinzelkosten 500,- €/ME und die Fertigungseinzelkosten 400 €/ME betragen:

Zuschlagsgrundlage gesamte Einzelkosten:
Zuschlagsatz: $\dfrac{100.000}{300.000} = 33,3\overline{3} \; [\%]$
Stückselbstkosten: $(500 + 400) \cdot (1 + 0,3\overline{3}) = 1.200 \; [\text{€/ME}]$

Zuschlagsgrundlage Materialeinzelkosten:
Zuschlagsatz: $\dfrac{100.000}{200.000} = 50 \, [\%]$
Stückselbstkosten: $500 \cdot (1 + 0,5) + 400 = 1.150 \; [\text{€/ME}]$

Zuschlagsgrundlage Fertigungseinzelkosten:

Zuschlagsatz: $\dfrac{100.000}{100.000} = 100\,[\%]$

Stückselbstkosten: $500 + 400 \cdot (1 + 1) = 1.300\ [\text{€/ME}]$

Verfahrensbeurteilung
Die summarische Zuschlagskalkulation ordnet die Gemeinkosten undifferenziert auf der Basis einer Zuschlagsgrundlage den Kostenträgern zu und führt damit zu relativ ungenauen Ergebnissen. Ihre Anwendung ist nur dann zu empfehlen, wenn eine annähernd verursachungsgerechte Beziehung zwischen der gewählten Zuschlagsgrundlage und den gesamten Gemeinkosten vorliegt. Dies wird in der Realität kaum der Fall sein. Lagerbestandsveränderungen bei Halb- und Fertigfabrikaten lassen sich ebenfalls nicht bei der Kostenermittlung berücksichtigen. Der Einsatz einer differenzierenden Zuschlagskalkulation ist daher zumeist vorzuziehen. Auch in der Unternehmenspraxis hat die summarische Zuschlagskalkulation eine untergeordnete Bedeutung.

Differenzierende Zuschlagskalkulation

Verfahrensdarstellung
Bei der differenzierenden Zuschlagskalkulation werden die Gemeinkosten nicht summarisch, sondern nach Betriebsbereichen bzw. Kostenstellen differenziert zugeschlagen. Eine differenzierende Zuschlagskalkulation setzt daher die Durchführung einer Kostenstellenrechnung voraus.

Für die differenzierende Zuschlagskalkulation hat sich das nachfolgend dargestellte allgemeine Kalkulationsschema herausgebildet.

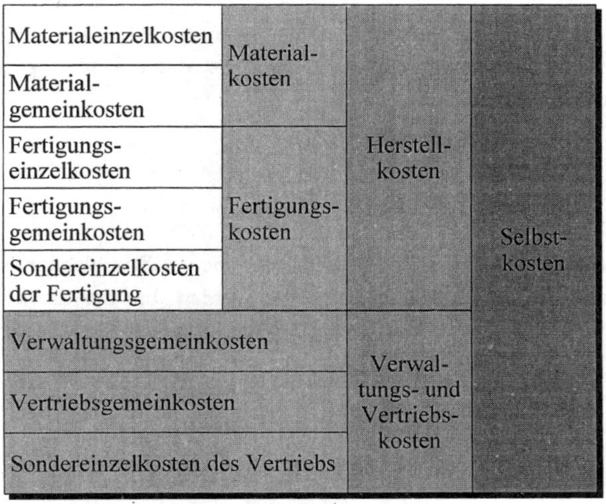

Abb. II-16: Kalkulationsschema der Zuschlagskalkulation[23]

---

23   Quelle: Zu ähnlichen Darstellungen vgl. Schweitzer, M.; Küpper, H.-U.: (Systeme), S. 169; Kloock, J.; Sieben, G.; Schildbach, T.: (Leistungsrechnung), S. 146.

Gemäß diesem Schema setzen sich die *Materialkosten* aus Materialeinzelkosten (vor allem für Rohstoffe) sowie Materialgemeinkosten (bei der Beschaffung und Lagerhaltung anfallende Kosten, z.B. Personalkosten für den Lagerverwalter, sowie verrechnete Kosten Allgemeiner Kostenstellen) zusammen. Die Materialkosten als Zwischengröße des Kalkulationsschemas der Zuschlagskalkulation unterscheiden sich damit von der Kostenart 'Materialkosten', da sie auch andere natürliche Kostenarten enthalten. Die natürliche Kostenart 'Materialkosten' wiederum fällt in anderen Kostenstellen ebenfalls an.

Die *Fertigungskosten* sind die Summe aus Fertigungseinzelkosten, Fertigungsgemeinkosten sowie Sondereinzelkosten der Fertigung. Die Fertigungseinzelkosten ergeben sich primär aus Personalkosten, insbesondere aus Akkordlöhnen; bei Fertigungsgemeinkosten kann es sich z.B. um Abschreibungen und Zinsen in Fertigungskostenstellen, aber auch um zugeordnete Kosten der Fertigungshilfskostenstellen wie technische Leitung, Arbeitsvorbereitung oder Meisterbereich und der Allgemeinen Kostenstellen handeln. Sondereinzelkosten der Fertigung lassen sich im Gegensatz zu Einzelkosten nicht gemäß dem Verursachungsprinzip einer einzelnen Einheit eines Produktes zurechnen, sie können aber einem Auftrag oder einem Los zugeordnet werden. Beispiele sind Kosten für die Anfertigung eines Modells, einer Konstruktionszeichnung oder eines Spezialwerkzeugs für einen Fertigungsauftrag.

Materialkosten und Fertigungskosten ergeben zusammen die durch die Produktion eines Kostenträgers verursachten *Herstellkosten*. Die *Verwaltungs- und Vertriebskosten* bestehen aus den Verwaltungs- und Vertriebsgemeinkosten (z.B. Personalkosten in Verwaltungs- und Vertriebsbereichen) sowie den Sondereinzelkosten des Vertriebs (z.B. Transportkosten, Kosten für Verpackungsmaterial, Verkaufsprovisionen oder Werbungskosten, die sich einem Auftrag zuordnen lassen). Werden die Verwaltungs- und Vertriebskosten zu den Herstellkosten addiert, so resultieren daraus die *Selbstkosten*.

Die Gemeinkosten werden bei der Zuschlagskalkulation mit Hilfe von Zuschlagsätzen verrechnet. Als Zuschlagsgrundlage dienen häufig, wie bereits in Abschnitt II.2.3 erwähnt:[24]

für die Materialgemeinkosten:	Materialeinzelkosten
für die Fertigungsgemeinkosten:	Fertigungseinzelkosten
für die Verwaltungsgemeinkosten:	Herstellkosten des Umsatzes
für die Vertriebsgemeinkosten:	Herstellkosten des Umsatzes

Die Herstellkosten des Umsatzes ergeben sich aus den Herstellkosten der produzierten Mengen abzüglich der wertmäßigen Bestandserhöhungen und zuzüglich der Werte der Bestandsminderungen. Sie werden als Zuschlagsgrundlage verwendet, da die Verwaltungs- und Vertriebskosten auf die verkauften Produkte verteilt werden sollen.

Das angegebene Kalkulationsschema ist gegebenenfalls in modifizierter Form anzuwenden. So fallen nicht bei allen Aufträgen Sondereinzelkosten an. Auch sind - insbesondere in Abhängigkeit vom Kostenstellensystem - möglicherweise Material- oder Fertigungseinzel- und -gemeinkosten separat für mehrere Kostenstellen zu berücksichtigen. Außerdem sind ggf. auch andere Kostenstellen einzubeziehen, so wird hier z.B. der Bereich der Forschung und Entwicklung vernachlässigt (zur Kostenrechnung für die Forschung und Entwicklung vgl. Abschnitt II.4.2).

---

24   Vgl. auch Freidank, C.-C.: (Kostenrechnung), S. 159 f.; Schweitzer, M.; Küpper, H.-U.: (Systeme), S. 152.

Die Zuschlagsätze für die Gemeinkosten stellen ein Ergebnis der Kostenstellenrechnung dar, das in deren drittem Schritt ermittelt wird (vgl. Abschnitt II.2.3). Auf ihrer Basis können einzelne Kostenträger mit Hilfe des angegebenen Schemas kalkuliert werden.

Beispiel

In einem Betrieb sollen die folgenden Kosten der Bildung von Zuschlagsätzen zugrunde gelegt werden (vgl. zu diesen Werten auch das Zahlenbeispiel für einen Betriebsabrechnungsbogen in Abschnitt II.2.3; es wird hier von Normalkosten ausgegangen und für die Einzelkosten unterstellt, daß die Ist- und die Normalkosten gleich sind):

Materialeinzelkosten:	120.000 [€]
Materialgemeinkosten:	36.000 [€]
Fertigungseinzelkosten Stelle 1:	200.000 [€]
Fertigungsgemeinkosten Stelle 1:	160.000 [€]
Fertigungseinzelkosten Stelle 2:	84.000 [€]
Fertigungsgemeinkosten Stelle 2:	134.400 [€]
Verwaltungsgemeinkosten:	55.080 [€]
Vertriebsgemeinkosten:	58.752 [€]

Als Basis für die Kalkulation von Aufträgen müssen zunächst die Zuschlagsätze bestimmt werden (zu ihrer Ermittlung vgl. auch Abschnitt II.2.3 und den dort dargestellten Betriebsabrechnungsbogen). Dabei sollen die oben angegebenen Zuschlagsgrundlagen genutzt werden. Die Zuschlagsätze betragen hier:

für die Materialgemeinkosten: $\dfrac{36.000}{120.000} = 30\ [\%]$

für die Fertigungsgemeinkosten Stelle 1: $\dfrac{160.000}{200.000} = 80\ [\%]$

für die Fertigungsgemeinkosten Stelle 2: $\dfrac{134.400}{84.000} = 160\ [\%]$

für die Verwaltungsgemeinkosten: $\dfrac{55.080}{734.400} = 7{,}5\ [\%]$

für die Vertriebsgemeinkosten: $\dfrac{58.752}{734.400} = 8\ [\%]$

Für eine zu kalkulierende Produktart sollen nun die folgenden Daten gelten:

Materialeinzelkosten:	160 [€/ME]
Fertigungseinzelkosten Stelle 1 :	180 [€/ME]
Fertigungseinzelkosten Stelle 2 :	135 [€/ME]

Die Herstell- und die Selbstkosten pro Stück lassen sich dann wie folgt bestimmen:

Materialeinzelkosten	160,00 [€/ME]	
Materialgemeinkosten	48,00 [€/ME]	(30 [%] von 160 [€/ME])
Materialkosten	208,00 [€/ME]	
Fertigungseinzelkosten Stelle 1	180,00 [€/ME]	
Fertigungsgemeinkosten Stelle 1	144,00 [€/ME]	(80 [%] von 180 [€/ME])
Fertigungseinzelkosten Stelle 2	135,00 [€/ME]	
Fertigungsgemeinkosten Stelle 2	216,00 [€/ME]	(160 [%] von 135 [€/ME])
Fertigungskosten	675,00 [€/ME]	
Herstellkosten	883,00 [€/ME]	
Verwaltungsgemeinkosten	66,23 [€/ME]	(7,5 [%] von 883 [€/ME])
Vertriebsgemeinkosten	70,64 [€/ME]	(8 [%] von 883 [€/ME])
Selbstkosten	1.019,87 [€/ME]	

Die ermittelten Herstellkosten können zur Bestandsbewertung, Herstell- und Selbstkosten zur Entscheidungsvorbereitung herangezogen werden.

Verfahrensbeurteilung

Die differenzierende Zuschlagskalkulation ermöglicht eine kostenstellenspezifische Zuordnung der Gemeinkosten zu den Kostenträgern. Sollen die Ergebnisse, d.h. die kalkulierten Herstell- und Selbstkosten(-komponenten) einer Mengeneinheit einer Produktart (oder eines Auftrags, eines Loses, einer Produktart) exakt sein, dann muß gelten, daß

- die Ergebnisse der Kostenartenrechnung und der Kostenstellenrechnung, insbesondere die Zuschlagsätze und die Zuschlagsgrundlagen Material- und Fertigungseinzelkosten, richtig sind und
- eine proportionale Beziehung zwischen den Gemeinkosten und den Zuschlagsgrundlagen besteht, die für alle Kostenträger gleich ist.

Die Genauigkeit der Ergebnisse hängt vor allem davon ab, inwieweit diese Annahmen zutreffen. Häufig kann insbesondere die Existenz von für alle Kostenträger identischen, proportionalen Beziehungen zwischen Gemeinkosten und Zuschlagsgrundlagen (Einzel- und Herstellkosten) angezweifelt werden. So ist nicht sicher, daß ein Kostenträger mit hohen Materialeinzelkosten auch einen hohen Wertverzehr in den Bereichen Beschaffung und Lagerhaltung verursacht, d.h. hohe Materialgemeinkosten. Weisen zwei Kostenträger gleiche Materialeinzelkosten auf, dann werden ihnen die gleichen Materialgemeinkosten zugerechnet, obwohl bei dem einen eventuell nur eine Materialart zu beschaffen und zu lagern ist, bei dem anderen hingegen eine größere Anzahl. Entsprechendes gilt für die anderen Gemeinkostenkomponenten. Ebenso bleibt die Tatsache, daß die mit der Abwicklung eines Auftrages verbundenen wertverzehrenden Aktivitäten in der Regel unabhängig von der Auftragsgröße sind und damit der Wertverzehr pro Stück mit zunehmender Auftragsgröße sinkt, unberücksichtigt (vgl. hierzu die Ausführungen zur Kalkulation mit Prozeßkostensätzen in Abschnitt III.3.3). Mit der obigen Annahme wird vielmehr bei der Kalkulation der Kosten einzelner Produkteinheiten ein

linearer Verlauf der Gemeinkosten in Abhängigkeit von der Menge unterstellt, sofern die Zuschlagsbasis wie z.B. bestimmte Einzelkosten, ebenfalls linear verläuft.

Der Hintergrund dieser Problematik ist, daß keine ursächliche Beziehung zwischen den
Gemeinkosten und den Zuschlagsbasen besteht und damit letztlich nicht dem Verursachungs-,
sondern lediglich dem Durchschnittsprinzip gefolgt wird. Besonders gravierend ist dieses
Problem bei den Fertigungsgemeinkosten, da diese aufgrund des hohen Mechanisierungs- und
Automatisierungsgrades in vielen Fertigungsbereichen bedeutend höher sind als die Fertigungseinzelkosten. Zuschlagsätze von weit mehr als 100% sind dementsprechend keine Sel-
tenheit. Eine Änderung der Fertigungseinzelkosten, z.B. durch Überstundenzuschläge oder
neue Lohntarife, führt dann zu einer überproportionalen Änderung der kalkulierten Fertigungsgemeinkosten. Erfassungsfehler bei den Einzelkosten und deren Komponenten bewirken
gravierende Abweichungen von den exakten Werten.

Aufgrund dieser Problematik und auch der weiteren, für alle Verfahren der Kostenträgerstückrechnung relevanten 'Fehlerquellen' (Verrechnung von Fixkosten bei einer Vollkostenrechnung, vergangenheitsbezogener Werte bei einer Istkostenrechnung sowie unsicherer Daten bei einer Plankostenrechnung) kann das Ergebnis einer Zuschlagskalkulation erheblich
vom tatsächlich entstandenen oder entstehenden Wertverzehr abweichen und ist als Grundlage
von Entscheidungen nur bedingt geeignet.[25]

3.2.3.1.3 Bezugsgrößenkalkulation

Verfahrensdarstellung

Ansatzpunkt für die Entwicklung der Bezugsgrößenkalkulation war die oben angesprochene
Problematik der Zuschlagskalkulation: Es gibt keine ursächlichen Beziehungen zwischen den
Zuschlagsgrundlagen sowie den Gemeinkosten, daher ist die Annahme einer proportionalen
Relation zwischen Zuschlagsgrundlagen und Gemeinkosten in der Regel nicht realitätsgerecht. Bei der Bezugsgrößenkalkulation werden nun bei Kostenstellen des Fertigungsbereiches
die Gemeinkosten nicht über Zuschlagsätze, sondern über Bezugsgrößen den Kostenträgern
zugeordnet. Für diese Bezugsgrößen sollte gelten, daß zwischen ihren Ausprägungen und den
zu verrechnenden Gemeinkosten ein (annähernd) proportionales Verhältnis besteht.

Bei Anwendung der Bezugsgrößenkalkulation wird in der jeweiligen Fertigungskostenstelle nach einer oder mehreren Bezugsgröße(n) gesucht, die diese Forderung erfüllen. Die
Identifikation solcher Bezugsgrößen gelingt am ehesten bei einer feinen Kostenstellenunter-
gliederung im Fertigungsbereich (vgl. Abschnitt II.2.2). Entsprechende Bezugsgrößen können
in einer Fertigungskostenstelle beispielsweise die Einsatzzeiten der Mitarbeiter oder die Maschinenlaufzeiten (eventuell jeweils getrennt nach Rüst- und Bearbeitungszeiten) sein. Bei
Einbeziehung mehrerer Bezugsgrößen in einer Kostenstelle kann jeder einzelnen Bezugsgröße
der Anteil an den gesamten Gemeinkosten einer Fertigungsstelle zugeordnet werden, der
(primär) in Abhängigkeit von ihr anfällt; die entsprechenden Gemeinkosten werden dann - wie

---

25   Zur Kritik an der Zuschlagskalkulation vgl. u.a. Kilger, W.: (Einführung), S. 328 f.; Hahn, D.; Hungenberg,
     H.: (PuK), S. 571; Freidank, C.-C.: (Kostenrechnung), S. 162. ,

beim nachfolgend für eine Bezugsgröße geschilderten Vorgehen - differenziert über die jeweilige Bezugsgröße den Kostenträgern zugeordnet.[26]

Zur Kostenverrechnung werden die Gemeinkosten, für die unterstellt wird, daß sie von einer Bezugsgröße abhängig sind, durch die gesamten Bezugsgrößeneinheiten einer Periode dividiert; der Quotient stellt einen Kostensatz für eine Bezugsgrößeneinheit dar:

$$k_{bj} = \frac{K_{gj}}{B_j}$$

mit:

k_{bj} = Kostensatz einer Bezugsgrößeneinheit der Kostenstelle j

K_{gj} = bezugsgrößenabhängige Gemeinkosten der Kostenstelle j

B_j = Anzahl der Bezugsgrößeneinheiten in der Kostenstelle j

Dieser Kostensatz ist bei der Kalkulation eines Kostenträgers mit der Bezugsgrößenmenge, die für diesen Kostenträger anfällt, zu multiplizieren, um den Gemeinkostenanteil zu ermitteln:

$$k_{gij} = b_{ij} \cdot k_{bj}$$

mit:

k_{gij} = Gemeinkosten des Kostenträgers i in der Kostenstelle j

b_{ij} = Anzahl der Bezugsgrößeneinheiten, die in der Kostenstelle j auf den Kostenträger i entfallen

Oftmals werden die Fertigungsgemeinkosten zumindest teilweise über die Bezugsgröße Maschinenstunden verrechnet, das entsprechende Vorgehen wird dann auch als *Maschinenstundensatzrechnung* bezeichnet.

Bei der Maschinenstundensatzrechnung werden zunächst die Kosten ermittelt, die direkt mit der jeweiligen Maschine verbunden sind.[27] Typischerweise handelt es sich dabei um die folgenden Kostenkategorien:[28]

- Kalkulatorische Abschreibungen
- Kalkulatorische Zinsen
- Energiekosten
- Betriebsstoffkosten
- Instandhaltungskosten
- Werkzeugkosten
- Sonstige (z.B. Reinigung, Werkzeugeinstellung)

Die Summe dieser direkt maschinenabhängigen Kosten wird dann durch die (Soll-)Maschinenlaufzeit dividiert:

---

26 Vgl. Kilger, W.: (Einführung), S. 335 ff. Eine entsprechende Kostenaufteilung auf mehrere Bezugsgrößen findet im Rahmen der Prozeßkostenrechnung statt. Vgl. Abschnitt III.3.2.

27 Es wird hier unterstellt, daß in einer Kostenstelle eine Maschine genutzt wird.

28 Vgl. Mönkemeier, S.; Zich, K.: (Konzepte), S. 3 f.; Andreas, D.; Reichle, W.: (Maschinenstundensätzen), S. 17 ff.; Michel, R.; Torspecken, H.-D.; Großmann, U.: (Grundlagen), S. 161 f.

$$k_{mj} = \frac{K_{mj}}{H_{mj}}$$

mit:

k_{mj} = maschinenabhängige Kosten pro Maschinenstunde in Kostenstelle j
K_{mj} = Maschinenabhängige Kosten in Kostenstelle j
H_{mj} = Maschinenstunden in Kostenstelle j

Das Ergebnis stellt einen Maschinenstundensatz dar, der bei der Kalkulation eines Kostenträgers mit der von diesem beanspruchten Maschinenlaufzeit multipliziert wird:

$$k_{mij} = h_{mij} \cdot k_{mj}$$

mit:

k_{mij} = maschinenabhängige Gemeinkosten des Kostenträgers i in der Kostenstelle j
h_{mij} = Anzahl der Maschinenstunden, die vom Kostenträger i in der Kostenstelle j beansprucht werden

Etwaige sonstige, nicht direkt maschinenabhängige Gemeinkosten können entweder über andere Bezugsgrößen oder als Zuschlag auf die Fertigungseinzelkosten verrechnet werden.

Eine Vereinfachung des Vorgehens ist möglich, wenn die (aus den Fertigungszeiten resultierenden) Fertigungslöhne der Arbeitnehmer und die Maschinenlaufzeiten stets in proportionalem Verhältnis zueinander stehen.[29] Es gilt dann das 'Gesetz der Austauschbarkeit der Bezugsgrößen', und es ist ohne Verlust an Aussagekraft möglich, neben den direkt maschinenabhängigen Kosten auch die Fertigungseinzelkosten sowie eventuell Restgemeinkosten auf die Maschinenstunden zu beziehen. Dabei wird ein Fertigungskostensatz gebildet:

$$k_{fj} = k_{mj} + \frac{K_{fej} + K_{rgj}}{H_{mj}}$$

mit:

k_{fj} =   Fertigungskosten pro Maschinenstunde in Kostenstelle j
K_{fej} =   Fertigungseinzelkosten in Kostenstelle j
K_{rgj} =   Restgemeinkosten in Kostenstelle j

Bei der Kalkulation von Kostenträgern werden dann sämtliche Fertigungskostenbestandteile verrechnet, indem dieser Fertigungskostensatz mit der vom Kostenträger beanspruchten Maschinenlaufzeit multipliziert wird:

$$k_{fij} = h_{mij} \cdot k_{fj}$$

mit:

k_{fij} = Fertigungskosten des Kostenträgers i in der Kostenstelle j

Die Anwendung der Bezugsgrößenkalkulation ist in der Regel auf die Verrechnung von Fertigungsgemeinkosten beschränkt; die Material-, Verwaltungs- und Vertriebsgemeinkosten werden weiterhin über Zuschläge verrechnet.

---

29   Vgl. Nowack, K.; Piehl, T.: (Maschinenstundensatzrechnung), S. 333.

Beispiel

Zur Veranschaulichung des Vorgehens soll das oben bei der Darstellung der Zuschlagskalkulation betrachtete Beispiel aufgegriffen und modifiziert werden. Abweichend von diesem Beispiel werden nun Teile der Fertigungsgemeinkosten der Fertigungskostenstelle 1 mit Hilfe einer Maschinenstundensatzrechnung verrechnet. Für diese Kostenstelle konnten die folgenden unmittelbar maschinenabhängigen Kosten ermittelt werden:

Kalkulatorische Abschreibungen	36.000 [€/Periode]
Kalkulatorische Zinsen	10.400 [€/Periode]
Energiekosten	10.700 [€/Periode]
Betriebsstoffkosten	9.600 [€/Periode]
Instandhaltungskosten	17.400 [€/Periode]
Werkzeugkosten	30.400 [€/Periode]
Sonstige	21.000 [€/Periode]
Summe	135.500 [€/Periode]

Die Maschinenlaufzeit der Periode beträgt 3.440 Stunden (2-Schicht-Betrieb über ein Jahr). Das zu kalkulierende Produkt nimmt in der ersten Fertigungskostenstelle pro Einheit 4 Maschinenstunden in Anspruch. Alle anderen Daten des Beispiels zur Zuschlagskalkulation gelten weiterhin. Da eine Proportionalität zwischen Maschinenlaufzeit und Fertigungslohn der Arbeiter nicht gegeben ist, sollen Fertigungseinzelkosten sowie Restfertigungsgemeinkosten der Fertigungskostenstelle 1 gesondert verrechnet werden; letztere als Zuschlag auf die Fertigungseinzelkosten. Ziel ist es, die Herstell- und Selbstkosten zu kalkulieren.

Hierzu muß zunächst der Maschinenstundensatz bestimmt werden:

$$k_{m1} = \frac{135.500}{3.440} = 39,39 \ [€/h]$$

Als Grundlage für die Kalkulation sind weiterhin die Restfertigungsgemeinkosten (K_{rg}) sowie der zugehörige Zuschlagsatz (z) zu berechnen:

$$K_{rg} = 160.000 - 135.500 = 24.500 \ [€]$$

$$z = \frac{24.500}{200.000} = 12,25 \ [\%]$$

Die Herstell- und Selbstkosten ergeben sich dann wie folgt:

Materialeinzelkosten	160,00 [€/ME]	
Materialgemeinkosten	48,00 [€/ME]	(30 [%] von 160 [€/ME])
Materialkosten	208,00 [€/ME]	
Fertigungseinzelkosten Stelle 1	180,00 [€/ME]	
Maschinenabhängige Kosten Stelle 1	157,56 [€/ME]	(4 [ZE/ME] · 39,39 [€/ZE])
Restfertigungsgemeinkosten Stelle 1	22,05 [€/ME]	(12,25 [%] von 180 [€/ME])
Fertigungseinzelkosten Stelle 2	135,00 [€/ME]	
Fertigungsgemeinkosten Stelle 2	216,00 [€/ME]	(160 [%] von 135 [€/ME])
Fertigungskosten	710.61 [€/ME]	
Herstellkosten	918,61 [€/ME]	
Verwaltungsgemeinkosten	68,90 [€/ME]	(7,5 [%] von 918,61 [€/ME])
Vertriebsgemeinkosten	73,49 [€/ME]	(8 [%] von 918,61 [€/ME])
Selbstkosten	1.061,00 [€/ME]	

Es ergibt sich bei dieser Form der Verrechnung ein anderes Ergebnis als bei der Zuschlagskalkulation. Dabei werden nicht nur für die Fertigungskostenstelle 1 andere Werte verrechnet,
aufgrund der geänderten Fertigungskosten und der daraus resultierenden Veränderung der
Herstellkosten nehmen auch die zugeordneten Verwaltungs- und Vertriebsgemeinkosten andere Werte an. Diese Tatsache, daß aufgrund eines modifizierten Berechnungsmodus bei den
Fertigungskosten andere Kosten des Verwaltungs- und Vertriebsbereichs verrechnet werden,
ist ein weiterer Beleg für die Problematik einer Zuschlagskalkulation.

Verfahrensbeurteilung
Die Bezugsgrößenkalkulation erscheint im Hinblick auf die Fertigungsgemeinkosten in vielen
Fällen eher als die Zuschlagskalkulation geeignet, eine verursachungsgerechte Kalkulation
durchzuführen.[30] Nachteilig wirkt sich im Vergleich zur Zuschlagskalkulation der höhere
Aufwand einer Bezugsgrößenkalkulation aus. Inwieweit die Aussagekraft erhöht wird, ist von
der Güte der Bezugsgrößen (und damit auch von der Kostenstelleneinteilung) abhängig. Dies
gilt auch hinsichtlich der Anwendung eines entsprechenden Vorgehens bei den Material-,
Verwaltungs- und Vertriebsstellen. Für diese dürfte es besonders schwierig sein, geeignete
Bezugsgrößen zu finden, bei denen zum einen die Forderung nach Proportionalität zwischen
Bezugsgrößenausprägung und Gemeinkosten erfüllt ist und sich zum anderen die Beanspruchung bzw. der Wert der Bezugsgröße bei den jeweiligen Kostenträgern feststellen läßt. Den-
noch ist eine Verrechnung von Gemeinkosten dieser Betriebsbereiche über Bezugsgrößen im
Rahmen der in Abschnitt III.3 noch zu behandelnden Prozeßkostenrechnung vorgesehen.

Daraus lässt sich ableiten, daß es möglich ist, den Begriff 'Bezugsgrößenkalkulation' auch
weiter als in diesem Abschnitt zu interpretieren und zwar im Sinne einer nicht notwendiger-
weise auf den Fertigungsbereich beschränkten 'Kalkulation mittels Bezugsgrößen'. Bei einem
solchen Verständnis können Verfahren wie die Prozeßkostenrechnung und die Äquivalenzzif-

---

30 Vgl. Freidank, C.-C.: (Kostenrechnung), S. 162.

fernkalkulation als spezifische Varianten der Bezugsgrößenkalkulation angesehen werden.[31]

Die Bezugsgrößenkalkulation ist ebenso wie die Zuschlagskalkulation primär zur Kalkulation von Produkten geeignet, die sich unabhängig voneinander herstellen lassen. Auf die Kalkulation von Produkten, für die dies nicht gilt, wird im folgenden Abschnitt eingegangen.

3.2.3.2 Kalkulation von Kuppelprodukten

3.2.3.2.1 Einführung

In der industriellen Fertigung existieren Produktionsprozesse, bei denen aus technischen oder natürlichen Gründen zwangsläufig mehrere Produkte anfallen. Beispielsweise werden bei der Ölraffinierung sowohl Benzin und Öl als auch Gas erzeugt.[32] Derartige Prozesse werden als Kuppelprozesse, die entstehenden Produkte als Kuppelprodukte bezeichnet.

Kuppelprozesse treten in unterschiedlichen Formen auf.[33] So können die Mengenrelationen, in denen die Produkte entstehen, entweder fest vorgegeben oder aber in bestimmten Grenzen variierbar sein (durch Wahl des konkreten Fertigungsverfahrens etc.). Fraglich ist auch, ob eines der Kuppelprodukte, z.B. aufgrund seines Umsatzanteils, eine besondere Bedeutung hat und damit als sogenanntes Hauptprodukt eingestuft werden kann. Außerdem ist denkbar, daß ein Fertigungsprozeß lediglich einen Kuppelprozeß oder mehrere derartige Prozesse enthält. Derartige ein- bzw. mehrstufige Kuppelprozesse sind beispielhaft in Abbildung II-17 veranschaulicht.

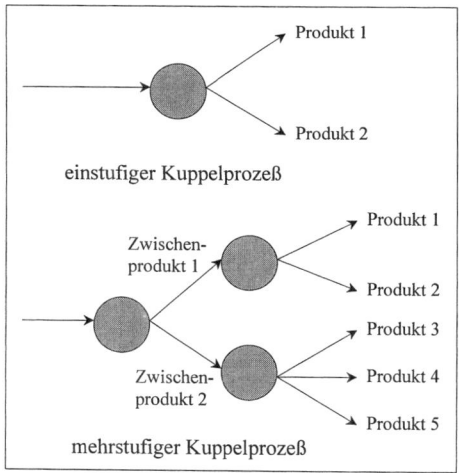

Abb. II-17: Ein- und mehrstufiger Kuppelprozeß

31 Zu der Auffassung, bei der Bezugsgrößenkalkulation handele es sich um ein allgemein anwendbares Verfahren, das sich auf alle in der Praxis vorkommenden Kalkulationsfälle anpassen ließe, vgl. Kilger, W.: (Einführung), S. 337.

32 Insbesondere in der chemischen Industrie kommt der Kalkulation von Kuppelprodukten eine besondere Bedeutung zu. Vgl. Verband der Chemischen Industrie e.V., Betriebswirtschaft + Finanzen: (Kalkulation), S. 124 ff.

33 Vgl. im folgenden Kilger, W.: (Einführung), S. 355.

Für die Kalkulation von Kuppelprodukten gilt eine Besonderheit. Aufgrund der gegenseitigen Abhängigkeit der Kuppelprodukte ist eine verursachungsgerechte Kalkulation der einzelnen Kostenträger nicht möglich, da diesen im Gegensatz zu einer unverbundenen Produktion auch keine variablen Kosten verursachungsgerecht zugeordnet werden können. Für Zwecke der Entscheidungsvorbereitung ist eine isolierte Betrachtung der einzelnen Kuppelprodukte ohnehin nicht sinnvoll, da diese nicht unabhängig voneinander hergestellt werden können. Es ist daher der Kuppelprozeß als ganzes im Hinblick auf seine Vorteilhaftigkeit zu betrachten und zu kalkulieren. Falls die Mengenverhältnisse der im Kuppelprozeß ausgebrachten Produkte variiert werden können, stellen die verschiedenen Möglichkeiten Handlungsalternativen dar, zwischen denen gewählt werden kann und die daher jeweils zu kalkulieren sind.

Eine Kalkulation einzelner Kuppelprodukte wird aber zu Zwecken der Bestandsbewertung erforderlich.[34] Für sie bieten sich vor allem zwei Verfahren an, die Verteilungsmethode (Schlüsselungsverfahren) sowie die Restwertmethode (Subtraktionsmethode). Bevor diese erörtert werden, sei darauf hingewiesen, daß ein Kuppelproduktionsvorgang in der Regel in eine Reihe anderer betrieblicher Vorgänge eingebettet ist (weitere Bearbeitung, Aufbereitung, Verpackung, Materialbeschaffung etc.), deren Kosten ebenfalls bei der Kalkulation zu berücksichtigen sind. Hierfür lassen sich grundsätzlich die oben beschriebenen Verfahren der Kostenträgerstückrechnung bei unverbundenen Produkten nutzen.

3.2.3.2.2 Verteilungsmethode

Einführung

Bei der Verteilungsmethode werden die Gesamtkosten des Kuppelprozesses mit Hilfe einer Schlüsselung auf die Kostenträger aufgeteilt. Als Schlüsselungsgrößen können neben den Outputmengen technische Größen (z.B. physikalische Merkmale wie Heizwert, Molekulargewicht), Marktpreise oder Verwertungsüberschüsse verwendet werden. Die Verteilungsmethode entspricht formal der Äquivalenzziffernrechnung (vgl. Abschnitt II.3.2.3.1.1). Allerdings kann im Gegensatz zur Äquivalenzziffernrechnung bei Nicht-Kuppelprodukten hier keine Orientierung am Verursachungsprinzip erfolgen, stattdessen wird bei der Verteilung nach Marktpreisen oder Verwertungsüberschüssen die Kostentragfähigkeit herangezogen. Die Verteilungsmethode wird häufig angewendet, wenn kein Hauptprodukt existiert. Im folgenden soll das Vorgehen der Verteilungsmethode für die Schlüsselgrößen Outputmenge, Marktpreis und Verwertungsüberschuß demonstriert werden.

Verteilung auf der Grundlage von Outputmengen

Darstellung der Verfahrensvariante

Bei der Verteilung auf der Grundlage von Outputmengen werden die in bzw. bis zu einer Stufe angefallenen Kosten proportional zu den Outputmengen und damit den Outputkoeffizienten auf die Kuppelprodukte verteilt. Das Vorgehen ähnelt der Verrechnung beim Stufenleiterverfahren (vgl. Abschnitt II.2.4.3), wobei Outputkoeffizienten anstelle der Leistungsinanspruchnahme als Grundlage der Verrechnung dienen.

---

34 Vgl. Schweitzer, M.; Küpper, H.-U.: (Systeme), S. 176.

Beispiel

Ein Betrieb der chemischen Industrie weist die nachfolgend abgebildete Produktionsstruktur auf.

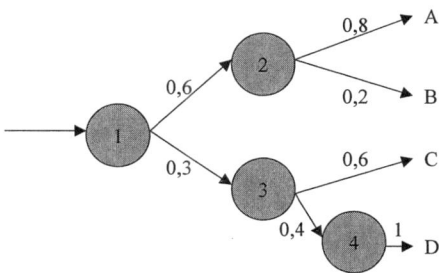

Wie die Abbildung zeigen soll, sind vier Fertigungsstufen an dem Produktionsprozeß beteiligt. In den Stufen 1, 2 und 3 liegt jeweils ein Kuppelprozeß vor. Der Materialfluß wird durch Pfeile dargestellt; die Pfeilbewertungen geben an, wieviel Mengeneinheiten je eingesetzter Mengeneinheit der vorgelagerten Stufe in eine nachgelagerte Stufe eingehen bzw. als Endprodukt bestimmter Art entstehen (Outputkoeffizienten).[35] Lagerbestandsveränderungen sollen nicht relevant sein.

In der ersten Stufe wurden in der betrachteten Periode 100.000 Mengeneinheiten eines Rohstoffes eingesetzt. Dessen Einstandskosten betragen 15 €/ME. Des weiteren sind in den verschiedenen Stufen die folgenden Kosten angefallen:

Stufe 1: 1.000.000 [€]
Stufe 2: 800.000 [€]
Stufe 3: 600.000 [€]
Stufe 4: 500.000 [€]

Es sollen nun die Herstellkosten der Kuppelprodukte auf der Grundlage der Outputmengen kalkuliert werden; die Verwaltungs- und Vertriebskosten werden hier und auch bei den folgenden Verfahren vernachlässigt.

Bei der Kalkulation sind die Kosten jeweils proportional zu den Outputkoeffizienten zu verteilen. Die Kosten der ersten Stufe beispielsweise werden im Verhältnis 0,6 zu 0,3 auf die zweite und die dritte Stufe aufgeteilt, daraus ergibt sich z.B. für die zweite Stufe eine Zuordnung von

$$\frac{2.500.000}{(0,6 + 0,3)} \cdot 0,6 = 1.666.666,67 \quad [€].$$

Nach Addition zu den in der zweiten Stufe angefallenen Kosten kann die Verteilung auf die Kostenträger A und B und damit die Berechnung der Gesamtkosten dieser Kostenträger analog erfolgen. Die Stückkosten werden nach dem Divisionsprinzip bestimmt, wobei sich die

---

[35] Bei der Produktionsstufe 1 wird davon ausgegangen, daß Mengenverluste auftreten, die zur Folge haben, daß die Summe der Outputkoeffizienten nicht 1 beträgt.

Produktions- und Absatzmengen als Produkte aus den Rohstoffeinsatzmengen und sämtlichen relevanten Outputkoeffizienten ergeben (z.B. 100.000 · 0,6 · 0,8 = 48.000 ME bei Produkt A).

Die gesamten Ergebnisse der Kalkulation auf der Grundlage von Outputmengen zeigt die folgende Tabelle. Diese können ebenso wie die der nachfolgend geschilderten Varianten bzw. Verfahren einer Probe unterzogen werden, bei der geprüft wird, ob der Gesamtkostenbetrag mit der Summe der verrechneten Kosten übereinstimmt (vgl. dazu die Abschnitte II.3.2.2 und II.3.2.3.1.1).

Stufe	1	2	3	4
Kosten einer Stufe (inklusive Rohstoffeinsatz) [€]	2.500.000,00	800.000,00	600.000,00	500.000,00
		1.666.666,67	833.333,33	-
		2.466.666,67	1.433.333,33	500.000,00
			-573.333,33	573.333,33
			860.000,00	1.073.333,33
Kostenträger	A	B	C	D
Gesamtkosten [€]	1.973.333,34	493.333,33	860.000,00	1.073.333,33
Produktions- und Absatzmenge [ME]	48.000	12.000	18.000	12.000
Stückkosten [€]	41,11	41,11	47,78	89,44

Beurteilung der Verfahrensvariante
Bei der Kalkulation von Kuppelprodukten ist eine Nutzung des Verursachungsprinzips nicht möglich. Die als Alternative denkbare Orientierung am Kostentragfähigkeitsprinzip wird bei der Verrechnung auf der Basis von Outputkoeffizienten nicht berücksichtigt. Dies geschieht bei den nachfolgend geschilderten Varianten der Verteilungsmethode.

Verteilung auf der Grundlage von Marktpreisen

Darstellung der Verfahrensvariante
Die Verteilung auf der Basis von Marktpreisen erfolgt formal mittels einer Äquivalenzziffern-rechnung, bei der die Marktpreise der Kostenträger (p_i) die Äquivalenzziffern darstellen. Unter Berücksichtigung dieser Äquivalenzziffern sowie der Produktions- und Absatzmengen (x_i) werden sämtliche Kosten des Produktionsprozesses (K) auf die Produktarten i (i = 1,...,I) verteilt. Dazu sind zunächst - mit dem für die Verteilung nach Outputkoeffizienten geschil-derten Vorgehen - die Produktions- und Absatzmengen der Kuppelprodukte zu bestimmen. Dann können die Kosten pro Rechnungseinheit (k_{re}), hier pro € Umsatz, gebildet werden:

$$k_{re} = \frac{K}{p_1 \cdot x_1 + p_2 \cdot x_2 + \ldots + p_i \cdot x_i + \ldots + p_I \cdot x_I} \qquad bzw. \qquad k_{re} = \frac{K}{\sum\limits_{i=1}^{I} p_i \cdot x_i}$$

mit:

k_{re} = Kosten pro Rechnungseinheit

K = Gesamtkosten

p_i = Marktpreis des Kostenträgers i

x_i = Produktions- und Absatzmenge des Kostenträgers i

I = Anzahl der Kostenträger

Aus den Kosten pro Rechnungseinheit lassen sich durch Multiplikation mit den Marktpreisen die Herstellkosten pro Stück (k_{hi}), aus diesen die Gesamtkosten des Kostenträgers i (K_{hi}) berechnen. Es gilt:

$$k_{hi} = k_{re} \cdot p_i$$

$$K_{hi} = k_{hi} \cdot x_i$$

Beispiel

Es soll das bisher betrachtete Beispiel aufgegriffen werden. Die für die Kalkulation mit Marktpreisen erforderlichen Verkaufspreise der Kostenträger lauten:

Kostenträger A: 90 [€/ME]

Kostenträger B: 50 [€/ME]

Kostenträger C: 60 [€/ME]

Kostenträger D: 90 [€/ME]

Die Kosten pro Rechnungseinheit betragen dann:

$$k_{re} = \frac{4.400.000}{90 \cdot 48.000 + 50 \cdot 12.000 + 60 \cdot 18.000 + 90 \cdot 12.000} = 0,621468926 \ [€/RE]$$

Daraus ergeben sich die folgenden Stück- und Gesamtherstellkosten:

k_{hA} = 55,93 [€/ME] K_{hA} = 2.684.745,76 [€]

k_{hB} = 31,07 [€/ME] K_{hB} =   372.881,36 [€]

k_{hC} = 37,29 [€/ME] K_{hC} =   671.186,44 [€]

k_{hD} = 55,93 [€/ME] K_{hD} =   671.186,44 [€]

Beurteilung der Verfahrensvariante

Bei der Verteilung der Kosten nach Marktpreisen wird das Kostentragfähigkeitsprinzip verfolgt. Allerdings werden hierbei sämtliche Kosten des Produktionsprozesses undifferenziert den Kostenträgern zugeordnet, obwohl einige Kosten nicht bei der Fertigung aller, sondern lediglich bei der Herstellung einer oder einiger Produktart(-en) anfallen. Eine differenziertere Zuordnung ermöglicht die Verteilung auf der Basis von Verwertungsüberschüssen.

Verteilung auf der Grundlage von Verwertungsüberschüssen

Darstellung der Verfahrensvariante

Bei der Verteilung der Kosten auf der Grundlage von Verwertungsüberschüssen wird das Kostentragfähigkeitsprinzip exakter als bei der dargestellten Zurechnung auf Marktpreisbasis berücksichtigt, indem die Kosten der einzelnen Fertigungsstufen differenziert verrechnet werden und zur Erfassung der Kostentragfähigkeit anstelle des Marktpreises bzw. Umsatzes der Verwertungsüberschuß zugrunde gelegt wird. Dieser spiegelt die Ertragskraft der Kostenträger besser wider als der Marktpreis. Er ergibt sich aus dem Umsatz abzüglich der auf der Grundlage des Verursachungsprinzips zuordenbaren 'Weiterverarbeitungskosten', d.h. der nach dem Kuppelprozeß entstehenden Kosten für Werkstoffe, Bearbeitung, Aufbereitung, Verpackung und eventuell Verwaltung oder Vertrieb. Das Vorgehen entspricht weitgehend der Verteilung auf Grundlage von Outputkoeffizienten; der Unterschied besteht darin, daß statt Outputkoeffizienten die Verwertungsüberschüsse der nachfolgenden Teilprozesse der Verteilung zugrunde liegen.

Beispiel
Für das obige Beispiel ergibt sich die folgende stufenförmige Kostenverrechnung:

Verteilung der Kosten von Stufe 1:
   Verwertungsüberschuß Teilprozeß Stufe 2 (Umsatz - Weiterverarbeitungskosten):
      $48.000 \cdot 90 + 12.000 \cdot 50 - 800.000 \qquad = \qquad 4.120.000 \ [€]$

   Verwertungsüberschuß Teilprozeß Stufe 3:
      $18.000 \cdot 60 + 12.000 \cdot 90 - 600.000 - 500.000 \ = \quad 1.060.000 \ [€]$

   Zugeordnete Kosten:

   Teilprozeß Stufe 2: $\dfrac{2.500.000}{4.120.000 + 1.060.000} \cdot 4.120.000 \ = \qquad 1.988.416,99 \ [€]$

   Teilprozeß Stufe 3: $\dfrac{2.500.000}{4.120.000 + 1.060.000} \cdot 1.060.000 \ = \qquad 511.583,01 \ [€]$

Verteilung der Kosten von Stufe 2:
   Verwertungsüberschuß Kostenträger A: $48.000 \cdot 90 - 0 \ = \qquad 4.320.000 \ [€]$

   Verwertungsüberschuß Kostenträger B: $12.000 \cdot 50 - 0 \ = \qquad 600.000 \ [€]$

   Gesamtkosten:

   Kostenträger A: $\dfrac{1.988.416,99 + 800.000}{4.320.000 + 600.000} \cdot 4.320.000 \ = \qquad 2.448.366,14 \ [€]$

   Kostenträger B: $\dfrac{1.988.416,99 + 800.000}{4.320.000 + 600.000} \cdot 600.000 \ = \qquad 340.050,85 \ [€]$

Verteilung der Kosten von Stufe 3:
   Verwertungsüberschuß Kostenträger C: $18.000 \cdot 60 - 0 \qquad = \qquad 1.080.000 \ [€]$

   Verwertungsüberschuß Kostenträger D: $12.000 \cdot 90 - 500.000 = \qquad 580.000 \ [€]$

   Gesamtkosten:

   Kostenträger C: $\dfrac{511.583,01 + 600.000}{1.080.000 + 580.000} \cdot 1.080.000 \qquad = \qquad 723.198,58 \ [€]$

Kostenträger D: $\dfrac{511.583,01 + 600.000}{1.080.000 + 580.000} \cdot 580.000 + 500.000 \quad = \quad 888.384,43 \ [\text{€}]$

Die Herstellkosten pro Stück der Produktarten A - D betragen dann:

$$k_{hA} = \frac{2.448.366,14}{48.000} \quad = \quad 51,01 \ [\text{€/ME}]$$

$$k_{hB} = \frac{340.050,85}{12.000} \quad = \quad 28,34 \ [\text{€/ME}]$$

$$k_{hC} = \frac{723.198,58}{18.000} \quad = \quad 40,18 \ [\text{€/ME}]$$

$$k_{hD} = \frac{888.384,43}{12.000} \quad = \quad 74,03 \ [\text{€/ME}]$$

Beurteilung der Verfahrensvariante

Die Verrechnung auf der Grundlage von Verwertungsüberschüssen ermöglicht eine exaktere Berücksichtigung des Kostentragfähigkeitsprinzips als die Kalkulation mit Marktpreisen.[36] Allerdings ist sie auch mit höherem Aufwand verbunden. Bei der Überlegung, ob der zusätzliche Aufwand gerechtfertigt ist, sollte beachtet werden, daß die Ergebnisse der Kalkulation von Kuppelprodukten aus den dargestellten Gründen nicht zur Entscheidungsvorbereitung genutzt werden können.

3.2.3.2.3 Restwert- oder Subtraktionsmethode

Verfahrensdarstellung

Bei der Restwert- oder Subtraktionsmethode erfolgt eine Klassifizierung der Kuppelprodukte in ein Haupt- und ein oder mehrere Nebenprodukte. Stückkosten werden lediglich für das Hauptprodukt bestimmt, eine Kalkulation der Nebenprodukte findet nicht statt. Bei der Kalkulation werden die Kosten des Produktionsprozesses (einschließlich der Weiterverarbeitungs- oder Entsorgungskosten aller Produkte) um die Umsatzerlöse der Nebenprodukte vermindert. Der sich ergebende Restwert wird nach dem Divisionsprinzip auf die Mengeneinheiten des Hauptproduktes verteilt. Die Stückherstellkosten des Hauptproduktes H ergeben sich dann gemäß der folgenden Formel:

$$k_H = \frac{K - \sum_{i=1}^{I} p_{Ni} \cdot x_{Ni}}{x_H}$$

mit:

k_H = Stückherstellkosten des Hauptproduktes H

K = Gesamtkosten der Produktion (einschließlich Weiterverarbeitung und Entsorgung aller Produkte)

x_H = Menge des Hauptproduktes H

---

[36] Vgl. Kilger, W.: (Einführung), S. 362.

i   = Index der Produktart (i = 1,...I)   mit: i ≠ H

x_{Ni} = Menge des Nebenproduktes i

p_{Ni} = Preis des Nebenproduktes i

Beispiel

Im obigen Beispiel kann Kostenträger A aufgrund seines vergleichsweise hohen Umsatzes als Hauptprodukt betrachtet werden. Die Stückherstellkosten dieses Produktes lassen sich dann wie folgt bestimmen:

$$k_A = \frac{4.400.000 - (50 \cdot 12.000 + 60 \cdot 18.000 + 90 \cdot 12.000)}{48.000} = 34,17 \ [\text{€}]$$

Verfahrensbeurteilung

Die Restwertmethode bringt den Nachteil mit sich, daß für die Nebenprodukte keine Stückkosten ermittelt werden.[37] Aufgrund des geschilderten Vorgehens bei der Kalkulation sind zudem die Kosten des Hauptproduktes unter anderem von den Erlösen der Nebenprodukte sowie deren Weiterverarbeitungs- und Entsorgungskosten abhängig, sie verändern sich bei einer Veränderung dieser Erlöse und Kosten. Dies schmälert die Aussagekraft der ermittelten Kosten, so daß die Restwertmethode am ehesten dann angewendet werden sollte, wenn die Erlöse und Kosten der Nebenprodukte relativ gering sind.

3.3   Kostenträgerzeitrechnung

3.3.1   Einführung

Mit der Kostenträgerzeitrechnung (Betriebsergebnisrechnung oder Kurzfristige Erfolgsrechnung) werden die Erlöse und Kosten einer Periode sowie ihre Differenz, das Betriebsergebnis der Periode, bestimmt. Die Bezeichnung 'Kostenträgerzeitrechnung' ist daher etwas mißverständlich, denn neben Kosten werden auch Erlöse ausgewiesen. Die Ermittlung und Analyse periodenbezogener Erlöse, Kosten und Betriebsergebnisse dient der Analyse der Erfolgs- bzw. Mißerfolgsursachen und damit der kurzfristigen Planung und Kontrolle des Betriebs.[38]

Bei der betrachteten Periode handelt es sich üblicherweise um einen relativ kurzen Zeitraum, da die Rechnung aktuelle Informationen für betriebsbezogene Entscheidungen bereitstellen soll. Oft wird ein Monat oder ein Quartal zugrunde gelegt.[39] Wertverzehre und geschaffene Werte, die bezogen auf längere Zeiträume (Quartal oder Jahr) entstehen, sind dann der Periode anteilig zuzurechnen. Um eine hohe Aussagekraft der Informationen zu erreichen, werden die Kosten und Erlöse differenziert dargestellt, getrennt beispielsweise nach Produktionsfaktoren, Betriebsbereichen oder Produkten bzw. Produktgruppen.

Bei einer periodenbezogenen Erfolgsermittlung sind Bestandsveränderungen von Halb- und Fertigfabrikaten zu berücksichtigen. Dies geschieht bei den beiden möglichen Formen der Kostenträgerzeitrechnung, dem Gesamtkostenverfahren und dem Umsatzkostenverfahren, in

---

37   Vgl. Kilger, W.: (Einführung), S. 359.

38   Vgl. Michel, R.; Torspecken, H.-D.; Großmann, U.: (Grundlagen), S. 197.

39   Vgl. Seicht, G.: (Leistungsrechnung), S. 181.

unterschiedlicher Weise. Nachfolgend sollen diese beiden Formen der Kostenträgerzeitrechnung dargestellt und beurteilt werden.

3.3.2 Gesamtkostenverfahren

Verfahrensdarstellung

Für das Gesamtkostenverfahren ist charakteristisch, daß sämtliche Erlöse und Kosten einer Periode einander gegenübergestellt werden. Zum Gesamterlös des Betriebes zählen neben den Umsatzerlösen (Erlöse für abgesetzte Erzeugnisse) auch bewertete Bestandserhöhungen an Halb- und Fertigfabrikaten sowie der Wert selbst erstellter Güter des Anlagevermögens (z.B. Sachanlagen, die im Betrieb genutzt werden).[40] Bewertete Bestandsveränderungen sind beim Gesamtkostenverfahren zu berücksichtigen, da in den Kosten der betriebliche Wertverzehr enthalten ist, der auf die in der Periode hergestellten Mengeneinheiten zurückzuführen ist. Hingegen resultieren die Umsatzerlöse aus den abgesetzten Mengen. Durch den Ansatz von Bestandsveränderungen werden die Mengengerüste der Kosten und Erlöse einander angeglichen. Analoges gilt für erstellte Güter des Anlagevermögens, die im folgenden allerdings vernachlässigt werden sollen. Beim Gesamtkostenverfahren werden demgemäß die Kosten und Erlöse primär in der Periode erfaßt, in der die Produkte erstellt werden.

Die Kosten werden beim Gesamtkostenverfahren in der Regel differenziert nach den verzehrten Produktionsfaktoren, d.h. nach den Kostenarten Materialkosten, Personalkosten, Abschreibungen etc. (vgl. Abschnitt II.1), aufgeführt. Bei den Erlösen erfolgt oftmals eine Differenzierung nach Produktarten. Der Ansatz von Bestandsveränderungen erfordert die Ermittlung von Herstellkosten für die entsprechenden Produkte sowie die Wahl eines Bewertungsmodus, falls die Herstellkosten der Perioden, in denen die in der aktuellen Periode verfügbaren Produkte hergestellt wurden, voneinander abweichen (z.B. Partieweise Istpreisbewertung, Durchschnittsbewertung oder Unterstellung einer Verbrauchsfolge, vgl. Abschnitt II.1.2).[41]

Das Betriebsergebnis ergibt sich beim Gesamtkostenverfahren - wenn Bestandsveränderungen an Halbfabrikaten vernachlässigt werden - in der folgenden Form:[42]

$$G_B = U + \sum_{i=1}^{I} (x_{pi} - x_{ai}) \cdot k_{hi} - \sum_{k=1}^{K} K_k$$

mit:

G_B	=	Betriebsergebnis
U	=	Umsatz
i	=	Index der Produktart ($i = 1,...,I$)
x_{pi}	=	Produktionsmenge der Produktart i
x_{ai}	=	Absatzmenge der Produktart i
k_{hi}	=	Herstellkosten je Stück der Produktart i

---

40 Vgl. Michel, R.; Torspecken, H.-D.; Großmann, U.: (Grundlagen), S. 197.
41 Falls die Herstellkosten höher sind als die Marktpreise, bietet sich eine Bewertung zu Marktpreisen an. Vgl. Kilger, W.: (Einführung), S. 420; Schweitzer, M.; Küpper, H.-U.: (Systeme), S. 190.
42 Vgl. Kilger, W.: (Einführung), S. 420.

k = Index der Kostenart (k = 1,...,K)

K_k = Kosten der Kostenart k

Die allgemeine Struktur des Betriebsergebniskontos bei einer Kostenträgerzeitrechnung nach dem Gesamtkostenverfahren ist in der folgenden Abbildung dargestellt.

Betriebsergebniskonto

- Kosten der Periode differenziert nach Kostenarten	- Umsatzerlöse differenziert nach Produktarten
- Herstellkosten der Bestandsminderungen an Halb- und Fertigfabrikaten	- Herstellkosten der Bestandsmehrungen an Halb- und Fertigfabrikaten
- Betriebsgewinn	- Betriebsverlust

Abb. II-18: Betriebsergebniskonto beim Gesamtkostenverfahren[43]

Beispiel

In einem Betrieb, der zwei Produktarten herstellt, wurden für die vergangene Periode folgende Daten ermittelt:

	Produktart A	Produktart B
Lageranfangsbestand	1.000 [ME]	2.000 [ME]
Produktionsmenge	6.000 [ME]	3.000 [ME]
Absatzmenge	6.500 [ME]	2.400 [ME]
Preis	20 [€/ME]	8 [€/ME]
Materialkosten	34.000 [€]	9.000 [€]
Fertigungskosten	50.000 [€]	27.000 [€]
Verwaltungs- und Vertriebskosten	10.000 [€]	5.000 [€]
Herstellkosten der Vorperiode	10,50 [€/ME]	16 [€/ME]

Aus den gegebenen Daten soll nun das Betriebsergebnis der Periode ermittelt werden. Dazu sind die Umsätze der Produktarten und die in der Periode angefallenen Kosten einander gegenüber zu stellen. Da sich die Herstellkosten der Periode auf ein anderes Mengengerüst - nämlich die in der Periode produzierte Menge - beziehen, in die Umsätze jedoch die abgesetzten Mengen eingehen, müssen zusätzlich Bestandsveränderungen einbezogen werden. Diese Bestandsveränderungen (sowie Bestände) sollen zu durchschnittlichen Herstellkosten bewertet werden.

Im Beispiel ist bei der Produktart A die Absatzmenge höher als die Produktionsmenge, was zu einer Bestandsminderung führt, die beim Gesamtkostenverfahren zu berücksichtigen ist. Bei der hier unterstellten Bewertung der Bestandsveränderungen zu durchschnittlichen Herstellkosten kann der Wert der Bestandsminderung in folgender Weise bestimmt werden. Der sich aus den Herstellkosten der Vorperiode(n) ergebende Wert des Lageranfangsbestands sowie die Material- und Fertigungskosten, die bei der Herstellung der Produktionsmenge der aktuellen Periode angefallen sind, werden addiert und durch die gesamte zur Verfügung stehende Menge (Lageranfangsbestand und Produktionsmenge) der Produktart A dividiert:

---

43   Quelle: in leicht modifizierter Form übernommen von Schweitzer, M.; Küpper, H.-U.: (Systeme), S. 190.

$$k_{hA} = \frac{1.000 \cdot 10,50 + 34.000 + 50.000}{1.000 + 6.000} = 13,50 \quad [\text{€/ME}]$$

Die so berechneten durchschnittlichen Herstellkosten werden zur Bewertung des Lagerendbestandes (als Saldo der zur Verfügung stehenden Menge und der Absatzmenge) verwendet. Die Differenz zwischen den Werten von Lagerendbestand und Lageranfangsbestand stellt dann den Wert der Bestandsminderung der Produktart A dar:

Wert der Bestandsveränderung = (500 · 13,50) - (1.000 · 10,50) = -3.750 [€]

Analog kann für die Produktart B vorgegangen werden. Bei dieser liegen Bestandserhöhungen und damit zusätzliche Erlöse vor, da die abgesetzte Menge kleiner ist als die in der aktuellen Periode produzierte. Es ergeben sich jedoch dadurch keine Unterschiede für das weitere Vorgehen. Die durchschnittlichen Herstellkosten und der Wert der Bestandsmehrungen resultieren aus folgenden Berechnungen:

$$k_{hB} = \frac{2.000 \cdot 16 + 9.000 + 27.000}{2.000 + 3.000} = 13,60 \quad [\text{€/ME}]$$

Wert der Bestandsveränderung = (2.600 · 13,60) - (2.000 · 16) = 3.360 [€]

Die ermittelten Daten können abschließend in einem Betriebsergebniskonto zusammengeführt werden, darauf basierend lässt sich das Betriebsergebnis bestimmen:[44]

Betriebsergebniskonto

Materialkosten	43.000	Umsatzerlös Produktart A	130.000
Fertigungskosten	77.000	Umsatzerlös Produktart B	19.200
Verwaltungs- und Vertriebskosten	15.000	Wert Bestandserhöhung B	3.360
Wert Bestandsminderung A	3.750		
Betriebsgewinn	13.810		
	152.560		152.560

Verfahrensbeurteilung

Der mit dem Gesamtkostenverfahren verbundene Aufwand ist differenziert zu beurteilen. Zum einen läßt es sich einfach in das Kontensystem der Finanzbuchhaltung integrieren oder in tabellarischer Form realisieren.[45] Zum anderen müssen aber die Bestände an Halb- und Fertigfabrikaten ermittelt werden, um Bestandsveränderungen identifizieren zu können.[46] Dies ist in Unternehmen mit einem differenzierten Produktionsprogramm und einem mehrstufigen Produktionsprozeß mit einem hohen Aufwand verbunden.[47] Außerdem werden für die Bewertung von Bestandsveränderungen die Stückherstellkosten der entsprechenden Produkte benötigt, so daß bei Auftreten von Bestandsveränderungen die Zuordnung von Kosten zu

---

[44] Da im Beispiel keine nach Kostenarten differenzierten Angaben enthalten sind, wird hier vereinfachend eine Untergliederung der Kosten nach Kostenstellen bzw. Bereichen vorgenommen.
[45] Vgl. Michel, R.; Torspecken, H.-D.; Großmann, U.: (Grundlagen), S. 187.
[46] Vgl. Freidank, C.-C.: (Kostenrechnung), S. 172 f.
[47] Vgl. Kilger, W.: (Einführung), S. 421.

Kostenträgern erforderlich wird, auch wenn die Kosten der Periode ansonsten nach Produktionsfaktoren differenziert berücksichtigt werden.

Die Untergliederung der Kosten nach den verzehrten Produktionsfaktoren bringt bei einer Mehrproduktartenfertigung einen gravierenden Nachteil des Verfahrens mit sich. Es können - ohne zusätzliche Analysen - keine Informationen über den Beitrag einzelner Produkte zum Periodenerfolg bereitgestellt werden.[48]

3.3.3 Umsatzkostenverfahren

Verfahrensdarstellung

Beim Umsatzkostenverfahren werden nur die für die abgesetzten Erzeugnisse angefallenen Erlöse und Kosten in die Kostenträgerzeitrechnung einer Periode einbezogen. Die zu erfassenden Kosten beziehen sich demnach bereits auf das gleiche Mengengerüst wie die Umsatzerlöse.[49] Die Werte der Bestandserhöhungen an Halb- und Fertigfabrikaten werden nicht in Form von Erlösen ausgewiesen, auch die hierfür angefallenen Kosten bleiben unberücksichtigt. Bestandsminderungen sind in den Kosten für die verkauften Produkte erfaßt. Beim Umsatzkostenverfahren erfolgt die Einbeziehung der Kosten und Erlöse von Produkten daher in der Periode, in der diese abgesetzt werden.

Die Kosten werden beim Umsatzkostenverfahren typischerweise nicht nach den verbrauchten Produktionsfaktoren untergliedert erfaßt (wie beim Gesamtkostenverfahren), sondern als Selbstkosten der abgesetzten Produkte. Dies setzt die Durchführung einer Kostenträgerstückrechnung für die verkauften Produkte voraus und nicht (nur) wie beim Gesamtkostenverfahren für Produkte, bei denen Bestandsveränderungen auftreten. Die Erfassung der Erlöse erfolgt wie beim Gesamtkostenverfahren differenziert nach Produktarten. Für die in den Kosten berücksichtigten Bestandsminderungen wird bei unterschiedlichen Herstellkosten ebenfalls die Wahl eines Bewertungsmodus erforderlich.

Das Betriebsergebnis ergibt sich beim Umsatzkostenverfahren in der folgenden Form:

$$G_B = U - \sum_{i=1}^{I} x_{ai} \cdot k_{si} = \sum_{i=1}^{I} x_{ai} \cdot p_i - \sum_{i=1}^{I} x_{ai} \cdot k_{si} = \sum_{i=1}^{I} x_{ai} \cdot (p_i - k_{si})$$

mit:

p_i = Verkaufspreis je Stück der Produktart i

k_{si} = Selbstkosten je Stück der Produktart i

Die letzte formale Darstellung des Betriebsergebnisses zeigt, daß sich beim Umsatzkostenverfahren Erfolgsanteile einzelner Produktarten bestimmen lassen.

Die allgemeine Struktur des Betriebsergebniskontos bei einer Kostenträgerzeitrechnung nach dem Umsatzkostenverfahren ist in der folgenden Abbildung dargestellt.

---

[48] Vgl. Scherrer, G.: (Kostenrechnung), S. 541; Kloock, J.; Sieben, G.; Schildbach, T.: (Leistungsrechnung), S. 176; Siegwart, H.: (Erfolgsrechnung), S. 36 ff.

[49] Vgl. Seicht, G.: (Leistungsrechnung), S. 182.

Betriebsergebniskonto

- Gesamtkosten (Selbstkosten) der in einer Periode abgesetzten Produkte differenziert nach Produktarten	- Umsatzerlöse differenziert nach Produktarten
- Betriebsgewinn	- Betriebsverlust

Abb. II-19: Betriebsergebniskonto beim Umsatzkostenverfahren[50]

Beim Umsatzkosten- und beim Gesamtkostenverfahren werden Erlöse und Kosten zum Teil verschiedenen Perioden zugeordnet, das bei den beiden Verfahren ermittelte Betriebsergebnis ist aber identisch. Dies läßt sich ausgehend von der formalen Darstellung des Betriebsergebnisses beim Gesamtkostenverfahren zeigen:[51]

$$G_B = U + \sum_{i=1}^{I}(x_{pi} - x_{ai}) \cdot k_{hi} - \sum_{k=1}^{K} K_k$$

(handschriftlich:) x_{pi} - Prod.-menge; x_{ai} - Herstellkosten; K - Kostenkalender; K_k - Kosten der Kostenart k

Für die Gesamtkosten gilt, daß sie sich aus den Herstellkosten der produzierten Mengen sowie den Verwaltungs- und Vertriebskosten der abgesetzten Mengen zusammensetzen:

$$\sum_{k=1}^{K} K_k = \sum_{i=1}^{I} x_{pi} \cdot k_{hi} + \sum_{i=1}^{I} x_{ai} \cdot k_{ai}$$

mit:

k_{ai} = Verwaltungs- und Vertriebskosten je Stück der Produktart i

Damit gilt auch:

$$G_B = U + \sum_{i=1}^{I}(x_{pi} - x_{ai}) \cdot k_{hi} - \sum_{i=1}^{I} x_{pi} \cdot k_{hi} - \sum_{i=1}^{I} x_{ai} \cdot k_{ai}$$

$$G_B = U - \sum_{i=1}^{I} x_{ai} \cdot k_{hi} - \sum_{i=1}^{I} x_{ai} \cdot k_{ai}$$

$$G_B = U - \sum_{i=1}^{I} x_{ai} \cdot k_{si}$$

Dies entspricht dem mit dem Umsatzkostenverfahren ermittelten Erfolg.

Beispiel

Zur Veranschaulichung des Umsatzkostenverfahrens wird auf das im Zusammenhang mit dem Gesamtkostenverfahren betrachtete Beispiel zurückgegriffen. Anders als beim Gesamtkostenverfahren werden den Umsatzerlösen der beiden Produktarten A und B nun die Selbstkosten der abgesetzten Mengen, differenziert nach Produktarten, gegenübergestellt. Hierzu werden - wie beim Gesamtkostenverfahren dargestellt - durchschnittliche Herstellkosten ermittelt und mit der Absatzmenge multipliziert. Anschließend erfolgt eine Addition der so berechneten

---

50 Quelle: in leicht modifizierter Form übernommen von Schweitzer, M.; Küpper, H.-U.: (Systeme), S. 192.
51 Vgl. dazu auch Kilger, W.: (Einführung), S. 422 f.

Herstellkosten der Absatzmenge sowie der Verwaltungs- und Vertriebskosten. Für das Beispiel ergeben sich folgende Selbstkosten:

$$K_{sA} = 13,50 \cdot 6.500 + 10.000 = 97.750 \ [\text{€}]$$
$$K_{sB} = 13,60 \cdot 2.400 + 5.000 = 37.640 \ [\text{€}]$$

Die ermittelten Daten werden abschießend in einem Betriebsergebniskonto zusammengefaßt:

Betriebsergebniskonto

Selbstkosten Produktart A	97.750	Umsatzerlös Produktart A	130.000
Selbstkosten Produktart B	37.640	Umsatzerlös Produktart B	19.200
Betriebsgewinn	13.810		
	149.200		149.200

Verfahrensbeurteilung

Das Umsatzkostenverfahren erfordert in jedem Fall eine Kostenträgerstückrechnung, mit der die Selbstkosten der abgesetzten Produkte ermittelt werden. Allerdings setzt das Verfahren eine Erfassung der Bestände an Halb- und Fertigfabrikaten nicht voraus.[52] Die Ermittlung der Absatzmengen der einzelnen Produktarten und der mit diesen erzielten Erlöse bereitet keine besonderen Probleme. Falls die Selbstkosten der Produktarten aufgrund der Existenz einer entsprechenden Kostenträgerstückrechnung vorliegen, kann das Verfahren daher einfach und schnell durchgeführt werden.

Ein erheblicher Vorteil des Umsatzkostenverfahrens gegenüber dem Gesamtkostenverfahren besteht darin, daß sich die Erfolgsbeiträge einzelner Produktarten durch Gegenüberstellung ihrer Umsatzerlöse und Kosten ermitteln lassen und damit für die Produktpolitik relevante Informationen bereitgestellt werden.[53] Allerdings ist die Aussagekraft dieser Informationen bei einer Vollkostenrechnung durch die Einbeziehung von Fixkosten begrenzt.

Zudem ist bei den Ausführungen in Abschnitt II.3.3 primär auf die Erfassungs- und Planungsfunktionen der Kostenrechnung abgestellt worden. Um eine gezielte Steuerung des Verhaltens der Mitarbeiter zu erreichen, werden besondere Anforderungen an die kurzfristige Ergebnisrechnung gestellt (vgl. die Abschnitt III.4.1 und III.5.2).

---

52 Vgl. Schweitzer, M.; Küpper, H.-U.: (Systeme), S. 193.

53 Vgl. Kloock, J.; Sieben, G.; Schildbach, T.: (Leistungsrechnung), S. 176; Schweitzer, M.; Küpper, H.-U.: (Systeme), S. 193.

Aufgaben zu Abschnitt II.3

Kontrollfragen

1) Wozu dient die Kostenträgerrechnung?
2) Aus welchen Bereichen besteht die Kostenträgerrechnung?
3) Unter welchen Voraussetzungen läßt sich die einstufige Divisionskalkulation anwenden?
4) Beschreiben Sie das Vorgehen der mehrstufigen Divisionskalkulation.
5) Welche Aussage wird mit einer Äquivalenzziffer getroffen?
6) Erläutern Sie die Vorgehensweise der Äquivalenzziffernkalkulation.
7) Bei welchem Fertigungstyp läßt sich die Äquivalenzziffernkalkulation anwenden?
8) Welche Merkmale sind für die Zuschlagskalkulation charakteristisch?
9) Welcher Zusammenhang besteht zwischen der Kostenstellenrechnung und der differenzierenden Zuschlagskalkulation?
10) Beschreiben Sie das Kalkulationsschema der differenzierenden Zuschlagskalkulation.
11) Wie unterscheidet sich die Bezugsgrößenkalkulation von der differenzierenden Zuschlagskalkulation?
12) Welche Aufgaben hat die Kostenträgerzeitrechnung?
13) Wodurch unterscheiden sich das Gesamtkostenverfahren und das Umsatzkostenverfahren?

Aufgabe II.3-1

In einem Betrieb wird eine Produktart gefertigt und abgesetzt. Der Fertigungsprozeß besteht aus vier Fertigungsstufen. In einer Abrechnungsperiode werden für diese Fertigungsstufen die folgenden Kosten und Produktionsmengen ermittelt:

Stufe	Kosten	Produktionsmenge
1	80.000 [€]	4.000 [ME]
2	48.000 [€]	3.800 [ME]
3	60.000 [€]	3.000 [ME]
4	50.000 [€]	2.800 [ME]

Die Absatzmenge beträgt 2.500 Stück, die Vertriebskosten belaufen sich auf 20.000 €. Die Unterschiede zwischen den Produktionsmengen verschiedenen Fertigungsstufen sowie der Menge der Stufe 4 und der Absatzmenge resultieren aus Bestandsveränderungen.
Berechnen Sie die Stückherstellkosten für die Halbfabrikate der verschiedenen Stufen und das Fertigfabrikat sowie die Stückselbstkosten.

Aufgabe II.3-2

In einem Betrieb werden 3 Sorten (A, B, C) hergestellt, deren Äquivalenzziffern (a_i) und Produktionsmengen (x_i) in der nachfolgenden Tabelle wiedergegeben werden. Die Gesamtkosten belaufen sich auf 200.000 €.

	A	B	C
a_i	4	5	1
x_i	2.000	3.000	2.000

a)   Welche Stückkosten und Gesamtkosten sind den einzelnen Sorten zuzurechnen?

b)   Gehen Sie nun davon aus, daß der bisher betrachtete Betrieb die erste Produktionsstufe eines zweistufigen Produktionsprozesses darstellt. In der zweiten Produktionsstufe kann von folgenden Äquivalenzziffern (a_{i2}) und Produktionsmengen (x_{i2}) ausgegangen werden:

	A	B	C
a_{i2}	3	2	1
x_{i2}	1.500	4.000	3.000

Die Kosten der 2. Fertigungsstufe betragen 69.750 €.
Es sind 20.000 € Vertriebskosten angefallen. Die drei Sorten verursachen pro Stück Vertriebskosten in gleicher Höhe; die Absatzmengen betragen: Sorte A 2.000 Stück, Sorte B 3.500 Stück, Sorte C 2.500 Stück.
Bestimmen Sie die Stückherstell- und die Stückselbstkosten der Sorten.

Aufgabe II.3-3

a)   In der ersten Fertigungsstufe eines Betriebes werden 3 Sorten (A, B, C) hergestellt, deren Äquivalenzziffern (a_{i1}) und Produktionsmengen (x_{i1}) nachfolgend wiedergegeben werden. Die Gesamtkosten belaufen sich auf 305.000 €.

	A	B	C
a_{i1}	2	3	4
x_{i1}	4.000	3.500	3.000

Welche Stückkosten und Gesamtkosten sind den einzelnen Sorten für die erste Fertigungsstufe zuzurechnen?

b)   In der zweiten Fertigungsstufe werden die Produktgewichte als Maßstab für die Kostenverursachung angesehen. Die Gewichte pro Produkteinheit (GE_{i2}) (in kg/Stück) sowie die Gesamtgewichte (GG_{i2}) (in kg) der Produktionsmengen der Sorten i betragen in der zweiten Fertigungsstufe:

	A	B	C
GE_{i2}	2	1,5	1
GG_{i2}	6.000	6.000	3.000

Die Kosten der 2. Fertigungsstufe belaufen sich auf 240.000 €.
Welche Stückkosten und Gesamtkosten sind den einzelnen Sorten für die zweite Fertigungsstufe zuzurechnen?

c)   Vertriebskosten sind in Höhe von 28.875 € angefallen; diese sollen im - auf ein Stück bezogenen - Verhältnis von 2 - 2 - 1 auf die drei Sorten A, B und C verteilt werden. Die Absatzmengen betragen: Sorte A: 4.000 Stück, Sorte B: 3.000 Stück, Sorte C: 2.500 Stück. Bestimmen Sie die Stückherstell- und die Stückselbstkosten der Sorten.

Aufgabe II.3-4

a) In einem Unternehmen, in dem nur ein Produkt hergestellt wird, sind im vergangenen Monat bei einer Produktionsmenge von 5.000 Stück Gesamtkosten in Höhe von 50.000 € angefallen.

a1) Ermitteln Sie die Selbstkosten unter Verwendung der einstufigen Divisionskalkulation.

a2) Von den 5.000 produzierten Stück wurden 4.000 Stück abgesetzt. In den oben angegebenen Gesamtkosten sind 10.000 € Vertriebskosten enthalten. Ermitteln Sie die Selbstkosten mit der mehrstufigen Divisionskalkulation.

a3) Die Produktion besteht aus zwei Fertigungsstufen. Eine genauere Kostenanalyse hat ergeben, daß von den 40.000 € Produktionskosten 22.000 € auf die erste und 18.000 € auf die zweite Fertigungsstufe entfallen. In der ersten Stufe wurden 5.500 Stück eines Zwischenproduktes hergestellt und in der zweiten Stufe 5.000 Stück des Zwischenproduktes zu Fertigerzeugnissen weiterverarbeitet. Hinsichtlich der Absatzmenge und den Vertriebskosten haben sich keine Änderungen gegenüber a2) ergeben. Ermitteln Sie unter Verwendung der mehrstufigen Divisionskalkulation die Selbstkosten sowie den Wert der Lagerbestandszugänge des Zwischenproduktes und des Fertigerzeugnisses.

a4) Der Produktionsprozeß soll aus technischen Gründen umgestellt werden. Es werden nun für die Produktion einer Einheit des Fertigerzeugnisses zwei Einheiten des Zwischenproduktes benötigt. Die Produktionsmenge der 2. Stufe und die Absatzmenge verringern sich im Zuge der Umstellung auf 2.500 Stück bzw. 2.000 Stück. Ermitteln Sie die Herstellkosten des Fertigerzeugnisses und dessen Selbstkosten unter Verwendung der mehrstufigen Divisionskalkulation.

b) Um für jede Käuferschicht das richtige Produkt anbieten zu können, plant das Unternehmen, im folgenden Monat drei Sorten des Produktes herzustellen, die sich hinsichtlich des Rohstoffeinsatzes unterscheiden. Für die verschiedenen Sorten des Produktes werden unterschiedliche Stärken einer Blechart verwendet. Die daraus resultierenden Äquivalenzziffern sind nachfolgend angegeben.

b1) Die drei Sorten sollen mit Hilfe der einstufigen Äquivalenzziffernrechnung kalkuliert werden. Die Gesamtkosten betragen nun 70.000 €. Folgende Daten stehen zur Verfügung:

Sorte	Äquivalenzziffer	Produktions- und Absatzmenge
A	1,0	2.500
B	1,2	1.500
C	1,4	500

Ermitteln Sie für jede Sorte des Produktes die Selbstkosten pro Stück.

b2) Eine detailliertere Analyse des Produktionsprozesses ergibt folgende Daten: Von den Produktionskosten in Höhe von 60.000 € entfallen 32.000 € auf die erste und 28.000 € auf die zweite Fertigungsstufe. Die Stückkosten stehen bei der ersten

Stufe im Verhältnis 1 : 1,2 : 1,4 zueinander. Die Produktionsmengen dieser Stufe betragen x_{A1} = 2.268; x_{B1} = 860 und x_{C1} = 500, die der 2. Stufe x_{A2} = 2.100; x_{B2} = 1.500 und x_{C2} = 500. Die Kosten der 2. Stufe sind von der jeweiligen Produktionszeit abhängig. Die Produktionszeiten pro Stück der Sorten betragen A: 5 min, B: 8 min und C: 11 min.

Bei geplanten Absatzmengen von x_{Aa} = 1.000, x_{Ba} = 1.800 und x_{Ca} = 500 fallen voraussichtlich Vertriebskosten in Höhe von 10.000 € an. Diese sollen in einem stückbezogenen Kostenverhältnis von 0,9 : 1 : 2,6 auf die Absatzmengen der Sorten verteilt werden. Wie hoch sind die Stückselbstkosten der Sorten?

Aufgabe II.3-5

In einem Betrieb wurden für eine Abrechnungsperiode die folgenden Werte bestimmt:

Materialeinzelkosten:	64.000 [€]
Materialgemeinkosten:	10.000 [€]
Fertigungseinzelkosten:	60.000 [€]
Fertigungsgemeinkosten:	40.000 [€]
Verwaltungsgemeinkosten:	12.000 [€]
Vertriebsgemeinkosten:	10.000 [€]

Bestimmen Sie mit Hilfe der differenzierenden Zuschlagskalkulation die Herstell- und Selbstkosten pro Stück einer Produktart.

Als Grundlage für die Ermittlung der Zuschlagsätze sollen dabei berücksichtigt werden:

für die Materialgemeinkosten:	Materialeinzelkosten
für die Fertigungsgemeinkosten:	Fertigungseinzelkosten
für die Verwaltungsgemeinkosten:	Herstellkosten des Umsatzes
für die Vertriebsgemeinkosten:	Herstellkosten des Umsatzes

Die produzierte und die abgesetzte Menge stimmen überein.

Für die zu kalkulierenden Produktart gelten die folgenden Daten:

Materialeinzelkosten:	800 [€/ME]
Fertigungseinzelkosten:	640 [€/ME]

Aufgabe II.3-6

a) In einem Betrieb wurden die nachstehend aufgeführten Zuschlagsätze für die Materialgemeinkosten, die Fertigungsgemeinkosten der beiden Fertigungsstellen sowie die Verwaltungs- und die Vertriebsgemeinkosten ermittelt:

Zuschlagsatz Materialgemeinkosten:	16 [%]
Zuschlagsatz Fertigungsgemeinkosten Stelle I:	60 [%]
Zuschlagsatz Fertigungsgemeinkosten Stelle II:	40 [%]
Zuschlagsatz Verwaltungsgemeinkosten:	20 [%]
Zuschlagsatz Vertriebsgemeinkosten:	8 [%]

Berechnen Sie mit Hilfe der differenzierenden Zuschlagskalkulation die Herstell- und Selbstkosten pro Stück einer Produktart, für die folgenden Daten gelten:

Materialeinzelkosten:	148 [€/ME]
Fertigungseinzelkosten Stelle I:	220 [€/ME]
Fertigungseinzelkosten Stelle II:	142 [€/ME]
Sondereinzelkosten der Fertigung Stelle II:	80 [€/ME]

b) Die Gemeinkosten der Fertigungsstelle I beliefen sich in der vergangenen Abrechnungsperiode auf 60.000 €. Auf der Basis dieses Wertes wurde der Zuschlagsatz von 60% berechnet. Eine genauere Analyse der Kostenstruktur dieser Kostenstelle hat ergeben, daß die Gemeinkosten zu 80% von der Maschinenlaufzeit abhängig sind. Demgemäß sollen 80% der Gemeinkosten mit Hilfe einer Bezugsgrößenkalkulation (Maschinenstundensatzrechnung) verrechnet werden, die restlichen 20% mittels der Zuschlagskalkulation.
In der Abrechnungsperiode wurden 2.000 Maschinenstunden geleistet. Je Einheit der hier betrachteten Produktart werden 4 Maschinenstunden benötigt.
Wie hoch sind die Herstell- und die Selbstkosten, wenn die anderen Daten aus Aufgabenteil a) unverändert gelten?

Aufgabe II.3-7

a) In einem Betrieb wurden für eine Abrechnungsperiode die folgenden Werte bestimmt:

Materialeinzelkosten:	128.000 [€]
Materialgemeinkosten:	40.000 [€]
Fertigungseinzelkosten:	120.000 [€]
Fertigungsgemeinkosten:	72.000 [€]
Verwaltungsgemeinkosten:	36.000 [€]
Vertriebsgemeinkosten:	24.000 [€]
Sondereinzelkosten des Vertriebs:	16.000 [€]

Bestimmen Sie mit Hilfe der differenzierenden Zuschlagskalkulation die Herstell- und die Selbstkosten pro Stück einer Produktart, für die die folgenden Daten gelten:

Materialeinzelkosten:	700 [€/ME]
Fertigungseinzelkosten:	540 [€/ME]
Sondereinzelkosten des Vertriebs:	160 [€/ME]

b) Gehen Sie nun davon aus, daß genauere Kostenanalysen für die Fertigungsgemeinkosten ergeben haben, daß es sich bei den oben aufgeführten 'Gemeinkosten' zu 20% um Sondereinzelkosten der Fertigung, zu 60% um maschinenzeitabhängige Gemeinkosten und zu 20% um sonstige Gemeinkosten handelt. Die letzteren sollen in Form eines Zuschlages auf die Fertigungseinzelkosten den einzelnen Produktarten zugeordnet werden. Für die Abrechnungsperiode wird von 1.440 Maschinenstunden ausgegangen. Ermitteln Sie die Herstell- und die Selbstkosten pro Stück für die betrachtete Produktart, wenn neben den Daten aus a) die folgenden Werte relevant sind:

Sondereinzelkosten der Fertigung:	50 [€/ME]
Benötigte Maschinenstunden:	5 [ZE/ME]

Aufgabe II.3-8

In der Kostenstellenrechnung wurden für die abgelaufene Periode die folgenden gesamten Gemeinkosten der Endkostenstellen ermittelt:

Material:	20.000 [€]
Fertigungsstelle 1:	360.000 [€]
Fertigungsstelle 2:	200.000 [€]
Verwaltung:	45.500 [€]
Vertrieb:	63.700 [€]

Zusätzlich sind im Fertigungsbereich 30.000 € Sondereinzelkosten angefallen.
Weiterhin entstanden folgende Einzelkosten:

Materialeinzelkosten:	80.000 [€]
Einzelkosten der Fertigungsstelle 1:	60.000 [€]
Einzelkosten der Fertigungsstelle 2:	160.000 [€]

a) Berechnen Sie die Zuschlagsätze für die Material-, Fertigungs-, Verwaltungs- und Vertriebsgemeinkosten.

b) Das Unternehmen erhält einen Auftrag über 20 Stück eines Produktes. Ermitteln Sie die Herstell- und Selbstkosten pro Stück des Auftrags. Für den Auftrag wurden folgende Einzelkosten ermittelt:

Materialeinzelkosten:	140,- [€/ME]
Einzelkosten der Fertigungsstelle 1:	200,- [€/ME]
Einzelkosten der Fertigungsstelle 2:	120,- [€/ME]
Sondereinzelkosten der Fertigung:	600,- [€]

c) In der ersten Fertigungsstelle sollen die Gemeinkosten auf Basis der Maschinenlaufzeit verrechnet werden. In der abgelaufenen Periode war die Maschine 1.000 Stunden in Betrieb. Die Bearbeitungszeit pro Stück des Auftrags beträgt in der ersten Fertigungsstelle 2 Stunden. Berechnen Sie den Maschinenstundensatz, und ermitteln Sie die Herstell- und Selbstkosten pro Stück des Auftrags.

Aufgabe II.3-9

In einem Betrieb werden die beiden Produkte X und Y hergestellt. In der aktuellen Periode werden 200 Stück von X und 300 Stück von Y produziert. Je Stück werden folgende Mengen der Rohstoffe R_1 und R_2 eingesetzt:

	X	Y
R_1	2	10
R_2	3	5

Der Preis für eine Mengeneinheit von R_1 beträgt 4 €. Der Preis (q_2) für R_2 ist von der gesamten Einkaufsmenge in der aktuellen Periode abhängig (gehen Sie davon aus, daß es keine Lagermöglichkeiten für R_2 über einen Periodenzeitraum hinaus gibt). Die mengenabhängigen Preise von Rohstoff R_2 lauten (mit r_2 als Bedarfs- und Einkaufsmenge des Faktors):

$$0 \leq r_2 < 1.500 \implies q_2 = 7 \, [\text{€/ME}]$$
$$1.500 \leq r_2 < 2.500 \implies q_2 = 6 \, [\text{€/ME}]$$
$$r_2 \geq 2.500 \implies q_2 = 5 \, [\text{€/ME}]$$

Die Materialgemeinkosten der aktuellen Periode betragen 7.860 €. Diese sind auf Basis der Materialeinzelkosten zu verteilen.

Die Produkte X und Y durchlaufen zwei Fertigungsstufen. Die erste Fertigungsstufe ist sehr arbeitsintensiv. Ein Arbeiter benötigt für die Bearbeitung pro Stück von X 15 min und für ein Stück von Y 22 min. Die für den Arbeiter pro Stunde anzusetzenden Personalkosten (inkl. Nebenkosten) betragen 24 €. Die vom Meister in dieser Fertigungsstufe verursachten Personalkosten belaufen sich auf 4.200 € pro Periode. Außerdem sind noch weitere 15.000 € Gemeinkosten angefallen. Die gesamten Gemeinkosten dieser Stufe werden auf Basis der Lohneinzelkosten verteilt.

Die Fertigungsgemeinkosten der zweiten Stufe in Höhe von 24.000 € werden anhand der gesamten Fertigungszeit dieser Stufe verteilt. Die zeitliche Inanspruchnahme je Stück beträgt bei X 3 min, bei Y 2 min. Die Fertigungseinzelkosten betragen in der zweiten Stufe pro Stück von X 4,5 € und pro Stück von Y 1,2 €. Es ist weiterhin zu berücksichtigen, daß in dieser Stufe für das Produkt Y ein Spezialwerkzeug angeschafft werden muß (Anschaffungskosten = 10.800 €, kein Liquidationserlös). Dabei ist zu beachten, daß dieses Werkzeug nur für die Dauer von zwei Perioden benötigt wird (die Produktionsmenge von Produkt Y in der zweiten Periode wird ebenfalls mit 300 Stück veranschlagt).

Die Verwaltungs- und Vertriebsgemeinkosten betragen 13.164 €. Sie werden auf Basis der Herstellkosten verteilt.

a)   Welcher Preis muß pro Mengeneinheit des Rohstoffs r_2 bezahlt werden?

b)   Kalkulieren Sie die Selbstkosten pro Stück und insgesamt für die Produkte X und Y.

Aufgabe II.3-10

In einem Unternehmen werden in der betrachteten Periode 400 Stück der Produktart P1 und 200 Stück P2 hergestellt. Je Stück P1 und P2 werden folgende Mengen der Rohstoffe A, B und C eingesetzt:

	P1	P2
A	3	7
B	6	4
C	4	5

Die Rohstoffe können zur Zeit bei zwei unterschiedlichen Lieferanten (L1, L2) bezogen werden, wobei zu berücksichtigen ist, daß die gesamte Menge der Rohstoffe bei einem Lieferanten bestellt werden muß. Da die Qualität als gleichwertig angesehen wird, möchte das Unternehmen den Lieferanten wählen, bei dem die Materialkosten geringer sind.
Folgende Angebotspreise pro Stück liegen dem Unternehmen von den Lieferanten vor:

	A	B	C
L1	3,5	8	6
L2	3	6	8

Weiterhin wurden folgende Gemeinkosten der Endkostenstellen ermittelt:

	Material	Fertigung F1	Fertigung F2	Verwaltung	Vertrieb
Kosten	16.730	10.560	26.000	16.758	8.379

Beide Produkte durchlaufen die Fertigungsabteilungen F1 und F2. In der Fertigungsstelle F1 werden die Gemeinkosten auf Basis der Lohnkosten verteilt. Bei der Produktion fallen 10 € Lohnkosten je Stück P1 an und 13 € pro Stück P2.

Die Gemeinkosten der Fertigungsstelle F2 werden auf Basis der Maschinenlaufzeit verteilt. In der betrachteten Periode beträgt die gesamte Laufzeit 1.200 Stunden. Diese Zeit wird zu 60% für die Herstellung von P1 und zu 40% für die Produktion von P2 benötigt.

Es werden in der Periode 500 Stück des Produktes P1 und 160 Stück des Produktes P2 verkauft. Es kann davon ausgegangen werden, daß in ausreichendem Umfang Lagerbestände zur Verfügung stehen und sich die Herstellkosten nicht verändert haben.

Die Verwaltung- und Vertriebskosten sollen auf Basis der Herstellkosten des Umsatzes verteilt werden. In der Vertriebsabteilung muß außerdem berücksichtigt werden, daß für das Produkt P2 eine Verpackungsmaschine benötigt wird, die pro Periode Kosten in Höhe von 1.000 € verursacht.

a) Ermitteln sie die Selbstkosten pro Stück der Produkte P1 und P2.

b) Wie verändern sich die Selbstkosten pro Stück der Produkte P1 und P2, wenn die Herstellkosten der Vorperiode um 5% unter denen der aktuellen Periode lagen und das Bestandsfolgeverfahren HIFO bei der Bewertung von Lagerbeständen verwendet wird?

Aufgabe II.3-11

Ein Unternehmen stellt in einem Kuppelproduktionsprozeß fünf Produkte her. Der Produktionsprozeß ist in der folgenden Skizze dargestellt.

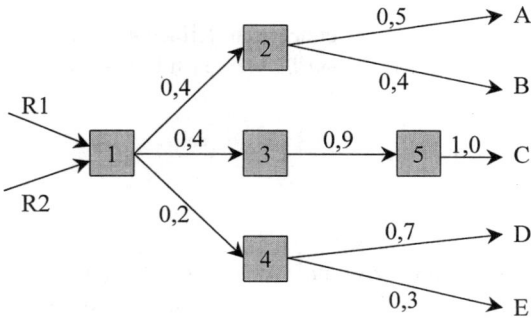

In der ersten Stufe werden 1.000 t des Rohstoffs R1 zu einem Preis von 6 €/t und 1.500 t von R2 zu einem Preis von 4 €/t eingesetzt. Zusätzlich fallen in den einzelnen Fertigungsstufen folgende Fertigungskosten an:

K1 = 20.000 [€]
K2 = 30.000 [€]
K3 = 50.000 [€]
K4 = 10.000 [€]
K5 = 40.000 [€]

Die Preise der Produkte betragen:
A = 50 [€/t]
B = 40 [€/t]
C = 130 [€/t]
D = 20 [€/t]
E = 30 [€/t]

a) Ermitteln Sie die Herstellkosten der Produkte, wenn
   a1) die Outputmengen
   a2) die Marktpreise
   a3) die Verwertungsüberschüsse
   zur Kostenverteilung herangezogen werden.

b) Ermitteln Sie die Herstellkosten des Produktes C mit Hilfe der Restwertmethode.

Aufgabe II.3-12

Ein Betrieb der chemischen Industrie mit der nachfolgend dargestellten Kuppelproduktions-struktur stellt die Absatzprodukte X_1 und X_2 her. Dabei fallen auch die Abfallprodukte A_1 und A_2 an.

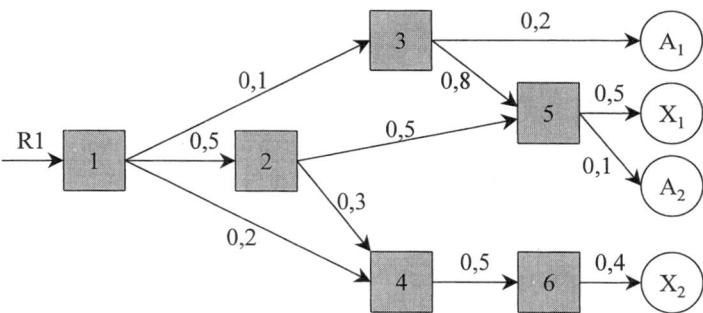

Die Zahlenangaben geben den Output in Litern je eingesetztem Liter der vorgelagerten Stufe an. In Stufe 1 werden in dieser Periode 4.000 Liter R_1 zum Preis von 10,- € pro Liter einge-setzt.

Weiterhin sind in dieser Periode folgende Stufengemeinkosten angefallen:

Stufe 1:   100.000 [€]
Stufe 2:   20.000 [€]
Stufe 3:   30.000 [€]
Stufe 4:   20.000 [€]
Stufe 5:   70.000 [€]
Stufe 6:   10.000 [€]

Die Absatzpreise der Produkte X_1 und X_2 betragen:
$p_1 = 800,-$ [€/Liter] $p_2 = 300,-$ [€/Liter]

a) Bestimmen Sie die Produktionsmengen der Produkte X_1 und X_2 sowie der Abfallprodukte A_1 und A_2.

b) Aufgrund von gesetzlichen Vorschriften muß die Höchstmenge des Abfallproduktes A_1 auf 60 Liter und die von A_2 auf 105 Liter begrenzt werden. Welche Menge des Rohstoffes R_1 kann unter diesen Voraussetzungen maximal eingesetzt werden? Begründen Sie Ihre Aussage anhand einer Rechnung.

Gehen Sie nun wieder von Aufgabenstellung a) aus.

c) Bestimmen sie ein sinnvolles Hauptprodukt, und kalkulieren Sie dieses nach der Restwertmethode unter der Annahme, daß für die Abfallprodukte folgende Entsorgungskosten anfallen:
$k_{A1} = 20$ [€/Liter] $k_{A2} = 450$ [€/Liter]

d) Es ist dem Unternehmen gelungen, einen Abnehmer für die Abfallprodukte A_1 und A_2 zu finden. Dieser ist bereit, das Abfallprodukt A_1 zu einem Preis von 10,- € pro Liter und A_2 zu einem Preis von 20,- € pro Liter abzunehmen. Ermitteln Sie die Stückkosten der Produkte X_1, X_2, A_1 und A_2, wenn für die Kostenverteilung die Outputkoeffizienten herangezogen werden sollen.

Aufgabe II.3-13

Für ein Unternehmen der chemischen Industrie, das neben anderen Produkten auch Farben produziert, soll eine Nachkalkulation für das Produkt 'Wandfarbe' erstellt werden. Der Produktionsprozeß dieses Produktes ist in der folgenden Abbildung dargestellt. Die Prozentangaben für die in den beiden ersten Fertigungsstufen in Kuppelproduktion hergestellten Stoffe geben jeweils das Mengenverhältnis an, in dem die Stoffe erzeugt werden. Außerdem sind der Abbildung die in den einzelnen Stufen angefallenen Kosten des Monats zu entnehmen, für den die Nachkalkulation erstellt werden soll.

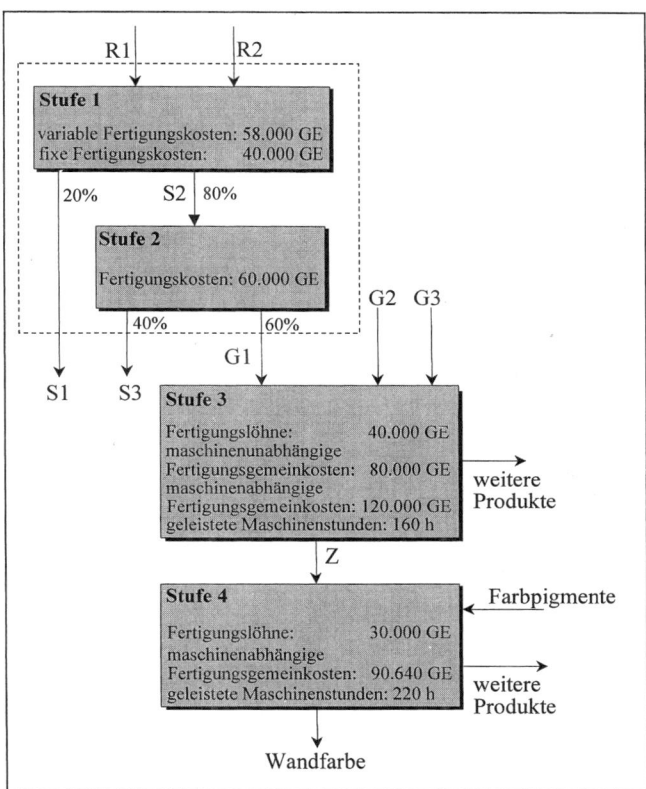

Die beiden Produktionsstufen 1 und 2 werden ausschließlich für die Produktion der Stoffe S1, S2, S3 und G1 genutzt, so daß sämtliche dort entstehenden Fertigungskosten auf diese Stoffe verteilt werden können. In den Stufen 3 und 4 werden zusätzlich zu dem Produkt 'Wandfarbe' auch andere chemische Produkte produziert.

Zur Herstellung der Wandfarbe sind in Stufe 3 Fertigungslöhne in Höhe von 12.000 GE angefallen. Es wurden 40 Maschinenstunden benötigt.

In Stufe 4 werden dem Zwischenprodukt Z je nach gewünschtem Farbton Farbpigmente beigefügt. Je Tonne des Zwischenproduktes Z werden 100 kg Farbpigmente benötigt, deren Preis einheitlich für jeden Farbton 1.200 GE/Tonne beträgt. Für die Herstellung der Wandfarbe wurden im vergangenen Monat 40 Maschinenstunden benötigt. Zusätzlich sind dabei 5.000 GE an Fertigungslöhnen angefallen.

Für den Verwaltungs- und Vertriebsbereich wurde bereits ein Gemeinkostenzuschlag in Höhe von 20% der Herstellkosten des Umsatzes ermittelt. Die zur Herstellung der Wandfarbe eingesetzten Mengen der Roh- und Grundstoffe sowie deren Preise sind in der folgenden Tabelle angegeben (Mengenverluste treten während des Produktionsprozesses nicht auf).

	Rohstoff R1	Rohstoff R2	Grundstoff G2	Grundstoff G3
Menge [Tonnen]	120	160	100	100
Preis [GE/Tonne]	200	300	300	400

Zu Beginn des hier betrachteten Monats betrug der Lagerbestand des Endproduktes 'Wandfarbe' 200 Tonnen. Dieser wurde zu Herstellkosten in Höhe von 900 GE/Tonne bewertet. Innerhalb des Monats wurden 500 Tonnen des Endprodukts 'Wandfarbe' verkauft. Die gesamte produzierte Menge der Stoffe S1 und S3 wurde zu einem Preis von 600 GE/Tonne bzw. 700 GE/Tonne an andere Unternehmen veräußert.

a) Ermitteln Sie die Herstellkosten pro Tonne des Grundstoffs G1, indem Sie die Outputmengen zur Kostenverteilung verwenden.

b) Wie hoch sind die Herstellkosten pro Tonne des Grundstoffs G1 bei Verwendung der Restwertmethode?

c) Ermitteln Sie mit Hilfe der Zuschlags- und Bezugsgrößenkalkulation die Selbstkosten für das Endprodukt 'Wandfarbe'. Gehen Sie dabei - *unabhängig von Ihren Ergebnissen aus a) und b)* - für den Grundstoff G1 von Herstellkosten in Höhe von 800 GE/Tonne aus. Es wurden in dem relevanten Monat 120 Tonnen des Grundstoffs G1 für die Produktion der 'Wandfarbe' eingesetzt. Für die Berücksichtigung von Bestandsänderungen soll das Bewertungsverfahren FIFO verwendet werden.

Aufgabe II.3-14

Führen Sie für ein Einproduktunternehmen eine kurzfristige Erfolgsrechnung für die Monate April und Mai nach dem Gesamtkostenverfahren und dem Umsatzkostenverfahren durch. Gehen Sie dabei von den folgenden Daten aus (Verwaltungs- und Vertriebskosten sollen vernachlässigbar sein, zu Beginn des April liegen keine Lagerbestände vor):

Daten für April:

Produktionsmenge:	150 [ME]
Absatzmenge:	100 [ME]
Verkaufspreis:	5,00 [€/ME]
Stückherstellkosten:	3,00 [€/ME]

Daten für Mai:

Produktionsmenge:	100 [ME]
Absatzmenge:	150 [ME]
Verkaufspreis:	5,00 [€/ME]
Stückherstellkosten:	3,00 [€/ME]

Aufgabe II.3-15

Für einen Betrieb, der zwei Produktarten fertigt, liegen für die abgelaufene Periode folgende Daten vor:

	Produkt A	Produkt B
Lageranfangsbestand [ME]	200	700
Produktionsmenge [ME]	2.500	4.000
Absatzmenge [ME]	2.300	4.500
Preis [€/ME]	9,00	16,00
Materialkosten [€/ME]	2,00	5,00
Fertigungskosten [€/ME]	3,00	7,00
Vertriebskosten [€/ME]	1,00	2,00

Ermitteln Sie das Betriebsergebnis nach dem Gesamt- und dem Umsatzkostenverfahren. Gehen Sie davon aus, daß die Herstellkosten der Lageranfangsbestände mit den in dieser Periode entstehenden Herstellkosten übereinstimmen.

Aufgabe II.3-16

Das Unternehmen Harry&Bo GmbH fertigt zwei verschiedene Sorten Gummibären. Die Gummibären der Sorte 'Silberbären' sind auf den Verkauf an Kiosken und Supermärkten ausgerichtet. Für die Herstellung werden nur Geschmackstoffe auf künstlicher Basis und Trockengelatine verwendet. Die Sorte 'Fruchtbären' hingegen ist für den Verkauf in Feinschmeckerläden bestimmt, wobei natürliche Fruchtextrakte und frische Gelatine verarbeitet werden. Beide Sorten werden in Plastikdosen zu je 10 kg an den Großhandel verkauft. Für die vergangene Abrechnungsperiode liegen folgende Daten vor:

	Silberbären	Fruchtbären
Lageranfangsbestand [Dose]	350	100
Produktionsmenge [Dose]	5.000	3.200
Umsatz	53.000	39.000
Materialkosten [€]	10.000	9.600
Fertigungskosten [€]	20.000	19.200
Vertriebskosten [€/Dose]	1	2
Preis [€/Dose]	10	13

Die Harry&Bo GmbH ist stolz darauf, daß sie entgegen dem allgemeinen Trend ihre Selbstkosten konstant halten konnte. Daher kann angenommen werden, daß die Herstellkosten des Lageranfangsbestandes gleich den in dieser Periode anfallenden Herstellkosten sind. Ermitteln Sie auf Basis der gegeben Daten das Betriebsergebnis der Harry&Bo GmbH nach dem Gesamt- und dem Umsatzkostenverfahren.

Aufgabe II.3-17

In einem Unternehmen werden zwei Produkte A und B hergestellt. Es sind in der abgelaufenen Periode folgende Gemeinkosten angefallen:

Materialgemeinkosten: 20.000 [€]

Verwaltungs- und Vertriebsgemeinkosten: 38.340 [€]

Weiterhin gelten folgende Angaben:

Produkt	Produktions-menge [ME]	Absatz-menge [ME]	Materialeinzel-kosten [€/ME]	Fertigungszeit [min/ME]	Verkaufs-preis [€/ME]
A	5.000	3.500	8	5	30
B	4.000	5.500	15	8	40

Die Kosten je Fertigungsstunde betragen 120 €.

a) Ermitteln Sie die Herstell- sowie Selbstkosten pro Stück und insgesamt mit Hilfe der Bezugsgrößenkalkulation.

b) Berechnen Sie das Betriebsergebnis nach dem Gesamtkostenverfahren und dem Umsatzkostenverfahren; bewerten Sie dabei die Bestandsveränderungen zu aktuellen Herstellkosten.

c) Am Anfang der Periode waren folgende Bestände aus der Vorperiode noch im Lager:

   A = 1.000 [ME]   B = 2.000 [ME]

   Die Herstellkosten der letzten Periode, zu denen diese bewertet worden sind, lagen um 10% unter denen der aktuellen Periode. Berechnen Sie das Betriebsergebnis nach dem Gesamtkostenverfahren und dem Umsatzkostenverfahren unter Anwendung

   c1) des Verbrauchsfolgeverfahrens FIFO.

   c2) des Verbrauchsfolgeverfahrens LIFO.

   c3) der Durchschnittsbewertung.

III   Systeme der Kostenrechnung

1   Teilkostenrechnung

1.1   Einführung

In diesem Abschnitt soll zunächst begründet werden, warum Teilkostenrechnungen im Hinblick auf das Rechnungsziel 'Vorbereitung kurzfristiger Entscheidungen' Vollkostenrechnungen in der Regel vorzuziehen sind.

Bei Vollkostenrechnungen werden im Rahmen der Kalkulation sämtliche Kosten auf die Kostenträger verrechnet. Dies kann in vielen Entscheidungssituationen zu Fehlentscheidungen führen. Beispielhaft sei das in Abschnitt II.3.2.3.1.2 dargestellte Ergebnis einer Zuschlagskalkulation betrachtet. Dort wurden auf der Basis von Vollkosten Stückselbstkosten in Höhe von 1.019,87 € sowie Stückherstellkosten von 883 € für eine Produktart ermittelt. Der Betrieb soll nun mit der Anfrage konfrontiert werden, ob er 1.000 Einheiten der Produktart zu einem Preis von 800 €/Stück liefern wolle. Die Kapazität ist nicht vollständig ausgelastet und würde für die Fertigung dieser Menge ausreichen.

Selbst wenn angenommen wird, daß bei diesem Auftrag keine Verwaltungs- und Vertriebskosten anfallen, müßte der Auftrag auf der Grundlage der Vollkosteninformation abgelehnt werden, da der Preis geringer ist als die Herstellkosten pro Stück. Dabei wird allerdings unterstellt, daß bei der Annahme des Auftrags Stückkosten entstehen, die den bei der Kostenträgerstückrechnung auf Vollkostenbasis ermittelten Herstellkosten pro Stück entsprechen. Diese Annahme ist in der Regel falsch, da die Stückherstellkosten verrechnete Fixkostenanteile enthalten. Diese mögen im Beispiel 200 €/Stück betragen. In die Entscheidungsfindung bezüglich des Zusatzauftrags dürfen diese Kosten nicht eingehen, da die Annahme des Auftrags nicht dazu führt, daß sich die Fixkosten verändern. Es sind allein die Kosten einzubeziehen, die durch den Auftrag verursacht werden und damit zusätzlich anfallen (relevante Kosten). Wenn diese mit den variablen Herstellkosten (den 'Teilkosten') übereinstimmen, betragen sie im Beispiel 683 €/Stück und sind damit geringer als der Verkaufspreis. Durch die Annahme des Auftrags kann der Gewinn um 117.000 € (= (800 - 683) · 1.000) gesteigert werden, der Auftrag sollte daher akzeptiert werden.

Eine derartige Entscheidung über die Annahme von Zusatzaufträgen sollte wie alle Entscheidungen über die Zusammensetzung des operativen Produktionsprogramms (einschließlich der Wahl von Eigenfertigung oder Fremdbezug) mit Hilfe von Informationen über die Teilkosten vorbereitet werden, da bei Verwendung von Vollkosten die Veränderung fixer Kosten unterstellt wird.

Gleiches gilt für die Wahl zwischen verschiedenen Fertigungsverfahren. Bei dieser könnte ein Vollkostenvergleich zu der Fehlentscheidung führen, ein Verfahren mit geringen fixen und hohen variablen Stückkosten einem anderen Verfahren, das bei hohen fixen geringere variable Stückkosten verursacht, vorzuziehen. Da die Fixkosten kurzfristig nicht abbaubar sind, sollten auch hier die Teilkosten zur Entscheidungsfindung herangezogen werden.

Schließlich sind Teilkosteninformationen zur Durchführung aussagekräftiger Kostenkontrollen erforderlich. Die Analyse von Abweichungen zwischen geplanten und realisierten Kosten führt nur dann zu brauchbaren Ergebnissen, wenn der Einfluß von Differenzen zwischen geplanter und tatsächlicher Beschäftigung ermittelt werden kann (vgl. die Ausführungen zur Plankostenrechnung in Abschnitt III.2). Dies ist nur mit Hilfe einer Differenzierung zwischen fixen und variablen Kosten möglich.

Zusammenfassend kann festgestellt werden, daß Teilkostenrechnungen bei kurzfristigen Entscheidungen eine sehr hohe Bedeutung zukommt.

Im folgenden sollen zunächst verschiedene Systeme der Teilkostenrechnung dargestellt und diskutiert werden (Abschnitt III.1.2). Anschließend wird die Nutzung von Teilkosteninformationen bei der Lösung ausgewählter Entscheidungsprobleme erörtert (Abschnitt III.1.3).

1.2   Systeme der Teilkostenrechnung

Gegenstand dieses Abschnitts sind das Direct Costing, die Mehrstufige Fixkostendeckungsrechnung sowie die relative Einzelkosten- und Deckungsbeitragsrechnung von RIEBEL. Ein weiteres wichtiges System der Teilkostenrechnung, die Grenzplankosten- und Deckungsbeitragsrechnung, wird erst in Abschnitt III.2.3 aufgegriffen, da es sich hierbei gleichzeitig um eine Plankostenrechnung handelt.

1.2.1   Direct Costing

Systemdarstellung

Das Direct Costing wurde in den USA ausgehend von der Kritik an traditionellen Kostenrechnungssystemen, die alle Kosten auf die Kostenträger verrechnen, entwickelt. Wesensmerkmal des Verfahrens ist die Trennung der Kosten in fixe und variable Bestandteile, die erfolgt, um eine verursachungsgerechte Kalkulation und Erfolgsanalyse vornehmen zu können.

Zu den variablen Kosten zählen die Einzelkosten sowie Teile der Gemeinkosten. Für die variablen Kosten wird beim Direct Costing zumeist unterstellt, daß sie sich proportional zur Beschäftigung verändern.

Das Direct Costing läßt sich grundsätzlich als Ist-, Normal- und Plankostenrechnung aufbauen, wobei der ursprüngliche Ansatz eine Istkostenrechnung darstellt, für Zwecke der Entscheidungsvorbereitung aber zumeist eine Plankostenrechnung geeigneter sein wird. Es wird - wie eine Vollkostenrechnung - in einem aus Kostenarten-, Kostenstellen- und Kostenträgerrechnung bestehenden System durchgeführt.

Die *Kostenartenrechnung* unterscheidet sich vom Vorgehen einer Vollkostenrechnung nur im Hinblick auf die zusätzlich vorgenommene Trennung zwischen fixen und variablen Kosten. Einige Kostenarten beinhalten sowohl fixe als auch variable Bestandteile, so daß eine Kostenaufspaltung in fixe und variable Komponenten vorgenommen werden muß. Darauf wird im weiteren Verlauf des Abschnitts gesondert eingegangen.

In der *Kostenstellenrechnung* werden beim Direct Costing die fixen und die variablen Kosten im Betriebsabrechnungsbogen bzw. auf für die einzelnen Kostenstellen eingerichteten Konten getrennt ausgewiesen. Die innerbetriebliche Leistungsverrechnung ist auf die variablen Kosten beschränkt. Dies zeigt die Abbildung III-1.

Schritt	Erzeugnisgemein-kostenarten	Verteilungs-grundlage	Gesamt-betrag	Vorkostenstellen: Allgemeine und Fert.hilfs-kostenstellen			Endkostenstellen: Material-kostenstellen 1 2 3 ...			Fertigungshaupt-kostenstellen 1 2 3 ...			Verwaltungs-kostenstellen 1 2 3 ...			Vertriebs-kostenstellen 1 2 3 ...		
				f	v	g	f	v	g	f	v	g	f	v	g	f	v	g
1 (Primärkosten)	Stelleneinzelkosten																	
	Stellengemeinkosten																	
	gesamte Primärkosten																	
2 (Sekundärkosten)	Entlastung	−			− v	− v												
	Belastung	+		0				+ v			+ v			+ v			+ v	
	Summe der zugeordneten Stellenkosten			f				v	g		v	g		v	g		v	g
3	Bezugsbasen							%			% oder €/h			%			%	
	Ist-Zuschlags- bzw. Verrechnungssätze																	

v = variable Kosten
f = fixe Kosten
g = gesamte Kosten

Abb. III-1: Aufbau des Betriebsabrechnungsbogens in einer Teilkostenrechnung auf Basis variabler Kosten[1]

[1] Quelle: in modifizierter Form übernommen von Schweitzer, M.; Küpper, H.-U.: (Systeme), S. 422.

Im Rahmen der *Kostenträgerstückrechnung* können auch bei einer Teilkostenrechnung die in Abschnitt II.3.2 dargestellten Verfahren - wie beispielsweise die Zuschlagskalkulation oder die Bezugsgrößenkalkulation - zur Berechnung von Stückkosten genutzt werden. Bei diesen Stückkosten handelt es sich um variable Stückkosten; neben Einzelkosten werden nur variable Gemeinkosten berücksichtigt, so daß auch in die Ermittlung von Zuschlag- oder Verrechnungssätzen nur variable Gemeinkosten eingehen (vgl. Abbildung III-1).

Die ermittelten variablen Stückkosten können zusammen mit dem Verkaufspreis zur Bestimmung des Stückdeckungsbeitrags genutzt werden, der eine wichtige Steuerungsgröße für programmpolitische Entscheidungen darstellt. Der Stückdeckungsbeitrag ist wie folgt definiert:

Stückdeckungsbeitrag = Verkaufspreis - variable Stückkosten

Beim Stückdeckungsbeitrag handelt es sich um den Betrag, der mit einer verkauften Einheit einer Produktart zur Deckung der fixen Kosten und eventuell darüber hinaus auch zur Erzielung eines Gewinns erwirtschaftet wird. Falls er negativ ist, ist die Fertigung der Produktart unter Gewinnerzielungsaspekten nicht vorteilhaft, und es sollten Überlegungen zur Eliminierung dieser Produktart angestellt werden. Auf die Nutzung von Stückdeckungsbeiträgen im Rahmen der Programmplanung wird in Abschnitt III.1.3 noch ausführlich eingegangen. Aufgrund der hohen Bedeutung der Stückdeckungsbeiträge werden Teilkostenrechnungen häufig auch als Deckungsbeitragsrechnungen bezeichnet.

Die *Kostenträgerzeitrechnung* (Kurzfristige Erfolgsrechnung) wird beim Direct Costing in der Regel in der Form eines Umsatzkostenverfahrens vorgenommen. Dabei werden für die einzelnen Produkte Gesamtdeckungsbeiträge bestimmt. Diese werden den fixen Kosten gegenübergestellt, die ohne Verrechnung en bloc in die Kurzfristige Erfolgsrechnung übernommen werden.

Kostenaufspaltung

Die variablen Kosten setzen sich aus Einzelkosten und variablen Gemeinkosten zusammen. Einzelkosten stellen vollständig variable Kosten dar, Gemeinkosten jedoch können aus variablen und fixen Kostenbestandteilen bestehen, so daß eine Ermittlung der Anteile variabler und fixer Kosten, eine Kostenaufspaltung, erforderlich werden kann. Diese erfolgt zumeist nach Kostenarten getrennt auf Kostenstellenebene.[2] Es können dazu die folgenden Verfahren genutzt werden.

Bei der *buchtechnischen Methode* wird das Verhalten der einzelnen Kostenarten in Abhängigkeit von der Beschäftigung durch Beobachtung, d.h. auf der Grundlage realisierter Istkostenwerte, untersucht. Anhand dieser Werte wird festgelegt, ob es sich um variable Kosten, fixe Kosten oder Mischkosten handelt. Bei den letzteren wird eine Aufteilung in variable und fixe Komponenten vorgenommen.[3] Dazu können die nachfolgend angesprochenen mathematischen Verfahren genutzt werden.

---

2   Vgl. Schweitzer, M.; Küpper, H.-U.: (Systeme), S. 398.
3   Vgl. Schweitzer, M.; Küpper, H.-U.: (Systeme), S. 398.

Zu den *mathematischen Ansätzen* zählen der proportionale Satz von SCHMALENBACH, die High Point-Low Point-Methode sowie statistische Verfahren wie Streupunktdiagramme und Korrelationsrechnungen (z.B. in Form der Methode der kleinsten Quadrate).

Gemäß dem proportionalen Satz von SCHMALENBACH[4] kann bei einem linearen Verlauf der Kosten in Abhängigkeit von der - durch die Produktions- und Absatzmenge gemessenen - Beschäftigung aus je einem Kostenwert bei zwei verschiedenen Beschäftigungen eine Kostenfunktion:

$$K = K_f + K_v = K_f + k_v \cdot x$$

mit:

K = Gesamtkosten
K_f = gesamte fixe Kosten
K_v = gesamte variable Kosten
k_v = variable Kosten pro Stück
x = Produktions- und Absatzmenge

abgeleitet werden. Diese läßt sich zur Berechnung der variablen und der fixen Kosten nutzen. Der den variablen Stückkosten (k_v) entsprechende 'proportionale Satz' ergibt sich wie folgt:

$$k_v = \frac{K_2 - K_1}{x_2 - x_1}$$

mit:

K_t = Kosten der Periode t
x_t = Beschäftigung in Periode t

Die variablen Kosten (K_v) betragen dann:

$$K_v = k_v \cdot x$$

Für die fixen Kosten (K_f) gilt:

$$K_f = K_2 - k_v \cdot x_2 = K_1 - k_v \cdot x_1$$

Es seien beispielsweise die folgenden Beschäftigungen und Kosten ermittelt worden:

x_1 = 800 [ME] K_1 = 56.000 [€]
x_2 = 1.100 [ME] K_2 = 71.000 [€]

Für den proportionalen Satz, die variablen und die fixen Kosten sowie die Kostenfunktion gilt dann:

$$k_v = \frac{71.000 - 56.000}{1.100 - 800} = 50 \ [\text{€/ME}]$$

$$K_v = 50 \cdot x$$

$$K_f = 71.000 - 50 \cdot 1.100 = 16.000 \ [\text{€}]$$

$$K = 16.000 + 50 \cdot x$$

---

[4] Vgl. Schmalenbach, E.: (Selbstkostenrechnung), S. 294 ff.

Nachteilig sind bei diesem Ansatz vor allem die Beschränkung auf zwei Wertepaare sowie die Annahme eines linearen Kostenverlaufs. Außerdem wird unterstellt, daß lediglich absolut fixe und nicht auch sprungfixe Kosten existieren.

Für die High Point-Low Point-Methode ist charakteristisch, daß aus mehreren Kostenwerten, die für unterschiedliche Beschäftigungen beobachtet worden sind, die extremen Größenpaare ausgewählt werden.[5] Mit ihnen wird die Kostenauflösung dann in gleicher Form wie beim proportionalen Satz von SCHMALENBACH vorgenommen. Die zu diesem geäußerten Kritikpunkte gelten daher weitestgehend auch für dieses Verfahren.

Mehr als zwei Werte werden bei statistischen Methoden wie der Analyse von Streupunktdiagrammen und Korrelationsrechnungen verwendet. In Streupunktdiagrammen werden (bereinigte) Istkosten den zugehörigen Werten der Beschäftigung oder anderer Einflußgrößen gegenübergestellt. Mit Korrelationsrechnungen wie der Methode der kleinsten Quadrate wird eine Gerade bestimmt, die eine möglichst genaue Annäherung an die einbezogenen Wertepaare darstellt; damit wird wiederum ein linearer Kostenverlauf angenommen.[6]

Während mit der buchtechnischen Kostenauflösung und den mathematischen Verfahren vorwiegend Istkosten analysiert werden, richtet sich der Blick bei der *planmäßigen Kostenaufspaltung* stärker auf die Zukunft. Bei diesem Verfahren, das in Verbindung mit einer Plankostenrechnung Anwendung findet, wird mittels technischer-wirtschaftlicher Analysen untersucht, wie sich die Kosten in Abhängigkeit von der Beschäftigung verhalten werden. Als fix gelten dabei die Kosten, die bei einer bestimmten Betriebsbereitschaft auch dann entstehen, wenn sich die Beschäftigung Null annähert.[7]

Vor allem bei der planmäßigen Kostenauflösung hängt die Aufteilung in fixe und variable Kosten in hohem Maße vom Betrachtungszeitraum ab; je kürzer dieser ist, desto mehr Kosten stellen fixe Kosten dar. Personalkosten beispielsweise sind bei einer Monatsbetrachtung fast vollständig fixe Kosten, bei Einbeziehung längerer Zeiträume hingegen werden in Abhängigkeit von der Kündigungsfrist größere Teile variabel sein. Um diese Abhängigkeit vom Betrachtungszeitraum zu erfassen, wird auch vorgeschlagen, verschiedene Fristigkeitsgrade in einer Teilkostenrechnung zu berücksichtigen;[8] dadurch wird diese allerdings komplizierter und aufwendiger.

Beurteilung des Systems

Beim Direct Costing werden die variablen Kosten der Kostenträger bestimmt. Diese sind - wie erwähnt - eher als Vollkosten zur Vorbereitung kurzfristiger Entscheidungen geeignet. Die Aussagekraft der Ergebnisse kann jedoch durch verschiedene Aspekte beeinträchtigt sein. Generell besteht die Gefahr von Ungenauigkeiten in der Kostenarten-, -stellen- und -trägerrechnung (vgl. Teil II), beispielsweise erfolgt im Rahmen einer Zuschlagskalkulation eine Schlüsselung variabler Gemeinkosten. Auch die Kostenaufspaltung kann zu Ungenauigkeiten

---

5   Vgl. Freidank, C.-C.: (Kostenrechnung), S. 246.
6   Vgl. Freidank, C.-C.: (Kostenrechnung), S. 244 ff.
7   Vgl. Kilger, W.; Pampel, J.; Vikas, K.: (Plankostenrechnung), S. 275 ff.; Schweitzer, M.; Küpper, H.-U.: (Systeme), S. 399.
8   Vgl. Kilger, W.: (Plankostenrechnung), S. 96 ff.

führen (unter anderem aufgrund der Problematik des Betrachtungszeitraums), ebenso die etwaige Einbeziehung von Ist- oder Normalkosten. Schließlich wird zumeist ein linearer Kostenverlauf unterstellt, in der Realität können jedoch auch degressive oder progressive Kostenverläufe sowie sprungfixe Kosten auftreten.

Für die Bestandsbewertung sind häufig Vollkosten erforderlich. Dies bedeutet, daß dann zusätzlich zur Teil- auch eine Vollkostenrechnung durchgeführt werden muß.

Als Nachteil des Direct Costing kann zudem angesehen werden, daß die fixen Kosten keiner systematischen Analyse unterzogen werden. Diese geschieht bei der nachfolgend dargestellten Mehrstufigen Fixkostendeckungsrechnung.

1.2.2 Mehrstufige Fixkostendeckungsrechnung

Systemdarstellung

Die Mehrstufige Fixkostendeckungsrechnung wurde von AGTHE und MELLEROWICZ konzipiert.[9] Sie läßt sich als eine Weiterentwicklung des Direct Costing interpretieren, die es ermöglicht, zusätzliche Informationen über die Zusammensetzung der Fixkosten zu gewinnen; diese können dann z.B. für kurz- bis mittelfristige Programm- und für Investitionsentscheidungen genutzt werden. Mit der Mehrstufigen Fixkostendeckungsrechnung soll vermieden werden, daß die Fixkosten - wie beim Direct Costing - als Block aufgefaßt und summarisch behandelt werden.

Bei der Mehrstufigen Fixkostendeckungsrechnung werden die Fixkosten des Betriebes aufgespalten und unterschiedlichen Ebenen zugeordnet. Eine Differenzierung kann beispielsweise vorgenommen werden in:[10]

- Erzeugnisfixkosten,
- Erzeugnisgruppenfixkosten,
- Kostenstellenfixkosten,
- Bereichsfixkosten sowie
- Betriebs- bzw. Unternehmensfixkosten.

Erzeugnisfixkosten werden durch produktartenspezifische Aktivitäten vor allem in der Forschung und Entwicklung, in der Produktion sowie im Vertrieb verursacht. Sie lassen sich nicht eindeutig einer Einheit einer Produktart zuordnen, sondern nur der gesamten Leistungsmenge eines Zeitabschnitts. Beispiele sind zeitabhängige Abschreibungen und Zinsen für eine produktartspezifisch genutzte Fertigungsanlage sowie die Kosten von Patenten, Lizenzen oder Spezialwerkzeugen.

Erzeugnisgruppenfixkosten können nur einer Gruppe von produktionstechnisch und/oder absatzmäßig miteinander verwandten Erzeugnissen eindeutig zugeordnet werden. Es handelt sich beispielsweise um Kosten der Werbung für diese Erzeugnisgruppe oder die Abschreibungen und Zinsen einer Fertigungsanlage, die von dieser Erzeugnisgruppe beansprucht wird.

---

9   Vgl. Agthe, K.: (Costing); Agthe, K.: (Fixkostendeckungsrechnung); Mellerowicz, K.: (Kalkulationsverfahren), S. 133 ff.

10 Vgl. Heinhold, M.: (Erfolgsrechnung), S. 392 ff.

Kostenstellenfixkosten lassen sich lediglich einer bestimmten Kostenstelle eindeutig zurechnen, während eine derartige Zuordnung zu einem einzelnen Erzeugnis oder einer Erzeugnisgruppe nicht möglich ist. Beispiele sind die Personalkosten eines in einer Kostenstelle tätigen Meisters oder die Kosten einer Anlage, auf der in einer Kostenstelle Produkte mehrerer
Erzeugnisgruppen bearbeitet werden.

Bereichsfixkosten stellen die fixen Kosten aus mehreren Kostenstellen zusammengesetz-
ter betrieblicher Bereiche dar. Dabei kann es sich zum einen um Betriebsbereiche wie Beschaffung, Fertigung, Verwaltung oder Vertrieb, zum anderen um den Erzeugnisgruppen
übergeordnete Geschäftsbereiche handeln.

Betriebs- bzw. Unternehmensfixkosten umfassen den nicht weiter eindeutig zuordenbaren
Rest der Fixkosten. Zu ihnen können unter anderem die Kosten der Betriebsüberwachung ge-
hören.

Die genaue Struktur der Fixkostenaufspaltung sollte von der konkreten betrieblichen
Situation abhängig gemacht werden.

Die Mehrstufigen Fixkostendeckungsrechnung umfaßt ebenfalls eine Kostenarten-, Ko-
stenstellen- und Kostenträgerrechnung. Im Rahmen der Kostenträgerrechnung kann sowohl
eine periodenbezogene Analyse (Kostenträgerzeitrechnung) (vgl. Abschnitt II.3.2) als auch
eine kostenträgerbezogene Betrachtung vorgenommen werden und zwar jeweils sowohl als
Ist- als auch als Normal- oder Planrechnung.

Bei dem periodenbezogenen Ansatz werden die Periodenfixkosten jeweils bei dem höchsten Element der Hierarchie erfaßt, bei dem eine Zuordnung möglich ist. Nachdem dies erfolgt
ist, können stufenbezogene Perioden-Deckungsbeiträge bestimmt werden, die eine differenzierte Analyse der Ergebnisse auf den verschiedenen Stufen ermöglichen. Das Schema, das
dabei Verwendung findet, ist unter Bezugnahme auf die oben aufgeführten Ebenen (mit Ausnahme der Kostenstellenebene) in Abbildung III-2 dargestellt.

	Nettoerlös je Produktart	
-	Variable Kosten je Produktart	
=	Deckungsbeitrag I	
-	Erzeugnisfixkosten	
=	Deckungsbeitrag II	⇒ Zusammenfassung nach Erzeugnisgruppen
-	Erzeugnisgruppenfixkosten	
=	Deckungsbeitrag III	⇒ Zusammenfassung nach Bereichen
-	Bereichsfixkosten	
=	Deckungsbeitrag IV	⇒ Zusammenfassung sämtlicher
-	Unternehmensfixkosten	Deckungsbeiträge
=	Betriebsergebnis	

Abb. III-2: Kostenträgerzeitrechnung im Rahmen der Mehrstufigen Fixkostendeckungsrechnung[11]

Die Auswertung des Schemas ergibt möglicherweise Hinweise auf Schwachstellen im Betrieb; darauf deuten vor allem negative Deckungsbeiträge von Erzeugnissen oder Erzeugnis-

---

11   Quelle: in modifizierter Form übernommen von Ebert, G.: (Leistungsrechnung), S. 208.

gruppen hin. Bei entsprechenden Erzeugnissen oder Erzeugnisgruppen sollten Überlegungen zur Eliminierung aus dem Produktions- und Absatzprogramm angestellt werden, wobei allerdings die Abbaubarkeit der Fixkosten sowie indirekte und nicht-monetäre Effekte entsprechender Maßnahmen zu beachten sind.

Zusätzlich zu den Fixkosten und den Deckungsbeiträgen können Verhältniszahlen in das obige Schema aufgenommen werden. Diese geben an, wie hoch der Anteil der Fixkosten eines Erzeugnisses, einer Erzeugnisgruppe etc. am Deckungsbeitrag der übergeordneten Ebene ist. Die entsprechenden Werte lassen sich unter anderem zur Kalkulation einzelner Kostenträger nutzen, außerdem ist bei dieser eine Orientierung am Kostentragfähigkeitsprinzip möglich. Bei der Kalkulation wird entweder retrograd ausgehend vom Stückerlös ein Ergebnis pro Stück oder progressiv beginnend bei den variablen Stückkosten ein Selbstkostenwert ermittelt.[12]

Beispiel

Es wird davon ausgegangen, daß ein Betrieb fünf Erzeugnisse A, B, C, D und E herstellt. Diese lassen sich den Erzeugnisgruppen I (A und B), II (C und D) sowie III (E) und den Bereichen 1 (A und B) sowie 2 (C, D und E) zuordnen. Die den Erzeugnissen, Erzeugnisgruppen, Bereichen und dem Betrieb insgesamt zuordenbaren Umsatz- und Kostendaten stellt - angegeben in T€ - die nachfolgende Abbildung dar.

Bereich		1		2	
Produktgruppe		I		II	III
Produkt	A	B	C	D	E
Umsatz	20	48	30	15	60
- variable Kosten	12	30	14	10	28
= Deckungsbeitrag I	8	18	16	5	32
- Erzeugnisfixkosten	3	7	4	7	10
= Deckungsbeitrag II	5	11	12	-2	22
- Erzeugnisgruppenfixkosten	4		14		-
= Deckungsbeitrag III	12		-4		22
- Bereichsfixkosten	-		5		
= Deckungsbeitrag IV	12		13		
- Betriebsfixkosten	8				
= Betriebsergebnis	17				

Abb. III-3: Beispiel zur Mehrstufigen Fixkostendeckungsrechnung

Alle Erzeugnisse weisen positive Deckungsbeiträge I und damit auch positive Stückdeckungsbeiträge auf. Dies ist eine Information, die mittels des Direct Costing ebenfalls gewonnen wird. Bei der Mehrstufigen Fixkostendeckungsrechnung kann zusätzlich die Vorteilhaftigkeit von Erzeugnissen und Erzeugnisgruppen unter Berücksichtigung von Fixkosten analysiert

---

12   Vgl. Schweitzer, M.; Küpper, H.-U.: (Systeme), S. 564 ff.; Ebert, G.: (Leistungsrechnung), S. 225 ff.

werden. Hier zeigt sich, daß Erzeugnis D und Erzeugnisgruppe II negative Deckungsbeiträge II bzw. III aufweisen. Es sollten daher besonders bei diesem Erzeugnis und dieser Erzeugnisgruppe Anstrengungen zur Ergebnisverbesserung unternommen werden. Erscheint es aussichtslos, damit zu positiven Deckungsbeiträgen zu gelangen, ist unter Einbeziehung nicht in den Deckungsbeiträgen erfaßter Effekte (z.B. Image- oder Know-how-Verlust) abzuwägen, ob das Erzeugnis und/oder die Erzeugnisgruppe aus dem Programm genommen werden sollten. In die entsprechenden Überlegungen sollte auch der Zeitpunkt einer Eliminierung einbezogen werden, der unter anderem von der Abbaubarkeit der Fixkosten abhängig zu machen ist.

Systembeurteilung

Die Mehrstufige Fixkostendeckungsrechnung weist mit der Analyse des Fixkostenblocks einen Vorteil gegenüber dem Direct Costing auf. Allerdings stellen die Informationen über den Erfolg bestimmter Erzeugnisse, Erzeugnisgruppen etc. nur erste Anhaltspunkte für Handlungsbedarfe dar. Aussagen über die Abbaubarkeit der Fixkosten fehlen, lassen sich aber in die Mehrstufige Fixkostendeckungsrechnung integrieren, indem die Fixkosten nach Abbaubarkeitsfristen differenziert in die Rechnung übernommen und darauf basierend jeweils mehrere stufenbezogene Deckungsbeiträge gebildet werden.[13] Außerdem bleibt weitgehend ungeklärt, welche Vorgänge und Tätigkeiten die fixen Gemeinkosten verursachen und welche Faktoren ihre Höhe bestimmen (vgl. dazu die Ausführungen zur Prozeßkostenrechnung in Abschnitt III.3). Zur Bestimmung des optimalen Produktions- und Absatzprogramms sowie zur Preisermittlung sind die Informationen nur bedingt geeignet, da eine spezifische Preis- sowie Produktions- und Absatzmengenkonstellation zugrunde liegt. Eine Optimierung des Produktions- und Absatzprogramms ist mittels der in Abschnitt III.1.3 zu beschreibenden Modelle und Vorgehensweisen möglich, falls sämtliche Fixkosten nicht im Planungszeitraum durch Programmentscheidungen beeinflußt werden. Sind die Fixkosten hingegen vom Produktionsprogramm abhängig, dann müssen die Modelle um die dafür maßgeblichen Handlungsalternativen (Herstellung einer Produktart oder Produktgruppe oder Verzicht darauf) und die entsprechenden Kostenkomponenten erweitert werden.

1.2.3   Relative Einzelkosten- und Deckungsbeitragsrechnung

Systemdarstellung

Prinzipien und Merkmale der relativen Einzelkosten- und Deckungsbeitragsrechnung
Die relative Einzelkosten- und Deckungsbeitragsrechnung geht auf RIEBEL zurück. Das System basiert auf den folgenden Grundsätzen:[14]

(1) Kosten und Erlöse werden gemäß dem Identitätsprinzip betrieblichen Entscheidungen zugeordnet. Dies soll gewährleisten, daß nur Kosten und Erlöse zueinander in Beziehung gesetzt werden, die auf dieselbe (identische) Entscheidung zurückzuführen sind. RIEBEL

---

13 Vgl. Oecking, G.: (Marktverhältnissen), S. 183 f., sowie zur Erfassung der Abbaubarkeit von Fixkosten auch die Ausführungen zum Fixkostenmanagement in Abschnitt IV.1.3.
14 Vgl. Riebel, P.: (Deckungsbeitragsrechnung), S. 239 f. und S. 285 ff.; Schweitzer, M.; Küpper, H.-U.: (Systeme), S. 524 ff.

sieht die Entscheidungen als Quellen von Erlösen, Kosten sowie Erfolgen an und legt der Kostenrechnung demgemäß einen 'entscheidungsorientierten' Kosten- und Erlösbegriff zugrunde. Kosten stellen danach „die durch die Entscheidung über das betrachtete Objekt ausgelösten zusätzlichen - nicht kompensierten - Ausgaben (Auszahlungen)"[15] dar.

(2) Alle Kosten werden als (relative) Einzelkosten der Bezugsgrößen einbezogen, die in einer zu bildenden Hierarchie betrieblicher Bezugsgrößen möglichst weit unten angeordnet sind. Bei den Bezugsgrößen kann es sich um Kostenträger (Produkteinheiten, Produktarten, Produktgruppen), Kostenstellen, Kostenstellengruppen, Vorgänge oder das Unternehmen insgesamt handeln. Die Zurechenbarkeit von Kosten zu Bezugsgrößen ist das Kriterium für die Differenzierung zwischen Einzel- und Gemeinkosten. Kosten lassen sich dann einer Bezugsgröße zuordnen (und stellen damit Einzelkosten dar), wenn sie direkt für diese Bezugsgröße erfaßt oder ihr über eine geeignete Kostenfunktion eindeutig zugewiesen werden können. Der Begriff 'relative Einzelkosten' findet Verwendung, da die Differenzierung zwischen Einzel- und Gemeinkosten von der zugrunde gelegten Bezugsgröße abhängt. Rüstkosten beispielsweise stellen echte Gemeinkosten der Produkteinheiten dar und können als Einzelkosten von Aufträgen angesehen werden. Die Struktur der Bezugsgrößenhierarchie sollte von den betriebsspezifischen Produktions- und Absatzgegebenheiten sowie den Rechnungszielen abhängig gemacht werden. Ein Beispiel für eine Bezugsgrößenhierarchie ist in der nachfolgenden Abbildung dargestellt.

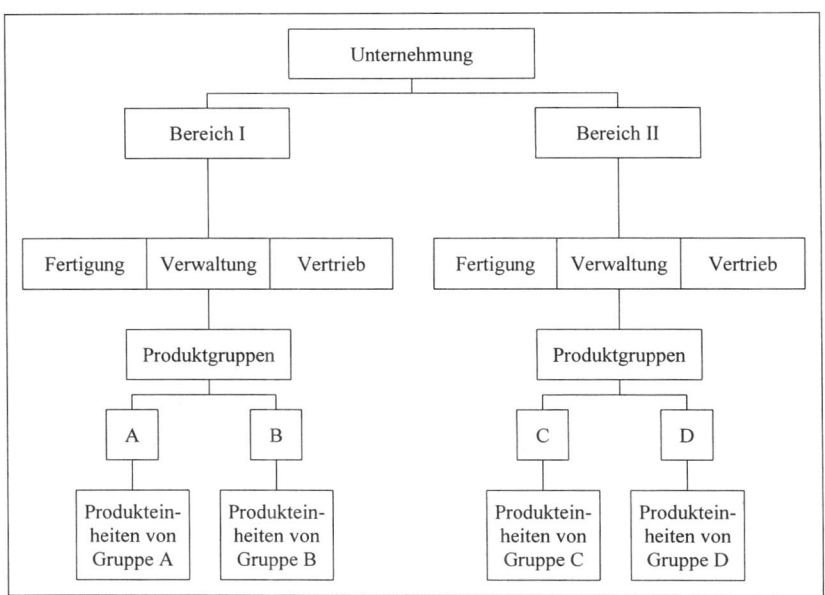

Abb. III-4: Beispiel einer Bezugsgrößenhierarchie[16]

---

15   Riebel, P.: (Überlegungen), S. 123.

16   Quelle: Freidank, C.-C.: (Kostenrechnung), S. 278. Es handelt sich um eine eher produktionsbezogene Hierarchie. Bei stärkerer Betonung des Absatzbereichs ließe sich unter anderem zwischen Aufträgen, Kunden, Kundengruppen, Verkaufsbezirken und Verkaufsländern differenzieren.

Häufig sind in der untersten Ebene der Hierarchie die Produktionsmengen von Kostenträgern (bzw. die hierüber zu treffenden Entscheidungen) angeordnet, während Kostenstellen, Bereiche und der Betrieb insgesamt (bzw. die entsprechenden Entscheidungen) auf höheren Ebenen erfaßt werden.

Alle Kostenarten werden möglichst einer der Bezugsgrößen als Einzelkosten zugeordnet, sie stellen dann Gemeinkosten der untergeordneten Bezugsgrößen dar. Ausnahmen von diesem Prinzip können allerdings aus Wirtschaftlichkeitsgründen erforderlich werden.

(3) Die Gesamtkosten und -erlöse werden in Grundrechnungen erfaßt, nach geeigneten Kriterien gegliedert und den Bezugsgrößen zugeordnet. Hierauf wird im weiteren Verlauf des Abschnitts eingegangen.

(4) Da echte Gemeinkosten immer bei hierarchisch höher angeordneten Bezugsgrößen als Einzelkosten zugerechnet werden, erfolgt bei ihnen keine Schlüsselung. Analoges gilt für verbundene Erlöse, d.h. Erlöse, die auf mehrere Bezugsobjekte gemeinsam zurückzuführen sind. Schlüsselungen sind auf unechte Gemeinkosten bzw. entsprechende Erlöse begrenzt.

(5) In Auswertungsrechnungen werden unter anderem Deckungsbeiträge für die Vorbereitung von Entscheidungen sowie Kennzahlen für Kontrollen bestimmt. Hierauf wird ebenfalls im weiteren Verlauf des Abschnitts eingegangen.

(6) Für Kosten, die nicht Aufträgen oder Produktarten als Einzelkosten zuordenbar sind, lassen sich Deckungsbudgets festlegen und den entsprechenden Unternehmensbereichen vorgeben. Auch für den Periodenerfolg kann ein Deckungsbudget bestimmt werden.

Die relative Einzelkosten- und Deckungsbeitragsrechnung kann als Ist-, Normal- oder Plankostenrechnung eingesetzt und daher - wie bereits angedeutet - sowohl für Planungs- als auch für Kontrollzwecke genutzt werden.

Grundrechnungen

RIEBEL schlägt vor, Grundrechnungen der Erlöse, der Potentiale und der Kosten durchzuführen, um eine Informationsbasis für differenzierte zielgerichtete Auswertungsrechnungen bereitzustellen.[17] Die *Grundrechnung der Erlöse* erfaßt die Erlöse, die Erlösschmälerungen und die Erlösberichtigungen nach für die Planung und Kontrolle des Absatzes relevanten Kriterien. Mit der *Grundrechnung der Potentiale* sollen die Bestände personeller, sachlicher und finanzieller Nutzungspotentiale sowie ihre Inanspruchnahme dargestellt werden.[18]

Die *Grundrechnung der Kosten* enthält die den einzelnen Bezugsobjekten zugeordneten Ist- oder Plankosten; sie stellt eine kombinierte Kostenarten-, -stellen und -trägerrechnung dar. Der Aufbau der Grundrechnung sollte auf die Rechnungsziele der Kostenrechnung und die daraus abgeleitete Bezugsgrößenhierarchie abgestimmt werden. Die Kosten werden in der Grundrechnung zum einen hinsichtlich der Bezugsgrößen differenziert erfaßt. Zum anderen erfolgt eine Unterscheidung in Kostenkategorien, die unter anderem gemäß der Abhängigkeit

---

17 Vgl. Riebel, P.: (Deckungsbeitragsrechnung), S. 149 ff.
18 Vgl. Schweitzer, M.; Küpper, H.-U.: (Systeme), S. 529.

von Kosteneinflußgrößen, der Zurechenbarkeit auf Abrechnungsperioden, der Bindungsdauer, der Disponierbarkeit sowie der Aktivierungspflicht vorgenommen werden kann.[19]

Nach dem Verhalten gegenüber Einflußgrößen ist eine Differenzierung zwischen Leistungskosten, Mischkosten sowie Bereitschaftskosten möglich. *Leistungskosten* sind vom verwirklichten Beschaffungs-, Produktions- und Absatzprogramm abhängig. Sie lassen sich in die Gruppen der absatz-, produktions- und beschaffungsabhängigen Kosten aufteilen, die ihrerseits gemäß weiterer relevanter Einflußfaktoren tiefer untergliedert werden können. *Bereitschaftskosten* entstehen durch die Entscheidungen, mit denen die Voraussetzungen für die Realisation des Leistungsprogramms geschaffen werden. Sie werden gemäß ihrer Zurechenbarkeit zu Perioden unterschieden in:[20]

- auf laufende Ausgaben zurückzuführende Kosten (wie Löhne, Gehälter und Mieten), die eindeutig relativ kurzen Perioden zurechenbar sind,
- diskontinuierlich entstehende Kosten, die sich nur mehreren Perioden gemeinsam direkt zuordnen lassen (z.B. Weihnachts- oder Urlaubsgeld, Kosten von Werbemaßnahmen, Entwicklungskosten, Kosten für Reparaturen) und daher Gemeinkosten kürzerer Perioden (z.B. eines Monats) und Einzelkosten längerer Zeiträume (z.B. eines Jahres) darstellen, sowie
- Kosten, die sich aus einmaligen oder unregelmäßigen Ausgaben (z.B. für Großreparaturen, die Beschaffung von Anlagegütern oder Werbemaßnahmen) ergeben und Gemeinkosten einer im voraus nicht bestimmten Anzahl von Perioden sind.

Die beiden ersten Kategorien gehen auf Potentiale mit fester Bindungsdauer zurück, die bestimmten Perioden eindeutig zurechenbar sind; es handelt sich um 'Bereitschaftskosten geschlossener Perioden'. Bei der dritten Kategorie ist die Dauer des Güterverbrauchs unsicher; RIEBEL bezeichnet diese Kosten als Bereitschaftskosten offener Perioden.[21]

Mischkosten lassen sich nicht eindeutig als leistungsabhängig oder -unabhängig einordnen. Eine Klassifizierung der Kosten gemäß den angesprochenen und weiteren Kriterien zeigt Abbildung III-5.

Ein Beispiel für eine Grundrechnung der Kosten, die auf einem dem Betriebsabrechnungsbogen ähnlichen Kostensammelbogen erfaßt ist, wird in der Abbildung III-6 dargestellt. In dieser Grundrechnung wird hinsichtlich der Bezugsobjekte in den Spalten differenziert, im Hinblick auf die Kostenkategorien in den Zeilen. Die Unterscheidung von Kostenkategorien entspricht weitgehend der in Abbildung III-5, lediglich beschaffungsabhängige Leistungskosten sowie Mischkosten sind nicht erfaßt. Eine innerbetriebliche Leistungsverrechnung findet im System von RIEBEL nur für Kosten statt, die durch meßbare innerbetriebliche Leistungen zusätzlich entstehen. Im Beispiel der Abbildung III-6 sind dies die (direkt zurechenbaren) Einzelkosten der Reparaturleistungen.

---

19 Vgl. Schweitzer, M.; Küpper, H.-U.: (Systeme), S. 532 ff.
20 Vgl. Freidank, C.-C.: (Kostenrechnung), S. 279 ff.
21 Vgl. Riebel, P.: (Deckungsbeitragsrechnung), S. 96.

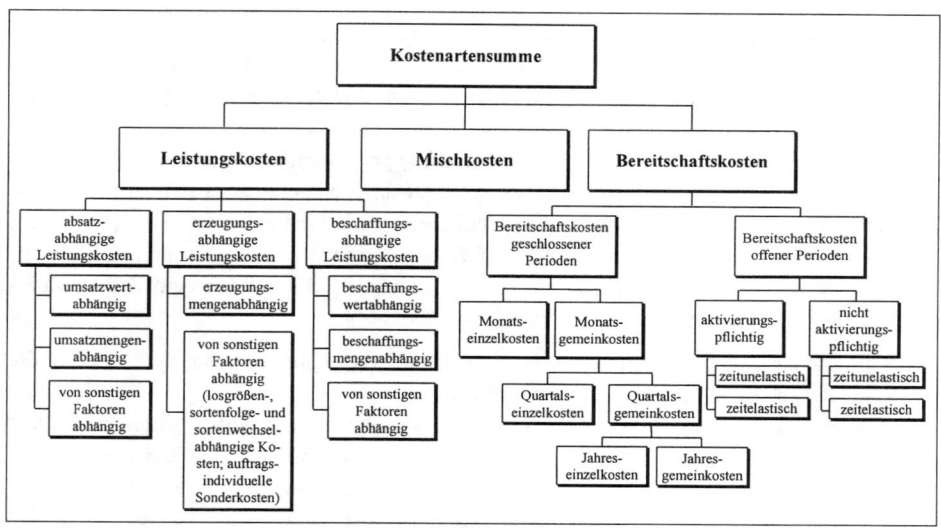

Abb. III-5: Beispielhafte Gliederung der Kosten in Kostenkategorien[22]

Auswertungsrechnungen

Für die Auswertungsrechnungen existieren keine ausgearbeiteten Konzepte, da diese individuell vorgenommen werden sollten. Bei der Entscheidungsvorbereitung im Rahmen der Planung sind jeweils die Teile der Gesamtkosten und -erlöse aus den Grundrechnungen zu extrahieren, die sich in Abhängigkeit von den relevanten Alternativen verändern. Entsprechende Einzelkosten einer Produkteinheit beispielsweise stellen häufig die erzeugnismengen-, absatzmengen- und umsatzproportionalen Kosten (Stoff- und Energiekosten, Lizenzen, Provisionen, Verpackungen) dar.[23] Als Differenz der einer Entscheidung bzw. Entscheidungsalternative zurechenbaren Erlöse und Kosten, d.h. der durch diese zusätzlich entstehenden bzw. wegfallenden Einnahmen und Ausgaben, ergibt sich ein Deckungsbeitrag. Dieser kann beispielsweise für Produkteinheiten, Produkte, Produktgruppen, Abteilungen oder Perioden bestimmt werden. Ein mögliches Schema für die Ermittlung von Deckungsbeiträgen ist in Abbildung III-7 dargestellt.

---

[22]   Quelle: leicht modifiziert übernommen von Schweitzer, M.; Küpper, H.-U.: (Systeme), S. 535.

[23]   Vgl. Freidank, C.-C.: (Kostenrechnung), S. 279.

Kostenkategorien und Kostenarten / Zurechnungsobjekte	Gesamtsumme	Geschäftsleitung	Fertigungshilfsstelle	Fertigungsstelle F11	Fertigungsstelle F12	Verwaltungsstelle V13	Vertriebsstelle V14	Summe Bereich 1	Bereich 2 (…)	Summe Bereich 2	Produkt I	Produkt II	Produktgruppe A	Produkt III	Produktgruppe B	Kostenträgersumme
Leistungskosten																
absatzabhängige Leistungskosten – umsatzabhängig: Provisionen	1.726										748	288		690		1.726
von sonstigen Faktoren abhängig: Ausgangsfrachten	230						100	100		130						
Kosten der Auftragsabwicklung	120						50	50		70						
(Summe)	2.076						150	150		200	748	288	0	690	0	1.726
erzeugungsabhängige Leistungskosten – mengenabhängig: Rohstoffe	16.019										7.854	1.210		6.955		16.019
Lizenzen	594										220	144		230		594
(Summe)	16.613							0			8.074	1.354	0	7.185	0	16.613
(Summe Perioden-Einzelkosten)	18.689						150	150		200	8.822	1.642	0	7.875	0	18.339
Bereitschaftskosten geschlossener Perioden																
stunden-, schicht-, tages- bzw. monatsdisponible Bereitschaftskosten: Strom	630	20		80		30	20	280		330						
Betriebsstoffe	480			100	150			230		250						
Büromaterial	570	30			130	180	120	300		240						
Porti, Telefon	350	20				110	60	170		160						
Löhne (monatliche Kündigung)	7.450			1.600	1.700	200	150	3.650		3.800						
Zinsen für Tagegelder	1.060	20		200	300	20	30	550		490						
Aggregierte Monats-Einzelkosten	10.540	90		1.980	2.280	540	380	5.180		5.270						
quartalsdisponible Bereitschaftskosten: Gehälter (vierteljährliche Kündigung)	2.800	300		200	100	500	300	1.100		1.400						
Aggregierte Quartals-Einzelkosten	13.340	390		2.180	2.380	1.040	680	6.280		6.670						
jahresdisponible Bereitschaftskosten: Steuern	300	50				100		100		150						
Aggregierte Jahres-Einzelkosten	13.640	440		2.180	2.380	1.140	680	6.380		6.820						
(Summe)	32.329	440		2.180	2.380	1.140	830	6.530		7.020	8.074	1.354	0	7.185	0	18.339
Bereitschaftskosten offener Perioden																
nicht aktivierungspflichtig: Eigene Reparaturen	320		320													
Werbeausgaben	250												150		100	250
(Summe)	570		320					0		0			150		100	250
aktivierungspflichtig: Ausgaben für Großreparatur	1.410	30		220	380	40	55	695		685						
Anschaffungsausgaben für Anlagegüter	2.300	250		450	300	150	50	950		1.100						
(Summe)	3.710	280		670	680	190	105	1.645		1.785						
(Summe)	4.280	280	320	670	680	190	105	1.645		1.785			150		100	250
Gesamtkosten vor innerbetrieblicher Leistungsverrechnung	36.609	720	320	2.850	3.060	1.330	935	8.175		8.805	8.822	1.642	150	7.875	100	18.589
Umlage der Einzelkosten eigener Reparaturleistungen			60	10	20			30		30						
Gesamtkosten	36.609	720		2.860	3.080	1.330	935	8.205		8.835	8.822	1.642	150	7.875	100	18.589
Bereitschaftskosten	17.920	720	260	2.860	3.080	1.330	785	8.055		8.635	8.822		150	7.875	100	250

Abb. III-6: Grundrechnung der Kosten[24]

---

24 Quelle: in modifizierter Form übernommen von Schweitzer, M.; Küpper, H.-U.: (Systeme), S. 536 f.

1. Bruttoumsatz zu Listenpreisen
2. - Rabatte
3. - preisabhängige Vertriebseinzelkosten der Erzeugnisse
      (z.b. Umsatzsteuer, Vertreterprovision,
      Kundenskonti)	

4. = Nettoerlös I 5. - mengenabhängige Vertriebseinzelkosten der Erzeugnisse (z.b. Frachten)	für jedes Erzeugnis
6. = Nettoerlös II 7. - Stoffkosten (soweit Erzeugnis-Einzelkosten, z.b. Rohstoffe, Verpackung)	
8. = Deckungsbeitrag I 9. - variable Löhne (soweit Erzeugnis-Einzelkosten)	
10. = Deckungsbeitrag II (über die variablen Einzelkosten)	
11. Summe der Deckungsbeiträge II aller Erzeugnisse der Abteilung (oder Erzeugnisgruppe) 12. - direkte Kosten der Abteilung (oder Erzeugnisgruppe)	für jede Abteilung oder Erzeugnisgruppe
13. = Deckungsbeitrag der Abteilung (über die Erzeugnis- und die Abteilungs-Einzelkosten)	

Abb. III-7: Beispielhaftes Kalkulationsschema der relativen Einzelkosten- und
Deckungsbeitragsrechnung[25]

Die Kosten, Erlöse und Deckungsbeiträge lassen sich vor allem zur Vorbereitung kurzfristiger Entscheidungen über das Absatz-, Produktions- und Beschaffungsprogramm sowie die einzusetzenden Fertigungsverfahren nutzen. Entsprechende programmbezogene Entscheidungsprobleme und mögliche Vorgehensweisen bei der Entscheidungsvorbereitung werden im nachfolgenden Abschnitt gesondert erörtert. Außerdem können die Informationen zur Preisbestimmung herangezogen werden, wobei in diese auch Deckungsbudgets für Produkte und/oder Abteilungen etc. einbezogen werden können bzw. sollten. Diese werden aus den in der Grundrechnung erfaßten Kosten höherer Ebenen abgeleitet und geben an, welcher Anteil am gesamten Deckungsbedarf auf ein Bezugsobjekt entfällt.

Die in den Grundrechnungen erfaßten Informationen können schließlich - besonders aufgrund der Einbeziehung von Angaben über die Zurechenbarkeit zu Perioden sowie die Disponierbarkeit - auch für die Vorbereitung mittel- und langfristiger Entscheidungen verwendet werden. Dies gilt besonders dann, wenn aggregierte, auf Jahre bezogene Grundrechnungen erstellt werden.

Eine Kontrolle ist ebenfalls in vielfältiger Form möglich. Diese kann sich beispielsweise auf die Erfolgsbeiträge einzelner Bezugsobjekte richten, die in einer nach Hierarchieebenen

---

25   Quelle: in leicht modifizierter Form übernommen von Riebel, P.: (Rechnen), S. 226.

differenzierten Erfolgsrechnung offengelegt werden, und auch den Vergleich periodenbezogener Deckungsbudgets mit den im Zeitablauf kumulierten Ist-Deckungsbeiträgen umfassen.

Beurteilung des Systems

Das System der relativen Einzelkosten- und Deckungsbeitragsrechnung von RIEBEL weist gegenüber anderen Systemen der Voll- und auch Teilkostenrechnung den Vorteil auf, daß es Schlüsselungen von Gemeinkosten weitestgehend vermeidet. Die Aussagekraft der Informationen ist in dieser Hinsicht sehr hoch, das Konzept anderen Systemen überlegen.

Allerdings sind mit der praktischen Anwendung des Systems auch Probleme verbunden. So besteht die Gefahr, daß bei Einhaltung des Identitätsprinzips Kosten und Erlöse nur auf sehr hohen Ebenen zugeordnet werden können und die für Bezugsgrößen auf unteren Ebenen bestimmten Werte wenig aussagekräftig sind.[26] Der mit der Realisation des Systems verbundene Aufwand ist trotz der Fortschritte im EDV-Bereich als sehr hoch einzuschätzen. Des weiteren ist fraglich, ob die ermittelten Einzelkosten für die Bestandsbewertung von Halb- und Fertigfabrikaten geeignet sind, hierfür müssen eventuell Sonderrechnungen durchgeführt werden.

1.3   Anwendungsbereiche der Teilkostenrechnung

Die Teilkostenrechnung eignet sich vor allem zur Analyse von Problemstellungen mit kurzfristigem Planungshorizont. Teilkosteninformationen sollten zur Entscheidungsvorbereitung beispielsweise bei den folgenden Fragestellungen herangezogen werden:

- Welche Mengen welcher Produktarten sollten in einem Zeitraum hergestellt und verkauft werden (Produktions- und Absatzprogramm)?
- Sollten Halb- und Fertigfabrikate selbst hergestellt oder fremdbezogen werden (Eigenfertigung oder Fremdbezug)?
- Bis zu welchem Preis sollte eine Produktart hergestellt und verkauft werden (Preisuntergrenze)?
- Bis zu welchem Einkaufspreis sollte ein Halb- oder Fertigfabrikat fremdbezogen werden (Preisobergrenze)?
- Welche Menge einer Produktart muß hergestellt und abgesetzt werden, damit ein Verlust vermieden wird (Break-Even-Menge)?
- Welches von mehreren Fertigungsverfahren sollte angewendet werden (Verfahrensvergleich)?

Zusätzlich lassen sich Teilkosten - eventuell gemeinsam mit Soll-Deckungsbeiträgen oder Deckungsbudgets - zur Preisbildung heranziehen.[27] Es zeigt sich damit, daß Teilkosteninformationen von fast allen Betriebsbereichen (vor allem Beschaffung, Produktion und Absatz) benötigt werden.

---

26   Vgl. Schweitzer, M.; Küpper, H.-U.: (Systeme), S. 550 ff.
27   Zur Preisbildung mit Soll-Deckungsbeiträgen vgl. z.B. Kilger, W.: (Einführung), S. 394 ff.

Im folgenden wird zunächst auf die Nutzung von Teilkosteninformationen im Zusammenhang mit der Programmplanung eingegangen und dabei auch die Fragestellung 'Eigenfertigung oder Fremdbezug' sowie die Preisuntergrenzen- und -obergrenzenbestimmung angesprochen. Dabei wird weitgehend von Sicherheit der einbezogenen Daten ausgegangen. Anschließend wird die primär der Entscheidungsfindung unter Berücksichtigung von Unsicherheiten dienende Break-Even-Analye erörtert.

1.3.1   Programmplanung

Bei den nachfolgenden Aussagen zur Programmplanung wird jeweils unterstellt, daß die Gewinnmaximierung alleinige Zielsetzung ist. Die Produktionsmenge soll stets gleich der Absatzmenge sein, so daß keine Lagerbestandsveränderungen auftreten, die sich auf die Gewinnhöhe auswirken. Im Zusammenhang damit sollen die Umsatzerlöse die einzige relevante Erlöskomponente darstellen. Der Gewinn läßt sich dann durch Subtraktion der Kosten von den Umsätzen ermitteln. Die fixen Kosten werden im folgenden zwar bei der Darstellung von Kosten- und Gewinnfunktionen zum Teil berücksichtigt, sie sind jedoch nicht entscheidungsrelevant und können daher bei der Optimierung außer acht gelassen werden. Anstelle des Gewinns läßt sich dann der Bruttogewinn (Gewinn zuzüglich der fixen Kosten) maximieren.

1.3.1.1   Mengenplanung bei einer Produktart

1.3.1.1.1 Linearer Umsatz- und Kostenverlauf

Problem- und Modelldarstellung

Es wird angenommen, daß sich die variablen Kosten proportional zur Produktions- bzw. Absatzmenge der von einem Betrieb hergestellten Produktart verhalten. Damit liegen von dieser Menge (x) unabhängige, konstante variable Stückkosten (k_v) und ein linearer Verlauf der Kosten (K) vor. Für die Kostenfunktion gilt dann:

$$K(x) = K_f + k_v \cdot x, \qquad \text{mit: } k_v = \text{konst.}$$

Der Preis (p) wird ebenfalls als konstant unterstellt, die Umsatzfunktion (U(x)) verläuft damit auch linear:

$$U(x) = p \cdot x, \qquad \text{mit: } p = \text{konst.}$$

Daraus resultiert die folgende Gewinnfunktion:

$$G(x) = U(x) - K(x) = p \cdot x - K_f - k_v \cdot x = (p - k_v) \cdot x - K_f$$

Bei einer graphischen Betrachtung ergibt sich die Gewinnfunktion (G) als vertikale Differenz zwischen Umsatz- und Kostengerade, wie die Abbildung III-8 zeigt.

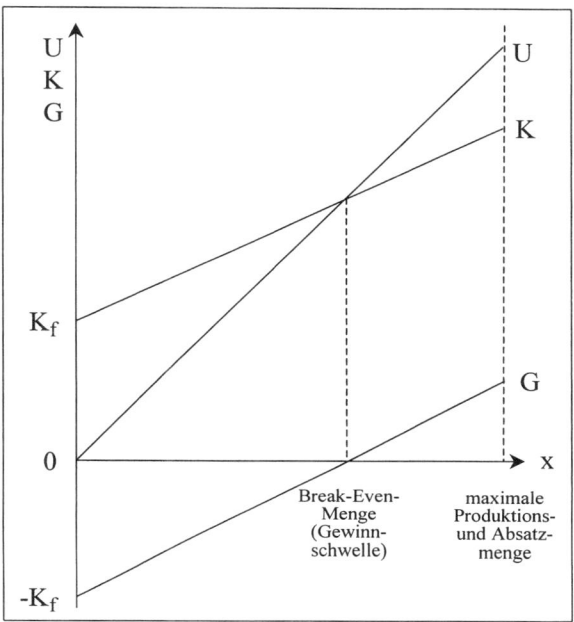

Abb. III-8: Gewinnanalyse bei linearem Umsatz- und Kostenverlauf

In der Abbildung ist unterstellt worden, daß der Preis des Produktes höher ist als dessen variable Stückkosten. Die Differenz aus beiden, der mit einem System der Teilkostenrechnung bestimmte Stückdeckungsbeitrag, ist positiv. In diesem Fall steigt der Gewinn mit zunehmender Produktionsmenge (x). Aus dieser Erkenntnis läßt sich das optimale kurzfristige Produktionsprogramm ableiten. Es sollte - unter den gegebenen Annahmen - die Menge produziert und abgesetzt werden, die in Anbetracht von Produktions- oder Absatzbeschränkungen maximal realisierbar ist. Es ist allerdings nicht sichergestellt, daß mit dieser Menge auch ein positiver Gewinn erzielt wird. Dies gilt nur, falls die Menge, die zu einem Gewinn von Null führen würde (Break-Even-Menge, Gewinnschwelle), wie im Beispiel der Abbildung III-8 kleiner ist als die maximale Produktionsmenge (zur Bestimmung von Break-Even-Mengen vgl. Abschnitt III.1.3.2).

Die getroffenen Aussagen gelten auch für Situationen, in denen in einem Betrieb mit mehreren Produktarten eine Produktart unabhängig von anderen hergestellt und abgesetzt werden kann.

Vor allem bei schwankenden Preisen ist es sinnvoll, die *Preisuntergrenze* zu kennen, bis zu der die Produktion und der Absatz einer Produktart sinnvoll sind. In der hier betrachteten Situation entspricht diese Preisuntergrenze (kurzfristig) den variablen Stückkosten, da eine Gewinnverbesserung erzielt werden kann, so lange der Preis höher ist als die variablen Stückkosten und damit ein positiver Stückdeckungsbeitrag vorliegt.

Die obigen Überlegungen lassen sich auf die Vorbereitung einer Entscheidung über *Eigenfertigung oder Fremdbezug* übertragen, wobei allerdings hier zwei (lineare) Kostenfunktionen zu betrachten sind und ein auf die erwartete Bedarfsmenge bezogener Kostenvergleich vorgenommen werden sollte.[28] Im Hinblick auf den Beschaffungspreis bilden die variablen Stückkosten nun eine Preisobergrenze, da es nur bei einem geringeren Preis sinnvoll ist, die Produktart fremdzubeziehen.[29] Unterstellt wird bei dieser Aussage, daß Fixkosten(-änderungen) bei Eigenfertigung und Fremdbezug vernachlässigt werden können und für die Entscheidung nur die entstehenden Kosten relevant sind.

Beispiel

Ein Betrieb geht davon aus, daß er für die von ihm hergestellte Produktart einen Preis von 80 €/Stück erzielen kann. Die variablen Kosten betragen 60 €/Stück, die fixen Kosten 500.000 €. Die maximale Produktions- und Absatzmenge beläuft sich auf 100.000 Stück.

Der Stückdeckungsbeitrag beträgt in diesem Beispiel 20 € (= 80 - 60), so daß Produktion und Absatz so weit wie möglich ausgedehnt werden sollten. Es kann dann bei der maximalen Absatzmenge ein Gewinn von

$$G = (80 - 60) \cdot 100.000 - 500.000 = 1.500.000 \; [€]$$

realisiert werden. Die Preisuntergrenze liegt bei 60 €/Stück.

Modellbeurteilung

Die Güte eines Modells kann primär an der erwarteten Aussagekraft der Modellergebnisse gemessen werden, die ihrerseits von der Übereinstimmung der Modellannahmen mit der Realität abhängig ist. In diesem Abschnitt wurde eine Situation betrachtet, die in der Realität nicht häufig anzutreffen sein dürfte (eine Produktart, linearer Umsatz- und Kostenverlauf, alleinige Zielsetzung Gewinnmaximierung etc.). Die Realitätsnähe wird daher nur in wenigen Fällen gegeben sein. Zudem stellt sich das Problem der Datenermittlung, und es wird von Sicherheit der Daten ausgegangen. Die aus dem Modell abgeleiteten Aussagen lassen sich aber auf andere Konstellationen übertragen. Außerdem ist das Modell grundsätzlich auch dann anwendbar, wenn ein Betrieb zwar mehrere Produktarten herstellt, zwischen diesen aber keine relevanten Beziehungen wie gemeinsame Engpässe bestehen.

1.3.1.1.2 Nichtlinearer Umsatz- oder Kostenverlauf

Problem- und Modelldarstellung

Es seien nun Fälle betrachtet, in denen die Umsatz- und/oder die Kostenfunktion nichtlinear verläuft bzw. verlaufen. Beispielhaft wird für den Absatzmarkt unterstellt, daß eine Monopolsituation vorliegt. Der alleinige Anbieter kann dann den Absatzpreis festlegen. Da angenommen wird, daß bei jedem Preis eine bestimmte Menge abgesetzt werden kann, wird über die

---

28   Vgl. Mikus, B.: (Make-or-buy-Entscheidungen), S. 127.
29   Zur Preisobergrenze bei Einbeziehung von Fixkosten(-änderungen) vgl. Mikus, B.: (Make-or-buy-Entscheidungen), S. 301.

Preisfestlegung auch die Absatzmenge determiniert. Der Zusammenhang zwischen Preis (p) und Absatzmenge (x) soll sich mit Hilfe der folgenden linearen Preis-Absatz-Funktion beschreiben lassen:

$$p(x) = p_{max} - a \cdot x, \qquad \text{mit: } a > 0$$

In dieser Formel stellt p_{max} den Höchstpreis dar, d.h. den Preis, bei dem gerade kein Absatz mehr erfolgen würde (x = 0). Wie Abbildung III-9 zeigt, existiert zudem eine maximale Absatzmenge (x_{max}) (Sättigungsmenge). Eine größere Menge kann auch bei einem Preis von Null nicht abgesetzt werden.

Für die Umsatzfunktion (U) sowie die Grenzumsatzfunktion (U') gilt bei dieser Absatzsituation:

$$U(x) = x \cdot p(x) = x \cdot (p_{max} - a \cdot x) = x \cdot p_{max} - a \cdot x^2$$

$$U'(x) = \frac{dU(x)}{dx} = p_{max} - 2 \cdot a \cdot x$$

Wie in Abbildung III-9 dargestellt, handelt es sich bei der Umsatzfunktion um eine Parabel; der Grenzumsatz wird durch eine Gerade beschrieben, deren Steigungsbetrag doppelt so groß ist wie der der Preis-Absatz-Funktion. Aus diesem Grund und weil beide Funktionen den gleichen Ordinatenabschnitt aufweisen, liegt der Schnittpunkt der Grenzumsatzfunktion und der Abszisse bei der Hälfte der Sättigungsmenge. Dieser Schnittpunkt gibt die Absatzmenge (x_{Umax}) an, die zu einem maximalen Umsatz führt, da an dieser Stelle U'(x) = 0 gilt.

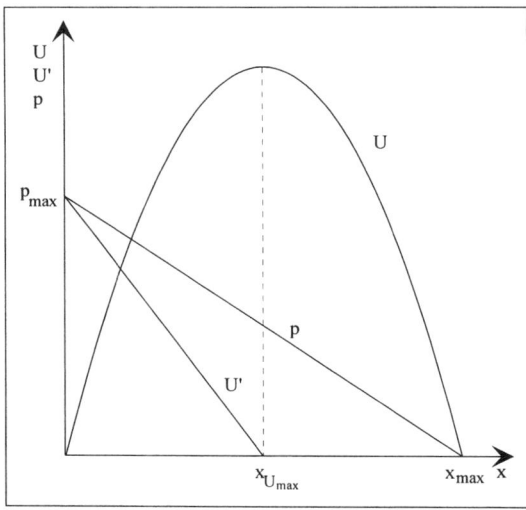

Abb. III-9: Preis-Absatz-Funktion und Umsatzfunktionen eines Monopolisten[30]

---

30 Quelle: in modifizierter Form übernommen von Bloech, J.; Bogaschewsky, R.; Götze, U.; Roland, F.: (Einführung), S. 135.

Der Gewinn soll sich hier ebenfalls als Differenz aus Umsatz und Kosten ergeben. Die Gewinnfunktion lautet dann wiederum:

$G(x) = U(x) - K(x)$

Die gewinnmaximale Produktions- und Absatzmenge (x_{opt}) läßt sich bestimmen, indem die erste Ableitung gebildet und gleich Null gesetzt wird (notwendige Bedingung für ein Gewinnmaximum).

$$\frac{dG}{dx} = \frac{dU}{dx} - \frac{dK}{dx} = 0$$

Daraus resultiert:

$$\frac{dU}{dx} = \frac{dK}{dx}$$

Bei der gewinnmaximalen Menge ist der Grenzumsatz gleich den Grenzkosten. Um sicherzustellen, daß es sich auch um ein Gewinnmaximum handelt, ist die zweite Ableitung zu überprüfen. Es muß gelten (hinreichende Bedingung für ein Gewinnmaximum):

$$\frac{d^2G}{dx^2} < 0$$

Die Bestimmung der gewinnmaximalen Menge (x_{opt}) kann zudem auf graphischem Wege vorgenommen werden. Da im Optimum die Grenzkosten gleich dem Grenzumsatz sind, liegt die gewinnmaximale Menge beim Schnittpunkt von Grenzumsatz- und Grenzkostenfunktion. Dort sind die Steigungen von Umsatz- und Kostenfunktion gleich. Dies heißt, daß in diesem Punkt die Tangenten an die Umsatz- und die Kostenfunktion - deren Steigung jeweils der der zugehörigen Funktion entspricht - parallel zueinander verlaufen.

Um die graphische Gewinnmaximierung zu veranschaulichen, soll zunächst beispielhaft für die Kostensituation angenommen werden, daß ein ertragsgesetzlicher Kostenverlauf vorliegt (Fall 1). Abbildung III-10 zeigt den Umsatz-, Kosten-, Grenzumsatz- und Grenzkostenverlauf für diesen Fall.

In dieser Abbildung ist auch die Preis-Absatz-Funktion dargestellt. Der gewinnmaximalen Absatzmenge (x_{opt}) ist ein bestimmter Preis (p_{opt}) zugeordnet. Der entsprechende Punkt auf der Preis-Absatz-Funktion wird als COURNOT'scher Punkt (C) bezeichnet.

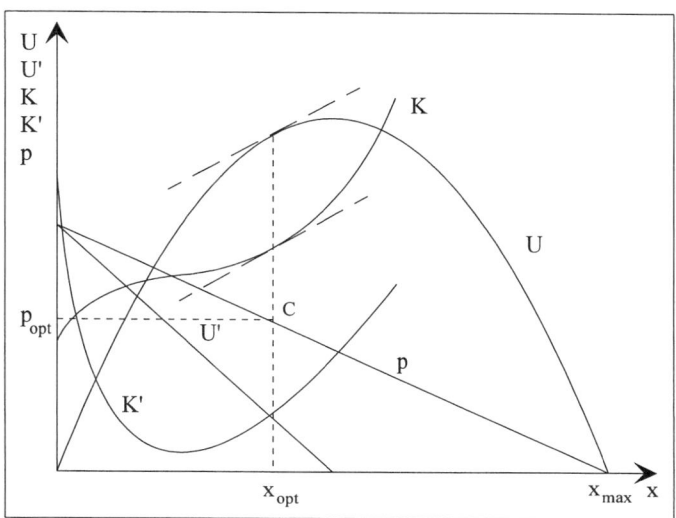

Abb. III-10: Gewinnmaximierung eines Monopolisten bei ertragsgesetzlichem
　　　　　　　Kostenverlauf[31]

Wie Abbildung III-11 zeigt, kann auch bei nichtlinearen Umsatz- und/oder Kostenverläufen
die Gewinnfunktion graphisch als vertikale Differenz der Umsatz- und der Kostenfunktion
bestimmt werden. Die gewinnmaximale Menge (x_{opt}) liegt dort, wo der Abstand zwischen
beiden Funktionen maximal ist. Sie ist bei positiven Grenzkosten geringer als die umsatzma-
ximale Menge (x_{Umax}).

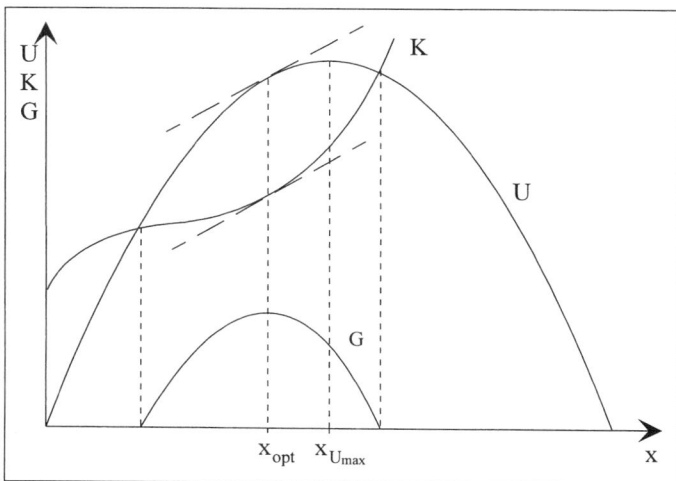

Abb. III-11: Gewinnfunktion eines Monopolisten bei ertragsgesetzlichem Kostenverlauf[32]

---

[31]　Quelle: in modifizierter Form übernommen von Bloech, J.; Bogaschewsky, R.; Götze, U.; Roland, F.: (Ein-
　　　führung), S. 136.

Als Fall 2 wird eine Situation betrachtet, bei der die variablen Stückkosten eines Monopolisten in Abhängigkeit von der Ausbringungsmenge konstant sind, so daß ein linearer Kostenverlauf (K) vorliegt. Für die Gewinnfunktion gilt dann:

$$G(x) = U(x) - K(x) = x \cdot p_{max} - a \cdot x^2 - K_f - k_v \cdot x$$

Die erste Ableitung lautet:

$$\frac{dG}{dx} = p_{max} - 2 \cdot a \cdot x - k_v$$

Aus der Forderung, daß die erste Ableitung im Gewinnmaximum gleich Null ist, resultiert:

$$p_{max} - 2 \cdot a \cdot x_{opt} = k_v \qquad \text{bzw.}$$

$$p_{max} - k_v = 2 \cdot a \cdot x_{opt} \qquad \text{sowie}$$

$$x_{opt} = \frac{p_{max} - k_v}{2 \cdot a}$$

Zur Überprüfung der hinreichenden Bedingung ist wiederum die zweite Ableitung zu bilden:

$$\frac{d^2G}{dx^2} = -2 \cdot a < 0$$

Da die zweite Ableitung kleiner Null ist, handelt es sich um ein Maximum. Die gewinnmaximale Menge (x_{opt}) liegt in diesem Fall dort, wo der Grenzumsatz (U') gleich den variablen Stückkosten (k_v) ist. Dies zeigt auch Abbildung III-12.

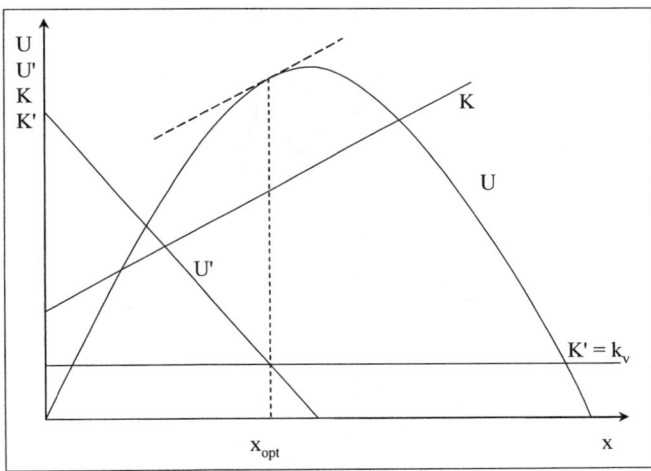

Abb. III-12: Gewinnmaximierung eines Monopolisten bei linearem Kostenverlauf[33]

32 Quelle: in modifizierter Form übernommen von Bloech, J.; Bogaschewsky, R.; Götze, U.; Roland, F.: (Einführung), S. 137.
33 Quelle: in modifizierter Form übernommen von Bloech, J.; Bogaschewsky, R.; Götze, U.; Roland, F.: (Einführung), S. 138.

In Abbildung III-12 ist ebenfalls ersichtlich, welche Bedingungen beim Gewinnmaximum erfüllt sein müssen. Für die gewinnmaximale Menge gilt, daß sich Grenzumsatz- und Grenzkostenfunktion (hier gleich der Funktion der variablen Stückkosten) schneiden und damit die Steigungen von Umsatz- und Kostenfunktion gleich sind. Dies heißt, daß die Tangente an die Umsatzfunktion, die deren Steigung angibt, parallel zur (linearen) Kostenfunktion verläuft.

Analog zu den beiden hier beschriebenen Fällen läßt sich eine rechnerische oder graphische Bestimmung der gewinnmaximalen Menge in allen Situationen vornehmen, in denen die Umsatz- und die Kostenfunktion stetig sind und zumindest eine von ihnen einen nichtlinearen Verlauf aufweist. Es kann eine Vielzahl derartiger Fälle unterschieden werden (z.B. könnte ein Oligopol untersucht oder eine Kostenfunktion der Produktionsfunktion vom Typ B angenommen werden, und es ließen sich nichtlineare Kostenverläufe mit einem linearen Umsatzverlauf verknüpfen). Auf diese Fälle soll hier nicht näher eingegangen werden. Auch die Bestimmung von Preisuntergrenzen wird vernachlässigt. Die Entscheidung über *Eigenfertigung oder Fremdbezug* einer Materialart kann bei nichtlinearen Kostenverläufen grundsätzlich ebenfalls mit einem auf die Bedarfsmenge bezogenen Kostenvergleich vorbereitet werden.[34]

Beispiel

Ein Unternehmen ist Monopolist auf dem Absatzmarkt, auf dem es das von ihm hergestellte Produkt veräußert. Es konnte die folgende Preis-Absatz-Funktion bestimmt werden:

$$p(x) = 200 - 0{,}2x$$

Die variablen Stückkosten betragen 90 €, fixe Kosten sollen vernachlässigt werden. Es ist die gewinnmaximale Kombination aus Preis und Absatzmenge zu berechnen.

Dazu kann die Gewinnfunktion formuliert und abgeleitet werden:

$$G(x) = (200 - 0{,}2x) \cdot x - 90x = 110x - 0{,}2x^2$$

$$G'(x) = 110 - 0{,}4x = 0$$

$$x_{opt} = 275 \, [ME]$$

$$p_{opt} = 200 - 0{,}2 \cdot 275 = 145 \, [€/ME]$$

$$G_{max} = 110 \cdot 275 - 0{,}2 \cdot 275^2 = 15.125 \, [€]$$

Auf eine Modellbeurteilung soll hier verzichtet werden, da die entsprechenden Aussagen zu dem im vorherigen Abschnitt behandelten Modell auch für die hier dargestellten Modelle zutreffen.

1.3.1.2 Programmplanung bei mehreren Produktarten

In diesem Abschnitt wird auf eine Alternativproduktion Bezug genommen, d.h. auf eine Situation, bei der grundsätzlich mehrere Produktarten unabhängig voneinander hergestellt werden können (im Gegensatz zu einer Kuppelproduktion), aber eine Verbindung zwischen diesen in Form eines Engpasses oder mehrerer Engpässe besteht, um dessen oder deren Kapazität(en)

---

[34] Vgl. Mikus, B.: (Make-or-buy-Entscheidungen), S. 127 ff.

die Produkte konkurrieren. Dabei wird jeweils unterstellt, daß die Kapazitätsbeanspruchung pro Einheit der einzelnen Produktarten unabhängig von der Produktionsmenge konstant ist.

1.3.1.2.1 Programmplanung bei mehreren Produktarten und einem Engpaß

1.3.1.2.1.1 Lineare Umsatz- und Kostenverläufe

Problemdarstellung und Lösungsansatz

Zunächst wird erörtert, in welcher Weise eine operative Produktionsprogrammplanung durchgeführt werden kann, wenn Preise und variable Stückkosten unabhängig von der Verkaufs- bzw. Ausbringungsmenge konstant sind und ein gemeinsamer Engpaß für zwei oder mehrere Produkte gegeben ist.

In dieser Situation kann es aufgrund des gemeinsamen Engpasses auch bei positivem Stückdeckungsbeitrag einer Produktart sinnvoll sein, auf deren Produktion und Absatz zu verzichten. Ein weiterer Grund hierfür ist gegeben, falls durch einen relativ geringen Preis des betrachteten Produktes die Preise anderer Produkte des Unternehmens negativ beeinflußt werden. Dieser Fall wird hier vernachlässigt.

Zur Bestimmung des gewinnmaximalen Produktions- und Absatzprogramms kann wie folgt vorgegangen werden:

- Berechnung der Stückdeckungsbeiträge,
- Ermittlung der für die Produktarten mit positivem Stückdeckungsbeitrag benötigten Kapazität unter der Annahme, daß jeweils deren maximale Absatzmenge hergestellt und abgesetzt wird,
- Vergleich der benötigten mit der vorhandenen Kapazität,
    - falls die vorhandene Kapazität ausreicht, um alle Produktarten mit positivem Stückdeckungsbeitrag bis zur Absatzhöchstmenge zu produzieren, stellen diese Absatzhöchstmengen das optimale Produktions- und Absatzprogramm dar,
    - falls die Kapazität nicht ausreicht: Bildung einer Rangfolge für die Produkte im Hinblick auf eine bestmögliche Ausnutzung des Engpasses und anschließende Festlegung des optimalen Produktions- und Absatzprogramms gemäß dieser Rangfolge.

Das Vorgehen bei der Bildung der Rangfolge ist davon abhängig, ob der Engpaß im Absatz-, Produktions- oder Beschaffungsbereich vorliegt. Bei einem Engpaß im Absatzbereich in Form einer gemeinsamen Absatzhöchstmenge für mehrere Produktarten läßt sich die Güte der Ausnutzung am Stückdeckungsbeitrag messen; er gibt an, zu welcher Gewinnerhöhung die Nutzung einer Einheit des Engpasses 'gemeinsame Absatzmenge' durch die Produktarten führt. Es kann damit nach der Höhe der Stückdeckungsbeiträge eine Rangfolge in bezug auf die Vorteilhaftigkeit der Produkte gebildet werden. Entsprechend dieser Rangfolge läßt sich das optimale Produktions- und Absatzprogramm zusammensetzen.[35]

Das geschilderte Vorgehen ist abzuwandeln, falls der gemeinsame Engpaß im Produktions- oder Beschaffungsbereich besteht. Zwar wird zur Bildung einer Rangfolge bezüglich der

---

35   Vgl. Wedell, H.: (Grundlagen), S. 229 f.

Produktarten wiederum nach der bestmöglichen Ausnutzung des Engpasses gefragt, die Güte der Nutzung eines Engpasses wird nun aber durch sogenannte engpaßbezogene oder relative Deckungsbeiträge angegeben.[36] Ein engpaßbezogener Deckungsbeitrag läßt sich berechnen, indem der Stückdeckungsbeitrag einer Produktart durch die - beispielsweise in Zeiteinheiten gemessene - Inanspruchnahme der Kapazität des Engpasses durch eine Mengeneinheit der Produktart dividiert wird. Er gibt an, welcher Deckungsbeitrag pro Engpaßeinheit mit einer bestimmten Produktart erzielt werden kann.

Anwenden läßt sich die beschriebene Vorgehensweise auch, falls bei einem Engpaß und linearen Kostenverläufen die Entscheidung zwischen Eigenfertigung und Fremdbezug im Rahmen der operativen Programmplanung mit Hilfe von Teilkosteninformationen vorbereitet werden soll. In diesem Fall ist die Stückkostendifferenz zwischen Fremdbezug und Eigenfertigung, d.h. die Kostenersparnis bei Eigenfertigung, analog zu einem Stückdeckungsbeitrag zu interpretieren (sie stellt wie dieser einen Beitrag zur Gewinnerhöhung dar). Es wird dann für jeden Werkstoff die relative Kostenersparnis gegenüber dem Fremdbezug als Quotient aus der Stückkostendifferenz und dem Kapazitätsbeanspruchungskoeffizienten berechnet.[37]

An die Bestimmung des optimalen Programms kann sich eine Analyse des Einflusses von Preisveränderungen anschließen. Es läßt sich unter der Annahme, daß die Preise anderer Produktarten unverändert bleiben, eine *Preisuntergrenze* für jede Produktart, die abgesetzt werden soll, bestimmen. Falls durch die Aufnahme einer Produktart in das Produktions- und Absatzprogramm oder dessen Eliminierung aus dem Programm lediglich die Menge einer anderen Produktart (eines 'Grenzproduktes') verändert wird, ergibt sich die Preisuntergrenze aus den variablen Stückkosten zuzüglich dem pro Einheit verdrängten Deckungsbeitrag. Dieser verdrängte Deckungsbeitrag setzt sich aus dem Produkt der benötigten Kapazität pro Einheit und des relativen Deckungsbeitrags der verdrängten Produktart zusammen:

Preisuntergrenze = variable Stückkosten + verdrängter Deckungsbeitrag pro Einheit

$$PUG_i = k_{vi} + db_{rk} \cdot a_i$$

mit:

i	=	Index der Produktart ($i = 1,...,I$) mit: $i \neq k$
k_{vi}	=	variable Stückkosten der Produktart i
db_{rk}	=	relativer Stückdeckungsbeitrag des Grenzproduktes k
a_i	=	Kapazitätsbeanspruchung pro Mengeneinheit der Produktart i

Werden durch eine Produktart oder einen Auftrag die Mengen mehrerer anderer Produktarten verringert, dann sind sämtliche Mengenveränderungen bei der Ermittlung der Preisuntergrenze zu berücksichtigen. Dazu wird ein Gesamtwert für die verdrängten Deckungsbeiträge bestimmt und zu den variablen Kosten eines Auftrags (Preisuntergrenze für den Auftrag) bzw. - wie in der folgenden Formel dargestellt - anteilig zu den variablen Stückkosten einer Produkteinheit (Preisuntergrenze für die Produkteinheit) addiert.

---

36 Vgl. Wedell, H.: (Grundlagen), S. 230 f.; Hilke, W.: (Programmplanung), S. 63 ff.; Schuster, P.: (Unternehmensrechnung), S. 128; Hahn, D.; Laßmann, G.: (Produktionswirtschaft), S. 304 ff.

37 Vgl. Wedell, H.: (Grundlagen), S. 233 ff.; Mikus, B.: (Make-or-buy-Entscheidungen), S. 130 f.

$$PUG_i = k_{vi} + \frac{\sum\limits_{k=1}^{K} db_k \cdot \Delta x_k}{x_i}$$

mit:

k   = Index der Produktarten mit veränderter Menge (k = 1,...,K)   mit: k ≠ i
db_k = Stückdeckungsbeitrag des Produktes k
Δx_k = verdrängte Menge der Produktart k
x_i = Menge der Produktart i

Analog dazu lassen sich Preisobergrenzen für Beschaffungsgüter ermitteln. Wird lediglich die Menge eines anderen Beschaffungsgutes verändert, ergibt sich die Preisobergrenze aus den variablen Stückkosten bei Eigenfertigung zuzüglich der pro Einheit verdrängten Kostenersparnis:[38]

Preisobergrenze = variable Stückkosten + verdrängte Kostenersparnis pro Einheit

Beispiel

Es stehen vier Produktarten A, B, C und D zur Wahl. Diese werden auf einer Maschine gefertigt, deren Kapazität im Planungszeitraum 2.000 Zeiteinheiten beträgt. Die Produktarten lassen sich - mit Ausnahme der Konkurrenz um die Maschinenkapazität - unabhängig voneinander herstellen und absetzen. Für den Planungszeitraum sind folgende Werte bekannt:

Produktart	A	B	C	D
Maximale Absatzmenge [Stück]	200	150	240	180
Absatzpreis [€/Stück]	40	24	18	50
variable Stückkosten [€/Stück]	24	16	8	30
Fertigungszeit [ZE/Stück]	5	2	2	3

Außerdem kann auf der Maschine ein Halbfabrikat E gefertigt werden, das für eine andere, hier nicht weiter betrachtete Produktart benötigt wird. Der Bedarf an dem Halbfabrikat beträgt im Planungszeitraum 400 Einheiten. Bei Eigenfertigung entstehen Kosten in Höhe von 30 €/Stück, die Kapazität wird mit 2 ZE/Stück in Anspruch genommen. Es ist auch ein Fremdbezug dieses Halbfabrikats zu einem Preis von 36 €/Stück möglich, zusätzlich treten bei der Beschaffung variable Kosten von 3 €/Stück auf. Es soll das optimale Produktionsprogramm ermittelt werden.

Dazu sind zunächst die Stückdeckungsbeiträge bzw. bei E die Kostenersparnis und für die Produkte mit positivem Stückdeckungsbeitrag sowie E bei positiver Kostenersparnis die relativen Deckungsbeiträge bzw. die relative Kostenersparnis zu bestimmen. Anhand dieser Werte läßt sich eine Rangfolge für die Fabrikate bilden, gemäß derer sie in das optimale Produktionsprogramm aufgenommen werden sollten. Dessen Zusammensetzung sowie die Zwischenergebnisse zeigt die nachfolgende Tabelle.

---

38   Vgl. dazu und zu Preisobergrenzen für andere Konstellationen Mikus, B.: (Make-or-buy-Entscheidungen), S. 304 ff.

Produktart	A	B	C	D	E
Stückdb./Kostenersparnis [€/Stück]	16	8	10	20	9
Rel. Stückdb./Kostenersparnis [€/ZE]	3,2	4	5	6,67	4,5
Rang	V	IV	II	I	III
Produktionsmenge [Stück]	-	90	240	180	400
kumulierter Kapazitätsbedarf [ZE]		2.000	1.020	540	1.820

Es sollen nun die Preisuntergrenzen der Absatzprodukte sowie die Preisobergrenze des Halbfabrikats unter der Annahme berechnet werden, daß sich lediglich die Menge des Produktes B verändert, das derzeit mit einer geringeren als der maximalen Absatzmenge hergestellt wird. Es ergeben sich die folgenden Werte für die Preisuntergrenzen der Absatzprodukte i (PUG_i) sowie die Preisobergrenze (POG) des Halbfabrikates E:

$$PUG_A = 24 + 5 \cdot 4 = 44 \ [\text{€/Stück}]$$
$$PUG_C = 8 + 2 \cdot 4 = 16 \ [\text{€/Stück}]$$
$$PUG_D = 30 + 3 \cdot 4 = 42 \ [\text{€/Stück}]$$
$$POG_E = 30 + 2 \cdot 4 = 38 \ [\text{€/Stück}]$$

Für das Grenzprodukt B lassen sich analog dazu zwei Preisuntergrenzen bestimmen, jeweils eine für die Eliminierung aus dem Programm (falls B durch A verdrängt wird) und die Fertigung bis zur Absatzhöchstmenge (falls B das Halbfabrikat E verdrängt):

$$PUG_{B1} = 16 + 2 \cdot 3,2 = 22,4 \ [\text{€/Stück}]$$
$$PUG_{B2} = 16 + 2 \cdot 4,5 = 25 \ [\text{€/Stück}]$$

Im folgenden sei unterstellt, daß ein Kunde Interesse an der Lieferung von 200 Einheiten der Produktart F zeigt, deren Fertigung bisher nicht vorgesehen ist. Diese Produktart beansprucht die Engpaßmaschine mit 3 ZE/Stück, bei ihrer Fertigung entstehen variable Kosten von 24 €/Stück. Zur Vorbereitung der Preisverhandlung für diesen Zusatzauftrag soll die Preisuntergrenze unter der Annahme bestimmt werden, daß der Kunde den Auftrag nur für eine Gesamtmenge von 200 Stück erteilen wird.

Zur Beantwortung der Frage sind zunächst der Kapazitätsbedarf sowie die Veränderungen der Produktions- und Absatzmengen der anderen Produktarten zu ermitteln. Der Kapazitätsbedarf beträgt 600 Kapazitätseinheiten, durch Herstellung von 200 Stück der Produktart F würden daher 90 Stück des Produktes B (180 Kapazitätseinheiten) sowie 210 Stück des Halbfabrikats E (420 Kapazitätseinheiten) verdrängt. Die Preisuntergrenze lautet dann:

$$PUG_F = 24 + \frac{90 \cdot 8 + 210 \cdot 9}{200} = 37,05 \ [\text{€/Stück}]$$

Auf eine Beurteilung des Modells soll verzichtet werden, da eine ausführliche Diskussion der Modellprämissen für ein - mit Ausnahme der Anzahl der Engpässe - weitgehend identisches Modell in Abschnitt III.1.3.1.2.2 erfolgte.

1.3.1.2.1.2 Nichtlineare Umsatz- oder Kostenverläufe

Problemdarstellung und Lösungsansatz

Falls bei Existenz eines Engpasses Umsatz- und/oder Kostenverläufe nichtlinear sind, ist eine Optimierung des Produktions- und Absatzprogramms mit Hilfe relativer Deckungsbeiträge in der Regel nicht möglich, da keine konstanten Stückdeckungsbeiträge vorliegen, damit auch die relativen Deckungsbeiträge von der Menge abhängen und deshalb keine stabile Rangfolge der Produktarten gebildet werden kann. Die Optimierung läßt sich nun mit Hilfe einer Lagrange-Funktion vornehmen. Diese enthält die Gewinnfunktion, die - unter Vernachlässigung der für kurzfristige Programmentscheidungen irrelevanten fixen Kosten - aus den Deckungsbeiträgen der einzelnen Produktarten in Abhängigkeit von den zu optimierenden Produktions- und Absatzmengen besteht:

$$G(X) = \sum_{i=1}^{I} \left(p_i(x_i) - k_{vi}(x_i) \right) \cdot x_i$$

mit:

$G(X)$ = Gewinnfunktion
X = Vektor der Produktions- und Absatzmengen
i = Index der Produktart ($i = 1,...I$)
x_i = Produktions- und Absatzmenge der Produktart i
$p_i(x_i)$ = Verkaufspreis der Produktart i
$k_{vi}(x_i)$ = variable Stückkosten der Produktart i

Die zweite Komponente der Lagrange-Funktion stellt die mit dem Lagrange-Multiplikator gewichtete Nebenbedingung dar, wobei davon ausgegangen wird, daß diese als Gleichung erfüllt ist.[39] Die Lagrange-Funktion

$$L(X,\lambda) = \sum_{i=1}^{I} \left(p_i(x_i) - k_{vi}(x_i) \right) \cdot x_i - \lambda \left(\sum_{i=1}^{I} a_i \cdot x_i - T \right)$$

mit:

L = Lagrange-Funktion
λ = Lagrange-Multiplikator
a_i = Kapazitätsbeanspruchung pro Einheit der Produktart i
T = verfügbare Kapazität

ist zu maximieren. Für die optimale Lösung muß gelten, daß die ersten partiellen Ableitungen der Lagrange-Funktion gleich Null sind.[40] Zur Optimierung können daher diese ersten partiellen Ableitungen gebildet und gleich Null gesetzt werden:

---

[39]   Vgl. Hilke, W.: (Programmplanung), S. 102 f.
[40]   Es handelt sich um die notwendige Bedingung für das Vorliegen einer Optimallösung. Die hinreichende Bedingung ist immer erfüllt, falls die Zielfunktion konkav ist.

$$\frac{\delta L}{\delta x_i} = \frac{\delta p_i}{\delta x_i} \cdot x_i + p_i(x_i) \cdot 1 - \left(\frac{\delta k_{vi}}{\delta x_i} \cdot x_i + k_{vi}(x_i) \cdot 1 \right) - \lambda \cdot a_i = 0, \text{ für } i = 1, ..., I$$

$$\frac{\delta L}{\delta \lambda} = -\left(\sum_{i=1}^{I} a_i \cdot x_i - T \right) = 0$$

Durch Lösung des entstehenden Gleichungssystems lassen sich die optimalen Produktions- und Absatzmengen bestimmen.

Die 'relativen Grenzdeckungsbeiträge' der im optimalen Produktions- und Absatzprogramm enthaltenen Produkte (Grenzdeckungsbeitrag dividiert durch Kapazitätsbeanspruchung pro Stück) sind im Optimum gleich. Der - mit den relativen Grenzdeckungsbeiträgen übereinstimmende - Wert des Lagrange-Multiplikators im Optimum gibt einen Hinweis auf die Bewertung der knappen Kapazität des Engpasses. Er sagt aus, wie sich der Gewinn verändert, wenn die Kapazität des Engpasses um eine (infinitesimal kleine) Einheit ausgeweitet wird. Dieser Wert gilt aufgrund der Einbeziehung nichtlinearer Funktionen allerdings nur für die Optimallösung.

Beispiel

Es soll nun eine Situation betrachtet werden, in der die Produktarten A, B und C für die Produktionsprogrammplanung relevant sind. Des weiteren wird davon ausgegangen, daß diese auf einer Maschine mit einer Kapazität von 2.000 ZE gefertigt werden. Der Kapazitätsbedarf pro Stück beträgt bei Produktart A 5 ZE und bei den Produktarten B sowie C jeweils 2 ZE.

Auf dem Absatzmarkt nimmt das Unternehmen eine monopolähnliche Position ein. Es sollen für die drei Produktarten folgende Zusammenhänge zwischen Preis (p_i) und Absatzmenge (x_i) gelten:

$$p_A = 250 - 0,1 \, x_A$$
$$p_B = 200 - 0,2 \, x_B$$
$$p_C = 180 - 0,2 \, x_C$$

Die variablen Stückkosten (k_{vi}) betragen:

$$k_{vA} = 150 + 0,01 \, x_A$$
$$k_{vB} = 90$$
$$k_{vC} = 80 + 0,1 \, x_C$$

Die Gewinnfunktion und die Lagrange-Funktion lautet dann:

$$G(X) = 100x_A - 0,11x_A^2 + 110x_B - 0,2x_B^2 + 100x_C - 0,3x_C^2$$

Zur Bestimmung der Optimallösung kann nun zunächst geprüft werden, ob die begrenzte Kapazität tatsächlich als Engpaß wirkt. Dazu sind die Produktions- und Absatzmengen zu berechnen, die für die einzelnen Produktarten isoliert betrachtet optimal sind (zum Vorgehen vgl. Abschnitt III.1.3.1.2.2). Sie lauten:[41]

---

41 Vereinfachend wird hier und nachfolgend die beliebige Teilbarkeit der Produktions- und Absatzmengen unterstellt.

$x_A = 454,55$ [ME]

$x_B = 275$ [ME]

$x_C = 166,67$ [ME]

Diese Mengen bewirken einen Kapazitätsbedarf in Höhe von

$5 \cdot 454,55 + 2 \cdot 275 + 2 \cdot 166,67 = 3.156,09$ [ZE],

der höher ist als die vorhandene Kapazität. Damit liegt ein Engpaß vor, und die Optimallösung ist mittels der Lagrange-Funktion

$$L(X) = 100x_A - 0,11x_A^2 + 110x_B - 0,2x_B^2 + 100x_C - 0,3x_C^2 - \lambda(5x_A + 2x_B + 2x_C - 2.000)$$

zu bestimmen. Dazu sind die ersten partiellen Ableitungen zu ermitteln:

$$\frac{\delta L}{\delta x_A} = 100 - 0,22x_A - 5\lambda = 0$$

$$\frac{\delta L}{\delta x_B} = 110 - 0,4x_B - 2\lambda = 0$$

$$\frac{\delta L}{\delta x_C} = 100 - 0,6x_C - 2\lambda = 0$$

$$\frac{\delta L}{\delta \lambda} = -(5x_A + 2x_B + 2x_C - 2.000) = 0$$

Die Lösung des Gleichungssystems führt zu den folgenden optimalen Produktions- und Absatzmengen:

x_A = 252,91 [ME]

x_B = 230,64 [ME]

x_C = 137,09 [ME]

Der Wert des Lagrange-Multiplikators sowie der Gewinn betragen bei der Optimallösung:

λ = 8,872 [€/ZE]

G = 41.057,36 [€]

Auf eine Modellbeurteilung soll hier ebenfalls verzichtet werden, da sich diese weitgehend aus den entsprechenden Ausführungen zu dem nachfolgend dargestellten Modell ableiten läßt.

1.3.1.2.2 Programmplanung bei mehreren Produktarten, mehreren Engpässen sowie linearen Umsatz- und Kostenverläufen

Modelldarstellung

Bei Vorliegen mehrerer betrieblicher Engpässe kann ein optimales Produktions- und Absatzprogramm in der Regel nicht mehr mit Hilfe relativer Deckungsbeiträge ermittelt werden.[42] Bei linearen Umsatz- und Kostenverläufen sowie einer konstanten Kapazitätsbeanspruchung

---

[42] Dies ist dann möglich, wenn sich eindeutig feststellen läßt, welcher Engpaß am stärksten begrenzend wirkt, oder wenn sich bei allen Engpässen die gleiche aus den relativen Stückdeckungsbeiträgen abgeleitete Rangfolge der Produktarten ergibt.

pro Stück läßt sich in diesem Fall ein lineares Optimierungsmodell formulieren, dessen Lösung das optimale Produktions- und Absatzprogramm angibt. Die Struktur dieses Modells, des sogenannten Grundmodells der Produktionsprogrammplanung, soll im folgenden dargestellt werden.

Bei diesem Modell wird unterstellt, daß die Produktionsmengen der zur Wahl stehenden Produktarten unter Berücksichtigung betrieblicher Beschränkungen so festzulegen sind, daß die Zielsetzung 'Gewinnmaximierung' erfüllt wird. Restriktionen ergeben sich unter anderem aus den im Produktionsbereich vorhandenen Kapazitäten.

Die Produktionsstruktur wird durch die folgende Abbildung beispielhaft für zwei Produktarten und drei (potentielle) Engpässe verdeutlicht:

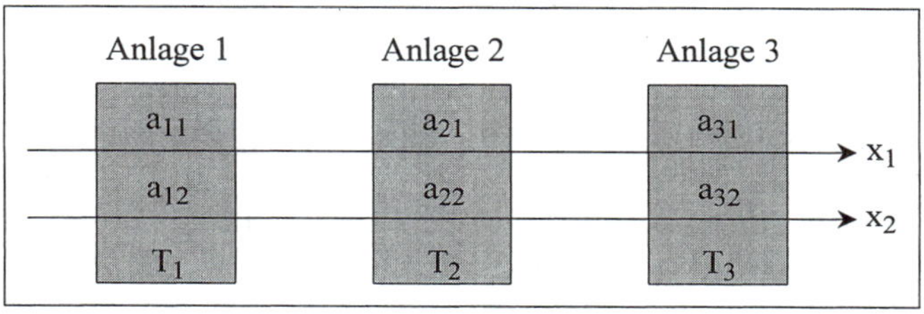

Abb. III-13: Produktionsstruktur im Grundmodell der Produktionsprogrammplanung

In dieser Abbildung werden die folgenden Symbole verwendet:

x_i = Menge der Produktart i (i = 1, 2)

T_j = Kapazität der Anlage j (j = 1, 2, 3)

a_{ji} = Kapazitätsbedarf für die Fertigung einer Einheit der Produktart i auf Anlage j (i = 1, 2; j = 1, 2, 3) *(ZE / ME)*

Wie aus der Abbildung hervorgeht, durchlaufen die Produkte drei Anlagen,[43] wobei für die Produktion einer Einheit eines bestimmten Produktes bei jeder Anlage ein spezifischer, konstanter Kapazitätsbedarf auftritt. Dieser stückbezogene Kapazitätsbedarf wird ebenso wie die vorhandene Kapazität der Anlagen in Zeiteinheiten angegeben. Der Zeitbedarf für die Fertigung einer Einheit einer Produktart auf einer Anlage wird auch als Produktionskoeffizient bezeichnet; er stellt den reziproken Wert der Anlagenleistung dar.

Die betrieblichen Beschränkungen resultieren aus dem Zeitbedarf für die Produktion und den gegebenen Kapazitäten der Anlagen. Die Zeit, die für die Fertigung der - noch zu bestimmenden - Produktionsmengen der beiden Produktarten erforderlich ist, darf bei jeder Anlage die vorhandene Kapazität nicht überschreiten. Die formale Struktur dieser Nebenbedingungen lautet allgemein:

$$\sum_{i=1}^{I} a_{ji} \cdot x_i \;\leq\; T_j \qquad \text{für } j = 1,...,J$$

$$\frac{\text{beanspruchte}}{\text{Kapazität}} \;\leq\; \frac{\text{vorhandene}}{\text{Kapazität}}$$

---

[43] Die Aussagen, die nachfolgend am Beispiel von Anlagen getroffen werden, gelten analog für Fertigungsstufen oder -abteilungen.

Neben diesen Bedingungen sind Nichtnegativitätsbedingungen für alle Produktarten zu berücksichtigen:

$$x_i \geq 0 \qquad \text{für } i = 1, \ldots, I$$

Bei Problemen der Produktionsplanung sind auch andere Beschränkungen denkbar, in denen beispielsweise minimale oder maximale Absatzmengen, Mindestauslastungen von Anlagenkapazitäten, bestimmte Mengenverhältnisse zwischen den Produktarten oder maximale Rohstoffmengen berücksichtigt werden.[44] Hier sollen diese vernachlässigt werden.

Die Nebenbedingungen des vorliegenden Beschränkungssystems müssen sämtlich erfüllt sein. Ihre Gesamtheit legt eine Menge zulässiger Lösungen fest. Aus dieser Menge ist gemäß der bei der operativen Produktionsprogrammplanung verfolgten Zielsetzung die optimale Lösung zu bestimmen. In der Regel existiert nur ein einziges optimales Produktionsprogramm; in Sonderfällen liegen mehrere optimale Produktionsprogramme vor, die zum gleichen Zielfunktionswert führen. Eine Zielfunktion für das hier betrachtete Ziel 'Gewinnmaximierung' soll im folgenden hergeleitet werden.

Es wird dabei wiederum unterstellt, daß konstante Preise (p) und konstante variable Stückkosten (k_v) vorliegen. Lagerbestandsveränderungen bleiben unberücksichtigt, der Gewinn ergibt sich als Differenz von Umsatz und Kosten. Eine Zielfunktion läßt sich dann spezifizieren, indem auf die folgenden Funktionen zurückgegriffen wird.

Gewinn: $\qquad G = U - K$

Umsatz: $\qquad U = \sum_{i=1}^{I} p_i \cdot x_i$

Kosten: $\qquad K = K_v + K_f$

Variable Kosten: $\quad K_v = \sum_{i=1}^{I} k_{vi} \cdot x_i$

Es ergibt sich die nachstehend aufgeführte Gewinnfunktion, die durch entsprechende Wahl der Werte der Variablen (x_i) zu maximieren ist.

$$G = \sum_{i=1}^{I} p_i \cdot x_i - \sum_{i=1}^{I} k_{vi} \cdot x_i - K_f \Rightarrow \text{Max!}$$

Da die fixen Kosten (K_f) stets in gleicher Höhe anfallen, haben sie keinerlei Einfluß auf die Zusammensetzung des optimalen Produktionsprogramms. Anstelle des Gewinns (G) kann daher auch der Deckungsbeitrag bzw. Bruttogewinn ($DB = G + K_f$) maximiert werden.

$$DB = \sum_{i=1}^{I} p_i \cdot x_i - \sum_{i=1}^{I} k_{vi} \cdot x_i \Rightarrow \text{Max!} \qquad \text{bzw.}$$

$$DB = \sum_{i=1}^{I} (p_i - k_{vi}) \cdot x_i \Rightarrow \text{Max!}$$

---

44   Vgl. Bloech, J.; Lücke, W.: (Produktionswirtschaft), S. 29 f.

Beispiel für die Modellformulierung

Es soll das optimale Produktionsprogramm für zwei Produktarten 1 und 2 bestimmt werden. Die Produktart 1 erzielt einen Stückdeckungsbeitrag von 5 €, Produktart 2 einen Stückdeckungsbeitrag von 8 €. Die beiden Produktarten durchlaufen drei Anlagen. Die Kapazitäten der Anlagen und die Kapazitätsbeanspruchungen pro Stück sind nachfolgend angegeben.

	Bedarf Produktart 1 [ZE/Stück]	Bedarf Produktart 2 [ZE/Stück]	Kapazität [ZE]
Anlage 1	4	3	540
Anlage 2	2	5	400
Anlage 3	-	3	210

Das zu lösende Optimierungsproblem lautet für das Beispiel:

Zielfunktion:

$$DB = 5x_1 + 8x_2 \Rightarrow \text{Max!}$$

Nebenbedingungen:

$$4x_1 + 3x_2 \leq 540$$

$$2x_1 + 5x_2 \leq 400$$

$$3x_2 \leq 210$$

$$x_1 \geq 0, x_2 \geq 0$$

Verfahren zur Bestimmung der Optimallösung

Eine Lösung dieses Optimierungsproblems ist im speziellen Fall von nur zwei Produktarten auf graphischem Wege möglich. Generell anwenden läßt sich die Simplexmethode. Eine mit der Simplexmethode ermittelte optimale Lösung enthält die gewinnmaximalen Produktionsmengen der zur Wahl stehenden Produktarten. Zusätzlich gibt sie Hinweise auf den Grad der Auslastung der einzelnen Restriktionen sowie die Vorteilhaftigkeit von Kapazitätserweiterungen. Im folgenden soll allein die graphische Optimierung betrachtet werden.[45]

Die graphische Optimierung wird in einem x_1x_2-Diagramm durchgeführt. In diesem sind sowohl die Zielfunktion als auch die aus dem Beschränkungssystem resultierende Menge zulässiger Lösungen zu erfassen. Da für alle Produktionsmengen die Nichtnegativitätsbedingung gilt, braucht nur der erste Quadrant eines Koordinatensystems berücksichtigt zu werden.

Für die Darstellung der Beschränkungen wird davon ausgegangen, daß die Kapazitäten vollkommen ausgeschöpft und die Beschränkungen damit als Gleichungen erfüllt sind. Im Koordinatensystem werden die Gleichungen durch Geraden abgebildet. Auf einer Geraden liegen im ersten Quadranten die Punkte, die Produktmengenkombinationen darstellen, welche

---

[45] Vgl. dazu Kilger, W.: (Absatzplanung), S. 100 ff.; Hahn, D.; Laßmann, G.: (Produktionswirtschaft), S. 313 ff.; Bloech, J.; Bogaschewsky, R.; Götze, U.; Roland, F.: (Einführung), S. 149 ff. Zur Lösung des Problems mit der Simplexmethode vgl. z.B. Bloech, J.; Bogaschewsky, R.; Götze, U.; Roland, F.: (Einführung), S. 156 ff.

eine Beschränkung gerade vollständig ausschöpfen. Neben diesen Punkten sind auch alle Punkte (bzw. die entsprechenden Lösungen) im Hinblick auf die jeweilige Beschränkung zulässig, die im ersten Quadranten links unterhalb dieser Geraden liegen. Diese Lösungen nutzen diese Beschränkung nicht vollständig aus.

Für die betriebliche Produktionsplanung müssen - wie erwähnt - die Kapazitätsbeschränkungen aller Anlagen gleichzeitig beachtet werden. Es sind nur diejenigen Produktmengenkombinationen zulässig, die keine Kapazitätsrestriktion verletzen.

Zur graphischen Optimierung ist nun auch die Zielfunktion im Koordinatensystem abzubilden. Sie lautet:

$$DB = (p_1 - k_{v1})x_1 + (p_2 - k_{v2})x_2 \Rightarrow Max!$$

Diese Gleichung, die den Bruttogewinn in Abhängigkeit von den Produktionsmengen x_1 und x_2 angibt, läßt sich im zweidimensionalen Raum in der vorliegenden Form nicht darstellen, da sie drei veränderliche Größen (DB, x_1, x_2) enthält. Eine dieser Größen muß in der Gleichung konstant gesetzt werden, um eine zweidimensionale Darstellung zu ermöglichen. Da die Menge zulässiger Lösungen in einem x_1x_2-Diagramm erfaßt ist, bietet es sich an, für den Bruttogewinn (DB) einen konkreten Wert vorzugeben und in die Gleichung einzusetzen. Die Gleichung enthält dann als veränderliche Größen nur noch x_1 und x_2 und läßt sich als Gerade in einem x_1x_2-Diagramm darstellen. Alle Punkte dieser Geraden zeigen unterschiedliche Produktmengenkombinationen von x_1 und x_2, welche zu einem bestimmten Bruttogewinn führen.

Es kann nun für beliebige Bruttogewinniveaus jeweils eine Gerade eingezeichnet werden, die sämtliche Produktmengenkombinationen darstellt, die zu einem spezifischen Bruttogewinn führen. Diese Geraden werden auch als Isogewinnlinien oder Geraden gleichen (Brutto-) Gewinns bezeichnet. Für die Isogewinnlinien gelten bei Annahme konstanter Stückdeckungsbeiträge zwei Gesetzmäßigkeiten:

- die Geraden verlaufen parallel zueinander und
- je weiter rechts oben eine Gerade verläuft, desto höher ist der Bruttogewinn, der mit den durch sie abgebildeten Produktmengenkombinationen erreicht werden kann.

Diese Gesetzmäßigkeiten lassen sich nutzen, um bei gegebenem Beschränkungspolyeder (Fläche, die im ersten Quadranten unterhalb aller Restriktionen liegt) und gegebener Zielfunktion das optimale Produktionsprogramm zu bestimmen. Dazu sind der Beschränkungspolyeder und eine Isogewinnlinie mit beliebigem Bruttogewinnniveau in einem Diagramm darzustellen. Die Gewinngerade wird - sofern sie zulässige Lösungen abbildet - parallel so weit nach rechts oben verschoben, bis der Polyeder gerade noch berührt wird. Der Tangentialpunkt repräsentiert die optimale Lösung.

Beispiel für die Bestimmung der Optimallösung

Im folgenden soll gezeigt werden, wie auf graphischem Wege die optimale Lösung für das oben dargestellte Beispielmodell ermittelt werden kann. Dazu sind die Restriktionen in einem x_1x_2-Diagramm zu erfassen. Des weiteren muß die Zielfunktion über eine Isogewinnlinie in das Koordinatensystem eingeführt werden. Anschließend wird diese Isogewinnlinie so lange parallel verschoben, bis sie den Beschränkungspolyeder gerade noch tangiert. Der Tangentialpunkt und damit die optimale Lösung ist hier - wie die nachfolgende Abbildung zeigt - der Schnittpunkt der aus den knappen Kapazitäten der Anlagen 1 bzw. 2 resultierenden Restriktionen I und II. Durch Gleichsetzen der beiden Restriktionen erhält man die optimale Lösung $x_1 = 107{,}14$ ME und $x_2 = 37{,}14$ ME. Der maximale Gewinn beträgt 832,82 €.

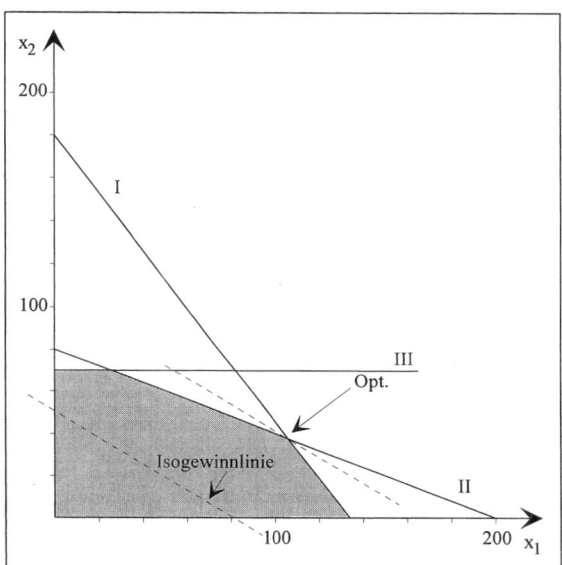

Abb. III-14: Graphische Optimierung

Modellbeurteilung

Für das Grundmodell der Produktionsprogrammplanung gelten unter anderem die folgenden Annahmen:[46]

- alle Daten sind sicher,
- es wird nur das Ziel 'Gewinnmaximierung' verfolgt,
- es ist nur eine Planungsperiode relevant,
- es liegt eine gegebene Anzahl und Art von Produkten vor,
- die Kapazitäten sind gegeben,
- die produzierten Mengen sind zum einen beliebig teilbar und werden zum anderen auch abgesetzt,
- die Preise, die variablen Stückkosten und die Produktionskoeffizienten sind gegeben und - unabhängig von der Produktionsmenge - konstant.

Gemäß diesen Annahmen werden weder eine Neuproduktplanung noch eine Veränderung der Kapazitäten durch Überstunden oder Investitionen oder aber Leistungsvariationen im Modell berücksichtigt. Die Konstanz der Preise bedarf unter anderem einer homogenen Qualität der

---

46 Vgl. Kistner, K.-P.; Steven, M.: (Produktionsplanung), S. 232 ff.; Zäpfel, G.: (Produktionswirtschaft), S. 92 ff.

Produkteinheiten. Voraussetzung für konstante variable Stückkosten ist, daß die Beschaffungspreise für Material unabhängig von den zu beschaffenden Mengen sind. Im Hinblick auf die variablen Stückkosten und die Produktionskoeffizienten werden für den Produktionsablauf gleichbleibende Bedingungen unterstellt. In der Realität dürfte die Durchführung der Produktion aber vom Produktionsprogramm abhängig sein. Außerdem werden Umstellungskosten bzw. der direkte Einfluß, den die Anzahl der gefertigten Produktarten auf die Kostenhöhe ausübt, vernachlässigt.

Angesichts der aufgeführten Annahmen ist das Grundmodell der Produktionsprogrammplanung in der beschriebenen Form auf Problemstellungen der Unternehmenspraxis kaum anwendbar. Einige der Annahmen lassen sich durch Erweiterungen des Modells aufheben. Diese sind unter anderem in bezug auf die Berücksichtigung von Investitionen, von neuen Produkten, der Maschinenbelegungsplanung, der Werbung, der Lagerhaltung und Losgrößenplanung sowie nichtlinearer Beziehungen denkbar.[47] Auch eine mehrperiodige Variante des Modells läßt sich formulieren. Allerdings vergrößern sich mit zunehmender Modellkomplexität auch die Probleme der Datenermittlung und der Modellösung.

1.3.2 Break-Even-Analyse

Einführung

Break-Even-Analysen (Gewinnschwellenanalysen) dienen der Analyse des Zusammenhangs zwischen der - zumeist durch Produktions- und Abatzmengen gemessenen - Beschäftigung und dem Gewinn sowie dessen Bestimmungsfaktoren Umsatz und Kosten. Es wird vorrangig ermittelt, welche Menge einer Produktart bzw. welche Mengen mehrerer Produktarten zu einem Gewinn von Null führt bzw. führen (Break-Even-Menge(n)). Mit Break-Even-Analysen läßt sich untersuchen,

- welche Auswirkungen Absatzschwankungen auf den Erfolg der Produkte und des Betriebes haben,
- welche Absatzmenge erforderlich ist oder welche Absatzmengen notwendig sind, damit durch einzelne Produkte oder den Betrieb insgesamt ein (positiver) Gewinn erwirtschaftet wird, und
- welche Absatzmenge(n) realisiert werden muß (müssen), damit durch einzelne Produkte oder den Betrieb insgesamt ein Finanzmittelüberschuß erzielt wird.[48]

Die damit gewonnenen Informationen dienen zur Planung und Kontrolle des mit den Produkten verbundenen Erfolgs unter Einbeziehung von Unsicherheiten. Sie können beispielsweise bei den Entscheidungen über die Einführung von Produktarten oder deren Eliminierung aus dem Produktions- und Absatzprogramm verwendet werden.

---

[47] Vgl. Kistner, K.-P.; Steven, M.: (Produktionsplanung), S. 194 ff.
[48] Vgl. Coenenberg, A.G.: (Kostenrechnung), S. 261.

Break-Even-Analyse bei einer Produktart

Verfahrensdarstellung

Bei einer Produktart läßt sich eine gewinnbezogene Break-Even-Menge bestimmen, indem der Gewinn (G) gleich Null gesetzt und die Gewinnfunktion nach der Produktions- bzw. Absatzmenge (x) aufgelöst wird.[49] Bei *linearen Umsatz- und Kostenverläufen* ergibt sich aus

$$G = p \cdot x - k_v \cdot x - K_f = 0$$

die folgende Formel für die Break-Even-Menge (x_{BE}):

$$x_{BE} = \frac{K_f}{p - k_v}$$

In der graphischen Darstellung (vgl. Abbildung III-8 in Abschnitt III.1.3.1.1.1) läßt sich die Break-Even-Menge aus dem Schnittpunkt der Gewinnfunktion mit der Abszisse bzw. dem Schnittpunkt von Umsatz- und Kostenfunktion ableiten.

Bei *nichtlinearen Umsatz- und Kostenverläufen* kann die Break-Even-Menge ebenfalls über eine Gleichsetzung der Gewinnfunktion mit Null bestimmt werden. Hier existieren in der Regel zwei Mengen, die zu einem Gewinn von Null führen; bei der ersten der beiden erfolgt der Übergang von der Verlust- in die Gewinnzone, ab der zweiten entsteht wieder ein Verlust (vgl. auch die Abbildungen III-11 und III-12 in Abschnitt III.1.3.1.1.2).

Soll die Menge ermittelt werden, bei der der Finanzmittelüberschuß Null wird, ist eine Annahme zum Verhältnis zwischen Gewinn und Finanzmittelüberschuß (F) zu treffen. Wird vereinfacht unterstellt, daß sich beide Größen lediglich hinsichtlich der Abschreibungen (A) unterscheiden, dann ergibt sich die (ausgabendeckende) Break-Even-Menge bei linearen Umsatz- und Kostenverläufen aus

$$F = G + A = p \cdot x - k_v \cdot x - K_f + A = 0$$

und lautet:[50]

$$x_{BE} = \frac{K_f - A}{p - k_v}$$

In analoger Form ist es möglich, Mengen zu ermitteln, ab denen spezifische Zielvorgaben für den Gewinn erreicht werden.[51]

Ergänzend oder alternativ zur Break-Even-Menge kann ein 'Break-Even-Umsatz' (U_{BE}) bestimmt werden, der zu einem Gewinn (oder Finanzmittelüberschuß) von Null führt. Es gilt:

$$U_{BE} = p \cdot x_{BE} .$$

Eine weitere Kennzahl, die sich im Rahmen einer Break-Even-Analyse berechnen läßt, ist der Sicherheitskoeffizient (S). Er gibt an, inwieweit die Kapazität (x_k) unterschritten werden darf, ohne daß ein Verlust entsteht:

---

[49] Alternativ dazu können Umsatz und Kosten oder Deckungsbeitrag und fixe Kosten gleich gesetzt werden.

[50] Vgl. Coenenberg, A.G.: (Kostenrechnung), S. 266.

[51] Zu weiteren Varianten der Break-Even-Analyse vgl. Schweitzer, M.; Küpper, H.-U.: (Systeme), S. 494 ff.

$$S = \frac{x_{BE}}{x_k}$$

Wird der Begriff 'Break-Even-Analyse' weiter als bisher interpretiert, indem diese als nicht nur auf Mengen gerichtete Sensitivitätsanalyse verstanden wird, dann können mit einer Break-Even-Analyse auch Preis- und Kostenänderungen hinsichtlich ihrer Auswirkungen untersucht werden.[52]

Beispiele
Es wird zunächst Bezug auf das in Abschnitt III.1.3.1.1.1 dargestellte Beispiel zu linearen Umsatz- und Kostenverläufen genommen. Dort lautet die Break-Even-Menge:

$$x_{BE} = \frac{500.000}{80-60} = 25.000 \, [ME]$$

Für das Beispiel mit nichtlinearem Umsatzverlauf (Abschnitt III.1.3.1.1.2) wird davon ausgegangen, daß die Fixkosten 10.000 € betragen. Es gilt dann

$$G(x) = 110x - 0,2x^2 - 10.000$$

$$G(x_{BE}) = 110x_{BE} - 0,2x_{BE}^2 - 10.000 = 0$$

$$x_{BE1} = 114,92 \, [ME] \qquad x_{BE2} = 435,08 \, [ME]$$

Bei Mengen, die größer als 114,92 ME und kleiner als 435,08 ME sind, wird ein Gewinn erzielt.

Break-Even-Analyse bei mehreren Produktarten

Bei mehreren Produktarten wird die Break-Even-Analyse komplexer, da die Anzahl der einzubeziehenden Größen steigt und auch Kombinationsmöglichkeiten der Produktions- und Absatzmengen verschiedener Produktarten berücksichtigt werden können. Es lassen sich daher verschiedene Varianten der Break-Even-Analyse unterscheiden.

Break-Even-Umsatz bei vorgegebenen Produktmengen - Verfahrensdarstellung
Bei mehreren Produktarten ist es nicht mehr möglich, eine eindeutige Break-Even-Menge zu ermitteln; stattdessen kann aber ein Break-Even-Umsatz bestimmt werden. Dieser läßt sich auf verschiedenen Wegen berechnen:[53]

-   als durchschnittlicher Break-Even-Umsatz
-   gemäß bestimmten Annahmen über die Reihenfolge von Absatzeinbußen bei den Produkten und mit
    -   globaler Fixkostenbehandlung oder
    -   spezifischer Fixkostenbehandlung.

Bei der Ermittlung des *durchschnittlichen Break-Even-Umsatzes* wird davon ausgegangen, daß alle Produkte in Relation zur Ausgangserwartung in gleichem Maße durch Absatzeinbu-

---

52   Vgl. Coenenberg, A.G.: (Kostenrechnung), S. 266 ff.; Seicht, G.: (Leistungsrechnung), S. 241 ff.

53   Vgl. dazu Coenenberg, A.G.: (Kostenrechnung), S. 278 ff.

ßen tangiert werden. Eine Formel für den Break-Even-Umsatz läßt sich in der folgenden Form herleiten. Bei einer Produktart entspricht der Break-Even-Umsatz:

$$U_{BE} = p \cdot x_{BE} = p \cdot \frac{K_f}{p-k_v} = \frac{K_f}{\dfrac{db}{p}}$$

mit:

db = Stückdeckungsbeitrag

Bei mehreren Produktarten sind anstelle der stückbezogenen Größen (p, k_v, db) Gesamtwerte zu erfassen, die aus der Multiplikation der stückbezogenen Daten mit den Produktions- und Absatzmengen resultieren. Es gilt:

$$U_{BE}^d = \frac{K_f}{\dfrac{\displaystyle\sum_{i=1}^{I} db_i \cdot x_i}{\displaystyle\sum_{i=1}^{I} p_i \cdot x_i}} = \frac{K_f}{\dfrac{DB}{U}}$$

mit:

DB = Deckungsbeitrag bzw. Bruttogewinn

U_{BE}^d = durchschnittlicher Break-Even-Umsatz

Mit dieser Formel läßt sich ausgehend von vorgegebenen Produktions- und Absatzmengen, Preisen, variablen Stückkosten und fixen Kosten der Break-Even-Umsatz berechnen. Die dabei verwendbare Kennzahl $\dfrac{DB}{U}$ stellt die durchschnittliche Deckungsbeitragsintensität, d.h. den durchschnittlichen Anteil des Deckungsbeitrages am Umsatz, dar.

Wird die Annahme aufgehoben, daß alle Produkte mengenproportional von Absatzeinbußen betroffen sind, ist eine Reihenfolge zu unterstellen, in der die Produkte tangiert werden, und gemäß dieser Reihenfolge die Berechnung der Break-Even-Menge vorzunehmen. Dabei können die Fixkosten entweder als Block einbezogen (globale Fixkostenbehandlung) oder produktartspezifisch differenziert erfaßt (spezifische Fixkostenbehandlung) werden.

Bei einer *globalen Fixkostenbehandlung* wird der Break-Even-Umsatz berechnet, indem gemäß einer festzulegenden Reihenfolge der Produktarten deren Deckungsbeiträge solange von den gesamten Fixkosten subtrahiert werden, bis diese gedeckt bzw. mehr als gedeckt sind. Bei der letzten einbezogenen Produktart ist der Umsatz zu bestimmen, der noch zur Fixkostendeckung notwendig ist; der Break-Even-Umsatz ergibt sich aus der Summe der Umsätze aller berücksichtigten Produktarten.

Die Reihenfolge der Produktarten kann beispielsweise anhand ihrer Deckungsbeitragsintensität, definiert als Verhältnis von Deckungsbeitrag zu Umsatz, festgelegt werden. Bei einer 'optimistischen' Annahme wird unterstellt, daß zuerst die Produktarten von Absatzrückgängen betroffen sind, bei denen die Deckungsbeitragsintensität am geringsten ist. In die Bestimmung des Break-Even-Umsatzes werden die Produktarten dann in einer der Höhe der Deckungsbeitragsintensitäten entsprechenden Reihenfolge, beginnend mit dem deckungsbeitragsintensivsten Produkt, einbezogen. Bei einer 'pessimistischen' Annahme wird der entgegengesetzte Weg beschritten.

Für die *spezifische* oder *differenzierte Fixkostenbehandlung* ist charakteristisch, daß zwischen den produktartspezifischen und den restlichen Fixkosten des Betriebs (die mangels einer weiteren Fixkostenuntergliederung als Unternehmensfixkosten interpretiert werden können) unterschieden wird. Das für die globale Fixkostenbehandlung beschriebene Vorgehen wird daher dahingehend modifiziert, daß anstelle der gesamten Fixkosten nun die restlichen Fixkosten durch die Deckungsbeiträge der verschiedenen Produktarten zu decken sind. Der Beitrag einer Produktart zum Gewinn setzt sich aus zwei Komponenten zusammen, die differenziert in die Ermittlung des Break-Even-Umsatzes einzubeziehen sind. Bei der einen Komponente handelt es sich um die produktartspezifischen Fixkosten, die unabhängig von der Produktions- und Absatzmenge bzw. dem Umsatz als Block dann anfallen, wenn eine Produktart in das Produktions- und Absatzprogramm aufgenommen wird.[54] Die zweite Komponente stellen die Deckungsbeiträge einer Produktart dar, die annahmegemäß proportional zu dem mit dieser erzielten Umsatz entstehen. Eine Reihenfolge der Produktarten kann entweder wie bei der globalen Fixkostenbehandlung oder mittels einer aus der jeweiligen Differenz zwischen Deckungsbeitrag und produktfixen Kosten (Deckungsbeitrag II der Mehrstufigen Fixkostendeckungsrechnung, vgl. Abschnitt III.1.2.2) abgeleiteten Deckungsbeitragsintensität ermittelt werden.[55]

Break-Even-Umsatz bei vorgegebenen Produktmengen - Beispiel

In einem Unternehmen soll eine Break-Even-Analyse für das aus den vier Produktarten A, B, C und D bestehende Produktions- und Absatzprogramm durchgeführt werden. Zusätzlich zu den in der folgenden Tabelle gegebenen Daten sind 5.000 € an fixen Kosten zu berücksichtigen.

Produktart	A	B	C	D
Absatzmenge [Stück]	200	150	240	180
Absatzpreis [€/Stück]	40	24	18	50
variable Stückkosten [€/Stück]	34	16	8	30

Bei einer globalen Fixkostenbehandlung ergeben sich die folgenden Werte für Umsätze, Deckungsbeiträge und Deckungsbeitragsintensitäten der Produktarten sowie den Umsatz und Deckungsbeitrag des gesamten Produktionsprogramms:

Produktart	A	B	C	D	Summe
Umsatz	8.000	3.600	4.320	9.000	24.920
Deckungsbeitrag	1.200	1.200	2.400	3.600	8.400
Deckungsbeitragsintensität	0,15	0,33	0,56	0,4	
Rangfolge	IV	III	I	II	

---

[54] Es sei explizit auf die bei diesem Vorgehen unterstellte Annahme hingewiesen, daß die produktartspezifischen Fixkosten erst dann auftreten, wenn eine Produktart hergestellt und abgesetzt wird, und nicht unabhängig davon bereits durch die Schaffung des Potentials hierzu.

[55] Vgl. Coenenberg, A.G.: (Kostenrechnung), S. 283 f.

Es ergibt sich der folgende durchschnittliche Break-Even-Umsatz:

$$U_{BE}^{d} = \frac{K_f}{\dfrac{DB}{U}} = \frac{5.000}{\dfrac{8.400}{24.920}} = 14.833,33 \quad [€]$$

Bei einer optimistischen Annahme werden die Produktarten in der Reihenfolge C - D - B - A zur Deckung der fixen Kosten herangezogen; bei einer pessimistischen Annahme ergibt sich eine umgekehrte Reihenfolge. Die zugehörigen Break-Even-Umsätze betragen:

$$U_{BE}^{opt} = U_C + \frac{K_f - DB_C}{\dfrac{DB_D}{U_D}} = 4.320 + \frac{5.000 - 2.400}{\dfrac{3.600}{9.000}} = 10.820 \quad [€]$$

$$U_{BE}^{pess} = U_A + U_B + \frac{K_f - DB_A - DB_B}{\dfrac{DB_D}{U_D}} = 8.000 + 3.600 + \frac{5.000 - 1.200 - 1.200}{\dfrac{3.600}{9.000}} = 18.100 \quad [€]$$

Abbildung III-15 zeigt die Verläufe des Gewinns in Abhängigkeit vom Umsatz für die drei alternativen Betrachtungen.

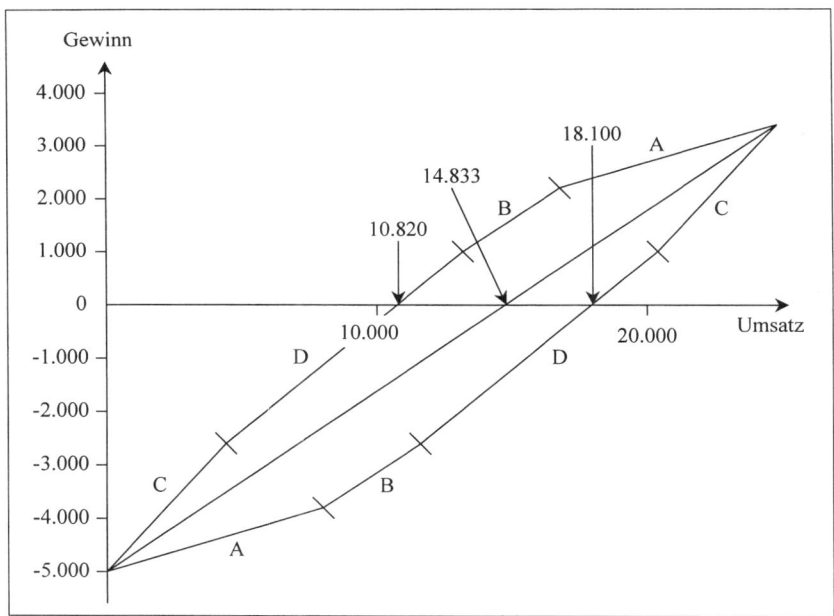

Abb. III-15: Break-Even-Analyse bei globaler Fixkostenbehandlung

Auf die Darstellung eines Beispiels zur spezifischen Fixkostenbehandlung soll hier verzichtet werden (ein solches ist aber im Aufgabenteil enthalten, vgl. Aufgabe III.1-9 a)).

Break-Even-Analyse bei variablen Produktmengen

Bei den bisherigen Betrachtungen ist von einer Situation mit vorgegebenen Produktmengen ausgegangen worden. Veränderungen der Produktmengen wurden nur hinsichtlich der Absatzrückgänge und gemäß bestimmter Annahmen einbezogen; außerdem wurde nur ein Break-Even-Punkt bestimmt. Damit wurde vernachlässigt, daß in der Realität vielfältige Kombinationsmöglichkeiten der Produktions- und Absatzmengen existieren, von denen einige zu einem Gewinn von Null führen. Diese Kombinationen können bestimmt werden, indem die Gewinnfunktion gleich Null gesetzt wird. Bei einer graphischen Analyse repräsentiert bei zwei Produktarten die Isogewinngerade für einen Bruttogewinn in Höhe der Fixkosten alle Produktmengenkombinationen, die zu einem Gewinn von Null führen (vgl. Abschnitt III.1.3.1.2.2).

Beurteilung

Mit Break-Even-Analysen kann aufgezeigt werden, wie Umsatz, Kosten, Gewinn und Finanzmittelüberschuß durch Produktions- und Absatzmengen sowie eventuell weitere Einflußgrößen beeinflußt werden. Damit läßt sich die in der Realität bezüglich deren Entwicklung bestehende Unsicherheit in die Überlegungen zur Steuerung des Betriebes einbeziehen, und es ergeben sich Hinweise auf Maßnahmen zur Verbesserung des Betriebserfolges. Grundsätzliche Ansatzpunkte hierfür stellen Absatzsteigerungen, die Erhöhung der Deckungsbeiträge pro Stück, die Senkung der Fixkosten sowie Desinvestitionen dar.[56]

Die Aussagekraft von Break-Even-Analysen wird allerdings dadurch eingeschränkt, daß weiterhin die Annahmen der zugrunde liegenden Modelle gelten (mit Ausnahme der Prämisse, die betrachtete Einflußgröße sei sicher). Außerdem wird lediglich eine Einflußgröße variiert, die restlichen bleiben unverändert. Bei mehreren Produktarten sind spezifische Annahmen zur Reihenfolge von Absatzrückgängen zu treffen, wenn ein eindeutiger Break-Even-Umsatz ermittelt werden soll.

---

[56] Vgl. Coenenberg, A.G.: (Kostenrechnung), S. 276 ff.

2   Plankostenrechnung

2.1   Einführung

Zur Relevanz der Plankostenrechnung

Die bisher vorrangig behandelte Istkostenrechnung basiert ebenso wie die Normalkostenrechnung auf vergangenheitsbezogenen Werten. Für die Vorbereitung von Entscheidungen erscheint es aber sinnvoller, von zu erwartenden bzw. geplanten Kosten und Erlösen auszugehen. Außerdem ist eine aussagekräftige Kosten- und Erlöskontrolle bei Gegenüberstellung von Plan- und Istwerten wesentlich aussagekräftiger als bei einer Beschränkung auf Ist- und Normalwerte. Die Durchführung einer Plankostenrechnung stellt daher eine sinnvolle Ergänzung zu einer Istkostenrechnung dar. Den Verzicht auf eine Istkostenrechnung ermöglicht sie nicht, da für die Kostenkontrolle und die Erfüllung weiterer Rechnungsziele (Bestandsbewertung etc.) auch Istdaten benötigt werden.

In der Plankostenrechnung werden bei normalem, ordnungsgemäßem Betriebsablauf erreichbare Kosten und Erlöse geplant, erfaßt, verrechnet und ausgewertet. Die Ergebnisse lassen sich zum einen für die Entscheidungsvorbereitung, zum anderen zur Verhaltensbeeinflussung der Mitarbeiter nutzen. Der Entscheidungsvorbereitung und der Verhaltensbeeinflussung dienen mittelbar oder unmittelbar Kontrollen in Form von Vergleichen der geplanten mit den tatsächlich angefallenen Kosten (Istkosten). Wird dabei eine erhebliche Abweichung identifiziert, erfolgt eine Abweichungsanalyse, bei der diese zur Ermittlung ihrer Ursachen (z.B. Änderung der Beschäftigung, der Preise oder der Einsatzmengen) in Teilabweichungen (wie Beschäftigungsabweichung, Preisabweichung, Verbrauchsabweichung) aufgespalten wird.

Systeme der Plankostenrechnung

Für die Plankostenrechnung sind verschiedene Systeme entwickelt worden.[1] Das einfachste System ist die *Starre Plankostenrechnung*. Bei dieser werden die Plankosten von einem konstanten Beschäftigungsgrad ausgehend in einer Summe, nicht differenziert nach fixen und variablen Kosten, vorgegeben. Da eine entsprechende Differenzierung fehlt, können Kostenänderungen bzw. -abweichungen, die auf eine Veränderung der Beschäftigung zurückzuführen sind, nicht erfaßt werden. Bei schwankenden Beschäftigungen, wie sie in der Unternehmenspraxis häufig anzutreffen sind, weisen die Resultate der Starren Plankostenrechnung daher nur einen relativ eng begrenzten Aussagewert auf.[2] Aus diesem Grund wird die Starre Plankostenrechnung im folgenden vernachlässigt.

Die *Flexible Plankostenrechnung* ist eine Weiterentwicklung der Starren Plankostenrechnung. Auf der Basis einer Unterscheidung von variablen und fixen Kosten werden die Kosten bei diesem System als 'Sollkosten' in Abhängigkeit von der Beschäftigung geplant. Vereinfachend wird dabei i.d.R. davon ausgegangen, daß sich die variablen Kosten proportional zur Beschäftigung verändern und die fixen Kosten absolut fix sind (linearer Kostenverlauf).

---

1   Es sei noch einmal darauf hingewiesen, daß auch die Relative Einzelkosten- und Deckungsbeitragsrechnung von RIEBEL als Plankostenrechnung realisiert werden kann. Vgl. Freidank, C.-C.: (Kostenrechnung), S. 279.

2   Vgl. dazu Freidank, C.-C.: (Kostenrechnung), S. 196 ff.

Die Flexible Plankostenrechnung kann unter Einbeziehung von Vollkosten oder Teilkosten durchgeführt werden. Bei einer *Flexiblen Plankostenrechnung auf Vollkostenbasis* (Flexible Vollplankostenrechnung) werden auch die Fixkosten auf die Beschäftigungseinheiten (beispielsweise die Produktionsmengen) verteilt. Liegen Abweichungen von der geplanten Beschäftigung vor, wird eine auf diese Ursache zurückzuführende Kostenabweichung (Beschäftigungsabweichung) ermittelt. Bei der *Flexiblen Plankostenrechnung auf Teilkostenbasis* (Flexible Grenzplankostenrechnung, Grenzplankosten- und Deckungsbeitragsrechnung) hingegen erfolgt keine Verrechnung von Fixkosten; ebenso wird keine durch die Abweichung von der geplanten Beschäftigung verursachte Kostenabweichung bestimmt und analysiert.

Eine weitere Differenzierung von Systemen der Plankostenrechnung bezieht sich auf das im Vordergrund stehende Rechnungsziel und dessen Implikationen für die Bestimmung der Plankosten. Bei *Prognosekostenrechnungen* steht die Funktion der Entscheidungsvorbereitung im Vordergrund, und es werden daher die für die Zukunft erwarteten Kosten einschließlich der auf Unwirtschaftlichkeiten zurückzuführenden Wertverzehre bestimmt. *Standardkostenrechnungen* hingegen dienen primär der Verhaltenssteuerung, in sie gehen die Kosten ein, die bei wirtschaftlichem Verhalten erreichbar erscheinen.[3] Oft werden aber mit einer Plankostenrechnung beide Rechnungsziele verfolgt, dies macht eine strenge Trennung zwischen den Systemen problematisch. Auch bei der nachfolgenden Erörterung der beiden Formen der Flexiblen Plankostenrechnung wird darauf verzichtet (zur Verhaltenssteuerung im Rahmen der Kostenrechnung vgl. auch Abschnitt III.4.1).

2.2 Flexible Plankostenrechnung auf Vollkostenbasis

Darstellung des Systems

Die Flexible Plankostenrechnung auf Vollkostenbasis stellt das hinsichtlich des Umfangs der einbezogenen Kosten und der erfaßten Abweichungen umfassendste System der Plankostenrechnung dar. Charakteristisch für das System ist, daß Vollkosten auf die Kostenstellen und Kostenträger verrechnet werden. Eine entsprechende Plankostenrechnung läßt sich - wie andere Plankostenrechnungen auch - in drei Hauptschritten durchführen:

(i) Bestimmung der Plankosten,
(ii) Ermittlung der Istkosten,
(iii) Berechnung und Analyse von Abweichungen.

Die Bestimmung der Plankosten (i) erfolgt bei Einzelkosten in der Kostenartenrechnung, bei Gemeinkosten kann sie differenziert für einzelne Kostenarten auf der Kostenstellenebene vorgenommen werden. Zur Prognose der Plankosten sind für sämtliche Kostenarten die Planbeschäftigung oder die geplanten Werte anderer als relevant erachteter Kosteneinflußgrößen, der geplante Verbrauch sowie der Planpreis zu prognostizieren. Dazu müssen Bezugsgrößen festgelegt werden, anhand derer die Beschäftigung oder die anderen Kosteneinflußgrößen gemessen werden sollen. Dieses kann sich, insbesondere bei Kostenstellen, deren Leistung schlecht

---

3   Vgl. Kloock, J.; Sieben, G.; Schildbach, T.: (Leistungsrechnung), S. 234 f und S. 276 f.; Schweitzer, M.; Küpper, H.-U.: (Systeme), S. 68 ff.

quantifizierbar ist, als problematisch erweisen. Auf die Bestimmung der Plankosten wird im nächsten Abschnitt bei der Darstellung des Systems der Flexiblen Plankostenrechnung auf Teilkostenbasis ausführlich eingegangen.

Mögliche Vorgehensweisen zur Ermittlung von Istkosten (ii) und eventuell dabei auftretende Probleme sind in den vorherigen Abschnitten des Buches angesprochen worden. Bei der Flexiblen Plankostenrechnung ergeben sich in diesem Schritt keine Besonderheiten.

Die Berechnung und Analyse von Abweichungen (iii) dient der Wirtschaftlichkeitskontrolle. Auf diese Phase ist näher einzugehen, da sie eine Besonderheit der Plankostenrechnung allgemein darstellt und bei der Flexiblen Plankostenrechnung auf Vollkostenbasis anders als bei anderen Plankostenrechnungssystemen ausgestaltet wird.

Um zunächst in allgemeiner Form zu beschreiben, wie eine Abweichungsanalyse bei einer Flexiblen Plankostenrechnung auf Vollkostenbasis durchgeführt werden kann, soll eine detaillierte Schrittfolge dieses Systems betrachtet werden. Dabei wird auf Gemeinkostenarten Bezug genommen, damit fixe Kosten einbezogen werden können. Es sind die folgenden Schritte zu durchlaufen:[4]

1. Ermittlung der *Planbeschäftigung* (x^P) (die hier als allein relevante Kosteneinflußgröße angesehen wird) sowie der *Plankosten* (K^P) als Summe aus geplanten variablen Kosten bei der geplanten Beschäftigung sowie geplanten fixen Kosten.

2. Bestimmung der *verrechneten Plankosten* (K^{VP}), indem die gesamten Plankosten auf die Beschäftigungseinheiten verteilt und mit der Istbeschäftigung (x^I) multipliziert werden:

$$K^{VP} = \frac{K^P}{x^P} \cdot x^I$$

3. Ermittlung der *Sollkosten* (K^S) durch Addition der auf die Istbeschäftigung umgerechneten, für die Planbeschäftigung geplanten variablen Kosten (K_v^P) zu den geplanten fixen Kosten (K_f^P):

$$K^S = K_f^P + \frac{K_v^P}{x^P} \cdot x^I$$

4. Bestimmung der Istkosten (K^I).

5. Berechnung der gesamten Kostenabweichung (ΔK) als Differenz aus Istkosten und verrechneten Plankosten (nicht den für die Planbeschäftigung geplanten Kosten):

$$\Delta K = K^I - K^{VP}$$

6. Berechnung der Beschäftigungsabweichung (ΔB) als Differenz zwischen den Sollkosten und den verrechneten Plankosten:

$$\Delta B = K^S - K^{VP}$$

---

4 Vgl. Kilger, W.: (Plankostenrechnung), S. 39 ff.

7. Ermittlung einer Verbrauchsabweichung (ΔV)[5] als Saldo der Istkosten und der Sollkosten:

$$\Delta V = K^I - K^S$$

Diese für die Kostenstelle insgesamt ermittelte Verbrauchsabweichung läßt sich häufig in Preisabweichungen und Mengenabweichungen der einzelnen relevanten Faktorarten untergliedern.

8. Berechnung von Preisabweichungen (ΔQ), z.B. als Produkt aus der Differenz zwischen Istpreis (q^I) und Planpreis (q^P) sowie Istverbrauchsmenge (r^I):

$$\Delta Q = (q^I - q^P) \cdot r^I$$

Auf alternative Definitionen der Preisabweichung wird im Verlauf des Abschnitts im Zusammenhang mit Ausführungen zur Zurechnung von Abweichungen eingegangen.

9. Ermittlung von Mengenabweichungen (ΔR) als Produkt aus der Differenz zwischen Istverbrauch (r^I) und Planverbrauch bei der Istbeschäftigung ($r^P(x^I)$) sowie Planpreis (q^P):

$$\Delta R = (r^I - r^P(x^I)) \cdot q^P \qquad \text{mit: } r^P(x^I) = r^P \cdot \frac{x^I}{x^P}$$

Bei der obigen Vorgehensweise stimmt die Summe sämtlicher Preis- und Mengenabweichungen mit der Verbrauchsabweichung überein. Die Abbildung III-16 zeigt beispielhaft Verläufe der verrechneten Plankosten und der Sollkosten sowie die Istkosten und die daraus resultierende gesamte Kostenabweichung, Beschäftigungsabweichung und Verbrauchsabweichung.

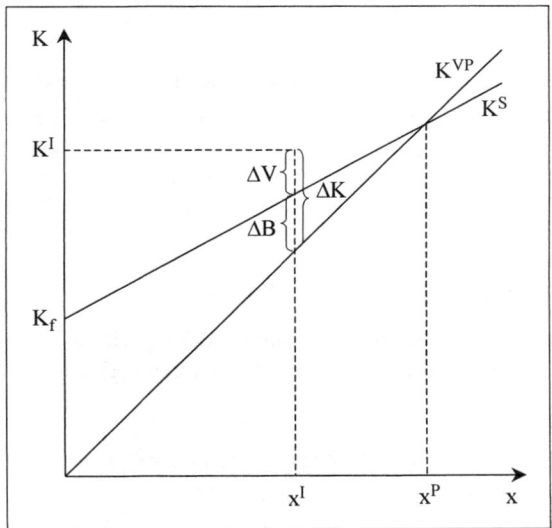

Abb. III-16: Kostenverläufe und Abweichungen bei einer Flexiblen Plankostenrechnung auf Vollkostenbasis

---

5 Der Begriff 'Verbrauchsabweichung' wird auch synonym zur im folgenden beschriebenen 'Mengenabweichung' verwendet. Vgl. z.B. Kloock, J.; Sieben, G.; Schildbach, T.: (Leistungsrechnung), S. 272.

Die Sollkostenkurve und die Kurve der verrechneten Plankosten schneiden sich bei der Plan-beschäftigung, die Differenz der beiden Kurven bei der Istbeschäftigung stellt die Beschäfti-gungsabweichung dar. Der Abstand zwischen den Istkosten und dem Sollkostenwert bei der Istbeschäftigung repräsentiert die Verbrauchsabweichung. Die Summe aus Beschäftigungs- und Verbrauchsabweichung ist die gesamte Kostenabweichung.

Die ermittelten Abweichungen können wie folgt interpretiert werden. Die Beschäfti-gungsabweichung gibt - sofern sie positiv ist - die Fixkosten an, die dem Anteil der nicht rea-lisierten an der geplanten Beschäftigung entsprechen und damit sogenannte Leerkosten dar-stellen (falls die Planbeschäftigung der Kapazitätsgrenze entspricht, sind die Beschäftigungs-abweichung und die Leerkosten gleich hoch). Im entsprechenden Umfang unterscheiden sich die Sollkosten von den auf die Kostenträger verrechneten Plankosten. Die Ursache einer Be-schäftigungsabweichung kann darin bestehen, daß der Absatz der Produkte stockt; in diesem Fall ist vermutlich der Absatzbereich (mit-)verantwortlich für die Abweichung. Für Preisab-weichungen ist die Verantwortung eher im Beschaffungsbereich zu suchen; Mengenabwei-chungen sind möglicherweise auf Unwirtschaftlichkeiten in der entsprechenden Kostenstelle zurückzuführen. Die Identifikation einer entsprechenden, durch Unwirtschaftlichkeiten verur-sachten Mengenabweichung ist ein Hauptziel der Flexiblen Plankostenrechnung.[6]

Falls die Kosten in hohem Maße von anderen Faktoren als der Beschäftigung abhängig sind, lassen sich spezielle, auf diese Größen bezogene Abweichungen ermitteln, beispiels-weise Losgrößenabweichungen, Intensitätsabweichungen, Kostenabweichungen durch außer-planmäßige Auftragszusammensetzung oder Verfahrensabweichungen. Um beispielsweise eine Losgrößenabweichung zu erfassen, müssen neben Bearbeitungszeiten auch Rüstzeiten als Bezugsgrößen berücksichtigt werden. Für beide erfolgt eine getrennte Kostenplanung. Die Losgrößenabweichung läßt sich dann als (auf den gleichen Faktorpreis bezogene) Differenz zwischen den von der Rüstzeit abhängigen Kosten bei den geplanten und bei den Ist-Losgrö-ßen bestimmen. Das Auftreten von Abweichungen ist nicht auf variable Kosten beschränkt; auch bei Fixkosten können diese entstehen und dann einer Analyse ihrer Ursachen (z.B. Preisveränderungen, organisatorische Änderungen oder Prognosefehler) unterzogen werden.[7]

Die Aufspaltung in Teilabweichungen soll es ermöglichen, die Verantwortung für Kostendifferenzen Mitarbeitern zuzuordnen. Dies setzt bei vielen Abweichungsarten voraus, daß die Kostenstellen nach Verantwortungsbereichen abgegrenzt werden. Eine eindeutige Zu-ordnung wird oftmals dadurch erschwert, daß die Teilabweichungen mehrere Ursachen haben (können). So ist eine Beschäftigungsabweichungen unter Umständen auch durch die man-gelnde Verfügbarkeit von Anlagen begründet. Für eine Preisabweichung kann ebenso der Pro-duktionsbereich verantwortlich sein, weil er beispielsweise seinen Bedarf zu spät gemeldet hat. Mengenabweichungen im Produktionsbereich können auch durch von anderen Bereichen zu vertretende Änderungen des Produktionsprogramms verursacht werden.

---

6   Vgl. Freidank, C.-C.: (Kostenrechnung), S. 203.
7   Vgl. zur Bestimmung von Losgrößenabweichungen Schweitzer, M.; Küpper, H.-U.: (Systeme), S. 680, so-wie zur Analyse weiterer Abweichungen Huch, B.; Behme, W.; Ohlendorf, T.: (Controlling), S. 58 ff.; Fan-del, G.; Heuft, B.; Paff, A.; Pitz, T.: (Kostenrechnung), S. 359 ff. Zur Abweichungsanalyse bei funktionalen Beziehungen zwischen den einzelnen Größen (wie im Falle einer Preis-Absatz-Funktion) vgl. Betz, S.: (Er-folgscontrolling), S. 35 ff.

Weitere Aspekte, die das Identifizieren einer durch Unwirtschaftlichkeiten verursachten Abweichung behindern, sind:[8]

- unterschiedliche zeitliche Abgrenzungen von Ist- und Plankosten in Verbindung mit unregelmäßig auftretenden Kosten (z.B. für Reparaturen),
- Einflüsse von Preisentwicklungen, die nicht exakt eliminiert werden,
- unvorhersehbare organisatorische und technische Veränderungen,
- Einflüsse von Abweichungen in anderen Kostenstellen (über die innerbetriebliche Leistungsverrechnung),
- Fehler bei der Gemeinkostenplanung sowie der Istkostenerfassung und
- die Vernachlässigung von Kosteneinflußgrößen (z.B. bei einer alleinigen Betrachtung der Kosteneinflußgröße 'Beschäftigung').

Im Rahmen der Abweichungsanalyse sollten zur Identifikation der Ursachen 'Kostendurchsprachen' mit den Verantwortlichen durchgeführt werden.

Ein besonderes Problem der Abweichungsanalyse stellt die Berücksichtigung von Abweichungsinterdependenzen dar. Die zu untersuchenden Kostenfunktionen enthalten oftmals mehrere Variablen, beispielsweise Produktionsmengen, Verbrauchsmengen und Faktorpreise. Falls diese additiv miteinander verbunden sind, lassen sich für jede Größe eindeutig isolierte Abweichungen ermitteln; bei multiplikativer Verknüpfung hingegen ist dies nicht möglich. Dies zeigt sich auch bei dem Beispiel der Größen 'Faktorpreis' (q) und 'Faktorverbrauchsmenge' (r). Die Istkosten (K^I) und Sollkosten (K^S) ergeben sich bei alleiniger Betrachtung dieser Größen für eine Faktorart, die zu variablen Kosten führt, in der folgenden Form:

$$K^I = q^I \cdot r^I$$

$$K^S = q^P \cdot r^P(x^I) \qquad \text{mit: } r^P(x^I) = r^P \cdot \frac{x^I}{x^P}$$

Die Verbrauchsabweichung (ΔV) lautet dann:[9]

$$\Delta V = q^I \cdot r^I - q^P \cdot r^P(x^I)$$

und aufgrund von

$$q^I = q^P + \Delta q$$

und

$$r^I = r^P(x^I) + \Delta r$$

auch

$$\Delta V = (q^P + \Delta q) \cdot (r^P(x^I) + \Delta r) - q^P \cdot r^P(x^I)$$
$$= q^P \cdot r^P(x^I) + \Delta q \cdot r^P(x^I) + q^P \cdot \Delta r + \Delta q \cdot \Delta r - q^P \cdot r^P(x^I)$$

und

$$\Delta V = \Delta q \cdot r^P(x^I) + q^P \cdot \Delta r + \Delta q \cdot \Delta r$$

---

8   Vgl. Freidank, C.-C.: (Kostenrechnung), S. 203 f.
9   Vgl. Schweitzer, M.; Küpper, H.-U.: (Systeme), S. 682 f.

Die Abweichung läßt sich damit in drei Komponenten aufspalten:

- die Preisabweichung ersten Grades: $\Delta q \cdot r^P(x^I)$
- die Mengenabweichung ersten Grades: $q^P \cdot \Delta r$
- die Abweichung zweiten Grades: $\Delta q \cdot \Delta r$

Abbildung III-17 zeigt diese drei Komponenten für eine Situation mit $q^I > q^P$ und $r^I > r^P(x^I)$.

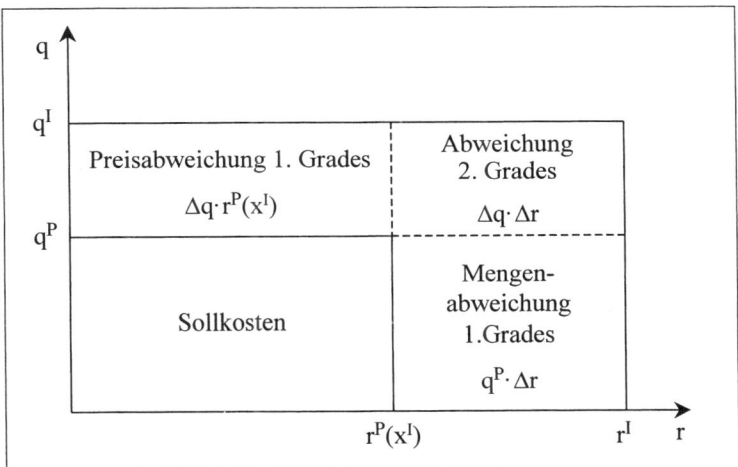

Abb. III-17: Preis- und Mengenabweichungen ersten Grades und Abweichung zweiten Grades[10]

Die Abweichung zweiten Grades läßt sich nicht auf der Grundlage des Verursachungsprinzips in eine Preis- und eine Mengenabweichung aufteilen, sie kann nur rechnerisch zugeordnet werden. In der Unternehmenspraxis wird sie häufig der Preisabweichung zugerechnet, dies ist auch bei dem obigen Vorgehen der Abweichungsanalyse geschehen. Die dort dargestellte Preisabweichung

$$\Delta Q = (q^I - q^P) \cdot r^I$$

setzt sich aus der Preisabweichung ersten Grades sowie der Abweichung zweiten Grades zusammen:

$$\Delta Q = \Delta q \cdot r^P(x^I) + \Delta q \cdot \Delta r = \Delta q \cdot r^I$$

Die Mengenabweichung ersten Grades entspricht der oben dargestellten Mengenabweichung.

Für die rechnerische Verteilung von Abweichungen zweiten Grades (oder bei mehreren multiplikativ miteinander verbundenen Einflußgrößen auch höheren Grades)[11] existieren mehrere Verfahren.[12]

---

10   Quelle: in modifizierter Form übernommen von Schweitzer, M.; Küpper, H.-U.: (Systeme), S. 683.
11   Werden mehr als zwei Größen multiplikativ miteinander verbunden, entstehen Abweichungen höheren Grades. Der höchste Grad entspricht der Anzahl der miteinander multiplikativ verknüpften Größen.

Bei der *kumulativen Abweichungsanalyse* wird eine Reihenfolge festgelegt, in der die Teilabweichungen ermittelt werden. Die Abweichung zweiten Grades wird jeweils der zuerst bestimmten Abweichung zugeordnet. Die kumulative Abweichungsanalyse findet bei dem oben dargestellten Vorgehen Anwendung, die Preisabweichung wird dort vor der Mengenabweichung berücksichtigt. In der Unternehmenspraxis werden oftmals zunächst die Beschäftigungsabweichung (hier vernachlässigt, da die Planverbrauchsmengen auf die Istbeschäftigung bezogen werden), dann die Preisabweichung (inkl. Lohnsatzabweichung) und schließlich die Mengenabweichung berücksichtigt. Bei diesem Verfahren entspricht die Summe der Teilabweichungen der Gesamtabweichung.

Merkmal der *alternativen Abweichungsanalyse* ist, daß bei jeder Kosteneinflußgröße eine Abweichung berechnet wird, indem für diese Größe die Differenz aus Ist- und geplantem Wert, für alle anderen die Istwerte angesetzt werden. Bei diesem Vorgehen ist die Summe aller Abweichungen größer als die Gesamtabweichung, da Abweichungen zweiten Grades mehrmals einbezogen werden.

Bei der *differenziert kumulativen Abweichungsanalyse* werden zusätzlich zu den mit dem alternativen Verfahren bestimmten Abweichungen auch Abweichungen höheren Grades bestimmt. Werden diese gemäß ihres Grades abwechselnd von den mit dem alternativen Verfahren ermittelten Abweichungen subtrahiert und zu diesen addiert, stimmt die sich daraus ergebende Summe der Teilabweichungen mit der Gesamtabweichung überein. Varianten des Verfahrens bestehen darin, entweder sämtliche Abweichungen höherer Ordnung explizit auszuweisen oder aber diese zu einem Block zu aggregieren.

Die Identität der Summe der Teilabweichungen mit der Gesamtabweichung spricht für die differenziert kumulative und die kumulative Abweichungsanalyse und gegen die alternative Methode. Vorteile des differenziert kumulativen Verfahrens gegenüber dem kumulativen sind, daß die Höhe der Abweichungen nicht von der Reihenfolge ihrer Bestimmung abhängt und daß sämtliche Abweichungen auf Plangrößen bezogen ermittelt werden. Damit wird vermieden, daß ein Teil der Abweichungen durch Einflüsse zustandekommt, die der Verantwortliche nicht zu vertreten hat. In der Unternehmenspraxis ist allerdings die kumulative Methode weiter verbreitet.[13]

Beispiel zur Abweichungsanalyse

Für eine Kostenstelle sind die folgenden Plan- und Istwerte bestimmt worden:

	Planwerte	Istwerte
Produktionsmenge	2.000 [Stück]	2.600 [Stück]
Betriebsstoffe (variabel)	4.000 [l] zu 13 [€/l]	5.000 [l] zu 14 [€/l]
Löhne	6.000 [h] zu 38 [€/h]	6.900 [h] zu 38 [€/h]
Sonstige Gemeinkosten,	200.000 [€]	240.000 [€]
Davon Fixkosten	100.000 [€]	100.000 [€]

---

12   Vgl. Schweitzer, M.; Küpper, H.-U.: (Systeme), S. 685 ff.; Küpper, H.-U.: (Controlling), S. 185 ff.; Kloock, J.; Sieben, G.; Schildbach. T.: (Leistungsrechnung), S. 266 ff.; Ossadnik, W.: (Controlling), S. 162 ff.

13   Vgl. dazu und zu differenzierteren Aussagen zur Vorteilhaftigkeit der Methoden Kloock, J.; Sieben, G.; Schildbach. T.: (Leistungsrechnung), S. 270 und S. 274 ff.; Ossadnik, W.: (Controlling), S. 179 ff.

Es sollen im Rahmen einer Abweichungsanalyse die gesamte Kostenabweichung, die Beschäftigungsabweichung, die auf den gesamten Ressourcenverzehr bezogene Verbrauchsabweichung sowie die kostenartenspezifischen Preis- und Mengenabweichungen ermittelt werden (für die sonstigen Gemeinkosten läßt sich aufgrund der fehlenden Differenzierung zwischen Mengen- und Wertkomponente nur eine Verbrauchsabweichung bestimmen).

Dazu sind die Plankosten (K^P), die verrechneten Plankosten (K^{VP}), die Sollkosten (K^S) sowie die Istkosten (K^I) zu berechnen:

$$K^P = 480.000 \ [\text{€}]$$

$$K^{VP} = \frac{480.000}{2.000} \cdot 2.600 = 624.000 \ [\text{€}]$$

$$K^S = 100.000 + \frac{380.000}{2.000} \cdot 2.600 = 594.000 \ [\text{€}]$$

$$K^I = 572.200 \ [\text{€}]$$

Anschließend können die gesamte Kostenabweichung (ΔK), die Beschäftigungsabweichung (ΔB) sowie die (gesamte) Verbrauchsabweichung (ΔV) ermittelt werden:

$$\Delta K = 572.200 - 624.000 = -51.800 \ [\text{€}]$$

$$\Delta B = 594.000 - 624.000 = -30.000 \ [\text{€}]$$

$$\Delta V = 572.200 - 594.000 = -21.800 \ [\text{€}]$$

Die betragsmäßigen Abweichungen sind zusammen mit den Verläufen der Sollkosten und der verrechneten Plankosten in der nachfolgenden Abbildung skizziert.

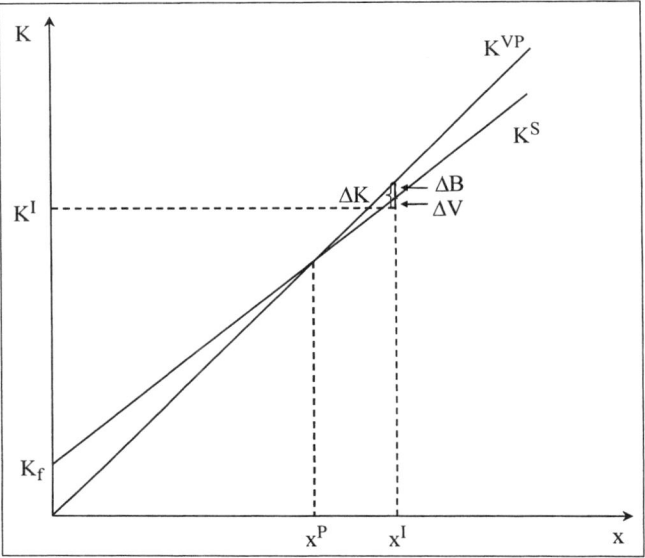

Abb. III-18: Kostenverläufe und Abweichungen im Beispiel

Die gesamte Verbrauchsabweichung läßt sich weiter aufspalten in die Preisabweichungen (ΔQ) und Mengenabweichungen (ΔR) der Kostenarten Betriebsstoffe und Löhne sowie eine Verbrauchsabweichung der sonstigen Gemeinkosten. Die Preisabweichungen lauten (bei Anwendung des kumulativen Verfahrens):

Betriebsstoffe: $\Delta Q = (14 - 13) \cdot 5.000 = 5.000 \ [\text{€}]$
Löhne: $\Delta Q = (38 - 38) \cdot 6.900 = 0 \ [\text{€}]$

Die Mengenabweichung belaufen sich auf:

$$\text{Betriebsstoffe: } \Delta R = \left(5.000 - 4.000 \cdot \frac{2.600}{2.000}\right) \cdot 13 = -2.600 \ [\text{€}]$$

$$\text{Löhne: } \Delta R = \left(6.900 - 6.000 \cdot \frac{2.600}{2.000}\right) \cdot 38 = -34.200 \ [\text{€}]$$

Die Verbrauchsabweichung bei dem variablen Teil der sonstigen Gemeinkosten beträgt:

$$140.000 - 100.000 \cdot \frac{2.600}{2.000} = 10.000 \ [\text{€}]$$

Die Summe der Teilabweichungen entspricht der gesamten Verbrauchsabweichung.

Beurteilung des Systems

Die Flexible Plankostenrechnung auf Vollkostenbasis ermöglicht eine relativ aussagekräftige Bestimmung und Analyse von Abweichungen und kann damit zur Erfüllung der Rechnungsziele der Kontrolle und Verhaltensbeeinflussung beitragen. Unter anderem können mit ihr Unwirtschaftlichkeiten aufgedeckt werden. Der Aussagekraft sind allerdings Grenzen gesetzt, die aus den oben angesprochenen Problemen resultieren. Zudem ist die Flexible Plankostenrechnung auf Vollkostenbasis für die Vorbereitung kurzfristiger Entscheidungen weniger geeignet, da den Kostenträgern Vollkosten zugerechnet werden.[14]

2.3   Flexible Plankostenrechnung auf Teilkostenbasis

Darstellung des Systems

Für die Flexible Plankostenrechnung auf Teilkostenbasis ist eine strenge Trennung zwischen fixen und variablen Kosten charakteristisch. Sie existiert in verschiedenen Varianten und ist oft zu einer Deckungsbeitragsrechnung ausgebaut. Dies gilt beispielsweise für das von KILGER vorgeschlagene System der Grenzplankosten- und Deckungsbeitragsrechnung, auf das im folgenden vorrangig Bezug genommen wird.[15]

Auch bei der Grenzplankosten- und Deckungsbeitragsrechnung sind die im vorherigen Abschnitt angesprochenen Schritte der Bestimmung der Plankosten, der Ermittlung der Istkosten sowie der Berechnung und Analyse von Abweichungen zu durchlaufen. Hier soll vor allem der erste Schritt differenziert für die Kostenarten-, Kostenstellen- und Kostenträgerrechnung aufgegriffen werden, da sich bei der Bestimmung von Istkosten kaum Besonderheiten ergeben und die Ausführungen des vorherigen Abschnitts zur Abweichungsanalyse auf

---

[14] Vgl. Freidank, C.-C.: (Kostenrechnung), S. 256 ff.
[15] Vgl. Kilger, W.: (Plankostenrechnung); Kilger, W.; Pampel, J.; Vikas, K.: (Plankostenrechnung).

dieses System übertragen werden können. Ein Unterschied besteht lediglich darin, daß bei der Flexiblen Plankostenrechnung auf Teilkostenbasis keine Fixkosten verteilt werden. Die Sollkosten und die verrechneten Plankosten sind daher identisch, und eine Beschäftigungsabweichung läßt sich nicht ermitteln.[16]

Bei einer Grenzplankosten- und Deckungsbeitragsrechnung erfolgt eine nach Kostenarten sowie Einzel- und Gemeinkosten differenzierte Kostenplanung. Die Kosten sind gemäß ihrer Abhängigkeit von der Beschäftigung in fixe und variable Kosten zu untergliedern. Während es sich bei Einzelkosten immer um proportionale bzw. variable Kosten handelt, kann dies für die Gemeinkosten ein Problem darstellen. Die Aufspaltung von Gemeinkosten in fixe und variable Bestandteile erfolgt oftmals nach Kostenarten getrennt für die einzelnen Kostenstellen. Wie bereits erwähnt, wird dabei zumeist von linearen Kostenverläufen und damit von proportionalen variablen Kosten sowie absolut fixen Kosten ausgegangen (vgl. zur Kostenaufspaltung auch die Ausführungen in Abschnitt III.1.2.1).

Zur Festlegung der Plankosten einer Periode müssen für die relevanten Kostenarten die Planbeschäftigung (sofern die Kosten beschäftigungsabhängig sind), der Planpreis und der Planverbrauch geschätzt werden. Dazu ist die Bezugsgröße festzulegen, anhand der die Beschäftigung gemessen werden soll. Dies ist vor allem dann problematisch, wenn die Leistung einer Abteilung - wie z.B. bei der Verwaltung - nur schwer quantitativ meßbar ist.

Im Rahmen der *Kostenartenrechnung* wird die Planung der Einzelkosten unter Bezugnahme auf Kostenträgereinheiten vorgenommen. Als Beispiel hierfür seien die Materialeinzelkosten (Rohstoffkosten) betrachtet. Basis für deren Planung ist oftmals die Planproduktionsmenge als Maßgröße der Beschäftigung (es wird vereinfachend unterstellt, daß das Material nur für eine Produktart verwendet wird). Es ist dann der Materialverbrauch für eine Mengeneinheit zu ermitteln. Dabei wird von der Materialmenge ausgegangen, die effektiv in das Produkt eingeht und sich aus Stücklisten, Rezepturen etc. ableiten läßt (Netto-Materialverbrauch). Der Netto-Materialverbrauch wird um den Abfall erhöht, der bei der Be- oder Verarbeitung erwartungsgemäß nicht vermieden werden kann. Der sich daraus ergebende Brutto-Materialverbrauch ist mit dem Planpreis zu bewerten. Dieser kann mittels Schätzungen, Durchschnittsberechnungen oder anderen statistischen Verfahren bestimmt werden. Die Plan-Materialeinzelkosten für eine Materialart insgesamt ergeben sich dann als Produkt aus Planbeschäftigung, Planverbrauch einer Produkteinheit und Planpreis.[17] Die Gemeinkosten werden auf der Kostenstellenebene geplant und daher im folgenden im Zusammenhang mit der Kostenstellenrechnung angesprochen.

In der *Kostenstellenrechnung* werden bei der Grenzplankosten- und Deckungsbeitragsrechnung lediglich variable Kosten verrechnet. Dieser Bereich stellt einen zentralen Bestandteil der Grenzplankostenrechnung dar; es wird - insbesondere für die Fertigung - angestrebt, die Gemeinkosten relativ exakt zu planen und zu kontrollieren. Die theoretische Fundierung der Kostenplanung und -kontrolle ist für die Fertigung relativ gut. So existiert hierfür ein von KILGER entwickeltes, umfassendes System von Kosteneinflußfaktoren (Abbildung III-19).

---

16 Vgl. Plinke, W.: (Kostenrechnung), S. 174.

17 Vgl. hierzu, zur Kontrolle der Materialeinzelkosten sowie zur Planung und Kontrolle von anderen Einzelkosten und von Erlösen Schweitzer, M.; Küpper, H.-U.: (Systeme), S. 399 ff.; Haberstock, L.: (Kostenrechnung II), S. 203 ff. und S. 285 ff.; Kilger, W.; Pampel, J.; Vikas, K.: (Plankostenrechnung), S. 181 ff.

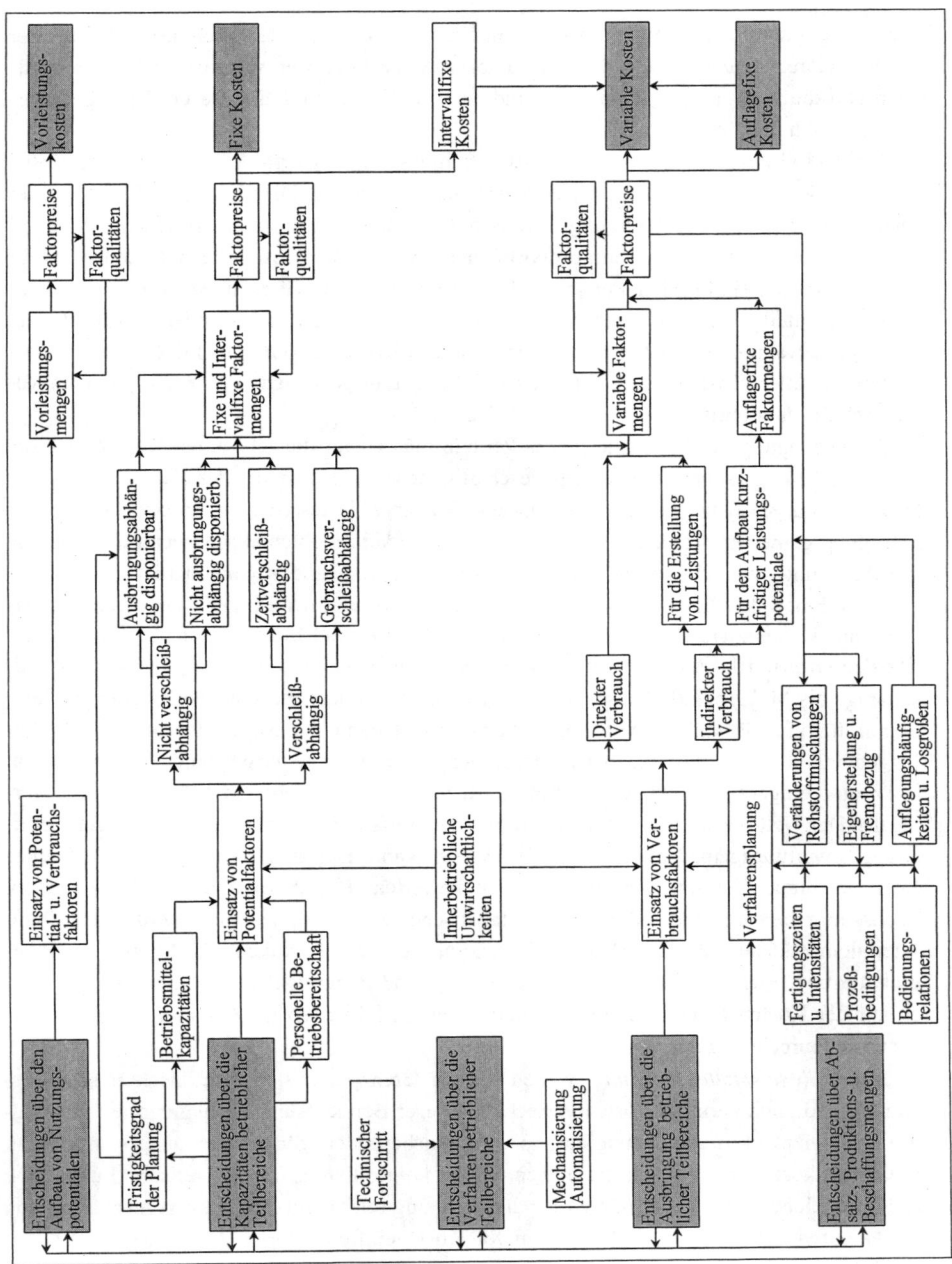

Abb. III-19:   System der Kostenbestimmungsfaktoren nach KILGER[18]

---

18   Quelle: Kilger, W.; Pampel, J.; Vikas, K.: (Plankostenrechnung), S. 102.

Auf der Grundlage dieses Systems von Kosteneinflußgrößen sollen die Gemeinkosten der einzelnen Kostenstellen und ihre Entstehung relativ genau abgebildet, geplant, verrechnet und kontrolliert werden. Den Ablauf der entsprechenden Kostenplanung zeigt Abbildung III-20.

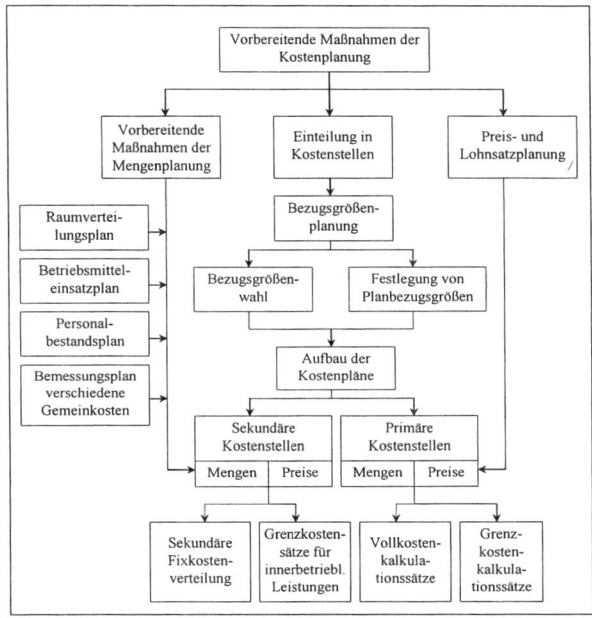

Abb. III-20: Organisatorischer Ablauf der Kostenplanung[19]

Im Rahmen der Kostenplanung sind unter anderem die jeweils relevanten Kosteneinflußgrößen zu identifizieren, und es ist zu entscheiden, welche von ihnen als Bezugsgrößen verwendet und welche anderen den weiteren Planungen in einer festen Ausprägung zugrundegelegt werden sollen.[20] Bezugsgrößen können unter anderem Fertigungszeiten, Maschinenlaufzeiten sowie Längen-, Flächen- oder Kubikmaße darstellen (vgl. auch die Ausführungen in Abschnitt II.2.2). Für sie gelten - neben der Wirtschaftlichkeit - zwei Anforderungen: Die Ausprägung der Bezugsgröße und die von ihr abhängigen variablen Gemeinkosten sollten sich proportional zueinander verhalten, und es sollte eine proportionale Beziehung zwischen der Ausprägung der Bezugsgröße und den Leistungsmengen einer Kostenstelle bestehen.[21]

Bei homogener Kostenverursachung ist es ausreichend, eine Bezugsgröße zu verwenden; bei heterogener Kostenverursachung sind mehrere Bezugsgrößen erforderlich, um die Verbrauchsvorgänge relativ exakt abbilden zu können (vgl. auch Abschnitt II.2.2). Beispielsweise bietet sich für kalkulatorische Abschreibungen oder Energiekosten oftmals eher die Bezugsgröße 'Maschinenlaufzeit' an, während die Personalkosten der in der Fertigung eingesetzten

19 Quelle: Kilger, W.: (Plankostenrechnung), S. 302, sowie zum Ablauf der Gemeinkostenplanung bei einer Flexiblen Plankostenrechnung auch Kloock, J.; Sieben, G.; Schildbach, T.: (Leistungsrechnung), S. 229 ff.
20 Vgl. Kloock, J.; Sieben, G.; Schildbach, T.: (Leistungsrechnung), S. 230 f.
21 Vgl. Kilger, W.: (Plankostenrechnung), S. 348 ff.; Kilger, W.; Pampel, J.; Vikas, K.: (Plankostenrechnung), S. 246; Schweitzer, M.; Küpper, H.-U: (Systeme), S. 412.

Mitarbeiter stärker von der 'Fertigungszeit' abhängig sind.[22]

In manchen Fällen kann die quantifizierte Leistung einer Stelle als Bezugsgröße verwendet werden, eine derartige Bezugsgröße wird dann als 'direkte Bezugsgröße' bezeichnet. Beispiele für direkte Bezugsgrößen außerhalb des Fertigungsbereichs zeigt Abbildung III-21.

Art der Kostenstelle	Art der Bezugsgröße
Labor	Anzahl Proben
	Anzahl Analysen
Einkauf	Anzahl bearbeiteter Angebote
	Anzahl Bestellungen
	Anzahl geprüfter Rechnungen
Materiallager oder	Anzahl Zugänge
Fertigwarenlager	Anzahl Abgänge
	Mengenmäßiger durchschnittlicher Lagerbestand
	Wertmäßiger durchschnittlicher Lagerbestand
	Beanspruchte Lagerfläche in m^2
	Beanspruchter Lagerraum in m^3, l oder hl
Materialprüfung	Anzahl Proben
	Anzahl Analysen
Finanzbuchhaltung	Anzahl Buchungen
Kalkulation	Anzahl Vorkalkulationen
	Anzahl Nachkalkulationen
Lohnabrechnung	Anzahl Bruttolohnabrechnungen
Schreibbüro	Anzahl Anschläge
Verkaufsabwicklung	Anzahl bearbeiteter Kundenaufträge
Fakturierung	Anzahl Rechnungen
	Anzahl Rechnungspositionen
Versand	Anzahl Versandaufträge

Abb. III-21: Beispiele für direkte Bezugsgrößen außerhalb des Fertigungsbereiches[23]

Ist es nicht möglich, die Leistung zu quantifizieren und die entsprechende Maßgröße wirtschaftlich zu erfassen, dann sollten indirekte Bezugsgrößen verwendet werden. Diese ähneln den in einer Vollkostenrechnung verwendeten Umlageschlüsseln (vgl. Abschnitt II.2.2). Sie können beispielsweise aus geplanten Kostenartenbeträgen wie Material- oder Lohnkosten oder den proportionalen Herstellkosten verkaufter Produkte abgeleitet werden bzw. mit diesen übereinstimmen. Beispiele hierfür sind die Nutzung der gesamten Personalkosten als Bezugsgröße für die Kosten einer Kantine und die Verwendung der variablen Herstellkosten verkaufter Produkte als Bezugsgröße für die Verwaltungs- und Vertriebskosten.[24]

Für die gewählten Bezugsgrößen sind im Ablauf der Kostenplanung Planwerte festzulegen (Planbezugsgrößen). Dabei kann man sich an den aus den anderen Planungen des Unternehmens hervorgehenden betrieblichen Engpässen orientieren (Engpaßplanung).

Für jede Kostenstelle und Kostenart werden dann die fixen und die variablen Kosten geplant. Dabei lassen sich statistische Methoden nutzen, die allerdings den Nachteil der Vergangenheitsorientierung aufweisen; unter anderem kann es notwendig werden, die Istkosten um die (vermeidbar erscheinenden) Effekte vergangener Unwirtschaftlichkeiten zu bereinigen. Bei einer analytischen Kostenplanung soll hingegen eine Orientierung an der Vergangenheit

---

22 Vgl. Schweitzer, M.; Küpper, H.-U.: (Systeme), S. 414.

23 Quelle: Kilger, W.; Pampel, J.; Vikas, K.: (Plankostenrechnung), S. 253.

24 Vgl. Schweitzer, M.; Küpper, H.-U.: (Systeme), S. 415 f.

vermieden werden. Für dieses Konzept sind technisch-kostenwirtschaftliche Analysen der Leistungsprozesse charakteristisch, in deren Rahmen Berechnungen und Messungen (bei naturwissenschaftlich oder technisch bestimmten Zusammenhängen), Funktionsanalysen (insbesondere beim Faktor Personal) sowie interne und externe Vergleiche durchgeführt werden können. Zudem ist ein Rückgriff auf Schätzungen und Erfahrungswerte möglich.[25]

Die Kostenplanung erfolgt zunächst für die Vorkostenstellen. Von deren Kosten werden nur die variablen Anteile weiterverrechnet. Bei der empfangenden Stelle muß dann geprüft werden, ob diese Kosten innerbetrieblicher Leistungen von der Beschäftigung dieser Stelle abhängig sind und damit variable Kosten bilden. Anschließend wird die Kostenplanung für die Endkostenstellen, typischerweise Fertigungshaupt-, Material-, Verwaltungs-, Vertriebs- sowie Forschungs- und Entwicklungsstellen, vorgenommen.[26] Danach lassen sich die Verrechnungs- oder Zuschlagsätze der Endkostenstellen berechnen, wobei wiederum nur die variablen Kosten eingehen. Wird ein Betriebsabrechnungsbogen verwendet, kann dieser so strukturiert werden wie der in Abschnitt III.1.2.1 im Zusammenhang mit dem Direct Costing dargestellte. Die geplanten Gemeinkosten werden für jede Kostenstelle in einem Kostenstellenplan erfaßt. Die Grundstruktur eines derartigen Plans zeigt die nachstehende Abbildung.

Kostenstellenplan								
Rechnungsjahr:			Kostenstelle: Kostenstellenleiter:					
Kostenarten		Einheit	Planverbrauchs- menge bei Plan- bezugsgröße	Planpreis €/Einheit	Plankosten			Variable Istkosten	Über- bzw. Unter- deckung
Nr.	Bezeichnung				gesamt	variabel	fix		
Summe									
Planbezugsgröße: Istproduktion:					Planverrechnungssatz:			Istverrechnungssatz:	
Datum:					Unterschrift:				

Abb. III-22: Struktur eines Kostenstellenplans[27]

In der *Kostenträgerstückrechnung* werden die variablen Plankosten (und später entsprechende Istkosten) aller Kostenträger berechnet. Dazu können grundsätzlich sämtliche in Abschnitt II.3.2 dargestellten Verfahren Anwendung finden. Die gewonnenen Informationen lassen sich wie in Abschnitt III.1.3 beschrieben zur Entscheidungsvorbereitung nutzen. Außerdem ist es möglich, auf ihrer Basis Soll-Deckungsbeiträge vorzugeben und Kontrollen durchzuführen.

Die *Kostenträgerzeitrechnung* läßt sich sowohl nach dem Gesamt- als auch nach dem Umsatzkostenverfahren durchführen (zu diesen Verfahren vgl. Abschnitt II.3.3). Unterschiede zu einer entsprechenden Vollkostenrechnung bestehen insbesondere in der Trennung und dem gesonderten Ausweis von fixen und variablen Kosten sowie der Bewertung von Bestandsveränderungen zu variablen Kosten.[28] Auch als mehrstufige Rechnung kann die Kostenträger-

25 Vgl. Kilger, W.; Pampel, J.; Vikas, K.: (Plankostenrechnung), S. 266 ff.; Kloock, J.; Sieben, G.; Schildbach, T.: (Leistungsrechnung), S. 234 ff..
26 Vgl. Schweitzer, M.; Küpper, H.-U.: (Systeme), S. 418.
27 Quelle: Schweitzer, M.; Küpper, H.-U.: (Systeme), S. 418.
28 Vgl. Schweitzer, M.; Küpper, H.-U.: (Systeme), S. 452.

zeitrechnung ausgestaltet werden (vgl. dazu Abschnitt II.1.2.2).

Im Zusammenhang mit der Kostenauflösung ist bereits angesprochen worden, daß die Einstufung bestimmter Kosten (z.B. Löhne oder Mieten) als fix oder variabel vom Betrachtungszeitraum abhängig ist (vgl. Abschnitt III.1.2.1). KILGER schlägt daher als Weiterentwicklung des hier dargestellten Verfahrens eine 'dynamische Grenzplankostenrechnung' vor, bei der mehrere Planungen mit unterschiedlichen Fristigkeiten vorgenommen werden.[29]

Eine Weiterentwicklung existiert auch im Hinblick auf den Umgang mit der Unsicherheit der einbezogenen Daten. In die Kostenrechnung werden zumeist erwartete Werte der relevanten Größen einbezogen, ohne explizit zu berücksichtigen, daß diese trotz des in der Regel relativ kurzen Betrachtungszeitraums typischerweise unsicher sind. Unsicherheiten finden aber an einigen Stellen, z.B. über Wagniskosten, bei der Preisgrenzenbestimmung und der Break-Even-Analyse sowie bei der Abweichungsanalyse im Rahmen der Plankostenrechnung Eingang in die Kostenrechnung (vgl. die Abschnitt II.1.6, III.1.3.1, III.1.3.2 sowie III.2.2). Darüber hinaus wird vorgeschlagen, mittels einer simulativen Risikoanalyse aus Wahrscheinlichkeitsverteilungen der Eingangsdaten einer Kostenrechnung (Absatzpreise und -mengen, Bezugsgrößen, weitere Bestimmungsfaktoren der Kosten) Verteilungen für die Kosten, Erlöse, Deckungsbeitrage sowie den Periodenerfolg zu ermitteln.[30]

Systembeurteilung

Einen Vorteil der Grenzplankosten- und Deckungsbeitragsrechnung stellt - wie bei anderen Teilkostenrechnungen auch - die Beschränkung auf die Verrechnung variabler Kosten dar. Dadurch werden die realen Kostenzusammenhänge besser als bei einer Vollkostenrechnung abgebildet, und die Resultate sind für die Vorbereitung von kurzfristigen Entscheidungen eher geeignet. Für dieses Rechnungsziel erscheint die Grenzplankosten- und Deckungsbeitragsrechnung aufgrund ihres Charakters als Plankostenrechnung prädestiniert. Zudem lassen sich die Rechnungsziele, aussagekräftige Kontrollen durchzuführen und das Verhalten zu beeinflussen, ebenfalls auf hohem Niveau erfüllen.

Allerdings wird durch die Anwendung des Systems ein relativ hoher Aufwand verursacht. Zudem sind auch die Ergebnisse dieses Kostenrechnungssystems in ihrer Aussagekraft begrenzt. Ungenauigkeiten können unter anderem durch die Kostenauflösung sowie die Wahl von Bezugsgrößen und die damit verbundenen Annahmen einschließlich eines linearen Kostenverlaufs verursacht werden. Hinsichtlich der Entscheidungsvorbereitung ist auf die bereits angesprochene Unsicherheit der einbezogenen Daten zu verweisen. Bei der Analyse und Interpretation von Abweichungen stellen sich die im vorherigen Abschnitt aufgeführten Probleme. Zudem ist die Grenzplankosten- und Deckungsbeitragsrechnung sehr stark auf den Fertigungsbereich fokussiert. Die anderen Betriebsbereiche und die dort ablaufenden Prozesse werden vernachlässigt; dieser Kritikpunkt war ein Ansatzpunkt für die Entwicklung der Prozeßkostenrechnung, auf die im nächsten Abschnitt eingegangen wird.

---

29   Vgl. Kilger, W.: (Plankostenrechnung), S. 96 ff.
30   Vgl. dazu Koch, I.: (Kostenrechnung), S. 126 ff., zur simulativen Risikoanalyse die Literatur zur Investitionsrechnung unter Unsicherheit, z.B. Götze, U.; Bloech, J.: (Investitionsrechnung), S. 414 ff., sowie zur Kostenrechnung unter Unsicherheit auch Ewert, R.: (Kostenrechnung); Krönung, H.-D.: (Kostenrechnung).

3 Prozeßkostenrechnung

3.1 Entstehung, Begriff und Konzepte der Prozeßkostenrechnung

Mit der Prozeßkostenrechnung wird vor allem darauf abgezielt, die Gemeinkosten von Unternehmen zu analysieren, zu steuern und möglichst verursachungsgerecht den Produkten zuzuordnen. Zu diesem Zweck werden die Prozesse untersucht, die die Gemeinkosten bewirken.[1]

Die Gemeinkosten von Unternehmen sind in der Vergangenheit sowohl absolut als auch relativ zu den Einzelkosten gestiegen und stellen aus diesem Grund ein bedeutendes Rationalisierungspotential dar. Zudem ist es immer wichtiger geworden, sie zur Vorbereitung von Entscheidungen über das Leistungsprogramm des Unternehmens möglichst verursachungsgerecht auf die Produkte zu verrechnen, um Fehlentscheidungen zu vermeiden.

Die Lösungsvorschläge, die mit der 'traditionellen Kostenrechnung', d.h. den in der vorherrschenden Kostenrechnungspraxis angewandten und in den vorherigen Abschnitten dieses Buches erläuterten Systemen und Verfahren,[2] unterbreitet werden, weisen hinsichtlich der Gemeinkostenerfassung, -verrechnung und -steuerung verschiedene Schwachstellen auf. So sind sie eher auf die direkt der Leistungserstellung dienenden Bereiche des Unternehmens ausgerichtet, während große Teile der Gemeinkosten in anderen Bereichen wie Verwaltung, Forschung und Entwicklung, Konstruktion, Instandhaltung, Qualitätssicherung, Fertigungsplanung, Logistik oder Materialwirtschaft (den 'indirekten Bereichen' oder 'Gemeinkostenbereichen') anfallen. Außerdem bezieht sich die traditionelle Kostenrechnung vorwiegend auf kurze Zeiträume; die Gemeinkosten, die in hohem Ausmaß fixe Kosten darstellen, bedürfen hingegen vor allem einer mittel- und langfristigen Steuerung. Schließlich impliziert die häufig vorgenommene Verrechnung der Gemeinkosten auf die Kostenträger mit Hilfe wertbezogener Zuschlagsätze Ungenauigkeiten. An diesen Punkten setzt die Prozeßkostenrechnung an.

Deren Grundideen sind nicht völlig neu. So zeigt LÜCKE auf, daß die Einheitskalkulation von RUMMEL einen Vorläufer der Prozeßkostenrechnung darstellt.[3] KILGER wies bereits auf die in den indirekten Bereichen relevanten Kostenbestimmungsfaktoren hin und setzte sich mit der Nutzung von Bezugsgrößen zur Kostenplanung und -kontrolle in diesen Bereichen auseinander.[4]

Den Anstoß für die Entwicklung der Prozeßkostenrechnung gaben allerdings MILLER und VOLLMANN in ihrem 1985 erschienenen Artikel 'The hidden factory'. Sie betonten zum einen, daß den indirekten Unternehmensbereichen - der 'hidden factory' - besondere Bedeutung zukommt, da deren Kosten ständig ansteigen und damit die Wettbewerbsfähigkeit und Rentabilität der Unternehmen beeinträchtigen.[5] Zum anderen stellten sie den Zusammenhang zwischen der Höhe der Gemeinkosten und der Ausführung von Transaktionen in den indirekten Bereichen heraus: „If, as we believe, transactions are responsible for most overhead costs in

---

[1] Vgl. zu den nachfolgenden Ausführungen auch Götze, U.: (Einsatzmöglichkeiten).
[2] Vgl. Küting, K.; Lorson, P.: (Grenzplankostenrechnung), S. 1421; Günther, T.: (Neuentwicklungen), S. 101.
[3] Vgl. Lücke, W.: (Einheitskalkulation), S. 123 ff., sowie zur Einheitskalkulation Rummel, K.: (Kostenrechnung), S. 115 ff.
[4] Vgl. Kilger, W.: (Plankostenrechnung), S. 325 ff., sowie Abschnitt III.2.3.
[5] Vgl. Miller, J.G.; Vollmann, T.E.: (factory), S. 142.

the hidden factory, then the key to managing overheads is to control the transactions that drive them."[6]

Besonders JOHNSON, KAPLAN und COOPER verfeinerten die Ansätze von MILLER und VOLLMANN in den folgenden Jahren zu einer sogenannten strategischen Kalkulation, dem 'Activity-Based Costing' oder 'Transaction Costing'.[7] Der Begriff 'Prozeßkostenrechnung' wurde von HORVÁTH und MAYER geprägt. Sie stellten 1989 eine prozeßorientierte Rechnung vor, die auf den Gedanken von JOHNSON, KAPLAN und COOPER basiert, und bezeichneten sie - in Anlehnung an den amerikanischen Begriff 'Transaction Costing' - als 'Prozeßkostenrechnung'.[8]

Derzeit wird der Begriff 'Prozeßkostenrechnung' in einer engen und einer weiten Sichtweise verwendet. Bei einer weiten Sicht bezeichnet er Systeme der Kostenrechnung, bei denen die von Prozessen verursachten Gemeinkosten über Bezugsgrößen verrechnet werden, mit denen die Prozeßmenge bzw. -häufigkeit gemessen wird. Dazu zählen insbesondere

- das amerikanische Activity-Based Costing,
- prozeßorientierte Formen der Grenzplankosten- und Deckungsbeitragsrechnung sowie der Mehrstufigen Fixkostendeckungsrechnung und
- das Konzept von HORVÁTH und MAYER.[9]

Wird der Begriff eng interpretiert, dann bezieht er sich lediglich auf den letztgenannten Ansatz.

Im folgenden wird dieser engen Interpretation gefolgt und primär die Prozeßkostenrechnung nach HORVÁTH/MAYER dargestellt und beurteilt. Zum amerikanischen Activity Based Costing sei auf die Literatur verwiesen,[10] prozeßorientierte Formen der Grenzplankosten- und Deckungsbeitragsrechnung sowie der Mehrstufigen Fixkostendeckungsrechnung werden in Abschnitt III.3.5 angesprochen.

Die Prozeßkostenrechnung nach HORVÁTH und MAYER weist eine Reihe charakteristischer Merkmale auf:[11]

- Konzentration auf repetitive, strukturierte Abläufe in den indirekten Bereichen,
- Analyse abteilungsübergreifender Prozesse,
- Untersuchung von Kostenbestimmungsfaktoren und Bildung von Bezugsgrößen zur Messung von Prozeßmengen,
- Bestimmung von Prozeßkosten und Prozeßkostensätzen,
- Verrechnung auch fixer Kosten, um mittel- und langfristige Entscheidungen vorbereiten zu können, sowie
- Abbildung des Ressourcenverzehrs in den indirekten Bereichen als Grundlage der Gemeinkostensteuerung sowie der Produktkalkulation.

---

6   Miller, J.G.; Vollmann, T.E.: (factory), S. 146.
7   Vgl. Johnson, H.T.; Kaplan, R.S.: (Rise); Cooper, R.; Kaplan, R.S.: (Measure); Cooper, R.: (Rise), sowie zum Activity-Based Costing auch Horngren, C.T.; Foster, G.; Datar, S.M.: (Cost), S. 135 ff.
8   Vgl. Horváth, P.; Mayer, R.: (Prozeßkostenrechnung).
9   Vgl. Schweitzer, M.; Küpper, H.-U.: (Systeme), S. 357 f.
10 Vgl. Cooper, R.: (Cost-System); Cooper, R.: (Kostentreiber); Cooper, R.: (Einführung); Turney, P.B.B.: (Costing).
11 Vgl. dazu Horváth, P.; Mayer, R.: (Prozeßkostenrechnung), S. 216; Mayer, R.: (Rückschritt), S. 274; Mayer, R.: (Prozeßkostenmanagement), S. 75 ff.; Horváth, P.; Mayer, R.: (Konzeption), S. 18; Mayer, R.: (Prozeß(kosten)optimierung), S. 49.

Bei der Prozeßkostenrechnung erfolgt eine Konzentration auf die indirekten Bereiche des Unternehmens. Da auch zur Steuerung der direkten Bereiche weiterhin Informationen über Kosten und Erlöse erforderlich sind, ist sie in ein anderes Kostenrechnungssystem zu integrieren bzw. ein anderes System parallel zu betreiben. Dies ergibt sich auch daraus, daß die Prozeßkostenrechnung die traditionelle Kostenarten- und Kostenstellenrechnung nutzt.

Der Anwendungsbereich der Prozeßkostenrechnung ist auf repetitive, strukturierte Abläufe in den Gemeinkostenbereichen begrenzt. Sie eignet sich nicht für die Untersuchung innovativer und dispositiver Tätigkeiten, z.B. im Rahmen der Forschung und Entwicklung für völlig neue Produkte, da diese Tätigkeiten von Fall zu Fall unterschiedlich ausfallen und damit einer operationalen Analyse kaum zugänglich sind.

Charakteristisch ist weiterhin, daß neben Prozessen, die innerhalb einer Kostenstelle ablaufen (den sog. Teilprozessen), auch abteilungsübergreifende Prozesse (die sog. Hauptprozesse) analysiert werden. Hauptprozesse sind die kostenstellenübergreifenden Vorgänge, die in hohem Maße das Gemeinkostenvolumen bestimmen.

Mit der Prozeßkostenrechnung wird angestrebt, die Kosteneinflußgrößen in den Gemeinkostenbereichen zu identifizieren. Aus ihnen werden Bezugsgrößen abgeleitet, die sich zur Messung des Leistungsoutputs und der Ressourceninanspruchnahme eignen. Als Maßstab hierfür wird zumeist die Häufigkeit der Prozeßdurchführung bzw. 'Prozeßmenge' verwendet.

Auf der Grundlage von Prozeßmengen sind Kapazitätsbedarfe und Prozeßkosten zu ermitteln. Zudem werden für bestimmte Teilprozesse sowie für die Hauptprozesse Prozeßkostensätze gebildet, die „die durchschnittlichen Kosten für die einmalige Durchführung eines Prozesses"[12] angeben und fixe Kosten enthalten.

Ein weiteres Merkmal der Prozeßkostenrechnung ist es daher, daß eine Verrechnung von - in Abhängigkeit von der Beschäftigung und damit kurzfristig - fixen Kosten erfolgt. Dies wird mit der Bezugnahme auf mittel- und langfristige Entscheidungsprobleme sowie der nur mittel- und langfristigen Veränderbarkeit der Kapazitäten und der damit verbundenen Kosten begründet.[13]

Die Prozeßkostenrechnung dient dazu, den Ressourcenverzehr in den indirekten Bereichen und dessen Einflußgrößen abzubilden. Die dabei gewonnenen Informationen können, wie in Abschnitt III.3.3 erläutert, in zweierlei Hinsicht zu einer verbesserten Unternehmenssteuerung beitragen. Zum einen lassen sie sich zur gezielten Gestaltung der Gemeinkosten des Unternehmens nutzen. Mittels der Identifikation von Prozessen und Faktoren, die diese Prozesse und die durch sie verursachten Kosten beeinflussen, sollen die indirekten Bereiche strukturiert und einer gezielten Steuerung zugänglich gemacht werden. Zum anderen werden diese Informationen zur Kalkulation von Produkten (bei denen es sich auch um Dienstleistungen handeln kann) herangezogen. Durch die Verwendung von Mengengrößen als Bezugsgrößen sowie die Berücksichtigung von Informationen über die Zahl der Produktvarianten, die Auftrags- bzw. Losgrößen und die Komplexität der Produkte soll die Prozeßkostenrechnung eine relativ verursachungsgerechte Kalkulation ermöglichen.

---

12 Mayer, R.: (Prozeßkostenmanagement), S. 91.
13 Vgl. Horváth, P.; Mayer, R.: (Prozeßkostenrechnung), S. 216.

3.2   Schritte der Prozeßkostenrechnung

Im folgenden sollen die typischen Schritte einer Prozeßkostenrechnung und damit deren konkretes Vorgehen dargestellt werden.[14] Dabei wird auf die Einführung einer Prozeßkostenrechnung Bezug genommen, die Ausführungen lassen sich aber weitgehend auf deren permanenten Einsatz übertragen.

Abgrenzung des Untersuchungsbereichs und Bildung von Hypothesen über Hauptprozesse und Kosteneinflußfaktoren

Zunächst sind die betrieblichen Bereiche festzulegen, die mit Hilfe der Prozeßkostenrechnung analysiert werden sollen. In der Regel werden aus Wirtschaftlichkeitsgesichtspunkten nicht alle Gemeinkostenbereiche einbezogen, in denen repetitive und strukturierte Tätigkeiten vorherrschen und die daher für die Anwendung der Prozeßkostenrechnung grundsätzlich geeignet sind. Es sollte eine Konzentration auf die Bereiche erfolgen, die betriebliche Kostenschwerpunkte darstellen und in denen der Ressourcenverzehr im bestehenden Kostenrechnungssystem nicht verursachungsgerecht abgebildet werden kann, z.B. weil betriebliche Ressourcen von verschiedenen Produkten in sehr unterschiedlicher Form beansprucht werden (in der Materialdisposition, Fertigungsplanung etc.).

Zu Beginn der Einführung einer Prozeßkostenrechnung sollten zudem Hypothesen über Hauptprozesse und deren Kosteneinflußfaktoren formuliert werden. Diese sind hilfreich, wenn bei der nachfolgenden Tätigkeitsanalyse das Aufgabenvolumen strukturiert wird.

Tätigkeitsanalyse zur Ermittlung von Teilprozessen in den Kostenstellen

Die Analyse und Strukturierung aller in den einbezogenen Unternehmensbereichen durchgeführten Tätigkeiten ist der nächste Schritt einer Prozeßkostenrechnung. In diesem werden zunächst Tätigkeiten identifiziert und diese dann zu Teilprozessen zusammengefaßt. Bei den Teilprozessen handelt es sich in der Regel um physische Aktivitäten wie die Ausführung eines Auftrags, es können aber auch wertbezogene Vorgänge wie Abschreibungen oder die Verzinsung von Lagerbeständen als Teilprozesse angesehen werden.

Nachdem die Teilprozesse abgegrenzt und strukturiert worden sind, wird ihre Abhängigkeit von den in der Kostenstelle zu erbringenden Leistungsmengen untersucht. Prozesse, bei denen die Prozeßmenge bzw. -häufigkeit in einer Periode von der Kostenstellenleistung abhängig ist, wie die Abwicklung von Fertigungsaufträgen in der Kostenstelle Fertigungsplanung, werden als 'leistungsmengeninduzierte' (lmi) Prozesse bezeichnet. Teilprozesse, für die dies nicht gilt, wie z.B. das Leiten einer Abteilung, stellen 'leistungsmengenneutrale' (lmn) Prozesse dar.[15]

---

14 Zur nachfolgend dargestellten Schrittfolge vgl. Mayer, R.: (Prozeßkostenmanagement), S. 85 ff.; Horváth, P.; Mayer, R.: (Prozeßkostenrechnung), S. 216 ff.; Mayer, R.: (Prozeßkostenrechnung), S. 307; Horváth, P.; Mayer, R.: (Konzeption), S. 19 ff.

15 Da im folgenden Schritt der Prozeßkostenrechnung lediglich für lmi-Teilprozesse Bezugsgrößen bestimmt und Prozeßmengen geplant werden, erscheint es auch denkbar, für die Abgrenzung zwischen lmi- und lmn-Teilprozessen das Kriterium heranzuziehen, ob die Prozeßmenge meßbar ist oder nicht.

Die Ermittlung und Analyse der Teilprozesse kann in Form einer Primärerhebung erfolgen, beispielsweise durch persönliche Befragung des Kostenstellenleiters. Außerdem lassen sich im Rahmen einer Sekundärerhebung vorliegende Dokumente auswerten, z.B. Aufzeichnungen der Mitarbeiter, Arbeitsanweisungen sowie die Ergebnisse einer Gemeinkostenwertanalyse oder eines Zero-Base-Budgeting.

Kapazitäts- und Kostenzuordnung auf Kostenstellenebene

Dieses Element der Prozeßkostenrechnung enthält die folgenden Teilschritte:

- Auswahl der Bezugsgrößen für leistungsmengeninduzierte Teilprozesse,
- Festlegung der Planprozeßmengen,
- Bestimmung der erforderlichen Kapazitäten und Planung der Prozeßkosten sowie
- Ermittlung von Prozeßkostensätzen.

Zunächst muß für jeden der im Rahmen der Tätigkeitsanalyse identifizierten leistungsmengeninduzierten Teilprozesse eine Bezugsgröße gefunden werden, die eine oder mehrere Kosteneinflußgröße(n) repräsentiert. Bezugsgrößen werden benötigt, um die Prozeßmengen messen sowie den Teilprozessen Kosten zuordnen und damit die durch die entsprechenden Prozesse verursachten Verbrauchsvorgänge abbilden zu können. Für die leistungsmengenneutralen Teilprozesse werden keine Bezugsgrößen gebildet.

Bei den Berechnungen der Prozeßkostenrechnung wird unterstellt, daß zwischen der Bezugsgrößenmenge und dem Ressourcenverbrauch eines Prozesses eine proportionale Beziehung besteht. Eine Größe ist als Bezugsgröße geeignet, wenn diese Annahme zumindest näherungsweise gilt und ihre Werte zudem leicht aus verfügbaren Daten entnommen bzw. abgeleitet werden können. Da für jeden Teilprozeß eine Bezugsgröße definiert wird, werden in einer Kostenstelle oftmals mehrere Bezugsgrößen verwendet.

Ist die Auswahl geeigneter Bezugsgrößen für alle leistungsmengeninduzierten Teilprozesse abgeschlossen, erfolgt die Bestimmung der Planprozeßmengen für diese Teilprozesse. Dabei soll gemäß HORVÁTH/MAYER von vorgegebenen Produktstrukturen sowie Produktions- und Absatzmengen oder gemäß GUTENBERGS 'Ausgleichsgesetz der Planung' von den Anforderungen oder Beschränkungen der Engpaßbereiche ausgegangen werden.[16]

Auf der Basis der Planprozeßmengen können die erforderlichen Kapazitäten bestimmt und die Prozeßkosten der leistungsmengeninduzierten Teilprozesse geplant werden. Dafür und für die ebenfalls erforderliche Planung der Prozeßkosten der leistungsmengenneutralen Teilprozesse existieren verschiedene Möglichkeiten. Die genaueste Vorgehensweise stellt die auf KILGER zurückgehende (analytische) Kostenplanung mit Hilfe technisch-kostenwirtschaftlicher Analysen dar.[17] Sie verursacht allerdings sehr hohen Aufwand, so daß fraglich ist, ob alle Kostenarten analytisch geplant werden sollten. Häufig ist der Anteil der Personalkosten an den Gesamtkosten eines Teilprozesses sehr hoch; dann kann es vertretbar sein, nur diese analytisch zu planen. In diesem Fall wird man bei den anderen Kostenarten von den Normalkosten der Kostenstelle ausgehen und diese proportional zu den Personalkosten auf die

---

16 Vgl. Horváth, P.; Mayer, R.: (Prozeßkostenrechnung), S. 217 f.; Glaser, H.: (Prozeßkostenrechnung), S. 279, sowie zum Ausgleichsgesetz der Planung Gutenberg, E.: (Grundlagen), S. 164 f.
17 Vgl. Kilger, W.; Pampel, J.; Vikas, K.: (Plankostenrechnung), S. 272 ff.

Prozesse umlegen. Da selbst ein derartiges Vorgehen noch sehr aufwendig ist, wird auch angeregt, die gesamten Normalkosten der Stellen über die Mitarbeiterzahl auf die Prozesse zu verteilen. Schließlich läßt sich eine Prozeß-Index-Analyse nutzen. Bei dieser werden analog zu einer Äquivalenzziffernkalkulation Verhältniszahlen für den mit der einmaligen Durchführung der einzelnen Prozesse verbundenen Aufwand gebildet und die Stellenkosten proportional zu den mit diesen Verhältniszahlen gewichteten Prozeßmengen auf die Prozesse verteilt.[18]

Für die leistungsmengeninduzierten Teilprozesse lassen sich neben den Kosten, die ihnen direkt auf der Basis von Planprozeßmengen zugeordnet werden (lmi-Prozeßkosten), auch Gesamtprozeßkosten bestimmen. Diese ergeben sich, indem die Kosten der leistungsmengenneutralen Prozesse auf die leistungsmengeninduzierten Teilprozesse umgelegt und zu den jeweiligen lmi-Prozeßkosten addiert werden. Die Umlage erfolgt proportional zu den Kosten der leistungsmengeninduzierten Teilprozesse.

Wenn die Planprozeßmengen und die Prozeßkosten vorliegen, wird für alle leistungsmengeninduzierten Prozesse mittels Division der lmi-Prozeßkosten durch die Planprozeßmenge ein Prozeßkostensatz (lmi-Prozeßkostensatz) gebildet, der einen Durchschnittswert für die bei einmaliger Durchführung eines Prozesses entstehenden Kosten darstellt. Analog dazu läßt sich auch ein Gesamtprozeßkostensatz berechnen.

Zur Veranschaulichung des Vorgehens bei einer Prozeßkostenrechnung wird ein Beispiel betrachtet, das in modifizierter Form von MAYER übernommen worden ist.[19] Bei diesem liegen in der Kostenstelle 'Fertigungsplanung' vier Teilprozesse vor, die leistungsmengeninduzierten Prozesse 'Arbeitspläne ändern', 'Fertigung betreuen' und 'Fertigungsaufträge steuern' sowie der leistungsmengenneutrale Prozeß 'Abteilung leiten'. Das Jahresbudget der Kostenstelle in Höhe von 1,4 Mio. [GE] wird über den in Mannjahren [MJ] gemessenen geplanten Arbeitsaufwand auf diese Teilprozesse verteilt. Abbildung III-23 zeigt die Bezugsgrößen, die Planprozeßmengen sowie die aus dem Jahresbudget abgeleiteten lmi-Prozeßkosten, Gesamtprozeßkosten sowie Prozeßkostensätze.

Kostenstelle Fertigungsplanung									
Teilprozesse		Bezugsgrößen		Kostenzurechnung		Prozeßkosten			Prozeßkostensatz	
Nr.	Bezeichnung	Art (Anzahl der...)	Menge	Basis	lmi	lmn	gesamt	lmi	gesamt
1	Arbeitspläne ändern	Produktveränderungen	200	4 MJ	400.000,-	30.769,-	430.769,-	2.000,-	2.153,85
2	Fertigung betreuen	Varianten	100	6 MJ	600.000,-	46.154,-	646.154,-	6.000,-	6.461,54
3	Fertigungsaufträge steuern	Fertigungsaufträge	1.000	3 MJ	300.000,-	23.077,-	323.077,-	300,-	323,08
4	Abteilung leiten			1 MJ		100.000,-			
				14 MJ			1.400.000,-		

Abb. III-23: Teilprozesse der 'Fertigungsplanung' und ihre Kosten[20]

---

18   Vgl. Mayer, R.; Kaufmann, L.: (Prozeßkostenrechnung II), S. 300 f.
19   Vgl. Mayer, R.: (Prozeßkostenmanagement), S. 90 f.
20   Quelle: in modifizierter Form übernommen von Mayer, R.: (Prozeßkostenmanagement), S. 88.

Verdichtung von Teilprozessen zu Hauptprozessen

Im Rahmen der Prozeßkostenrechnung werden die leistungsmengeninduzierten Teilprozesse der Kostenstellen des Untersuchungsbereiches zu wenigen Hauptprozessen aggregiert, um die kostenstellenübergreifenden Vorgänge abzubilden, die in hohem Maße das Gemeinkostenvolumen bestimmen. Dabei kann auf die zu Beginn der Prozeßkostenrechnung formulierten Hypothesen zurückgegriffen werden.

Für die Verdichtung von Teilprozessen zu Hauptprozessen existieren zwei Ansatzpunkte. Zum einen können Teilprozesse nach dem Kriterium der sachlichen Zusammengehörigkeit und der gemeinsamen Abdeckung eines Aufgabenkomplexes aggregiert werden. Zum anderen ist es möglich, bei den Kosteneinflußgrößen anzusetzen und die Teilprozesse zu einem Hauptprozeß zusammenzufassen, auf die dieselben Kosteneinflußgrößen einwirken und die daher identische Bezugsgrößen aufweisen. Diesen beiden Ansatzpunkten liegen unterschiedliche Begriffsverständnisse eines Hauptprozesses zugrunde; dieser wird einerseits als Aufgabenkomplex interpretiert und andererseits als Kette von Aktivitäten, die von derselben Kosteneinflußgröße abhängig sind.[21]

Im typischen Fall setzt sich ein Hauptprozeß aus mehreren Teilprozessen verschiedener Kostenstellen zusammen. Ein Hauptprozeß kann aber auch aus Teilprozessen derselben Kostenstelle bestehen, und es kann ein Teilprozeß einen 'unechten' Hauptprozeß bilden, wenn die Verdichtung mehrerer Teilprozesse nicht möglich oder sinnvoll ist. Wie die nachfolgende Abbildung zeigt, ist zudem denkbar, daß ein Teilprozeß in mehrere Hauptprozesse eingeht.

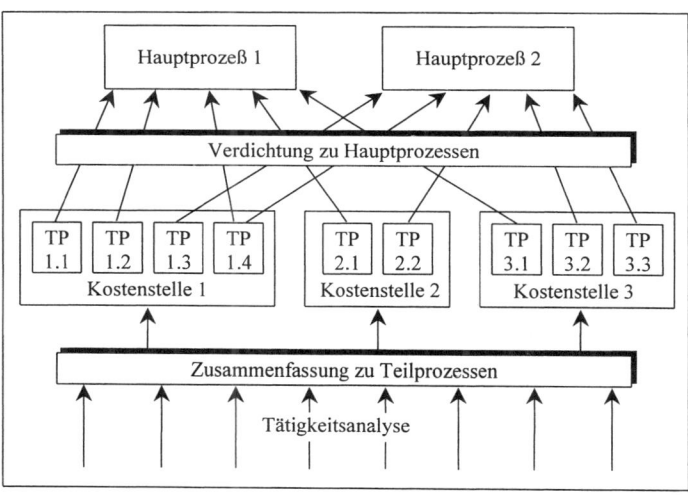

Abb. III-24: Prinzip der Hauptprozeßverdichtung[22]

---

21   Vgl. Glaser, K.: (Deckungsbeitragsrechnung), S. 31.
22   Quelle: Mayer, R.: (Prozeßkostenmanagement), S. 86.

Kapazitäts- und Kostenzuordnung auf Hauptprozeßebene

Die Kapazitäts- und Kostenplanung für die Hauptprozesse besteht weitgehend aus den gleichen Aktivitäten wie der entsprechende Schritt auf Teilprozeßebene. So ist zunächst die Festlegung von - auch als Cost Driver bezeichneten - Bezugsgrößen für die Hauptprozesse erforderlich. Für jeden Hauptprozeß wird ein Cost Driver bestimmt. Für die Cost Driver gelten die gleichen Anforderungen wie für die Bezugsgrößen der Teilprozesse. Zudem ist es vorteilhaft, wenn eine Beziehung zwischen den Cost Drivern und den zu kalkulierenden Kostenträgern besteht, die eine relativ verursachungsgerechte Zuordnung von Prozeßkostensätzen zu diesen Kostenträgern erlaubt. Beispiele für die Bezugsgrößen von Hauptprozessen sind in der folgenden Abbildung III-25 enthalten.

Hauptprozesse	Cost Driver
Neuteile einführen	Anzahl Neuteile
Teile verwalten	Anzahl aktiver Teilenummern
Neuprodukte einführen	Anzahl Neuprodukte
Varianten betreuen	Anzahl Varianten
Produktänderungen durchführen	Anzahl Änderungen
Lieferanten betreuen	Anzahl Lieferanten
Beschaffung Serienmaterial über Rahmenverträge	Anzahl Bestellungen
Beschaffung Serienmaterial über Einzelverträge	Anzahl Bestellungen
Beschaffung Gemeinkostenmaterial	Anzahl Bestellungen
Fertigungsauftragskommissionierung	Anzahl Stücklistenpositionen
Fertigungsauftragssteuerung	Anzahl Operationen in Arbeitsplan
Kundenauftragskommissionierung	Anzahl Auftragspositionen
Auftragsabwicklung Inland	Anzahl Aufträge
Auftragsabwicklung Export-Vertretungen	Anzahl Aufträge
Auftragsabwicklung Export Drittländer	Anzahl Aufträge
Kunden betreuen	Anzahl Kunden
Personal betreuen	Anzahl Mitarbeiter
Lohn- und Gehaltsabrechnung	Anzahl Abrechnungen
Kostenplanung und -steuerung	Anzahl Kostenstellen

Abb. III-25: Hauptprozesse und mögliche Cost Driver[23]

Bei der Bestimmung der Cost Driver lassen sich Ergebnisse der vorherigen Schritte - Hypothesen bezüglich der Cost Driver sowie Bezugsgrößen der Teilprozesse - nutzen. In vielen Fällen werden die Cost Driver der Hauptprozesse mit den Bezugsgrößen der in diesen zusammengefaßten Teilprozesse übereinstimmen. Allerdings ist dies nicht zwingend erforderlich. Beispielsweise kann in den Hauptprozeß 'Material beschaffen über Rahmenverträge' mit der Bezugsgröße 'Anzahl der Bestellungen über Rahmenverträge' ein Teilprozeß 'Material disponieren' mit der Bezugsgröße 'Anzahl Dispositionen' eingehen. Neben den Bezugsgrößen werden in diesem Fall auch die Planprozeßmengen der beiden Prozesse nicht unbedingt gleich

---

23   Quelle: in modifizierter Form übernommen von Horváth, P.; Mayer, R.: (Prozeßkostenrechnung), S. 21.

sein, da der genannte Teilprozeß auch in den Hauptprozeß 'Material beschaffen über Einzel-verträge' einfließen kann.[24]

Die Cost Driver werden ebenso wie die Bezugsgrößen der Teilprozesse in der Regel Mengengrößen darstellen. Sie können sich auf eine Reihe von Merkmalen des Leistungspro-gramms beziehen, wie die Beispiele (Anzahl der) Produktveränderungen, Neuteile, Neupro-dukte, Varianten und Teile, Bestellungen und Aufträge, Fertigungsoperationen, Prüf- und Lie-ferpositionen sowie Lieferanten und Kunden zeigen. In Ausnahmefällen kann es sich bei den Cost Drivern aber auch um Wertgrößen handeln, z.B. den Bestandswert beim Prozeß 'Vorräte verzinsen'.

Ist die Auswahl der Cost Driver abgeschlossen, können die Kapazitäten und Kosten auf Hauptprozeßebene geplant werden. Zur Veranschaulichung sei das Beispiel der Kostenstelle 'Fertigungsplanung' aufgegriffen und erweitert. Für die nun zusätzlich relevante Kostenstelle 'Qualitätssicherung' sind zwei leistungsmengeninduzierte Teilprozesse identifiziert worden: 'Prüfpläne ändern' mit der Bezugsgröße 'Anzahl der Produktveränderungen' sowie 'Produkt-qualität sichern' mit der Bezugsgröße 'Anzahl der Varianten'. Diese Teilprozesse werden - wie Abbildung III-26 zeigt - mit den Teilprozessen der 'Fertigungsplanung' zu den Hauptprozes-sen 'Produktveränderungen vornehmen' sowie 'Varianten betreuen' verdichtet. Außerdem exi-stiert ein dritter Hauptprozeß 'Aufträge abwickeln', der sich aus dem dritten Teilprozeß der 'Fertigungsplanung' sowie weiteren, hier nicht näher betrachteten Teilprozessen anderer Kostenstellen zusammensetzt.

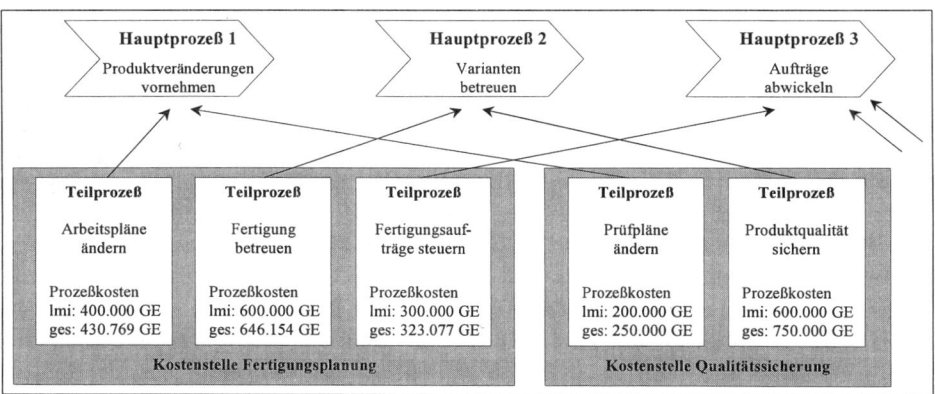

Abb. III-26: Hauptprozeßverdichtung im Beispiel[25]

Für die Hauptprozesse werden die Cost Driver 'Anzahl der Produktveränderungen' (Prozeß 1), 'Anzahl der Varianten' (Prozeß 2) sowie 'Anzahl der Aufträge' (Prozeß 3) bestimmt. Die Kosten eines Hauptprozesses ergeben sich dann - wie die Abbildungen III-26 und III-27 für die Hauptprozesse 1 und 2 zeigen - als Summe der Kosten der in den Hauptprozeß eingehen-

24   Vgl. Horváth, P.; Kieninger, M.; Mayer, R.; Schimank, C.: (Prozeßkostenrechnung), S. 613 f.
25   Quelle: in modifizierter Form übernommen von Mayer, R.: (Prozeßkostenmanagement), S. 93.

den Teilprozesse.[26] Die Planprozeßmengen der Hauptprozesse und der ihnen zugeordneten Teilprozesse sollen einander hier entsprechen. Die Hauptprozeßkostensätze werden analog zu den Teilprozeßkostensätzen mittels Division der Prozeßkosten durch die Planprozeßmenge ermittelt. Falls ein Teilprozeß - anders als im betrachteten Beispiel - in mehrere Hauptprozesse einfließt, sind dessen Kosten entsprechend dem Verhältnis der in Anspruch genommenen Prozeßmengen aufzuteilen.

Hauptprozesse		Cost Driver			Prozeßkosten		Prozeßkostensatz	
Nr.	Bezeichnung	Art	Menge	lmi	lmi	gesamt	lmi	gesamt
1	Produktveränderungen vornehmen	Anzahl Produktveränderungen	200	600.000	680.769		3.000	3.403,85
2	Varianten betreuen	Anzahl Varianten	100	1.200.000	1.396.154		12.000	13.961,54
3	Aufträge abwickeln	Anzahl Aufträge	1.000	900.000	950.000		900	950,00

Abb. III-27: Kostenzuordnung auf Hauptprozeßebene

Schrittfolge und permanenter Einsatz der Prozeßkostenrechnung

Hinsichtlich der *Schrittfolge* der Prozeßkostenrechnung ist zu erwähnen, daß die einzelnen Aktivitäten nicht unbedingt in der hier dargestellten Reihenfolge ablaufen müssen. So stellt sich insbesondere die Frage, ob bei der Bestimmung der Planprozeßmengen von der Teilprozeß- und damit der Kostenstellenebene oder der Hauptprozeßebene ausgegangen werden sollte. Bei einer in sich konsistenten Planung sollten die Planprozeßmengen der Hauptprozesse und der verschiedenen Teilprozesse auf übereinstimmenden Annahmen basieren (und in Fällen, in denen der Haupt- und der Teilprozeß die selbe Bezugsgröße aufweisen und der Teilprozeß nur in einen Hauptprozeß eingeht, gleich groß sein). Um dies zu erreichen, liegt es nahe, die Planung auf der Hauptprozeßebene zu beginnen. Wird diese Vorgehensweise gewählt, muß die Einführung der Prozeßkostenrechnung auf Teilprozeß- und Hauptprozeßebene teilweise parallel verlaufen und zwar etwa in der folgenden Reihenfolge: Abgrenzung des Untersuchungsbereichs und Bildung von Hypothesen bezüglich Hauptprozessen und Cost Drivern, Tätigkeitsanalyse zur Ermittlung von Teilprozessen in den Kostenstellen, Bezugsgrößenbestimmung auf Teilprozeßebene, Hauptprozeßverdichtung, Cost Driver-Festlegung, Ermittlung der Planprozeßmengen der Hauptprozesse, Ableitung von Planmengen für die Teilprozesse bzw. Kostenstellen aus diesen sowie Kostenplanung auf Kostenstellenebene und dann auf Hauptprozeßebene. Dadurch wird bewirkt, daß das Mengenvolumen der Teilprozesse und darüber auch die Kostenstellenbudgets über die Hauptprozesse und damit durch zentrale Instanzen planbar und kontrollierbar sind; dies kann allerdings in der Praxis erhebliche Akzeptanzprobleme mit sich bringen. Zudem erscheint es bei komplexen Hauptprozessen in der Praxis angesichts des daraus resultierenden Informationsbedarfs einer zentralen Instanz nur schwer realisierbar. Zur Lösung dieses Problems bietet sich die Nutzung eines Gegenstromverfahrens an, bei dem mindestens jeweils ein von der Haupt- und von der Teilprozeßebene ausgehender Planungsdurchlauf erfolgt.

---

26 Die Summe der Prozeßkosten der weiteren Teilprozesse, die in Hauptprozeß 3 eingehen, soll 600.000 GE (lmi) bzw. 626.923 GE (gesamt) betragen.

Im *permanenten Einsatz* der Prozeßkostenrechnung sind ebenfalls die oben beschriebenen Schritte zu durchlaufen, allerdings bestehen die Aufgaben nun in einer Aktualisierung der Prozesse und Bezugsgrößen, der erneuten Bestimmung von Planprozeßmengen, Prozeßkosten und Prozeßkostensätzen sowie eventuell der Ausweitung des Untersuchungsbereichs. Zusätzlich werden einige der nachfolgend angesprochenen Auswertungen vorgenommen.

3.3   Ergebnisse der Prozeßkostenrechnung und ihre Auswertung

Die Ergebnisse der oben geschilderten Schritte der Prozeßkostenrechnung - Prozesse, Kosteneinfluß- und Bezugsgrößen, Prozeßmengen, Prozeßkosten und Prozeßkostensätze - gehen in die Planung und Steuerung der Kosten der indirekten Bereiche sowie die Kalkulation von Produkten ein. Diese Aktivitäten können als abschließender Schritt einer Prozeßkostenrechnung interpretiert werden. Aufgrund ihrer hohen Bedeutung und der Tatsache, daß sie zum Teil über die Prozeßkostenrechnung hinausgehen, werden sie hier zusammen mit den mit ihnen verbundenen potentiellen Vorteilen des Verfahrens in einem gesonderten Abschnitt erörtert.

Kostenplanung und -steuerung in den indirekten Unternehmensbereichen

Die Prozeßkostenrechnung soll in mehrfacher Hinsicht Rationalisierungsreserven in den indirekten Bereichen von Unternehmen erschließen und damit Beiträge zum Kostenmanagement leisten:[27]

- Bei Einführung der Prozeßkostenrechnung können durch die Tätigkeits- und Prozeßanalyse und die damit verbundene Strukturierung der Aktivitäten unwirtschaftliche Abläufe und Strukturen sichtbar werden.
- Sind die Kosteneinflußgrößen und die von ihnen verursachten Kosten bekannt, ist es möglich, gezielt mittel- und langfristig wirkende Kostensenkungsmaßnahmen zu ergreifen.
- Im permanenten Einsatz vereinfacht es die Prozeßkostenrechnung durch die Bestimmung von Prozessen und Prozeßmengen, den Kapazitätsbedarf sowie die Gemeinkosten zu planen und damit eine Budgetierung vorzunehmen. Aus der Gegenüberstellung von Plan- und Istkosten von Prozessen resultieren Informationen über Auslastungsgrade, die bei den nächsten Planungen berücksichtigt werden können.

Entsprechende Kostenkontrollen können auf Hauptprozeß- und/oder Teilprozeßebene vorgenommen werden, sie sollen gemäß den Vertretern der Prozeßkostenrechnung im Quartals- oder Halbjahresrhythmus erfolgen.[28] Abweichungen zwischen Ist- und Plankosten zeigen den Unterschied zwischen der tatsächlichen und der geplanten Prozeßmenge auf. Sind die Ist- geringer als die Planprozeßmengen, wird eine Beschäftigungsabweichung bestimmt, die die Leerkosten und damit einen Ansatzpunkt für die Anpassung der Kapazitäten im Rahmen der nächsten Planung angibt. Zu beachten ist, daß aufgrund des hohen Anteils fixer Gemeinkosten

---

27   Vgl. Horváth, P.; Mayer, R.: (Prozeßkostenrechnung), S. 216; Mayer, R.: (Prozeßkostenmanagement), S. 76 und S. 94; Striening, H.-D.: (Prozeßmanagement), S. 327 f.
28   Vgl. Horváth, P.; Mayer, R.: (Konzeption), S. 24; Mayer, R.: (Prozeß(kosten)optimierung), S. 66.

zumindest große Teile der Prozeßkosten nicht automatisch mit der Verringerung der Prozeßmenge abnehmen wie dies bei beschäftigungsabhängig variablen Kosten der Fall ist. Es sind
daher geeignete Maßnahmen zur Anpassung an ein geändertes Arbeitsvolumen erforderlich;
diese können insbesondere Veränderungen im Personalbestand oder eine Änderung der Aufgabenverteilung umfassen.

Zusätzliche Informationen über Kostenentwicklungen und Rationalisierungspotentiale
lassen sich gewinnen, indem Zeitreihen der Prozeßkostensätze gebildet und ausgewertet werden. Unter anderem ist es möglich, die Kosten- und Kapazitätswirkungen veränderter Konstellationen der Kosteneinflußgrößen zu beobachten.

Insgesamt läßt der Einsatz der Prozeßkostenrechnung eine Verbesserung der Kostentransparenz in den Gemeinkostenbereichen erhoffen, die zu einer gezielten Steuerung des
Ressourcenverzehrs sowie zur Stärkung des Kostenbewußtseins der Verantwortlichen beitragen dürfte.

Die Prozeßanalyse ermöglicht zudem die Einrichtung eines Prozeßmanagements. Dessen
Ziel besteht in der ganzheitlichen Gestaltung von Prozessen in den Gemeinkostenbereichen.
Die Sicherung der effizienten Prozeßdurchführung soll unter anderem durch die Benennung
eines Prozeßverantwortlichen (Process Owner) gewährleistet werden. Zur Einführung lei-
stungsbezogener Zielvorgaben insbesondere für diese Prozeßverantwortlichen lassen sich die
Ergebnisse der Prozeßkostenrechnung ebenfalls heranziehen.[29]

Kalkulation von Produkten

Bei der Kalkulation von Produkten können Prozeßkostensätze als Kalkulationssätze verwendet werden, um Gemeinkosten möglichst verursachungsgerecht zuzuordnen und damit Fehlentscheidungen hinsichtlich des (mittel- und langfristigen) Produktionsprogramms und ab-
satzpolitischer Maßnahmen zu vermeiden. Bei den entsprechenden Kalkulationen werden
aber nur Teile der Gemeinkosten über Prozeßkostensätze, weitere Gemeinkosten hingegen
- falls überhaupt - über wertbezogene prozentuale Zuschlagsätze verrechnet. Dies liegt zum
einen darin begründet, daß nur bei einigen Prozessen eine Beziehung zwischen Produkt und
Prozeß besteht, die eine verursachungsgerechte Zuordnung ermöglicht. Zum anderen können
in eine Prozeßkostenrechnung nur repetitive Tätigkeiten einbezogen werden, zudem ist eine
Konzentration auf bestimmte Bereiche und Prozesse aufgrund des hohen Aufwandes nahelie-
gend. Die nicht den Produkten zugeordneten Kosten können in die Ergebnisrechnung (z.B. in
Form einer Mehrstufigen Fixkostendeckungsrechnung) einfließen.

HORVÁTH/MAYER schlagen vor, bei der Kalkulation Prozeßkostensätze von Hauptprozessen zu verwenden.[30] Zur Frage, ob lmi- oder Gesamtprozeßkosten(-sätze) in die Kalkulation
eingehen sollten, äußern sie sich nicht eindeutig. Einerseits wird darauf hingewiesen, daß es
sinnvoll sein kann, Gesamtprozeßkosten zu bilden, „z.B. um die Weiterverrechnung der gesamten Kosten für die Kalkulation sicherzustellen"[31], und auch in Beispielrechnungen werden
Gesamtprozeßkostensätze verwendet. Andererseits wird erwähnt, daß lmi- und Gesamtpro-

---

29   Vgl. dazu sowie zu den Aufgaben und der organisatorischen Einbindung eines 'Process Owner' Striening,
     H.-D.: (Prozeßmanagement), S. 327.
30   Vgl. Horváth, P.; Mayer, R.: (Konzeption), S. 25.
31   Horváth, P.; Mayer, R.: (Konzeption), S. 22.

zeßkostensätze getrennt voneinander geführt werden, und es wird der Eindruck erweckt, die Verrechnung von Gesamtprozeßkosten stelle eher einen Sonderfall dar, den einige Anwender präferieren.[32]

Produktnähe / Bezugsobjekt			Vorleistungs-prozesse	Betreuungs-prozesse	Abwicklungs-prozesse
primärer Leistungs-bereich	produkt-nahe Prozesse	Beispiele	Neuteile einführen, Neuprodukte ein-führen, Produktver-änderungen vor-nehmen	Teile verwalten, Varianten ver-walten	Beschaffung über Einzelverträge, Fertigungsauftrags-kommissionierung, Auftragsabwicklung
		Verrech-nungs-regel	Verrechnung über Bezugsgrößen und Prozeßkoeffizienten auf die Gesamt-produktionsmenge im Produktlebens-zyklus	Verrechnung über Bezugsgrößen und Prozeßkoeffi-zienten auf die Produktionsmenge der Periode	Verrechnung über Bezugsgrößen und Prozeßkoeffizienten auf Lose
		Ermitt-lung der Stück-kosten	$\dfrac{\text{zugerechnete Kosten}}{\text{Gesamtproduk-tionsmenge im Produktlebens-zyklus}}$	$\dfrac{\text{zugerechnete Kosten}}{\text{Produktions-menge der Periode}}$	$\dfrac{\text{zugerechnete Kosten}}{\text{Losgröße}}$
	produkt-ferne Prozesse	Beispiele	Lieferanten betreuen, Kunden betreuen		
		Verrech-nungs-regel	Verrechnung über wertmäßige Bezugsgrößen (Materialeinzelkosten, Herstellkosten)		
sekundärer Leistungs-bereich	sekundäre Prozesse und nicht repetitive Tätigkei-ten	Beispiele	Personal betreuen, Lohn- und Gehaltsabrechnung, Kostenplanung und -steuerung, Forschung und Entwicklung, Geschäftsführung		
		Verrech-nungs-regel	keine Verrechnung auf Objekte		

Abb. III-28: Regeln zur Verrechnung von Prozeßkosten auf Produkte bei der Prozeßkosten-rechnung nach HORVÁTH und MAYER[33]

Für das konkrete Vorgehen bei der Produktkalkulation formulieren HORVÁTH/MAYER einige prozeßspezifische Regeln, die in Abbildung III-28 zusammengefaßt sind. Demgemäß sollen die Kosten des *'sekundären Leistungsbereichs'*, der z.B. die Personalabteilung, Forschung und

---

[32] Vgl. Horváth, P.; Mayer, R.: (Konzeption), S. 20 ff.; Horváth, P.; Gaiser, B.: (Aufgaben), S. 53 ff.; Hor-váth, P.; Kieninger, M.; Mayer, R.; Schimank, C.: (Prozeßkostenrechnung), S. 620.

[33] Quelle: in modifizierter Form übernommen von Schweitzer, M.; Küpper, H.-U.: (Systeme), S. 367. Vgl. dazu und zu den folgenden Ausführungen auch Horváth, P.; Mayer, R.: (Konzeption), S. 16 ff.; Schweitzer, M.; Küpper, H.-U.: (Systeme), S. 365 ff.

Entwicklung sowie Geschäftsführung umfaßt, nicht den Produkten zugeordnet werden. Unter anderem daraus ergibt sich, daß die Prozeßkostenrechnung keine Vollkostenrechnung in Reinform darstellt. Für *'produktferne Prozesse des primären Leistungsbereichs'*, wie die Betreuung von Lieferanten und Kunden, wird eine Verrechnung über wertmäßige Zuschlagsbasen, z.B. als Zuschlag zu den Materialeinzel- oder Herstellkosten, vorgeschlagen. Eine Verrechnung über Prozeßkostensätze erfolgt demgemäß nur bei *'produktnahen Prozessen des primären Leistungsbereichs'*, d.h. Prozessen, bei denen ein direkter Zusammenhang zu den Produkten vorliegt, wie bei Materialeinkauf und -logistik sowie Auftragsplanung und -abwicklung.

Für die Verrechnung ist zunächst die Beziehung zwischen dem Kalkulationsobjekt und dem jeweiligen Hauptprozeß zu untersuchen und die erforderliche Prozeßmenge (bzw. Anzahl von Bezugsgrößeneinheiten) je Kalkulationseinheit, der Prozeßkoeffizient, festzulegen. Das Produkt aus dem Prozeßkoeffizienten und dem Prozeßkostensatz ergibt die dem Kalkulationsobjekt zuzurechnenden Kosten.[34]

Eine Kalkulation mit Prozeßkostensätzen läßt sich sowohl während des Entstehungszyklus, z.B. in Verbindung mit einem Target Costing oder Life Cycle Costing (vgl. hierzu die Abschnitte IV.2 und IV.3), als auch im Marktzyklus von Produkten durchführen. Die Verrechnung von Prozeßkostensätzen soll gemäß HORVÁTH/MAYER differenziert für die verschiedenen, diesen Zyklen zuordenbaren Prozeßarten vorgenommen werden. In *'Vorleistungsprozessen'* werden verwaltende und planende Aktivitäten im Entstehungszyklus zusammengefaßt, die der Vorbereitung von Beschaffung, Produktion sowie Absatz dienen und nicht eindeutig einzelnen Produkten zugeordnet werden können. Die Kosten dieser Prozesse sollen lediglich bei Kalkulationen berücksichtigt werden, die sich auf den vollständigen Lebenszyklus beziehen; sie werden dann auf die gesamte Produktionsmenge des Lebenszyklus verrechnet. Produktnahe *'Betreuungsprozesse'*, wie Teile oder Varianten verwalten, werden allein durch die Existenz bestimmter Teile oder Produkte hervorgerufen. Die von ihnen verursachten Kosten sollen der Produktionsmenge einer Periode zugerechnet werden; sie können entweder nur in Lebenszyklusrechnungen oder auch in laufende Kalkulationen innerhalb des Marktzyklus eingehen. Bei *'Abwicklungsprozessen'* schließlich handelt es sich um logistische und administrative Aktivitäten im Zusammenhang mit der Beschaffung, Produktion und Abwicklung von Kundenaufträgen. Die Kosten von Abwicklungsprozessen sollen auf ein Los verrechnet und auch in laufenden Kalkulationen im Marktzyklus erfaßt werden.

Im folgenden wird ein vereinfachtes *Beispiel* zur Produktkalkulation unter Nutzung von Prozeßkostensätzen betrachtet.[35] Es seien lediglich die in Abbildung III-29 aufgeführten Hauptprozesse relevant, und es werden nur deren lmi-Kosten verrechnet. Bei der Kalkulation zu berücksichtigen sind neben den entsprechenden Prozeßkostensätzen der Zuschlagsatz für die Verrechnung der Kosten des produktfernen Hauptprozesses 2 (2%) und dessen Zuschlagsbasis (Materialeinzelkosten), die Auftragsgröße (90 [ME]), die Periodenstückzahl (360 [ME]) sowie die Anzahl der erforderlichen Beschaffungsvorgänge (4).

---

34   Vgl. auch Lorson, P.: (Entwicklungsstand), S. 540; Glaser, H.: (Prozeßkostenrechnung), S. 282.
35   Zu ähnlichen Beispielen vgl. Schweitzer, M.; Küpper, H.-U.: (Systeme), S. 369; Horváth, P.; Mayer, R.: (Konzeption), S. 25 f.

Relevante Hauptprozesse		Bezugsgrößen		Lmi-Prozeßkosten	Lmi-Prozeßkostensatz
Nr.	Bezeichnung	Art	Menge	(GE)	(GE)
1	Material beschaffen	Bestellungen	1.200	480.000	400
2	Lieferanten betreuen	Lieferanten	100	100.000	1.000
3	Produktveränderungen vornehmen	Produktver-änderungen	200	600.000	3.000
4	Varianten betreuen	Varianten	100	1.200.000	12.000
5	Aufträge abwickeln	Aufträge	1.000	900.000	900

Abb. III-29: Relevante Hauptprozesse im Beispiel zur Produktkalkulation

Es ergibt sich dann der in Abbildung III-30 angegebene Ausschnitt eines Kalkulationsschemas, in dem die produktbezogenen Materialeinzelkosten (220 GE) und Fertigungseinzelkosten (90 GE) als Ergebnis anderer Kostenrechnungssysteme bzw. der Kostenartenrechnung in die Kalkulation eingehen. Die Kosten der Hauptprozesse 1 und 2 stellen Materialgemeinkosten dar. Während die Kosten des produktnahen Hauptprozesses 1 auf der Basis von Prozeßkosten verteilt werden, erfolgt beim produktfernen Hauptprozeß 2 eine Verrechnung als Zuschlag auf die Materialeinzelkosten. Bei Prozeß 3 handelt es sich um einen Vorleistungsprozeß, daher werden seine Kosten nicht einbezogen. Bei den Kosten der produktnahen Hauptprozesse 4 und 5 soll es sich um Bestandteile der Fertigungsgemeinkosten handeln,[36] sie werden ebenfalls über Prozeßkosten verrechnet.

Kostenkategorien	Prozeßkostensätze [GE]	Prozeßkoeffizienten	Kosten je Einheit [GE]
Materialeinzelkosten			220,00
Materialgemeinkosten			
• Kosten Hauptprozeß 1	400	4 (bei Auftragsgröße 90)	17,78
• Kosten Hauptprozeß 2			4,40
Fertigungseinzelkosten			90,00
Fertigungsgemeinkosten			
• Kosten Hauptprozeß 4	12.000	1 (bei Periodenstückzahl 360)	33,33
• Kosten Hauptprozeß 5	900	1 (bei Auftragsgröße 90)	10,00
Herstellkosten je Einheit			375,51
Herstellkosten des Auftrages			33.795,90

Abb. III-30: Beispiel zur Produktkalkulation

Für die konkrete Durchführung derartiger Produktkalkulationen werden drei Ansätze vorgeschlagen: die Einführung von Prozeßplänen, die die relevanten Prozeßkoeffizienten beinhalten, die Definition entsprechender Algorithmen in Kalkulationsprogrammen sowie Referenzkalkulationen, bei denen den Produkten die Prozeßkostensätze von Referenzteilen bzw. -produkten zugerechnet werden.[37]

---

36 Es wird unterstellt, daß sich die Hauptprozesse 4 und 5 auf fertigungsnahe Bereiche beziehen, so daß ihre Kosten den Fertigungsgemeinkosten zuzurechnen sind.

37 Vgl. Horváth, P.; Kieninger, M.; Mayer, R.; Schimank, C.: (Prozeßkostenrechnung), S. 614; Schweitzer, M.; Küpper, H.-U.: (Systeme), S. 366.

Aus der geschilderten Verrechnungsweise der Prozeßkostenrechnung resultieren einige Vorteile gegenüber einer traditionellen Kostenrechnung, bei der - im Rahmen einer Vollkostenrechnung und eventuell auch einer Teilkostenrechnung - eine Zuschlagskalkulation vorgenommen wird. Für die Zuschlagskalkulation ist charakteristisch, daß die Gemeinkosten den Produkten proportional zu einer Wertbasis (Materialeinzelkosten, Fertigungseinzelkosten, Herstellkosten) und der Produktmenge zugeordnet werden. Damit wird beispielsweise bei der Verrechnung von Materialgemeinkosten unterstellt, daß sich der durch eine Produkteinheit verursachte Ressourcenverzehr proportional zum Materialwert (den Materialeinzelkosten) verhält. Dieses Vorgehen weist den Nachteil auf, daß die auf spezifische Eigenschaften von Produkten, Produktprogrammen und Aufträgen zurückzuführende unterschiedliche Leistungsinanspruchnahme der Gemeinkostenbereiche durch die Kostenträger oftmals nicht verursachungsgerecht berücksichtigt wird. Insbesondere werden wichtige Bestimmungsfaktoren für die Leistungsinanspruchnahme im Gemeinkostenbereich, die Auftragsgröße (bzw. Auflagenoder Losgröße), die Komplexität der Produkte (und Produktionsprozesse) sowie die Variantenvielfalt (sowohl bei Produkten als auch bei Teilen), nicht angemessen erfaßt.[38]

Die *Auftragsgröße* ist wichtig für die verursachungsgerechte Zuordnung von Gemeinkosten, da die Erfüllung eines Kundenauftrags in den meisten Fällen weitgehend gleiche Tätigkeiten erfordert und damit einen weitgehend identischen personellen und materiellen Ressourcenverzehr in den indirekten Bereichen verursacht. Mit der Prozeßkostenrechnung wird versucht, die Kosten der entsprechenden Abwicklungsprozesse zu bestimmen, um sie dann den Aufträgen zuordnen zu können. Dadurch läßt sich - wie im obigen Beispiel beim Hauptprozeß 5 nachvollziehbar - erfassen, daß mit zunehmender Auftragsgröße die Höhe der durch die Auftragserfüllung verursachten (Prozeß-)Kosten je Stück abnimmt. Dieser *Degressionseffekt*, der auch hinsichtlich der Auflagen- oder Losgröße auftritt, wird bei einer Zuschlagskalkulation vernachlässigt, da allen Produktarten und -einheiten die Gemeinkosten auf der Basis auftragsgrößenunabhängiger Zuschlagssätze zugeordnet werden.

Die *Komplexität* eines Produktes kann z.B. an der Anzahl der Teile gemessen werden, aus denen es zusammengesetzt wird, oder an der Art und Anzahl der Arbeitsgänge, die zu seiner Fertigung erforderlich sind. Auch die Komplexität von Produkten bzw. Produktionsprozessen wirkt sich auf die Leistungsinanspruchnahme in den Gemeinkostenbereichen aus. Dieser *Komplexitätseffekt* läßt sich bei der Prozeßkostenrechnung berücksichtigen, indem die Teilezahl, die damit verbundene Anzahl notwendiger Bestellungen oder die Anzahl der Bearbeitungsschritte als Bezugsgrößen bei Betreuungs- oder Abwicklungsprozessen verwendet und damit als Basis für eine 'komplexitätsgerechte' Gemeinkostenzuordnung herangezogen werden; sie eignen sich eher als die bei der Zuschlagskalkulation verwendeten Zuschlagsbasen. Im obigen Beispiel könnten eine geringere Anzahl von Teilen pro Produkteinheit oder eine Normung von Teilen, die eine Sammelbestellung erlaubt, über eine geringere Zahl von Bestellungen Eingang in die Kalkulation finden. Auch durch die Einbeziehung von Vorleistungsprozessen, deren Anzahl von der Teilezahl abhängig ist, werden die Auswirkungen der Komplexität abgebildet.

---

[38]   Vgl. Cooper, R.; Kaplan, R.S.: (Cost), S. 23 ff.; Horváth, P.; Mayer, R.: (Prozeßkostenrechnung), S. 215 ff.; Johnson, H.T.; Kaplan, R.S.: (Relevance), S. 236 ff.; Coenenberg, A.G.; Fischer, T.M.: (Prozeßkostenrechnung), S. 32 ff.

Die *Variantenvielfalt* hat ebenfalls Auswirkungen auf die Gemeinkosten. So müssen Unternehmen, die geringe Produktmengen in Verbindung mit einer hohen Variantenzahl produzieren, mit höheren Gemeinkostenanteilen rechnen als Unternehmen, die wenige Produkte in großen Mengen herstellen. Die Prozeßkostenrechnung ist eher als die Zuschlagskalkulation geeignet, die Kosten der Variantenvielfalt transparent zu machen. Dazu kann zum einen - wie in den oben dargestellten Beispielen - der Hauptprozeß der Variantenbetreuung definiert und analysiert werden. Zum anderen wird von den Vertretern der Prozeßkostenrechnung eine 'Variantenkalkulation' vorgeschlagen. Bei dieser wird der Zusammenhang zwischen der Zahl der Varianten und den (Prozeß-)Kosten auf der Kostenstellenebene hergestellt, indem jeweils ein Teil der Prozeßmengen der leistungsmengeninduzierten Teilprozesse in Abhängigkeit von der Produkt-/Variantenzahl sowie dem Mengenvolumen prognostiziert wird und eine nach diesen beiden Einflußgrößen differenzierte Kostenzuordnung erfolgt. Dieses Vorgehen, mit dem die Auswirkungen von Änderungen des Produkt- oder Teilesortiments aufgezeigt werden sollen, setzt eine vorgegebene Struktur von Varianten und Produktionsmengen sowie die Aufspaltbarkeit der Prozeßkosten voraus.[39]

Aus den obigen Ausführungen läßt sich ableiten, daß bei der Zuschlagskalkulation Produkte mit relativ hohen Auftragsgrößen im Vergleich zu solchen mit geringen Auftragsgrößen ebenso zu stark mit Kosten belastet werden wie wenig komplexe Produkte gegenüber sehr komplexen Produkten sowie Standardprodukte und -teile in Relation zu exotischen Varianten und Spezialteilen. Diese systematischen Fehler der traditionellen Kostenrechnungssysteme, deren Auswirkungen auf die Produktkosten vor allem in Unternehmen mit sehr vielen Produkten kaum abschätzbar sind, sollen mit Hilfe der oben beschriebenen Allokation der Gemeinkosten über Prozeßkostensätze und Prozeßkoeffizienten vermieden werden (*Allokationseffekt*). Die mit der Prozeßkostenrechnung gewonnenen Informationen sollen dann Signale für mittel- und langfristige Entscheidungen hinsichtlich des Produktionsprogramms und der absatzpolitischen Maßnahmen vermitteln und in entsprechende Investitionsrechnungen eingehen.[40]

3.4   Beurteilung der Prozeßkostenrechnung

Die *Einsatzmöglichkeiten* und *Vorteile* der Prozeßkostenrechnung nach HORVÁTH/MAYER sind bereits im vorherigen Abschnitt angesprochen worden. Sie seien hier zusammenfassend aufgeführt. Mit der Identifikation und Berücksichtigung einiger bedeutender Kosteneinflußgrößen, der Nutzung von Mengengrößen als Bezugsgrößen für Prozesse in den indirekten Bereichen (zur Kostenkontrolle wie zur Kalkulation) sowie der kostenstellenübergreifenden Prozeßbetrachtung beinhaltet die Prozeßkostenrechnung einige Elemente, die Neuerungen gegenüber der traditionellen Kostenrechnung darstellen und ein Potential für eine verbesserte

---

39   Zu einer entsprechenden Beispielberechnung, in die auch die Analyse einer Variantenreduktion einbezogen wird, vgl. Horváth, P.; Mayer, R.: (Prozeßkostenrechnung), S. 218 f. Vgl. dazu auch Schweitzer, M.; Küpper, H.-U.: (Systeme), S. 370 ff.

40   Vgl. Horváth, P.; Kieninger, M.; Mayer, R.; Schimank, C.: (Prozeßkostenrechnung), S. 622.

Abbildung des Ressourcenverzehrs in den Gemeinkostenbereichen bilden.[41] Ihre Anwendung kann zu einer erhöhten Kostentransparenz in den indirekten Bereichen und einer besseren Planung und Steuerung der Gemeinkosten führen. Dabei bestehen in der abteilungsübergreifenden Betrachtungsweise sowie der kontinuierlichen Anwendung, durch die laufend Informationen zur Kostenvorgabe und -kontrolle bereitgestellt werden können, Vorteile gegenüber anderen Ansätzen zur Gemeinkostensteuerung wie dem Zero-Base-Budgeting sowie der Gemeinkostenwertanalyse. Außerdem ist es möglich, die Ergebnisse der Prozeßkostenrechnung zur Kalkulation von Produkten heranzuziehen; einige wichtige Einflußgrößen auf den Ressourcenverzehr in den indirekten Bereichen wie Auftragsgröße, Komplexität und Variantenvielfalt lassen sich mit Hilfe von Prozeßkostensätzen bei der Gemeinkostenzuordnung berücksichtigen.

Für den Anwendungsbereich der Prozeßkostenrechnung und die Aussagekraft ihrer Ergebnisse bestehen allerdings einige *Grenzen.*

So ist der *Anwendungsbereich* auf repetitive, strukturierte Abläufe in den indirekten Bereichen beschränkt. Die Anzahl derartiger Prozesse und damit der potentielle Einsatzbereich der Prozeßkostenrechnung dürfte stark durch die Unternehmensstruktur und -organisation bedingt sein. Besonders erfolgversprechend erscheint der Einsatz der Prozeßkostenrechnung in Unternehmen mit sehr hohen Gemeinkostenanteilen, z.B. im Dienstleistungsbereich.

Aufgrund der Konzentration auf die indirekten Bereiche ist eine Integration in ein umfassendes Kostenrechnungssystem erforderlich. Dieses kann als weitere Elemente insbesondere eine traditionelle Vollkostenrechnung und/oder eine Grenzplankosten- und Deckungsbeitragsrechnung enthalten. Die Integration erfordert einerseits die rechentechnische Verknüpfung der Teilsysteme. Andererseits müssen die Anwender zumindest bei einer Integration von Prozeßkostenrechnung sowie Grenzplankosten- und Deckungsbeitragsrechnung auch unterschiedliche Philosophien (Fixkostenverrechnung und Teilkostendenken) in Einklang bringen.

Ein Anwendungsproblem der Prozeßkostenrechnung besteht darin, daß bei ihrer Einführung Widerstände der betroffenen Mitarbeiter (verursacht z.B. durch die Tätigkeitsanalyse) zu erwarten sind. Daher ist eine umfangreiche Informations- und Überzeugungsarbeit durch das mit der Einführung der Prozeßkostenrechnung beauftragte Projektteam notwendig. Unter anderem aufgrund der zusätzlichen Belastung der Mitarbeiter sowie des entstehende monetären Aufwandes kann sich zudem eine sukzessive Implementierung der Prozeßkostenrechnung als vorteilhaft erweisen.

Eine eingeschränkte *Aussagekraft der Ergebnisse* der Prozeßkostenrechnung resultiert aus *Ungenauigkeiten der Abbildung des Ressourcenverzehrs* in den indirekten Bereichen, die sowohl durch das Konzept als auch durch die konkrete Durchführung der einzelnen Schritte bedingt sein können. Sollen die Prozesse, Prozeßkosten und Prozeßkostensätze den Ressourcenverzehr exakt abbilden, dann muß gelten, daß

-   alle relevanten Teilprozesse erfaßt sind,
-   die Zuordnung von Teil- zu Hauptprozessen realitätsgerecht erfolgt,

---

41   Vgl. Pfohl, H.-C.; Stölzle, W.: (Anwendungsbedingungen), S. 1299; Glaser, H.: (Prozeßkostenrechnung), S. 287; Küpper, H.-U.: (Prozeßkostenrechnung), S. 389; Franz, K.-P.: (Prozeßkostenrechnung), S. 128 ff.; Reckenfelderbäumer, M.: (Entwicklungsstand), S. 119 ff.

- der bewertete Ressourcenverzehr sich sowohl auf Teil- als auch auf Hauptprozeßebene proportional zur Menge der Bezugsgröße verhält und
- Prozeßmengen sowie Prozeßkosten zutreffend prognostiziert bzw. ermittelt werden.[42]

Diese Annahmen werden aus verschiedenen Gründen in der Regel nicht erfüllt sein. Ein Problem stellt vor allem die Prämisse einer linearen Beziehung zwischen Bezugsgrößenmenge und Ressourcenverzehr dar. Der bewertete Ressourcenverzehr wird sich häufig nicht proportional zur Bezugsgrößenmenge verhalten, da keine kontinuierlichen Anpassungsmöglichkeiten bestehen, die Faktorpreise von der Bezugsgrößenmenge abhängig sein können, Größendegressions- und Lerneffekte auftreten oder neben der gewählten Bezugsgröße auch andere Faktoren die Prozeßkosten beeinflussen. So wird eine Verdoppelung des Arbeitsvolumens (z.B. der Anzahl von Beschaffungsvorgängen) nur selten zu einer Verdoppelung der Prozeßkosten (im Beispiel durch Beschaffungsprozesse verursachte Kosten) führen. Auch bei einer Verringerung des Leistungsvolumens dürfte es oftmals nicht möglich sein, mittels entsprechender Maßnahmen die Prozeßkosten in proportionalem Ausmaß zu senken; die Flexibilität wird bei Annahme eines linearen Kostenverlaufs überschätzt. Besonders problematisch erscheint die Prämisse einer proportionalen Beziehung zwischen Bezugsgrößenmenge und Ressourcenverzehr auf der Ebene der - besonders komplexen - Hauptprozesse. Dies gilt in verstärktem Maße dann, wenn die Cost Driver der Hauptprozesse nicht mit den Bezugsgrößen der zugeordneten Teilprozesse übereinstimmen, da dann die unterstellte Relation zwischen Prozeßkosten und Bezugsgröße besonders schwach begründet ist.[43] Zudem mangelt es an der Systematisierung prozeßbezogener Kosteneinflußgrößen, und es wird erkennbar, daß eine prozeßbezogene Kostentheorie bisher allenfalls in Ansätzen existiert.

Im Zusammenhang mit der Annahme einer proportionalen Beziehung zwischen Bezugsgrößenmenge und bewertetem Ressourcenverzehr ist des weiteren darauf hinzuweisen, daß bei der Prozeßkostenrechnung fixe Kosten verrechnet werden, da die Prozeßkostensätze als durchschnittliche Kosten für die einmalige Durchführung eines Prozesses Fixkostenanteile enthalten. Auf der einen Seite ist es vorteilhaft, daß auch die fixen Kosten einer Analyse unterzogen werden. In den betrachteten Bereichen existieren zudem nur relativ geringe variable Kosten. Außerdem stellt die Prozeßkostenrechnung auf die Vorbereitung mittel- und langfristiger Entscheidungen ab, in den entsprechenden Zeiträumen sind die häufig dominanten Personalkosten veränderbar. Auf der anderen Seite wird die Höhe der Prozeßkostensätze aufgrund der Fixkostenverrechnung sehr stark durch die Prozeßmenge determiniert, deren Bestimmung ihrerseits ein Problem darstellt. Fehlschätzungen der Planprozeßmenge (z.B. aufgrund einer falschen Annahme über zukünftige Produktions- und Absatzmengen) haben falsche Prozeßkostensätze zur Folge.[44] Schließlich resultiert aus der Verrechnung fixer Kosten der Nachteil, daß eine adäquate Abbildung kurzfristiger Kostenveränderungen nicht möglich ist.

Aber auch eine exakte Abbildung mittel- und langfristiger Ressourcenverbräuche kann mittels einer Prozeßkostenrechnung nicht erfolgen, da es sich um einen statischen Ansatz

---

[42] Vgl. zu ähnlichen Aussagen zu den Anwendungsbedingungen der Prozeßkostenrechnung Schweitzer, M.; Küpper, H.-U.: (Systeme), S. 372 ff.

[43] Vgl. Schweitzer, M.; Küpper, H.-U.: (Systeme), S. 370.

[44] Vgl. Franz, K.-P.: (Prozeßkostenrechnung), S. 128; Kloock, J.: (Prozeßkostenrechnung), S. 237.

handelt, bei dem eher kurzfristige Prognosen der relevanten Größen verwendet werden. Eine genaue Abbildung mittel- und langfristiger Entscheidungsprobleme würde es erfordern, daß mittel- und langfristige Prognosen erstellt werden und eine dynamische Betrachtung erfolgt, bei der Zins- und Zinseszinseffekte sowie die Fristen, in denen Ressourcen abbaubar sind, berücksichtigt werden.[45]

Neben der Fixkostenverrechnung treten bei der Prozeßkostenrechnung weitere Kostenproportionalisierungen auf, und zwar bei der Zurechnung der Kosten leistungsmengenneutraler auf die leistungsmengeninduzierten Prozesse sowie ggf. bei der Prognose der Kosten der einzelnen Teilprozesse (Verteilung normalisierter Stellenkosten auf die Prozesse, Kostenzuordnung auf Basis der Personalkosten oder generell Schlüsselung von Prozeßgemeinkosten).[46]

Abweichungen von den oben aufgeführten Annahmen können auch aus der konkreten Durchführung der einzelnen Aktivitäten der Prozeßkostenrechnung resultieren, insbesondere aus der Definition von Teil- und Hauptprozessen, der Differenzierung zwischen leistungsmengenneutralen und -induzierten Teilprozessen, der Festlegung von Bezugsgrößen sowie der Bestimmung von Planprozeßmengen und Prozeßkosten. Dies gilt in besonderem Maße, da der hohe Aufwand, der mit einer Prozeßkostenrechnung verbunden ist, Vereinfachungen wie die angesprochenen Kostenproportionalisierungen nahelegt. Zudem existieren für die einzelnen Aktivitäten der Prozeßkostenrechnung bisher kaum operationale, weitgehend allgemeingültige Regeln. Auf die Problematik der Ermittlung geeigneter Bezugsgrößen sowie der Prognose von Planprozeßmengen und Prozeßkosten wurde bereits hingewiesen. Außerdem stellen sich die Fragen, auf welchem Aggregationsniveau die Teil- und Hauptprozesse definiert werden sollten (woraus sich deren Anzahl ergibt) und wie bei der Hauptprozeßverdichtung vorzugehen ist. Das Fehlen allgemeingültiger Regeln ist unter anderem darauf zurückzuführen, daß bei der Prozeßkostenrechnung ein weitgehend unternehmensindividuelles Vorgehen sinnvoll erscheint, da die Kosteneinflußgrößen von den spezifischen Unternehmensgegebenheiten abhängig sind. Beispielsweise sollte die Anzahl der Hauptprozesse neben der Abgrenzung des Untersuchungsbereichs und der angestrebten Genauigkeit der Verrechnung von der Unterschiedlichkeit der Produkte, Produktmengen und analysierten Aktivitäten abhängig gemacht werden. Der Mangel an operationalen Regeln bewirkt aber, daß die Durchführung der entsprechenden Tätigkeiten und damit auch die Ergebnisse der Prozeßkostenrechnung in hohem Ausmaß durch das Fingerspitzengefühl der Beteiligten bestimmt werden.[47]

Diese durch das Konzept und die konkrete Durchführung der Prozeßkostenrechnung verursachten Mängel bei der Abbildung des Ressourcenverzehrs schränken ihre Eignung für die Gemeinkostenplanung und -steuerung sowie die Kalkulation von Produkten ein.

Im Hinblick auf die *Auswertung der Ergebnisse einer Prozeßkostenrechnung* ist generell zunächst auf die Bedeutung einer richtigen Interpretation der Resultate hinzuweisen. Insbesondere sollte dem Anwender der Prozeßkostenrechnung bewußt sein, daß die Prozeßkostensätze die durchschnittlichen Kosten für die einmalige Durchführung des entsprechenden Pro-

---

45   Vgl. dazu auch Schweitzer, M.; Küpper, H.-U.: (Systeme), S. 378; Kloock, J.: (Prozeßkostenrechnung), S. 238 ff.; Glaser, H.: (Prozeßkostenrechnung), S. 288.

46   Vgl. Fröhling, O.: (Kostenmanagement), S. 166; Glaser, H.: (Prozeßkostenrechnung), S. 280; Reckenfelderbäumer, M.: (Entwicklungsstand), S. 123.

47   Vgl. Pfohl, H.-C.; Stölzle, W.: (Anwendungsbedingungen), S. 1294.

zesses darstellen und Kostenveränderungen weitgehend von geeigneten Anpassungsmaßnahmen abhängig sind.

Im Rahmen der *Gemeinkostenplanung und -steuerung* wird ein recht einfacher Soll-Ist-Vergleich vorgeschlagen, der lediglich den Unterschied zwischen tatsächlicher und geplanter Prozeßmenge aufzeigt. Ein Informationsdefizit ist darin zu sehen, daß zwar Daten über die kapazitätsmäßige Auslastung zur Verfügung gestellt werden, aber keine Informationen über die Bindungsdauer bzw. Abbaubarkeit der einzelnen Ressourcen (Personal, Betriebsmittel, über Miet-, Pacht- oder Dienstleistungsverträge bereitgestellte Produktionsfaktoren) sowie deren Beitrag zur Betriebsbereitschaft. Entsprechende Daten sind aber für kapazitätsmäßige Anpassungen durchaus relevant.[48] Auf Möglichkeiten, die durch die Prozeßkostenrechnung gewonnenen Informationen zur Erfassung und Bewertung von alternativen Möglichkeiten der Prozeßdurchführung zu nutzen, wird in der Literatur kaum hingewiesen.

In bezug auf die *Kalkulation von Produkten* kann sich die Verwendung der Bezugsgrößen der Hauptprozesse als problematisch erweisen. Das oben beschriebene Vorgehen setzt voraus, daß eine Beziehung zwischen Bezugsgrößen und Produkten besteht, die es erlaubt, die jeweils notwendigen Prozeßmengen zu bestimmen. Außerdem wird unterstellt, daß eine mengenunabhängige Prozeßbeanspruchung durch das Kalkulationsobjekt vorliegt, die in einem konstanten Prozeßkoeffizienten erfaßbar ist. Diese Annahme werden häufig nicht zutreffen. Die Prozeßkoeffizienten können je nach Prozeß vom Produktionsprogramm (Anzahl Varianten, Produktionsmengen je Periode und Auftrag usw.), der Bestellpolitik (Sammelbestellung, Bestellmenge etc.) und anderen Faktoren abhängig sein. Die Ermittlung der Prozeßkoeffizienten setzt daher unter anderem eine gegebene Zusammensetzung des Produktionsprogramms und eine bestimmte Bestellpolitik voraus.[49] Auch das für die Variantenkalkulation vorgeschlagene Vorgehen erscheint problematisch, insbesondere bezüglich der Schätzung mengen- und variantenzahlabhängiger Prozeßkostenanteile.[50]

Nicht geklärt ist zudem die Frage, ob Gesamt- oder lmi-Prozeßkostensätze auf die Produkte verrechnet werden sollten. Bei leistungsmengenneutralen Prozessen dürfte der Produktbezug fehlen, so daß es bei Verrechnung von Gesamtprozeßkostensätzen zu Verzerrungen der Produktkosten kommen kann; dies stellt ein Argument gegen ein entsprechendes Vorgehen dar.[51]

Da Fixkosten verrechnet werden, liefert die Prozeßkostenrechnung keine adäquaten Informationen über kurzfristige Kostenveränderungen, und es lassen sich auf ihrer Basis keine kurzfristig relevanten Stückkosten oder Preisuntergrenzen für die Lösung kurzfristiger Entscheidungsprobleme, z.B. die Gestaltung des operativen Produktions- und Absatzprogramms, bestimmen.

Eine weitere Grenze der Prozeßkostenrechnung existiert im Hinblick auf die *Wirtschaftlichkeit*. Die Einführung einer Prozeßkostenrechnung und deren permanente Anwendung sind

---

[48] Vgl. Fröhling, O.: (Prozeßkostenrechnung), S. 554; Reichmann, T.; Fröhling, O.: (Plankostenrechnung), S. 43. Damit wird der Auffassung von Vertretern der Prozeßkostenrechnung widersprochen, bei einem Personalkostenanteil von 80% in den indirekten Unternehmensbereichen sei eine entsprechende Differenzierung wenig sinnvoll. Vgl. Mayer, R.: (Rückschritt), S. 275; Horváth, P.; Kieninger, M.; Mayer, R.; Schimank, C.: (Prozeßkostenrechnung), S. 619.

[49] Vgl. Kloock, J.: (Rückschritt), S. 188.

[50] Vgl. Glaser, H.: (Prozeßkostenrechnung), S. 284; Lorson, P.: (Entwicklungsstand), S. 540.

[51] Vgl. Pfohl, H.-C.; Stölzle, W.: (Anwendungsbedingungen), S. 1292; Fröhling, O.: (Thesen), S. 727 f.

mit erheblichem Aufwand verbunden. Vor allem die Prozeßanalysen erweisen sich in der Regel als sehr zeitaufwendig. Zwar kann der Aufwand durch geeigneten Einsatz der EDV gemindert werden,[52] er läßt aber dennoch eine Konzentration auf Schwerpunkte sinnvoll erscheinen, damit die Wirtschaftlichkeit der Prozeßkostenrechnung gewahrt bleibt.

Zusammenfassend läßt sich feststellen, daß die Prozeßkostenrechnung nach HORVÁTH und MAYER einige Neuerungen aufweist, die Potentiale für eine verbesserte Kostenerfassung und -verrechnung darstellen, ihre Einsatzmöglichkeiten und die Aussagekraft ihrer Ergebnisse aber auch in mehrfacher Hinsicht begrenzt sind. Es ist noch offen, inwieweit sich derartige Mängel auswirken und ob die Prozeßkostenrechnung wirklich die richtigen Signale für mittel- und langfristige Entscheidungen setzt, wie dies postuliert wird.[53] Die im nächsten Abschnitt diskutierten weiterführenden Ansätze können dazu dienen, die bisherigen Einsatzmöglichkeiten zu verbessern und die bestehenden Grenzen abzubauen.

3.5 Entwicklungslinien der Prozeßkostenrechnung

In diesem Abschnitt sollen zwei Entwicklungslinien beschrieben werden, die hinsichtlich der Prozeßkostenrechnung im weiteren Sinn in den letzten Jahren verfolgt worden sind. Dabei handelt es sich zum einen um Ansätze zur Verbesserung des von HORVÁTH und MAYER vorgeschlagenen Systems, zum anderen um Konzepte zur Nutzung von prozeßbezogenen Kosteninformationen in anderen Kostenrechnungssystemen, insbesondere die bereits in Abschnitt II.3.1 genannten prozeßorientierten Formen der Grenzplankosten- und Deckungsbeitragsrechnung sowie der Mehrstufigen Fixkostendeckungsrechnung.

Ansätze zur Weiterentwicklung der Prozeßkostenrechnung nach HORVÁTH und MAYER

Nach der Vorstellung des Prozeßkostenrechnungssystems von HORVÁTH und MAYER sind eine Reihe von Vorschlägen zur Verbesserung dieses Instruments unterbreitet worden. HORVÁTH und MAYER selbst haben einige Elemente präzisiert und modifiziert, die entsprechenden Änderungen sind in den obigen Ausführungen bereits berücksichtigt. Von anderen Autoren wird für die Kalkulation angeregt, auf die Umlage der Kosten leistungsmengenneutraler Prozesse auf die leistungsmengeninduzierten Prozesse zu verzichten, die entsprechenden Kosten in einem Pool zu sammeln und sie durch prozentuale Zuschläge auf die Gesamtsumme der produktspezifisch vorliegenden Einzel- und Prozeßkosten zu verrechnen,[54] oder aber die Prozeßkosten über die Kostensätze von Teilprozessen den Kalkulationsobjekten zuzuordnen.[55] Um diejenigen Kosten in Gruppen zusammenzufassen, die sich bei Änderungen von Prozeßmengen in ähnlicher Weise anpassen lassen, soll eine differenzierte Erfassung von

---

52 Zur Nutzung der EDV bei der Prozeßkostenrechnung vgl. Kagermann, H.: (Methodik); Kieninger, M.; Gehrke, I.: (Prozeßkostenmanagement), zu einem System von Prozeßkostenmodellen, die als Basis einer computerunterstützten Planung dienen können, vgl. Zwicker, E.: (Prozeßkostenrechnung), S. 1 ff. und S. 72 ff.

53 Vgl. Horváth, P.; Kieninger, M.; Mayer, R.; Schimank, C.: (Prozeßkostenrechnung), S. 622.

54 Vgl. Coenenberg, A.G.; Fischer, T.M.: (Prozeßkostenrechnung), S. 30 f. Dem wird allerdings entgegnet, es bestünde dann die Gefahr, daß „wieder große Gemeinkostenblöcke einer Einflußnahme entzogen und als unabänderlich festgeschrieben" (Mayer, R.: (Prozeßkostenmanagement), S. 92) werden.

55 Vgl. Küting, K.; Lorson, P.: (Stand), S. 95 f.; Roolfs, G.: (Gemeinkostenmanagement), S. 205, sowie zu einem weiteren Vorschlag für die Produktkalkulation Cooper, R.: (Einführung), S. 345 ff.

'leistungsabhängigen Sachkosten', 'Personalkosten' sowie 'zeitgebundenen Nutzungskosten' erfolgen.[56] Außerdem wird die Aufnahme von Informationen über die Abbaubarkeit von Kosten vorgeschlagen.[57]

Ein umfassender Ansatz zur Verbesserung des Instrumentariums der Prozeßkostenrechnung wird von GLASER vorgelegt.[58] Unter Nutzung von Elementen der Grenzplankosten- und Deckungsbeitragsrechnung entwickelt sie ein Deckungsbeitragsmodell der Prozeßkostenrechnung zur Vorbereitung kurz-, mittel- und langfristiger Entscheidungen und leitet aus diesem die folgenden Anforderungen an die Schritte der Prozeßkostenrechnung und die Auswertung von Prozeßkosten ab:

- mehrstufige Analyse des Systems der in den indirekten Bereichen relevanten Kosteneinflußgrößen,
- Abbildung der Kosteneinflußgrößen durch adäquate Kostenstellen- und Prozeßgliederung sowie Bezugsgrößenwahl,
- Erfassung der Abbaubarkeit der Kosten,
- analytische Planung von Prozeßmengen und Prozeßkosten,
- verursachungsgerechte, flexible Kalkulation unter wahlweiser Einbeziehung kurz-, mittel- und langfristig abbaubarer Kosten sowie
- Berücksichtigung kurz-, mittel- und langfristiger Zeiträume und Ausweis der Abbaubarkeit der Kosten in der Ergebnisrechnung.

Auf der Grundlage des Modells und der daraus abgeleiteten Anforderungen werden Gestaltungshinweise für die Schritte der Prozeßkostenrechnung (Prozeß- und Kostenstellengliederung, Bezugsgrößenwahl sowie Planung der Prozeßmengen und Prozeßkosten) sowie die Auswertung von Prozeßkosten (Kalkulation und Ergebnisrechnung) formuliert. Dies beinhaltet den Vorschlag, bei der Kalkulation den Produkten die kurzfristig veränderbaren Kosten über die Prozeßkostensätze von Teilprozessen zuzuordnen, um deren Bezugsgrößen zu nutzen und aus der Verwendung von Hauptprozeßkostensätzen resultierende Ungenauigkeiten zu vermeiden. Zur Berücksichtigung der unterschiedlichen Inanspruchnahme von Prozessen durch Produkte wird die Nutzung von Äquivalenzziffern (ergänzend zu Prozeßkoeffizienten) angeregt. Zudem werden Vereinfachungen nahegelegt, die den mit der Anwendung des Modells verbundenen Aufwand reduzieren sollen. Die Konzentration auf die indirekten Bereiche sowie die Trennung zwischen Haupt- und Teilprozessen als Merkmale der Prozeßkostenrechnung nach HORVÁTH und MAYER werden beim Ansatz von GLASER beibehalten.

Nutzung von prozeßbezogenen Kosteninformationen in anderen Kostenrechnungssystemen

Nach Beginn der Diskussion um die Prozeßkostenrechnung sind auch einige Konzepte entwickelt worden, die darauf abzielen, Informationen über prozeßbedingte Kosten in anderen Kostenrechnungssystemen zu nutzen.

Bei einer *prozeßorientierten Zuschlagskalkulation* werden die Gemeinkosten mit Hilfe

---

56 Vgl. Mayer, R.: (Kapazitätskostenrechnung), S. 173 ff.; Mayer, R.; Kaufmann, L.: (Prozeßkostenrechnung II), S. 305 ff.
57 Vgl. Reichmann, T.; Fröhling, O.: (Prozeßkostenrechnung), S. 157 f.; Friedl, B.: (Anforderungen), S. 112.
58 Vgl. Glaser, K.: (Deckungsbeitragsrechnung), S. 17 ff.

wertbezogener Zuschlagsätze verrechnet, die auf der Basis einer Prozeßanalyse ermittelt und nach Produktgruppen differenziert sind. Ein entsprechendes Vorgehen erscheint vor allem bei homogenen Produktgruppen mit hohen und konstanten Produktmengen sowie geringen Schwankungen von Prozeßkostenstruktur und Prozeßmenge sinnvoll, es läßt sich auch mit einer Verrechnung von Prozeßkostensätzen kombinieren.[59]

Weitere Vorschläge beziehen sich auf die Verbindung der Prozeßkostenrechnung mit der Relativen Einzelkosten- und Deckungsbeitragsrechnung von RIEBEL[60] oder der Grenzplankosten- und Deckungsbeitragsrechnung. So stellt die *prozeßkonforme Grenzplankostenrechnung* eine Erweiterung der Grenzplankosten- und Deckungsbeitragsrechnung dar, bei der Gemeinkosten insbesondere aus den indirekten Bereichen den Produkten über Prozesse zugeordnet werden können.[61] Auf der Grenzplankosten- und Deckungsbeitragsrechnung basieren auch die Ansätze einer *flexiblen Prozeßkostenrechnung* bzw. einer *prozeßorientierten Kalkulation auf Teilkostenbasis*, bei denen den Prozessen bzw. Produkten nur variable Kosten zugeordnet werden.[62]

Es bietet sich zudem an, eine prozeßorientierte Teilkostenrechnung mit einer mehrstufigen Fixkostendeckungsrechnung zu verbinden. Einen Ansatz hierfür, die *mehrstufige Periodenrechnung auf der Basis von Prozeßkosten*, stellen SCHWEITZER/KÜPPER bzw. SCHWEITZER/FRIEDL vor.[63] Dieses Konzept sieht vor, zunächst zu untersuchen, bei welchen Prozessen die Prozeßmengen von programmorientierten Kosteneinflußgrößen abhängig sind. Darauf basierend wird die Beziehung zwischen den fixen Kosten dieser Prozesse und den Kosteneinflußgrößen analysiert, und es erfolgt eine prozeßbezogen differenzierte Verrechnung der variablen Gemeinkosten der indirekten Bereiche auf die Kalkulationsobjekte über Prozeßbezugsgrößen. Damit sollen den Kalkulationsobjekten die gesamten relevanten Kosten zugeordnet und Hinweise auf Kostenbeeinflussungspotentiale gewonnen werden.

Schließlich sind Konzepte für eine aussagekräftige Kontrolle von Prozeßkosten entwickelt worden, die im Rahmen von Teilkostenrechnungen die differenzierte Analyse mehrerer Kosteneinflußgrößen auf Teil- und Hauptprozeßebene ermöglichen.[64]

Die Integration prozeßbezogener Kosteninformationen in Systeme der traditionellen Kostenrechnung stellt eine Alternative zur Nutzung und Verbesserung des Konzeptes von HORVÁTH und MAYER dar, wobei beide Entwicklungslinien sich in einigen Aspekten einander anzunähern scheinen.

---

[59] Vgl. Franz, K.-P.: (Prozeßkostenrechnung), S. 127.

[60] Vgl. dazu und zu einem Vergleich beider Systeme Schellhaas, K.-U.; Beinhauer, M.: (Entscheidungsrelevanz), S. 301 ff.

[61] Vgl. Müller, H.: (Grenzplankostenrechnung), S. 127 ff.; Schweitzer, M.; Küpper, H.-U.: (Systeme), S. 519 ff.

[62] Vgl. zum ersten Ansatz Kloock, J.: (Prozeßkostenrechnung), S. 240 ff.; Kloock, J.: (Deckungsbeitragsrechnung), S. 137 ff., zum zweiten Wäscher, D.: (Gemeinkosten-Management), S. 313. Zur Konzeption einer prozeßorientierten Kostenrechnung für den Industrie- und Dienstleistungsbereich auf der Grundlage der Grenzplankosten- und Deckungsbeitragsrechnung vgl. Vikas, K.: (Konzepte).

[63] Vgl. Schweitzer, M.; Küpper, H.-U. (Systeme), S. 572 ff.; Schweitzer, M.; Friedl, B.: (Aussagefähigkeit), S. 83 ff. Auf weitere Konzepte, wie die differenziert-mehrstufige Fixkostendeckungsrechnung auf der Basis einer Prozeßkostenrechnung oder die Ergebnisrechnung auf der Basis von Prozeßkostenmodellen, sei hier lediglich verwiesen. Vgl. zum ersten Ansatz Dierkes, S.: (Planung), S. 70 ff.; Dierkes, S.: (Fixkostendeckungsrechnungen), S. 397 ff., zum zweiten Zwicker, E.: (Prozeßkostenrechnung), S. 43 ff.

[64] Vgl. Lengsfeld, S.: (Kostenkontrolle), S. 17 ff.; Dierkes, S.: (Planung), S. 118 ff.

4 Weitere Ausgestaltungsformen von Kostenrechnungssystemen

4.1 Verhaltensorientierung in der Kostenrechnung

Die Beeinflussung des Verhaltens der im Unternehmen tätigen Personen stellt ein Rechnungsziel der Kostenrechnung dar (vgl. Abschnitt I.3). Ihr wird allerdings in der Literatur zur Kostenrechnung bisher tendenziell weniger Bedeutung beigemessen als der Abbildung und Dokumentation des Betriebsprozesses sowie der Bereitstellung von Informationen zur Planung und Realisation des Betriebsprozesses. Auch in diesem Lehrbuch stehen die letztgenannten Funktionen im Vordergrund, auf die Verhaltenssteuerung ist primär im Zusammenhang mit der Plankostenrechnung eingegangen worden. Diese dient - wie in Abschnitt III.2.1 erwähnt - in der Form einer *Standardkostenrechnung* primär der Verhaltenssteuerung.[1]

Mit der Steuerung des Verhaltens der Mitarbeiter soll erreicht werden, daß diese Entscheidungen derart treffen und Handlungen so realisieren, daß dies der Erreichung der Unternehmensziele dienlich ist. Sie wird primär dadurch erforderlich, daß im Unternehmen mehrere Personen agieren, die verschiedene Ziele verfolgen und unterschiedliche Informationsstände aufweisen. Besonders wichtig ist sie dann, wenn eine Reihe eigenständiger Verantwortungsbereiche im Unternehmen existiert (z.B. mit Verantwortlichkeiten für Kosten, Erlöse, Gewinne oder Investitionen, d.h. als Cost, Revenue, Profit oder Investment Center).

Im Zusammenhang mit der Kostenrechnung erfolgt eine Verhaltensbeeinflussung in mehrfacher Hinsicht. So kann die Weitergabe von Kosten- und Erlösinformationen generell das Kostenbewußtsein verändern. Weitere spezifische Möglichkeiten zur Verhaltensbeeinflussung - zum Teil auch im Rahmen einer Standardkostenrechnung - sind die

- Durchführung von Kontrollen,
- Gestaltung kosten- und erlösbezogener Vorgaben,
- Zurechnung von Gemeinkosten,
- Festlegung von Verrechnungspreisen sowie
- Gestaltung von Ergebnisrechnungen und Anreizsystemen.

Mit den wechselseitigen Beziehungen zwischen Unternehmensrechnung und menschlichem Verhalten beschäftigt sich die Forschungsrichtung des *Behavioral Accounting*. Sie nutzt primär Methoden aus dem Bereich der Verhaltenswissenschaften und bezweckt vorrangig eine empirische Erkenntnisgewinnung. Ein Schwerpunkt ihrer Untersuchungen sind die Wirkungen von Informationen aus der Unternehmensrechnung auf das Verhalten der Mitarbeiter und die daraus für die Gestaltung der Unternehmensrechnung ableitbaren Erkenntnisse. Diesbezüglich ist herausgearbeitet worden, welche Faktoren das Verhalten der Mitarbeiter beeinflussen und daher bei der Gestaltung der Unternehmensrechnung zu beachten sind (z.B. Einflußgrößen aus der Kontrollumwelt und dem Kontrollsystem im Hinblick auf Kontrollen). Des weiteren ist hinsichtlich Kosten- und Erlösvorgaben unter anderem festgestellt worden, daß deren Erreichung vom jeweiligen Mitarbeiter beeinflußbar sein sollte, die Vorgaben exakt definiert sein sollten, flexible, an die Entwicklung von Einflußgrößen gekoppelte Vorgaben

---

[1] Zu den Spezifika einer derartigen Standardkostenrechnung vgl. Schweitzer, M.; Küpper, H.-U.: (Systeme), S. 657 ff.

besser geeignet sind als starre und daß eine relativ geringe Höhe von Vorgaben wenig herausfordernd und damit wenig leistungsfördernd wirkt, bei einer sehr hohen Vorgabe hingegen die Gefahr der Demotivierung besteht.[2]

Bei Überlegungen zu einer verhaltensorientierten Ausgestaltung der Kostenrechnung wird des weiteren auf *Principal-Agent-Modelle* zurückgegriffen. Die Agencytheorie als ein Teil der Institutionentheorie befaßt sich mit den Beziehungen zwischen einem oder mehreren Auftraggebern (Principals) sowie einem oder mehreren Auftragnehmern (Agents) und bezieht dabei die zwischen beiden Gruppen bestehenden Zieldivergenzen, Informationsasymmetrien sowie die Risiko- und Einsatzbereitschaft ein. Analysiert wird, wie das Verhalten der Auftragnehmer durch geeignete Vertragsgestaltung positiv beeinflußt werden kann.[3]

Im Hinblick auf die Kostenrechnung sind unter anderem die (wahrheitsgemäße) Weitergabe von Informationen dezentraler Einheiten an die Zentrale sowie der optimale Verbrauch zentraler Ressourcen von Interesse. Es sind verschiedene Principal-Agent-Modelle konzipiert worden, die sich auf eine geeignete Gestaltung von Gemeinkostenumlagen zur Erreichung dieser Ziele beziehen. Dabei ist unter anderem festgestellt worden, daß unter bestimmten Annahmen eine Vollkostenverrechnung zu einer wahrheitsgemäßen Berichterstattung führt.[4]

Bezüglich der Festlegung von Verrechnungspreisen gilt, daß auf Grenzkosten basierende Verrechnungspreise zwar unter bestimmten Umständen zur Koordination dezentraler Bereiche geeignet sind, aber die Funktion der Erfolgsbeurteilung weniger gut erfüllen, da sie den liefernden Bereich benachteiligen und damit dysfunktionale Motivationswirkungen nach sich ziehen können. Bei Ableitung der Verrechnungspreise aus Vollkosten wird der liefernde Bereich besser gestellt, da zumindest seine Kosten gedeckt sind (bei Verrechnungspreisen, die sich aus Vollkosten zuzüglich eines Gewinnaufschlags ergeben, wird auch ein Gewinn erzielt), allerdings sind derartige Verrechnungspreise für die Koordination zumindest bei kurzfristigen Entscheidungen kaum geeignet.[5]

Des weiteren wird untersucht, wie Ergebnisrechnungen und Anreizsysteme für dezentrale Unternehmenseinheiten sowie Kontrollsysteme unter Verhaltensgesichtspunkten ausgestaltet werden sollten. Hinsichtlich der Ergebnisrechnung beispielsweise ist festgestellt worden, daß diese für Zwecke der Verhaltenssteuerung anderen Anforderungen genügen muß als für solche der Entscheidungsvorbereitung.[6]

Abschließend sei erwähnt, daß auch mit dem *Target Costing*, einem Instrument des Kostenmanagements, in hohem Maße eine Verhaltenssteuerung bezweckt wird. Auf dieses Instrument wird in Abschnitt IV.2 eingegangen.

---

[2]   Vgl. Schweitzer, M.; Küpper, H.-U.: (Systeme), S. 584 ff., sowie zur Gestaltung von Vorgaben auch Brühl, R.: (Erfolgsrechnung), S. 245 ff.

[3]   Vgl. dazu und zu einer Übersicht über die Nutzung agencytheoretischer Erkenntnisse für die Gestaltung der Kostenrechnung Schweitzer, M.; Küpper, H.-U.: (Systeme), S. 615 ff.

[4]   Vgl. zu dieser Erkenntnis Pfaff, D.: (Kostenrechnung), S. 182 ff., zu weiteren Modellen Schweitzer, M.; Küpper, H.-U.: (Systeme), S. 624 ff.; Zimmerman, J.L.: (Allocation).

[5]   Vgl. Ewert, R.; Wagenhofer, A.: (Unternehmensrechnung), S. 591 ff., insb. S. 656 f., sowie zur Bestimmung von Verrechnungspreisen aus agencytheoretischer Sicht auch Buscher, U.: (Verrechnungspreise).

[6]   Vgl. zur Divergenz zwischen planungs- und verhaltensorientierten Ergebnisrechnungen z.B. Hofmann, C.; Pfeiffer, T.: (Kongruenz), S. 390 ff., sowie zu den Anforderungen an steuerungsorientierte interne Ergebnisrechnungen für dezentrale Einheiten Abschnitt III.5.2. Zur Ableitung von Implikationen für die Kostenkontrolle aus Principal-Agent-Modellen vgl. auch Coenen, M.: (Kostenkontrollmanagement), S. 53 ff.

4.2 Partialkostenrechnungen

Als Partialkostenrechnungen sollen hier Teilsysteme der Kostenrechnung von Unternehmen bezeichnet werden, die sich primär auf spezifische Unternehmensfunktionen oder die mit dem Erreichen spezifischer Ziele bzw. Erfolgsfaktoren verbundenen Kosten beziehen. Dazu zählen unter anderem Projektkostenrechnungen, transaktionskostenbezogene Rechnungen und Rechnungen zur Erfassung und Auswertung von Flexibilitätskosten.[7] Nachfolgend sollen die Logistikkostenrechnung, die damit eng verwandte Kostenrechnung für Supply Chains, Kostenrechnungen für die Forschung und Entwicklung, die Qualitätskostenrechnung, die Zeitkostenrechnung und die Umweltkostenrechnung erörtert werden.

Die *Logistikkostenrechnung* dient - neben der Wirtschaftlichkeitskontrolle und Verhaltenssteuerung - der Deckung des kostenbezogenen Informationsbedarfs logistischer Entscheidungsträger. Im Rahmen einer Logistikkostenrechnung sollten WEBER zufolge zunächst die zu erbringenden Logistikleistungen strukturiert werden.[8] Darauf basierend ist es dann möglich,

- in der Kostenartenrechnung die Kosten für logistische Fremd- und Eigenleistungen differenziert auszuweisen,
- in der Kostenstellenrechnung spezielle logistische Kostenstellen einzuführen und Kosten für logistische Leistungen zu bestimmen sowie
- in der Kostenträgerrechnung diese Kosten über produktbezogene Leistungspläne gesondert bei der Kalkulation von Produkten zu berücksichtigen.[9]

Bei einer entsprechenden Logistikkostenrechnung erfolgt also eine Differenzierung der Kostenrechnung zur besseren Erfassung und Verrechnung von Wertverzehren für logistische Leistungen in der Kostenarten-, -stellen- und -trägerrechnung. Da logistische Leistungen als Prozesse oder als Prozeßergebnisse interpretierbar sind und zu einem erheblichen Anteil in den indirekten Unternehmensbereichen, dem Anwendungsbereich der Prozeßkostenrechnung, erbracht werden, überlappen sich die Betrachtungsobjekte von Logistik- und Prozeßkostenrechnung. Demgemäß können zur Vorbereitung logistikbezogener Entscheidungen auch die durch eine Prozeßkostenrechnung generierten Informationen genutzt werden,[10] und es ist möglich, bei der Ausgestaltung der Logistikkostenrechnung auf das Instrumentarium der Prozeßkostenrechnung zurückzugreifen.

Für die *Kostenrechnung für Supply Chains*, d.h. aus der Zusammenarbeit mehrerer in ei-

---

7   Zu Projektkostenrechnungen vgl. Gleich, R.: (Projektkostenrechnung), zu einem Konzept für die Kosten- und Erlösrechnung für Transaktionen vgl. Hohberger, S.: (Operationalisierung), S. 54 ff., zur Analyse von Flexibilitätskosten vgl. Fischer, T.M.: (Kostenmanagement) S. 165 ff. Zu weiteren möglichen Objekten von und Ansätzen für Partialkostenrechnungen vgl. Fischer, T.M. (Hrsg.): (Kosten-Controlling).
     Darüber hinausgehend läßt sich auch die bereits ausführlich erörterte Prozeßkostenrechnung als Partialkostenrechnung interpretieren, da sie lediglich auf die indirekten Bereiche von Unternehmen Bezug nimmt.

8   Auf WEBER geht das wohl ausgereifteste Konzept einer Logistikkostenrechnung zurück. Zu einer ausführlichen Darstellung des Konzeptes vgl. Weber, J.: (Logistikkostenrechnung), S. 109 ff. Zu weiteren Ansätzen vgl. Teichmann, S.: (Logistikkostenrechnung), S. 33 ff.; Göpfert, I.: (Logistik), S. 285 ff.; Lorenzen, K.D.: (Logistikkostenrechnung), zu einer Übersicht vgl. Weber, J.: (Logistikkostenrechnung), S. 86 ff.

9   Außerdem lassen sich aus logistischen Leistungen resultierende Erlöse gesondert erfassen, falls diese getrennt vergütet werden.

10   Zur Nutzung der Prozeßkostenrechnung für logistische Entscheidungsprobleme vgl. Göpfert, I.: (Logistik), S. 285 ff.; Hardt, R.: (Entwicklung), S. 142 ff.; Weber, J.: (Logistikkostenrechnung), S. 242 ff.

nem Netzwerk verbundener Unternehmen resultierende Leistungsketten,[11] existieren ebenfalls spezifische Konzepte.[12] So wird die Durchführung auf Supply Chains bezogener Prozeßkostenrechnungen angeregt, bei denen Prozesse verschiedener Unternehmen betrachtet und
Kostentreiber sowie Kosten für diese bestimmt werden. Solche Prozeßkostenrechnungen setzen - neben einem hohen Maß an Vertrauen zwischen den beteiligten Unternehmen - ein ge-
meinsames Prozeßverständnis, standardisierte Kosten- und Leistungsgrößen sowie kompatible
EDV-Systeme voraus. Ihre Ergebnisse können zur Vorbereitung mehrere Unternehmen
betreffender, primär auf eine Kostenreduktion abzielender Entscheidungen mit Prozeßbezug
(zu Durchlaufzeiten, Beständen etc.), zur Bestimmung von Kosten und Leistungen der gesamten Supply Chain als Basis einer Wirtschaftlichkeitsbeurteilung, als Grundlage eines
Benchmarking oder zur Aufteilung erzielter Kostenreduktionen zwischen den beteiligten Unternehmen genutzt werden.[13]

Generell sind bei der Kalkulation der Kosten einzelner Aufträge im Rahmen des Supply
Chain Managements die in den verschiedenen Unternehmen entstehenden Kosten möglichst
einheitlich zu ermitteln und dann in geeigneter Weise, d.h. unter Berücksichtigung von Leistungsverflechtungen, zu aggregieren. Auftragsübergreifend sollten monetäre Erfolgsrechnungen für eine Supply Chain den in dieser insgesamt erzielten Erfolg aufzeigen, um ihre
Wirtschaftlichkeit sichern zu können.[14]

Mit *Kostenrechnungen für die Forschung und Entwicklung* (FuE) können im wesentli-
chen zwei Ziele verfolgt werden: die Überwachung und Verbesserung der Wirtschaftlichkeit
der Aktivitäten des Forschungs- und Entwicklungsbereichs sowie die Bereitstellung von
Informationen über die in diesem Bereich entstehenden Kosten als Basis für produktbezogene
Entscheidungen. Für die Planung, Erfassung, Verrechnung und Kontrolle der Kosten und
Leistungen der FuE bestehen eine Reihe verschiedener Möglichkeiten. So kann - analog zur
Gliederung der Kostenrechnung allgemein - eine FuE-Kostenarten-, FuE-Kostenstellen- und
FuE-Kostenträgerrechnung eingerichtet werden, wobei es sich bei den Kostenträgern um FuE-
Projekte handelt.[15] Eine damit verbindbare Alternative besteht in der Installation einer Prozeßkostenrechnung für die repetitiven Prozesse der Forschung und Entwicklung.[16] Des weiteren kann auf das Instrumentarium der Plankostenrechnung zurückgegriffen werden (vgl. Abschnitt III.2). Dabei machen die Besonderheiten von FuE-Projekten eine spezifische Ausgestaltung der FuE-Kostenrechnung erforderlich. Dazu zählen neben der Nutzung FuE-spezifi-
scher Bezugsgrößen der Einsatz von Kostenschätzmethoden, Projektkostenrechnungen sowie
eine mehrperiodige Kostenträgerrechnung für entsprechend andauernde FuE-Projekte.[17] Ob

11   Zu den Merkmalen von Supply Chains und des Supply Chain Managements vgl. z.B. Otto, A.; Kotzab, H.:
     (Beitrag); Cooper, M.C.; Lambert, D.M.; Pagh, J.D.: (Supply Chain Management); Busch, A.; Dangel-
     maier, W. (Hrsg.): (Supply Chain Management).
12   Zudem sind Ansätze für ein über die Kostenrechnung hinausgehendes Kostenmanagement in Supply
     Chains entwickelt worden. Vgl. z.B. Seuring, S.: (Supply), S. 61 ff.
13   Zu unternehmensübergreifenden Prozeßkostenrechnungen vgl. Dekker, H.C.; van Goor, A.R.: (Supply
     Chain Management); Weber, J.: (Supply Chain Controlling), S. 212 ff.
14   Zu Vorschlägen hierfür vgl. Hess, T.: (Netzwerkcontrolling), S. 182 ff. bzw. S. 230 ff.
15   Vgl. Graßhoff, J.; Gräfe, C.: (FuE-Kosten), S. 329 ff.; Männel, W.: (Entwicklungsperspektiven), S. 181 ff.
16   Zu einem Konzept hierfür vgl. Strecker, A.: (Prozesskostenrechnung), S. 47 ff.
17   Vgl. dazu auch die Ausführungen zum Life Cycle Costing in Abschnitt IV.3.4.

eine Verrechnung von FuE-Kosten auf Kostenträger erfolgt, kann vom jeweiligen Rechnungszweck abhängig gemacht werden. Bei Teilkostenrechnungen wird i.d.R. auf die Verrechnung der FuE-Kosten auf die Produkte des Unternehmens verzichtet. Für die Verrechnung dieser Kosten im Rahmen einer Vollkostenrechnung existieren verschiedene Vorschläge, die sich danach unterscheiden, ob die FuE-Kosten in der Periode ihres Entstehens oder in anderen Perioden den Produkten zugeordnet werden sollen und nach welchem Prinzip sie einzelnen Produkten zugerechnet werden.[18]

Dem Bereich der Forschung und Entwicklung kann auch die Konstruktion zugerechnet werden. Um die Kosten von Konstruktionsalternativen vergleichen zu können und frühzeitig Informationen über die Produktkosten zu erhalten, die sich zur Angebotsabgabe oder zur Entscheidung über die Annahme von Aufträgen nutzen lassen, sind Verfahren der konstruktionsbegleitenden Kalkulation wie Kurz- oder Suchkalkulationen anwendbar.[19] Des weiteren lassen sich Relativkosten-Kataloge nutzen; diese bestehen aus mehreren Relativkosten-Blättern, die Bewertungszahlen für das Verhältnis der Kosten verschiedener Konstruktionslösungen untereinander oder in Relation zu einer Basiszahl angeben.[20]

Die *Qualitätskostenrechnung* soll es ermöglichen, systematisch die Kosten von Maßnahmen zur Sicherung der Qualität(-sübereinstimmung) und von Verfehlungen einer vorgegebenen Qualität zu analysieren. Qualitätskosten sind klassisch in Fehlerverhütungskosten, Prüfkosten sowie interne und externe Fehlerkosten untergliedert worden. Eine neuere Auffassung differenziert zwischen Kosten der Übereinstimmung sowie Kosten von Abweichungen. Während die erstgenannten durch Bemühungen zur Einhaltung von Qualitätszielen entstehen und Fehlerverhütungs- sowie Teile der Prüfkosten umfassen, resultieren die letztgenannten aus ungeplanten Divergenzen zwischen vorgegebener und realisierter Qualität. Es handelt sich um Kosten für Nacharbeit, Ausschuß und Gewährleistung, zudem können den Abweichungskosten auch Erlösschmälerungen zugerechnet werden.[21] Mit Systemen der Qualitätskostenrechnung wird nun angestrebt, die verschiedenen Komponenten der Qualitätskosten mittels geeigneter Bezugsgrößen differenziert zu planen, zu erfassen und zu kontrollieren, Leistungen des Qualitätssicherungssystems zu messen sowie Auswertungsrechnungen zur Vorbereitung von Entscheidungen im Rahmen des Qualitätsmanagements vorzunehmen.[22]

Mit der *Zeitkostenrechnung* soll die Abhängigkeit der Kosten von der Dauer von Wertschöpfungsaktivitäten analysiert werden. Die Ausgangsbasis ihrer Konzeption stellen die beiden Zielen eines Zeitmanagements dar, zum einen die Geschwindigkeit von Aktivitäten zu steigern und damit die durchschnittlichen Durchlaufzeiten von Aufträgen zu verringern und zum anderen die Termintreue zu verbessern, indem vor allem die Varianz der Durchlaufzeiten

---

[18] Vgl. dazu Graßhoff, J.; Gräfe, C.: (FuE-Kosten), S. 331 ff., sowie speziell zur Kostenschätzung Rechberg, U. von: (Kostenschätzung), S. 81 ff.

[19] Zu überblicksartigen Darstellungen sowie einzelnen Methoden vgl. Horváth, P.; Gleich, R.; Scholl, K.: (Betrachtung), S. 53 ff.; Günther, T.; Schuh, H.: (Näherungsverfahren); Schweitzer, M.; Küpper, H.-U.: (Systeme), S. 324 ff.; Eisinger, B.: (Kalkulation), S. 3 ff.

[20] Zur Gestaltung und Nutzung von Relativkostenkatalogen vgl. Fischer, J.O.: (Relativkosten-Kataloge), S. 18 ff.

[21] Vgl. zu Qualitätskosten z.B. Fischer, T.M.: (Qualitätskosten), S. 557 ff.; Schmidt, S.: (Entwicklung), S. 99 ff.; Drury, C.: (Management), S. 901 ff.

[22] Zu Konzepten für die Qualitätskostenrechnung vgl. Schmidt, S.: (Entwicklung), S. 99 ff.; Graf, G.: (Qualitätskostenrechnung), S. 61 ff.; Wilken, C.: (Qualitätsplanung), S. 172 ff.

gesenkt wird. Davon ausgehend können als relevante Kostenkategorien die durch Maßnahmen zur Beschleunigung verursachten Kosten, die Kosten, bei denen durch eine Beschleunigung Reduktionspotentiale erschlossen werden, die durch Anstrengungen zur Termineinhaltung bewirkten Kosten sowie die Kosten von Zeitabweichungen gelten. Die primäre Aufgabe einer Zeitkostenrechnung ist es nun, „den Anteil der zeitgetriebenen Kosten an den Gesamtkosten zu quantifizieren und aufgeschlüsselt nach **Zeitkostenarten** darzulegen"[23] und damit eine Grundlage für die Bewertung zeitbezogener Maßnahmen zu schaffen. Dies soll über eine zusätzliche Kennzeichnung der unterschiedlichen Formen zeitabhängiger Kosten in der Kostenarten- und -stellenrechnung mittels Zeitschlüsseln sowie Zeit-Kennzahlen erreicht werden.[24]

Umweltkostenrechnungen dienen der kostenrechnerischen Bewertung von betrieblichen Umweltwirkungen und Maßnahmen zu deren Veränderung. Die entsprechenden 'Umweltkosten' umfassen den bewerteten Güterverzehr, der durch

- Aktivitäten zur Vermeidung oder Verminderung von Wirkungen betrieblich induzierter Stoff- und Energieströme auf die Umwelt,
- Handlungen im Zusammenhang mit der Wieder- oder Weiterverwendung von Gütern und
- Maßnahmen zur Beseitigung von Umweltschäden

verursacht wird.[25] Typisch ist, daß nur ein Teil dieser Umweltkosten vom jeweiligen Unternehmen zu tragen ist; bei den restlichen Umweltkosten handelt es sich um negative externe Effekte, die die Allgemeinheit zu bewältigen hat. Für die Umweltkostenrechnung existieren eine Reihe verschiedener Ansätze, die sich dahingehend unterscheiden, daß sie entweder weitgehend unabhängig von der regulären Kostenrechnung als Sonderrechnungen durchgeführt oder aber in die Kostenrechnung integriert werden. Außerdem differieren sie bezüglich des Ausmaßes der einbezogenen Kosten (Vollkosten oder Teilkosten, nur vom Unternehmen zu tragende oder auch externe Kosten etc.).[26] Die Resultate von Umweltkostenrechnungen können zur Identifizierung von Verbesserungspotentialen in den betrieblichen Prozessen und zur monetären Beurteilung von Maßnahmen des Umweltschutzes, zur Abstimmung zwischen Umwelt- und Kostenzielen sowie zur Formulierung von umweltbezogenen Unternehmensstrategien herangezogen werden.

4.3   Erlösrechnung

In der Theorie und Praxis der Kosten- und Erlösrechnung kommt der Kostenrechnung seit jeher eine größere Bedeutung zu als der Erlösrechnung. Dies dürfte darin begründet liegen, daß hinsichtlich der Erfassung und Verrechnung von Kosten erheblich mehr Probleme gesehen werden als bei den Erlösen. Auch in diesem Lehrbuch wird vorrangig die Kostenrechnung behandelt, und es sollen nur einige kurze Hinweise zur Erlösrechnung gegeben werden.

---

23   Fischer, J.: (Zeitwettbewerb), S. 151.
24   Zu dieser Partialkostenrechnung vgl. Fischer, J.: (Zeitwettbewerb), S. 149 ff.; Günther, T.; Fischer, J.: (Zeitkostenrechnung), S. 279 ff.
25   Vgl. Letmathe, P.; Wagner, G.R.: (Umweltkostenrechnung), Sp. 1988.
26   Vgl. zu einem Überblick Letmathe, P.; Wagner, G.R.: (Umweltkostenrechnung), Sp. 1990 ff., sowie zu einzelnen Ansätzen Spengler, T.; Hähre, S.; Sieverdingbeck, A.; Rentz, O.: (Umweltkostenrechnung); Kloock, J.: (Kostenrechnung); Letmathe, P.: (Kostenrechnung).

Erlösrechnungen können ebenso wie Kostenrechnungen als Ist- und/oder Planrechnungen durchgeführt werden. In Analogie zur Kostenrechnung läßt sich die Erlösrechnung in die Bereiche Erlösartenrechnung, Erlösstellenrechnung sowie Erlösträgerrechnung untergliedern. Als Aufgabe der *Erlösartenrechnung* kann es angesehen werden, die Frage zu beantworten, welche Erlöse angefallen sind oder anfallen werden, und dazu verschiedene Erlösarten differenziert zu erfassen. Entsprechende Erlösarten stellen unter anderem dar:

- Umsatzerlöse, ggf. aufgespalten nach Produkten, Produktgruppen, Märkten, Kunden oder Absatzwegen,
- bewertete Lagerzugänge an selbst erstellten fertigen und unfertigen Erzeugnissen sowie
- bewertete innerbetriebliche Leistungen, die von bestimmten Betriebsbereichen erbracht und im gleichen Zeitraum oder in späteren Perioden von diesen oder anderen Bereichen in Anspruch genommen werden.

Während die Erfassung von Umsatzerlösen keine gesonderte Bewertung erforderlich macht, ist dies bei den anderen Leistungen der Fall: Lagerzugänge werden i.d.R. zu Herstellkosten bewertet, für die innerbetrieblichen Leistungen werden Werte aus den entstehenden Kosten oder Marktpreisen abgeleitet. Ein spezifisches Problem der Erlösartenrechnung stellt die genaue Erfassung von Erlösschmälerungen durch Rabatte, Skonti etc. dar; ein Grund hierfür ist, daß diese Erlösschmälerungen zum Teil erst im Verlauf der Abwicklung des dem Erlös zugrundeliegenden Geschäftes erkennbar werden.[27]

Zur *Erlösstellenrechnung* ist zunächst zu bemerken, daß Kostenstellen fast immer zugleich als Erlösstellen interpretiert werden können, da sie innerbetriebliche Leistungen erbringen oder der Produkterzeugung dienen. Wenn im Rahmen einer Kostenstellenrechnung die Kosten innerbetrieblicher Leistungen verrechnet werden, dann findet zugleich eine Erlösverrechnung statt. Gesonderte Erlösstellen können insbesondere für die Zuordnung von Umsatzerlösen gebildet werden. Solche Erlösstellen sollten durch homogene Absatzbedingungen und eine eindeutige Verantwortlichkeit gekennzeichnet sein, ihre Bildung kann - ähnlich wie die der Erlösarten - ausgehend von Produktarten und -gruppen, Märkten, Kunden oder Absatzwegen erfolgen. Eine Verrechnung von Umsatzerlösen zwischen Erlösstellen ist i.d.R. nicht notwendig.[28]

Eine gesonderte *Erlösträgerrechnung* als Gegenstück zur Kostenträgerrechnung bietet sich lediglich in Form einer Erlösträgerstückrechnung an. Die Erlösträger von Unternehmen stimmen weitestgehend mit deren Kostenträgern überein. Sofern die Erlöse nach dem Verursachungs- oder dem Identitätsprinzip eindeutig den Erlösträgern zuordenbar sind, ergeben sie sich aus der Erlösartenrechnung. In manchen Fällen ist allerdings eine derartige Zurechenbarkeit zumindest zu einzelnen Produkteinheiten nicht gegeben, z.B. wenn ein Kauf nur in bestimmten vorgegebenen Mengen möglich ist, Mindestabnahmemengen oder mengenabhängige Preise vorliegen oder verschiedene Produktarten gemeinsam angeboten werden. Es entstehen dann Gemeinerlöse, die sich nur nach dem Durchschnitts- oder dem Tragfähigkeitsprinzip verrechnen lassen. Dafür können die Methoden genutzt werden, die im Zusammenhang mit

---

[27] Vgl. dazu und zu weitergehenden Ausführungen zur Erlös- bzw. Leistungsartenrechnung Schweitzer, M.; Küpper, H.-U.: (Systeme), S. 80 ff. und 116 ff.; Grob, H.L.: (Kostenrechnung), S. 145 ff.; Hoitsch, H.-J.; Lingnau, V.: S. 279 ff.; Weber, J.; Weißenberger, B.E.: (Einführung), S. 384 ff.

[28] Vgl. ausführlicher zur Erlösstellenrechnung Schweitzer, M.; Küpper, H.-U.: (Erlösrechnung), S. 124 ff. und S. 152 ff.

der Kostenträgerstückrechnung dargestellt worden sind. Eine gesonderte Erlösträgerzeitrechnung erübrigt sich, da in der Kostenträgerzeitrechnung - wie erwähnt - nicht nur die Kosten, sondern auch die Erlöse einer Periode erfaßt werden, um das Betriebsergebnis zu ermitteln.[29]

4.4   Branchenspezifische Systeme und Methoden der Kostenrechnung

Die Kostenrechnung ist vornehmlich mit Blick auf die Informations- und Steuerungsbedarfe von Industrieunternehmen entwickelt worden; auch in diesem Lehrbuch stehen auf die industrielle Kostenrechnung bezogene Aussagen und Beispiele im Vordergrund. Eine unangepaßte Anwendung der für die industrielle Leistungserstellung und -verwertung konzipierten Methoden der Kostenrechnung in anderen Branchen ist in vielen Fällen nicht zweckmäßig, vielmehr bedarf es häufig einer Modifikation oder der Entwicklung neuartiger Instrumente, um den jeweiligen Besonderheiten Rechnung tragen zu können. Entsprechende spezifische Systeme und Verfahren sind inzwischen unter anderem für

- Banken,[30]
- Handelsunternehmen,[31]
- Versicherungen,[32]
- Unternehmen der Grundstücks- und Wohnungswirtschaft,[33]
- Verkehrsunternehmen,[34]
- Bauunternehmen,[35]
- Krankenhäuser,[36]
- Hochschulen[37] sowie
- andere Unternehmen und Institutionen des öffentlichen Sektors[38]

konzipiert worden. Auf sie soll in diesem Lehrbuch nicht gesondert eingegangen werden; es wird hier als ausreichend angesehen, Hinweise auf die entsprechende spezielle Literatur zu geben. Abschließend sei aber festgehalten, daß es durchaus möglich ist, einige der für andere Branchen entwickelten Instrumente für Industrieunternehmen nutzbar zu machen, da in diesen auch Bereiche und Aufgaben existieren, die in anderen Branchen im Vordergrund stehen.[39] Beispiele sind die in Industrieunternehmen zu erbringenden Dienstleistungen (etwa in der Logistik) oder die Steuerung des finanziellen Sektors.

---

29   Zur Erlösträgerrechnung vgl. Schweitzer, M.; Küpper, H.-U.: (Erlösrechnung), S. 157 ff. und S. 184 ff.
30   Vgl. z.B. Wilkens, M.: (Kostenrechnung); Georgi, A.: (Banken), Sp. 113 ff.
31   Vgl. Müller-Hagedorn, L.; Toporowski, W.: (Kostenrechnung); Günther, T.: (Produkt-Profit).
32   Vgl. Schimmelpfeng, K.; Schöffski, I.: (Kostenrechnung); Schimmelpfeng, K.: (Kostenträgerrechnung).
33   Vgl. Riebel, V.: (Rechnungswesen); Homann, K.: (Immobilien).
34   Vgl. Beusch, L.H.: (Dienstleistungskostenrechnung), S. 64 ff.
35   Vgl. Toffel, R.: (Leistungsrechnung).
36   Vgl. z.B. Maltry, H.; Strehlau-Schwoll, H.: (Kostenrechnung); Keun, F.: (Einführung); Schweitzer, M.; Küpper, H.-U.: (Systeme), S. 723 ff.
37   Vgl. u.a. Paff, A.: (Kostenrechnung), S. 45 ff.; Schweitzer, M.; Küpper, H.-U.: (Systeme), S. 731 ff.
38   Vgl. Schweitzer, M.; Küpper, H.-U.: (Systeme), S. 753 ff.
39   Vgl. zu diesem Gedanken Schweitzer, M.; Küpper, H.-U.: (Systeme), S. 722 f.

5 Gestaltung von Systemen der Kostenrechnung

5.1 Ansätze zur Gestaltung von Systemen der Kostenrechnung

Die Aufgabe der Gestaltung von Systemen der Kostenrechnung stellt sich zum einen bei der Gründung von Unternehmen oder bei der Bildung neuer Unternehmenseinheiten, zum anderen sollte in gewissen Abständen auch die Konfiguration einer existierenden Kostenrechnung hinsichtlich ihrer Zweckmäßigkeit überprüft und eventuell angepaßt werden.

Wie aus den bisherigen Ausführungen in diesem Lehrbuch hervorgeht, existiert eine Reihe von Alternativen zur Gestaltung der Kostenrechnung. Diese Alternativen lassen sich unterschiedlichen Ebenen zuordnen. Zunächst muß die Auswahl der zu realisierenden Kostenrechnungssysteme erfolgen. Die wichtigsten der Systeme, die dabei zur Wahl stehen, sind in diesem Lehrbuch beschrieben worden.[1] Zu ihnen sei hier noch einmal darauf hingewiesen, daß die Durchführung einer Plan- ohne eine Istkostenrechnung wenig sinnvoll ist, da Istkosten als Vergleichsgröße benötigt werden. Plan- und Istkostenrechnungen sind grundsätzlich nahezu beliebig mit Voll- und Teilkostenrechnungen kombinierbar; allerdings sind für aussagekräftige Kostenkontrollen Teilkosteninformationen erforderlich.

Für die konkrete Ausgestaltung der ausgewählten Systeme besteht eine Fülle von Möglichkeiten. Dazu zählen

- die Zahl und Art der in der Kostenrechnung erfaßten Kostenarten, Kostenstellen und Kostenträger sowie ggf. Prozesse,
- die Zahl und die Art der Bezugsgrößen, die zur Kostenplanung und -verrechnung genutzt werden,
- die Verfahren und Vorgehensweisen, die im einzelnen im Rahmen der Kostenarten-, Kostenstellen-, Kostenträger-, Teil-, Plan- oder Prozeßkostenrechnung verwendet werden, sowie
- die Art der Implementierung der Kostenrechnung in einem EDV-System.[2]

Die Auswahl von Systemen und weiteren Gestaltungsalternativen der Kostenrechnung sollte unternehmensspezifisch erfolgen, um den jeweiligen Besonderheiten Rechnung tragen zu können.[3] Sie sollte sich zudem an der Wirtschaftlichkeit der einzelnen Gestaltungsalternativen, d.h. an der jeweiligen Relation zwischen Nutzen und Kosten, orientieren.[4] Allerdings lassen sich zwar die von einer Kostenrechnung verursachten Kosten (Personalkosten, Abschreibungen und Zinsen für Hard- und Software, Kosten für Fremdleistungen etc.) noch annähernd bestimmen, z.B. mittels einer Prozeßkostenrechnung;[5] zum Nutzen einer Kosten-

---

[1] Zu einer tiefergehenden Untergliederung und Charakterisierung verschiedener Systeme der Kosten- und Erlösrechnung vgl. Schweitzer, M.; Küpper, H.-U.: (Systeme), S. 60 ff.

[2] Zu Software für die Kostenrechnung vgl. Lackes, R.: (Unternehmensrechnungssoftware), und die dort angegebene Literatur.

[3] Zur Verbreitung von Systemen und Ausgestaltungsformen der Kostenrechnung in der industriellen Unternehmenspraxis vgl. Währisch, M.: (Kostenrechnungspraxis), S. 88 ff.

[4] Vgl. Weber, J.: (Controlling-Objekt); Seicht, G.: (Gestaltung), S. 239, sowie zu Einflußfaktoren der Gestaltung von Kostenrechnungssystemen Brink, H.-J.: (Einflußfaktoren).

[5] Vgl. Köberle, G.; Reichling, P.: (Prozeßkosten), sowie zu den von einer Kostenrechnung verursachten Kosten und deren Planung auch Weber, J.: (System), S. 60 f.

rechnung hingegen können nur Tendenzaussagen getroffen werden. Diese sollten aus den Informations- und Steuerungsbedarfen der Nutzer einer Kostenrechnung abgeleitet werden, wie sich überhaupt die Gestaltung einer Kostenrechnung an den Bedürfnissen ihrer Nutzer orientieren sollte.[6]

Konkret können zur Gestaltung der Kostenrechnung neben Aussagen zur Vorteilhaftigkeit oder zum Anwendungsbereich einzelner Systeme, Verfahren und Vorgehensweisen, wie sie in diesem Lehrbuch formuliert worden sind,

- Verfahren der Informationsbedarfsermittlung
- Kriterienkataloge[7] sowie
- Portfolios

genutzt werden.[8] Das entsprechende, auf Technologie-Portfolio-Ansätzen basierende Portfolio-Konzept, soll im folgenden kurz beschrieben werden.[9] Es dient dazu, eine Entwicklungsrichtung für die als spezifische Technologien verstandenen (potentiellen) Elemente einer Kostenrechnung festzulegen. Hierfür ist zum einen die - unabhängig von der derzeitig realisierten Ausprägung zu beurteilende - Attraktivität eines Kostenrechnungselements maßgeblich, die sich aus dessen Bedeutung für die Wettbewerbsfähigkeit des Unternehmens ergibt. Diese ist unter anderem von der grundsätzlichen Möglichkeit und der Notwendigkeit, mittels der Kostenrechnung Kostensenkungspotentiale zu identifizieren und Kosten zu senken, sowie der Nutzbarkeit von Kosteninformationen bei Preisverhandlungen abhängig. Zum anderen ist die Ressourcenstärke zu beachten, d.h. in erster Linie das bezüglich des jeweiligen Elements der Kostenrechnung existierende Know-how. Durch dieses werden die Potentiale zu einem wettbewerbsfähigen Betreiben der Kostenrechnung bestimmt; darüber hinaus kann unterstellt werden, daß der Wert der eingesetzten Ressourcen weitgehend mit der Ressourcenstärke korrespondiert. Die Kostenrechnungs-Attraktivität und das Kostenrechnungs-Know-how bilden daher die Dimensionen der Portfolio-Matrix (vgl. Abbildung III-31).

---

[6]   Zu einer dienstleistungsorientierten Gestaltung der Kostenrechnung vgl. Aust, R.: (Kostenrechnung), S. 121 ff.

[7]   Zu einem Kriterienkatalog für die Wahl und Ausgestaltung eines Kostenrechnungssystems vgl. Witt, F.-J.: (Deckungsbeitragsmanagement), S. 95 ff.

[8]   Außerdem lassen sich allgemein anwendbare Managementinstrumente wie das Benchmarking nutzen. Zu einer auf die Gestaltung der Kostenrechnung bezogenen Benchmarking-Studie vgl. Weber, J.; Weißenberger, B.E.; Aust, R.: (Benchmarking).

[9]   Vgl. Weber, J.: (System), S. 54 ff.

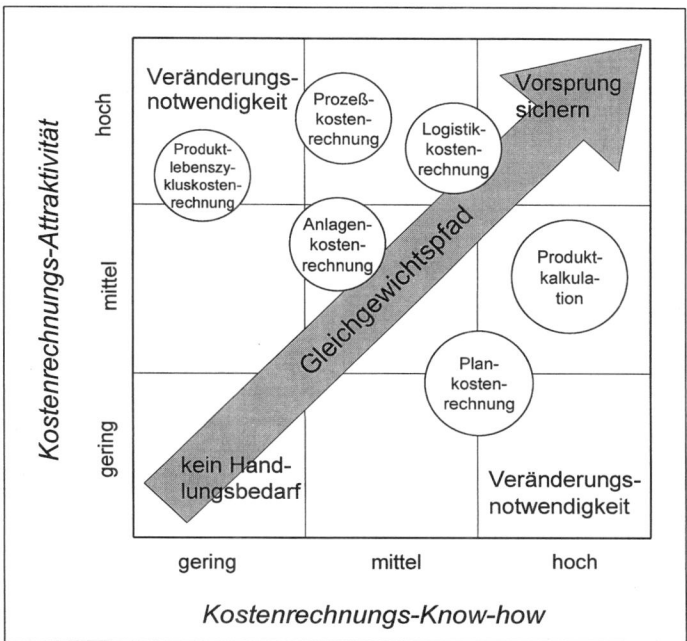

Abb. III-31: Kostenrechnungs-Portfolio[10]

In einem derartigen Portfolio lassen sich nun die verschiedenen Elemente einer Kostenrechnung einordnen, wie dies hier beispielhaft gezeigt ist. Bei einer Position auf dem Gleichgewichtspfad besteht kein oder nur wenig Handlungsbedarf. Ist die Kostenrechnungs-Attraktivität hoch und das Kostenrechnungs-Know-how gering, sollte über eine Erweiterung oder Verfeinerung der Kostenrechnung nachgedacht werden (durch die häufig das Kostenrechnungs-Know-how steigen wird), im umgekehrten Fall liegt eine Einschränkung oder Vergröberung nahe.

Ausgehend von einer traditionellen Kostenrechnung in Form einer Vollkostenrechnung mit Zuschlagskalkulation oder einer Grenzplankosten- und Deckungsbeitragsrechnung kann eine Erweiterung bzw. Verfeinerung darin bestehen, 'neue' Instrumente der Kostenrechnung zur besseren Erfüllung bisheriger sowie zur Wahrnehmung neuer Aufgaben zu nutzen (z.B. eine Prozeßkostenrechnung oder Logistikkostenrechnung). Des weiteren ist eine Erweiterung zur gezielten Informationsbereitstellung für die in Teil IV dieses Buches zu erörternden Kostenmanagements (z.B. das Target Costing, das Life Cycle Costing oder das Benchmarking) denkbar.

Eine Vereinfachung dient insbesondere der Reduktion der durch die Kostenrechnung verursachten Kosten sowie dem nutzbringenderen Einsatz der Mitarbeiter in anderen Bereichen. Sie kann beispielsweise durch eine geringere Detaillierung der im Fertigungsbereich

---

10   Quelle: Weber, J.: (System), S. 58.

vieler Unternehmen sehr ausgefeilten Kostenrechnung oder aber durch einen partiellen Ersatz der laufenden Kostenerfassung und -analyse durch eine fallweise erreicht werden.[11]

Das Portfolio-Konzept vermag allerdings nur grobe Anhaltspunkte für die Gestaltung der Kostenrechnung zu geben, diese sollten durch differenziertere (Wirtschaftlichkeits-)Überlegungen ergänzt werden. Eine Möglichkeit zur Erhöhung des Nutzens einer Kostenrechnung und zur Senkung der durch diese verursachten Kosten wird oftmals in der stärkeren Integration mit dem externen Rechnungswesen gesehen. Diese soll daher nachfolgend angesprochen werden.

5.2   Integration von internem und externem Rechnungswesen

Durch die Integration von internem und externem Rechnungswesen soll in bestimmten Bereichen die historisch gewachsene Differenzierung des Rechnungswesens in Deutschland zurückgeführt werden. Diese Differenzierung läßt sich primär damit begründen, daß die Informationsbedarfe bei externen und internen Adressaten unterschiedlich sind. Um die Bedarfe der externen Adressaten zu befriedigen, soll das externe Rechnungswesen einerseits die Bemessung von Steuer- und Dividendenzahlungen ermöglichen (Zahlungsbemessungsfunktion) und andererseits Informationen über die wirtschaftliche Situation des Unternehmens bereitstellen, die es Anspruchsgruppen und dabei insbesondere den Anteilseignern erlauben, ihre Zielrealisation abzuschätzen (Informationsfunktion). Hierbei sind unter anderem die Sicherung von Gläubigerinteressen, der Grundsatz der Vorsicht und die dadurch geprägten rechtlichen Vorschriften zu beachten.[12] Durch das interne Rechnungswesen hingegen soll das Management mit Informationen versorgt werden, die es zur Auswahl unternehmerischer Handlungsalternativen nutzen kann (Planungs- und Entscheidungsfunktion); außerdem soll das interne Rechnungswesen der Kontrolle und der Verhaltenssteuerung dienen (Funktion der Verhaltens- bzw. Unternehmenssteuerung). An die entsprechenden Informationen werden andere Anforderungen gestellt als an die des externen Rechnungswesens. So sollten die zur Entscheidungsunterstützung dienenden Daten ein möglichst genaues Bild der jeweiligen Situation vermitteln, das nicht durch die Einhaltung der oben genannten Prinzipien bzw. rechtlicher Vorschriften verzerrt ist und das Details einbezieht, die für die externe Rechnungslegung nicht relevant sind.

Die Zweiteilung des Rechnungswesens ist mit gewissen Vor- und Nachteilen verbunden. Als Vorteile können neben der zweckadäquaten Informationsbereitstellung die freie Gestaltbarkeit des internen Rechnungswesens sowie dessen Abschottung gegen Einblicke von außen gesehen werden; außerdem ist in gewissen Grenzen eine Abkoppelung des extern vermittelten Erscheinungsbildes eines Unternehmens von der tatsächlichen wirtschaftlichen Entwicklung möglich. Diese kann jedoch auch zum Nachteil gereichen, wenn mangelnde Transparenz und Glaubwürdigkeit des externen Rechnungswesens die Kapitalbereitstellung gefährden. Weitere Nachteile der Zweiteilung des Rechnungswesens stellen der dadurch verursachte Mehraufwand sowie die aus der Bestimmung von verschiedenen Ergebnisgrößen - bilanziellem und

---

11   Der letztgenannte Aspekt wird im Konzept des 'Selektiven Rechnungswesens' betont. Vgl. dazu Weber, J.: (Rechnungswesen), S. 926 ff.

12   Vgl. Coenenberg, A.G.: (Einheitlichkeit), S. 2078; Klein, G.A.: (Konvergenz), S. 69.

kalkulatorischem Ergebnis - resultierenden Verständnis-, Kommunikations- und Akzeptanzprobleme dar. Diese erschweren die Steuerung dezentraler Einheiten.[13] Abschließend ist zu erwähnen, daß sich die Zweiteilung des Rechnungswesens international nicht durchgesetzt hat.

Einige sich überschneidende Entwicklungstendenzen in der Unternehmensumwelt und in Unternehmen selbst verstärken die Argumente für eine gewisse Angleichung von internem und externem Rechnungswesen. Dazu zählen

- die zunehmende Internationalisierung der externen Rechnungslegung, die bewirkt, daß sich das externe Rechnungswesen stärker an der wirtschaftlichen Realität ausrichtet als bisher und damit dem internen Rechnungswesen annähert,
- die wachsende Kapitalmarktorientierung der Unternehmen, die dazu führt, daß in der externen Rechnungslegung die Funktion der Information der Eigentümer stärker gewichtet wird, der Ausrichtung des Verhaltens der Entscheidungsträger in dezentralen Unternehmenseinheiten an den Zielen der Kapitaleigner größere Bedeutung beigemessen wird und mit dem Shareholder Value eine Zielgröße an Relevanz gewinnt, an der sich das interne und das externe Rechnungswesen ausrichten können bzw. sollten, sowie
- die Dezentralisierung von Unternehmensstrukturen, durch die die Relevanz der externen Berichterstattung über den Erfolg einzelner Unternehmenseinheiten (Segmentberichterstattung) sowie der internen Steuerung dieser Einheiten erhöht wird.[14]

Da sowohl das externe als auch das interne Rechnungswesen keine monolithischen Blöcke darstellen, sondern aus mehreren Teilsystemen bestehen, existieren für deren Integration (oder Harmonisierung, Konvergenz) mehrere Ansatzpunkte.[15] Ein Schwerpunkt wird in der Angleichung der Erfolgsrechnungen des externen und des internen Rechnungswesens (Gewinn- und Verlustrechnung sowie Kostenträgerzeitrechnung bzw. Kurzfristige Erfolgsrechnung) gesehen.[16] Die Begründung dafür sind primär die Ähnlichkeiten, die zwischen der Informationsfunktion einer an internationalen Standards ausgerichteten externen Rechnungslegung und den Funktionen von Erfolgsrechnungen für die Unternehmenssteuerung bestehen. Diese sind nicht nur jeweils auf die Ziele der Kapitaleigner auszurichten, sie sollen auch ähnliche Anforderungen erfüllen, wie die nachfolgende - hinsichtlich der Auswahl der Anforderungen und des Ausmaßes der Entsprechungen durchaus diskussionswürdige - Abbildung für die IAS/IFRS-Rechnungslegungsgrundsätze zeigt.

---

13   Vgl. Küting, K.; Lorson, P.: (Spannungsfeld), S. 471.
14   Vgl. Männel, W.: (Harmonisierung), S. 15; Küpper, H.-U.: (Angleichung), S. 152 f.; Küpper, H.-U.: (Marktwertorientierung), S. 519; Haller, A.: (Controlling), S. 122 f.
15   Vgl. dazu Küting, K.; Lorson, P.: (Konvergenz), S. 487 ff.
16   Vgl. Klein, G.A.: (Unternehmenssteuerung), S. 20; Küting, K.; Lorson, P.: (Harmonisierung), S. 54.

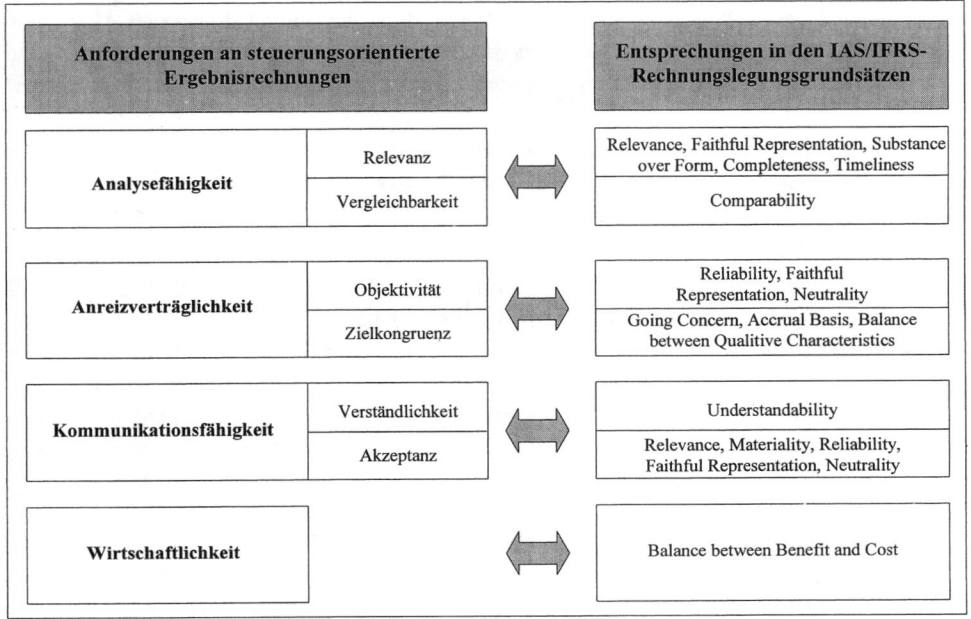

Abb. III-32: Gegenüberstellung der Anforderungen an steuerungsorientierte Ergebnisrechnungen und der IAS/IFRS-Rechnungslegungsgrundsätze[17]

Bezogen auf das interne Rechnungswesens soll sich die Integration mithin primär auf die periodenbezogene Erfolgsrechnung sowie die Verhaltenssteuerung und Kontrolle beziehen. Auf die Planungs- und Entscheidungsfunktion des internen Rechnungswesens erstreckt sich die Harmonisierung nicht; dies bedeutet auch, daß eine eigenständige Kosten- und Erlösrechnung erhalten bleibt.

Für die Harmonisierung interner und externer Erfolgsrechnungen sind mehrere Vorschläge unterbreitet worden. So konzipieren KÜTING/LORSON eine intern-extern harmonisierte Steuerungsrechnung für unternehmerische Geschäftseinheiten, der eine aus Ergebnisrechnung, Kapitalrechnung und Finanzierungsrechnung bestehende Spartenrechnung zugrundeliegt.[18] Zu den Grundsätzen für die Ausgestaltung der Steuerungsrechnung zählen des weiteren die Verwendung der Daten aus der Konzernrechnungslegung nach international anerkannten Normen oder der vom Einzelabschluß abgekoppelten, konzernintern vereinheitlichten Handelsbilanz II, die Beschränkung der Modifikation dieser Daten auf sehr wenige Fälle (z.B. zur Korrektur extremer Bilanzpolitiken oder zur Beseitigung betriebswirtschaftlicher Defizite) sowie die Bereitstellung der Daten in relativ kurzen Zeitabständen (Monate) und mit geringem Zeitverzug. Interne und externe Erfolgsrechnungen sollen also im wesentlichen auf die selben Daten

---

17 Quelle: in modifizierter Form übernommen von Klein, G.A.: (Unternehmenssteuerung), S. 92.
18 Vgl. dazu Küting, K.; Lorson, P.: (Grundsätze); Küting, K.; Lorson, P.: (Konzernsteuerungskonzepts); Küting, K.; Lorson, P.: (Harmonisierung), S. 55 ff.

zurückgreifen. Mit diesem Konzept wird allerdings nur ein grober Rahmen für die Integration interner und externer Erfolgsrechnungen vorgegeben.

Stärker auf Detailfragen hinsichtlich der Angleichung von Positionen der Kosten- und Erlösrechnung bzw. Aufwands- und Ertragsrechnung geht MÄNNEL ein.[19] Er sieht als Ansatzpunkte zur Vereinheitlichung unter anderem vor:

- den Verzicht auf die Erfassung von Zusatzkosten (einschließlich Zinsen für Eigenkapital) sowie Fremdkapitalkosten in der internen Betriebsergebnisrechnung zugunsten eines Ausweises als Gewinnbestandteil,
- die Ableitung der kalkulatorischen Abschreibungen aus Anschaffungs- und Herstellungskosten (und nicht aus Tages- oder Wiederbeschaffungswerten),
- die monatsgenaue Abgrenzung unregelmäßig anfallender Aufwendungen, Erlösschmälerungen und Vertriebskosten,
- die Übernahme der exakteren internen Materialverbrauchserfassungen in das externe Rechnungswesen sowie
- die Verwendung von Rückstellungsbildungen anstelle kalkulatorischer Wagniskosten in der internen Rechnung.

Abschließend sei erwähnt, daß sich die Bemühungen um eine Integration des Rechnungswesens nicht auf die Beziehung zwischen internem und externem Rechnungswesen beschränken. So wird auch eine stärkere Integration innerhalb des internen Rechnungswesens diskutiert und zwar unter anderem hinsichtlich der Verbindung zwischen Investitionsrechnung und kurzfristigen Rechnungen. Betrachtungsgegenstände sind hier insbesondere die Verknüpfung zwischen langfristigem Erfolg und Periodenergebnissen auf der Basis des LÜCKE-Theorems (z.B. beim Konzept des Economic Value Added bzw. Market Value Added) sowie der investitionstheoretische Ansatz der Kostenrechnung, der auf die investitionstheoretisch fundierte Bereitstellung entscheidungsrelevanter Daten für die kurzfristige Planung abzielt.[20]

---

[19] Vgl. Männel, W.: (Harmonisierung), S. 17 ff.; Männel, W.: (Reorganisation), S. 12 ff.
[20] Vgl. zum LÜCKE-Theorem Lücke, W.: (Investitionsrechnungen), S. 310 ff., zum Economic Value Added bzw. Market Value Added-Konzept z.B. Götze, U.; Glaser, K.: (Value), zum investitionstheoretischen Ansatz der Kostenrechnung Schweitzer, M.; Küpper, H.-U.: (Systeme), S. 237 ff.

Aufgaben zu Teil III

Kontrollfragen

1) Warum sollten zur Vorbereitung kurzfristiger Entscheidungen Teilkostenrechnungen verwendet werden?
2) Welches Merkmal ist für das Direct Costing charakteristisch?
3) Worum handelt es sich bei einem Stückdeckungsbeitrag?
4) In welcher Hinsicht stellt die Mehrstufige Fixkostendeckungsrechnung eine Weiterentwicklung des Direct Costing dar?
5) Was sind Erzeugnisgruppenfixkosten?
6) Worum handelt es sich bei einer Break-Even-Menge?
7) Warum wurde die Plankostenrechnung entwickelt?
8) Wie unterscheiden sich die einzelnen Systeme der Plankostenrechnung?
9) Was versteht man unter verrechneten Plankosten und Sollkosten?
10) Welche Teilabweichungen werden bei der flexiblen Plankostenrechnung auf Vollkostenbasis unterschieden?
11) Für welche Art von Prozessen ist die Prozeßkostenrechnung nach HORVÁTH/MAYER entwickelt worden?
12) Welche Vorteile hat eine Kalkulation mit Hilfe von Prozeßkostensätzen gegenüber einer Zuschlagskalkulation?

Aufgabe III.1-1

Ein Betrieb, der eine Produktart herstellt und verkauft, hat für eine Periode die folgenden Daten ermittelt:

Produktions- und Absatzmenge:	60.000 [ME]
Verkaufspreis pro Stück:	27 [€]
Materialeinzelkosten:	540.000 [€]
Lohnkosten:	480.000 [€]
Sonstige Kosten:	240.000 [€]

Die sonstigen Kosten sind als fix anzusehen. Die Arbeitnehmer sind langfristig beschäftigt, ein Personalabbau erscheint nicht möglich.

a) Bestimmen Sie den Periodenerfolg.

b) Stellen Sie den Verlauf der Kosten-, Umsatz- und Gewinnfunktion in Abhängigkeit von der Produktion- und Absatzmenge graphisch dar.

c) Berechnen Sie die Break-Even-Menge.

Aufgabe III.1-2

Ein Betrieb, der eine Produktart herstellt und verkauft, hat für eine Periode die folgenden Daten ermittelt:

Maximale Produktions- und Absatzmenge: 40.000 [ME]

Materialeinzelkosten pro Stück: 9 [€]

Lohneinzelkosten pro Stück: 11 [€]

Fixe Kosten: 100.000 [€]

a) Der Verkaufspreis soll - unabhängig von der Produktions- und Absatzmenge - 30 € betragen. Berechnen Sie die Break-Even-Menge sowie die gewinnmaximale Produktions- und Absatzmenge.

b) Gehen Sie jetzt davon aus, daß das betrachtete Unternehmen eine Monopolstellung innehat. Es soll die folgende Preis-Absatz-Funktion gelten:

$p(x) = 60 - 0,001 \ x$

Wie hoch ist nun die gewinnmaximale Produktions- und Absatzmenge?

Aufgabe III.1-3

In einem Betrieb werden vier Erzeugnisarten (A, B, C und D) hergestellt. Für eine Abrechnungsperiode wurden die folgenden Werte ermittelt:

	A	B	C	D
Produktions- und Absatzmenge [ME]	29.000	34.000	14.000	17.000
Verkaufspreis [€/ME]	3,70	4,80	8,60	6,30
variable Herstellkosten [€/ME]	1,80	2,60	4,40	2,90
variable Vertriebskosten [€/ME]	0,40	0,70	0,40	0,50
Erzeugnisfixkosten [€]	10.700	20.400	15.800	13.700

Die Erzeugnisarten A und B sind der Erzeugnisgruppe I zugeordnet, die Erzeugnisarten C und D der Erzeugnisgruppe II. An Erzeugnisgruppenfixkosten sind angefallen: 19.000 € für die Erzeugnisgruppe I und 15.000 € für die Erzeugnisgruppe II. Fixe Kosten, die sich nicht weiter aufgliedern lassen (= Betriebsfixkosten), entstanden in Höhe von 22.000 €.

Ermitteln Sie mit Hilfe der Mehrstufigen Fixkostendeckungsrechnung den kalkulatorischen Periodenerfolg.

Aufgabe III.1-4

Ein Unternehmen kann auf einer Maschine mit einer Gesamtkapazität von 575 Zeiteinheiten (ZE) pro Periode vier verschiedene Produktarten A, B, C und D fertigen. Diese lassen sich - mit Ausnahme der Konkurrenz um die Maschinenkapazität - unabhängig voneinander herstellen und absetzen. Für die nächste Periode sind folgende Werte bekannt:

Produktart	A	B	C	D
maximale Absatzmenge [ME]	100	60	120	90
Absatzpreis [€/ME]	26	10,5	20	14
variable Stückkosten [€/ME]	16	9	14	10
Fertigungszeiten [ZE/ME]	2	1	3	1,5

a) Bestimmen Sie die gewinnmaximalen Produktions- und Absatzmengen der Produktarten.

b) Ermitteln Sie die Preisuntergrenzen der Produktarten. Gehen sie dabei davon aus, daß jeweils lediglich eine Produktart verdrängt wird.

Aufgabe III.1-5

Ein Unternehmen fertigt auf einer Maschine mit einer Gesamtkapazität von 720 ZE pro Periode vier verschiedene Produkte. Für die nächste Periode werden folgende Werte prognostiziert:

Produktart	A	B	C	D
maximale Absatzmenge [ME]	80	40	150	80
Absatzpreis [€/ME]	28	9,9	17,9	9,9
variable Stückkosten [€/ME]	14	8,3	10,9	6,9
Fertigungszeiten [ZE/ME]	4	2	1,4	1

Der Preis für ein fremdbezogenes Zwischenprodukt E wird vom Anbieter für die nächste Periode um 5 € auf 20 € heraufgesetzt. Dieses Produkt kann auch im Unternehmen hergestellt werden, wobei 1 ZE der Maschinenkapazität pro Stück in Anspruch genommen wird. Die variablen Stückkosten betragen 16 €. Der Bedarf der nächsten Periode wird auf 120 Stück geschätzt.

a) Bestimmen sie das optimale Fertigungs- und Absatzprogramm der nächsten Periode.

b) Ermitteln Sie die Preisuntergrenzen der Absatzprodukte A - D sowie die Preisobergrenze des Zwischenproduktes E unter der Annahme, daß lediglich eine Produktart verdrängt wird.

c) Ermitteln Sie die Preisobergrenze des Zwischenproduktes E unter der Annahme, daß der gesamte Bedarf aus produktionstechnischen Gründen entweder durch Fremdbezug oder durch Eigenfertigung gedeckt werden muß.

Aufgabe III.1-6

Auf einer Drehbank mit einer Kapazität von 18.000 Zeiteinheiten pro Periode werden 4 Produkte bearbeitet, deren Daten in der folgenden Tabelle zusammengestellt sind:

Produkt-art	Menge	Absatzpreis [€/ME]	gesamte Stück-kosten [€/ME]	variable Stück-kosten [€/ME]	Fertigungszeit [ZE/ME]
1	200	68	64	60	10
2	800	90	67	55	7
3	400	110	75	40	20
4	400	55	45	40	5

Für ein bisher mit 600 Stück pro Periode fremdbezogenes Zubehörteil (P5) hat der Lieferant den Preis von 120,- auf 160,- € pro Stück erhöht. Dieses Zubehörteil kann ebenfalls auf der Drehbank erstellt werden, die dabei zusätzlich entstehenden Kosten belaufen sich auf 140,- € und die Vollkosten auf 180,- €. Die Bearbeitungszeit beträgt 5 Zeiteinheiten pro Stück.

Auf diese 600 Stück kann keinesfalls verzichtet werden, auch nicht teilweise. Sie sind für das Produkt 6 bestimmt, das vollständig ohne Einschaltung der Drehbank gefertigt wird.

a) Ermitteln Sie, welche Produkte in welchen Mengen auf der Drehbank gefertigt werden sollten.

b) Ermitteln Sie die Preisuntergrenzen für die vier Absatzprodukte.

c) Führen Sie eine Beschaffungspreisanalyse für das Zubehörteil P5 durch.

    c1) Ermitteln Sie eine Preisobergrenze für das Zubehörteil unter der Annahme, daß der gesamte Bedarf entweder durch Fremdbezug oder durch Eigenfertigung gedeckt werden muß.

    c2) Berechnen Sie, welche Mengen in Abhängigkeit vom Bezugspreis durch Eigenfertigung bereitgestellt werden sollten, wenn der Bedarf teilweise durch Fremdbezug und teilweise durch Eigenfertigung gedeckt werden kann. Bestimmen Sie dazu Preisobergrenzen für das Zubehörteil.

d) Berechnen Sie, zu welcher Gewinnveränderung die Eigenfertigung des Zubehörteils P5 im Vergleich zum Fremdbezug führt.

Aufgabe III.1-7

Ein Unternehmen fertigt zwei Produktarten auf zwei Anlagen A_1 und A_2. Durch zielgerechte Bestimmung der Produktions- und Absatzmengen x_1 (Produktart 1) und x_2 (Produktart 2) soll der Bruttogewinn G_B maximiert werden.

Für Produktart 1 kann ein Preis von 27 €/ME bei variablen Stückkosten von 25 €/ME erzielt werden. Der Preis der Produktart 2 beträgt 13 €/ME, die variablen Stückkosten dieser Produktart sind 10 €/ME.

Die Anlagenkapazitäten belaufen sich auf 600 ZE (Anlage A_1) und 500 ZE (Anlage A_2). Die Anlage A_1 fertigt beide Produktarten mit der Leistung 1/3 ME/ZE; auf der Anlage 2 beansprucht die Fertigung der ersten Produktart 2 ZE/ME, die der zweiten Produktart 5 ZE/ME.

a) Formulieren Sie das Optimierungsmodell.

b) Lösen Sie das Optimierungsproblem mit einem geeigneten Verfahren.

c) An das Unternehmen tritt ein anderes Unternehmen mit dem Angebot heran, die Anlage A_1 für 30 Zeiteinheiten zu mieten. Welchen Betrag sollte das Unternehmen insgesamt mindestens für die Vermietung verlangen?

Aufgabe III.1-8

Ein Sportartikelhersteller stellt Fußballtrikots für den Fanartikelvertrieb eines deutschen und eines italienischen Fußballvereins her.

Die Trikots für das deutsche Team werden mit langen Ärmeln gefertigt, daher werden 3 Meter Stoff für ein Trikot benötigt. Für ein kurzärmeliges Trikot der italienischen Mannschaft werden 2 Meter Stoff verbraucht. In einer Periode stehen 1.800 Meter Stoff zur Verfügung.

Die Fertigung eines Trikots der deutschen Mannschaft nimmt 2 ZE in Anspruch. Aufgrund eines aufwendigen Musters werden für die Fertigung eines italienischen Trikots 4 ZE benötigt. Die insgesamt in einer Periode zur Verfügung stehende Arbeitszeit beträgt 1.600 ZE.

Marktanalysen haben ergeben, daß von den italienischen Trikots in einer Periode maximal 300 Stück abgesetzt werden können. Für die Trikots der deutschen Mannschaft bestehen keine

Absatzbeschränkungen. Die Fertigung des Trikots der deutschen Mannschaft verursacht variable Kosten von 80 €, die des Trikots der italienischen Mannschaft solche von 70 €. Für beide Trikots kann am Markt ein Preis von 100 € erzielt werden.

Formulieren Sie für die Problemstellung ein lineares Optimierungsmodell, und ermitteln Sie graphisch die optimale Lösung.

Aufgabe III.1-9

Ein Unternehmen stellt die Produkte A, B, C, und D her. Die Absatzmengen, die Umsätze, die variablen Stückkosten, die produktfixen Kosten sowie die Kapazitätsinanspruchnahme pro Stück in der relevanten Periode sind der folgenden Tabelle zu entnehmen. Die unternehmensfixen Kosten betragen 60.000 €.

	A	B	C	D
Absatzmenge [ME]	900	300	750	1.200
Umsatz [€]	333.000	54.000	71.250	588.000
Variable Stückkosten [€/ME]	280	120	45	380
Produktfixe Kosten [€]	20.000	4.000	12.500	34.000
Kapazitätsbeanspruchung [LE/ME]	3	3	2	4

a) Führen Sie eine differenzierte Break-Even-Analyse mit spezifischer Fixkostenbehandlung durch. Bilden Sie dabei eine Reihenfolge der Produktarten nach der Höhe der Deckungsbeitragsintensität (ohne bei deren Berechnung produktartspezifische Fixkosten zu berücksichtigen) und nehmen Sie an, daß zuerst die Produktarten von Absatzrückgängen betroffen sind, bei denen die Deckungsbeitragsintensität am geringsten ist.

b) Zur Vorbereitung eines Angebots für ein Produkt E soll die Preisuntergrenze ermittelt werden. Für das Produkt E wurden folgende Daten ermittelt:

- Kapazitätsinanspruchnahme: 6 [LE/ME]
- variable Stückherstellkosten: 32 [€/ME]
- variable Vertriebskosten: 6% des Umsatzes
- Auftragsfixkosten: 4.000 [€]

Bestimmen Sie die Preisuntergrenze pro Stück des Produktes E (PUG) bei einer Auftragsgröße von

b1) 300 [ME]

b2) 800 [ME]

unter der Annahme, daß die derzeit zur Verfügung stehende Kapazität 12.000 LE beträgt.

Aufgabe III.1-10

In einem Industrieunternehmen soll die derzeitige Erfolgssituation für die drei Produktgruppen (A, B, C) mit Hilfe einer Mehrstufigen Fixkostendeckungsrechnung abgebildet werden. In der folgenden Tabelle sind für alle Produkte die Absatzmengen (x), die Preise (p), die variablen Kosten (K_v) und die fixen Kosten der Produkte (K_f) angegeben.

Produktgruppe	A			B		C			
Produkt	A1	A2	A3	B1	B2	C1	C2	C3	C4
x	800	250	400	800	50	60	700	420	36
p	70	40	90	56	65	120	15	85	260
K_v	9.600	4.200	19.200	24.000	400	2.850	6.440	21.000	6.840
K_f	22.000	2.100	5.000	6.000	500	4.000	5.000	5.000	2.900

Weiterhin liegen folgende Angaben über die fixen Kosten der Produktgruppen und des gesamten Unternehmens vor.

Produktgruppe	A	B	C
gruppenfixe Kosten	10.000	4.000	10.000
unternehmensfixe Kosten		20.000	

a)

a1) Ermitteln Sie mit Hilfe einer mehrstufigen Fixkostendeckungsrechnung die Deckungsbeiträge sowie den Periodenerfolg.

a2) Welche Produkte bzw. Produktgruppen sollten aus dem Produktionsprogramm entfernt werden, um den Unternehmenserfolg zu erhöhen? Welche Erfolgsauswirkungen hätten diese Maßnahmen? Gehen Sie dabei davon aus, daß die fixen Kosten kurzfristig abbaubar sind.

a3) Würde sich Ihre Entscheidung aus Aufgabenteil a2) ändern, wenn der Preis von C3 auf 80 € fällt? Wenn ja, geben Sie bitte die Veränderungen des Produktionsprogramms sowie den neuen Unternehmenserfolg an.

a4) Welche Auswirkungen hat es auf das Produktionsprogramm, wenn die fixen Kosten kurzfristig nicht abbaubar sind?

b) Die Produktgruppen A und B werden auf einer Anlage gefertigt, deren Kapazität auf 10.000 Stunden pro Periode begrenzt ist. Die Fertigungszeiten pro Stück eines Produktes können der folgenden Tabelle entnommen werden.

Produkt	A1	A2	A3	B1	B2
Zeitbedarf pro Stück [h/ME]	8	2	7	4	10

b1) Welche Mengen der Produkte sollten gefertigt werden, wenn der Periodenerfolg maximiert werden soll? Wie hoch ist unter Vernachlässigung der Produktgruppe C der maximale Erfolg? Gehen Sie bei der Beantwortung der Fragen davon aus, daß die fixen Kosten kurzfristig nicht abbaubar sind und die gegebenen Absatzmengen den maximalen Absatzmengen entsprechen.

b2) Ermitteln Sie die Preisuntergrenzen für die Produkte der Produktgruppe A unter der Annahme, daß lediglich die Menge einer anderen Produktart verändert wird.

Aufgabe III.1-11

Ein Unternehmen stellt drei Produkte (P1, P2, P3) her, zu deren Produktion die Rohstoffe R1, R2, R3 und R4 benötigt werden. Die Rohstoffe R1 und R2 gehen in die Produkte P1 und P2 ein. Der Rohstoff R3 wird nur zur Herstellung von P1 benötigt und der Rohstoff R4 nur zur Produktion von P2. Das Produkt P3 wird aus anderen Fremdbezugsteilen im Unternehmen montiert.

Die Rohstoffmengen, die zur Herstellung einer Einheit der Produkte P1 und P2 benötigt werden, können ebenso wie die maximalen Beschaffungsmengen und die Preise der Rohstoffe der folgenden Tabelle entnommen werden.

	R1	R2	R3	R4
Bedarf für P1 [ME/ME]	4	6	4	-
Bedarf für P2 [ME/ME]	8	4	-	4
maximale Beschaffungsmenge [ME]	32.000	30.000	16.000	10.000
Preis [€/ME]	9	4	4	6

Das Produkt P1 wird zur Zeit zu einem Preis von 140 €, P2 zu einem Preis von 150 € verkauft. Absatzbeschränkungen bestehen für diese beiden Produkte nicht. Bei der Produktion fallen variable Fertigungskosten pro Stück in Höhe von 34 € für P1 und 14 € für P2 an. Die Produktion von P1 und P2 verursacht neben den variablen Fertigungskosten noch fixe Kosten in Höhe von 50.000 €.

Das Produkt P3 wird für ein anderes Unternehmen hergestellt, das in jeder Periode eine Menge von 500 Stück zu einem Preis von 350 € abnimmt. Pro Stück P3 wird unter anderem eine Einheit des Zubehörteils Z1 benötigt, das zur Zeit zu einem Preis von 70 € beschafft wird. Außerdem fallen für die gesamte Menge des Produktes P3 weitere variable Materialkosten in Höhe von 70.000 € und variable Montagekosten in Höhe von 20.000 € pro Periode an. Weiterhin verursacht die Produktion von P3 fixe Kosten in Höhe von 30.000 €.

Unabhängig von der Fertigung der Produkte entstehen im Unternehmen noch fixe Kosten in Höhe von 60.000 €.

a) Stellen Sie ein Optimierungsmodell auf, und bestimmen Sie graphisch das gewinnmaximale Produktionsprogramm. Führen Sie eine mehrstufige Fixkostendeckungsrechnung für die ermittelten Produktionsmengen durch.

b) Der Zulieferer, der zur Zeit das Zubehörteil (Z1) für das Produkt P3 fertigt, erhöht den Bezugspreis dieses Teils von 70 € auf 90 €. Die Geschäftsleitung stellt Überlegungen an, ob dieses Zubehörteil nicht auch selbst gefertigt werden kann. Zur Produktion eines Zubehörteils werden 8 ME des Rohstoffes R2 sowie 5 ME des Rohstoffes R3 benötigt. Weiterhin fallen pro Stück variable Fertigungskosten in Höhe von 5 € an.
   Gehen Sie davon aus, daß der gesamte Bedarf entweder durch Eigenfertigung oder durch Fremdbezug gedeckt werden muß.

   b1) Sollte sich das Management für Eigenfertigung oder Fremdbezug entscheiden, wenn der Periodenerfolg maximiert werden soll? Begründen Sie Ihre Aussage anhand einer vergleichenden Rechnung.

   b2) Berechnen Sie die Preisobergrenze, ab der in dieser Situation eine Eigenfertigung des Zubehörteils Z1 vorteilhaft wäre.

   b3) Das Management zieht die Möglichkeit in Erwägung, die Preise für P1 und P2 so anzugleichen, daß unabhängig von der Produktart ein Preis von 145 € verlangt wird. Welche Auswirkungen hat diese Änderung der Preise auf die Entscheidung bezüglich Eigenfertigung oder Fremdbezug?

Aufgabe III.1-12

Für einen ausgewählten Bereich eines Unternehmens soll das Produktionsprogramm für die nächste Periode geplant werden. Es stehen die vier Produktarten A, B, C und D zur Wahl, die alternativ auf einer Anlage XY gefertigt werden können. In der nächsten Periode beträgt die verfügbare Kapazität der Anlage 100 Stunden. Abgesehen von der Konkurrenz um die Kapazität dieser Anlage können die vier Produkte unabhängig voneinander hergestellt und abgesetzt werden. Folgende Informationen wurden zur Planung des Produktionsprogramms zusammengestellt:

Produktart	A	B	C	D
Maximale Absatzmenge [ME]	200	1.050	500	900
Absatzpreis [€/ME]	40	18	28	50
Variable Stückkosten [€/ME]	24	8	16	30
Produktartfixe Kosten [€]	2.000	5.400	3.500	8.900
Fertigungszeit [min/ME]	5	2	3	3

Bei der Einstellung der Produktion einer Produktart können die in der Tabelle angegebenen Fixkosten nicht abgebaut werden, da die Betriebsbereitschaft für die Folgeperioden aufrechterhalten werden soll. Zusätzlich fallen in diesem Unternehmensbereich weitere fixe Kosten in Höhe von 10.000 € pro Periode an.

a) Ermitteln Sie das optimale Produktionsprogramm, und berechnen Sie mit Hilfe eine stufenweisen Fixkostendeckungsrechnung den zugehörigen Deckungsbeitrag des Unternehmensbereichs.

b) Nachdem Sie Ihre Planung abgeschlossen haben, erhalten Sie eine Anfrage des Kunden K über eine Lieferung der Produktart E, die auch auf der betrachteten Anlage XY hergestellt wird, deren Produktion aber bisher nicht vorgesehen war. Die Fertigung der Produktart E auf der Anlage dauert 5 min pro Stück. Die geplanten variablen Kosten betragen 60 € pro Stück. Zusätzlich entstehen für die Herstellung der Produktart E fixe Kosten in Höhe von 1.400 € für die Anfertigung eines Spezialwerkzeuges, das nur eine Periode genutzt werden kann.

   b1) Um welchen Betrag verändert sich der Deckungsbeitrag des Unternehmensbereichs durch die Lieferung von 200 Stück der Produktart E zu einem Preis von 90 € im Vergleich zu dem optimalen Plan aus Aufgabenteil a)?

   b2) Wie hoch ist die Preisuntergrenze für die Produktart E, wenn unterstellt wird, daß der Kunde eine Menge von 400 Stück bestellt?

   b3) Der Kunde K teilt Ihnen mit, daß er bei einer Bestellung von 350 Stück der Produktart E auf die Abnahme der bisher vorgesehenen Menge der Produktart D (50 Stück) verzichtet, so daß sich die oben angegebene maximale Absatzmenge der Produktart D entsprechend reduziert. Zusätzlich verlangt der Kunde K einen Preisnachlaß in Höhe von 10% für die von ihm bestellten 50 Stück der Produktart B (auf deren Lieferung er besteht). Welchen Stückpreis der Produktart E sollte Ihr Unternehmen mindestens von dem Kunden K fordern?

Aufgabe III.1-13

Ein Betrieb plant das Produktions- und Absatzprogramm. Es können die Produktarten A, B und C in alternativer Mehrproduktartenfertigung hergestellt werden. Für die Höhe der Stückdeckungsbeiträge in Abhängigkeit von der Produktions- und Absatzmenge (x_i, i = A, B, C) sowie die Inanspruchnahme der Kapazität der gemeinsam beanspruchten Anlage durch eine Einheit der Produktarten liegen die folgenden Informationen vor.

	A	B	C
Stückdeckungsbeitrag [€/ME]	$40 - 0{,}02\,x_A$	$36 - 0{,}03\,x_B$	$48 - 0{,}08\,x_C$
Kapazitätsbeanspruchung [LE/ME]	4	3	5

Die Kapazität der Anlage beträgt 2.000 LE. Es soll das optimale Produktions- und Absatzprogramm ermittelt werden.

Aufgabe III.1-14

In einem Unternehmensbereich werden fünf Produktarten, die in zwei Produktgruppen unterteilt sind, auf einer Anlage X gefertigt. Die Kapazität der Anlage beträgt 13.800 LE pro Periode. Für die kommende Periode wurde bereits eine kurzfristige Erfolgsrechnung in Form einer Deckungsbeitragsrechnung auf der Basis von Plankosten erstellt, die in der folgenden Tabelle dargestellt ist. Dabei wurde der mögliche Engpaß in der Fertigung nicht berücksichtigt und von den maximalen Absatzmengen ausgegangen.

	A			B	
	A1	A2	A3	B1	B2
Umsatz	25.000	73.600	28.800	112.000	78.000
variable Kosten	16.000	49.600	9.600	70.400	42.000
DB I	9.000	24.000	19.200	41.600	36.000
produktartfixe Kosten	3.600	8.000	10.000	9.500	12.000
DB II	5.400	16.000	9.200	32.100	24.000
produktgruppenfixe Kosten		5.000			6.000
DB III		25.600			50.100
bereichsfixe Kosten			26.000		
DB IV			49.700		

Die maximalen Absatzmengen sowie Angaben über die Beanspruchung der Kapazität der Fertigungsabteilung enthält die folgende Tabelle. Bestandsveränderungen sind nicht zu berücksichtigen, da die Absatzmenge gleich der Produktionsmenge ist. Die fixen Kosten sind kurzfristig nicht abbaubar.

	A			B	
	A1	A2	A3	B1	B2
maximale Absatzmenge [ME]	1.000	1.600	800	1.600	1.200
Kapazitätsbeanspruchung [LE/ME]	1	4	6	5	3

a) a1) Ermitteln Sie das optimale Produktionsprogramm sowie den zugehörigen Deckungsbeitrag für die Produktgruppen und den Unternehmensbereich.

    a2) Berechnen Sie, welche Menge vom Produkt A2 in Abhängigkeit vom Verkaufspreis hergestellt und abgesetzt werden sollte. Bestimmen Sie dazu Preisuntergrenzen für A2.

b) Da viele Kunden alle Produktarten einer Produktgruppe von dem Unternehmen beziehen, würde sich die Unterschreitung von Mindestproduktionsmengen der einzelnen Produktarten negativ auf die Absatzentwicklung der anderen Produktarten der Produktgruppe auswirken. Einige Kunden würden ihren gesamten Bedarf bei einem Konkurrenzunternehmen decken, falls das Unternehmen sie mit einer Produktart nicht beliefert. Es wird daher damit gerechnet, daß die maximalen Absatzmengen aller Produktarten einer Gruppe um 30% zurückgehen, wenn bei mindestens einer Produktart der Gruppe die Produktionsmenge unter 100 Stück sinkt. Ermitteln Sie das optimale Produktionsprogramm sowie den zugehörigen Deckungsbeitrag für den Unternehmensbereich unter Einbeziehung dieser zusätzlichen Informationen.

c) Für die Produktion der Produktgruppe B wurde eine neue Anlage Y mit einer Kapazität von 20.000 LE beschafft, so daß auf der vorhandenen Anlage X nur noch die Produktgruppe A produziert wird. Zusätzlich wurden durch eine Marktanalyse folgende Preisabsatzfunktionen für die Produktarten A1 und A2 ermittelt. Die restlichen Daten - einschließlich des Preises und der maximalen Absatzmenge von A3 - bleiben unverändert.

$$p_{A1} = -\frac{1}{300} x_{A1} + 24$$

$$p_{A2} = -\frac{3}{125} x_{A2} + 79$$

c1) Bestimmen Sie unter Verwendung der neuen Angaben das optimale Produktionsprogramm.

c2) Wie setzt sich das optimale Produktionsprogramm zusammen, wenn die Kapazität der Anlage X aufgrund eines Schadens auf 5.000 LE sinkt?

Aufgabe III.2-1

Für eine Kostenstelle liegen für Januar 2004 folgende Angaben vor:

	Planwerte	Istwerte
Produktionsmenge	300 [ME]	400 [ME]
Löhne	42 [h] à 16 [€]	45 [h] à 16,5 [€]
Betriebsstoffe	102 [kg] à 5,30 [€]	140 [kg] à 5,80 [€]
sonstige variable Gemeinkosten	12.600 [€]	15.200 [€]
Fixkosten	3.000 [€]	3.000 [€]

a) Stellen Sie die relevanten Kostenfunktionen graphisch dar, und verdeutlichen Sie eventuell auftretende Abweichungen.

b) Ermitteln Sie
   b1) die gesamte Kostenabweichung,
   b2) die Beschäftigungsabweichung und die gesamte Verbrauchsabweichung,
   b3) die Verbrauchsabweichung für die Kostenart 'Löhne', bestehend aus Mengen- und Preisabweichung, sowie
   b4) die Preisabweichung ersten Grades, die Mengenabweichung ersten Grades und die Abweichung zweiten Grades für die Kostenart 'Löhne'.

Aufgabe III.3-1

a) In einer Kostenstelle sind vier Teilprozesse identifiziert worden, von denen die Prozesse 1 - 3 leistungsmengeninduziert sind, der vierte hingegen leistungsmengenneutral. Die prognostizierten Gesamtkosten der Kostenstelle betragen 4 Mio. [GE], sie sollen anhand der Mannjahre auf die Teilprozesse aufgeteilt werden. Die Mannjahre, die für die einzelnen Teilprozesse vorgesehen sind, können ebenso wie die Planprozeßmengen der nachfolgenden Tabelle entnommen werden.

Teilprozeß	Mannjahre	Planprozeßmengen
1	7	4.000
2	6	200
3	6	800
4	1	-

Berechnen Sie die Prozeßkosten und Prozeßkostensätze der Teilprozesse auf der Grundlage von lmi- und Gesamtkosten.

b) Gehen Sie davon aus, daß Teilprozeß 1 in den Hauptprozeß 1, Teilprozeß 2 in Hauptprozeß 2 und Teilprozeß 3 in den Hauptprozeß 3 eingeht. Außerdem sind diesen Hauptprozessen weitere Teilprozesse aus anderen Kostenstellen zugeordnet, deren lmi- und Gesamtkosten ebenso wie die Planprozeßmengen der Hauptprozesse der nachstehenden Tabelle entnommen werden können.

Hauptprozeß	Planprozeßmenge	lmi-Kosten	Gesamtkosten
		(der weiteren zugeordneten Teilprozesse)	
1	4.000	1.000.000	1.200.000
2	200	600.000	750.000
3	800	650.000	800.000

Bestimmen Sie die Prozeßkosten und Prozeßkostensätze der Hauptprozesse auf der Grundlage von lmi- und Gesamtkosten.

c) Kalkulieren Sie unter Verwendung von lmi-Prozeßkostensätzen einen Auftrag, für den die folgenden Daten gelten:

Auftragsgröße: 120 [ME]
Periodenmenge: 600 [ME]

Materialeinzelkosten: 100 [GE/ME]
Materialgemeinkosten:
- Inanspruchnahme von Hauptprozeß 1 (Abwicklungsprozeß): 4 Prozeßeinheiten
- sonstige Materialgemeinkosten (10% der Materialeinzelkosten)

Fertigungseinzelkosten: 140 [GE/ME]
Fertigungsgemeinkosten:
- Inanspruchnahme von Hauptprozeß 3 (Abwicklungsprozeß): 1 Prozeßeinheit
- Inanspruchnahme von Hauptprozeß 2 (produktnaher Betreuungsprozeß): 1 Prozeßeinheit/Periode
- sonstige Fertigungsgemeinkosten: 12% der Fertigungseinzelkosten

Verwaltungs- und Vertriebsgemeinkosten:
- Inanspruchnahme von Hauptprozeß 4 (Abwicklungsprozeß): 1 Prozeßeinheit; Prozeßkostensatz 3.000 [GE]
- sonstige: 15% der Herstellkosten

Aufgabe III.3-2

a) In einer Kostenstelle laufen drei Teilprozesse ab, und zwar die leistungsmengeninduzierten Teilprozesse 1 und 2 sowie der leistungsmengenneutrale Prozeß 3. Es werden Gesamtkosten der Kostenstelle in Höhe von 3 Mio. [GE] erwartet, die über die Mannjahre, die für die einzelnen Teilprozesse vorgesehen sind, auf diese aufgeteilt werden sollen. Die Mannjahre sind ebenso wie die Planprozeßmengen der Teilprozesse in der nachfolgenden Tabelle aufgeführt.

Teilprozeß	Mannjahre	Planprozeßmengen
1	5	2.000
2	3	300
3	2	-

Ermitteln Sie die Prozeßkosten und Prozeßkostensätze der lmi-Teilprozesse auf der Basis von lmi- und Gesamtkosten.

b) Teilprozeß 1 soll in den Hauptprozeß 1, Teilprozeß 2 in den Hauptprozeß 2 eingehen. Des weiteren bestehen diese Hauptprozesse aus Teilprozessen anderer Kostenstellen, deren lmi- und Gesamtkosten ebenso wie die Planprozeßmengen der Hauptprozesse in der nachstehenden Tabelle enthalten sind.

Hauptprozeß	Planprozeßmenge	lmi-Kosten	Gesamtkosten
		(der weiteren zugeordneten Teilprozesse)	
1	2.000	1.200.000	1.300.000
2	300	800.000	900.000
3	800	650.000	800.000

Ermitteln Sie die Prozeßkosten und Prozeßkostensätze der Hauptprozesse auf der Grundlage von lmi- und Gesamtkosten.

c) Berechnen Sie unter Verwendung von lmi-Prozeßkostensätzen die Selbstkosten eines Auftrags, für den die folgenden Daten relevant sind:

Auftragsgröße: 200 [ME]
Periodenmenge: 800 [ME]

Materialeinzelkosten: 120 [GE/ME]
Materialgemeinkosten:
- Inanspruchnahme von Hauptprozeß 1 (Abwicklungsprozeß): 3 Prozeßeinheiten
- sonstige Materialgemeinkosten (10% der Materialeinzelkosten)

Fertigungseinzelkosten: 220 [GE/ME]

Fertigungsgemeinkosten:

- Inanspruchnahme von Hauptprozeß 2 (produktnaher Betreuungsprozeß): 1 [Prozeßeinheit/Periode]
- Inanspruchnahme von Hauptprozeß 3 (Abwicklungsprozeß): 1 Prozeßeinheit
- sonstige Fertigungsgemeinkosten: 15% der Fertigungseinzelkosten

Verwaltungs- und Vertriebsgemeinkosten:

- Inanspruchnahme von Hauptprozeß 4 (Abwicklungsprozeß): 1 Prozeßeinheit; Prozeßkostensatz 2.500 [GE]
- sonstige: 15% der Herstellkosten

IV   Kostenmanagement

1   Merkmale, Aufgaben und Instrumente im Überblick

1.1   Einführung

In den vergangenen Jahren ist sowohl in der wissenschaftlichen Literatur als auch in der Unternehmenspraxis ein Trend von der Kostenrechnung hin zum Kostenmanagement bzw. zur Erweiterung der Kostenrechnung um (andere) Aspekte des Kostenmanagements zu beobachten gewesen. Begründet wird dieser Trend vor allem mit Entwicklungen in der Unternehmensumwelt, die dazu führen, daß neue oder veränderte Herausforderungen für die Unternehmensführung entstehen, deren Bewältigung ein über die traditionelle Kostenrechnung hinausgehendes Kostenmanagement erforderlich macht. Die folgende Abbildung zeigt - nicht überschneidungsfrei - wichtige gesamtwirtschaftliche Entwicklungstendenzen, die aus ihnen resultierenden Herausforderungen für die Unternehmensführung sowie die daraus ableitbaren Aufgabenfelder des Kostenmanagements.

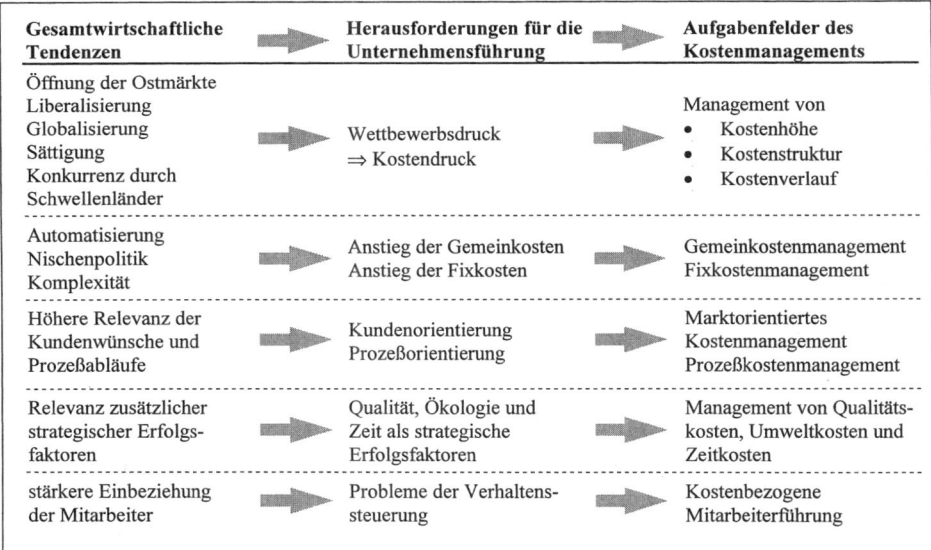

Gesamtwirtschaftliche Tendenzen	Herausforderungen für die Unternehmensführung	Aufgabenfelder des Kostenmanagements
Öffnung der Ostmärkte Liberalisierung Globalisierung Sättigung Konkurrenz durch Schwellenländer	Wettbewerbsdruck ⇒ Kostendruck	Management von • Kostenhöhe • Kostenstruktur • Kostenverlauf
Automatisierung Nischenpolitik Komplexität	Anstieg der Gemeinkosten Anstieg der Fixkosten	Gemeinkostenmanagement Fixkostenmanagement
Höhere Relevanz der Kundenwünsche und Prozeßabläufe	Kundenorientierung Prozeßorientierung	Marktorientiertes Kostenmanagement Prozeßkostenmanagement
Relevanz zusätzlicher strategischer Erfolgsfaktoren	Qualität, Ökologie und Zeit als strategische Erfolgsfaktoren	Management von Qualitätskosten, Umweltkosten und Zeitkosten
stärkere Einbeziehung der Mitarbeiter	Probleme der Verhaltenssteuerung	Kostenbezogene Mitarbeiterführung

Abb. IV-1: Aufgabenfelder des Kostenmanagements als Folge gesamtwirtschaftlicher Entwicklungen[1]

Es stellt sich nun die Frage nach dem Wesen des Kostenmanagements und den Unterschieden zwischen ihm und der traditionellen Kostenrechnung. Kostenmanagement läßt sich definieren als „Gesamtheit aller Steuerungsmassnahmen, die der frühzeitigen und antizipativen Beeinflussung von *Kostenstruktur* und *Kostenverhalten* sowie der Senkung des *Kostenniveaus* die-

---

1   Quelle: in modifizierter Form übernommen von Günther, T.: (Neuentwicklungen), S. 101.

nen."[2] Dem Kosten*management* obliegt demgemäß die Aufgabe der Gestaltung der Kosten, ihm können die kostenbezogenen Führungsaufgaben des Unternehmens und damit die entsprechenden Planungs-, Kontroll-, Informations-, Organisations-, Personalführungs- und Controllingaufgaben zugeordnet werden.[3] Da die Kosten*rechnung* als Teilgebiet des internen Rechnungswesens primär ein Instrumentarium zur Informationsverarbeitung und damit ein Teil des Informationssystems des Unternehmens darstellt, geht das Kostenmanagement hinsichtlich der einbezogenen Führungsaufgaben über die Kostenrechnung hinaus.

Außerdem wird bei der Kostenrechnung im Rahmen einer kurzfristigen Betrachtung von weitgehend gegebenen Strukturen, insbesondere einer gegebenen Betriebsbereitschaft und gegebenen Produktarten, Produktionsverfahren und Prozeßabläufen, ausgegangen. Auch in dieser Hinsicht erfolgt beim Kostenmanagement eine Erweiterung. Auf der Grundlage einer Analyse der direkten und indirekten Ursachen der Entstehung von Kosten wird angestrebt, diese durch die bzw. bei der Gestaltung von Produkten, Verfahren und Prozessen zielgerichtet zu verändern. Der Betrachtungszeitraum wird ausgedehnt und ein Schwerpunkt auf die Kostenbeeinflussung in den frühen Phasen des Lebenszyklus (Produktentwicklung, Produktions- und Absatzvorbereitung) gelegt. In diesen besteht das größte Potential für die Gestaltung der Kosten, da in ihnen 70-80% der Kosten determiniert werden, auch wenn diese erst später anfallen[4] (vgl. dazu sowie zum Target Costing und zum Life Cycle Costing als Instrumenten des Kostenmanagements, die primär in diesen Phasen ansetzen, die Abschnitte IV.2 und IV.3). Charakteristisch ist außerdem eine stärkere Kunden- bzw. Markt-, Wettbewerbs- und Prozeßorientierung. Abbildung IV-2 stellt diese und weitere Unterschiede zwischen 'Traditioneller Kostenrechnung' und Kostenmanagement heraus.

Die längerfristige Perspektive des Kostenmanagements wirft die Frage auf, ob der Begriff 'Kosten'management überhaupt gerechtfertigt ist, nicht vielmehr eine Bezugnahme auf Auszahlungen anstelle von Kosten erfolgen sollte. Wie im Zusammenhang mit dem Life Cycle Costing noch ausgeführt wird (vgl. Abschnitt IV.3.4), erscheint dies bei längerfristigen Entscheidungsproblemen gerechtfertigt, um Zins- und Zinseszinseffekte adäquat einbeziehen zu können. Strenggenommen liegt dann allerdings eher ein 'Auszahlungsmanagement' vor.

---

2   Dellmann, K.; Franz, K.P.: (Kostenrechnung), S. 17. In ähnlicher Weise wird die eng verwandte Kostenpolitik als „Teilbereich der Unternehmenspolitik, der auf der Grundlage der unternehmensexternen und -internen Kostenanalyse und Kostenkontrolle sowie unter Nutzung von systematisch-methodischen Verfahren eine ganzheitlich geprägte Beeinflussung der Kostensphäre - im Sinne eines Total Cost Management - anstrebt" (Becker, W.: (Kostenrechnung), S. 36) angesehen.

3   Zu einer Detaillierung der Aufgaben des Kostenmanagements vgl. Kajüter, P.: (Kostenmanagement), S. 84 ff.

4   Vgl. Bürgel, H.D.; Zeller, A.: (Controlling), S. 219.

Merkmal	'Traditionelle Kostenrechnung' als Teilgebiet des internen Rechnungswesens	Kostenmanagement als Gestaltung von Kostenniveau, Kostenstruktur und Kostenverlauf
Führungssubsystem(e)	primär Informationssystem	sämtliche Führungssubsysteme
Schwerpunkt der Kostenbeeinflussung	'Kostenoptimierung' bei gegebenen Rahmenbedingungen	Kostengestaltung (kunden- und wettbewerbsbezogene Produkt- und Prozeßgestaltung)
Fristigkeit	kurzfristig	kurz-, mittel- und langfristig
Lebenszyklusphase(n)	primär Marktphase	sämtliche Phasen mit Betonung der Entstehungsphase
Zielorientierung	interne Plankosten	interne und externe (z.B. vom Markt erlaubte) 'Plan'Kosten
Bezugsgrößen von Kosteninformationen	Kostenart, Kostenstelle, Kostenträger	auch schnittstellenübergreifend, prozeßbezogen
Standardkostenbezug	Erreichung von Kostenstandards	auch Verbesserung von Kostenstandards
Kostenverantwortung	individuelle Kostenstellenverantwortung	auch Team- und Prozeßverantwortung
Genauigkeitsgrad	rechnerisch exakt, hohe Detaillierung	zur Kostenbeeinflussung ausreichende Detaillierung

Abb. IV-2: 'Traditionelle Kostenrechnung' versus Kostenmanagement[5]

Schließlich ist auf die Berücksichtigung von Erlösen (bzw. Einzahlungen) einzugehen. Zwar stehen in der Kostenrechnung die Kosten im Vordergrund, Erlöse werden jedoch ebenfalls einbezogen, so daß es sich um eine 'Kosten- und Erlösrechnung' handelt. Auch beim Kostenmanagement sollten die Erlöse nicht vernachlässigt werden, da diese wie die Kosten den Gewinn von Unternehmen als maßgebliche Zielgröße bestimmen. Es ist daher ein Management der Kosten bei gegebenen Erlösen (Kostenminimierung als Subziel der Gewinnmaximierung) oder ein Management der Erlöse und Kosten (mit dem Ziel der Gewinnmaximierung) erforderlich.[6] Im folgenden sollen jedoch die Kosten im Vordergrund stehen.

1.2 Objekte und Maßnahmen des Kostenmanagements

Dem Kostenmanagement können die Teilaufgaben des Management von Kostenniveau, Kostenstruktur und Kostenverlauf zugeordnet werden.[7] Durch das Management des *Kostenniveaus* soll die Höhe der Kosten zielgerichtet beeinflußt, d.h. in der Regel gesenkt, werden. Das Management der *Kostenstruktur* zielt darauf ab, das Verhältnis bestimmter Kostenkategorien zueinander zu gestalten. In Abbildung IV-3 sind Dimensionen der Kostenstruktur und

---

5   Quelle: in erweiterter Form übernommen von Günther, T.: (Neuentwicklungen), S. 104.

6   Zur Forderung nach einem Kosten- und Erlösmanagement vgl. Becker, W.: (Kostenrechnung), S. 47 ff.; Becker, W.: (Stabilitätspolitik).

7   Vgl. Günther, T.: (Neuentwicklungen), S. 105 ff., sowie zu einer ähnlichen Untergliederung Männel, W.: (Entwicklungsperspektiven), S. 119 ff.

daraus abgeleitete Kostenkategorien dargestellt; diese sind potentielle Objekte des Kosten-
niveau- und Kostenstrukturmanagements.

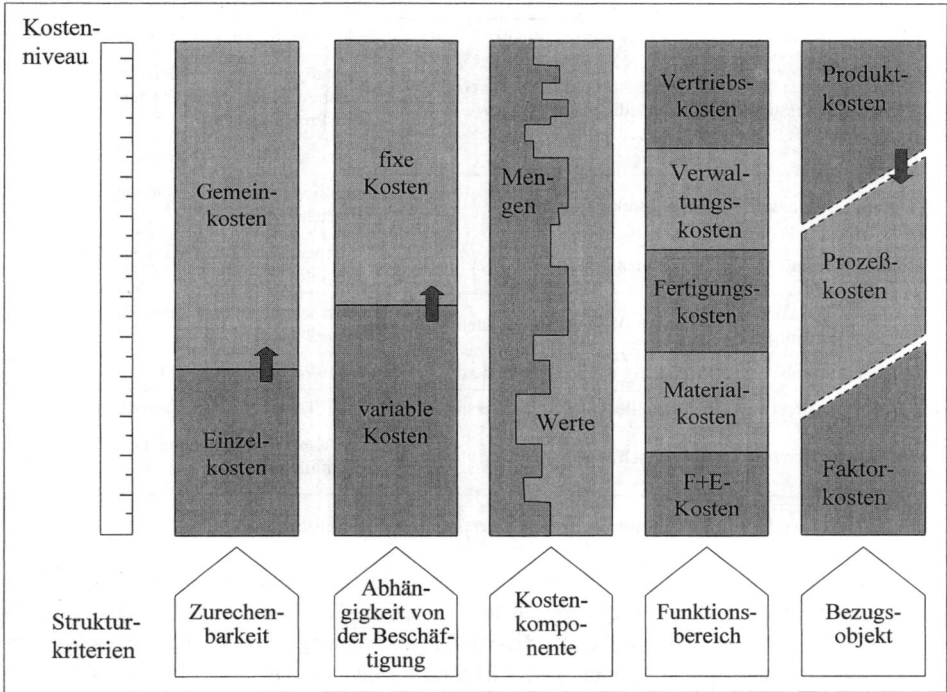

Abb. IV-3: Objekte des Kostenniveau- und Kostenstrukturmanagements

Wie die Abbildung zeigt, kann das Kostenniveau- und Kostenstrukturmanagement an den
Einzel- und den Gemeinkosten oder den variablen und den fixen Kosten ansetzen. Weitere
potentielle Objekte des Kostenmanagements stellen die Mengen- und die Wertkomponenten
der einzelnen Kostenarten, die Kosten der Funktionsbereiche (alternativ oder ergänzend die
Kosten der Elemente der Wertkette[8]) oder die Kosten der Ressourcen, Prozesse und Produkte
von Unternehmen dar. Die letztgenannten Kostenkategorien sind unter anderem dadurch miteinander verbunden, daß Faktorkosten in die Prozeßkosten und die Produktkosten sowie Prozeßkosten in die Produktkosten eingehen; die Summe dieser Kostenkategorien ist daher höher
als die Gesamtkosten einer Periode, das Kostenniveau.

   Bei einigen Kostenkategorien läßt sich eindeutig angeben, in welche Richtung ein
Kostenstrukturmanagement wirken sollte: Die Anteile der variablen Kosten, der Einzelkosten
sowie der Produktkosten an den Gesamtkosten sollten erhöht werden. Hinsichtlich der variablen Kosten soll dies eine stärkere Anpassungsfähigkeit bewirken und damit die Kostenflexibilität steigern. Mit einer Erhöhung des Anteils der Einzelkosten bzw. der Produkten zure-

---

8   Im Konzept der Wertkette wird ein Unternehmen als Kette von wertsteigernden Aktivitäten angesehen. Zu
     diesem Konzept vgl. Porter, M.E.: (Wettbewerbsvorteile), S. 63 ff.

chenbaren Kosten wird eine höhere Transparenz angestrebt; durch einen höheren Anteil dieser Kosten werden die Möglichkeiten der Steuerung des Unternehmens im Rahmen produktbezogener Führungsprozesse verbessert.[9]

Kostenniveau- und Kostenstrukturmanagement stehen in enger Beziehung zueinander, da die Veränderung der Kosten eines Objektes in der Regel sowohl die Kostenhöhe als auch die Kostenstruktur beeinflußt (beispielsweise wirkt die Senkung einer Gemeinkostenkomponente sowohl auf das Kostenniveau als auch auf das Verhältnis zwischen Einzel- und Gemeinkosten ein).[10] Ausnahmen liegen lediglich vor, falls bei einer Veränderung des Kostenniveaus die Kostenstruktur beibehalten wird oder eine Substitution von Kostenkategorien bei unverändertem Kostenniveau erfolgt.

Es stellt sich nun die Frage, durch welche Maßnahmen die verschiedenen aufgeführten Objekte des Kostenniveau- und Kostenstrukturmanagements beeinflußt werden können. Dafür existiert eine sehr große Anzahl von Handlungsmöglichkeiten mit operativem, taktischem oder strategischem Charakter. Eine vollständige und systematische Erfassung dieser Möglichkeiten ist schwierig, da es an einem differenzierten und detaillierten Kosteneinflußgrößensystem fehlt, das operative, taktische und strategische Einflußgrößen umfaßt, an denen Maßnahmen ansetzen könnten. Viele der in der Literatur beschriebenen Systeme sind eher auf kurzfristig wirkende Einflußgrößen ausgerichtet.[11] Eine der Ausnahmen hiervon stellt ein von SCHWEITZER/KÜPPER entwickeltes Konzept für ein Kosteneinflußgrößensystem dar, bei dem zwischen operativen, taktischen und strategischen Einflußfaktoren für die Planungsobjekte Produkte/Produktprogramm, Prozesse und Potentiale unterschieden wird.[12] Allerdings erscheint dieses Einflußgrößensystem noch nicht ganz ausgereift, denn hinsichtlich der Abgrenzung der aufgeführten Faktoren, der Beziehungen zwischen ihnen und der Art ihres Einflusses bleiben Fragen offen. Zu Kosteneinflußgrößen und ihren Wirkungen besteht demgemäß weiterer Forschungsbedarf.[13]

Um einen Eindruck von der Vielfalt möglicher kostenbeeinflussender Handlungen zu vermitteln, sind in Abbildung IV-4 beispielhaft einige Maßnahmen - differenziert für Ressourcen, Prozesse und Produkte - aufgeführt. Diese unterscheiden sich hinsichtlich der Führungsebene (strategisch, taktisch, operativ), des Ausmaßes der Veränderungen (grundlegend, inkremental) sowie der Phase des Produktlebenszyklus, in der sie ergriffen werden können.[14] Hervorgehoben sei noch einmal die Bedeutung von Aktivitäten im Entstehungszyklus von Produkten (Produktentwicklung, Konstruktion), da in diesem das Potential zur Kostensenkung besonders hoch ist.

---

9   Vgl. Männel, W.: (Entwicklungsperspektiven), S. 120 f.; Dellmann, K.; Franz, K.-P.: (Kostenrechnung), S. 19 f.

10 Vgl. Dellmann, K.; Franz, K.-P.: (Kostenrechnung), S. 20.

11 Vgl. zu Kosteneinflußgrößensystemen auch die Abschnitte I.4 und III.2.3 sowie die überblicksartigen Darstellungen bei Schweitzer, M.; Küpper, H.-U.: (Kostentheorie), S. 231 ff.; Brokemper, A.: (Kostenmanagement), S. 62 ff.; Schwartz, R.: (Controlling-Systeme), S. 333 ff.

12 Vgl. Schweitzer, M.; Küpper, H.-U.: (Kostentheorie), S. 267 ff.

13 Zur Forderung nach Entwicklung eines 'strategischen Kosteneinflußsystems' vgl. auch Welge, M.K.; Amshoff, B.: (Neuorientierung), S. 79.

14 Zu einer differenzierten Darstellung von Maßnahmen zur gezielten Beeinflussung der Kosten von Produkten, Prozessen und Ressourcen vgl. Kajüter, P.: (Kostenmanagement), S. 163 ff.

Bezugsobjekte	Maßnahmen
Ressourcen	- Standortverlagerung - Technologieänderung - Veränderung der Fertigungstiefe - Kapazitätsanpassung - Beschaffungspolitik - Entlohnungspolitik - Rationalisierung - Standardisierung - Substitution von Produktionsfaktoren
Prozesse	- Lean Management - Neugestaltung von Prozeßabläufen - Komplexitätsverringerung - Simultaneous Engineering - Lagerhaltungspolitik, z.B. Just-In-Time-Konzepte - Erhöhung von Auftragsgrößen
Produkte	- Bestimmung des Absatzprogramms - Festlegung der Produktfunktionen - Kostengünstiges Konstruieren

Abb. IV-4: Maßnahmen zur Gestaltung von Kostenniveau und Kostenstruktur

Die dritte Kategorie des Kostenmanagements ist das Management des *Kostenverhaltens* bzw. *Kostenverlaufs*. Hier geht es zum einen um die Gestaltung des Kostenanfalls in zeitlicher Hinsicht; unter anderem sollen Wechselwirkungen zwischen den in den verschiedenen Stadien des Lebenszyklus einer Produktart (Entstehungsphase, Marktphase, Nachlaufphase), einer Produkteinheit, eines Prozesses oder einer Ressource anfallenden Kosten identifiziert und im Rahmen einer lebenszyklusbezogenen Kostengestaltung zielgerichtet ausgenutzt werden. So kann beispielsweise erwogen werden, Maschinen oder Fahrzeuge mit höheren Anschaffungs-, aber geringeren Betriebskosten zu beschaffen oder Entwicklungsaktivitäten mit dem Ziel auszuweiten, die späteren Herstellkosten zu senken. Auch kann die Beeinflussung langfristiger Kostenentwicklungen diesem Bereich des Kostenmanagements zugeordnet werden. Zum anderen wird mit dem Kostenverlauf das Verhalten der Kosten in Abhängigkeit von einzelnen Kosteneinflußgrößen wie der Beschäftigung bezeichnet, das damit ebenfalls Gegenstand des Managements des Kostenverlaufs ist. Da sich die Entwicklung der Kosten in Abhängigkeit von der Zeit und von anderen Einflußgrößen auf die Höhe und Struktur der Gesamtkosten von Unternehmen und deren Ressourcen, Prozessen sowie Produkten auswirkt, bestehen zwischen dieser Kategorie des Kostenmanagements sowie dem Kostenniveau- und -strukturmanagement ebenfalls Überschneidungen.[15]

---

15   Vgl. zum Management des Kostenverlaufs Günther, T.: (Neuentwicklungen), S. 111 ff.; Männel, W.: (Entwicklungsperspektiven), S. 121 f.; Franz, K.-P.; Kajüter, P.: (Kostenmanagement), S. 14.

1.3 Instrumente des Kostenmanagements

Für das Kostenmanagement lassen sich eine Vielzahl von Instrumenten nutzen. Die Grundlage eines gezielten Kostenmanagements bilden die Analyse der Kostensituation (Kostenniveau, Kostenstruktur und Kostenverlauf), die Identifikation der Kosteneinflußgrößen und ihres Einflusses auf die Kosten sowie eine Kostenfrühaufklärung.[16]

Wie oben erwähnt, kann die Gestaltung des Kostenniveaus und der Kostenstruktur an unterschiedlichen Objekten ansetzen, vor allem an den Gemeinkosten, den fixen Kosten, den Prozeßkosten sowie den Produktkosten. Die folgende Abbildung vermittelt - ohne Anspruch auf Vollständigkeit - einen Überblick über die Instrumente, die hierbei einsetzbar sind.[17]

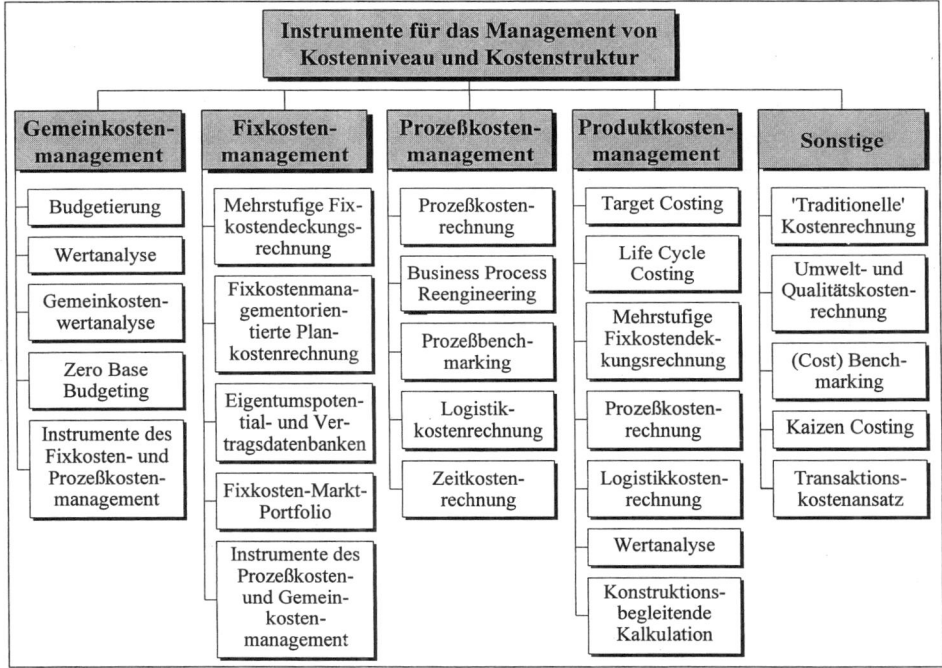

Abb. IV-5: Instrumente für das Management von Kostenniveau und Kostenstruktur

Für das Management der *Gemeinkosten* eignen sich zum einen die Ansätze der Budgetierung, der Wertanalyse, der Gemeinkostenwertanalyse und des Zero Base Budgeting. Diese Konzepte sind bereits seit relativ langer Zeit gebräuchlich und in der Literatur vielfach beschrie-

---

16 Vgl. Franz, K.-P.; Kajüter, P.: (Kostenmanagement), S. 14 ff., sowie zu einem (strategieorientierten) Konzept für die Kostenanalyse, das als wesentliche Elemente die Untersuchung der Wertschöpfungskette und der strategischen Positionierung von Unternehmen umfaßt, Shank, J.K.; Govindarajan, V.: (Vorsprung), S. 49 ff.

17 Zu einem Überblick über Instrumente des Kostenmanagements vgl. auch Kajüter, P.: (Kostenmanagement), S. 222 ff.

ben, so daß sie hier nicht gesondert erörtert werden sollen.[18] Da die Gemeinkosten die fixen Kosten sowie große Teile der Prozeßkosten umfassen, wird zum anderen auch mit Instrumenten, die auf deren Gestaltung abzielen, in der Regel eine Beeinflussung der Gemeinkosten erreicht.

Zur Analyse und zur gezielten Beeinflussung der *fixen Kosten* können die bereits beschriebene Mehrstufige Fixkostendeckungsrechnung (vgl. Abschnitt III.1.2.2) sowie die indirekt wirkenden Ansätze des Gemeinkosten- und Prozeßkostenmanagements genutzt werden. Ein weiteres Instrument stellt die Fixkostenmanagementorientierte Plankostenrechnung dar, bei der neben einer Mehrstufigen Fixkostendeckungsrechnung eine zeit- und betriebsbereitschaftsgradabhängige Fixkostenplanung in den Kostenstellen vorgesehen ist.[19] Mit Eigentumspotential- bzw. Vertragsdatenbanken sollen Informationen über die Abbaubarkeit der aus Vermögensgegenständen des Unternehmens bzw. Verträgen mit Externen resultierenden Fixkosten erfaßt werden. Vertragsdatenbanken beispielsweise enthalten unter anderem Informationen über den jeweiligen Vertragspartner, die Kündigungsfrist, den monatlichen Fixkostenbetrag sowie etwaige Folgekosten. Bei Anwendung des Fixkosten-Markt-Portfolios werden Geschäftseinheiten hinsichtlich der Dimensionen 'Marktstabilität' und 'Fixkostenflexibilität' beurteilt und in die Felder 'extremes Risiko', 'Kosten-Risiko', 'Markt-Risiko' oder 'geringes Risiko' eingeordnet. Für die in verschiedenen Feldern positionierten Geschäftseinheiten bieten sich unterschiedliche Normstrategien an, z.B. die Eliminierung bei extremem Risiko und die Verbesserung der Kostenflexibilität bei Kosten-Risiko.[20]

Für das *Prozeßkostenmanagement* können neben den bereits erörterten Prozeß-, Logistik- und Zeitkostenrechnungen (vgl. die Abschnitte III.3 und III.4.2) das Business Process Reengineering als Konzept zur Neugestaltung von Geschäftsprozessen[21] sowie das Prozeßbenchmarking als spezifische Variante des Benchmarking (zu diesem vgl. Abschnitt IV.4) genutzt werden.[22]

Für das *Produktkostenmanagement* eignen sich insbesondere das Target Costing sowie das Life Cycle Costing. Diese Instrumente werden daher nachfolgend ausführlich behandelt (vgl. die Abschnitte IV.2 und IV.3). Des weiteren läßt sich neben der Mehrstufigen Fixkostendeckungsrechnung und der Prozeßkostenrechnung auch die Logistikkostenrechnung sowie Verfahren der Konstruktionsbegleitenden Kalkulation nutzen (vgl. dazu Abschnitt III.4.2). Der Einsatz der Wertanalyse kann im Rahmen der Entstehungsphase zu einer zielgerichteten Produktgestaltung beitragen.

---

[18] Zur Darstellung dieser Instrumente und zur Diskussion ihrer Eignung zum Kostenmanagement vgl. Roolfs, G.: (Gemeinkostenmanagement), S. 47 ff.; Küpper, H.-U.: (Controlling), S. 331 ff.; Hardt, R.: (Kostenmanagement), S. 34 ff.; Meyer-Piening, A.: (Planning); Gramoll, E.; Lisson, F.: (Gemeinkosten-Wertanalyse), zu Ansätzen des Gemeinkostenmanagements vgl. auch Sakurai, M.: (Kostenmanagement), S. 85 ff.

[19] Vgl. Reichmann, T.; Fröhling, O.: (Plankostenrechnung); Reichmann, T.; Schwellnuß, A.G.; Fröhling, O.: (Plankostenrechnung).

[20] Vgl. Oecking, F.: (Fixkostenmanagement), S. 95 ff. und S. 177 ff.; Oecking, F.: (Marktverhältnissen), S. 185 ff.

[21] Zum Business Process Reengineering vgl. Koenigsmarck, O. von; Trenz, C.: (Einführung); Hammer, M.; Champy, J.: (Business), sowie die Beiträge in Berndt, R. (Hrsg.): (Business).

[22] Zu diesen und weiteren Instrumenten eines prozeßorientierten Kostenmanagements sowie den Ergebnissen einer empirischen Untersuchung hierzu vgl. Stoi, R.: (Kostenmanagement), S. 33 ff.

Zu den *sonstigen Instrumenten* des Kostenmanagements, d.h. Methoden und Verfahren, die primär bei anderen Bezugsobjekten oder aber in mehreren Bereichen ohne spezifische Schwerpunkte einsetzbar sind, zählt die 'Traditionelle Kostenrechnung'. Die Kostenrechnung nimmt einerseits direkt Aufgaben des Kostenmanagements wahr. So können Analysen zur Relevanz und Veränderung von Kostenarten oder Kostenstellenkosten durchgeführt werden, die Entwicklungsverläufe aufzeigen und die Kostentransparenz erhöhen. Die Ergebnisse der Kostenrechnung - vor allem die für die Kostenträger ermittelten Kosten - werden zur Vorbereitung operativer Entscheidungen über das Absatz-, Produktions- und Beschaffungsprogramm, Verfahren, Abläufe und Preise genutzt und wirken sich damit auf Kostenniveau, -struktur und auch -verlauf aus. Außerdem läßt sich das Verhalten der Mitarbeiter durch Kostenkontrollen auf Kostenstellenebene sowie über die Berechnung von Bereichsergebnissen beeinflussen. Andererseits stellt die Kostenrechnung eine Grundlage für das Kostenmanagement dar, indem es dessen andere Instrumente mit kostenbezogenen Informationen versorgt. Die Erfüllung dieser Aufgabe kann eine spezifische Ausgestaltung der Kostenrechnung erforderlich machen.

Weitere Instrumente des Kostenmanagements sind:

- die bereits erörterten Umwelt- und Qualitätskostenrechnungen (vgl. Abschnitt III.4.2),
- das Benchmarking allgemein oder in einer speziell auf Kosten ausgerichteten Variante (Cost Benchmarking) (vgl. Abschnitt IV.4),
- das Kaizen Costing als japanischer Ansatz zur kontinuierlichen Kostenverringerung in kleinen Schritten[23] sowie
- der Transaktionskostenansatz, der sich auf die von unternehmensinternen oder -externen Transaktionen abhängigen Kosten bezieht und vor allem zur Vorbereitung strategischer Make-or-buy-Entscheidungen herangezogen werden kann.[24]

Für das *Management des Kostenverlaufs* können die bereits angesprochenen Instrumente des Life Cycle Costing und der Zeitkostenrechnung sowie die traditionelle Kostenrechnung angewendet werden. Als Ansatzpunkt für die Steuerung der Kostenentwicklung im Zeitablauf lassen sich zudem die Erkenntnisse des Erfahrungskurvenkonzeptes heranziehen, gemäß dem bei einer Verdoppelung der kumulierten Produktionsmenge das Potential besteht, die realen Stückkosten um 20-30% zu senken.[25] Des weiteren ist eine Analyse der Wertzuwachskurve möglich, die den Wert- bzw. Kostenzuwachs über den Erstellungsprozeß eines Produktes oder Auftrages darstellt (die Wertzuwachskurve wird in Abschnitt IV.3 aufgegriffen).

Die angesprochenen Instrumente unterscheiden sich nicht nur hinsichtlich des Bezugsobjektes und der Kategorien des Kostenmanagements, für die sie sich nutzen lassen, sondern auch bezüglich weiterer Merkmale. Zu diesen zählen die Ebene der Kostenbeeinflussung (strategische, taktische, operative Ebene), das Ausmaß der Veränderungen (grundlegend, inkremental), die Kontinuität der Anwendung (kontinuierlich, diskontinuierlich) sowie die Phase des Produktlebenszyklus, in der sie schwerpunktmäßig oder ausschließlich angewendet

---

23   Vgl. Lingscheid, A.: (Kaizen); Horváth, P.; Lamla, J.: (Cost), S. 63 ff.; Monden, Y.: (Wege), S. 325 ff.
24   Vgl. Picot, A.: (Ansatz); Mikus, B.: (Make-or-buy-Entscheidungen), S. 71 ff.
25   Vgl. Henderson, B.D.: (Erfahrungskurve); Welge, M.K.; Al-Laham, A.: (Management), S. 159 f.

werden können. Einige Instrumente sind während sämtlicher Phasen des Lebenszyklus einsetzbar (beispielsweise das Benchmarking), andere primär im Entstehungszyklus (z.B. das Target Costing) oder im Marktzyklus (z.B. die Mehrstufige Fixkostendeckungsrechnung oder die Wertzuwachskurve). Manche stellen Erweiterungen der Kostenrechnung dar, die ebenfalls dem Informationssystem zuzurechnen sind (z.B. die Fixkostenmanagementorientierte Plankostenrechnung oder die Zeitkostenrechnung), bei anderen handelt es sich um Führungskonzepte, die mehrere Führungssubsysteme einbeziehen (z.B. das Target Costing oder das Benchmarking). Auf das Target Costing wird im nachfolgenden Abschnitt eingegangen.

2 Target Costing

2.1 Charakterisierung des Target Costing

Mit dem aus Japan stammenden Target Costing bzw. marktorientierten Zielkostenmanagement wird bezweckt, über eine vom Markt ausgehende, kostenorientierte Steuerung von produktbezogenen Unternehmensaktivitäten die Wettbewerbsfähigkeit zu erhöhen. Anwendungsschwerpunkt ist die Entwicklung und Einführung neuer Produkte (bzw. Dienstleistungen). Beim Target Costing werden zunächst die subjektiven Kundenwünsche analysiert, um festzustellen, wieviel ein Produkt in Zukunft kosten darf. Dann sind unter Berücksichtigung der verfügbaren Ressourcen Zielkosten für die Produkte des Unternehmens sowie für die diesen zugeordneten Funktionen und/oder die Produktkomponenten und -teile zu bestimmen. Diese Zielkosten, die in der Regel so niedrig sind, daß sie nur mit erheblichen Anstrengungen erreicht werden können, haben eine Orientierungsfunktion für den Leistungserstellungs- und -verwertungsprozeß; die sie beeinflussenden Maßnahmen des Unternehmens müssen auf ihre Erreichung abzielen.[1]

Im einzelnen läßt sich das Target Costing durch die folgenden Merkmale charakterisieren:[2]

- Ausrichtung der Aktivitäten auf den Markt, die Kundenwünsche und die Produktfunktionen,
- kostenorientierte Steuerung von Unternehmensaktivitäten im gesamten Produktlebenszyklus, mit einem Schwerpunkt bei der Produktentwicklung und -einführung,
- Bestimmung von Zielkosten für Produkte sowie deren Funktionen und/oder Komponenten und Teile,
- Streben nach permanenter Verbesserung der Kostensituation sowie
- Einflußnahme auf das Verhalten der Mitarbeiter, vor allem deren Kostenbewußtsein.

Mit der Anwendung des Target Costing wird angestrebt, eine Reduktion der Kosten herbeizuführen, die ein Produkt während seines Lebenszyklus verursacht (zum Modell des integrierten Produktlebenszyklus, das dem Target Costing zugrunde liegt, vgl. Abschnitt IV.3.2). Gleichzeitig wird darauf abgezielt, die Produkte möglichst gut auf die Kundenwünsche abzustimmen. In diesem Zusammenhang sollen vor allem Fehler bei der Produktentwicklung vermieden werden, die dazu führen, daß Produkte - eventuell aufgrund nicht gewünschter oder zu teurer (Zusatz-)Funktionen - mit zu hohen Kosten bzw. Preisen oder zu einem zu späten Zeitpunkt auf den Markt gelangen. Dazu wird unter anderem eine Straffung der Innovationsaktivitäten in Verbindung mit der vermehrten Verwendung von Standardteilen gefordert.

---

[1] Vgl. Niemand, S.: (Target), S. 118 f.; Pfeiffer, W.; Weiß, E.: (Lean-Management), S. 215.
[2] Vgl. Niemand, S.: (Target), S. 119; Pfeiffer, W.; Weiß, E.: (Lean-Management), S. 214 ff.; Seidenschwarz, W.: (Ansatz), S. 198 f.; Sakurai, M.: (Influence), S. 48; Hiromoto, T.: (Rechnungswesen), S. 131 f.

2.2   Ablauf des Target Costing

Darstellung der Verfahrensschritte

Der Ablauf des Target Costing läßt sich - wie die folgende Abbildung zeigt - bezogen auf ein Produkt in vier Schritte untergliedern.[3]

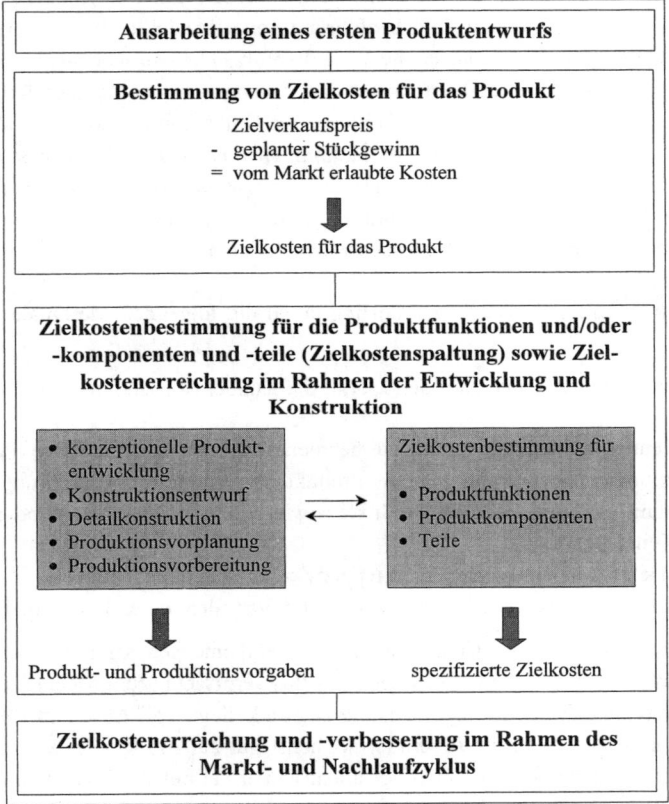

Abb. IV-6: Ablauf des Target Costing

Die *Ausarbeitung eines ersten Produktentwurfs* als Ausgangspunkt des Target Costing wird auf der Basis der verfolgten Unternehmensgesamt- und Geschäftsbereichsstrategien vorgenommen. Nach der Positionierung des Produktes im Markt bzw. in einem Marktsegment sind ausgehend von den durch Marktforschung ermittelten Kundenwünschen die wesentlichen Produkteigenschaften festzulegen.

---

3   Zu ähnlichen Ablaufschemata vgl. Horváth, P.; Seidenschwarz, W.: (Zielkostenmanagement), S. 144 ff.; Seidenschwarz, W.: (Target), S. 140 ff.; Sakurai, M.: (Influence), S. 48 ff.; Friedmann, O.: (Target), S. 27 ff.; Götze, U.: (Target Costing), S. 382 ff.

Bei der *Zielkostenbestimmung für das Produkt* können grundsätzlich verschiedene Ansatzpunkte gewählt werden. So ist eine Orientierung an den Kosten des Unternehmens oder der Wettbewerber oder am erzielbaren Marktpreis möglich. Im einzelnen existieren die folgenden Konzepte zur Bestimmung der Zielkosten:[4]

- Market into Company: Ausrichtung am erzielbaren Marktpreis,
- Out of Company: Ableitung aus den Kosten des Unternehmens mittels einer analytischen Kostenplanung,
- Into and Out of Company: Verbindung zwischen Market into Company und Out of Company,
- Out of Standard Costs: Ableitung der Zielkosten aus den eigenen Standardkosten sowie
- Out of Competitor: Orientierung an den Kosten des führenden Konkurrenzunternehmens.

Da mit dem Market into Company am ehesten die angestrebte Marktorientierung des Target Costing erreicht werden kann und es im Hinblick auf diesen Schritt die Reinform des Target Costing darstellt, soll im folgenden nur dieser Ansatz behandelt werden (von ihm wird auch in Abbildung IV-6 ausgegangen). Beim Market into Company sind zunächst fundierte Marktforschungsaktivitäten erforderlich, um Erkenntnisse über den Wert zu gewinnen, den die Kunden den von ihnen gewünschten Produkteigenschaften einschließlich des Preises beimessen. Dafür erscheint besonders die Conjoint-Analyse geeignet. Bei dieser dekompositionellen Methode der Präferenzanalyse müssen Probanden Produktprofile priorisieren, die sich aus den Ausprägungen mehrerer Produkteigenschaften zusammensetzen. Von den geäußerten Präferenzen für die Produktprofile ausgehend werden dann quantitative Nutzenwerte für die einzelnen Merkmale bzw. ihre Ausprägungen berechnet. Auf diesem Wege kann die Bedeutung einzelner Produktmerkmale (einschließlich des Preises) in Relation zueinander erklärt und prognostiziert werden.[5] Als Ergebnis der Marktforschungsaktivitäten ist - für den erwarteten Marktzyklus bei einem bestimmten Absatzvolumen und einer spezifischen Wettbewerbskonstellation - der (Durchschnitts-)Preis zu ermitteln, den die Kunden für ein Produkt zu zahlen bereit sind und der daher in Zukunft mit hoher Sicherheit realisierbar sein wird.[6]

Von diesem 'erlaubten Preis' eines Produktes wird ein angestrebter Gewinnanteil subtrahiert. Das Resultat, die 'vom Markt erlaubten Kosten' oder 'allowable costs', können als Zielkosten angesetzt werden. Häufig liegen die allowable costs jedoch weit unter den mit den aktuellen Verfahrensweisen und Strukturen erreichbaren Kosten, den sogenannten drifting costs. Die Zielkosten des Produktes werden dann zumeist im Bereich zwischen allowable und drifting costs festgelegt. Die exakte Bestimmung der Zielkosten und damit auch des Gewinnanteils sollte von der jeweiligen Wettbewerbssituation und der verfolgten Strategie abhängig gemacht werden; auch Markt- und Fertigungsrisiken können in die entsprechenden Überlegungen einbezogen werden.[7] Die für die Produkte ermittelten Zielkosten haben - wie sich aus

---

4 Zu diesen Vorgehensweisen sowie ihren Vor- und Nachteilen vgl. Niemand, S.: (Target), S. 119 f.; Seidenschwarz, W.: (Ansatz), S. 199 f.; Seidenschwarz, W.: (Costing), S. 62 f.

5 Zur Conjoint-Analyse vgl. Schubert, B.: (Entwicklung); Bauer, H.H.; Herrmann, A.; Mengen, A.: (Methode), S. 83 ff.

6 Vgl. Seidenschwarz, W.: (Costing), S. 61; Zillmer, D.: (Target), S. 286; Seidenschwarz, W.: (Target), S. 118.

7 Vgl. Seidenschwarz, W.: (Ansatz), S. 199 f.; Seidenschwarz, W.: (Costing), S. 66.

dem beschriebenen Vorgehen bei ihrer Bestimmung ableiten läßt - Vollkostencharakter.[8]

Der dritte Schritt des Target Costing beinhaltet die *Zielkostenbestimmung für die Produktfunktionen und/oder -komponenten und -teile (Zielkostenspaltung) sowie die Zielkostenerreichung im Rahmen der Entwicklung und Konstruktion.* Unter Einbeziehung von Zulieferern und von Mitarbeitern der an den produktbezogenen Entscheidungen beteiligten Unternehmensbereiche wird dabei versucht, die Funktionen, Komponenten und Teile eines Produktes so zu entwerfen, daß dessen Zielkosten unter Berücksichtigung der Kundenwünsche eingehalten werden können. Dabei müssen die Zielkostenspaltung sowie die Entwicklungs- und Konstruktionsarbeiten, bei denen die Zielkostenerreichung angestrebt wird, zeitlich ineinander verschachtelt erfolgen, da einerseits die Zielkosten der Funktionen, Komponenten und Teile die Basis für eine gezielte Entwicklung und Konstruktion bilden und andererseits für die Zielkostenspaltung bereits relativ genaue Produktentwürfe erforderlich sind. Aufgrund der Bezugnahme auf Produktfunktionen kann dieser Schritt des Target Costing auch als eine Form der Wertgestaltung (Value Engineering) angesehen werden.[9]

Bei der *Zielkostenspaltung* werden aus den Zielkosten der Produkte Kostenvorgaben für Produktfunktionen, -komponenten und/oder -teile abgeleitet. Die Zielkostenspaltung läßt sich in den folgenden Teilschritten vornehmen:[10]

-   Definition und Strukturierung der Produktfunktionen,
-   Gewichtung der Produktfunktionen,
-   Entwicklung eines Grobentwurfs für das neue Produkt einschließlich der Bestimmung von Komponenten (als Konkretisierung des im ersten Schritt konzipierten Entwurfs),
-   Prognose der Kosten einzelner Produktkomponenten (Standardkosten),
-   Gewichtung der Komponenten hinsichtlich der Erfüllung der Produktfunktionen,
-   Ermittlung der in die Zielkostenspaltung eingehenden Kosten,
-   Berechnung der Zielkosten der Komponenten,
-   Gegenüberstellung der Standardkosten und der Zielkosten der Komponenten zur Ermittlung eines Kostenreduktionsbedarfs,
-   Verbesserung der Zielkostenerreichung mit Hilfe von Zielkostenindizes oder eines Zielkostenkontrolldiagramms sowie
-   Vornahme weiterer Kostensenkungen.

Bei der Definition und Strukturierung der Produktfunktionen kann zwischen 'harten' und 'weichen' Funktionen unterschieden werden. Während 'harte' Funktionen die technische Leistung eines Produktes ausmachen, beziehen sich 'weiche' auf dessen Benutzerfreundlichkeit.[11] Zur

---

8   Vgl. Rummel, K.D.: (Zielkosten-Management), S. 241 f.; Niemand, S.: (Target), S. 123; Horváth, P.; Seidenschwarz, W.: (Zielkostenmanagement), S. 144.

9   Vgl. Seidenschwarz, W.: (Target), S. 170 ff.

10 Zu der beschriebenen Art der Zielkostenspaltung, die auch als Funktionenmethode bezeichnet wird, vgl. z.B. Tanaka, M.: (Cost), S. 56 ff.; Seidenschwarz, W.; Horváth, P.: (Zielkostenmanagement), S. 145 ff.; Niemand, S.: (Target), S. 120 f.; Rummel, K.D.: (Zielkosten-Management), S. 235 ff. Zu anderen Vorgehensweisen der Zielkostenspaltung wie der Komponentenmethode, bei der die Zielkosten des Gesamtproduktes direkt Komponenten zugerechnet werden, ohne die Produktfunktionen explizit einzubeziehen, vgl. Seidenschwarz, W.: (Target), S. 152 ff. und S. 169 ff.; Rösler, F.: (Target), S. 33 ff.

11 Vgl. Horváth, P.; Seidenschwarz, W.: (Zielkostenmanagement), S. 146.

Gewichtung der Produktfunktionen sollte wiederum auf Kundenbefragungen, z.B. im Rahmen einer Conjoint-Analyse, zurückgegriffen werden.

In die Zielkostenspaltung müssen nicht die gesamten Zielkosten des Produktes einbezogen werden. Es bietet sich vielmehr an, von den Zielkosten des Produktes die Gemeinkosten abzuziehen, die nicht in Verbindung mit der Erfüllung der Produktfunktionen durch Komponenten und Teile entstehen. Dabei handelt es sich um produktferne Gemeinkosten (z.B. der Unternehmensführung) sowie produktbezogen entstehende, aber komponentenferne Gemeinkosten (z.B. in der Entwicklung, im Marketing und in der Verwaltung). In die Zielkostenspaltung gehen dann nur die komponentenbezogenen Einzel- und Gemeinkosten ein. Diese setzen sich aus den Materialkosten der Rohstoffe und Zulieferteile, den Fertigungskosten sowie Gemeinkosten, die in Einkauf, Logistik, fertigungsnahen Bereichen und Marketing bei auf die Komponenten gerichteten Aktivitäten entstehen, zusammen.[12,13] Die Ermittlung dieser komponentenbezogenen Einzel- und Gemeinkosten ist allerdings aufgrund der nicht-eindeutigen Zurechenbarkeit von Gemeinkosten sowie der in dieser Phase geringen Kenntnis des Produkts und seiner Komponenten problematisch. Anhaltspunkte für die Kostenermittlung können die Daten von Vorgängermodellen oder Benchmarks geben (zum Benchmarking vgl. Abschnitt IV.4).

Die in die Zielkostenspaltung eingehenden Kosten werden dann den Komponenten, bei denen es sich neben materiellen Objekten auch um Dienstleistungen als Produktbestandteile handeln kann,[14] auf der Grundlage ihres Anteils am Produktnutzen zugeordnet. Zur Bestimmung des Nutzenanteils einer Komponente sind die Bedeutung der Produktfunktionen bzw. -merkmale aus Kundensicht sowie die Beiträge, die die Komponente zur Erfüllung der einzelnen Funktionen leistet, zu ermitteln. Es werden dann die Beiträge mit den Bedeutungsanteilen der Funktionen gewichtet und die gewichteten Werte über alle Produktfunktionen aufsummiert. Die Zielkosten der Komponenten ergeben sich als der dem Nutzenanteil entsprechende Anteil an den in die Zielkostenspaltung eingehenden Kosten.[15] Dem liegt die Annahme zugrunde, daß der bewertete Ressourceneinsatz entsprechend dem Wert der Produktfunktionen für die Kunden - und der daraus abgeleiteten Komponentenbewertung - erfolgen soll. Die Differenz zwischen den für die derzeitigen Vorgehensweisen und Strukturen prognostizierten Kosten der Produktkomponenten (die in diesem Zusammenhang häufig als Standardkosten bezeichnet werden) sowie den Zielkosten stellt einen Kostenreduktionsbedarf dar, der durch geeignete Maßnahmen zu decken ist.

Hinweise auf derartige Maßnahmen können mit Hilfe von Zielkostenindizes gewonnen werden. Der Zielkostenindex einer Komponente ist definiert als Quotient ihres Nutzenanteils und ihres Anteils an den derzeitigen gesamten Standardkosten. Bei der oben angesprochenen Annahme, daß der bewertete Ressourceneinsatz entsprechend dem Nutzenanteil der Komponenten erfolgen soll, beträgt der Zielkostenindex im Idealfall für alle Komponenten Eins. Ein

---

12 Vgl. Seidenschwarz, W.: (Target), S. 195.
13 Wie Komponenten von Produkten können im Target Costing-Prozeß auch Aktivitäten, die der Erfüllung der Kundenanforderungen dienen, z.B. im Kundendienst, behandelt werden.
14 Vgl. Seidenschwarz, W.: (Target), S. 154 ff.
15 Damit erfolgt letztlich auch eine - nicht unbedingt auszuweisende - Zuordnung der Zielkosten zu den Produktfunktionen.

Wert kleiner Eins deutet darauf hin, daß eine Komponente im Vergleich zu den anderen zu 'aufwendig' gestaltet ist. Bei einem Wert größer Eins ist die Komponente eventuell zu 'einfach', da die anfallenden Kosten im Verhältnis zu denen anderer Komponenten nicht so hoch sind wie die relative Bedeutung der Komponente für die Kunden. Die Kundenwertschätzung des Produktes könnte möglicherweise durch eine aufwendigere Gestaltung deutlich gesteigert werden. Da aber lediglich das Nutzen-Kosten-Verhältnis betrachtet und die Relation zwischen Zielkosten und Standardkosten vernachlässigt wird, kann aus dem Zielkostenindex nicht auf den absoluten Kostenreduktionsbedarf, die Differenz zwischen den derzeitigen Standardkosten und den Zielkosten, geschlossen werden. Weil die Zielkosten in der Regel unter den Standardkosten liegen, wird häufig selbst bei zu 'einfachen' Komponenten noch ein Kostenreduktionsbedarf bestehen.

Weitgehend die gleichen Aussagen wie mit der Bestimmung von Zielkostenindizes erhält man über die Positionierung der Komponenten in einem Zielkostenkontrolldiagramm mit den Achsen 'Nutzenanteil' und 'Kostenanteil' (Anteil an den Standardkosten). In diesem läßt sich ein - z.B. mit Hilfe von Wurzelfunktionen, deren Verlauf durch einen von den Beteiligten individuell bestimmbaren Parameter (q) determiniert wird, - ein Korridor abgrenzen, um die Aufmerksamkeit auf Komponenten mit besonders hohen Abweichungen vom Idealwert und zugleich aufgrund ihres Kosten- oder Nutzenanteils relativ hoher Bedeutung zu lenken. Diese liegen außerhalb des Korridors, der in der Nähe des Ursprungs des Koordinatensystems zunächst breiter ist. Ein entsprechendes Zielkostenkontrolldiagramm zeigt die Abbildung IV-7.

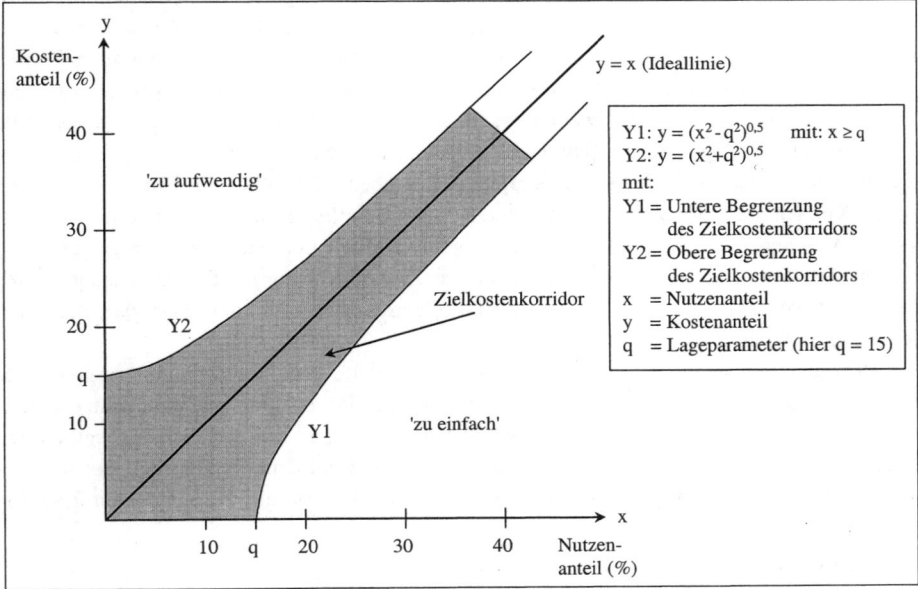

Abb. IV-7: Zielkostenkontrolldiagramm[16]

16   Quelle: in leicht modifizierter Form übernommen von Niemand, S.: (Target), S. 121; Horváth, P.; Seiden-
      schwarz, W.: (Zielkostenmanagement), S. 148.

Die Interpretation der Zielkostenindizes und des Zielkostenkontrolldiagramms kann es zum einen ratsam erscheinen lassen, die Zielkostenspaltung zu modifizieren und dabei von der Forderung einer Identität von Nutzen- und Kostenanteilen der Komponenten abzuweichen. Zum anderen lassen sich daraus Ansatzpunkte für Maßnahmen zur Zielkostenerreichung ableiten.[17] So sollten sich Überlegungen zur Kostensenkung vorwiegend auf kostenintensive Komponenten mit einem Zielkostenindex kleiner Eins richten. Bei Komponenten mit einem Wert größer Eins kann, in Abhängigkeit vom absoluten Kostenreduktionsbedarf, eine aufwendigere Gestaltung erwogen werden, die dem Beitrag der Komponente zur Erfüllung der Produktfunktionen gerecht wird und die Kundenzufriedenheit erhöht. Allerdings sollten die Aussagen nur als Hinweise verstanden werden, da der absolute Kostenreduktionsbedarf nicht berücksichtigt wird[18] und eine exakte Einhaltung der Zielkostenindizes von Eins kaum möglich sein dürfte und auch nicht unbedingt erstrebenswert ist. Dies ist unter anderem dadurch begründet, daß die Annahme eines proportionalen Verhältnisses zwischen Nutzen und Kosten der Komponenten nicht immer sinnvoll ist. Darauf wird bei der Beurteilung des Target Costing noch eingegangen.

Die *Zielkostenerreichung* durch Entwicklungs- und Konstruktionstätigkeiten vollzieht sich in einem iterativen Prozeß, in dem solange Produktkonzepte erarbeitet, Entwürfe entwickelt, Prototypen erstellt, Kalkulationen vorgenommen und die geschätzten Kosten mit den Zielkosten verglichen werden, bis diese erreicht sind.[19] Dabei erfolgt - weitgehend parallel zur Zielkostenspaltung - eine zunehmende Konkretisierung der Produktentwürfe. Ebenfalls begleitend laufen die Aktivitäten zur Produktionsvorplanung und -vorbereitung ab, wobei unter Umständen auch schon Investitionen in Fertigungseinrichtungen erforderlich sind.

Ergebnisse des dritten Schritts sind spezifizierte Zielkosten für Produktfunktionen und/ oder Produktkomponenten und Teile sowie Vorgaben für das Produkt und dessen Herstellungsprozeß. An dem Prozeß der Zielkostenspaltung und -erreichung sollten Teams beteiligt sein, die sich aus Mitarbeitern verschiedener Unternehmensbereiche (Entwicklung und Konstruktion, Marketing, Fertigung, Beschaffung, Controlling/Rechnungswesen etc.) zusammensetzen. Damit lassen sich langwierige Abstimmungsprozesse zwischen den verschiedenen Unternehmensbereichen vermeiden.

Die *Zielkostenerreichung und -verbesserung während des Marktzyklus und des Nachlaufzyklus* (der die auf Herstellung und Absatz folgenden Aktivitäten wie Kundendienst, Entsorgung und Desinvestition der Fertigungsanlagen umfaßt) stellt den letzten Schritt des Target Costing dar. Die Zielkosten für die Teile, Komponenten, Funktionen und Produkte dienen nun zur Vorgabe von Standardkosten, deren Einhaltung in den relevanten Unternehmensbereichen anzustreben und zu überwachen ist. Dies bezieht sich auch auf den Beschaffungsbereich, der seinerseits den Lieferanten Kostenziele für die Beschaffungsgüter vorgeben kann.[20]

---

17   Vgl. Franz, K.-P.: (Methoden), S. 1503.
18   Zu einer Erweiterung von Zielkostenkontrolldiagrammen, die der Darstellung des absoluten Kostenreduktionsbedarfes dient, vgl. Fischer, T.M.; Schmitz, J.: (Zielkostenmanagement), S. 948.
19   Vgl. Hiromoto, T.: (Rechnungswesen), S. 132.
20   Zur Einbeziehung von Lieferanten in das Zielkosten-Management vgl. Rummel, K.D.: (Zielkosten-Management), S. 222 ff.

Dieser letzte Schritt des Target Costing läßt sich in zwei Phasen untergliedern. Während in der ersten nach Anlauf der Fertigung die Realisierung der aus der Zielkostenspaltung resultierenden Zielkosten erfolgt, wird in der zweiten - im Sinne eines kontinuierlichen Verbesserungsprozesses - die Verringerung dieser Kosten angestrebt. Dabei sind bei den jeweiligen Kostenvorgaben die Kosten für zukünftige Modellpflege- oder Marktbearbeitungsmaßnahmen oder Aktivitäten des Nachlaufzyklus ebenso möglichst weitgehend einzubeziehen wie die jeweils relevanten Kosteneinflußgrößen, z.B. Lern- und Erfahrungskurveneffekte.[21]

Im Rahmen des Target Costing-Prozesses lassen sich eine Reihe von Instrumenten einsetzen. Dazu zählen

-   Marktforschungsinstrumente wie die Conjoint-Analyse,
-   das Quality Function Deployment als Konzept zur Übertragung von Qualitäts- bzw. Kundenansprüchen in Konstruktions- und Produktionsanforderungen,[22]
-   das Simultaneous Engineering, mit dem insbesondere die Entstehungsphase von Produkten (Time to Market) verkürzt werden soll; dazu werden die Grundprinzipien der Parallelisierung von Prozessen der Konzeptentwicklung und -realisierung sowie der Integration der in der Entstehungsphase ablaufenden Aktivitäten und der daran beteiligten Institutionen (einschließlich Lieferanten) durch abgestimmte Planungen und Informationsaustausch verfolgt,[23]
-   das Kostenrechnungssystem des Unternehmens, mit der Informationen über Einzelkosten sowie produktferne, komponentenferne und komponentenbezogene Gemeinkosten bereitgestellt werden, die unter anderem eine Basis für die Prognose der Standardkosten darstellen,
-   als ein möglicher Bestandteil dieses Systems die Prozeßkostenrechnung, die zur Identifikation von Kostenbestimmungsfaktoren beitragen und die Gemeinkostentransparenz erhöhen kann,
-   Verfahren zur konstruktionsbegleitenden Kalkulation bzw. Aufwandsschätzung, die der Kostenprognose dienen können,
-   Kostentableaus, die dem Konstrukteur die Auswirkungen verschiedener konstruktiver Lösungen auf die Kosten aufzeigen,[24] sowie
-   die Wertverbesserung als Form der Wertanalyse (Value Analysis), um die Zielkostenerreichung und -verbesserung im Marktzyklus zu unterstützen.[25]

---

21   Vgl. Seidenschwarz, W.: (Target), S. 142 ff.; Horváth, P.; Seidenschwarz, W.: (Zielkostenmanagement), S. 144; Niemand, S.: (Target), S. 123; Pfeiffer, W.; Weiß, E.: (Lean-Management), S. 223.

22   Vgl. Niemand, S.: (Target), S. 42 ff.

23   Vgl. Buscher, U.: (Time), S. 228 ff.; Gerpott, T.J.; Winzer, P.: (Engineering), S. 248 ff.

24   Vgl. Seidenschwarz, W.: (Target), S. 186 ff.

25   Auch die oben angesprochene Wertgestaltung (Value Engineering) ist eine Form der Wertanalyse. Sie bezieht sich aber auf noch nicht realisierte Objekte, während die Wertverbesserung bei bestehenden Objekten ansetzt. Vgl. Bronner, A.: (Einsatz), S. 94 ff.; Seidenschwarz, W.: (Target), S. 171.

Beispiel zum Target Costing

Im folgenden soll ein vereinfachtes Beispiel zum Target Costing betrachtet werden. Ein Elektronikgeräte-Hersteller beabsichtigt, einen neuen Diskman zu entwickeln und auf den Markt zu bringen. Dabei soll das Target Costing genutzt werden. Das Unternehmen gab eine Marktstudie in Auftrag, in der die Bedeutung der Produkteigenschaften dieses Gerätes aus Kundensicht wie folgt bewertet wurden:

Klang: 40%
Stabilität: 10%
Zuverlässigkeit: 30%
Stromverbrauch: 20%

Aus den Einschätzungen der an der Entwicklung beteiligten Mitarbeiter ergeben sich die in der folgenden Tabelle angegebenen Beiträge der Produktkomponenten zur Realisierung der oben aufgeführten Eigenschaften (bzw. Funktionen):

Funktion Komponente	Klang	Stabilität	Zuverlässigkeit	Stromverbrauch
Gehäuse	0%	60%	25%	0%
Abtastsystem	30%	20%	45%	10%
Leiterplatte und Verstärker	50%	5%	15%	40%
Antrieb	20%	15%	15%	50%

Neben den Kosten der Produktherstellung wird für den gesamten Produktlebenszyklus ein Gemeinkostenanteil für Entwicklung, Verwaltung und Vertrieb in Höhe von 8.100.000 € veranschlagt. Die zugrundeliegenden Gemeinkosten entstehen nicht im Zusammenhang mit einzelnen Komponenten. Das Unternehmen strebt mit diesem Gerät eine Umsatzrendite von 18% an.

Zum gegenwärtigen Zeitpunkt können die Komponenten mit den folgenden Kosten (Standardkosten) hergestellt werden:

Gehäuse = 15 [€]
Abtastsystem = 17,5 [€]
Leiterplatte und Verstärker = 15 [€]
Antrieb = 27,5 [€]
Summe = 75 [€]

Für das zu entwickelnde Modell wurden auf der Grundlage eines ersten Grobentwurfs mittels intensiver Marktforschungsaktivitäten ein Zielpreis und eine über den Lebenszyklus realisierbare Absatzmenge bestimmt bzw. prognostiziert:

Zielpreis: 100 [€/ME]
Lebenszyklusbezogene Absatzmenge: 300.000 [ME]

Der erste Schritt des Target Costing soll bereits durchgeführt worden sein; unter anderem liegt schon ein Grobentwurf vor. Aus Zielpreis und Absatzprognose können die Zielkosten des Produktes abgeleitet werden (Schritt 2 des Target Costing). Für die gesamten Zielkosten ergibt sich:

Umsatz: 30.000.000 [€]   (= 100 · 300.000)
- Gewinnanteil: 5.400.000 [€]   (= 18% von 30.000.000)
= gesamte Zielkosten: 24.600.000 [€]

Werden von den gesamten Zielkosten die auf den Produktlebenszyklus bezogenen und nicht einzelnen Komponenten zuordenbaren Gemeinkostenanteile subtrahiert, dann resultieren daraus die Zielkosten im engeren Sinn, die in die Zielkostenspaltung (in Schritt 3) eingehen:

gesamte Zielkosten: 24.600.000 [€]
- Gemeinkostenanteil für Entwicklung,
   Verwaltung und Vertrieb: 8.100.000 [€]
= in die Zielkostenspaltung eingehende
   Zielkosten: 16.500.000 [€]

Daraus resultieren Zielkosten pro Produkteinheit in Höhe von 55 €, die der Zielkostenspaltung zugrunde gelegt werden. Diese Zielkosten können nun auf die einzelnen Komponenten verteilt werden. Dazu werden - wie die nachfolgende Tabelle zeigt - die Anteile der Komponenten an der Erfüllung der Produktmerkmale mit deren Bedeutungsgewichten multipliziert und die sich ergebenden Werte über alle Funktionen aufsummiert. Das Ergebnis ist der in der letzten Spalte enthaltene Nutzenanteil der Komponente.

Funktion / Komponente	Klang (40%)	Stabilität (10%)	Zuverlässig-keit (30%)	Stromver-brauch (20%)	Nutzen-anteil
Gehäuse	0%	6% (= 0,6 · 0,1)	7,5%	0%	13,5%
Abtastsystem	12%	2%	13,5%	2%	29,5%
Leiterplatte und Verstärker	20%	0,5%	4,5%	8%	33%
Antrieb	8%	1,5%	4,5%	10%	24%

Aus der Multiplikation des Nutzenanteils einer Komponente mit den Zielkosten einer Produkteinheit resultieren die Zielkosten der Komponente. Die entsprechenden Werte sind ebenso in der nachfolgenden Tabelle angegeben wie die Kostenreduktionsbedarfe, die durch Subtraktion der Zielkosten von den Standardkosten ermittelt werden. Hier wird das Kostenziel bisher lediglich bei der dritten Komponente (über-)erfüllt. Zur Bestimmung der Zielkostenindizes ist jeweils der Anteil der Standardkosten einer Komponente an den gesamten Standardkosten zu berechnen. Der Quotient aus dem oben ermittelten Nutzenanteil und diesem Kostenanteil stellt den Zielkostenindex dar. Im Beispiel sind die zweite und die dritte Komponente aufgrund eines Zielkostenindex größer Eins 'zu einfach', die erste und die zweite Komponente 'zu aufwendig'.

Ergebnis-größe / Komponente	Standard-kosten [€]	Ziel-kosten [€]	Kostenreduk-tionsbedarf [€]	Kosten-anteil [%]	Zielkosten-index
Gehäuse	15	7,43 (= 0,135 · 55)	7,57 (= 15-7,43)	20 (= 15/75)	0,675 (= 0,135/0,2)
Abtastsystem	17,50	16,23	1,27	23,33	1,26
Leiterplatte und Verstärker	15	18,15	-3,15	20	1,65
Antrieb	27,50	13,20	14,30	36,67	0,65

Die Kosten- und Nutzenanteile lassen sich zur Positionierung der Komponenten in einem Zielkostenkontrolldiagramm nutzen, dieses stellt die folgende Abbildung dar.

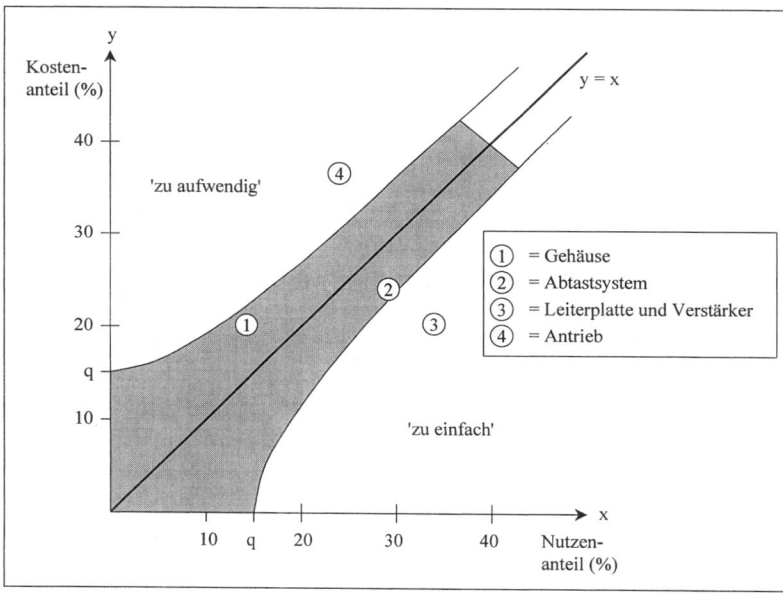

Abb. IV-8: Zielkostenkontrolldiagramm für das Beispiel zum Target Costing

Auch aus der Darstellung im Zielkostenkontrolldiagramm läßt sich die Aussage ableiten, die zweite und die dritte Komponente seien 'zu einfach', die erste und die vierte Komponente 'zu aufwendig'. Allerdings zeigt sich auch in diesem Beispiel, daß aus den Zielkostenindizes und dem Zielkostenkontrolldiagramm nicht auf den absoluten Kostenreduktionsbedarf geschlossen werden kann: Wie aus der obigen Tabelle hervorgeht, sind auch bei der vermeintlich zu einfachen zweiten Komponente die Kosten noch zu senken.

2.3   Beurteilung und Erweiterungsmöglichkeiten des Target Costing

Die (potentiellen) Vorteile des Target Costing lassen sich aus dessen in Abschnitt IV.2.1 aufgeführten Merkmalen und Zielen ableiten. Durch die Einbeziehung von Kundenwünschen, Produktfunktionen und Preisvorstellungen leistet es einen Beitrag zur Entwicklung 'marktgerechter' Produkte. Die Zielkosten stellen eine Planungs- und Kontrollgröße dar, die die Steuerung der mit Produkten sowie ihren Komponenten und Teilen verbundenen Aktivitäten über den Produktlebenszyklus ermöglicht. Des weiteren wird mit dem Target Costing Kostensenkungsdruck bei Mitarbeitern und Lieferanten erzeugt und die Zusammenarbeit zwischen den an der Produktentstehung Beteiligten, unter anderem zwischen Technikern und Kaufleuten, initiiert bzw. intensiviert.[26]

Der Einsatz des Target Costing stellt aber lediglich ein Potential für die Verbesserung der Wettbewerbsfähigkeit eines Unternehmens dar, dessen Ausschöpfung von der konkreten Durchführung des Target Costing abhängt.[27] Generell kann die Güte der Steuerung produktbezogener Aktivitäten mittels eines Target Costing durch verschiedene Aspekte beeinträchtigt werden.

Schwierigkeiten bereitet unter anderem die *Datenermittlung*. Problematisch sind besonders die Ermittlung des Marktpreises (vor allem bei 'echten' Innovationen), die Festlegung des Gewinnanteils (in Abhängigkeit von der Wettbewerbs- und Strategiekonstellation) sowie die Bestimmung der Bedeutung von Produktfunktionen für die Kunden und des Beitrags von Komponenten zur Erfüllung der Produktfunktionen. Viele der in die Berechnungen des Target Costing Costing einbezogenen Daten sind als sehr unsicher anzusehen.[28]

Ein weiteres Problem des Target Costing stellt die *Zielkostenspaltung* dar. Neben den bereits angesprochenen Schwierigkeiten der Datenermittlung und der eingeschränkten Aussagekraft von Zielkostenindizes ist vor allem die Forderung der Identität von Nutzen- und Kostenanteilen kritisch zu sehen. Dazu ist auf die Aussagen des sogenannten KANO-Modells zu verweisen. Gemäß diesem existieren - wie Abbildung IV-9 zeigt - drei Arten von Kundenanforderungen.

Die Erfüllung von Basisanforderungen wird vom Kunden vorausgesetzt. Ein nicht ausreichender Erfüllungsgrad führt zu hoher Unzufriedenheit, ein sehr hoher Erfüllungsgrad steigert die Kundenzufriedenheit kaum über ein bestimmtes Ausmaß hinaus. Beispiele für Basisanforderungen stellen die Kühlleistung eines Kühlschrankes, die Funktionstüchtigkeit eines Textverarbeitungsprogramms oder die TÜV-Zulassung eines Neuwagens dar. Bei Leistungsanforderungen, wie dem Design eines Kühlschranks oder Fahrzeugs, der Fahrzeuggeschwindigkeit, dem Kraftstoffverbrauch eines Fahrzeugs oder dem Funktionsumfang eines Textverarbeitungsprogramms, verhält sich die Kundenzufriedenheit (annähernd) proportional zum Erfüllungsgrad. Für Begeisterungsanforderungen ist charakteristisch, daß ein geringer Erfüllungsgrad keine Unzufriedenheit bewirkt, ein hoher Erfüllungsgrad die Kundenzufriedenheit jedoch

---

26   Zur Verhaltenssteuerung durch das Target Costing vgl. ausführlich Ewert, R.: (Target); Riegler, C.: (Verhaltenssteuerung).

27   Zu den Ergebnisse einer empirischen Untersuchung zur Verbreitung und zur Art der Anwendung des Target Costing in deutschen Unternehmen vgl. Arnaout, A.: (Target), S. 141 ff.

28   Zu einem Ansatz für die explizite Einbeziehung der Unsicherheit in das Target Costing vgl. Krapp, M.; Wotschofsky, S.: (Target), S. 29 ff.

gravierend steigert. Beispiele hierfür sind bei Personenkraftwagen die Massagefunktion der Sitze sowie die Möglichkeit zur insassenindividuellen Steuerung der Klimaanlage.[29]

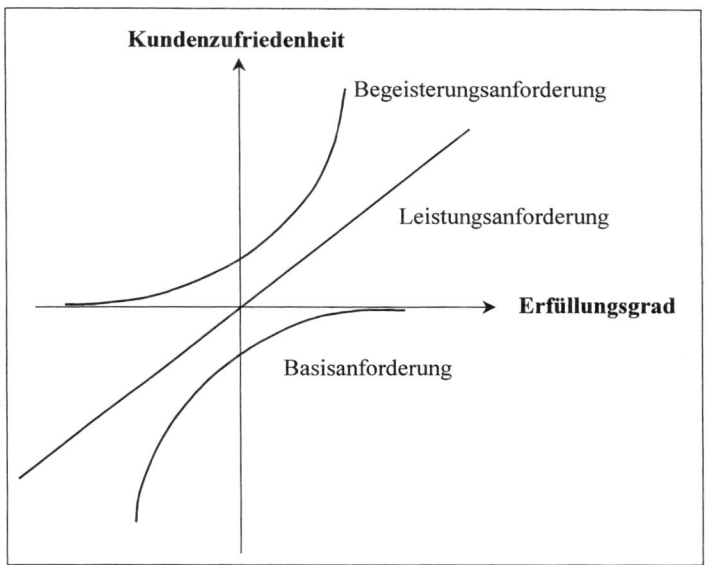

Abb. IV-9: KANO-Modell[30]

Aus der Existenz dieser unterschiedlichen Arten von Kundenanforderungen lassen sich Rückschlüsse auf die Gültigkeit der dem oben beschriebenen Vorgehen bei der Zielkosten-spaltung zugrunde liegenden Prämisse ziehen, der Ressourceneinsatz sei ideal, falls ein pro-portionales Verhältnis zwischen Kosten und Nutzen existiert. Eine proportionale Beziehung zwischen Erfüllungsgrad einer Anforderung und Kundenzufriedenheit liegt nur bei Leistungs-anforderungen vor. Diese führt zudem nur bei einem linearen Kostenverlauf in Abhängigkeit vom Erfüllungsgrad zu einer proportionalen Relation zwischen Kosten und Kundenzufrieden-heit. Des weiteren ist es besonders problematisch, quantitative Werte für die Bedeutung von Basis- und Begeisterungsanforderungen für die Kunden zu erfragen (die Erfüllung von Basis-anforderungen wird vorausgesetzt, Begeisterungsanforderungen sind oft unbekannt). Die For-derung nach Identität von Nutzen- und Kostenanteilen sollte daher als heuristische Regel interpretiert werden, die zwar als Leitlinie für die Entwicklung guter Produkte nützlich ist, de-ren Befolgung sich aber in manchen Fällen auch als nicht möglich oder nicht sinnvoll erweisen kann.

Ausgehend von der Existenz verschiedener Arten von Kundenanforderungen und der dar-aus resultierenden Problematik der Forderung nach Identität von Nutzen- und Kostenanteilen

[29]   Vgl. Kano, N. u.a.: (Quality), S. 39 ff., sowie zum Kano-Modell auch Rösler, F.: (Target), S. 284 f.; Rösler, F.: (Costing), S. 109 ff.
[30]   Quelle: in modifizierter Form übernommen von Rösler, F.: (Target), S. 284.

entwickelt RÖSLER ein modifizierte Methodik der Zielkostenspaltung für ein Unternehmen der Automobilindustrie. Er definiert zunächst ein Basisfahrzeug, mit dem die Basisanforderungen erfüllt werden, und ordnet den Komponenten unter Nutzung des Benchmarking die hierfür erforderlichen Kosten zu. Die Erfassung von Leistungsanforderungen erfolgt unter Nutzung der Conjoint-Analyse mittels der oben beschriebenen Vorgehensweise, zusätzlich wird ein Innovationsprogramm festgelegt, mit dem Begeisterungsanforderungen befriedigt werden sollen. Die Zielkosten einer Komponente ergeben sich als Summe aus Kostenanteilen zur Erfüllung der Basis-, der Leistungs- und der Begeisterungsanforderungen.[31]

Eine weitere Problematik ergibt sich daraus, daß es sich beim Target Costing um einen Vollkostenansatz handelt, bei dem den Produkten, Komponenten und Teilen auch *Gemeinkosten* zuzuordnen sind. Dies ist - wie auch in der Kostenrechnung - nicht eindeutig und verursachungsgerecht möglich, so daß eine weitere Ungenauigkeit entsteht. Die Gemeinkosten lassen sich in unterschiedlicher Form berücksichtigen:

- indem, anders als beim bisher beschriebenen Vorgehen, in den 'Gewinnanteil' implizit zu deckende Gemeinkosten eingerechnet werden,[32]
- als produkt- und/oder komponentenferne Gemeinkosten, die vor der Zielkostenspaltung von den erlaubten Kosten subtrahiert werden, und/oder
- als komponentennahe Gemeinkosten, die in den Kosten von Komponenten enthalten sind bzw. zu deren Erfassung Komponenten (Verrichtungen bzw. Prozesse) definiert werden.

Außerdem erscheint es grundsätzlich denkbar, ein System der Zielkosten- und -erlösplanung zu installieren, bei dem analog zur Mehrstufigen Fixkostendeckungsrechnung (Ziel-)Gemeinkosten auf Erzeugnis-, Erzeugnisgruppen- und weiteren Ebenen vorgegeben werden (zur Mehrstufigen Fixkostendeckungsrechnung vgl. Abschnitt III.1.2.2, zu einer mehrperiodigen Erweiterung dieses Systems im Rahmen des Life Cycle Costing vgl. Abschnitt IV.3.4).[33]

Des weiteren finden *Optimierungsbestrebungen* hinsichtlich der Produkteigenschaften im Target Costing-Prozeß nur eingeschränkt Berücksichtigung. Von einem Grobentwurf des Produktes ausgehend wird eine realisierbare Preis-Absatzmengen-Kombination und damit der geplante Umsatz festgelegt. Die Konstruktion des Produktes geschieht dann so, daß eine vorgegebene Umsatzrendite möglichst eingehalten wird. Zur Erreichung dieses Ziels wird eine Optimierung des Verhältnisses von Nutzen- und Kostenanteilen, unter anderem über die Auswertung von Zielkostenindizes, angestrebt. Allerdings wird nicht bzw. zumindest nicht zu Beginn des Prozesses hinterfragt, ob durch andere Kombinationen von Produktmerkmalen sowie daraus resultierenden Kosten und Umsätzen ein höherer Gewinn erzielbar wäre.

Diese Frage wird beim Ansatz des Conjoint + Cost aufgegriffen. Bei diesem werden alternativen Ausprägungen von Produktmerkmalen Kosten und Nutzenwerte zugeordnet. Als mit einem spezifischen Nutzen verbundene Eigenschaft des Produktes wird dabei auch der Preis berücksichtigt. Es erfolgt dann unter Nutzung des Conjoint Measurement zur Marktan-

---

31   Vgl. Rösler, F.: (Target), S. 285 ff.; Rösler, F.: (Costing), S. 113 ff.

32   Vgl. Freidank, C.-C.; Zaeh, P.: (Spezialfragen), S. 240 ff. FRANZ äußert die Vermutung, daß in japanischen Unternehmen häufig 'produktferne' Gemeinkosten nicht in die Target Costs einzelner Produkte einbezogen und stattdessen relativ hohe Gewinnanteile angesetzt werden. Vgl. Franz, K.-P.: (Target), S. 127.

33   Vgl. zu diesem Vorschlag auch Zillmer, D.: (Target), S. 288.

teilsbestimmung eine Simulation, bei der die Kombination von Produktmerkmalen und Preisen ermittelt wird, die zu einem maximalen Gewinn führt.[34] Auch hinsichtlich der Durchführung des Conjoint + Cost sind einige Probleme zu erwarten, vor allem ist fraglich, inwieweit sich die relevanten Kosten von Produktmerkmalen bzw. den zugehörigen Ausprägungen von Komponenten berechnen lassen. Im Gegensatz zum Target Costing stellt das Conjoint + Cost kein umfassendes, lebenszyklusbezogenes Führungskonzept dar, sondern eher eine Rechenmethodik. Ein Kostensenkungsdruck dürfte daher kaum im gleichem Ausmaß wie beim Target Costing erzeugt werden können. Es erscheint jedoch möglich, die beiden Ansätze miteinander zu verbinden, z.B. indem in den Prozeß des Target Costing ähnliche Optimierungsüberlegungen wie beim Conjoint + Cost integriert werden.

Schließlich stellt das Target Costing einen *statischen Ansatz* dar. Zwar wird eine lebenszyklusbezogene Betrachtung vorgenommen, das zugrunde liegende Rechenmodell jedoch ist statisch. Die einbezogenen Größen, Umsatz, Kosten und Umsatzrentabilität, beziehen sich auf den Planungszeitraum insgesamt bzw. als Durchschnittsgrößen auf eine hypothetische Periode. Die entsprechenden Daten sollten soweit wie möglich aus Überlegungen zum gesamten Planungszeitraum abgeleitet werden, z.B. unter Berücksichtigung von Preisstrategien und Kostensenkungspotentialen über diesen Zeitraum.[35] Um Zins- und Zinseszinseffekte exakt einbeziehen zu können, ist aber darüber hinaus die Formulierung und Auswertung eines dynamischen Modells erforderlich. Beispielsweise ist es möglich, unter Verwendung einer Kapitalrentabilität (als Kalkulationszinssatz) in einem Kapitalwertmodell ein Budget für den Barwert der Auszahlungen abzuleiten, das dann weiter aufgespalten werden kann.[36] Ein derartiges Vorgehen läßt sich auch als Integration des Target Costing mit dem Life Cycle Costing interpretieren, das im nächsten Abschnitt erörtert wird.

---

[34] Vgl. Bauer, H.H.; Herrmann, A.; Mengen, A.: (Methode), S. 81 ff.; Bauer, H.H.; Herrmann, A.; Mengen, A.: (Conjoint), S. 339 ff.

[35] Zur Einbeziehung von Preisstrategien vgl. Seidenschwarz, W.: (Target), S. 117 ff.

[36] Vgl. Brühl, R.: (Produktlebenszyklusrechnung), S. 325 ff. sowie zu weiteren Ansätzen für eine 'Dynamisierung' des Target Costing Fischer, T.M.; Schmitz, J.: (Kapitalmarktorientierung), S. 215 ff.; Listl, A.: (Target), S. 43 ff.; Franz, K.-P.: (Ansatz), S. 284 ff. Bei der Volkswagen AG wird als Bestandteil des Target Costing-Konzeptes eine dynamische Betrachtung für die mit Produkten verbundenen Investitionen vorgenommen (Target Investment). Vgl. Claassen, U.; Hilbert, H.: (Target).

3 Life Cycle Costing

3.1 Einführung

Mit dem Life Cycle Costing wird eine auf den Lebenszyklus bestimmter Objekte bezogene Gestaltung von Kosten, aber auch Erlösen oder Zahlungen angestrebt.[1,2] Ausgangspunkt dieses Instruments ist das Lebenszykluskonzept. Dieses basiert auf der Erkenntnis, daß ähnlich wie für Lebewesen auch für die aus der Sicht eines Unternehmens relevanten Betrachtungsgegenstände das „Gesetz des Werdens und Vergehens"[3] gilt. Es läßt sich daher für diese Objekte jeweils ein Lebenszyklus abgrenzen, d.h. ein Zeitraum, über den sie entwickelt, geplant, erworben, erstellt, bearbeitet, genutzt, stillgelegt, entsorgt oder veräußert werden bzw. zu Auswirkungen auf die Zielerreichung von Unternehmen führen.

Für bestimmte Typen von Objekten sind *allgemeine Lebenszyklusmodelle* entwickelt worden, die eine Strukturierung des Lebenszyklus durch Aufgliederung in Phasen oder Schritte beinhalten. Diesen werden typische Eigenschaften, Aufgaben, Entscheidungen oder vorteilhaft erscheinende Handlungen zugeordnet. Außerdem werden in einigen Modellen Aussagen zu charakteristischen Verläufen von monetären Größen wie Kosten, Erlösen oder Zahlungen und zu deren Beeinflußbarkeit getroffen. Insgesamt dienen allgemeine Lebenszyklusmodelle primär der Beschreibung oder Erklärung grundlegender Zusammenhänge.

Darüber hinaus ist es möglich, im Rahmen unternehmens- und problemspezifischer Analysen Modelle zu bilden und auszuwerten, um konkrete lebenszyklusbezogene Entscheidungen vorzubereiten. Diese spezifischen Lebenszyklusmodelle bzw. Lebenszyklusrechnungen können unter dem Begriff *Life Cycle Costing* zusammengefaßt werden. Die entsprechenden Modellanalysen dienen der Erhöhung der Transparenz, der Identifikation und Untersuchung von Wechselwirkungen zwischen der Höhe monetärer Größen in verschiedenen Phasen sowie der Bewertung von Handlungsalternativen. Sie lassen sich für das Kostenmanagement, aber auch für darüber hinausgehende Führungsaktivitäten des Erlösmanagements nutzen.

Allgemeine und/oder spezifische Lebenszyklusmodelle können der Analyse und Gestaltung der Produkte und Kunden(-beziehungen) von Unternehmen dienen. Weitere mögliche Gegenstände derartiger Modelle sind die in Unternehmen genutzten Ressourcen, wie Betriebsmittel, Material, Personal und Kapital, sowie die damit verbundenen Investitionen und Lieferanten(-beziehungen). Schließlich stellen auch Standorte, Beteiligungen, Technologien sowie Projekte oder Prozesse potentielle Objekte von Lebenszyklusmodellen dar.[4] Dabei umfassen Lebenszyklusmodelle entweder nur eine Einheit eines Betrachtungsgegenstandes (z.B. eine Produkteinheit oder ein Investitionsgut) oder aber mehrere Einheiten, die nacheinander hergestellt oder genutzt werden (beispielsweise sämtliche bei einer Massen- oder Serienfertigung erstellten Einheiten einer Produktart oder eine Kette von Investitionsgütern).

---

1   Vgl. zu den nachfolgenden Ausführungen auch Götze, U.: (Lebenszykluskosten).

2   Im folgenden wird zunächst nicht streng zwischen den Rechengrößen Kosten und Auszahlungen bzw. Erlösen und Einzahlungen differenziert. Zur Wahl von Rechengrößen vgl. Abschnitt IV.3.4.

3   Meffert, H.: (Marketing), S. 338.

4   Zu einem Überblick vgl. Zehbold, C.: (Lebenszykluskostenrechnung), S. 16 ff.; Höft, U.: (Lebenszykluskonzepte), S. 15 ff.

Beim Life Cycle Costing werden vorrangig die Ressourcen von Unternehmen und dessen Produkte (sowie die damit verbundenen Lieferanten- und Kundenbeziehungen) analysiert. Darüber hinaus bietet sich dessen Einsatz auch für die Projekte an, die von einem Unternehmen intern oder im Kundenauftrag durchgeführt werden. Auf der Grundlage des allgemeinen Projektlebenszyklusmodells kann vor allem angestrebt werden, die Lebenszykluskosten eines Projektes zu minimieren.[5] Grundsätzlich denkbar erscheint zudem die Analyse der Lebenszykluskosten von im Unternehmen ablaufenden Prozessen. Sie bietet sich beispielsweise bei repetitiven Prozessen an, um zu beurteilen, ob die mit einer Prozeßveränderung erzielten Vorteile höher zu bewerten sind als die dadurch verursachten Kosten. Im folgenden wird primär die Anwendung des Life Cycle Costing auf Ressourcen (Abschnitt IV.3.3) und Produkte (Abschnitt IV.3.4) behandelt. Bevor dies geschieht, soll jedoch auf einige der für allgemeine Lebenszyklusmodelle gewonnenen Erkenntnisse eingegangen werden, da diese eine Basis des Life Cycle Costing und des Kostenmanagements insgesamt darstellen.

3.2 Allgemeine Lebenszyklusmodelle als Grundlage des Kostenmanagements

Für das Kostenmanagement verwertbare Erkenntnisse lassen sich insbesondere aus den allgemeinen Lebenszyklusmodellen des Systemlebenszyklus und des integrierten Produktlebenszyklus ableiten, daher werden diese nachfolgend erörtert.

Der *Systemlebenszyklus* komplexer Investitionsgüter besteht aus den zeitlich aufeinanderfolgenden Phasen Initiierung (Problemerkennung, Abgrenzung der Systemaufgabe), Planung (Konzeption, Design, Konstruktion), Realisierung (Herstellung/Bau, Test/Einführung), Betrieb (Nutzung, Instandhaltung) und Stillegung. Der bei diesen Aktivitäten entstehende bewertete und sachzielbezogene Güterverzehr bildet die Lebenszykluskosten des entsprechenden Systems.[6]

Wie in Abbildung IV-10 veranschaulicht, ist für den Systemlebenszyklus typisch, daß die entstehenden Kosten von der Initiierungs- bis zur Betriebsphase jeweils steigen, so daß große Teile der Lebenszykluskosten in der Realisierungs- und vor allem der Betriebsphase anfallen. Die Festlegung der Kosten hingegen erfolgt weitgehend bereits in den ersten Phasen des Lebenszyklus, da die Systemkonfiguration insbesondere in diesen Phasen bestimmt wird. Die Möglichkeiten, die Systemkonfiguration zu ändern, werden im Verlauf des Lebenszyklus geringer und kostspieliger, dementsprechend nimmt die Kostenbeeinflußbarkeit ab. Erschwert wird eine zielgerichtete, (auch) auf die Minimierung der Lebenszykluskosten abzielende Gestaltung eines Systems dadurch, daß zu Beginn des Lebenszyklus nur relativ wenige Informationen über das System vorliegen; der Informationsstand läßt sich über den Lebenszyklus verbessern, die 'zulässige Unkenntnis' sinkt demgemäß.[7]

---

5   Zum allgemeinen Projektlebenszyklusmodell vgl. Madauss, B.: (Projektmanagement), S. 57 ff., zur Erfassung und Planung von Projektkosten vgl. Buch, J.: (Projektrechnung), S. 13 ff.; Studt, J.: (Projektkostenrechnung), S. 19 ff.

6   Vgl. Wübbenhorst, K.L.: (Konzept), S. 53 ff.; Wübbenhorst, K.L.: (Lebenszykluskosten), S. 247.

7   Vgl. Wübbenhorst, K.L.: (Lebenszykluskosten), S. 251 ff.

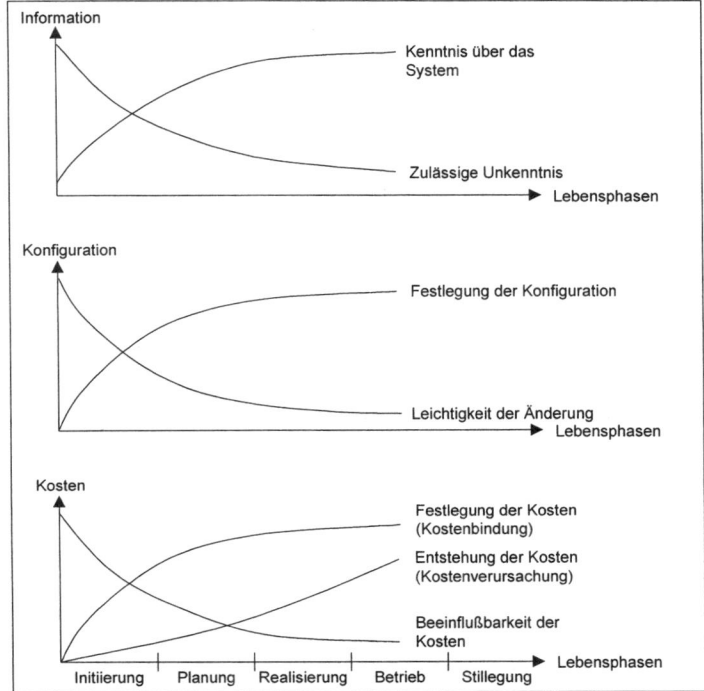

Abb. IV-10: Information, Konfiguration und Kosten im Systemlebenszyklus[8]

Aus dem Systemlebenszyklusmodell ergeben sich einige Erkenntnisse, die für das Kosten-management nutzbar sind. Dazu zählt neben der Strukturierung des Lebenszyklus vor allem der Hinweis auf die hohe Bedeutung der frühen Phasen des Zyklus, in denen sich der Kennt-nisstand gravierend ändert, die Systemeigenschaften weitgehend festgelegt und die Lebens-zykluskosten in hohem Maße determiniert werden. In diesen Phasen sollten sich Unternehmen besonders intensiv bemühen, den Informationsstand zu verbessern und eine möglichst gute Systemkonfiguration zu bestimmen. Generell wird zudem die Wichtigkeit des richtigen 'Timing' von Handlungen verdeutlicht.

Zu Anregungen für die Gestaltung von Systemen und den mit ihnen verbundenen Aktivi-täten kann des weiteren die Differenzierung zwischen relevanten und irrelevanten (z.B. sunk costs), einmaligen und wiederkehrenden Kosten sowie Anfangs- und Folgekosten führen. An-fangskosten sind die in den Phasen Initiierung, Planung und Realisierung entstehenden Ko-sten, Folgekosten fallen beim Betrieb und bei der Stillegung an. Handlungen im Rahmen des Systemlebenszyklus können entweder lediglich eine dieser Kostenkategorien betreffen oder

---

8 Quelle: in leicht modifizierter Form übernommen von Wübbenhorst, K.L.: (Lebenszykluskosten), S. 252. Die von WÜBBENHORST dargestellten Verläufe sind als Tendenzaussagen über die Entwicklungsrichtungen der einbezogenen Größen zu interpretieren. Sie sind aber insofern unvollständig, als sie bereits in der Mitte der Betriebsphase enden, obwohl auch danach Kosten anfallen und Veränderungen der anderen betrachteten Größen auftreten werden. Zudem sind andere Detailverläufe der einbezogenen Größen (z.B. andere Kosten-funktionen) denkbar.

aber beide, beispielsweise wenn durch eine Veränderung des Planungsaufwandes oder die Wahl zwischen zwei mit unterschiedlichen Anschaffungskosten verbundenen Systemlösungen die Höhe der Folgekosten beeinflußt wird. Derartige Wechselwirkungen zwischen Anfangs- und Folgekosten sollten bei der Systemgestaltung beachtet und ausgenutzt werden. WÜBBEN-HORST unterscheidet hinsichtlich einer entsprechenden gleichzeitigen Veränderung von Anfangs- und Folgekosten die folgenden vier 'Basisstrategien' zur Beeinflussung der Lebenszykluskosten:[9]

(i)   Verringerung von Anfangskosten bei zunehmenden Folgekosten,

(ii)   Senkung von Folgekosten bei steigenden Anfangskosten,

(iii) Senkung von Anfangs- und Folgekosten sowie

(iv)   Erhöhung von Anfangs- und Folgekosten.

Der quantitative und qualitative Output des Systems wird beim Systemlebenszyklusmodell mit der alleinigen Bezugnahme auf Kosten und damit der Vernachlässigung der Erlöse als weiterer Determinante des Gewinns implizit als gegeben unterstellt. Strategie (iv) geht dann mit Verschwendung einher und ist daher zu vermeiden, Strategie (iii) hingegen stellt den anzustrebenden Idealfall dar. Kostensenkungsbemühungen sollten sowohl an Anfangs- als auch an Folgekosten ansetzen; eventuell können Lösungen gefunden werden, die eine Senkung beider Kostenkategorien bei gleichem Output bewirken und damit offensichtlich vorteilhaft sind. Bei der Vorgehensweise (i) besteht die Gefahr einer Überbewertung der Anfangs- zu Lasten der Folgekosten; ein damit verbundenes unwirtschaftliches Verhalten kann in einer zu kurzfristigen Sichtweise oder der Notwendigkeit, zu Beginn des Lebenszyklus Budgetbeschränkungen einzuhalten, begründet sein. Strategie (ii) mündet eventuell in einer Vernachlässigung von Kostenreduktionsbestrebungen bei den Anfangskosten. Falls konkrete Alternativen zur Wahl stehen, die den Strategien (i) oder (ii) zuzurechnen sind, ist eine differenzierte Beurteilung mit Hilfe einer Lebenszyklusrechnung erforderlich, um deren Vorteilhaftigkeit einschätzen zu können.

Der *integrierte Produktlebenszyklus* bezieht sich auf die Gesamtheit der Einheiten einer Produktart, die in Serien- oder Massenfertigung hergestellt und veräußert werden.[10] Er beginnt mit der Vorlaufphase (auch Entstehungsphase bzw. -zyklus), die die Gewinnung der Produktidee, die Entwicklung und Konstruktion sowie die Produktions- und Absatzvorbereitung umfaßt. Die Marktphase (auch Marktzyklus) umspannt den Zeitraum vom Marktein- bis zum Marktaustritt, in ihr erfolgen Herstellung und Absatz der Produktart. Sie wird in der Regel in fünf oder vier Teilphasen untergliedert, z.B. in die Einführungs-, Wachstums-, Reife-, Sättigungs- und Degenerationsphase oder in die vier in Abbildung IV-11 dargestellten Teilphasen. Die Nachlaufphase (auch Nachsorgezyklus) enthält die auf den Absatz folgenden Aktivitäten wie Kundendienst, Ersatzteilgeschäft, Rücknahme und Entsorgung sowie die Desinvestition von Betriebsmitteln. Die drei Phasen überlagern sich zumeist, da während der Marktphase einerseits noch Tätigkeiten mit Vorlaufcharakter erforderlich sind und andererseits - für die abgesetzten Produkteinheiten - bereits solche der Nachlaufphase ablaufen.[11]

---

9   Vgl. hierzu und zu den nachfolgenden Aussagen Wübbenhorst, K.L.: (Lebenszykluskosten), S. 248 ff.

10   Vgl. Pfeiffer, W.; Bischof, P.: (Produktlebenszyklen); Zehbold, C.: (Lebenszykluskostenrechnung), S. 33 ff.

11   Vgl. Coenenberg, A.G.; Fischer, T.; Schmitz, J.: (Target), S. 226 f.

Beim *integrierten Produktlebenszyklus* wird ebenfalls von einem bestimmten Verlauf der Kosten oder der Auszahlungen, die in einigen Modellvarianten anstelle der Kosten untersucht werden, über den Lebenszyklus ausgegangen. Abbildung IV-11 zeigt den typischen Verlauf der Auszahlungen für das Beispiel einer Serienfertigung. Bei der Vorlauf- und der Nachlauf-phase ist die Abhängigkeit der Auszahlungen von den Aktivitäten dieser Phasen angedeutet, ein Maximum erreichen die Auszahlungen jeweils bei Investitions- bzw. Desinvestitionsakti-vitäten. In der Marktphase ergibt sich der dargestellte Verlauf primär aus den zunächst zu- und dann wieder abnehmenden Absatz- und Produktionsmengen. In der Abbildung wird zudem eine typische Entwicklung der Einzahlungen während der Markt- und der Nachlaufphase auf-gezeigt. Die Einzahlungen aus dem Absatz der in der Marktphase hergestellten Produkte wei-sen einen glockenförmigen Verlauf auf. Die insbesondere aus dem Ersatzteil- und Kunden-dienstgeschäft resultierenden Einzahlungen der Nachlaufphase haben in der Regel ein geringe-res Niveau und auch geringere Veränderungen.

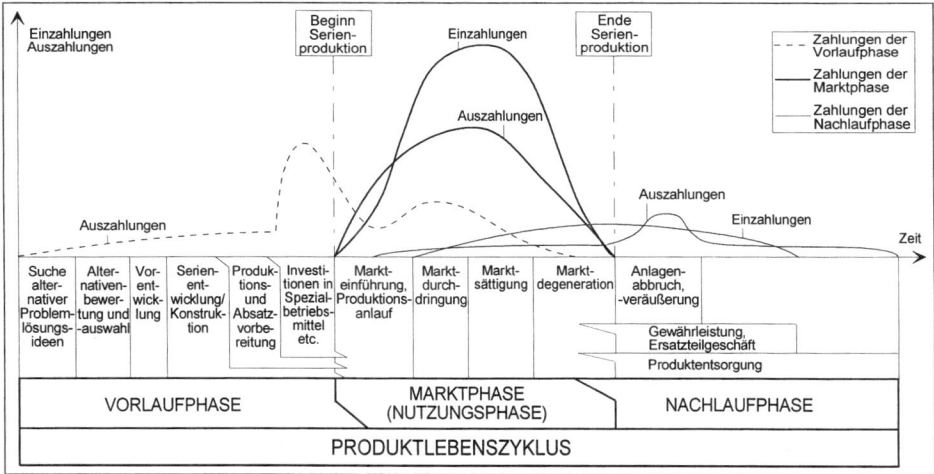

Abb. IV-11: Zahlungsverläufe über den integrierten Produktlebenszyklus[12]

Neben dem hier beschriebenen sind eine Reihe weiterer produktbezogener Lebenszyklusmo-delle konzipiert worden, die sich von diesem durch die Beschränkung auf die Marktphase oder die Markt- und die Vorlaufphase, die Anzahl und Bezeichnungen der jeweiligen Teilphasen, die Einbeziehung von Einzahlungen in der Vorlaufphase (z.B. für produktbezogene Subventi-onen), die Bezugnahme auf Erlöse und Kosten anstelle von Ein- und Auszahlungen, die er-gänzende Berücksichtigung von Gewinnen, Deckungsbeiträgen oder Cash-flows oder die Be-trachtung in Auftragsfertigung hergestellter Produkte unterscheiden.[13] Zusätzliche Aussagen sind unter anderem über den erwirtschafteten Cash-flow und den damit verbundenen Finanz-mittelbedarf bzw. -überschuß möglich.

---

12   Quelle: in leicht modifizierter Form übernommen von Riezler, S.: (Lebenszyklusrechnung), S. 9.
13   Vgl. Kreikebaum, H.: (Unternehmensplanung), S. 109 f.; Zehbold, C.: (Lebenszykluskostenrechnung), S. 17 ff.

Aus dem allgemeinen Modell des integrierten Produktlebenszyklus lassen sich einige Erkenntnisse ableiten, die für unternehmerische Entscheidungen über Produkte (oder Produktgruppen, strategische Geschäftseinheiten) wertvoll sind. So gilt auch für diesen Lebenszyklus,
daß die Beeinflußbarkeit der Kosten (bzw. Auszahlungen) besonders in seinen frühen Phasen
hoch ist und Wechselwirkungen zwischen den Kosten verschiedener Lebenszyklusphasen bestehen; derartige Beziehungen existieren zudem zwischen den Erlösen (oder Einzahlungen)
unterschiedlicher Phasen sowie zwischen diesen und den Kosten. Ist bekannt, in welcher
Lebenszyklusphase sich ein Produkt befindet, lassen sich daraus Anhaltspunkte für dessen zukünftige Absatzentwicklung und Erfolgsträchtigkeit gewinnen, die insbesondere für Planungen zum Einsatz des absatzpolitischen Instrumentariums einschließlich des Absatzprogramms
(Gestaltung und Einführung neuer Produkte, Produktvariation oder -elimination, Werbekam-
pagnen etc.) genutzt werden können.[14] Mehrproduktunternehmen sollten vermeiden, daß ihr
Absatzprogramm nur Produktarten umfaßt, die in ihrem Lebenszyklus schon sehr weit fortge-
schritten sind; einer entsprechenden Steuerung der strategischen Geschäftseinheiten von
Unternehmen dient die Portfolio-Methode, für die das Produktlebenszyklusmodell eine
Grundlage darstellt.[15] Einschränkend ist allerdings darauf hinzuweisen, daß die Aussagen
zum integrierten Produktlebenszyklus ebenso wie die zum Systemlebenszyklus nur allgemeine
Erkenntnisse vermitteln können, auf deren Grundlage in spezifischen Anwendungsfällen kon-
kretere Überlegungen angestellt werden müssen; darauf wird im weiteren Verlauf des Abschnitts eingegangen.[16]

3.3   Life Cycle Costing für Ressourcen

Anwendungsbereiche und Instrumentarium

In diesem Abschnitt werden spezifische Lebenszyklusmodelle für die von Unternehmen eingesetzten Ressourcen bzw. Produktionsfaktoren erörtert. Durch eine modellgestützte Planung,
Erfassung und Auswertung der Lebenszykluskosten und/oder anderer monetärer Größen soll
vor allem erreicht werden, daß bei einer Kaufentscheidung sämtliche Anschaffungs- bzw.
Beschaffungskosten und Folgekosten sowie etwaige Qualitäts- bzw. Leistungsunterschiede
adäquat einbezogen werden. Diese Unterschiede können es erforderlich machen, auch den mit
den Ressourcen erbrachten quantitativen und qualitativen Output und die dadurch beeinfluß-
ten Erlöse in entsprechenden spezifischen Modellen zu berücksichtigen. Die Modellanalysen
sollten den Besonderheiten des jeweiligen Faktors angepaßt werden, ihnen können das
Systemlebenszyklusmodell oder andere allgemeine Lebenszyklusmodelle zugrunde liegen.

Lebenszyklusbezogene Analysen erscheinen insbesondere bei *Betriebsmitteln* wie Gebäuden, Anlagen, Fahrzeugen und Software sinnvoll, da es sich bei diesen häufig um komplexe Systeme handelt, die über relativ lange Zeiträume im Unternehmen genutzt werden und
bei denen mit der Entscheidung über alternative Ausgestaltungsformen Wechselwirkungen

---

14   Vgl. Kreikebaum, H.: (Unternehmensplanung), S. 110.
15   Vgl. dazu Götze, U.; Mikus, B.: (Management), S. 68 ff.
16   Zur Kritik an der Aussagekraft des integrierten Produktlebenszyklus vgl. Kreikebaum, H.: (Unternehmens-
      planung), S. 111 f.; Götze, U.; Mikus, B.: (Management), S. 72.

zwischen den Kosten in verschiedenen Lebenszyklusphasen verbunden sind. Mit Hilfe einer Modellanalyse ist es möglich, das unter monetären Gesichtspunkten vorteilhafte Betriebsmittel unter Berücksichtigung aller über den Lebenszyklus anfallenden Ein- und Auszahlungen bzw. entsprechender Kosten zu bestimmen. Um Zins- und Zinseszinseffekte erfassen zu können, bietet es sich an, eine dynamische Investitionsrechnung durchzuführen; ein geeignetes Vorteilhaftigkeitskriterium ist dann der Barwert aller mit dem Betriebsmittel verbundenen Zahlungen.[17] Die möglichen Auswirkungen der bezüglich der einbezogenen Daten bestehenden Unsicherheit lassen sich unter anderem mittels Sensitivitätsanalysen untersuchen.[18] Des weiteren können spezifische Modellanalysen zur Berechnung der optimalen Nutzungsdauer bzw. des optimalen Ersatzzeitpunktes und damit zur Vorbereitung von Entscheidungen über die Beendigung des Lebenszyklus eines Betriebsmittels dienen.[19]

Zur Durchführung bzw. methodischen Unterstützung des Life Cycle Costing lassen sich insbesondere die Verfahren der Investitionsrechnung nutzen. Darüber hinaus ist für einige Betriebsmitteltypen ein spezifisches Instrumentarium entwickelt worden; Beispiele sind Konzepte für eine nach Lebenszyklusphasen differenzierte Erfassung von Anlagenkosten im Rahmen der Anlagenkostenrechnung[20] sowie die lebenszyklusbezogene Kostenprognose bei Großprojekten bzw. komplexen Systemen.[21]

Anwendungsmöglichkeiten für Lebenszyklusrechnungen bestehen aber nicht nur für Betriebsmittel, sondern auch für andere Ressourcen, wie die folgenden Beispiele zeigen:

- Bei Effektivzinsberechnungen werden sämtliche über die Laufzeit eines Kredites anfallenden einmaligen oder laufenden Zinskosten oder -zahlungen (inklusive Disagio), Gebühren etc. in statischen oder dynamischen Modellen berücksichtigt.
- Die im Zusammenhang mit Mitarbeitern anfallenden Kosten lassen sich lebenszyklusorientiert strukturieren (z.B. in Kosten der Einstellung, der Bereithaltung, des Einsatzes sowie der Freistellung von Personal) und auswerten, um Hinweise für die mittel- und langfristige Personalpolitik zu gewinnen.[22]
- Bei den Beschaffungsentscheidungen für den Produktionsfaktor Material sollten die gesamten Kosten, die bei Beschaffung, Einsatz und eventuell Entsorgung einer, mehrerer oder sämtlicher Einheit(en) einer Materialart (je nach Entscheidung) über den jeweiligen Lebenszyklus entstehen, in entsprechenden Rechnungen berücksichtigt werden.[23]

Zudem können Lieferanten und die bei deren Auswahl und der Zusammenarbeit mit ihnen entstehenden Kosten in Lebenszyklusrechnungen analysiert werden. Dabei ist es möglich, daß Unternehmen nicht nur ihre Lebenszykluskosten in die Modellbildung und -auswertung einbe-

---

[17] Zur dynamischen Investitionsrechnung und ihren Verfahrensvarianten vgl. Götze, U.; Bloech, J.: (Investitionsrechnung), S. 66 ff.; Kruschwitz, L.: (Investitionsrechnung), S. 43 ff.

[18] Vgl. zu Sensitivitätsanalysen Blohm, H.; Lüder, K.: (Investition), S. 250 ff.

[19] Vgl. Götze, U.; Bloech, J.: (Investitionsrechnung), S. 235 ff.

[20] Vgl. Meyer, J.: (Grundzüge), S. 21 ff.; Männel, W.: (Entwicklungsperspektiven), S. 164 ff.

[21] Vgl. Wildemann, H.: (Kostenprognosen), S. 22 ff.

[22] Vgl. Weber, J.; Weißenberger, B.E.: (Einführung), S. 305, sowie zu den Konzepten einer Humanvermögensrechnung z.B. Aschoff, C.: (Humanvermögen); Schmidt, H.: (Humanvermögensrechnung).

[23] Dies wird mit dem Konzept der 'Cost of Ownership' bzw. 'Total Cost of Ownership' bezweckt. Vgl. dazu Pfaff, D.; Kunz, A.H.: (Beschaffungskosten), S. 367 ff.

ziehen, sondern zusätzlich auch die der Lieferanten, um unternehmensübergreifend optimale Lösungen zu entwickeln.[24]

Beispiel zum Life Cycle Costing bei Ressourcen

Als Beispiel für die Anwendung des Life Cycle Costing bei Ressourcen soll nun der Vergleich zwischen einem mit Benzin und einem mit Dieselkraftstoff angetriebenen Fahrzeug betrachtet werden.[25] Der 'Benziner' verursacht bei ansonsten weitgehend übereinstimmenden Eigenschaften eine geringere Anschaffungsauszahlung sowie geringere Auszahlungen für Versicherung, Steuern und Instandhaltung als der 'Diesel', allerdings sind die Auszahlungen für Kraftstoff bei gleicher Fahrleistung aufgrund des höheren Verbrauchs und Kraftstoffpreises höher; je nach gefahrenen oder zu fahrenden Kilometern ist daher eventuell auch die Summe der laufenden (jährlichen) Auszahlungen höher als beim 'Diesel'. Ein Unterschied besteht außerdem unter Umständen hinsichtlich des Liquidationserlöses; aufgrund der tendenziell größeren Laufleistung eines Dieselmotors könnte dieser beim 'Benziner' etwas niedriger sein.

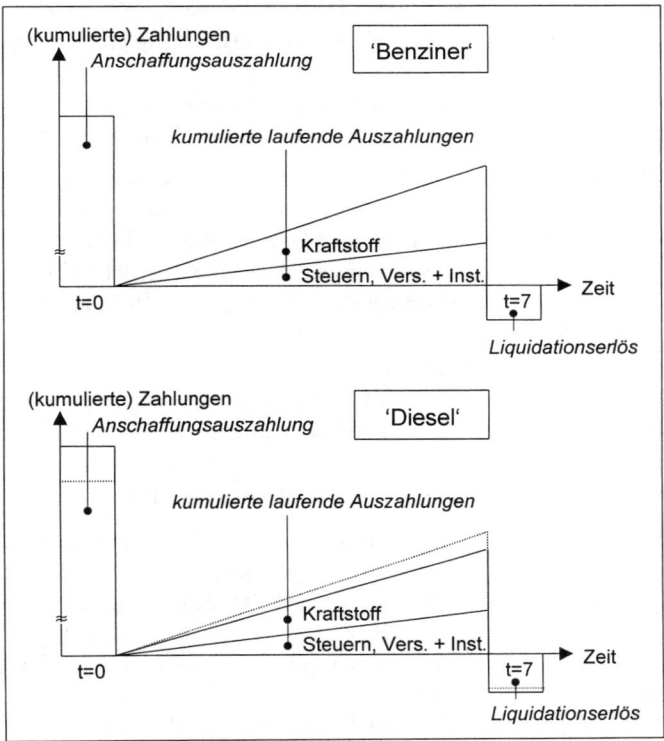

Abb. IV-12:   Wechselwirkungen bei der Wahl zwischen 'Benziner' und 'Diesel'[26]

---

24   Vgl. hierzu die Ansätze zur Bewertung von Kooperationen mit Zulieferern bei Pampel, J.: (Kooperation), S. 263 ff.
25   Zu einer differenzierteren Fallstudie vgl. Götze, U.: (Life Cycle Costing).
26   Quelle: zu der zugrunde liegenden allgemeinen Darstellung vgl. Berliner, C.; Brimson, J.A.: (Cost), S. 151.

Abbildung IV-12 verdeutlicht diese Wechselwirkungen, wobei unterstellt ist, daß die laufenden Auszahlungen im Zeitablauf konstant und beim 'Benziner' aufgrund einer entsprechend hohen, bei beiden Fahrzeugen identischen jährlichen Fahrleistung höher sind. Die Nutzungsdauer soll (mit jeweils 7 Jahren) gleich sein.

Die nicht-monetär erfaßbaren Unterschiede zwischen den Fahrzeugen sollen gering sein und daher vernachlässigt werden können. Mit Hilfe einer Modellanalyse soll daher nun das unter monetären Gesichtspunkten vorteilhafte Fahrzeug unter Berücksichtigung der über den Lebenszyklus anfallenden Ein- und Auszahlungen ermittelt werden. Dabei wird von den folgenden Werten ausgegangen:

	'Benziner'	'Diesel'
Anschaffungsauszahlung [€]	24.000	26.000
Liquidationserlös am Ende der Nutzungsdauer [€]	4.500	4.800
Fahrleistung [km/Jahr]	25.000	25.000
Verbrauch [l/100 km]	9,50	$6,\overline{6}$
Instandhaltung		
Jahre 1-4:	550	600
Jahre 5-7:	700	750
Kraftstoffpreis [€/l]	1,10	0,90
Versicherung pro Jahr [€]	680	780
Steuern pro Jahr [€]	130	290
Kalkulationszinssatz [%]	6	6

Es sind nun zunächst die laufenden Zahlungen zu bestimmen, wobei vereinfachend unterstellt wird, daß diese jeweils am Jahresende anfallen. Die Zahlungen betragen für den 'Benziner' in den Jahren 1 bis 4

$$550 + 680 + 130 + 25.000 \cdot \frac{9,5}{100} \cdot 1,10 = 3.972,50 \ [€]$$

und steigen danach um 150 €. Beim 'Diesel' belaufen sie sich zunächst auf

$$600 + 780 + 290 + 25.000 \cdot \frac{6,\overline{6}}{100} \cdot 0,90 = 3.170,00 \ [€]$$

und nehmen dann ebenfalls um 150 € zu. Die bei Erwerb eines 'Benziner' über die sieben Jahre Nutzungsdauer entstehenden Zahlungen lauten dann:

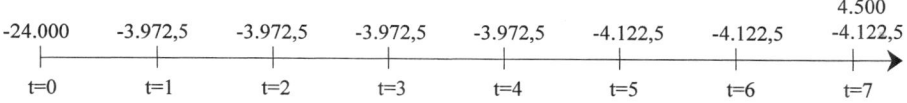

Bei Kauf eines 'Diesel' werden die folgenden Zahlungen erwartet:

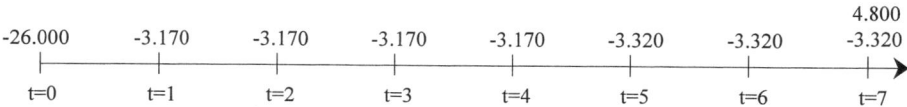

Der Barwert (BW) der Auszahlungsüberschüsse (A_t) in den Zeitpunkten t ergibt sich für den 'Benziner' unter Berücksichtigung des Kalkulationszinssatzes (i) wie folgt:

$$BW = \sum_{t=0}^{T} \frac{A_t}{(1+i)^t} = 24.000 + \frac{3.972,5}{1,06} + ... + \frac{3.972,5}{1,06^4} + \frac{4.122,5}{1,06^5} + \frac{4.122,5}{1,06^6} - \frac{377,5}{1,06^7} = 43.500,84 \ [\text{€}]$$

Bezogen auf den heutigen Zeitpunkt beträgt damit der Wert aller durch den 'Benziner' verursachten Auszahlungen unter Berücksichtigung von Zinsen und Zinseszinsen 43.500,84 €. Beim 'Diesel' wird mit analogen Berechnungen ein Barwert der Auszahlungsüberschüsse von 40.821,47 € bestimmt, d.h., daß dieses Fahrzeug bei der zugrunde liegenden Datenkonstellation das vorteilhaftere ist.

Ergänzend zum Barwert der Auszahlungsüberschüsse kann auch deren Annuität (Ann) berechnet werden, d.h. die Folge gleich hoher Auszahlungen, die am Ende einer jeden Periode des Betrachtungszeitraums (T, hier sieben Jahre) anfallen. Dazu wird der Barwert (BW) mit dem Annuitäten- oder Wiedergewinnungsfaktor multipliziert:

$$Ann = BW \cdot \frac{(1+i)^T \cdot i}{(1+i)^T - 1}$$

$$Ann_B = 43.500,84 \cdot \frac{(1+0,06)^7 \cdot 0,06}{(1+0,06)^7 - 1} = 7.792,52 \ [\text{€}]$$

$$Ann_D = 40.821,47 \cdot \frac{(1+0,06)^7 \cdot 0,06}{(1+0,06)^7 - 1} = 7.312.55 \ [\text{€}]$$

Gemäß dieser Berechnung verursacht ein 'Benziner' jährlich Auszahlungen in Höhe von 7.792,52 € (einschließlich Zinsen und Zinseszinsen), ein 'Diesel' solche von 7.312,55 €. Dies entspricht Auszahlungen in Höhe von 0,3117 € bzw. 0,2925 € je Kilometer.

Aufgrund der Unsicherheit von Prognosen empfiehlt es sich, die beschriebenen Modellrechnungen durch Sensitivitätsanalysen zu ergänzen, um die aus Abweichungen von den Ausgangsdaten resultierenden Veränderungen der Ergebnisse aufzuzeigen und 'kritische Werte' zu bestimmen, die Vorteilhaftigkeitsschwellen darstellen. Da davon ausgegangen werden kann, daß die jährliche Fahrleistung einen hohen Einfluß auf die Vorteilhaftigkeit der Alternativen hat, wird im folgenden beispielhaft die 'kritische' jährliche Fahrleistung ermittelt, bei der die Auszahlungsbarwerte bzw. -annuitäten gleich sind. Vereinfachend wird dabei angenommen, daß sich die Nutzungsdauer und der Liquidationserlös nicht in Abhängigkeit von der Fahrleistung verändern. Die kritische Fahrleistung (x) läßt sich nun berechnen, indem entweder die Barwerte der Auszahlungen der von den beiden Fahrzeugalternativen in Abhängigkeit von der Fahrleistung verursachten Zahlungen gleich gesetzt werden oder der entsprechende Barwert der Zahlungsdifferenzen gleich Null. Nachfolgend ist die zweite Variante dargestellt:

$$0 = \sum_{t=0}^{T} \frac{(A_{Dt} - A_{Bt})}{(1+i)^t}$$

mit:

A_{Dt} = Auszahlungsüberschüsse des 'Diesel' in t

A_{Bt} = Auszahlungsüberschüsse des 'Benziners' in t

$$0 = (26.000 - 24.000) + \frac{(-4.800 - (-4.500))}{1,06^7}$$

$$+ \frac{x \cdot \left(\frac{6,\overline{6}}{100} \cdot 0,90 - \frac{9,5}{100} \cdot 1,10 \right) + (1.670 - 1.360)}{1,06} + \ldots + \frac{x \cdot \left(\frac{6,\overline{6}}{100} \cdot 0,90 - \frac{9,5}{100} \cdot 1,10 \right) + (1.670 - 1.360)}{1,06^4}$$

$$+ \frac{x \cdot \left(\frac{6,\overline{6}}{100} \cdot 0,90 - \frac{9,5}{100} \cdot 1,10 \right) + (1.820 - 1.510)}{1,06^5} + \ldots + \frac{x \cdot \left(\frac{6,\overline{6}}{100} \cdot 0,90 - \frac{9,5}{100} \cdot 1,10 \right) + (1.820 - 1.510)}{1,06^7}$$

Hier beträgt die kritische Fahrleistung 14.214,15 km/Jahr. Ab dieser Fahrleistung ist der 'Diesel' bei den zugrunde gelegten Daten unter monetären Gesichtspunkten vorteilhaft.

Beurteilung

Die Bildung und Auswertung spezifischer Lebenszyklusmodelle für Ressourcen erscheint bei vielen Entscheidungen, vor allem bei Entscheidungen über Investitionen in Betriebsmittel, unverzichtbar. Hierbei handelt es sich um ein klassisches Anwendungsgebiet der Investitionsrechnung, die in der Regel auch eine Lebenszyklusrechnung darstellt. Allerdings ist fraglich, ob bei Investitionsrechnungen allgemein die Besonderheiten von Lebenszyklen, z.B. der phasenspezifische Anfall von Zahlungen oder die Wechselwirkungen zwischen Zahlungen, ausreichende Beachtung finden. Diese sollten, so wie wirtschaftlich möglich, in die Rechnungen einbezogen werden.

Bei der Bildung und Auswertung von spezifischen Lebenszyklusmodellen für Ressourcen wird es oftmals problematisch sein, die entscheidungsrelevanten Kosten (bzw. Auszahlungen) exakt zu prognostizieren. Unter anderem ist es schwierig, die Folgekosten zu erfassen, die aus mangelnder Qualität der Ressourcen resultieren. Außerdem treten die Fragen auf, ob, inwieweit und wie Gemeinkosten zugeordnet werden sollten. Die Gemeinkostenproblematik wird auch im nachfolgenden Abschnitt im Zusammenhang mit produktbezogenen Lebenszyklusrechnungen erörtert. Die entsprechenden Ausführungen lassen sich ebenso wie die zu weiterer Problembereichen dieser Lebenszyklusrechnungen auf ressourcenbezogene Modellanalysen übertragen.

3.4   Life Cycle Costing für Produkte

Anwendungsbereiche des produktbezogenen Life Cycle Costing

Lebenszyklusbezogene Modelle für die Produkte von Unternehmen können aus zwei Perspektiven formuliert werden: aus der des eigenen Unternehmens (des 'Produzenten') und aus der des Kunden. Ein Unternehmen nimmt die *Kundenperspektive* ein, indem es die beim Kunden anfallenden Lebenszykluskosten und darüber hinaus eventuell dessen Nutzen (gegebenenfalls konkretisiert durch Erlöse oder Einzahlungen des Kunden) analysiert.[27] Dies ist bei Investitionsgütern wie Gebäuden, Anlagen und Fahrzeugen denkbar, aber auch bei Konsumgütern, bei denen über den Lebenszyklus unterschiedliche Kostenkategorien (z.B. Anfangs- und Folgekosten) anfallen. Beispiele sind die oben beschriebenen Überlegungen zur Vorteilhaftigkeit von mit Benzin oder Dieselkraftstoff angetriebenen Fahrzeugen, die auch ein Automobilhersteller mit Blick auf seine Kunden anstellen kann, oder die Untersuchung der mit der Wahl zwischen 'Glühlampen' und 'Energiesparlampen' verbundenen Wechselwirkungen zwischen Anfangs- und Folgekosten.[28] Die Ergebnisse des Life Cycle Costing lassen sich nutzen, um durch geeignete Produkt- oder Konditionengestaltung die beim Kunden entstehenden Lebenszykluskosten bei gegebenem lebenszyklusbezogenen Nutzen zu verringern oder das Verhältnis zwischen Nutzen und Lebenszykluskosten zu verbessern und damit den Wert des Produktes für den Kunden zu erhöhen.[29] Die entsprechenden Vorzüge des Produktes sollten dem Kunden auf geeignete Weise (Werbung, Verkaufsgespräche) vermittelt werden; sie können zur Rechtfertigung von Preisen, als Argument für die Wahl eines bestimmten Produktes sowie als Anregung für einen Ersatzkauf dienen.

Kundenbezogene Lebenszyklusrechnungen lassen sich in ähnlicher Form durchführen, wie dies für Ressourcen in Abschnitt IV.3.3 angedeutet worden ist. Für die Modellspezifikation und die Datenermittlung dürfte sich die Zusammenarbeit mit den Kunden oft als notwendig oder vorteilhaft erweisen.

Bei einem Life Cycle Costing aus der *Unternehmens-* bzw. *Produzentenperspektive* werden - vor allem auf der Basis des allgemeinen integrierten Produktlebenszyklusmodells - lebenszyklusbezogene Kosten und Erlöse von Produkten erfaßt und ausgewertet. Dies dient Kontrollzwecken, primär aber der Gewinnung von Informationen für Entscheidungen über

(i)   die Gestaltung der Produkte und der mit ihnen verbundenen Aktivitäten,

(ii)   die Konditionen für Verkauf, Kundendienst, Wartung und Rücknahme sowie

(iii) Beginn und Beendigung des gesamten Lebenszyklus oder einer seiner Phasen.

Im Hinblick auf die mit Produkten verbundenen Aktivitäten (i) bestehen für ein Unternehmen in der Regel unterschiedliche, mit Wechselwirkungen zwischen den Kostenkomponenten der Lebenszyklusphasen verbundene Möglichkeiten, eine Produktart mit bestimmten Eigenschaften zu entwickeln, herzustellen und abzusetzen sowie die hierfür erforderlichen Leistungen der Nachlaufphase zu erbringen. Mit Hilfe von Lebenszyklusrechnungen können Alternativen

27 Vgl. Coenenberg, A.G.; Fischer, T.; Schmitz, J.: (Target), S. 225 f.; Bröker, E.W.: (Erfolgsrechnung), S. 187 ff.
28 Vgl. Günther, T.: (Neuentwicklungen), S. 112; Günther, T.; Kriegbaum, C.: (Fallstudie).
29 Vgl. Ewert, R.; Wagenhofer, A.: (Unternehmensrechnung), S. 332 f.

unter Berücksichtigung phasenspezifischer Kosteneinflußgrößen hinsichtlich der Lebenszykluskosten beurteilt werden; z.B. läßt sich die Frage beantworten, ob die Aktivitäten in der Vorlaufphase intensiviert werden sollten, um die in den nachfolgenden Phasen entstehenden Kosten zu verringern.[30] Die Bemühungen um eine Kostenreduktion können aber nicht nur auf der Ebene des integrierten Produktlebenszyklus, sondern auch am Lebenszyklus einer Produkteinheit ansetzen. Hierauf wird beispielsweise mit der Darstellung und Auswertung der 'Wertzuwachskurve' abgezielt, die die Entwicklung der Herstellkosten im Zeitablauf abbildet und Anregungen für eine Senkung der Kapitalbindung durch späteren Einbau hochwertiger Materialien oder eine Verkürzung der Durchlaufzeit vermitteln soll.[31] Dies zeigt die folgende Abbildung.

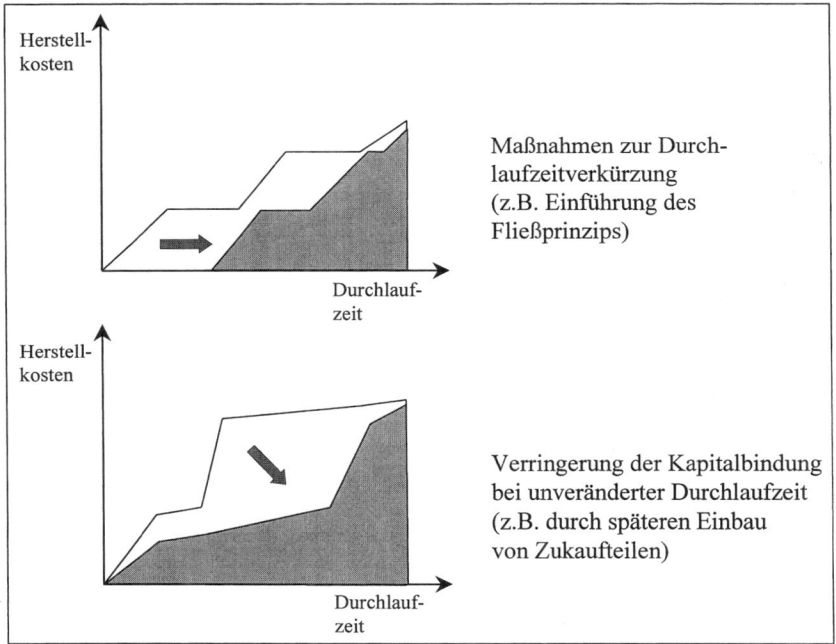

Abb. IV-13: Wertzuwachskurve als Instrument zur Verringerung der Herstellkosten[32]

Wahlmöglichkeiten bieten sich einem Unternehmen zumeist auch hinsichtlich der Eigenschaften der Produkte (i). Falls potentielle Produktvarianten existieren, die mit unterschiedlich hohen Erlösen und Kosten des produzierenden Unternehmens verbunden sind, sollte ein lebenszyklusbezogenes Modell zur Ermittlung der gewinnmaximalen Alternative formuliert und ausgewertet werden.

---

30   Vgl. Coenenberg, A.G.; Fischer, T.; Schmitz, J.: (Target), S. 227.
31   Vgl. Günther, T.: (Neuentwicklungen), S. 112 f.
32   Quelle: in modifizierter Form übernommen von Renner, A.: (Produktionssteuerung), S. 177.

Durch die Konditionen für Verkauf, Kundendienst, Wartung und Rücknahme (ii) werden sowohl die Lebenszykluskosten von Kunden als auch die eigenen Erlöse beeinflußt.[33] Ein Life Cycle Costing bietet sich für die Preisbestimmung und -beurteilung unter anderem im Hinblick auf die Bewertung von Preisstrategien, bei denen sich die Preise im Zeitablauf verändern, sowie die Ermittlung einer Preisuntergrenze an. Falls Austauschbeziehungen zwischen den Entgelten für verschiedene Leistungen, z.B. den Verkauf eines Produktes und den Kundendienst, vorliegen, kann für die Beurteilung der entsprechenden Alternativen ebenfalls das Life Cycle Costing genutzt werden.

Bei den Überlegungen zur Produkt- und Konditionengestaltung sollten die Ergebnisse etwaiger Lebenszyklusrechnungen aus der Kundenperspektive berücksichtigt werden; zudem ist zu beachten, daß die Käufer von Investitionsgütern und solche von Konsumgütern typischerweise unterschiedlich vorgehen. Während bei erstgenannten oftmals eine quantitative Investitionsbeurteilung - und damit eine Lebenszyklusrechnung - durchgeführt wird, gilt dies für Käufer von Konsumgütern in der Regel nicht, so daß bei diesen eher ausnutzbare Präferenzen für die Höhe von Anfangs- bzw. Folgekosten bestehen werden. Daraus ergeben sich tendenziell größere Spielräume für die Optimierung der lebenszyklusbezogenen Konditionen als bei Käufern von Investitionsgütern.[34]

Für die Gestaltung der Produkte und des Verkaufspreises wird in vielen Unternehmen das Target Costing bzw. marktorientierte Zielkostenmanagement eingesetzt (vgl. dazu Abschnitt IV.2). Da sich dieses auf den Lebenszyklus der entsprechenden Produktart bezieht, umfaßt es eine spezifische Lebenszyklusrechnung, bei der es sich in der Grundform allerdings um eine statische Rechnung handelt. Es bietet sich an, Elemente des produktbezogenen Life Cycle Costing und des Target Costing zu integrieren, um die Vorteile beider Konzepte nutzen zu können. Auf entsprechende Ansätze ist bereits im Zusammenhang mit Erweiterungsmöglichkeiten des klassischen Target Costing hingewiesen worden.

Mit spezifischen Lebenszyklusmodellen lassen sich des weiteren Entscheidungen über Beginn und Beendigung des Lebenszyklus oder einer seiner Phasen fundieren (iii). So kann die Wirtschaftlichkeit der mit einer Produktart verbundenen Investitionen überprüft werden, um vor Beginn des Lebenszyklus über die Aufnahme und in den frühen Phasen des Zyklus über die Fortführung oder den Abbruch der Produktentwicklung und -einführung zu entscheiden. Weitere Anwendungsbeispiele sind die Ermittlung der optimalen Dauer von Entwicklungsaktivitäten und der optimalen Zeitpunkte von Markteintritt[35] oder Marktaustritt.

Auch für die Kunden bzw. Kundenbeziehungen von Unternehmen können spezifische Lebenszyklusmodelle gebildet und ausgewertet werden, um die Vorteilhaftigkeit von Geschäftsbeziehungen und ihren Ausgestaltungsformen zu beurteilen. So wird im 'Customer Lifetime Value-Ansatz' der Wert einer Geschäftsbeziehung als Kapitalwert der mit dieser verbundenen Zahlungen bestimmt.[36]

---

[33] Zum Zusammenhang zwischen den Kosten des Kunden sowie den Erlösen und den Kosten des Herstellers vgl. Senti, R.: (Kosten- und Erlösmanagement), S. 138 ff.

[34] Vgl. Coenenberg, A.G.; Fischer, T.; Schmitz, J.: (Target), S. 225.

[35] Zu Optimierungsmodellen hierfür vgl. Voigt, K.-I.: (Strategien), S. 236 ff.

[36] Vgl. Homburg, C.; Daum, D.: (Kostenmanagement), S. 96 ff.; Palloks, M.: (Controlling), S. 264 f., sowie zur Profitabilitätsanalyse von Kunden auch Horngren, C.T.; Bhimani, A.; Datar, S.M.; Foster, G.: (Manage-

Die angesprochenen produktbezogenen Analysen können für Produktgruppen, -arten oder -varianten durchgeführt werden. Sie sollten auf das jeweilige Objekt und die Entscheidungssituation ausgerichtet werden, um deren Besonderheiten Rechnung zu tragen. Das Life Cycle Costing läßt sich zum einen zu Beginn des Lebenszyklus zu Planungszwecken nutzen. Zum anderen können Lebenszyklusrechnungen während des Lebenszyklus mit jeweils konkreteren und/oder sichereren Daten vorgenommen werden und dabei sowohl der weiteren Planung als auch der Kontrolle der bisherigen Entwicklung dienen. Im Rahmen dieser begleitenden Rechnungen lassen sich Abweichungsanalysen vornehmen und Erfahrungswerte aufbereiten, ein weiterer Effekt ist möglicherweise die Beeinflussung des Verhaltens der Mitarbeiter.

Wie bei Modellanalysen allgemein sollte auch bei Lebenszyklusrechnungen angestrebt werden, mit möglichst geringem Aufwand eine möglichst hohe Aussagekraft der Ergebnisse zu erzielen, wobei letztere von der Güte der Abbildung der Realität abhängig ist. Diese beiden Teilzielen sollten den Überlegungen zur konkreten Ausgestaltung eines produktbezogenen Life Cycle Costing zugrunde gelegt werden. Verschiedene Rahmenkonzepte hierfür werden nachfolgend erörtert.

Rahmenkonzepte für das produktbezogene Life Cycle Costing

Auf der Grundlage des allgemeinen Modells des integrierten Produktlebenszyklus werden verschiedene Rahmenkonzepte für die Erfassung, Planung und Auswertung von Lebenszykluskosten (und anderen monetären Größen) mit spezifischen produktbezogenen Lebenszyklusmodellen vorgeschlagen. Diese unterscheiden sich insbesondere hinsichtlich des Systems der Unternehmensrechnung, das als Ausgangspunkt dient, wobei vorrangig

- die Einzelkosten- und Deckungsbeitragsrechnung von RIEBEL,
- die Grenzplankosten- und Deckungsbeitragsrechnung sowie
- die dynamische Investitionsrechnung

gewählt worden sind.

Auf der *Einzelkosten- und Deckungsbeitragsrechnung von RIEBEL* (vgl. Abschnitt III.1.2.3) basiert ein von BACK-HOCK für produktbezogene Lebenszyklusrechnungen entwickeltes Konzept.[37]

Rechengrößen dieses Systems sind - gemäß dem entscheidungsorientierten Kosten- und Erlösbegriff von RIEBEL - Kosten als „die durch die Entscheidung über das betrachtete Objekt ausgelösten zusätzlichen - nicht kompensierten - Ausgaben (Auszahlungen)"[38] sowie analog dazu entscheidungsorientierte Erlöse als bestimmte Einnahmen bzw. Einzahlungen. Wie die Einzelkosten- und Deckungsbeitragsrechnung soll auch das produktlebenszyklusbezogene System aus einer zweckneutralen Grundrechnung und aus spezifischen Auswertungsrechnun-

---

ment), S. 385 ff.

37 Vgl. Back-Hock, A.: (Produktcontrolling), S. 6 ff.; Back-Hock, A.: (Ergebnisrechnung), S. 703 ff. Die Einzelkosten- und Deckungsbeitragsrechnung von RIEBEL weist bereits in ihrer Grundkonzeption eine enge Affinität zu Lebenszyklusrechnungen auf, da aufgrund des Verzichts auf Schlüsselung periodenbezogener Gemeinkosten kein Periodennettogewinn, sondern lediglich ein Beitrag zum Totalgewinn des Unternehmens über dessen Lebenszyklus ermittelt wird. Vgl. Riebel, P.: (Deckungsbeitragsrechnung), S. 87 ff.; Zehbold, C.: (Lebenszykluskostenrechnung), S. 143 ff.

38 Riebel, P.: (Überlegungen), S. 123.

gen bestehen. In der Grundrechnung werden mit Hilfe relationaler Datenbanken die Kosten und Erlöse der Vorlauf-, der Markt- und der Nachlaufphase periodenspezifisch erfaßt, kategorisiert und Bezugsobjekten wie Produkten oder Entwicklungsprojekten zugeordnet. Als Auswertungsrechnungen werden vorgeschlagen:[39]

- die 'Deckungsanalyse', bei der ein Produktergebnis als Differenz aus kumulierten Erlösen und kumulierten Kosten (eventuell zuzüglich Deckungsbudgets) für den gesamten Produktlebenszyklus oder dessen Phasen berechnet wird,
- eine Break-Even-Analyse, bei der ermittelt wird, in welchem bzw. welchen Zeitpunkt(en) des Lebenszyklus die kumulierten Erlöse und die kumulierten Kosten gleich hoch sind,
- die 'Analyse der Kostenfestlegung', in deren Rahmen auf der Grundlage der noch zu erwartenden Produktergebnisse der günstigste Beendigungszeitpunkt für den Lebenszyklus bestimmt wird, sowie
- die Untersuchung alternativer Einführungszeitpunkte eines Nachfolgeproduktes.

Mit diesen Rechnungen können Informationen für einige lebenszyklusbezogene Entscheidungen bereitgestellt werden. Ein spezifischer Vorteil ist der mit der Nutzung des RIEBEL'schen Systems verbundene Verzicht auf die Zuordnung geschlüsselter Gemeinkosten. Für die Gemeinkosten können Deckungsbudgets vorgegeben werden; allerdings bleibt offen, wie diese bestimmt werden sollen. Als problematisch sind zudem die Einbeziehung von Zinseffekten (aufgrund der statischen Modellstruktur) sowie die hohe Komplexität des Konzeptes anzusehen.

Einige Ansätze des produktbezogenen Life Cycle Costing fußen auf der *Grenzplankosten- und Deckungsbeitragsrechnung* (vgl. Abschnitt III.2.2.3) und erweitern diese zu einem System zur lebenszyklusbezogenen Erfassung und Auswertung von Kosten und Erlösen im Sinne des wertmäßigen Kosten- und Erlösbegriffs.[40] Ein umfassendes Konzept hierfür präsentiert ZEHBOLD.[41] Charakteristisch für diesen Ansatz ist, daß periodische produktbezogene Deckungsbeitragsrechnungen im Marktzyklus in eine statische Amortisationsrechnung integriert werden, um zu ermitteln, wann die Deckungsbeiträge des Marktzyklus die Summe aus Vor- und Nachleistungskosten decken. Dies verdeutlicht - unter Vernachlässigung von Erlösen in der Vorlauf- und der Nachlaufphase - Abbildung IV-14. Zudem können lebenszyklusbezogene Produktergebnisse für eine Ausgangssituation und alternative Markteintrittszeitpunkte sowie eine langfristige Preisuntergrenze bestimmt werden, um neben Entscheidungen über die Aufnahme neuer Produkte auch solche über die Terminierung des Markteintritts sowie die Preispolitik zu fundieren.[42]

---

[39] Vgl. Back-Hock, A.: (Produktcontrolling), S. 100 ff.
[40] Vgl. z.B. Männel, W.: (Entwicklungsperspektiven), S. 104 ff.; Fröhling, O.: (Kostenmanagement), S. 262 ff. sowie die zusammenfassende Charakterisierung der Ansätze bei Baden, A.: (Kostenrechnung), S. 84 ff.
[41] Vgl. Zehbold, C.: (Lebenszykluskostenrechnung), S. 153 ff.; Zehbold, C.: (Kostenbeeinflussung), S. 46 ff.
[42] Vgl. Zehbold, C.: (Lebenszykluskostenrechnung), S. 255 ff.

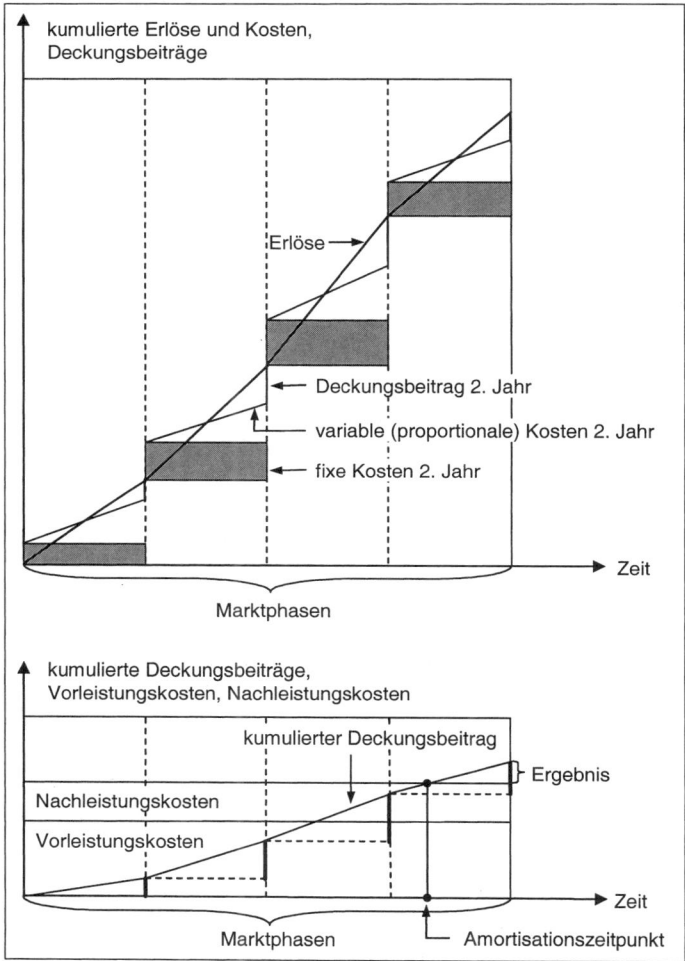

Abb. IV-14: Produktlebenszyklusbezogene Deckungsbeitragsrechnung[43]

Die Kosten und Erlöse sollen ZEHBOLD zufolge phasenspezifisch erfaßt, geplant und kontrolliert werden, wobei für die Vor- und Nachleistungskosten Projektrechnungen vorgeschlagen werden. Hinsichtlich dieser Kosten, aber auch der Kosten des Marktzyklus stellt sich das Problem der Zuordnung von Gemeinkosten. Zur Lösung dieses Problems kann zum einen die Anwendung eines stufenweisen Deckungsbeitragsschemas dienen, das eine Erweiterung der Mehrstufigen Fixkostendeckungsrechnung darstellt (vgl. Abbildung IV-15 sowie zur Mehrstufigen Fixkostendeckungsrechnung Abschnitt III.1.2.2). Zum anderen wird auf die Möglichkeit einer anteiligen Zurechnung von fixen Gemeinkosten verwiesen.

---

43 Quelle: in modifizierter Form übernommen von Männel, W.: (Entwicklungsperspektiven), S. 106; Zehbold, C.: (Lebenszykluskostenrechnung), S. 196.

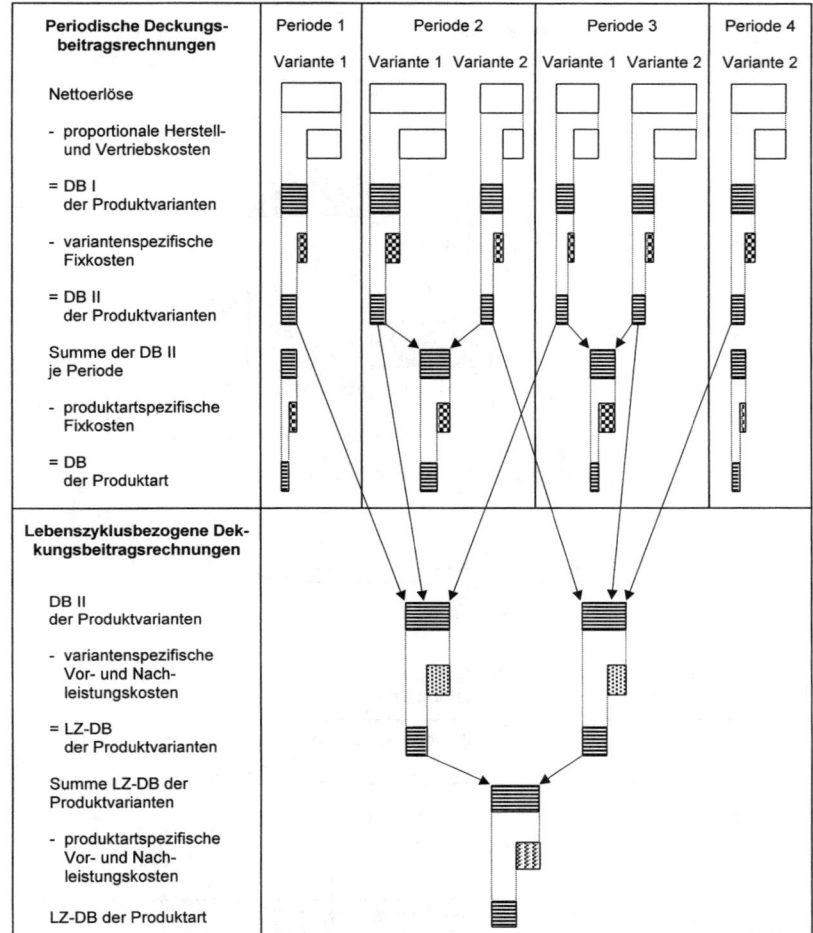

Abb. IV-15: Lebenszyklusbezogene stufenweise Fixkostendeckungsrechnung[44]

Schwierig ist auch die Zuordnung von Kosten, die nur mehreren Produktlebenszyklen gemeinsam zugerechnet werden können (z.B. für entsprechend langfristig genutzte Technologien und Kapazitäten oder Werbemaßnahmen). Hierfür wird die Bildung und Verrechnung von Kostenpools angeregt.[45]

Das Konzept von ZEHBOLD stellt eine Ergänzung der Grenzplankosten- und Deckungsbeitragsrechnung dar, mit der zusätzliche Erkenntnisse zur Fundierung lebenszyklusbezogener Entscheidungen gewonnen werden können. In vielen Unternehmen existiert eine Grenzplankosten- und Deckungsbeitragsrechnung, der Aufwand produktbezogener Lebenszyklusrech-

---

44   Quelle: Zehbold, C.: (Lebenszykluskostenrechnung), S. 219.

45   Vgl. Zehbold, C.: (Lebenszykluskostenrechnung), S. 195 ff. und 211 ff.; Plinke, W.: (Erlösplanung),
      S. 41 ff.

nungen ist dann auf etwaige zusätzliche Projektrechnungen sowie die mehrperiodige Zusammenführung und Auswertung der Daten begrenzt. Allerdings können die Probleme der Zuordnung von Gemeinkosten nicht vollständig gelöst werden (Zurechnung variabler Gemeinkosten in der Marktphase, Bemessung anteiliger fixer Gemeinkosten etc.). Zu kritisieren ist zudem die statische Herangehensweise; aufgrund des zumeist langfristigen Betrachtungszeitraums von Lebenszyklusmodellen sollte eine dynamische Rechnung unter Berücksichtigung von Zins- und Zinseszinseffekten durchgeführt werden.[46] Für derartige Rechnungen wird in der Regel die Bezugnahme auf unperiodisierte Zahlungsgrößen empfohlen, da sich aus diesen die jeweilige Kapitalbindung ergibt.[47] Sie sind jedoch auch bei Verwendung von Kosten und Erlösen möglich und führen dann gemäß dem LÜCKE-Theorem unter bestimmten Voraussetzungen zum gleichen Resultat wie Rechnungen auf der Grundlage von Zahlungen.[48] Allerdings sind diese Prämissen in der Realität zumeist nicht erfüllt, so daß sich bei Investitionsrechnungen mit Kosten und Erlösen andere (Näherungs-)Lösungen ergeben können.[49]

Bei den auf der *dynamischen Investitionsrechnung* basierenden Ansätzen werden dynamische Modelle genutzt, um produktbezogene Ein- und Auszahlungen zu erfassen und auszuwerten.[50] Ein umfassendes Konzept für den Aufbau und Einsatz produktbezogener Lebenszyklusrechnungen, das von der dynamischen Investitionsrechnung ausgeht, hat RIEZLER entwickelt. Neben der Bezugnahme auf Zahlungen ist für dieses Konzept charakteristisch, daß

- der integrierte Lebenszyklus einer Produktart als Projekt aufgefaßt wird,
- die zu berücksichtigenden Zahlungen nach den Lebenszyklusphasen spezifiziert werden,
- Einflußgrößen auf den lebenszyklusbezogenen Produkterfolg identifiziert und die Zusammenhänge zwischen diesen und den mit dem Produkt verbundenen Zahlungen in Einflußgrößenfunktionen quantifiziert werden,
- entscheidungsbezogene Zahlungsdifferenzen ermittelt werden, die aus den Zahlungen bei Durchführung und denen bei Nichtdurchführung des Produktprojektes resultieren,
- neben Planungsrechnungen auch identisch aufgebaute Kontrollrechnungen vorgenommen werden sowie
- eine Integration in die anderen Systeme der Unternehmensrechnung, -planung und -kontrolle erfolgt.[51]

Bei der Bestimmung entscheidungsbezogener Zahlungsdifferenzen sind RIEZLER zufolge die jeweils erwarteten Folgeentscheidungen zu berücksichtigen. Zur Lösung des Problems der Zurechnung von 'Gemeinauszahlungen' (als Pendant zu Gemeinkosten) wird neben der Schlüsselung entsprechender Zahlungen zum einen empfohlen, Deckungsbudgets für Gemeinauszahlungen, die im Zusammenhang mit der Aufrechterhaltung der Betriebsbereitschaft entste-

---

46 Vgl. Baden, A.: (Kostenrechnung), S. 103 f.; Riezler, S.: (Lebenszyklusrechnung), S. 101. Auf die Möglichkeit einer dynamischen Amortisationsrechnung weist allerdings auch ZEHBOLD hin. Vgl. Zehbold, C.: (Lebenszykluskostenrechnung), S. 197.

47 Vgl. Rückle, D.; Klein, A.: (Product-Life-Cycle-Cost), S. 355; Kilger, W.: (Plankostenrechnung), S. 191.

48 Vgl. Lücke, W.: (Investitionsrechnungen).

49 Vgl. Baden, A.: (Kostenrechnung), S. 71 ff. und S. 101; Riezler, S.: (Lebenszyklusrechnung), S. 134 ff.

50 Vgl. Rückle, D.; Klein, A.: (Product-Life-Cycle-Cost), S. 351 ff.; Reichmann, T.; Fröhling, O.: (Kontrollrechnungen), S. 321 ff.; Coenenberg, A.G.; Fischer, T.; Schmitz, J.: (Target), S. 224 ff.

51 Vgl. dazu und zu den nachfolgenden Ausführungen Riezler, S.: (Lebenszyklusrechnung), S. 128 ff.

hen, vorzugeben und separat auszuweisen. Zum anderen wird angeregt, 'sekundäre Zahlungen' einzubeziehen, um die Zahlungseffekte zu erfassen, die sich ergeben, falls durch das Produkt gemeinsam mit anderen Produkten unteilbare Ressourcen (Betriebsmittel, Personal) genutzt werden, die sich anderweitig verwenden oder abbauen ließen. Die Höhe dieser sekundären Zahlungen soll näherungsweise mit Hilfe vollkosten- oder marktpreisorientierter Verrechnungspreise bestimmt werden. Zur Integration in die anderen Systeme der Unternehmensrechnung, -planung und -kontrolle soll(en) die Lebenszyklusrechnung(en) in die langfristige Gesamtunternehmensplanung eingehen, die Einflußgrößen des Produkterfolgs mit den in anderen Kennzahlensystemen erfaßten Faktoren abgestimmt, Annahmen und Ziele kurzfristiger Planungen aus den Lebenszyklusrechnungen gewonnen und die Verwendung konsistenter Daten mittels relationaler Datenbanken erreicht werden. Als Wirtschaftlichkeitskennzahlen sollen der Kapitalwert, eine mit der BALDWIN-Methode, einer spezifischen Variante der Sollzinssatzmethode, ermittelte Rentabilität (jeweils vor und nach Einbeziehung vorgegebener Deckungsbudgets) und/oder eine (dynamisch berechnete) Amortisationszeit ermittelt werden. Die Unsicherheit der zukunftsbezogenen Daten soll mit Hilfe von Sensitivitätsanalysen berücksichtigt werden.

RIEZLER hat ein relativ ausgefeiltes Konzept zur Durchführung eines produktbezogenen Life Cycle Costing entwickelt. Aufgrund der Verwendung von Zahlungen lassen sich Zins- und Zinseszinseffekte - von Prognose- oder Erfassungsungenauigkeiten abgesehen - exakt erfassen. Zudem enthält das Konzept eine Reihe interessanter Vorschlag zur Zuordnung von 'Gemeinzahlungen', zur Identifikation relevanter Einflußgrößen und zur Einbeziehung ihrer Auswirkungen, zur Prognose von Zahlungen sowie zur Integration in die anderen Systeme der Unternehmensrechnung. Es ist allerdings denkbar, daß bei diesen Schritten spezifische Anwendungsprobleme auftreten, z.B. bei der Formulierung der Einflußgrößenfunktionen sowie der Ermittlung von Deckungsbudgets und sekundären Zahlungen. Des weiteren dürfte der mit diesem Ansatz verbundene Aufwand höher sein als bei den Konzepten zur Erweiterung der Grenzplankosten- und Deckungsbeitragsrechnung, da eine zwar integrierte, aber dennoch eigenständige, relativ differenzierte Zahlungsrechnung für Produktprojekte durchgeführt wird.[52]

Beispiel für ein produktbezogenes Life Cycle Costing

Es wird das in Abschnitt IV.2.2 betrachtete Beispiel zum Target Costing aufgegriffen. Dort wurden für eine Produktart ein Gemeinkostenanteil für Entwicklung, Verwaltung und Vertrieb in Höhe von 8.100.000 € und derzeitige Kosten für die Herstellung der Komponenten in Höhe von 15 €/ME für das Gehäuse, 17,5 €/ME für das Abtastsystem, 15 €/ME für Leiterplatte und Verstärker sowie 27,5 €/ME für den Antrieb prognostiziert bzw. ermittelt. Es wird von einem Zielpreis von 100 €/ME und einer Absatzmenge von 300.000 ME über den gesamten Lebenszyklus erreicht. Es soll eine Lebenszyklusrechnung unter Einbeziehung von Ein- und Auszahlungen durchgeführt werden, um festzustellen, ob es lohnt, das Produkt zu entwickeln und einzuführen.

---

52   Vgl. Zehbold, C.: (Lebenszykluskostenrechnung), S. 192 f.

Eine nochmalige Analyse der relevanten Daten hat folgendes ergeben. Die Dauer des Lebenszyklus wird mit sieben Perioden veranschlagt. Der Entstehungszyklus ist am Ende der zweiten Periode beendet, dann beginnt der Marktzyklus. Ein Nachlaufzyklus kann bei dieser Produktart vernachlässigt werden.

Der angestrebte Gewinnanteil wurde mit 18% relativ hoch angesetzt, um ansonsten vernachlässigte Gemeinkostenanteile (der Unternehmensführung etc.) zu decken. Deren jährliche Höhe wird mit 350.000 € veranschlagt; die entsprechenden Auszahlungen sollen jeweils am Periodenende anfallen. Von dem Gemeinkostenanteil für Entwicklung, Verwaltung und Vertrieb in Höhe von 8.100.000 € lassen sich doch 3.100.000 € direkt der Produktart zurechnen. Die zugehörigen Auszahlungen fallen in gleicher Höhe zu Beginn der ersten und der zweiten Periode für Entwicklungsarbeiten an. Hinsichtlich der restlichen Gemeinkostenanteile wird angenommen, daß sie während des Marktzyklus jeweils am Periodenende mit Auszahlungen in gleichbleibender Höhe verbunden sind. Bisher in den Standardkosten der Komponenten erfaßt worden ist eine Investition in Fertigungsanlagen, die zu Beginn des Marktzyklus erforderlich wird und in diesem Zeitpunkt zu Auszahlungen von 1.500.000 € führt.

Für die Produktions- und Absatzmengen der Produktart wird folgende Entwicklung erwartet:

Periode 3: 30.000 [ME]

Periode 4: 60.000 [ME]

Periode 5: 80.000 [ME]

Periode 6: 90.000 [ME]

Periode 7: 40.000 [ME]

Der Absatzpreis soll konstant bleiben, die Einzahlungen fallen jeweils am Periodenende an. Die derzeitigen Standardkosten können bis zur Markteinführung um 15% gesenkt werden. Danach wird von einer weiteren Abnahme um 3% pro Periode ausgegangen. Diese Kosten entsprechen Auszahlungen in gleicher Höhe, die ebenfalls am Periodenende anfallen.

Es ist nun zunächst die Zahlungsreihe zu ermitteln. Diese setzt sich - alternativ mit und ohne Einbeziehung der zugeordneten 'Gemeinauszahlungsanteile' - wie folgt zusammen (Angaben jeweils in T€):

	t = 0	t = 1	t = 2	t = 3	t = 4	t = 5	t = 6	t = 7
Gemeinauszahlungen für Unternehmensführung etc.		-350	-350	-350	-350	-350	-350	-350
Auszahlung für Entwicklung	-1.550	-1.550						
Gemeinauszahlungen für Verwaltung und Vertrieb				-1.000	-1.000	-1.000	-1.000	-1.000
Investition in Fertigungsanlagen			-1.500					
Einzahlungen aus dem Absatz der Produkte				3.000	6.000	8.000	9.000	4.000
Auszahlungen für die Herstellung der Produkte				-1.912,5	-3.710,25	-4.798,59	-5.236,46	-2.257,50
Zahlungen mit Gemeinauszahlungen	**-1.550**	**-1.900**	**-1.850**	**-262,5**	**939,75**	**1.851,41**	**2.413,54**	**392,50**
Zahlungen ohne Gemeinauszahlungen	**-1.550**	**-1.550**	**-1.500**	**1.087,5**	**2.289,75**	**3.201,41**	**3.763,54**	**1742,50**

Als Zielkriterium soll der Kapitalwert der mit der Produktart verbundenen Zahlungen verwendet werden. Der aus dem Verzinsungsanspruch resultierende Kalkulationszinssatz beträgt bei dieser 'Produktinvestition' 10%. Es kann nun jeweils ein Kapitalwert ohne und mit Berücksichtigung der zugeordneten 'Gemeinauszahlungsanteile' bestimmt werden. Diese lauten:

Kapitalwert mit 'Gemeinauszahlungsanteilen':   -1.648,18 [€]
Kapitalwert ohne 'Gemeinauszahlungsanteile':   3.188,65 [€]

Der unter Einbeziehung der Gemeinauszahlungen ermittelte Kapitalwert ist negativ, der ohne diese Zahlungen berechnete Kapitalwert positiv. Dies bedeutet, daß die Produktart zwar zur Deckung von Gemeinauszahlungen beitragen kann, aber nicht im angestrebten Umfang. Bei der Entscheidung über die Einführung der Produktart müssen die Entscheidungsträger nun die Frage beantworten, ob dieser Beitrag ausreichend ist oder nicht. Zur Fundierung ihrer Entscheidung können weitere Überlegungen zur Struktur und Veränderung der Gemeinkosten sowie zu Produktalternativen beitragen.

Gesamtbeurteilung und Erweiterungsmöglichkeiten

Die drei Rahmenkonzepte für das produktbezogene Life Cycle Costing sind bereits im Zusammenhang mit ihrer Darstellung kurz beurteilt worden. Weitergehende allgemeine Aussagen über die Vorziehenswürdigkeit eines der Konzepte erscheinen aufgrund der Vielfalt möglicher Problemstellungen schwierig. So ist die Vorteilhaftigkeit unter anderem vom vorhandenen System der Unternehmensrechnung, insbesondere der Kosten- und Erlösrechnung, abhängig. Die verschiedenen Ansätze weisen zudem einige Gemeinsamkeiten auf, beispielsweise hinsichtlich der Nutzung relationaler Datenbanken bei BACK-HOCK und RIEZLER, und es bestehen Kombinationsmöglichkeiten, z.B. im Hinblick auf die von ZEHBOLD und RIEZLER formulierten Vorschläge zur Lösung des Gemeinkostenproblems oder die Überführung der lebenszyklusbezogen erweiterten Grenzplankosten- und Deckungsbeitragsrechnungen in dynamische Modelle. Die Unterschiede zwischen den Konzepten sind daher zu relativieren.

Weitgehend unabhängig vom Konzept weist das Life Cycle Costing zwar ein beträchtliches Potential für das Management der Lebenszykluskosten und -erlöse von Produkten auf, es kann aber auch mit einigen Problemen verbunden sein. Dazu zählen die Prognose der relevanten Daten über den gesamten Lebenszyklus und die damit verbundene Unsicherheit, die Zuordnung der relevanten Wirkungen (Gemeinkosten, -erlöse oder -zahlungen), deren monetäre Quantifizierung, die Einbeziehung externer Effekte, die hohe Komplexität und der verursachte hohe Aufwand.[53]

Zur Prognose der relevanten monetären Größen kann auf ein breites Spektrum von Datenquellen sowie intuitiven Methoden (Expertenbefragungen etc.) und analytischen Verfahren (z.B. Zeitreihenanalysen, Regressionsmodelle) zurückgegriffen werden; auch die Aussagen des Erfahrungskurveneffektes lassen sich nutzen.[54] Dennoch ist - unter anderem aufgrund der fehlenden Kenntnis langfristiger Kosteneinflußgrößen - von einer großen Unsicherheit der

---

53   Vgl. Baden, A.: (Kostenrechnung), S. 110 ff.; Riezler, S.: (Lebenszyklusrechnung), S. 187 ff.
54   Vgl. Zehbold C.: (Lebenszykluskostenrechnung), S. 209 ff. und S. 240 ff.; Riezler, S.: (Lebenszyklusrechnung), S. 189 ff.

Plandaten auszugehen. Deren Konsequenzen sollten mit Hilfe von Sensitivitätsanalysen oder Simulationen abgeschätzt werden.

Einige Vorschläge zur Lösung des Gemeinkostenproblems sind bereits angesprochen worden; darüber hinaus kann der Einsatz der Prozeßkostenrechnung dazu beitragen, die Kostentransparenz zu erhöhen und eine verbesserte Grundlage für die Kostenzuordnung zu schaffen.

Die monetäre Quantifizierung kann sich vor allem im Hinblick auf den Nutzen der Kunden und die daraus resultierenden Effekte für das Unternehmen als schwierig erweisen. Zur Erfassung der nicht monetär quantifizierbaren Wirkungen von Alternativen bietet sich die Nutzwertanalyse an.

Externe Effekte entstehen beispielsweise, wenn die Umwelt durch die Nutzung bestimmter Produktionsfaktoren oder die Erzeugung spezifischer Produkte beeinträchtigt wird und die sich dadurch ergebenden Kosten nicht vom Unternehmen selbst zu tragen sind. Um gezielt auch ökologische Ziele verfolgen oder die zukünftige Internalisierung externer Effekte antizipieren zu können, kann es für Unternehmen angebracht sein, die ökologischen Konsequenzen der Produkterstellung und -verwertung zu erfassen. Dies ist grundsätzlich möglich, indem die entsprechenden externen Effekte in die in Lebenszyklusrechnungen erfaßten Kosten oder anderen monetären Größen einbezogen werden.[55]

Die hohe Komplexität resultiert aus der Vielzahl von Kosten-, Erlös- oder Zahlungskomponenten sowie von hierfür relevanten Einflußgrößen. Sie bewirkt, daß mit dem Life Cycle Costing ein hoher Aufwand verbunden ist, zu dessen Begrenzung Vereinfachungen der Rechnungen wie die Verwendung verdichteter Daten erforderlich werden können.[56] Allerdings dürfte der entstehende Aufwand aufgrund der großen Bedeutung lebenszyklusbezogener Produktentscheidungen und des Potentials des Life Cycle Costing, zusätzliche Erkenntnisse für das langfristige Kosten- und Erlösmanagement zu gewinnen, häufig gerechtfertigt sein. Dies gilt insbesondere bei Produkten (und auch Ressourcen) mit hohem Einfluß auf die Unternehmensergebnisse.[57] In der Unternehmenspraxis wird das Life Cycle Costing allerdings mit Ausnahme von Unternehmen der Großserienproduktion und des Maschinenbaus nur in relativ geringem Ausmaß angewendet.[58] Es wird sich zeigen, ob die Verbreitung dieses lebenszyklusbezogenen Instruments in der Unternehmenspraxis zunimmt und wie damit sein eigener Lebenszyklus verläuft.

---

[55] Zur Umweltkostenrechnung vgl. Abschnitt III.4.2, zu einem 'ökologischen Produktlebenszyklus' vgl. Ahrend, H.-W.: (Produktlebenszyklus), S. 185 ff., zur Einbeziehung von Umwelteffekten in Lebenszyklusrechnungen vgl. Franzeck, J.: (Methodik), S. 58 ff.

[56] Vgl. Baden, A.: (Kostenrechnung), S. 17.

[57] Zu Kriterien für den wirtschaftlichen Einsatz vgl. Günther, T.; Kriegbaum, C.: (Life), S. 902.

[58] Zu empirischen Untersuchungen zum Einsatz der Life Cycle Costing in deutschen Unternehmen vgl. Währisch, M.: (Kostenrechnungspraxis), S. 230 ff.; Franz, K.-P.; Kajüter, P.: (Deutschland), S. 579 ff.

4 Benchmarking

4.1 Entstehung, Begriff und Charakteristika des Benchmarking

Das Benchmarking ist ein Managementinstrument, mit dem durch Vergleiche mit anderen Unternehmen oder Unternehmensbereichen und darauf basierende Lern- und Anpassungsprozesse vor allem mittel- und langfristig die Unternehmensleistungen sowie die Kosten- und Erfolgssituation verbessert und Wettbewerbsvorteile erzielt werden sollen.[1] Der Begriff 'Benchmark' bzw. Höhenmarke wird bei der Messung von Höhenunterschieden im Sinne eines Ausgangswertes verwendet. Ausgehend von dieser Begriffsfestlegung werden seit Ende der siebziger Jahre in der betriebswirtschaftlichen Theorie und Praxis Maßgrößen für die Beurteilung von Unternehmensleistungen und -erfolgen als Benchmarks und das entsprechende Messungen umfassende Managementinstrument als Benchmarking bezeichnet.[2] Einer der ersten Anwender des Benchmarking war das amerikanische Unternehmen XEROX, das zunächst Kostenvergleiche mit seinen Wettbewerbern CANON und KODAK vornahm und anschließend Praktiken des Versandhandelsunternehmens L.L. BEAN in den Bereichen Logistik und Vertrieb sowie von AMERICAN EXPRESS bei der Fakturierung untersuchte und adaptierte. Aufsehen hat auch der vom MASSACHUSETTS INSTITUTE OF TECHNOLOGY durchgeführte weltweite Vergleich von Automobilwerken erregt, der unter anderem zur Verbreitung des japanischen Lean Production-Konzeptes beitrug.[3]

Das Benchmarking umfaßt ebenso wie die Messung von Höhenunterschieden mit Benchmarks einen Größenvergleich. Mit Hilfe von Indikatoren werden insbesondere Produkte, Dienstleistungen, Prozesse, Methoden oder Strukturen möglichst objektiv mit denen anderer Unternehmen oder Unternehmensbereiche verglichen und bewertet. Dazu erfolgt zumeist eine direkte Datenerhebung und -analyse bei den entsprechenden Unternehmen(-sbereichen). Oftmals werden besonders leistungsfähige Unternehmen zum Vergleich herangezogen, um besonders gute Lernerfolge zu erzielen. Dies spiegelt sich im folgenden Zitat wider: „Benchmarking is the search for industry best practices that lead to superior performance"[4]. Als übergeordnetes Ziel des Benchmarking wird es demgemäß auch angesehen, 'der Beste der Besten' zu werden.

Im einzelnen ist das Benchmarking durch die folgenden - idealtypischen - Merkmale charakterisiert:[5]

- *Durchführung von Vergleichen:* Die Durchführung von Vergleichen wurde bereits als Wesensmerkmal des Benchmarking angesprochen; für die Vergleiche können ein oder mehrere Unternehmen oder Unternehmensbereich(e) herangezogen werden.
- *Verwendung von Maßgrößen:* Für die zu untersuchenden Objekte werden geeignete (quantitative) Maßgrößen (bzw. Benchmarks, Kennzahlen oder Leistungsbeurteilungsgrö-

1   Vgl. zu den nachfolgenden Ausführungen auch Götze, U.: (Benchmarking).
2   Vgl. Hoffjan, A.: (Cost), S. 345.
3   Vgl. zu den Ergebnissen der entsprechenden Studie Womack, J.P.; Jones, D.T.; Roos, D.: (Revolution).
4   Camp, R.C.: (Benchmarking), S. 10.
5   Vgl. Bichler, K; Gerster, W.; Reuter, R.: (Logistik-Controllling), S. 33; Hoffjan, A.: (Cost), S. 347 ff.; Bogaschewsky, R.: (Benchmarking), S. 76 ff.

ßen) gesucht und zum Vergleich, zur Beurteilung sowie zur Erfolgskontrolle verwendet. Häufig erfolgt dabei eine erstmalige Messung.

- *Breiter Anwendungsbereich:* Das Benchmarking läßt sich grundsätzlich für nahezu alle vom Management eines Unternehmens zu gestaltenden Objekte nutzen.

- *Kunden-, Wettbewerbs- und Marktorientierung:* Die Analyse der Untersuchungsobjekte erfolgt oftmals unter dem Blickwinkel der Kundenzufriedenheit und unter Einbeziehung der Praktiken von Wettbewerbern oder anderen Unternehmen. Globales Ziel ist die Verbesserung der Wettbewerbsfähigkeit.

- *Partnerschaft:* Das Benchmarking beinhaltet zumeist einen intensiven Informationsaustausch, der eine partnerschaftliche Beziehung zwischen dem Benchmarking-Unternehmen(sbereich) und dem Vergleichsunternehmen(sbereich) voraussetzt; es kann daher als spezifische Form der Kooperation angesehen werden.

- *Verständnis und Adaption der Vorgehensweisen:* Mit dem Benchmarking wird in der Regel auch bezweckt, ein tiefgehendes Verständnis der Vorgehensweisen im untersuchten Bereich und beim Partner zu erzielen. Dies ist unter anderem Voraussetzung dafür, daß die bei anderen Unternehmen(sbereichen) identifizierten erfolgversprechenden Techniken und Vorgehensweisen auf das eigene Unternehmen übertragen werden können, ohne dessen Besonderheiten zu vernachlässigen.

- *Grundlegende Veränderungen:* Mit dem Benchmarking sollen tendenziell weitgehende, grundsätzliche Verbesserungen im Unternehmen herbeigeführt werden.

- *Kontinuität:* Benchmarking sollte nicht nur einmalig, sondern wiederholt durchgeführt werden, um fortlaufende Verbesserungen zu erzielen.

Das Benchmarking basiert auf einer Reihe anderer betriebswirtschaftlicher Verfahren und weist Ähnlichkeiten und Überschneidungen mit diesen auf. Zu nennen sind insbesondere die Konkurrenzanalyse, das Reverse Engineering sowie die Kennzahlenanalyse in Form des Betriebsvergleichs.[6] Die Konkurrenzanalyse wird vorwiegend zur Vorbereitung von Veränderungen der Unternehmensstruktur, z.B. durch Akquisitionen, sowie von produkt- bzw. dienstleistungsbezogenen Strategien und Maßnahmen genutzt. Das Benchmarking ist umfassender angelegt: Es kann unternehmensweit angewendet werden und bezieht oftmals auch Funktionsbereiche und Prozesse ein. Weitere Unterschiede sind in der partnerschaftlichen Beziehung sowie in der Möglichkeit des Vergleiches mit anderen Unternehmensbereichen und mit nicht konkurrierenden Unternehmen zu sehen.[7] Die letztgenannten Unterschiede bestehen auch zwischen dem Benchmarking und dem Reverse Engineering. Beim Reverse Engineering werden die Eigenschaften und Funktionen von Produkten mit denen gleichartiger Produkte von Konkurrenten verglichen. Um genaue Erkenntnisse gewinnen zu können, werden dabei die Produkte der Mitbewerber in ihre Komponenten zerlegt. Diese Idee wird beim Benchmarking aufgegriffen und unter anderem auf die Prozeßebene übertragen. Dies führt zu einer Aufteilung von Prozessen in Teilprozesse, deren Vergleich und Bewertung die Gewinnung aussagekräftiger Informationen ermöglicht. Das Benchmarking kann als spezifische Form eines Betriebsvergleichs mit Kennzahlen interpretiert werden, denn bei den verwendeten Maßgrößen

---

6   Vgl. Herter, R.N.: (Weltklasse), S. 254; Horváth, P.; Herter, R.N.: (Benchmarking), S. 5.
7   Vgl. Homburg, C.; Werner, H.; Englisch, M.: (Benchmarking), S. 50; Hoffjan, A.: (Cost), S. 346.

handelt es sich um Kennzahlen. Gegenüber dem traditionellen Betriebsvergleich sind insbesondere der erweiterte Anwendungsbereich (auch einzelne Prozesse und Methoden, für die differenziertere und detailliertere, oft nicht-monetäre Kennzahlen gebildet werden) und die Möglichkeit der Einbeziehung von branchenfremden Unternehmen als Neuerung anzusehen. Außerdem sind die Partnerschaft mit den Vergleichsunternehmen, die Orientierung an den Spitzenleistungen sowie das Streben nach Verständnis und Adaption von Vorgehensweisen stärker im Verfahren verankert.[8]

4.2   Formen des Benchmarking

Benchmarking kann in einer Reihe unterschiedlicher Ausgestaltungsformen durchgeführt werden. Zur Systematisierung dieser Formen des Benchmarking eignen sich verschiedene Kriterien, insbesondere die Objekte, die zugrunde liegenden Zielgrößen sowie die Vergleichspartner. Die wichtigsten möglichen Ausprägungen dieser Kriterien zeigt Abbildung IV-16.

Formen des Benchmarking			
Parameter	Ausprägung des Parameters		
Objekt	Produkte und Dienstleistungen	Prozesse (Prozeß-benchmarking)	Methoden	Strukturen
	(auf verschiedenen Ebenen und mit unterschiedlicher Komplexität)		
Zielgröße	Kosten (Cost Benchmarking)	Qualität	Kunden-zufriedenheit	Zeit
Vergleichs-partner	andere Unter-nehmensbereiche (Internes Benchmarking)	Konkurrenten (Wettbewerbs-orientiertes Benchmarking)	andere Unternehmen der gleichen Branche	Unternehmen anderer Branchen (Funktionales Benchmarking)

Abb. IV-16: Formen des Benchmarking[9]

Objekte des Benchmarking sind vor allem Produkte und Dienstleistungen, Prozesse, Methoden und Strukturen. Dabei kann ein Benchmarking jeweils auf verschiedenen Ebenen und mit unterschiedlicher Komplexität durchgeführt werden. In dieser Hinsicht läßt sich unter anderem zwischen 'strategischem' (von Ertrags-, Wachstums- und Innovationspotential, Produktivität etc.), 'taktischem' (z.B. von Marketingkosten, Marketing-Mix, FuE-Kosten und Vorratsvermögen) sowie 'operativem Benchmarking' (beispielsweise des Lieferverhaltens, des technischen Service sowie der Reklamationsbearbeitung und der Auftragsabwicklung) unterscheiden.[10]

Bei den *Zielgrößen*, deren Erfüllungsgrad durch Benchmarking verbessert werden soll, handelt es sich typischerweise um die Kosten, die Qualität, die Kundenzufriedenheit oder die Zeit, wobei auch mehrere Zielgrößen gleichzeitig betrachtet werden können. Häufig besteht

---

[8]   Vgl. Homburg, C.; Werner, H.; Englisch, M.: (Benchmarking), S. 50; Horváth, P.; Lamla, J.: (Cost), S. 69 f.

[9]   Quelle: in modifizierter Form übernommen von Horváth, P.; Herter, R.N.: (Benchmarking), S. 7.

[10]   Vgl. Meyer, J.: (Benchmarking), S. 280 f.

das Ziel in einer Senkung der Kosten, die entsprechende Variante des Benchmarking wird auch als 'Cost Benchmarking' bezeichnet. Sie ist eng verbunden mit dem Prozeßbenchmarking, da die Kosten in hohem Maß auf Prozesse zurückgeführt werden können.[11]

Als *Vergleichspartner* lassen sich andere Bereiche des gleichen Unternehmens, direkte Konkurrenten sowie andere Unternehmen der gleichen oder einer anderen Branche heranziehen.

Der Vergleich von Objekten in einem Unternehmensbereich mit denen in ähnlichen Unternehmenseinheiten, beispielsweise anderen Geschäfts- oder Regionalbereichen oder Niederlassungen, wird als *Internes Benchmarking* bezeichnet. Mit Internem Benchmarking können Unterschiede im Leistungsniveau einzelner Unternehmenseinheiten aufgedeckt und entsprechende Anpassungsprozesse initiiert werden. Vorteilhaft sind die schnelle und kostengünstige Zugriffsmöglichkeit auf eine Vielzahl relativ gut nachvollziehbarer Daten und die tendenziell hohe Vergleichbarkeit der Objekte. Allerdings ist fraglich, ob im eigenen Unternehmen wirkliche Spitzenleistungen erbracht werden; die Markt- und Wettbewerbsorientierung ist unter Umständen nicht gewährleistet. Es bietet sich daher an, mit einem Internen Benchmarking erste Erfahrungen zu gewinnen und anschließend in weiteren Benchmarking-Projekten externe Vergleichspartner hinzuzuziehen.[12]

Ein Vergleich mit Konkurrenten erfolgt beim *Wettbewerbsorientierten Benchmarking*. Hierbei ist die Gewinnung von Partnerunternehmen, die zu dem erforderlichen bzw. erwünschten Austausch von Primärinformationen bezüglich der betrachteten Objekte bereit sind, ein besonders gravierendes Problem. Diese Bereitschaft dürfte bei direkten Konkurrenten am ehesten bei kundenfernen Bereichen wie der Informationsverarbeitung oder der Weiterbildung von Mitarbeitern gegeben sein. Außerdem lassen sich durch die Adaption von Vorgehensweisen der Konkurrenten deren Wettbewerbsvorsprünge eventuell beseitigen, eine eigene Spitzenposition kann aber kaum erreicht werden.[13]

Bei Unternehmen der gleichen Branche, die in anderen geographischen Marktsegmenten tätig sind oder aber ähnliche Produkte oder Dienstleistungen herstellen, dürfte die Bereitschaft zum Informationsaustausch stärker ausgeprägt sein als bei direkten Konkurrenten. Gegenüber Unternehmen anderer Branchen ist zudem die Vergleichbarkeit der Objekte tendenziell höher.

Grundlegende Verbesserungen können vor allem dann erzielt werden, wenn ein Benchmarkingprojekt mit einem Unternehmen aus einer anderen Branche durchgeführt wird. Falls es gelingt, das in einem Bereich 'beste' Unternehmen zu identifizieren und dessen Lösungen zu adaptieren, ist es unter Umständen möglich, in der eigenen Branche einen grundlegenden Wettbewerbsvorteil zu erringen. Gegenüber dem wettbewerbsorientierten Benchmarking ist zudem die Bereitschaft des Partnerunternehmens zum Informationsaustausch weniger problematisch. Die Vergleichsmöglichkeit ist hierbei vor allem bei Prozessen, Methoden und Strukturen in den verwaltenden, Dienstleistungs- und logistischen Bereichen von Unternehmen gegeben, da deren Leistungen in verschiedenen Branchen in gleichartiger oder ähnlicher

---

11   Zum Prozeßbenchmarking vgl. Lamla, J.: (Prozeßbenchmarking), S. 71 ff.; Siebert, G.: (Prozeß-Benchmarking), S. 53 ff.

12   Vgl. Karlöf, B.; Östblom, S.: (Benchmarking-Konzept), S. 62 f.; Morwind, K.: (Erfahrungen), S. 26 ff.; Leibfried, K.H.J.; McNair, C.J.: (Benchmarking), S. 81 ff.

13   Vgl. Hoffjan, A.: (Cost), S. 349.

Form erbracht werden. Produkte sowie Produktionstechnologien und -abläufe hingegen lassen sich oftmals nur mit denen in anderen Unternehmensbereichen sowie bei Wettbewerbern oder anderen Unternehmen der gleichen Branche vergleichen, so daß branchenfremde Unternehmen als Partner nicht in Frage kommen.[14] Da bei dieser Variante des Benchmarking demgemäß Funktionen bzw. Prozesse im Vordergrund stehen, die in mehreren Branchen zu erfüllen sind bzw. ablaufen, wird sie auch als *Funktionales Benchmarking* bezeichnet.[15] Ein Funktionales Benchmarking mit dem Ziel der Kostensenkung erscheint primär in den Gemeinkostenbereichen anwendbar und für diese aufgrund der großen Zahl potentieller leistungsstarker Vergleichsunternehmen sowie der geringen Interessenkonflikte auch erfolgversprechend.[16]

4.3 Ablauf des Benchmarking

Der Ablauf eines Benchmarking-Projektes vollzieht sich typischerweise in einer bestimmten Schrittfolge, wobei die einzelnen Schritte bzw. Aktivitäten einer Planungs-, einer Analyse- und einer Aktionsphase zugeordnet werden können.[17] Es ist allerdings darauf hinzuweisen, daß eine strenge Festlegung auf eine spezifische Reihenfolge - wie die in Abbildung IV-17 dargestellte - weder möglich noch sinnvoll ist; unter anderem, da manche Schritte in Abhängigkeit von den Zwischenergebnissen eventuell mehrmals durchlaufen werden müssen.

Planungsphase

Identifikation des Benchmarking-Objektes
In der Planungsphase ist zunächst das Benchmarking-Objekt festzulegen. Es sollte eine Konzentration auf Produkte, Prozesse, Methoden und Strukturen erfolgen, denen eine Schlüsselrolle für die Wettbewerbsfähigkeit und den Erfolg des Unternehmens zukommt. Außerdem können auch aktuelle Schwierigkeiten oder vermutete Rückstände Anhaltspunkte für die Festlegung des Benchmarking-Objektes bieten. Weiterhin sollten das Verbesserungspotential, die Komplexität des Untersuchungsobjekts und der daraus resultierende Aufwand des Benchmarking sowie etwaige Schwierigkeiten bei der Durchführung berücksichtigt werden.[18] Für das Cost Benchmarking wird vorgeschlagen, zunächst alle Unternehmensbereiche bzw. die gesamte Wertkette zu untersuchen und dann eine Eingrenzung auf die Elemente mit besonders hohen Kosten bzw. Kostensenkungspotentialen vorzunehmen.[19] Beispiele für mögliche Objekte sind die Effizienz der verschiedenen Bearbeitungs-, Logistik-, Betreuungs- und Abwicklungsprozesse in den Leistungsbereichen von Unternehmen, die Mitarbeiter und deren

---

[14] Vgl. Horváth, P.; Herter, R.N.: (Benchmarking), S. 5 ff.; Horváth, P.; Lamla, J.: (Cost), S. 68 f.; Karlöf, B.; Östblom, S.: (Benchmarking-Konzept), S. 124 f.
[15] Vgl. Karlöf, B.; Östblom, S.: (Benchmarking-Konzept), S. 67.
[16] Vgl. Hoffjan, A.: (Cost), S. 349; Horváth, P.; Lamla, J.: (Cost), S. 68 f.
[17] Zur nachfolgenden Prozeßgliederung vgl. Herter, R.N.: (Weltklasse), S. 256 ff.; Hoffjan, A.: (Cost), S. 350 ff. Zu anderen Schrittfolgen vgl. z.B. Kühne, A.: (Benchmarking), S. 41 ff.; Weber, J.; Hamprecht, M.; Goeldel, H.: (Benchmarking), S. 17; Kreuz, W.: (Kosten-Benchmarking), S. 96 f.; Sabisch, H.: (Benchmarking), S. 8 ff.
[18] Vgl. Weber, J.; Hamprecht, M.; Goeldel, H.: (Benchmarking), S. 17 f.; Meyer, J.: (Benchmarking), S. 12.
[19] Vgl. Horváth, P.; Lamla, J.: (Cost), S. 67; Hoffjan, A.: (Cost), S. 352.

Leistungen (Belastung, Krankenstand etc.), der EDV-Einsatz sowie die Strukturen, Abläufe und Instrumente des Führungssystems.

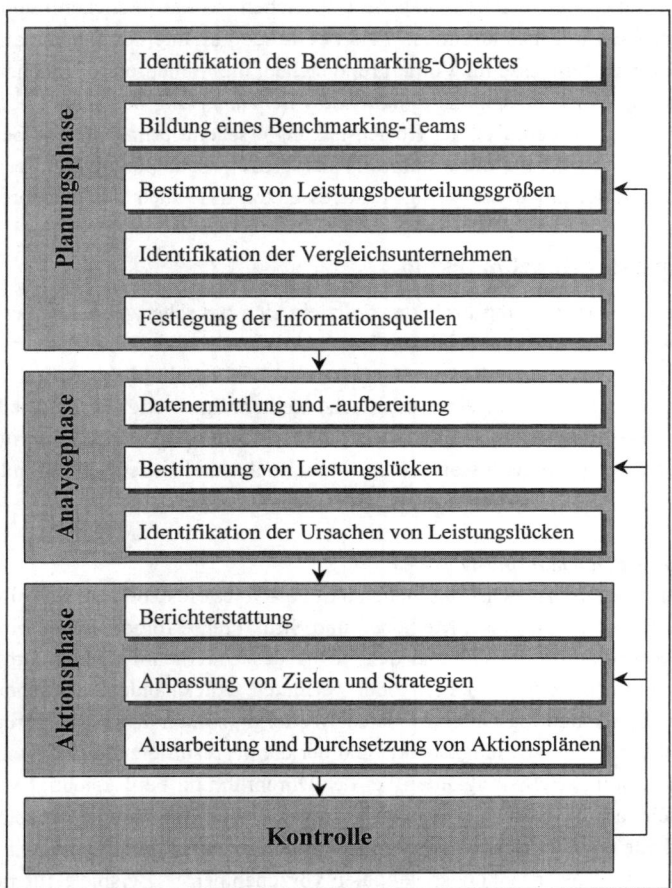

Abb. IV-17: Ablauf eines Benchmarking-Projektes

Bildung eines Benchmarking-Teams
Im Zusammenhang mit der Festlegung des Benchmarking-Objektes ist ein Team zu bilden, welches das Benchmarking durchführt. In dieses sollten Experten aus den vom Benchmarking-Projekt betroffenen Unternehmensbereichen einbezogen werden, um einen entsprechenden Sachverstand einzubringen und von vornherein die Basis für eine hohe Akzeptanz der Ergebnisse zu schaffen. Dazu zählen Controller, die zum einen Benchmarking-Techniken bereitstellen und zum anderen die Umsetzung der Benchmarking-Ergebnisse in den Planungs-, Kontroll- und Informationssystemen sowie -prozessen des Unternehmens sichern können. Generell sollten Personen mit Benchmarking-Erfahrungen beteiligt werden, bei denen es sich auch um externe Berater handeln kann. Deren Beteiligung ist insbesondere bei den ersten

Benchmarking-Projekten eines Unternehmens erwägenswert. Einem externen Berater wird es unter Umständen am wenigsten schwer fallen, die unterschiedlichen Begriffswelten verschiedener Unternehmen(-sbereiche) zu 'übersetzen' und damit die Voraussetzung für die Identifikation von Leistungsunterschieden und die Analyse ihrer Ursachen herzustellen.[20] Für die optimale Team-Größe und die Aufgabenverteilung im Team erscheinen allgemeine Aussagen kaum möglich, sie dürften stark vom Untersuchungsobjekt abhängig sein.

Bestimmung von Leistungsbeurteilungsgrößen
Bereits bei der Festlegung des Benchmarking-Objektes sind Zielvorstellungen des Unternehmens bzw. des Unternehmensbereichs zu berücksichtigen, aus denen hervorgeht, welche Zielgrößen beim Benchmarking-Projekt im Vordergrund stehen. Wie oben erwähnt, können dies die Zielgrößen Kosten, Qualität, Zeit und/oder Kundenzufriedenheit sein. Die Zielgrößen sind als Leistungsbeurteilungsgrößen (Maßgrößen, Kennzahlen) festzuschreiben oder in solche zu überführen, um die Vergleiche, Beurteilungen und Kontrollen des Benchmarking-Prozesses durchführen zu können. Dabei sind auch etwaige Beziehungen zwischen den Zielgrößen zu beachten.

In Abhängigkeit von der Art des jeweiligen Benchmarking-Objektes läßt sich eine Vielzahl von Kennzahlen bzw. Kennzahlensystemen nutzen. Vor allem für Vergleiche im Rahmen umfassender Benchmarkingprojekte auf Gesamtunternehmens- oder Unternehmensbereichsebene und um erste Hinweise auf Stärken und Schwächen zu erhalten, kommen Kennzahlen aus den klassischen Kennzahlensystemen (z.B. dem Du Pont-Kennzahlensystem oder dem RL-Kennzahlensystem), die bisher für Betriebsvergleiche und interne Analysen vorgeschlagen worden sind, in Betracht.[21] Diese Kennzahlensysteme enthalten vorwiegend monetäre Größen. Um beim Benchmarking aussagekräftige Informationen zu gewinnen, dürfte aber oftmals eine Einbeziehung nicht-monetärer Größen erforderlich sein. Ein Anzeichen hierfür ist, daß beim Benchmarking häufig auf das System der Balanced Scorecard zurückgegriffen wird, das auch nicht-monetäre Kennzahlen zur Kundenzufriedenheit, zur Güte interner Prozesse und zur Innovations- bzw. Wissensperspektive des Unternehmens enthält.[22] Die Kennzahlen können direkt auf die Zielgrößen des Benchmarking (Kosten, Qualität, Kundenzufriedenheit und Zeit) und damit die Ergebnisse der Unternehmensaktivitäten gerichtet sein oder das Vorgehen in den untersuchten Bereichen beschreiben.[23] Beispiele für beim Benchmarking nutzbare Kennzahlen enthält die folgende Abbildung.

---

[20]   Vgl. Morwind, K.: (Erfahrungen), S. 29 f.; Weber, J.; Hamprecht, M.; Goeldel, H.: (Benchmarking), S. 17 f.

[21]   Vgl. zu diesen Kennzahlensystemen Horváth, P.: (Controlling), S. 567 ff.; Reichmann, T.: (Controlling), S. 22 ff.

[22]   Zum Balanced Scorecard-Konzept vgl. Kaplan, R.S.; Norton, D.P.: (Scorecard); Kaplan, R.S.; Norton, D.P.: (Organisation); Weber, J.; Schäffer, U.: (Scorecard).

[23]   Zur Unterscheidung dieser beiden Gruppen von Kennzahlen in 'Ergebnis-' und 'Treiber-Benchmarks' vgl. Grevener, H.; Schiffers, E.: (Geschäftsprozesse), S. 90 f., zu einer analogen Differenzierung zweier Kennzahlengruppen vgl. Homburg, C.; Werner, H.; Englisch, M.: (Benchmarking), S. 54 f.

Beispiele für Kennzahlen im Benchmarking		
Qualitätskennzahlen	**Zeitkennzahlen**	**sonstige Mengenkennzahlen**

- Anzahl fehlerhafter Teile/Halb-fabrikate/Fertigfabrikate
- Anzahl Fehler in Dokumenten (Zeichnungen, Arbeitspläne, Rechnungen etc.)
- Anzahl Fehler in Prozessen
- Einhaltung technischer Parameter
- Anteil zertifizierter Lieferanten
- 'first pass yield'
- Schrott, Nacharbeit
- Produktivität
- Anzahl Entwurfsänderungen
- Anzahl der Reklamationen/ Beschwerden/Kundenanfragen/ stornierten Bestellungen
- Anzahl unerledigter Aufträge, Kundenzufriedenheitsindex
	- eigene Lieferzeit, Lieferzeit der Lieferanten
	- eigene Liefertreue, Liefertreue der Lieferanten
	- Zeit bis zur Beantwortung einer Kundenanfrage/bis zur Abgabe eines Angebotes
	- Durchlaufzeit
	- Bearbeitungszeit
	- Rüstzeit
	- Maschinenlaufzeit, Maschinen-stillstandszeit, Maschinen-nutzungsgrad
	- Liegezeit
	- Transportzeit
	- fehlerbedingte Wartezeit
	- Halbwertszeiten
	- Zeit für Qualitätsprüfungen, Testläufe
	- Entwicklungszeiten, Zeit bis um Serienanlauf ('time to market')
	- Zeit bis zum Erreichen des Break-even-Punktes ('break even time')
		- Umschlagshäufigkeiten
		- Anzahl/Anteil der Gleichteile
		- Anzahl
		  - der Sachnummern
		  - der Zwischenläger
		  - der Qualitätsprüfungen
		  - der Lieferanten
		  - der Kunden
		  - der Prozeßschritte
		  - an einem Prozeß beteiligter Abteilungen/Stellen/ Mitarbeiter
		  - der Ortswechsel

Abb. IV-18: Beispiele für Kennzahlen im Benchmarking[24]

Bei einem Cost Benchmarking werden die einbezogenen Kennzahlen die Ausprägungen der relevanten Kostenarten sowie eventuell Kostenstellenkosten und - bei einer prozeßorientierten Betrachtung - Prozeßkosten umfassen. Diese Kostenkomponenten werden häufig um nicht-monetäre Kennzahlen wie Zeit-, Qualitäts- und Produktivitätskennzahlen ergänzt werden müssen, um die Kosten detailliert untersuchen und dabei deren Einflußgrößen berücksichtigen zu können. Bei Prozessen können sich die Maßgrößen auf den Prozeßinput, den Prozeßoutput, die Kundenzufriedenheit und/oder die Eigenschaften der Prozesse selbst wie deren Dauer beziehen.[25]

Es ist sinnvoll, die Leistungsbeurteilungsgrößen frühzeitig festzulegen, da dabei das Verständnis für die eigenen Aktivitäten verbessert wird und entsprechende Größen außerdem eine Voraussetzung für die Beurteilung anderer Unternehmen(-sbereiche) und damit für eine gezielte Auswahl von Benchmarkingpartnern darstellen. Es sollte zudem bereits in diesem Schritt sichergestellt werden, daß die relevanten Daten im eigenen Unternehmen vorhanden

---

24   Quelle: in modifizierter Form übernommen von Lamla, J.: (Prozeßbenchmarking), S. 82 f.

25   Vgl. Horváth, P.; Lamla, J.: (Cost), S. 73; Herter, R.N.: (Weltklasse), S. 256; Pieske, R.: (Klassenbesten), S. 150.

sind.[26] Dennoch kann es sich im weiteren Verlauf des Benchmarking-Prozesses durchaus zeigen, daß die Kennzahlen angesichts der Verfügbarkeit von (externen) Daten oder mangelnder Aussagekraft verändert oder ergänzt werden sollten.

Identifikation der Vergleichsunternehmen
Einen weiteren Schritt bildet die Identifikation des oder der Benchmarkingpartner(s). Nach der grundsätzlichen Festlegung auf einen oder mehrere der Typen von Vergleichspartnern sind konkrete Unternehmen(-sbereiche) zu bestimmen. Bei der Suche nach Vergleichsunternehmen mit hervorragenden Leistungen können folgende Überlegungen hilfreich sein:[27]

- Bei welchen Unternehmen ist das Benchmarking-Objekt ein kritischer Erfolgsfaktor, so daß besondere Anstrengungen zu seiner Ausgestaltung sinnvoll erscheinen?
- Welche Unternehmen weisen besonders gute Werte der Leistungsbeurteilungsgrößen auf?
- In welchen Unternehmen arbeiten ausgewiesene Experten?
- Welche Unternehmen werden in Veröffentlichungen als positive Beispiele herausgestellt?
- Existieren Unternehmen, die bisher kaum beachtete neuartige Lösungen entwickelt haben?
- Welche Ähnlichkeiten sind für den Vergleich mit dem eigenen Unternehmen Voraussetzung, und bei welchen Unternehmen sind diese gegeben?

Eventuell ist es angebracht, mehrere Partner in den Vergleich einzubeziehen, um mehrere Praktiken kennenzulernen. Dies gilt insbesondere, falls sich nicht eindeutig ein 'best practice-Unternehmen(-sbereich)' identifizieren läßt.[28]

Nach der Auswahl potentieller Vergleichsunternehmen(-sbereiche) wird, von einem anonymen Benchmarking abgesehen, der Kontakt zu diesen hergestellt und deren Bereitschaft zum Informationsaustausch gesichert. Dies stellt oftmals ein Problem dar - bei Konkurrenten vor allem aufgrund der Wettbewerbsbeziehung, bei branchenfremden Unternehmen primär aufgrund der geringen Einschätzung des Nutzens, den sie selbst erzielen können.[29] Die Bereitschaft eines Vergleichsunternehmens, sich zu beteiligen, kann durch eine geeignete Form der Ansprache sowie das Überzeugen des Unternehmens von dem Nutzen der erwarteten Ergebnisse, einer etwaigen Imageverbesserung sowie der Wahrung der Vertraulichkeit der Daten erhöht werden. Um Vertraulichkeit zu erreichen, läßt sich unter Umständen eine Unternehmensberatung als Treuhänder einbeziehen, die die Daten erfaßt und anonymisiert. Einen weiteren, damit kombinierbaren Lösungsansatz stellt der langfristige Aufbau von Benchmarking-Beziehungen zu mehreren Unternehmen dar.[30]

---

26 Vgl. Horváth, P.; Herter, R.N.: (Benchmarking), S. 8; Kreuz, W.: (Kosten-Benchmarking), S. 95.
27 Vgl. Herter, R.N.: (Weltklasse), S. 257. Zu einer detaillierten Beschreibung des Prozesses der Auswahl von Benchmarking-Partnern vgl. Pieske, R.: (Benchmarking), S. 144 ff.
28 Beispielsweise zeigte sich bei einem Internen Benchmarking der Fertigungsbereiche im Unternehmen Henkel, daß in den verschiedenen Teilbereichen der Fertigung durchaus unterschiedliche Produktionsstätten die leistungsfähigsten waren. Vgl. Morwind, K.: (Erfahrungen), S. 32.
29 Vgl. Pieske, R.: (Klassenbesten), S. 149 f. Zu den Ergebnissen einer empirischen Untersuchung zur Austauschbereitschaft von Unternehmen im Rahmen des Benchmarking vgl. Homburg, C.; Werner, H.; Englisch, M.: (Benchmarking), S. 59 ff.
30 Vgl. Bichler, K.; Gerster, W.; Reuter, R.: (Logistik-Controlling), S. 140; Homburg, C.; Werner, H.; Englisch, M.: (Benchmarking), S. 62.

Festlegung der Informationsquellen

Im Rahmen der Planungsphase sind auch die Informationsquellen zu bestimmen. Die Gewinnung unternehmensinterner Informationen ist relativ problemlos. Zur Beschaffung externer Informationen können beim Benchmarking grundsätzlich primäre und/oder sekundäre Quellen genutzt werden. Zu den primären Informationsquellen zählen Fachtagungen, Seminare, Messen, Lieferanten- und Kundenbefragungen, Interviews mit Experten sowie vor allem der direkte Austausch mit den Vergleichsunternehmen(-sbereichen) einschließlich Besichtigungen bei diesen. Sekundäre Quellen sind unter anderem Tageszeitungen, Fachzeitschriften, Fachbücher, Tagungsbände, Forschungsberichte von Universitäten, Branchendienste, Geschäftsberichte, Verbandsnachrichten, Jahrbücher, Anzeigen sowie Werbematerial. Sekundärinformationen, unter anderem in Form von Benchmarks, werden außerdem von Beratungsunternehmen und Benchmarking-Serviceunternehmen bereitgestellt.[31] Beispielsweise verfügt das Beratungsunternehmen A.T. KEARNEY über eine hierarchisch aufgebaute Datenbank, in der Leistungskennzahlen für über 3.000 Einzelaktivitäten erfaßt sind, die regelmäßig aktualisiert werden.[32] Die entsprechenden Daten eignen sich vor allem zur Identifikation gravierender Problembereiche. In den USA existieren zudem 'Benchmarking-Clubs' bzw. -Informationszentren, die Daten von Mitgliedsunternehmen erhalten und auswerten und die Ergebnisse der Auswertung den Unternehmen in Form von Benchmarks zur Verfügung stellen.[33] Sekundäre Quellen sind oftmals relativ schnell und mit geringen Kosten zugänglich, bei der Mitgliedschaft in Benchmarking-Clubs bleibt die Anonymität gewahrt. Die Aussagekraft der aus sekundären Quellen gewinnbaren Informationen ist aber häufig begrenzt.

Primäre Quellen liefern zum Teil weitergehende und dazu unverfälschte Informationen. Eine große Bedeutung wird Unternehmensbesuchen bzw. -besichtigungen zugeschrieben, bei denen man sich über Prozesse, angewandte Methoden und Strukturen informieren kann.[34] Inwieweit Primärinformationen beschaffbar sind, hängt - wie erwähnt - vor allem vom Benchmarkingpartner ab. Häufig wird man darauf angewiesen sein, mehrere Quellen zu nutzen, um die benötigten Daten zu erhalten.

Analysephase

Datenermittlung und -aufbereitung

Die Analysephase umfaßt die Ermittlung unternehmensinterner und -externer Daten, die den Vergleich der Leistungsbeurteilungsgrößen sowie eine Ursachenanalyse ermöglichen.[35] Insbesondere die aus Sekundärquellen gewonnenen Daten sind im Hinblick auf das Untersuchungsziel aufzubereiten. Außerdem sollte die Qualität der erhobenen Daten überprüft und ggf. verbessert werden.

---

31   Zu einem Überblick über Benchmarking-Datenbanken vgl. Lasch, R.; Steinhart, S.: (Informationsquellen), S. 18 ff.

32   Vgl. Schiffers, E.; Kreuz, W.: (Steuerung), S. 325.

33   Vgl. Brors, P.: (Benchmarking), S. 115; Homburg, C.; Werner, H.; Englisch, M.: (Benchmarking), S. 61.

34   Zu Richtlinien für derartige Unternehmensbesuche vgl. Camp, R.C.: (Benchmarking), S. 144 f.

35   Auch während der Planungs- und der Aktionsphase sind parallel zu den anderen Schritten bzw. als Teil dieser Schritte Daten zu ermitteln. Dabei impliziert die dargestellte Schrittfolge, daß häufig zunächst Sekundär- und dann eventuell Primärinformationen beschafft werden. Vgl. Horváth, P.; Herter, R.N.: (Benchmarking), S. 9.

In der Analysephase stellt sich das Problem, daß die Vergleichbarkeit der Daten gefährdet ist. Im Rahmen des Benchmarking wird von den Werten der Leistungsbeurteilungsgrößen bei den Benchmarkingpartnern auf die jeweilige Güte der Leistungserbringung geschlossen. Die Werte der Leistungsbeurteilungsgrößen werden aber durch eine Vielzahl von Einflußfaktoren bestimmt, zu denen die Leistungsprogramme (Zahl unterschiedlicher Leistungen, Anzahl bzw. Wiederholung der einzelnen Leistungen), die Marktbedingungen (regionale Unterschiede) sowie die Definitionen und Berechnungsvorschriften der Benchmarks (z.B. Abschreibungsmethoden bei Kosten) zählen. Unterschiedliche Ausprägungen dieser Faktoren können dazu führen, daß die Leistungsbeurteilungsgrößen verschiedene Werte annehmen, ohne daß die Qualität der Leistungserbringung unterschiedlich ist; generell beeinträchtigen sie die Aussagekraft der Leistungsbeurteilungsgrößen hinsichtlich der Güte der Leistungserbringung. Derartige Einflußgrößen werden daher auch als Störfaktoren bezeichnet.[36] Ansatzpunkte zur Lösung des Problems der mangelnden Vergleichbarkeit sind

- die Verwendung standardisierter Definitionen und Berechnungsvorschriften,
- eine tiefgehende Untersuchung und Anpassung von Detailinformationen, z.B. durch die Umrechnung von Kennzahlenwerten,
- die Modifikation der Leistungsbeurteilungsgrößen, z.B. die Verwendung von Personaleinsatzzeiten statt Personalkosten bei unterschiedlichen Lohnniveaus, sowie
- die Einordnung der untersuchten Leistungen oder Prozesse in Klassen nach den Ausprägungen relevanter Einflußgrößen (wie Anzahl der Leistungseinheiten oder Komplexität der Leistungen) und die darauf basierende klassenspezifische Bestimmung und Auswertung von Benchmarks.[37]

Bestimmung von Leistungslücken

Etwaige Leistungslücken werden durch den Vergleich der Werte festgestellt, die die Leistungsbeurteilungsgrößen bei den einbezogenen Benchmarkingpartnern annehmen. Dabei kann es sich beispielsweise um Kosten handeln, die in zu untersuchenden Kostenstellen anfallen. Sind diese Werte bei einem Partner besser ausgeprägt als in einem am Benchmarking beteiligten Unternehmen, dann deutet dies darauf hin, daß dessen Produkte bzw. Dienstleistungen, Prozesse, Methoden oder Strukturen zu besseren Ergebnissen führen; es liegt eine Leistungslücke des Unternehmens vor. Das Ausmaß dieser Lücke läßt bereits erste Rückschlüsse auf Verbesserungspotentiale zu. Der Vergleich der Leistungsbeurteilungsgrößen wird sich in der Regel zunächst auf den derzeitigen Zustand beziehen. Es sollte aber auch angestrebt werden, deren Entwicklung zu prognostizieren und zukunftsbezogene Vergleiche vorzunehmen, um Handlungsnotwendigkeiten besser identifizieren und beurteilen zu können.[38]

---

[36] Vgl. Hoffjan, A.: (Cost), S. 352 f.; Morwind, K.: (Erfahrungen), S. 31 f.; Kühne, A.: (Benchmarking), S. 42; Weber, J.; Hamprecht, M.; Goeldel, H.: (Benchmarking), S. 17 f.

[37] Vgl. Morwind, K.: (Erfahrungen), S. 28 und S. 30 f.; Kühne, A.: (Benchmarking), S. 42; Horváth, P.; Lamla, J.: (Cost), S. 72; Lamla, J.: (Prozeßbenchmarking), S. 114 ff.; Bichler, K.; Gerster, W.; Reuter, R.: (Logistik-Controlling), S. 103.

[38] Vgl. Morwind, K.: (Erfahrungen), S. 33 f.

Identifikation der Ursachen von Leistungslücken

Im nächsten Schritt werden die Ursachen etwaiger Leistungslücken identifiziert und untersucht. Es ist durch Analyse, Strukturierung und Beschreibung der Untersuchungsobjekte herauszuarbeiten, auf welche Einflußgrößen die Unterschiede zurückzuführen sind und wie diese Einflußgrößen wirken.

Falls die Kosten im Vordergrund stehen, ist es möglich, auf Kostenstellenebene oder - wie bei der Prozeßkostenrechnung (vgl. Abschnitt III.3.2) - für übergeordnete Aktivitäten (Hauptprozesse) geeignete Analysen vorzunehmen, um die Ursachen der Leistungsunterschiede herauszuarbeiten. Bei Untersuchungen auf Kostenstellenebene ist eine Zerlegung der Kostenstellenkosten in die verschiedenen natürlichen Kostenarten sowie die von anderen Kostenstellen zugerechneten Kosten denkbar. In den Kostenstellen können, je nach Feinheit der Untergliederung des Betriebes, eine Reihe verschiedener Aktivitäten ablaufen, so daß die Identifikation der Ursachen von Leistungsunterschieden eine Analyse dieser Aktivitäten erfordern kann. Es ist dann eine Aktivitäts- bzw. Prozeßstruktur für die jeweilige Kostenstelle auszuarbeiten. Für die einzelnen Aktivitäten bzw. Aktivitätsbündel oder Prozesse sind anschließend wiederum Bezugsgrößen festzulegen, um Leistungsmengen messen und Kosten zuordnen zu können.

Anschließend lassen sich - die Verfügbarkeit der entsprechenden Daten vorausgesetzt - Kostenvergleiche für die Aktivitäten vornehmen. Die dabei festgestellten Leistungslücken sind dann weiter, ggf. nach Kostenarten differenziert, hinsichtlich ihrer Ursachen zu untersuchen: Es ist zu hinterfragen, worauf sie beruhen, z.B. auf den oben angesprochenen Störfaktoren oder aber auf qualitativen Unterschieden der erbrachten Leistungen, Größendegressions- bzw. Erfahrungseffekten, verschiedenen Auslastungsgraden, mangelnder Nutzung der EDV oder unwirtschaftlichem Ablauf. Um die Ursachen zu bestimmen, dürfte es notwendig sein, die für die Aktivitäten relevanten Kosteneinflußgrößen zu identifizieren. Bei den Untersuchungen sollte der Einfluß von Störfaktoren mittels der oben angesprochenen Ansätze möglichst weitgehend eliminiert werden. Im Rahmen der Analysen können weitere Kennzahlen (Benchmarks) gebildet und ausgewertet werden, z.B. zur Qualität, zur Kundenzufriedenheit, zur Dauer von Prozessen, zur Anzahl der an einem Prozeß beteiligten Instanzen oder Mitarbeiter, zur Anzahl von Aktivitäten eines Mitarbeiters etc. Hieraus werden sich häufig bereits Hinweise auf Verbesserungsmöglichkeiten ergeben.

Bei der Analyse der Untersuchungsobjekte im eigenen Unternehmen und im Vergleichsunternehmen lassen sich unter anderem die betriebswirtschaftlichen Methoden der Systemanalyse, z.B. Flußdiagramme, Organisationsdiagramme sowie Geschäftsprozeßmodelle, wie sie für das Reengineering vorgeschlagen werden, nutzen.[39]

Aktionsphase

Die Veränderungen, die aus den Resultaten der bisher beschriebenen Schritte des Benchmarking-Prozesses abzuleiten sind, können grundsätzlich entweder vom Benchmarking-Team selbst oder aber von anderen Unternehmensinstanzen geplant werden.

---

[39]   Vgl. Mertins, K.; Edeler, H.; Schallock, B.: (Reengineering), S. 8 f.; Horváth, P.; Lamla, J.: (Cost), S. 73; Schiffers, E.; Kreuz, W.: (Steuerung), S. 328.

Berichterstattung

Die Berichterstattung über die in der Analysephase gewonnenen Ergebnisse, mit der die betroffenen und nicht im Team vertretenen Instanzen informiert werden, bildet die Basis für das Veranlassen von Zielrevisionen, Planungen und Maßnahmen durch diese. Falls das Benchmarking-Team selbst entsprechende Veränderungen ausarbeitet, sollten die Berichte auch die diesbezüglichen Informationen umfassen. Da die Benchmarking-Informationen für eine Reihe von Unternehmensbereichen relevant sein können, erscheint es als wichtig, daß das Benchmarking - vor allem durch entsprechende Controlling-Aktivitäten - gezielt in die laufenden Planungs-, Informationsversorgungs- und Kontrollprozesse des Unternehmens integriert wird.

Anpassung von Zielen und Strategien

Die Ergebnisse der Analysephase können genutzt werden, um das eigene Zielsystem zu revidieren, indem bestehende Ziele und Zielgewichtungen angepaßt und/oder neue Ziele gewählt werden. Die entsprechenden Leistungsziele sollten zwar anspruchsvoll, aber auch erfüllbar sein. Das Benchmarking leistet damit auch einen Beitrag zu einer wettbewerbs- bzw. marktorientierten Zielvorgabe. Unter anderem können Kostenstellenbudgets auf der Basis von Benchmarks festgelegt werden. Außerdem ist es - vor allem bei einem 'strategischen Benchmarking' - möglich, daß die Benchmarking-Ergebnisse eine Überprüfung und eventuelle Anpassung der Strategien des Unternehmens nahelegen. Beispielsweise hat die HENKEL KGaA bei einem Internen Benchmarking die Vorteilhaftigkeit einer Restrukturierung des Produktionsstättennetzes in Europa mit einer Spezialisierung der Werke auf bestimmte Produkte sowie einer Standardisierung der Produkte (z.B. im Hinblick auf die Flaschenform) erkannt.[40] Bei Industrieunternehmen generell kann durch Benchmarking-Projekte unter anderem eine Verringerung der Fertigungstiefe, die Konzentration auf wenige Lieferanten, das Eingehen von Partnerschaften sowie die Einführung von Simultaneous Engineering oder dezentralen Organisationsstrukturen angeregt werden.[41]

Ausarbeitung von Aktionsplänen

Auf der Grundlage der Analyseresultate sowie etwaiger Ziel- und Strategierevisionen sollten konkrete Aktionspläne entwickelt und durchgesetzt werden. Dazu können entsprechende Projekte definiert werden. Die Ausarbeitung der Aktionspläne umfaßt neben der Auswahl von Maßnahmen die Bestimmung der benötigten Ressourcen (Kosten) und die Festlegung eines Zeitplans, von Verantwortlichkeiten sowie von erwarteten Resultaten und deren Messung. Zur Bestimmung der erwarteten Ergebnisse lassen sich die ermittelten Benchmarks heranziehen.

Zur Anpassung von Zielen und Strategien sowie zur Ausarbeitung von Aktionsplänen können eigenständige Projektgruppen gebildet werden. Für die entsprechenden Planungsaktivitäten gilt, daß die Vorgehensweisen der Vergleichspartner aufgrund der bestehenden Unterschiede (z.B. lokale Besonderheiten und verschiedene Komplexitätsgrade der Benchmarking-Objekte) oftmals nicht unverändert auf das eigene Unternehmen bzw. den eigenen Bereich übertragen werden können; sie dienen dann - gemäß dem Grundsatz „Kapieren und nicht Kopieren"[42] - als Ausgangspunkt für die Entwicklung von Lösungen. Für diese läßt sich das

---

40 Vgl. Morwind, K.: (Erfahrungen), S. 36 f.
41 Vgl. Horváth, P.; Lamla, J.: (Cost), S. 71; Kreuz, W.: (Kosten-Benchmarking), S. 102 f.
42 Krokowski, W.: (Benchmarking), S. 25.

gesamte Spektrum entsprechender betriebswirtschaftlicher Instrumente nutzen. Bei den Planungen und der Realisierung sind unter Umständen interne Widerstände zu überwinden, die Betroffenen sind daher von der Richtigkeit der Benchmarking-Ergebnisse zu überzeugen.

Der Benchmarking-Prozeß beinhaltet gemäß den vorangegangenen Ausführungen Planungs-, Realisierungs- und Kontrollaktivitäten, er stellt damit einen spezifischen Führungsprozeß dar. Die Besonderheiten des Benchmarking liegen primär in der Planungs- und der Analysephase, die Aktionsphase könnte statt als Bestandteil des Benchmarking auch als Gegenstand anderer Führungsaktivitäten angesehen werden, für die das Benchmarking Informationen bereitstellt.[43] Die durch Benchmarking gewonnenen Informationen lassen sich in nahezu allen Phasen von Planungsprozessen nutzen: vor allem bei der Bildung von Zielen, bei der Problemerkenntnis und -analyse sowie bei der Alternativensuche. Durch Benchmarking wird im Idealfall die beste bisher realisierte Problemlösungsalternative aufgezeigt.

Vervollständigt wird der Benchmarking-Prozeß durch Kontrollen, in denen die Realisierung von Veränderungen sowie die Entwicklung von Leistungsbeurteilungsgrößen gemessen und eventuell analysiert werden. Dies dient zum einen der Beurteilung des Erfolgs der eingeleiteten Maßnahmen, zum anderen der rechtzeitigen Identifikation von Handlungsnotwendigkeiten durch Nutzung der Benchmarks im Rahmen der Frühaufklärung.

Sinnvoll ist außerdem die wiederholte Durchführung von Benchmarking-Projekten, um die laufende Veränderung der 'best practices' sowie der Rahmenbedingungen des Benchmarking-Objektes zu erfassen und außerdem der Gefahr zu begegnen, daß es bei einmaligen Verbesserungen bleibt und sich das Unternehmen anschließend nicht weiterentwickelt.

4.4   Beurteilung und Erfolgsfaktoren des Benchmarking

Bei der Beurteilung des Benchmarking ist zunächst darauf hinzuweisen, daß in den verschiedenen Schritten von Benchmarking-Projekten eine Reihe von Anwendungsproblemen auftreten können, insbesondere hinsichtlich der Auswahl zweckmäßiger Vergleichsunternehmen, der Wahl geeigneter Zielgrößen und Kennzahlen, der Gewinnung von Partnern, der Datenerhebung und der Vergleichbarkeit von Daten bzw. allgemein von Unternehmen(-sbereichen) sowie der Ursachenanalyse und der Ableitung geeigneter Anpassungsmaßnahmen.[44] So besteht ein Dilemma des Benchmarking darin, daß einerseits Daten mit hoher Detailliertheit und Vergleichbarkeit benötigt werden, um eine hohe Aussagekraft zu erzielen, und andererseits hinsichtlich der Weitergabe derartiger Daten bei vielen Unternehmen Zurückhaltung besteht.[45]

Inwieweit ein Benchmarking-Projekt erfolgreich verläuft, hängt von einer Vielzahl von Faktoren ab, von denen den beteiligten Mitarbeitern eine besonders hohe Bedeutung zukommt. Bei der Durchführung von Benchmarking-Projekten sowie empirischen Untersuchungen hierzu sind Erkenntnisse über einzelne Aspekte gewonnen worden, die den Erfolg derartiger Projekte beeinflussen. Dabei handelt es sich um die folgenden Faktoren:[46]

---

43   Vgl. Bogaschewsky, R.: (Benchmarking), S. 81.
44   Zu Anwendungsproblemen des Benchmarking vgl. auch Günther, T.: (Möglichkeiten), S. 181 ff.
45   Vgl. Homburg, C.; Werner, H.; Englisch, M.: (Benchmarking), S. 61.
46   Vgl. Weber, J.; Wertz, B.: (Benchmarking), S. 20 ff.; Karlöf, B.; Östblom, S.: (Benchmarking-Konzept), S. 83 f.; Hoffjan, A.: (Cost), S. 353 f.; Kreuz, W.: (Kosten-Benchmarking), S. 95.

- exakte Planung und Definition von Umfang und Zielen des Projektes,
- hierarchieübergreifende Projektunterstützung,
- präzise, bei den Partnern einheitliche Definition sowie Aussagefähigkeit der Kennzahlen,
- Kenntnis der eigenen Kennzahlen und der dahinterstehenden Praktiken,
- Vergleichbarkeit der Benchmarkingpartner und durch diese gebotenes Lernpotential,
- Bereitschaft zur Veränderung,
- durch Zielkongruenz, Vertrauen und die Einhaltung ethischer Grundsätze geprägtes Verhältnis zu den Benchmarking-Partnern,
- crossfunktionale Besetzung des Benchmarking-Teams sowie Know-how, Engagement, gute Zusammenarbeit und Kreativität der Teammitglieder,
- effizientes Projektmanagement (Terminplanung, Aufgabenverteilung etc.) sowie
- offene Kommunikation der Benchmarking-Ergebnisse.

Die an die Kennzahlen und deren Kenntnis gestellten Ansprüche können - insbesondere bei einem Cost Benchmarking oder Prozeßbenchmarking - Forderungen an die Ausgestaltung der Kostenrechnung nach sich ziehen. Im Zusammenhang mit den Beziehungen zum Benchmarking-Partner und der Einhaltung ethischer Grundsätze wird die Entwicklung und Einhaltung eines Benchmarking-Verhaltenskodex angeregt.[47] Gemäß diesem ist z.B. zu gewährleisten, daß Informationen vertraulich behandelt und nur weitergegeben werden, wenn die betroffenen Partner zustimmen. Außerdem sollte kein Partner Informationen verlangen, die er selbst nicht abgeben würde; bei Konkurrenten sollte auf die Untersuchung sensibler Aspekte verzichtet, und Geschäftspartner des Vergleichsunternehmens sollten nur mit dessen Zustimmung befragt werden.[48] Wichtig ist zudem, im Verlauf des Benchmarking-Projektes zu sichern, daß auch die Partnerunternehmen Erkenntnisfortschritte aus dem Projekt erzielen bzw. erwarten (z.B. über Bereiche, in denen das Unternehmen, das das Benchmarking initiiert, hervorragende Leistungen erbringt). Dies sollte nicht nur bei deren Gewinnung, sondern auch im weiteren Verlauf des Benchmarkingprojektes beachtet werden, um der Gefahr eines Rückzugs von Unternehmen aus diesem zu begegnen.[49]

Gemäß den obigen Ausführungen ist der Erfolg von Benchmarking-Projekten - wie bei allen Führungsaktivitäten - ungewiß. Diese verursachen zudem einen relativ hohen Aufwand, hervorgerufen vor allem durch den Einsatz eigenen Personals und eventuell externer Berater. Das Benchmarking weist aber auch ein beträchtliches Potential auf, Verbesserungen zu ermöglichen. Im Rahmen von Benchmarking-Projekten können

- Unternehmen - auch in anderen Branchen - identifiziert werden, die vergleichbare Aufgaben ausgezeichnet bewältigen,
- die Praktiken dieser Unternehmen aufgedeckt werden sowie
- Rationalisierungsmöglichkeiten entdeckt und Anpassungsprozesse initiiert werden, die unter Umständen zu fundamentalen Veränderungen führen.

---

[47] Zu entsprechenden Regeln des 'International Benchmarking Clearinghouse' vgl. Lamla, J.: (Prozeßbenchmarking), S. 119 f.
[48] Vgl. Karlöf, B.; Östblom, S.: (Benchmarking-Konzept), S. 157 f.
[49] Vgl. Weber, J.; Hamprecht, M.; Goeldel, H.: (Benchmarking), S. 18.

Die dabei entwickelten Vorgehensweisen und Instrumente sind eventuell neuartig für die Branche. Die Konsequenzen der durch Benchmarking bewirkten Veränderungen lassen sich an den Leistungsbeurteilungsgrößen ablesen. Die Ausarbeitung aussagekräftiger Kennzahlen, mit denen erstmalig Sachverhalte gemessen werden, kann ein weiteres positives Ergebnis des Benchmarking darstellen. Benchmarking impliziert zudem Lernprozesse bei den Mitarbeitern, und es liefert Hinweise für die Vorgabe von anspruchsvollen und zugleich realistischen Zielen. Da die Mitarbeiter die Realisierbarkeit von Spitzenleistungen erkennen, ist eine vergleichsweise hohe Bereitschaft zu Veränderungen zu erwarten. Vor allem in den unterstützenden Bereichen der Wertkette kann das Benchmarking zu einer höheren Wettbewerbs- und Kundenorientierung führen. Ein Internes Benchmarking bewirkt zunehmenden Wettbewerb im Unternehmen, insbesondere bei wiederholter Durchführung.[50]

Besonders wirkungsvoll dürfte das Benchmarking sein, wenn seine Anwendung mit dem Einsatz anderer Ansätze und Instrumente der Unternehmensführung allgemein und des Kostenmanagements abgestimmt wird. So kann die Prozeßkostenrechnung das Benchmarking bei Prozeßanalysen, der Identifikation von Cost Drivern sowie der Gewinnung von prozeßbezogenen Kennzahlen (Prozeßkostensätzen) unterstützen, umgekehrt läßt sich ein Benchmarking auch mit Blickrichtung auf die Ausgestaltung einer Prozeßkostenrechnung realisieren. Die Einführung und Gestaltung des Target Costing (vgl. Abschnitt IV.2) kann ebenfalls ein Benchmarkingobjekt darstellen. Außerdem kann die Anwendung eines Cost Benchmarking zur Realisierung der Target Costs in der Entstehungs- und in der Marktphase beitragen, z.B. indem Zielkosten für Produktkomponenten und Prozesse aus Benchmarks abgeleitet werden.[51] Das Kaizen Costing ergänzt sich in hohem Maße mit dem Benchmarking, da mit ihm in kleinen Schritten kurzfristig fortlaufende Verbesserungen bestehender Prozesse erzielt werden sollen. Die Untersuchung (auch) von Prozessen und Kosten sowie die Einbeziehung nicht-monetärer Kennzahlen sind gemeinsame Merkmale beider Ansätze.

Hinsichtlich der Anwendungshäufigkeit des Benchmarking in der Unternehmenspraxis zeigen sich im internationalen Vergleich deutliche Unterschiede. Einer großen Beliebtheit erfreut sich das Benchmarking vor allem in den USA. Seine hohe Bedeutung wird unter anderem dadurch verdeutlicht, daß bei der Vergabe des MALCOLM BALDRIDGE Quality Award, einer vom Präsidenten persönlich verliehenen Auszeichnung für hohe Qualität, die Nutzung des Benchmarking ein Bewertungskriterium bildet. In der deutschen Wirtschaft wird das Potential des Benchmarking zwar ebenfalls häufig gesehen, es hat aber einen derartigen Stellenwert bisher nicht erreicht. Es bleibt abzuwarten, ob die Annahme zutrifft, daß sich das Instrument Benchmarking hier lediglich in einer früheren Phase seines Lebenszyklus befindet und in Zukunft mit einer steigenden Verbreitung zu rechnen ist.[52]

---

50 Vgl. Horváth, P.; Herter, R.N.: (Benchmarking), S. 7 ff.; Horváth; P.; Lamla, J.: (Cost), S. 67, 75 und 86; Weber, J.; Hamprecht, M.; Goeldel, H.: (Benchmarking), S. 16; Watson, G.H.: (Benchmarking), S. 204 f.

51 Vgl. Sabisch, H.; Tintelnot, C.: (Benchmarking), S. 176 f.

52 Vgl. Weber, J.; Wertz, B.: (Benchmarking), S. 38 ff. Abweichend von der obigen Aussage deuten die Ergebnisse einer empirischen Untersuchung auf eine sehr hohe Verbreitung des Benchmarking auch in Deutschland hin. Allerdings werden diese Resultate dadurch relativiert, daß viele Unternehmen traditionelle Kennzahlenvergleiche unter das Benchmarking subsumieren. Vgl. Franz, K.-P.; Kajüter, P.: (Deutschland), S. 579 ff.

V   Bereichs- oder systemübergreifende Aufgaben

Aufgabe V-1

Ein Betrieb möchte die Stückkosten seiner Produktarten A und B mit Hilfe einer Zuschlags-kalkulation bestimmen. Bevor dies möglich ist, sind allerdings noch Teile der Kostenarten- und die Kostenstellenrechnung durchzuführen.

a)

In der Kostenartenrechnung müssen noch die Abschreibungen für einige Maschinen bezogen auf das vergangene Jahr bestimmt werden.

Maschine 1 hat bei einer Nutzungsdauer von acht Jahren Anschaffungskosten in Höhe von 100.000 € verursacht. Der Restwert beträgt 20.000 €. Es soll eine lineare Abschreibung vorge-nommen werden.

Die Anschaffungskosten von Maschine 2 belaufen sich auf 50.000 €. Ein Restwert wird nicht erwartet. Die Abschreibung erfolgt leistungsabhängig. Bei einer erwarteten Gesamtkapazität von 100.000 Leistungseinheiten wurden im vergangenen Jahr 15.000 Leistungseinheiten ab-gegeben.

Maschine 3 verursachte Anschaffungskosten in Höhe von 63.000 €. Ein Restwert wird eben-falls nicht erwartet. Die Abschreibung soll in Form einer digitalen Abschreibung vorgenom-men werden, wobei das vergangene Jahr das dritte Jahr der Nutzungsdauer von sechs Jahren war.

Für alle Maschinen gilt, daß die Werte dem heutigen Preisniveau entsprechen und daher von den Anschaffungskosten - ggf. gemindert um den Restwert - auszugehen ist.

b)

Es muß nun die Kostenstellenrechnung für den Betrieb durchgeführt werden. Bisher wurden für die Kostenstellen des Betriebes - Fertigungshilfsstelle I (1), Fertigungshilfsstelle II (2), Fertigungshauptstelle I (3), Fertigungshauptstelle II (4), Materialstelle (5), Verwaltungsstelle (6) und Vertriebsstelle (7) die in der nachfolgenden Tabelle angegebenen primären Stellen-kosten für das betrachtete Jahr ermittelt.

	Bisherige primäre Stellenkosten	Raumgröße
(1) Fertigungshilfsstelle I	51.600 [€]	720 [m²]
(2) Fertigungshilfsstelle II	27.000 [€]	520 [m²]
(3) Fertigungshauptstelle I	120.300 [€]	1.100 [m²]
(4) Fertigungshauptstelle II	84.200 [€]	2.000 [m²]
(5) Materialstelle	30.400 [€]	560 [m²]
(6) Verwaltungsstelle	132.100 [€]	300 [m²]
(7) Vertriebsstelle	52.040 [€]	200 [m²]

Zu berücksichtigen sind außer diesen noch die unter a) bestimmten Abschreibungen. Die Maschinen 1 und 2 werden in der Fertigungshauptstelle I genutzt, die Maschine 3 in der Ferti-gungshauptstelle II.

Weiterhin müssen die Heizölkosten von 54.000 € auf die Kostenstellen verteilt werden. Dabei soll die Größe der von den Kostenstellen genutzten Räume, die ebenfalls nachfolgend angegeben ist, als Verteilungsgrundlage genutzt werden.

Nach der Bestimmung der primären Stellenkosten ist eine innerbetriebliche Leistungsverrechnung mit dem Stufenleiterverfahren vorzunehmen. Dabei sollen die Kosten der Fertigungshilfsstellen (Vorkostenstellen) auf die Fertigungshauptstellen (Endkostenstellen) verteilt werden. Es gelten folgende Leistungsbeziehungen:

von \ nach	1	2	3	4	Summe
1	-	30	60	50	140
2	20	-	50	20	90

Nach der innerbetrieblichen Leistungsverrechnung sind die Zuschlagsätze als Basis für die Anwendung der Zuschlagskalkulation zu bestimmen. Zuschlagsgrundlagen sind:

Fertigungshauptstelle I:	Fertigungseinzelkosten (515.000 [€])
Fertigungshauptstelle II:	Fertigungseinzelkosten (300.000 [€])
Materialstelle:	Materialeinzelkosten (144.000 [€])
Verwaltungsstelle:	Herstellkosten der abgesetzten Menge
Vertriebsstelle:	Herstellkosten der abgesetzten Menge

c)
Führen Sie eine Zuschlagskalkulation für die Produktarten A und B durch. Es gelten die folgenden Daten:

Kosten in [€/ME]	A	B
Materialeinzelkosten	90	160
Fertigungseinzelkosten Stelle I	130	200
Fertigungseinzelkosten Stelle II	80	120

d)
Es soll eine kurzfristige Entscheidung bezüglich der Annahme eines Zusatzauftrags für die Produktart A getroffen werden. Die verfügbare Kapazität reicht aus. Der Verkaufspreis beträgt 320 €.

Gehen Sie bei der Entscheidung davon aus, daß die Materialgemeinkosten zur Hälfte variable Kosten darstellen. Alle anderen Gemeinkosten sind fixe Kosten. Sollte der Zusatzauftrag angenommen werden?

Aufgabe V-2

In einem Betrieb sollen als Basis für die Entscheidung über die Annahme oder Ablehnung eines Auftrags die Herstell- und Selbstkosten einer Produktart mit einer Zuschlagskalkulation ermittelt werden.
Für die zugrunde liegende Abrechnungsperiode wurden die folgenden Werte bestimmt:

Materialeinzelkosten: 160.000 [€]
Materialgemeinkosten: 40.000 [€]
Fertigungseinzelkosten Stelle I: 100.000 [€]
Fertigungsgemeinkosten Stelle I: 160.000 [€]
Fertigungseinzelkosten Stelle II: 50.000 [€]
Fertigungsgemeinkosten Stelle II: 90.000 [€]
Verwaltungsgemeinkosten: 24.000 [€]
Vertriebsgemeinkosten: 30.000 [€]
Sondereinzelkosten des Vertriebs: 20.000 [€]

Zur Ermittlung der Zuschlagsätze sollen die üblichen Zuschlagsgrundlagen

für die Materialgemeinkosten: Materialeinzelkosten
für die Fertigungsgemeinkosten: Fertigungseinzelkosten
für die Verwaltungsgemeinkosten: Herstellkosten
für die Vertriebsgemeinkosten: Herstellkosten

verwendet werden.
Für die Produktart gelten die folgenden Daten:

Materialeinzelkosten: 400 [€/ME]
Fertigungseinzelkosten Stelle I: 120 [€/ME]
Fertigungseinzelkosten Stelle II: 200 [€/ME]
Sondereinzelkosten des Vertriebs: 60 [€/ME]

a) Bestimmen Sie die Zuschlagsätze, und ermitteln Sie die Herstell- und die Selbstkosten pro Stück.

b) Bei genaueren Analysen der Kostenverursachung ist festgestellt worden, daß die Materialgemeinkosten der Periode zu 60% durch den Prozeß der Abwicklung von Beschaffungsvorgängen verursacht werden. Dieser Kostenanteil soll daher unter Nutzung von Prozeßkostensätzen auf die Produkte verrechnet werden, die restlichen Materialgemeinkosten weiterhin als Zuschlag auf die Materialeinzelkosten. Der Prozeßkostensatz beträgt 500 €/Bestellung, für den betrachteten Auftrag sind bei einer Auftragsgröße von 100 Stück 5 Bestellungen erforderlich. Wie lauten nun die Herstell- und die Selbstkosten pro Stück?

Aufgabe V-3

Die Saft KG produziert drei verschiedene Obstsäfte. Neben einem Apfelsaft (AS) und einem Orangennektar (ON) wird noch ein Multivitaminsaft (MV) hergestellt. Der Produktionsprozeß ist abhängig von den für die jeweilige Saftsorte verwendeten Rohstoffen. So werden der Apfelsaft und der Multivitaminsaft aus frischen Früchten gewonnen, hingegen wird der Orangennektar aus Fruchtsaftkonzentrat und Wasser hergestellt. Der Produktionsprozeß für die reinen Obstsäfte gliedert sich in die drei Stufen 'Obst waschen', 'Obst pressen' sowie 'Abfüllung'. Der Orangennektar durchläuft nur die zwei Produktionsstufen 'Konzentrat verdünnen' und 'Abfüllung'. Die Säfte werden jeweils in Losen zu 1.000 Liter hergestellt.
Die Unternehmensleitung ist mit dem jetzigen Kalkulationsverfahren nicht zufrieden und beauftragt Sie daher mit der Verbesserung dieses Verfahrens.

Als Grundlage für Ihre Verbesserungsvorschläge dient Ihnen die derzeitige, jeweils auf ein Los bezogene Plan-Kalkulation für die drei Produkte und die kommende Periode. Diese ist in der folgenden Tabelle dargestellt (alle Angaben in €).

Produkt	AS	ON	MV
Materialeinzelkosten	1.562,50	250,00	500,00
Materialgemeinkosten	312,50	50,00	100,00
Materialkosten	1.875,00	300,00	600,00
Fertigungseinzelkosten	375,00	350,00	450,00
Fertigungsgemeinkosten	937,50	875,00	1.125,00
Fertigungskosten	1.312,50	1.225,00	1.575,00
Herstellkosten	3.187,50	1.525,00	2.175,00
Verwaltungs- und Vertriebskosten	382,50	183,00	261,00
Selbstkosten	3.570,00	1.708,00	2.436,00

In der kommenden Periode sollen 32.000 Liter Apfelsaft, 56.000 Liter Orangennektar und 44.000 Liter Multivitaminsaft produziert werden.

Bei dem von Ihnen zu entwickelnden Kalkulationsschema sollen die Fertigungsgemeinkosten der einzelnen Fertigungskostenstellen auf der Basis der in diesen jeweils benötigten Fertigungszeiten verteilt werden. In der Kostenstelle 'Obst waschen' beträgt die Waschzeit je Los Apfelsaft 20 Minuten. Ein Los Multivitaminsaft beansprucht 40 Minuten, da nicht alle Obstsorten gemeinsam gewaschen werden können. Der Preßvorgang je Los in der folgenden Produktionsstufe benötigt jeweils 35 Minuten. Das Verdünnen des Orangenkonzentrats dauert 25 Minuten je Los. Die Zeit für das Abfüllen eines Loses in Flaschen beträgt bei allen Saftsorten 40 Minuten.

Zusätzlich möchte die Geschäftsleitung Teile der Gemeinkosten - im Gegensatz zum Vorgehen von HORVÁTH/MAYER - auch aus dem Fertigungsbereich - mit Hilfe von Prozeßkostensätzen verteilen. Es wurde der Hauptprozeß 'Los bearbeiten', der sich aus den Teilprozessen 'Bestellung', 'Qualitätskontrolle' und 'Reinigen der Abfüllanlage' zusammensetzt, identifiziert. Dem Teilprozeß 'Bestellung' können 30% der Materialgemeinkosten zugerechnet werden. Die Kosten für die Qualitätskontrolle wurden bisher ebenso wie die Reinigungskosten als Fertigungsgemeinkosten erfaßt. Auf die Qualitätskontrolle sollen 8% und auf das Reinigen 12% der Fertigungsgemeinkosten entfallen.

Die auf der Basis des Verursachungsprinzips vorgenommene Zuordnung der restlichen Fertigungsgemeinkosten enthält die folgende Tabelle:

	'Obst waschen'	'Obst pressen'	'Konzentrat verdünnen'	'Abfüllung'
Fertigungsge-meinkosten	41.120 [€]	14.392 [€]	34.952 [€]	12.336 [€]

a)   Ermitteln Sie den Prozeßkostensatz für den Hauptprozeß 'Los bearbeiten'.

b)   Stellen Sie unter Einbeziehung der oben gegebenen Daten eine Plan-Kalkulation zur Ermittlung der gesamten Herstell- und Selbstkosten sowie der Selbstkosten pro Los für die drei Produkte auf. Interpretieren Sie kurz Ihre Ergebnisse.

c)   Welche Kosten sollten mit Hilfe von Prozeßkostensätzen in eine Kalkulation im Marktzyklus eines Produktes einbezogen werden und welche nicht?

Aufgabe V-4

Ein Unternehmen der Chemieindustrie stellt die Produkte A, B und C her. Für eine bestimmte Periode sind die folgenden Daten gegeben:

Produkt	A	B	C
Produktionsmenge [Liter]	4.000	8.000	2.000
Absatzmenge [Liter]	3.000	10.000	2.500
Preis [€]	18	24	16
Variable Herstellkosten pro Stück [€]	8	11	9
Variable Verwaltungs- und Vertriebskosten pro Stück [€]	2	2	2

	A	B	C
Gesamte Materialkosten [€]	25.000	67.000	21.000
Gesamte Fertigungskosten [€]	18.000	53.000	16.000
Gesamte Verwaltungs- und Vertriebskosten [€]	10.000	26.000	8.400

Folgende Daten wurden für die Vorperiode ermittelt:

Produkt	A	B	C
Variable Herstellkosten pro Stück [€]	9	9,5	10
Herstellkosten des Umsatzes [€]	22.500	89.640	53.400
Absatzmenge [Liter]	2.000	5.400	3.000
Produktionsmenge [Liter]	4.000	10.500	6.000

Gehen Sie davon aus, daß zu Beginn der Vorperiode keine Lagerbestände vorhanden waren.

a) a1) Ermitteln Sie das Betriebsergebnis der laufenden Periode auf **Vollkostenbasis** mit dem Umsatzkostenverfahren. Unterstellen Sie dabei das Bestandsfolgeverfahren FIFO. Welche Änderung(en) des Produktionsprogramms zur Verbesserung des Betriebsergebnisses lassen die Ergebnisse der Vollkostenrechnung vorteilhaft erscheinen?

a2) Ermitteln Sie das Betriebsergebnis der laufenden Periode nach dem Umsatzkostenverfahren auf **Teilkostenbasis**. Unterstellen Sie dabei das Bestandsfolgeverfahren LIFO. Sollte(n) die gemäß a1) als vorteilhaft geltende(n) Maßnahme(n) zur Steigerung des Betriebsergebnisses unter Einbeziehung der Ergebnisse der Teilkostenrechnung realisiert werden?

b) Die drei Produkte werden in den beiden Fertigungsabteilungen F1 und F2 produziert. Für die nächste Periode stehen in der Abteilung F1 eine maximale Fertigungszeit von 89.500 Minuten und in der Abteilung F2 eine solche von 1.000 Stunden zur Verfügung. In einer Stunde können in der Abteilung F1 entweder 4 Liter von A, 12 Liter von B oder 6 Liter von C produziert werden. In Abteilung F2 benötigt ein Liter von A 7 min, ein Liter von B 2,5 min und ein Liter von C 6 min.

Gehen sie davon aus, daß die Preis- und Kostensituation gegenüber der aktuellen Periode unverändert bleibt und daß die Fixkosten nicht kurzfristig abbaubar sind. Die maximalen Absatzmengen betragen in der nächsten Periode für A 4.000 Liter, für B 8.000 Liter und für C 2.000 Liter. Lagerbestandsveränderungen sollen nicht eintreten, so daß die Produktions- gleich der Absatzmenge ist.

b1) Ermitteln Sie das gewinnmaximale Produktionsprogramm sowie den zugehörigen Gewinn.

b2) In der Fertigungsabteilung F2 fällt eine Maschine langfristig aus, so daß sich die zur Verfügung stehende Zeit auf 695 Std. reduziert. Wie ändert sich dadurch das optimale Produktionsprogramm, und welcher Gewinn läßt sich nun realisieren?

Aufgabe V-5

In einem Unternehmen soll eine Kalkulation auf der Basis von Teilkosten durchgeführt werden. Die dazu notwendigen Zuschlag- und Verrechnungssätze müssen noch auf der Basis von Daten der Kostenstellenrechnung der letzten Periode ermittelt werden.

a)   Das Unternehmen gliedert sich in die in der folgenden Tabelle enthaltenen Kostenstellen, denen bereits die primären Stelleneinzelkosten (PSEK) sowie die primären Stellengemeinkosten (PSGK) - gegliedert in fixe und variable Bestandteile - zugeordnet wurden.

	Vorkostenstellen				Endkostenstellen									
	KS 1 Transport		KS 2 Werkstatt		KS 3 Material		KS 4 Fertigung 1		KS 5 Fertigung 2		KS 6 Verwaltung		KS 7 Vertrieb	
	fix	var.	fix	var.	fix	var.	fix	var.	fix	var.	fix	var.	fix	var.
PSEK	3.000	1.000	2.500	2.000	700	1.000	8.000	4.000	9.000	3.000	9.000	600	1.000	1.600
PSGK	2.600	1.400	1.500	2.575	800	600	4.500	6.000	8.000	2.000	4.000	3.000	700	1.200

Folgende Leistungen wurden in der Abrechnungsperiode von den Vorkostenstellen an andere Kostenstellen abgegeben:

an / von	Vorkostenstellen		Endkostenstellen				
	KS 1 Transport	KS 2 Werkstatt	KS 3 Material	KS 4 Fertigung 1	KS 5 Fertigung 2	KS 6 Verwaltung	KS 7 Vertrieb
KS 1 Transport [km]	200	500	700	1.200	900	600	2.500
KS 2 Werkstatt [h]	60	-	40	200	250	10	40

Die den Endkostenstellen zugerechneten Gemeinkosten sollen auf Grundlage der folgenden Bezugsgrößen bzw. Zuschlagsbasen verrechnet werden.

Endkostenstelle	Bezugsgröße/Zuschlagsbasis	Wert der Bezugsgröße/Zuschlagsbasis
Material	Materialeinzelkosten	14.900 [€]
Fertigung 1	60% auf Basis der Maschinenstunden	400 [h]
	40% auf Basis der Fertigungslöhne (variable Kosten)	6.000 [€]
Fertigung 2	Maschinenstunden	500 [h]
Verwaltung	Variable Herstellkosten	? [€]
Vertrieb	Variable Herstellkosten	? [€]

a1) Führen Sie eine innerbetriebliche Leistungsverrechnung mit dem Gleichungsverfahren durch.

a2) Ermitteln Sie die Zuschlag- bzw. Verrechnungssätze für die Endkostenstellen.

b) Für die Kostenträgerrechnung stehen zusätzlich die in der folgenden Tabelle zusammen-gefaßten Informationen zur Verfügung. Gehen Sie davon aus, daß die Herstellkosten der Lageranfangsbestände mit denen der aktuellen Periode übereinstimmen. Sondereinzelko-sten des Vertriebs sollen zusätzlich zu den berechneten Vertriebsgemeinkosten anfallen.

	Produktart A	Produktart B
Lageranfangsbestand [ME]	100	200
Produktionsmenge [ME]	200	500
Absatzmenge [ME]	250	420
Materialeinzelkosten [€/ME]	15	20
Fertigungslohn in Fertigung 1 [€/ME]	10	8
Maschinenstunden in Fertigung 1 [h]	0,2	0,5
Maschinenstunden in Fertigung 2 [h]	4	3
Sondereinzelkosten des Vertriebs [€/ME]	20	10
Preis [€/ME]	200	180

b1) Führen Sie auf Basis Ihrer Ergebnisse aus Aufgabenteil a) und der zusätzlich gegebe-nen Informationen eine kombinierte Zuschlags- und Bezugsgrößenkalkulation durch, und ermitteln Sie die Selbstkosten pro Stück für die Produktarten A und B.

b2) Bestimmen Sie das Betriebsergebnis nach dem Umsatzkostenverfahren.

Aufgabe V-6

Ein Unternehmen der chemischen Industrie plant das Produktionsprogramm für die nächste Periode. Dieses wird in einem einstufigen Produktionsprozeß gefertigt, bei dem die Produkte A und B aus den Rohstoffen R_1, R_2 und R_3 hergestellt werden.

Für den Produktionsprozeß wurden folgende Daten bestimmt:
Die Herstellung erfordert den Einsatz der Rohstoffe R_1-R_2-R_3 in einem konstanten Mengen-verhältnis 1-2-3. Während des Produktionsprozesses entsteht bei den Rohstoffen R_1 und R_2 ein Gewichtsverlust von 10 % der eingesetzten Mengen (bei R_3 tritt kein Gewichtsverlust auf).

Die Einstandspreise der Rohstoffe lauten: R_1: 10 [€/kg]; R_2: 12,5 [€/kg]; R_3: 22,5 [€/kg]

Es entstehen ausschließlich die Produkte A und B. Für die Herstellung ist beim Produktions-prozeß eine Temperatur zwischen 100°C und 300°C erforderlich. Die Temperatur kann einge-stellt werden, sie bleibt über eine Periode konstant. Der Anteil des Produktes A an der gesam-ten produzierten Menge (A und B) beträgt in Abhängigkeit von der Temperatur (T in °C) zwi-schen 50 % und 80 %. Er läßt sich wie folgt berechnen:

Anteil A an der gesamten Produktionsmenge: $\dfrac{x_A}{x_A + x_B} = 0{,}0015 \cdot T + 0{,}35$

mit: x_A und x_B als Produktionsmengen von A bzw. B in [kg].

Neben den Rohstoffkosten verursacht die Herstellung die folgenden Kosten:
Fixkosten je Jahr: 20.000 [€]
weitere Kosten:
- durch die Fertigungsmenge bestimmte Kosten (Löhne): 2.000 [€] je t Output
- temperaturabhängige Kosten: Es entstehen in Abhängigkeit von der Temperatur (T)

weitere Kosten insbesondere für Energie (K(T) in [€]), die für eine Periode wie folgt berechnet werden können: $K(T) = 2T^2 - 800T + 100.000$

a) Ermitteln Sie die Plan-Herstellkosten der Produkte A und B nach der Verteilungsmethode auf Basis der Outputmengen, wenn von einer Herstellmenge von 1.000 [kg] A und 290 [kg] B ausgegangen wird!

b) Bestimmen Sie unter Beibehaltung der gemäß der Lösung von Teilaufgabe a) verwendeten Rohstoffmengen das Produktionsprogramm, das zu minimalen Kosten der gesamten Outputmenge führt! Um welchen Betrag lassen sich die Herstellkosten insgesamt senken?

c) Gehen Sie nun wieder von der Aufgabenstellung in Teilaufgabe a) aus. Formulieren Sie ein Optimierungsmodell zur Bestimmung des gewinnmaximalen Produktionsprogramms in Abhängigkeit der Variablen x_A und x_B! Beachten Sie dabei folgende Annahmen:
  - Die in Teilaufgabe a) bestimmten Rohstoffmengen sollen nicht verändert werden.
  - Für den Absatz von A und B werden die Preise p_A und p_B (in [€]) in Abhängigkeit der Absatzmengen x_A, x_B (in [kg]) durch folgende Preis-Absatz-Funktionen bestimmt: $p_A = -0,05x_A + 170$; $p_B = -0,5x_B + 215$

Aufgabe V-7

Für drei Kostenstellen eines Unternehmens - die Fertigungsplanung, die Fertigung und die Qualitätssicherung - soll eine Kostenplanung bzw. -analyse vorgenommen werden.

a) In der Kostenstelle Fertigungsplanung wurden drei Teilprozesse definiert und für diese die nachfolgend aufgeführten Bezugsgrößen und Planprozeßmengen bestimmt. Die Zuordnung von Kosten zu den Teilprozessen soll auf Basis der zu deren Abwicklung erforderlichen Personalleistungen, angegeben in Mannjahren (MJ), erfolgen. Das Jahresbudget der Kostenstelle beträgt 1,4 Mio. GE.

Nr.	Teilprozesse (TP)	Bezugsgrößen		Kostenzurechnung
	Bezeichnung	Art (Anzahl der...)	Menge	Basis
1	Fertigungsaufträge steuern	Aufträge	250	5 [MJ]
2	Fertigung betreuen	Varianten	150	7,5 [MJ]
3	Abteilung leiten			1,5 [MJ]

In der Kostenstelle Qualitätssicherung wurden für den Teilprozeß 'fertigungsauftragsbezogene Qualitätsprüfungen durchführen' eine Planprozeßmenge (Anzahl der Prüfaufträge) von 250 sowie lmi-Kosten in Höhe von 400.000 GE und zugerechnete lmn-Kosten in Höhe von 30.000 GE ermittelt. Als lmi-Kosten des Teilprozesses 'Produktqualität betreuen' wurden 600.000 GE, als zuzurechnende lmn-Kosten 90.000 GE geplant. Die Planprozeßmenge dieses Teilprozesses (Anzahl der Varianten) beträgt 150.

a1) Bilden Sie die Hauptprozesse 'Auftragsabwicklung' (HP 1) und 'Varianten betreuen' (HP 2), und bestimmen Sie deren lmi- und Gesamtprozeßkostensätze.

a2) Kalkulieren Sie die Selbstkosten eines Auftrages unter Verwendung der folgenden Daten:

- Auftragsgröße: 50 [ME]
- Periodenmenge: 400 [ME]
- Materialeinzelkosten: 50 [GE/ME]
- Materialgemeinkosten:
    - Inanspruchnahme von HP 0 (Abwicklungsprozeß): 2 Prozeßeinheiten; Prozeßkostensatz 300 [GE]
    - sonstige Materialgemeinkosten (Berechnung auf üblicher Basis): Zuschlagsatz 30 [%]
- Fertigungseinzelkosten: 70 [GE/ME]
- Fertigungsgemeinkosten:
    - Inanspruchnahme von HP 1 (vgl. a1)): 2 Prozeßeinheiten
    - Inanspruchnahme von HP 2 (vgl. a1)): 1 Prozeßeinheit/Periode
    - sonstige Fertigungsgemeinkosten (Berechnung auf üblicher Basis): Zuschlagsatz 80 [%]
- Verwaltungs- und Vertriebsgemeinkosten:
    - Inanspruchnahme von HP 3 (Abwicklungsprozeß): 3 Prozeßeinheiten; Prozeßkostensatz 500 [GE]
    - sonstige Verwaltungs- und Vertriebsgemeinkosten (übliche Zuschlagsbasis): Zuschlagsatz 20 [%]

a3) Erläutern Sie kurz Ihnen bekannte Effekte, die bei einer Produktkalkulation auf Basis von Prozeßkosteninformationen im Gegensatz zu einer reinen Zuschlagskalkulation berücksichtigt werden. Nehmen Sie dabei nach Möglichkeit Bezug auf Ihre Rechnungen in a1) und a2) bzw. auf die dazu gegebenen Daten.

b) Für die Kostenstelle Fertigung soll für den abgelaufenen Monat eine Abweichungsanalyse durchgeführt werden. Dazu stehen die folgenden Daten zur Verfügung:

	Planwerte	Istwerte
Produktionsmenge	6.500	6.000
Hilfsstoffe	4.000 [kg] zu 10 [GE/kg]	3.800 [kg] zu 11 [GE/kg]
Löhne	12.000 [h] zu 20 [GE/h]	14.000 [h] zu 18 [GE/h]
sonst. Gemeinkosten (var.)	100.000 [GE]	80.000 [GE]
Fixkosten	100.000 [GE]	100.000 [GE]

b1) Bestimmen Sie die gesamte Kostenabweichung, die Beschäftigungsabweichung und die Verbrauchsabweichung.

b2) Ermitteln Sie für die Kostenart 'Löhne' die Mengenabweichung 1. Grades, die Preisabweichung 1. Grades sowie die Abweichung 2. Grades.

b3) Nehmen Sie an, es wird festgestellt, daß für einen Teil der Kosten die Rüstzeit als Bezugsgröße geeigneter ist als die Produktionsmenge. Welche Konsequenzen hätte dies für die Kostenplanung und das Durchführen einer Abweichungsanalyse in der Fertigungskostenstelle?

c) In der Kostenstelle Fertigungsplanung (vgl. Aufgabe a)) wird für Teilprozeß 1 eine Ist-Prozeßmenge von 200 ermittelt. 80% der diesem Teilprozeß in a1) zuzuordnenden Plan-lmi-Kosten stellen fixe Kosten dar. Die verbleibenden 20% können als variabel angesehen werden. Die Ist-lmi-Kosten für Teilprozeß 1 betragen 480.000 [GE], wovon die anteiligen Fixkosten betragsmäßig den Plan-Fixkosten entsprechen.

c1) Bestimmen Sie die Leerkosten für Teilprozeß 1; vernachlässigen Sie dabei die zuzurechnenden lmn-Kosten.

c2) Wie hoch sind - wiederum bezogen auf die lmi-Kosten - die Verbrauchsabweichung und die gesamte Kostenabweichung für Teilprozeß 1?

Aufgabe V-8

Die Trockenfix AG ist ein auf die Herstellung von Dosentrocknungsanlagen für die Getränkeindustrie spezialisiertes Unternehmen, das eine auf der bisher verwendeten Technologie basierende, aber neuartige Trocknungsanlage auf den Markt bringen möchte. Da das Unternehmen in einem intensiven Wettbewerb mit anderen Unternehmen steht, soll die Ausgestaltung des Produktes, des Service und der Konditionen möglichst kundennah erfolgen. Aus diesem Grund wird das Target Costing eingesetzt. Im Rahmen einer Marktstudie ergab sich für die neuartige Trocknungsanlage ein (erlaubter) Marktpreis von 720.000 €. Mittels Conjoint-Analysen wurden weiterhin die von den Kunden wahrgenommenen Funktionen j (j = A, B, C, D) sowie deren Bedeutung aus Kundensicht (TG_j) ermittelt. Diese Angaben sowie die Beiträge der Hauptbaugruppen i (i = 1, 2, 3, 4, 5) der Trocknungsanlage zur Erfüllung der gewünschten Anlagefunktionen können der nachfolgenden Übersicht entnommen werden.

Funktionen (j) / Hauptbaugruppen (i)	A $TG_A = 37\%$	B $TG_B = 33\%$	C $TG_C = 21\%$	D $TG_D = 9\%$
Transportsystem (1)	$B_{1A} = 22$	$B_{1B} = 67$	$B_{1C} = 35$	$B_{1D} = 43$
Heizanlage (2)	$B_{2A} = 50$	$B_{2B} = 4$	$B_{2C} = 33$	$B_{2D} = 37$
Gehäuse (3)			$B_{3C} = 6$	$B_{3D} = 15$
Meß-/Regeltechnik (4)	$B_{4A} = 28$		$B_{4C} = 26$	
Abluftsystem (5)		$B_{5B} = 29$		$B_{5D} = 5$

Der Controller des Unternehmens prognostiziert - auf der Grundlage der Werte des Vorgängermodells - die folgenden Stückkosten (Standardkosten) für die Hauptbaugruppen der Trocknungsanlage:

Hauptbaugruppe	Transportsystem (1)	Heizanlage (2)	Gehäuse (3)	Meß-/Regeltechnik (4)	Abluftsystem (5)
Herstellkosten pro Stück [€/Hauptbaugruppe]	176.400	144.900	75.600	94.500	138.600

Für Entwicklung, Marketing und Verwaltung werden für den gesamten Produktlebenszyklus Gemeinkosten in Höhe von 118.720.000 € prognostiziert. Es wird über den gesamten Produktlebenszyklus eine Absatzmenge von 700 Stück erwartet. Die Umsatzrentabilität soll 7% betragen.

a)   Ermitteln Sie die Zielkosten für eine Anlage, und spalten Sie diese auf die Hauptbaugruppen auf. Berechnen Sie außerdem die Zielkostenindizes sowie den Kostenreduktionsbedarf für die einzelnen Hauptbaugruppen.

b)   Erstellen Sie ein Zielkostenkontrolldiagramm, und interpretieren Sie dieses.

c)   Eine genauere Analyse der Gemeinkosten ergibt, daß 20.000.000 € zuviel zugeordnet wurden. Im Gegensatz zu der Ausgangsannahme können darüber hinaus 50.000.000 € doch direkt der neuen Trocknungsanlage zugerechnet werden. Diese werden in t = 1 für Investitionen in neue Betriebsmittel fällig, die zur Herstellung der neuen Dosentrocknungsanlagen genutzt werden sollen. Das gleiche trifft für 10.000.000 € zu, die an (anteiligen) Auszahlungen für die Entwicklung in t = 0 anfallen. Die verbleibenden Gemeinkosten werden in gleicher Höhe jeweils am Ende der 5 Jahre des Marktzyklus zahlungswirksam (t = 2 bis t = 6). Auch für die Absatzmengen wird ein konstanter Verlauf prognostiziert, die Einzahlungen sollen wie die Auszahlungen für die Herstellung der Hauptbaugruppen jeweils am Periodenende fällig werden (t = 2 bis t = 6). Es wird davon ausgegangen, daß es durch intensive Kostensenkungsbemühungen gelingt, die oben angegebenen Herstellkosten der Hauptbaugruppen um 10% zu senken.
Ist die Entwicklung und Aufnahme der Herstellung lohnend, wenn für das Kapital, das für die Entwicklung und die Aufnahme der Herstellung eingesetzt wird, im Unternehmen eine Mindestverzinsung von 7% erwartet wird? Beziehen Sie sämtliche verbleibenden Gemeinkosten in die Rechnung ein, mit der Sie Ihre Antwort fundieren.

VI Lösungen

Lösungen zu Teil I

Lösung zu Aufgabe I-1

Nr.	Auszahlung	Einzahlung	Ausgabe	Einnahme	Aufwand	Ertrag	Kosten	Erlöse
1)					1.300		1.300	
2)			500		500		500	
3)			2.000		2.000			
4)					500		800	
5)					450			
6)	1.200							
7)		3.000						
8)		2.100		2.100		2.100		
9)	500		500		500			
10)							3.000	
11)	50.000		50.000		50.000		50.000	

Lösung zu Aufgabe I-2

Nr.	Auszahlung	Ausgabe	Aufwand	Kosten
1)	100	100	100	
2)		2.000	2.000	
3)	500			
4)	100	100	100	300
5)		3.000		

Lösung zu Aufgabe I-3
a)

Nr.	Grund-kosten	Anders-kosten	Zusatz-kosten	Neutraler Aufwand	Grund-erlöse	Anders-erlöse	Zusatz-erlöse	Neutraler Ertrag
1)		X						
2)							X	
3)				X				
4)	X							
5)			X					
6)								X
7)				X				
8)		X						
9)						X		
10)								X
11)					X			

b)

	Grunderlöse (11)	100.000
+	Anderserlöse (9)	50.000
+	Zusatzerlöse (2)	30.000
-	Grundkosten (4)	-60.000
-	Anderskosten (1)	-28.000
-	Zusatzkosten (5, 8)	-13.000
Betriebsergebnis		**79.000**

	Grunderlöse (11)	100.000
+	neutraler Ertrag (6, 10)	8.000
+	Anderserlöse (9)	30.000
-	Grundkosten (4)	-60.000
-	Anderskosten (1)	-26.000
-	neutraler Aufwand (3, 7)	-25.000
Jahresüberschuß		**27.000**

	neutraler Ertrag (6, 10)	8.000
-	neutraler Aufwand (3, 7)	-25.000
neutrales Ergebnis		**-17.000**

Lösung zu Aufgabe I-4

a)

a1) Kostenfunktion:

$$K(x) = k_v \cdot x + K_f$$

$$k_v = 2{,}50 \ [\text{€/ME}]$$

$$K_f = 500 \ [\text{€}]$$

$$K(x) = 2{,}5x + 500$$

a2) Gewinnermittlung:

$$G(x) = U(x) - K(x)$$

$$U(x) = 5x$$

$$K(x) = 2{,}5x + 500$$

$$G(x) = 5x - (2{,}5x + 500) = 2{,}5x - 500$$

$$x = 400 \ [\text{ME}]$$

$$G(400) = 500 \ [\text{€}]$$

a3) Break-Even-Menge (x_{BE}):

$$G(x) = 0$$

$$2{,}5x_{BE} - 500 = 0$$

$$x_{BE} = 200 \ [\text{ME}]$$

a4) Kosten-, Umsatz- und Gewinnfunktion

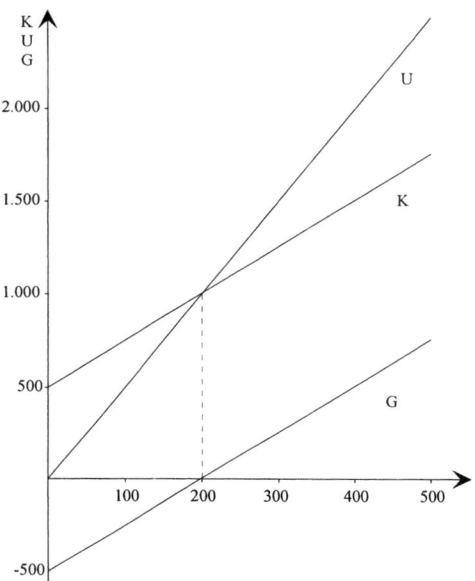

a5) Funktionen der fixen, variablen und gesamten Stückkosten

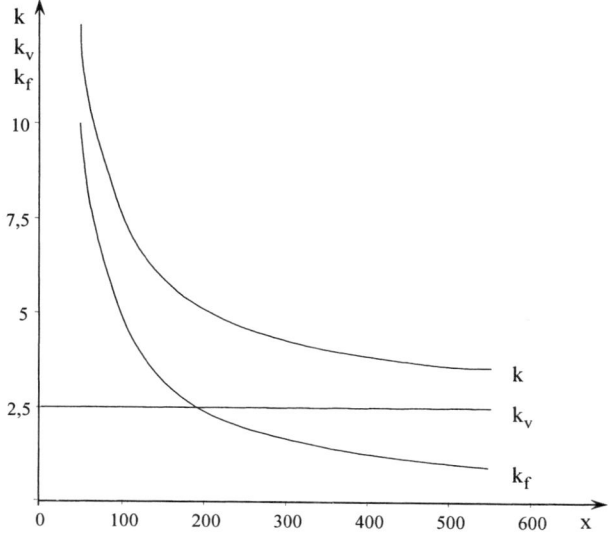

b)

b1) Punkt 1: $x_1 = 200$ [ME] $K_1 = 800$ [€]

   Punkt 2: $x_2 = 600$ [ME] $K_2 = 2.000$ [€]

Lineare Kostenfunktion:

$$K(x) = k_v \cdot x + K_f$$

Bestimmung der Steigung der Kostenfunktion:

$$k_v = \frac{K_2 - K_1}{x_2 - x_1}$$

$$k_v = \frac{2.000 - 800}{600 - 200} = 3 \ [\text{€/ME}]$$

Einsetzen in die Kostenfunktion:

$$K(x) = 3x + K_f$$

Bestimmung der Fixkosten:

   Punkt 1: $x_1 = 200$ [ME] $K_1 = 800$ [€]

$$K(200) = 3 \cdot 200 + K_f = 800$$

$$K_f = 200 \ [\text{€}]$$

$$K(x) = 3x + 200$$

b2) $G(x) = 5x - (3x + 200)$

   $G(x) = 2x - 200$

   $G(400) = 600 \,[\text{€}]$

$\Rightarrow$ Gewinn der Zeitschrift der Fachhochschule ist höher als der der Universitätszeitschrift.

b3) Verfahren der Universität:

   $G(x) = 2{,}5x - 500$

   $x = 700 \,[\text{ME}]$

   $G(700) = 1.250 \ [\text{€}]$

   Verfahren der Fachhochschule:

   $G(x) = 2x - 200$

   $x = 700 \,[\text{ME}]$

   $G(700) = 1.200 \ [\text{€}]$

$\Rightarrow$ Das Produktionsverfahren der Universität führt bei einer Absatzmenge von 700 Zeitungen zu einem höheren Gewinn.

b4) Gewinn (Universität) = Gewinn (Fachhochschule)

   $2{,}5x - 500 = 2x - 200$

   $x = 600 \,[\text{ME}]$

Lösung zu Aufgabe I-5

a) $K(x) = 0{,}15x + 1.500$

$U(x) = 0{,}4x$

$G(x) = 0{,}25x - 1.500$

b) $G(20.000) = 3.500 \ [\text{€}]$

c) $G(x) = 0$

$0{,}25x_{BE} - 1.500 = 0$

$x_{BE} = 6.000 \ [\text{ME}]$

Lösung zu Aufgabe I-6

a) $K(x) = \dfrac{1}{100}x^3 - \dfrac{1}{8}x^2 + \dfrac{3}{4}x + 10$

$K'(x) = \dfrac{3}{100}x^2 - \dfrac{1}{4}x + \dfrac{3}{4}$

$k(x) = \dfrac{K(x)}{x} = \dfrac{1}{100}x^2 - \dfrac{1}{8}x + \dfrac{3}{4} + \dfrac{10}{x}$

$k_v(x) = \dfrac{1}{100}x^2 - \dfrac{1}{8}x + \dfrac{3}{4}$

$k_f(x) = \dfrac{10}{x}$

b)

b1) $k_v(x) = \dfrac{1}{100}x^2 - \dfrac{1}{8}x + \dfrac{3}{4}$

$k'_v(x) = \dfrac{1}{50}x - \dfrac{1}{8} = 0$

$\dfrac{1}{50}x = \dfrac{1}{8}$

$x = 6{,}25 \ [\text{ME}]$

$K = 12{,}246 \ [\text{€}]$ $K' = 0{,}359375 \ [\text{€/ME}]$

$k = 1{,}959375 \ [\text{€/ME}]$ $k_v = 0{,}359375 \ [\text{€/ME}]$

b2) $k(x) = \dfrac{1}{100}x^2 - \dfrac{1}{8}x + \dfrac{3}{4} + \dfrac{10}{x}$

$k'(x) = \dfrac{1}{50}x - \dfrac{1}{8} - \dfrac{10}{x^2} = 0$

$\dfrac{1}{50}x^3 - \dfrac{1}{8}x^2 - 10 = 0$

Mit Hilfe eines geeigneten Verfahrens, z.B. des NEWTON'schen Näherungsverfahrens, ermittelbare Lösung:

$$x = 10,6545 \ [ME]$$

$$K = 15,8959 \ [\euro] \qquad\qquad K' = 1,4919 \ [\euro/ME]$$

$$k = 1,4919 \ [\euro/ME] \qquad\qquad k_v = 0,5534 \ [\euro/ME]$$

c) $\quad K(x) = \dfrac{1}{100}x^3 - \dfrac{1}{8}x^2 + \dfrac{3}{4}x + 10$

$\quad U(x) = 15x$

$\quad G(x) = 15x - \left(\dfrac{1}{100}x^3 - \dfrac{1}{8}x^2 + \dfrac{3}{4}x + 10 \right)$

$\quad G(x) = -\dfrac{1}{100}x^3 + \dfrac{1}{8}x^2 + \dfrac{57}{4}x - 10$

$\quad G'(x) = -\dfrac{3}{100}x^2 + \dfrac{1}{4}x + \dfrac{57}{4} = 0$

$\quad x^2 - \dfrac{25}{3}x - 475 = 0$

$\quad \left(x - \dfrac{25}{6} \right)^2 = 475 + \left(\dfrac{25}{6} \right)^2$

$\quad x_{1,2} = \dfrac{25}{6} \pm \sqrt{492,36}$

$\quad x_1 = 22,19 + \dfrac{25}{6} = 26,36 \ [ME]$

$\quad x_2 = -22,19 + \dfrac{25}{6} = -18,02 \quad \Rightarrow \text{keine sinnvolle Lösung}$

$\quad K = 126,08 \ [\euro] \qquad\qquad U = 395,40 \ [\euro] \qquad\qquad G = 269,32 \ [\euro]$

Lösung zu Aufgabe I-7

a) $\quad K(x) = 5x^3 - 50x^2 + 180x + 360$

$\quad K'(x) = 15x^2 - 100x + 180$

$\quad k(x) = 5x^2 - 50x + 180 + \dfrac{360}{x}$

$\quad k_v(x) = 5x^2 - 50x + 180$

$\quad k_f(x) = \dfrac{360}{x}$

b)

b1) $\quad k_v(x) = 5x^2 - 50x + 180$

$\quad k'_v(x) = 10x - 50 = 0$

$\quad x = 5 \ [ME]$

b2) $k(x) = 5x^2 - 50x + 180 + \dfrac{360}{x}$

$k'(x) = 10x - 50 - \dfrac{360}{x^2} = 0$

$10x^3 - 50x^2 - 360 = 0$

Mit Hilfe eines geeigneten Verfahrens ermittelbare Lösung:

$x = 6$ [ME]

b3) $U(x) = 2.000x$

$K(x) = 5x^3 - 50x^2 + 180x + 360$

$G(x) = 2.000x - (5x^3 - 50x^2 + 180x + 360)$

$G(x) = -5x^3 + 50x^2 + 1.820x - 360$

$G'(x) = -15x^2 + 100x + 1.820 = 0$

$x^2 - \dfrac{20}{3}x - \dfrac{364}{3} = 0$

$\left(x - \dfrac{10}{3}\right)^2 = \dfrac{364}{3} + \left(\dfrac{10}{3}\right)^2$

$\left(x - \dfrac{10}{3}\right)^2 = \dfrac{1.192}{9}$

$x - \dfrac{10}{3} = \pm 11,51$

$x_1 = +11,51 + \dfrac{10}{3} = 14,84$ [ME]

$x_2 = -11,51 + \dfrac{10}{3} = -8,18 \;\Rightarrow\;$ keine sinnvolle Lösung

Lösungen zu Abschnitt II.1

Lösung zu Aufgabe II.1-1

a) **Inventurmethode:**

	Anfangsbestand	900	[kg]
+	Zugänge	500	[kg]
		200	[kg]
		400	[kg]
-	Endbestand	500	[kg]
=	Verbrauchsmenge	1.500	[kg]

b)

Skontrationsmethode: Verbrauchsmenge: 1.400 [kg]   (gemäß Materialentnahmescheinen)

c)

retrograde Methode:

Produkt 1:	5 · 120 =	600 [kg]
Produkt 2:	10 · 75 =	750 [kg]
⇒ Verbrauchsmenge		1.350 [kg]

Lösung zu Aufgabe II.1-2

a) **Inventurmethode:**

	Anfangsbestand	2.000 [ME]
+	Zugänge	3.000 [ME]
-	Endbestand	1.400 [ME]
=	Verbrauchsmenge	3.600 [ME]

b)

Skontrationsmethode: Verbrauchsmenge: 3.500 [ME]   (gemäß Materialentnahmescheinen)

c) **retrograde Methode:**

Produkt 1:	500 · 5 =	2.500 [ME]
Produkt 2:	300 · 3 =	900 [ME]
⇒ Verbrauchsmenge		3.400 [ME]

Lösung zu Aufgabe II.1-3

a) Periodenrechnung:

Lifo-Methode

Menge [ME]	Preis [€/ME]	Wert [€]
70	9,00	630
140	9,50	1.330
80	11,00	880
60	10,00	600
350		3.440

Fifo-Methode

Menge [ME]	Preis [€/ME]	Wert [€]
200	9,50	1.900
100	10,00	1.000
50	11,00	550
350		3.450

Hifo-Methode

Menge [ME]	Preis [€/ME]	Wert [€]
80	11,00	880
100	10,00	1.000
170	9,50	1.615
350		3.495

Durchschnittliche Anschaffungskosten

	Menge [ME]	Preis [€/ME]	Wert [€]
Anfangsbestand	200	9,50	1.900
Zugang 2.5.	100	10,00	1.000
Zugang 11.5.	80	11,00	880
Zugang 18.5.	140	9,50	1.330
Zugang 22.5.	70	9,00	630
Summe	590		5.740

$$\text{durchschnittliche Anschaffungskosten} = \frac{5.740}{590} = 9,73 \ [\text{€/ME}]$$

Wert des Materialverbrauchs $= 350 \cdot 9,73 = 3.405,50 \ [\text{€}]$

b) permanente Rechnung:

	Lifo [ME]	Lifo [€/ME]	Fifo [ME]	Fifo [€/ME]	Hifo [ME]	Hifo [€/ME]	Ø-Methode [ME]	Ø-Methode [€/ME]
Anfangsbestand	200	9,50	200	9,50	200	9,50	200	9,50
Abgang 1.5.	50	9,50	50	9,50	50	9,50	50	9,50
Zwischenbestand	150	9,50	150	9,50	150	9,50	150	9,50
Zugang 2.5.	100	10,00	100	10,00	100	10,00	100	10,00
Zugang 11.5	80	11,00	80	11,00	80	11,00	80	11,00
Abgang 15.5.	80	11,00	150	9,50	80	11,00	180	10,02
	100	10,00	30	10,00	100	10,00		
Zwischenbestand	150	9,50	70	10,00	150	9,50	150	10,02
			80	11,00				
Abgang 17.5.	80	9,50	70	10,00	80	9,50	80	10,02
			10	11,00				
Zwischenbestand	70	9,50	70	11,00	70	9,50	70	10,02
Zugang 18.5.	140	9,50	140	9,50	140	9,50	140	9,50
Zugang 22.5.	70	9,00	70	9,00	70	9,00	70	9,00
Abgang 30.5.	40	9,00	40	11,00	40	9,50	40	9,51
Endbestand	210	9,50	30	11,00	170	9,50	240	9,51
	30	9,00	140	9,50	70	9,00		
			70	9,00				
Materialverbrauch	3.475,00 [€]		3.450,00 [€]		3.495,00 [€]		3.460,60 [€]	

c)

Materialbestandskonto

Anfangsbestand: 200 · 10,00 =	2.000	Abgänge zu Planpreisen:		
Zugänge zu Planpreisen:		1.5.	50	
2.5. 100		15.5.	180	
11.5. 80		17.5.	80	
18.5. 140		30.5.	40	
22.5. 70			350 · 10,00 =	3.500
390 · 10,00 =	3.900	Endbestand: 240 · 10,00 =		2.400
	5.900			5.900

Preisdifferenzbestandskonto

		Anfangsbestand:	100,00
Zugänge zu Istpreisen:		Zugänge zu Planpreisen:	
2.5. 100 · 10,00		2.5. 100	
11.5. 80 · 11,00		11.5. 80	
18.5. 140 · 9,50		18.5. 140	
22.5. 70 · 9,00		22.5. 70	
	3.840,00	390 · 10,00 =	3.900,00
Preisdifferenz der Abgänge:			
3.500 · 2,712 %	94,92		
Endbestand:	65,08		
	4.000,00		4.000,00

Materialkostenkonto

Abgänge zu Planpreisen:		Materialkosten:	3.500
1.5.	50		
15.5.	180		
17.5.	80		
30.5.	40		
350 · 10,00 =	3.500		
	3.500		3.500

Preisdifferenzkostenkonto

Preisdifferenzerlös:	94,92	Preisdifferenz der Abgänge:	94,92
	94,92		94,92

Ermittlung des Preisdifferenzprozentsatzes:

$$\frac{AB^{PD} + Z^{I} - Z^{P}}{AB^{MB} + Z^{P}} = \frac{-100 + 3.840 - 3.900}{2.000 + 3.900} = -2{,}712\ \%$$

AB^{PD} = Anfangsbestand Preisdifferenzbestandskonto

Z^{I} = Materialzugänge zu Istpreisen

Z^{P} = Materialzugänge zu Planpreisen

AB^{MB} = Anfangsbestand Materialbestandskonto

Lösung zu Aufgabe II.1-4

a)

Herr Speiche:

Mindestlohn	$= 21 \cdot 8 \cdot 15 = 2.520$ [GE]
Arbeitslohn	= Akkordlohn + Abwesenheitslohn

Akkordlohn:

$$\text{Minutenfaktor} = \frac{\text{Tariflohn} \cdot (1 + \text{Akkordzuschlag})}{60}$$

$$\text{Minutenfaktor} = \frac{15 \cdot (1 + 0{,}1)}{60} = 0{,}275\ [\text{GE/min}]$$

Akkordlohn	= Stückzahl · Vorgabezeit · Minutenfaktor
Akkordlohn	$= 700 \cdot 12 \cdot 0{,}275 = \ \ 2.310$ [GE]
Abwesenheitslohn $= 5 \cdot 8 \cdot 15$	$= \ \ \ \ 600$ [GE]
Arbeitslohn	$= \ \ 2.910$ [GE]

Da der Arbeitslohn höher ist als der Mindestlohn, wird er an Herrn Speiche als Bruttolohn ausgezahlt.

Lohnzahlung (Bruttolohn)	=	2.910,00 [GE]
Sozialabgaben Arbeitnehmer (20%)	=	582,00 [GE]
Steuern (25%)	=	727,50 [GE]
Lohnzahlung (Nettolohn)	=	1.600,50 [GE]

Herr Besen:

Lohnzahlung (Bruttolohn)	=	2.300,00 [GE]
Sozialabgaben Arbeitnehmer (20%)	=	460,00 [GE]
Steuern (25%)	=	575,00 [GE]
Lohnzahlung (Nettolohn)	=	1.265,00 [GE]

b)

Herr Speiche:

Anwesenheitstage pro Jahr = Arbeitstage - Abwesenheitstage = 240 - 26 - 11 = 203

geschätzter Jahresanwesenheitslohn:
Arbeitstage pro Jahr · Arbeitsstunden pro Tag · Akkordlohn pro Stunde
203 · 8 · 16,5 = 26.796 [GE]

geschätzte Jahreslohnnebenkosten:

Sozialvers.anteil bzgl. Jahresanwesenheitslohn (20%)	=	5.359,20 [GE]
geschätzter jährlicher Abwesenheitslohn (26 + 11) · 8 · 15	=	4.440,00 [GE]
Sozialvers.anteil bzgl. Abwesenheitslohn	=	888,00 [GE]
Weihnachts- und Urlaubsgeld	=	3.300,00 [GE]
Sozialvers.anteil bzgl. Weihnachts- und Urlaubsgeld	=	660,00 [GE]
gesamte Lohnnebenkosten	=	14.647,20 [GE]

$$\text{Lohnnebenkostenzuschlag} = \frac{\text{Lohnnebenkosten}}{\text{Jahresanwesenheitslohn}} = \frac{14.647,20}{26.796} = 54,66\,[\%]$$

Anwesenheitslohn in der Kostenrechnung (Akkordlohn)	=	2.310,00 [GE]
Lohnnebenkosten (Juli)	=	1.262,65 [GE]
Summe	=	3.572,65 [GE]

Herr Besen:

Jahreslohn = 2.300 · 12 = 27.600 [€]

geschätzter Jahresanwesenheitslohn : $\dfrac{27.600}{240} \cdot 203 = 23.345$ [GE]

geschätzte Jahreslohnnebenkosten:

Sozialvers.anteil bzgl. Jahresanwesenheitslohn (20%)	=	4.669,00 [GE]
Abwesenheitslohn $\left(\dfrac{27.600}{240} \cdot (26+11)\right)$	=	4.255,00 [GE]
Sozialvers.anteil bzgl. Abwesenheitslohn	=	851,00 [GE]
Weihnachts- und Urlaubsgeld	=	3.300,00 [GE]
Sozialvers.anteil bzgl. Weihnachts- und Urlaubsgeld	=	660,00 [GE]
gesamte Lohnnebenkosten	=	13.735,00 [GE]

$$\text{Lohnnebenkostenzuschlag} = \frac{\text{Lohnnebenkosten}}{\text{Jahresanwesenheitslohn}} = \frac{13.735}{23.345} = 58,83\,[\%]$$

Anwesenheitslohn in der Kostenrechnung $\left((21-4) \cdot \dfrac{27.600}{240}\right)$	=	1.955,00 [GE
Lohnnebenkosten (Juli)	=	1.150,13 [GE]
Summe	=	3.105,13 [GE]

c)

Mindestlohn = Akkordlohn + Abwesenheitslohn

2.520 = x · 12 · 0,275 + 5 · 8 · 15

1.920 = x · 3,3

x = 581,81 [ME]

Ab einer Menge von 582 Bremssystemen erhält Herr Speiche einen Bruttolohn, der über dem Mindestlohn liegt.

Lösung zu Aufgabe II.1-5

Wiederbeschaffungswert zu Beginn des Jahres 2004: $480.000 \cdot 1{,}04^4 = 561.532{,}11$ [€]

$$d = \frac{2 \cdot (A - R_n)}{n \cdot (n+1)}$$

$$d = \frac{2 \cdot 561.532{,}11}{8 \cdot 9} = 15.598{,}11 \ [€]$$

kalkulatorische Abschreibung für das Jahr 2004: $a = 4 \cdot 15.598{,}11 = 62.392{,}44$ [€]

Lösung zu Aufgabe II.1-6

a) Berechnung des Abschreibungssatzes nach der geometrisch-degressiven Methode:

$$p = 100 \cdot \left(1 - \sqrt[n]{\frac{R_n}{A}}\right) \quad \Rightarrow \quad p = 100 \cdot \left(1 - \sqrt[5]{\frac{2.000}{18.000}}\right) = 35,5605985 \ [\%]$$

Jahr	Abschreibung	Restbuchwert
2002	6.400,91	11.599,09
2003	4.124,71	7.474,38
2004	2.657,94	4.816,44

b) $a_l = \dfrac{18.000 - 2.000}{1.600.000} = 0,01 \ [\text{GE/Blatt}]$

$a_t = 0,01 \cdot \dfrac{1.600.000}{5} = 3.200 \ [\text{GE}]$

c) $a^* = \dfrac{18.000 - 2.000}{5} = 3.200 \ [\text{GE}]$

$a_{2004} = 3.200,00 \cdot 1,02^2 = 3.329,28 \ [\text{GE}]$

d) Änderung ab 2003:

$a_t = \dfrac{18.000 - 2.000}{4} = 4.000 \ [\text{GE}]$

Lösung zu Aufgabe II.1-7

a) Abschreibungsbetrag pro Jahr: $\dfrac{(200.000 + 20.000) + 10.000}{5} = 46.000 \ [\text{€}]$

b) Abschreibungsbetrag ab dem vierten Jahr:

$\dfrac{(300.000 + 20.000) + 10.000}{5} \cdot \dfrac{1}{1,2} = 55.000 \ [\text{€}] \qquad \text{mit: } l_f = \dfrac{12.000}{10.000} = 1,2$

Lösung zu Aufgabe II.1-8

gesamter Abschreibungsbetrag: $55.000 - 5.000 = 50.000 \ [\text{GE}]$

leistungsabhängiger Abschreibungsbetrag: $50.000 \cdot 0,6 = 30.000 \ [\text{GE}]$

Abschreibungsbetrag pro Leistungseinheit: $\dfrac{30.000}{120.000} = 0,25 \ [\text{GE/km}]$

zeitabhängiger Abschreibungsbetrag: $50.000 \cdot 0,4 = 20.000 \ [\text{GE}]$

$d = \dfrac{2 \cdot 20.000}{5 \cdot 6} = 1.333,33 \ [\text{GE}]$

Jahr	nutzungs-abhängig	zeitabhängig	gesamt	Restbuchwerte
2002	7.000	6.666,67	13.666,67	41.333,33
2003	7.500	5.333,33	12.833,33	28.500,00
2004	6.250	4.000,00	10.250,00	18.250,00
2005	4.750	2.666,67	7.416,67	10.833,33
2006	4.500	1.333,33	5.833,33	5.000,00

Lösung zu Aufgabe II.1-9

a) Abschreibungsbetrag pro Leistungseinheit $= \dfrac{68.000 - 5.000}{210.000} = 0,3 \ [\text{GE/km}]$

Jahr	Abschreibung
2001	6.600
2002	12.900
2003	7.500

b)

$$\text{Nutzungsdauer:} \quad \frac{\text{Gesamtleistung}}{\text{durchschnittliche Leistung pro Jahr}} = \frac{210.000}{35.000} = 6 \, [\text{Jahre}]$$

$$p = 100 \cdot \left(1 - \sqrt[6]{\frac{5.000}{68.000}} \right) = 35{,}274286 \, [\%]$$

Jahr	Abschreibung	Restwert
2001	23.986,51	44.013,49
2002	15.525,44	28.488,05
2003	10.048,96	18.439,09

c) 2001: $\dfrac{68.000 - 5.000}{6} = 10.500 \ [\text{GE/Jahr}]$

2002: $\dfrac{68.000 - 5.000}{6} \cdot \dfrac{121}{116,4} = 10.914,95 \ [\text{GE/Jahr}]$

2003: $\dfrac{68.000 - 5.000}{6} \cdot \dfrac{122,2}{116,4} = 11.023,20 \ [\text{GE/Jahr}]$

Lösung zu Aufgabe II.1-10

a) Berechnung des durchschnittlich gebundenen Kapitals:

$$\frac{20.000 + 2.000}{2} = 11.000 \ [\text{€}]$$

Jährliche kalkulatorische Zinsen: $11.000 \cdot 0,1 = 1.100 \ [\text{€}]$

b) Ermittlung des gebundenen Kapitals zu Beginn und zu Ende des Jahres 2004

Berechnung der jährlichen Wertminderung: $\dfrac{20.000 - 2.000}{6} = 3.000 \ [\text{€}]$

	Wertverlust	Restwert
01.01.01		20.000
31.12.01	3.000	17.000
31.12.02	3.000	14.000
31.12.03	3.000	11.000
31.12.04	3.000	8.000

Durchschnittlich gebundenes Kapital im Jahr 2004: $\dfrac{11.000 + 8.000}{2} = 9.500$ [€]

Zinsen 2004: $9.500 \cdot 0,1 = 950$ [€]

Lösung zu Aufgabe II.1-11

a) **Anlage 1:**

Zinsen für 2003: $\dfrac{100.000}{2} \cdot 0,08 = 4.000$ [€]

Anlage 2:

Anschaffungskosten nach 3 Jahren: $(160.000 + 20.000) \cdot 1,02^3 = 191.017,44$ [€]

Zinsen für 2003: $\dfrac{191.017,44 + 10.000}{2} \cdot 0,08 = 8.040,70$ [€]

b) **Anlage 1:**

kalkulatorischen Abschreibungen: $\dfrac{100.000}{5} = 20.000$ [€]

Restwert 31.12.2002: $100.000 - 3 \cdot 20.000 = 40.000$ [€]

Restwert 31.12.2003: $100.000 - 4 \cdot 20.000 = 20.000$ [€]

Zinsen für 2003: $\dfrac{40.000 + 20.000}{2} \cdot 0,08 = 2.400$ [€]

Anlage 2:

Anschaffungskosten nach 3 Jahren: $180.000 \cdot 1,02^3 = 191.017,44$ [€]

Abschreibungsbetrag: $\dfrac{191.017,44 - 10.000}{6} = 30.169,57$ [€]

Restwert 31.12.2002: $191.017,44 - 3 \cdot 30.169,57 = 100.508,73$ [€]

Anschaffungskosten nach 4 Jahren: $180.000 \cdot 1,02^4 = 194.837,79$ [€]

Abschreibungsbetrag: $\dfrac{194.837,79 - 10.000}{6} = 30.806,30$ [€]

Restwert 31.12.2003: $194.837,79 - 4 \cdot 30.806,30 = 71.612,59$ [€]

Zinsen für 2003: $\dfrac{100.508,73 + 71.612,59}{2} \cdot 0,08 = 6.884,85$ [€]

Lösung zu Aufgabe II.1-12

a)

Grundstücke werden nicht abgeschrieben, da sie zum nicht abnutzbaren Anlagevermögen zählen.

Gebäude: betriebsnotwendiger Anteil der Gebäude: 950.000 - 230.000 = 720.000 [€]

Tageswert: 720.000 · 2,5 = 1.800.000 [€]

Abschreibungen für Dezember 2003: $\dfrac{1.800.000}{50} \cdot \dfrac{1}{12} = 3.000$ [€]

Maschinen:

Tageswert: 780.000 · 1,6 = 1.248.000 [€]

Abschreibungen für Dezember 2003: $\dfrac{1.248.000}{8} \cdot \dfrac{1}{12} = 13.000$ [€]

Fuhrpark:

Tageswert: 280.000 · 1,2 = 336.000 [€]

Abschreibungen für Dezember 2003: $\dfrac{336.000}{4} \cdot \dfrac{1}{12} = 7.000$ [€]

Die gesamten kalkulatorischen Abschreibungen für Dezember 2003 betragen:

$$3.000 + 13.000 + 7.000 + \frac{36.000}{12} = 26.000 \text{ [€]}$$

b)

Bestimmung des betriebsnotwendigen Kapitals:

I. Anlagevermögen

Grundstücke	450.000 - 70.000	=	380.000 [€]
Gebäude	(950.000 - 230.000) · 0,5	=	360.000 [€]
Maschinen	780.000 · 0,5	=	390.000 [€]
Fuhrpark	280.000 · 0,5	=	140.000 [€]

II. Umlaufvermögen

Roh-, Hilfs- und Betriebsstoffe	$\dfrac{242.000+338.000}{2}$	=	290.000 [€]
Fertigerzeugnisse	$\dfrac{560.000+620.000}{2}$	=	590.000 [€]
Kundenforderungen	$\dfrac{630.000+430.000}{2}$	=	530.000 [€]
Kasse	$\dfrac{102.000+92.000}{2}$	=	97.000 [€]

betriebsnotwendiges Kapital: 2.777.000 [€]

ohne Berücksichtigung des Abzugskapitals:

Monatliche kalkulatorische Zinsen: $2.777.000 \cdot 0,08 \cdot \dfrac{1}{12} = 18.513,33$ [€]

Abzugskapital:

Kundenanzahlungen $\qquad \dfrac{294.000+330.000}{2} = \quad 312.000\ [€]$

Lieferantenverbindlichkeiten $\quad \dfrac{650.000+680.000}{2} = \quad 665.000\ [€]$

Abzugskapital $\qquad\qquad\qquad\qquad\qquad\qquad\quad 977.000\ [€]$

mit Berücksichtigung des Abzugskapitals:

Monatliche kalkulatorische Zinsen: $(2.777.000 - 977.000) \cdot 0,08 \cdot \dfrac{1}{12} = 12.000\ [€]$

Lösung zu Aufgabe II.1-13

Bestimmung des betriebsnotwendigen Kapitals:

I. Anlagevermögen

Bebaute Grundstücke

Grundstücksanteil $\quad 500.000 \cdot 40\% \qquad = \quad 200.000\ [€]$

Gebäudeanteil $\quad 500.000 \cdot 60\% \cdot 0,5 \quad = \quad 150.000\ [€]$

Maschinen $\qquad\qquad\qquad\qquad\quad = \quad 230.000\ [€]$

Beteiligungen $\qquad\qquad\qquad\qquad = \quad 23.000\ [€]$

II. Umlaufvermögen

Vorräte $\qquad\qquad \dfrac{15.000+23.000}{2} = \quad 19.000\ [€]$

Forderungen $\qquad \dfrac{6.000+10.000}{2} = \quad 8.000\ [€]$

Kassenbestand, Bankguthaben $\quad \dfrac{3.000+15.000}{2} = \quad 9.000\ [€]$

Betriebsnotwendiges Kapital: $\qquad\qquad = \quad 639.000\ [€]$

ohne Berücksichtigung des Abzugskapitals:
Monatliche kalkulatorische Zinsen: $639.000 \cdot 0,1 = 63.900\ [€]$

Abzugskapital:

Erhaltene Anzahlungen $\qquad\qquad\qquad 21.000\ [€]$

Verbindlichkeiten aus Lieferungen und Leistungen $\quad 16.000\ [€]$

Abzugskapital $\qquad\qquad\qquad\qquad\qquad\quad 37.000\ [€]$

mit Berücksichtigung des Abzugskapitals:
Monatliche kalkulatorische Zinsen: $(639.000 - 37.000) \cdot 0,1 = 60.200\ [€]$

Lösungen zu Abschnitt II.2

Lösung zu Aufgabe II.2-1[1]

a) Verrechnungspreise der Vorkostenstellen:

$$q_1 = \frac{120.000}{1.400} = 85,71$$

$$q_2 = \frac{104.000}{1.640} = 63,41$$

	Endkostenstelle 3	Endkostenstelle 4
primäre Stellenkosten	90.000,00	72.000,00
sekundäre Stellenkosten		
Leistungen von Vorkostenstelle 1	$800 \cdot 85,71 = 68.571,43$	$600 \cdot 85,71 = 51.428,57$
Leistungen von Vorkostenstelle 2	$700 \cdot 63,41 = 44.390,24$	$940 \cdot 63,41 = 59.609,76$
Gesamtkosten	202.961,67	183.038,33

b)

Hilfsrechnung zur Bestimmung der Reihenfolge der Kostenstellen 1 und 2:

Leistungen der Kostenstelle 1 an die Kostenstelle 2: $\dfrac{120.000}{1.800} \cdot 400 = 26.666,67$ [€]

Leistungen der Kostenstelle 2 an die Kostenstelle 1: $\dfrac{104.000}{2.000} \cdot 360 = 18.720$ [€]

Die Kostenstelle 1 ist vor der Kostenstelle 2 anzuordnen.

Stufenleiterverfahren:

1	2	3	4	
120.000,00	104.000,00	90.000,00	72.000,00	
↳	26.666,67	53.333,33	40.000,00	$q_1 = 66,67$
	130.666,67	143.333,33	112.000,00	
	↳	55.772,36	74.894,31	$q_2 = 79,67$
		199.105,69	186.894,31	

c)

KS1: $120.000 \qquad\qquad\quad + 360\,q_2 = 1.800\,q_1$
KS2: $104.000 + 400\,q_1 \qquad\qquad = 2.000\,q_2$
KS3: $90.000 + 800\,q_1 + 700\,q_2 = q_3$
KS4: $72.000 + 600\,q_1 + 940\,q_2 = q_4$

Lösung: $q_1 = 80,28$
$\qquad\qquad q_2 = 68,06$

KS3: $90.000 + 800 \cdot 80,28 + 700 \cdot 68,06 = 201.861,11$ [€]
KS4: $72.000 + 600 \cdot 80,28 + 940 \cdot 68,06 = 184.138,89$ [€]

---

[1] Bei der Ermittlung der Lösungen ist hier und nachfolgend jeweils mit ungerundeten Werten weitergerechnet worden.

Lösung zu Aufgabe II.2-2

a) Verrechnungspreise der Vorkostenstellen:

$$q_1 = \frac{60.000}{200} = 300$$

$$q_2 = \frac{48.000}{650} = 73,85$$

	Endkostenstelle 3	Endkostenstelle 4
primäre Stellenkosten	70.000,00	62.000,00
sekundäre Stellenkosten Leistungen von Vorkostenstelle 1 Leistungen von Vorkostenstelle 2	$100 \cdot 300 = 30.000,00$ $250 \cdot 73,85 = 18.461,54$	$100 \cdot 300 = 30.000,00$ $400 \cdot 73,85 = 29.538,46$
Gesamtkosten	118.461,54	121.538,46

b)

Hilfsrechnung zur Bestimmung der Reihenfolge der Kostenstellen 1 und 2:

Leistungen der Kostenstelle 1 an die Kostenstelle 2: $\dfrac{60.000}{400} \cdot 200 = 30.000 \ [€]$

Leistungen der Kostenstelle 2 an die Kostenstelle 1: $\dfrac{48.000}{800} \cdot 150 = 9.000 \ [€]$

Die Kostenstelle 1 ist vor der Kostenstelle 2 anzuordnen.

Stufenleiterverfahren:

1	2	3	4	
60.000	48.000	70.000	62.000	
	30.000	15.000	15.000	$q_1 = 150$
	78.000	85.000	77.000	
		30.000	48.000	$q_2 = 120$
		115.000	125.000	

c)

KS1: $60.000 \qquad\qquad\ \ + 150q_2 \ = \ 400q_1$

KS2: $48.000 + 200q_1 \qquad\qquad\ = \ 800q_2$

KS3: $70.000 + 100q_1 \ + 250q_2 \ = \quad q_3$

KS4: $62.000 + 100q_1 \ + 400q_2 \ = \quad q_4$

Lösung:

$q_1 = 190,34$

$q_2 = 107,59$

KS3: $70.000 + 100 \cdot 190,34 + 250 \cdot 107,59 = 115.931,04 \ [€]$

KS4: $62.000 + 100 \cdot 190,34 + 400 \cdot 107,59 = 124.068,96 \ [€]$

Lösung zu Aufgabe II.2-3

a)

Bestimmung der gesamten primären Stellenkosten:

Verteilung der Zinskosten:

$$\text{Kosten pro € Vermögen} = \frac{130.000}{1.300.000} = 0,10 \ [\text{€}]$$

Verteilung der Personalkosten:

$$\text{Kosten pro Beschäftigtem} = \frac{54.000}{18} = 3.000 \ [\text{€}]$$

Kostenstelle	1	2	3	4	5
bisher verrechnete primäre Stellenkosten	40.000	68.500	72.000	120.000	96.000
Zinskosten	21.000	12.000	30.000	39.000	28.000
Personalkosten	12.000	6.000	9.000	15.000	12.000
gesamte primäre Stellenkosten	73.000	86.500	111.000	174.000	136.000

Diese gesamten primären Stellenkosten gehen in die nachfolgende innerbetriebliche Leistungsverrechnung ein.

b)

b1) $q_1 = \dfrac{73.000}{90} = 811,11$

$q_2 = \dfrac{86.500}{80} = 1.081,25$

$q_3 = \dfrac{111.000}{50} = 2.220,00$

	Endkostenstelle 4	Endkostenstelle 5
Primäre Stellenkosten	174.000,00	136.000,00
Sekundäre Stellenkosten		
Leistungen von Vorkostenstelle 1	50 · 811,11 = 40.555,56	40 · 811,11 = 32.444,44
Leistungen von Vorkostenstelle 2	40 · 1.081,25 = 43.250,00	40 · 1.081,25 = 43.250,00
Leistungen von Vorkostenstelle 3	30 · 2.220,00 = 66.600,00	20 · 2.220,00 = 44.400,00
Gesamtkosten	324.405,56	256.094,44

b2)

Zunächst ist die Reihenfolge der Kostenstellen festzulegen. Dabei ist eine Hilfsrechnung nur in bezug auf die Reihenfolge der Kostenstellen 1 und 3 erforderlich, da Kostenstelle 2 keine Leistungen für die anderen Vorkostenstellen erbringt.

Leistungen der Kostenstelle 1 an die Kostenstelle 3: $\dfrac{73.000}{120} \cdot 10 = 6.083,33 \ [\text{€}]$

Leistungen der Kostenstelle 3 an die Kostenstelle 1: $\dfrac{111.000}{120} \cdot 40 = 37.000,00$ [€]

Da die Kostenstelle 3 eine höherwertige Leistung an Kostenstelle 1 abgibt, als sie von dieser erhält, wird beim Stufenleiterverfahren Kostenstelle 3 vor 1 eingeordnet.

Reihenfolge: 3 - 1 - 2 - 4 - 5

Stufenleiterverfahren:

3	1	2	4	5	
111.000	73.000	86.500	174.000	136.000	
↳	37.000	27.750	27.750	18.500	$q_3 = 925$
	110.000	114.250	201.750	154.500	
	↳	20.000	50.000	40.000	$q_1 = 1.000$
		134.250	251.750	194.500	
		↳	67.125	67.125	$q_2 = 1.678,125$
			318.875	261.625	

b3)

KS1:	73.000		$+ 40\,q_3$	$= 120\,q_1$
KS2:	$86.500 + 20\,q_1$		$+ 30\,q_3$	$= 80\,q_2$
KS3:	$111.000 + 10\,q_1$			$= 120\,q_3$
KS4:	$174.000 + 50\,q_1$	$+ 40\,q_2$	$+ 30\,q_3$	$= q_4$
KS5:	$136.000 + 40\,q_1$	$+ 40\,q_2$	$+ 20\,q_3$	$= q_5$

Lösung: $q_1 = 942,86$

$q_2 = 1.693,30$

$q_3 = 1.003,57$

KS4: $174.000 + 50 \cdot 942,86 + 40 \cdot 1.693,30 + 30 \cdot 1.003,57 = 318.982,14$ [€]

KS5: $136.000 + 40 \cdot 942,86 + 40 \cdot 1.693,30 + 20 \cdot 1.003,57 = 261.517,86$ [€]

Lösung zu Aufgabe II.2-4

a)

Darstellung der Leistungsbeziehungen:

nach von	A1	A2	A3	H4	H5	Summe
A1	20	10	25	70	130	255
A2	11	2	-	15	74	102
A3	25	28	-	29	38	120

a1) Ermittlung der Reihenfolge:

Leistungsbeziehungen zwischen A1 und A2:

$$A1 \Rightarrow A2: \qquad \frac{40.000}{235} \cdot 10 = 1.702,13 \ [\text{€}]$$

$$A2 \Rightarrow A1: \qquad \frac{80.000}{100} \cdot 11 = 8.800 \ [\text{€}]$$

$\Rightarrow$ Da die Kostenstelle A2 wertmäßig mehr Leistungen an A1 abgibt, als sie von dieser Kostenstelle empfängt, wird A2 vor A1 angeordnet.

Leistungsbeziehungen zwischen A1 und A3:

$$A1 \Rightarrow A3: \qquad \frac{40.000}{235} \cdot 25 = 4.255,32 \ [\text{€}]$$

$$A3 \Rightarrow A1: \qquad \frac{60.000}{120} \cdot 25 = 12.500 \ [\text{€}] \qquad \text{Reihenfolge: A3 vor A1}$$

Leistungsbeziehungen zwischen A2 und A3:

$\Rightarrow$ Da A2 keine Leistung an A3 abgibt, wird A3 vor A2 angeordnet.

Reihenfolge: A3 - A2 - A1 - H4 - H5

a2) Stufenleiterverfahren:

A3	A2	A1	H4	H5	
60.000	80.000	40.000	80.000	120.000	
↳	14.000	12.500	14.500	19.000	$q_3 = 500,00$
	94.000	52.500	94.500	139.000	
	↳	10.340	14.100	69.560	$q_2 = 940,00$
		62.840	108.600	208.560	
		↳	21.994	40.846	$q_1 = 314,20$
			130.594	249.406	

anfallende Gemeinkosten pro Stück von X: $\qquad \dfrac{130.594}{500} = 261,19 \ [\text{€}]$

anfallende Gemeinkosten pro Stück von Y: $\qquad \dfrac{249.406}{400} = 623,52 \ [\text{€}]$

b) b1) Gleichungssystem

A1:	40.000	$+ 20q_1$	$+ 11q_2$	$+ 25q_3$	$= 255q_1$
A2:	80.000	$+ 10q_1$	$+ 2q_2$	$+ 28q_3$	$= 102q_2$
A3:	60.000	$+ 25q_1$			$= 120q_3$
H4:	80.000	$+ 70q_1$	$+ 15q_2$	$+ 29q_3$	$= 500q_4$
H5:	120.000	$+ 130q_1$	$+ 74q_2$	$+ 38q_3$	$= 400q_5$

Verrechnungspreise (bei den Kostenstellen 4 und 5 Gemeinkosten pro Stück von X bzw. Y):

$q_1 = 275,55 \qquad q_2 = 983,63 \qquad q_3 = 557,41 \qquad q_4 = 260,42 \qquad q_5 = 624,48$

b2)

	A1	A2	A3	A4	A5
primäre Stellenkosten	40.000,00	80.000,00	60.000,00	80.000,00	120.000,00
1. Iteration	-40.000,00	1.702,13	4.255,32	11.914,89	22.127,66
	8.987,23	-81.702,13	0,00	12.255,32	60.459,58
	13.386,52	14.992,91	-64.255,32	15.528,37	20.347,52
	22.373,75	14.992,91	0,00	119.698,58	222.934,76
2. Iteration	-22.373,75	952,07	2.380,19	6.664,52	12.376,97
	1.753,95	-15.944,98	0,00	2.391,75	11.799,28
	495,87	555,38	-2.380,19	575,21	753,73
	2.249,82	555,38	0,00	129.330,06	247.864,74
3. Iteration	-2.249,82	95,74	239,34	670,16	1.244,58
	71,62	-651,11	0,00	97,67	481,82
	49,86	55,85	-239,34	57,84	75,79
	121,48	55,85	0,00	130.155,73	249.666,93
4. Iteration	-121,48	5,17	12,92	36,19	67,20
	6,71	-61,02	0,00	9,15	45,16
	2,69	3,02	-12,92	3,12	4,09
	9,40	3,02	0,00	130.204,19	249.783,38
5. Iteration	-9,40	0,40	1,00	2,80	5,20
	0,38	-3,42	0,00	0,51	2,53
	0,21	0,23	-1,00	0,24	0,32
	0,59	0,23	0,00	130.207,74	249.791,43
6. Iteration	-0,59	0,03	0,06	0,18	0,33
	0,03	-0,26	0,00	0,04	0,19
	0,01	0,01	-0,06	0,02	0,02
	0,04	0,01	0,00	130.207,98	249.791,97

$$q_4 = \frac{130.207,98}{500} = 260,42 \qquad q_5 = \frac{249.791,97}{400} = 624,48$$

b3) Einzelschrittverfahren:

Startlösung:

$q_1 = 170,21$ $q_2 = 800$ $q_3 = 500$ $q_4 = 160$ $q_5 = 300$

Lösung nach einer Iteration:

$q_1 = 260,85$ $q_2 = 966,09$ $q_3 = 554,34$ $q_4 = 257,65$ $q_5 = 616,17$

Lösung nach fünf Iterationen:

$q_1 = 275,55$ $q_2 = 983,63$ $q_3 = 557,41$ $q_4 = 260,42$ $q_5 = 624,48$

Auf die Einbeziehung der Kostenstellen H4 und H5 in die Iterationen kann auch verzichtet werden.

Lösung zu Aufgabe II.2-5

a) Gleichungssystem:

I	15.000	$+$	$22q_1$	$+$	$10q_2$		$=$	$122q_1$
II	22.000	$+$	$35q_1$	$+$	$5q_2$		$=$	$115q_2$
III	30.000	$+$	$10q_1$	$+$	$67q_2$	$+\ 2q_4$	$=$	$240q_3$
IV	44.000	$+$	$55q_1$	$+$	$33q_2$	$+\ 10q_3$	$=$	$400q_4$

Verrechnungspreise:

$q_1 = 175,59$ $\qquad$ $q_2 = 255,87$ $\qquad$ $q_3 = 205,08$ $\qquad$ $q_4 = 160,38$

b) Da in diesem Kostenstellensystem Leistungsbeziehungen zwischen den Endkostenstellen bestehen, werden zwei zusätzliche Spalten für die auf die Produktarten zu verteilenden Kosten eingerichtet.

	A1	A2	E3	E4	Produktart A	Produktart B
Primäre Stellenkosten	15.000,00	22.000,00	30.000,00	44.000,00	-	-
1. Iteration	-15.000,00	5.250,00	1.500,00	8.250,00	0,00	0,00
	2.477,27	-27.250,00	16.597,73	8.175,00	0,00	0,00
	0,00	0,00	-48.097,73	2.004,07	46.093,66	0,00
	0,00	0,00	312,15	-62.429,07	0,00	62.116,92
	0,00	0,00	0,00	0,00	0,00	0,00
	2.477,27	0,00	312,15	0,00	46.093,66	62.116,92
2. Iteration	-2.477,27	867,04	247,73	1.362,50	0,00	0,00
	78,82	-867,04	528,11	260,11	0,00	0,00
	0,00	0,00	-1.087,99	45,33	1.042,66	0,00
	0,00	0,00	8,34	-1.667,94	0,00	1.659,60
	78,82	0,00	8,34	0,00	47.136,32	63.776,52
3. Iteration	-78,82	27,59	7,88	43,35	0,00	0,00
	2,51	-27,59	16,80	8,28	0,00	0,00
	0,00	0,00	-33,02	1,38	31,64	0,00
	0,00	0,00	0,27	-53,00	0,00	52,73
	2,51	0,00	0,27	0,00	47.167,96	63.829,25
4. Iteration	-2,51	0,88	0,25	1,38	0,00	0,00
	0,08	-0,88	0,54	0,26	0,00	0,00
	0,00	0,00	-1,06	0,04	1,02	0,00
	0,00	0,00	0,01	-1,69	0,00	1,68
	0,08	0,00	0,01	0,00	47.168,98	63.830,93
5. Iteration	-0,08	0,03	0,01	0,04	0,00	0,00
	0,00	-0,03	0,02	0,01	0,00	0,00
	0,00	0,00	-0,04	0,00	0,04	0,00
	0,00	0,00	0,00	-0,05	0,00	0,05
	0,00	0,00	0,00	0,00	0,00	0,00
	0,00	0,00	0,00	0,00	47.169,02	63.830,98

$$k_A = \frac{47.169{,}02}{230} = 205{,}08 \qquad k_B = \frac{63.830{,}98}{398} = 160{,}38$$

c)   Einzelschrittverfahren

Startlösung:

$q_1 = 150$ $\qquad\qquad$ $q_2 = 200$ $\qquad\qquad$ $q_3 = 125$ $\qquad\qquad$ $q_4 = 110$

Lösung nach einer Iteration:

$q_1 = 170$ $\qquad\qquad$ $q_2 = 254{,}09$ $\qquad\qquad$ $q_3 = 203{,}93$ $\qquad\qquad$ $q_4 = 159{,}44$

Lösung nach vier Iterationen:

$q_1 = 175{,}59$ $\qquad\qquad$ $q_2 = 255{,}87$ $\qquad\qquad$ $q_3 = 205{,}08$ $\qquad\qquad$ $q_4 = 160{,}38$

Lösungen zu Abschnitt II.3

Lösung zu Aufgabe II.3-1

Die Stückherstellkosten der Halbfabrikate der einzelnen Stufen und des Fertigfabrikats belaufen sich auf:

Halbfabrikat Stufe 1: $\quad k_{h1} = \dfrac{80.000}{4.000} = 20,00 \ [\text{€/ME}]$

Halbfabrikat Stufe 2: $\quad k_{h2} = 20,- + \dfrac{48.000}{3.800} = 32,63 \ [\text{€/ME}]$

Halbfabrikat Stufe 3: $\quad k_{h3} = 32,63 + \dfrac{60.000}{3.000} = 52,63 \ [\text{€/ME}]$

Fertigfabrikat: $\quad k_h = 52,63 + \dfrac{50.000}{2.800} = 70,49 \ [\text{€/ME}]$

Die Selbstkosten pro Stück (k_s) betragen:

$$k_s = 70,49 + \frac{20.000}{2.500} = 78,49 \ [\text{€/ME}]$$

Lösung zu Aufgabe II.3-2

a)

Ermittlung der Kosten pro Rechnungseinheit (k_{re}):

$$k_{re} = \frac{200.000}{4 \cdot 2.000 + 5 \cdot 3.000 + 1 \cdot 2.000} = 8 \ [\text{€/RE}]$$

Daraus resultieren die folgenden Stückkosten und Gesamtkosten für die einzelnen Sorten:

Sorte A: Stückkosten: $8 \cdot 4 = 32$ [€/ME]   Gesamtkosten: 64.000 [€]

Sorte B: Stückkosten: $8 \cdot 5 = 40$ [€/ME]   Gesamtkosten: 120.000 [€]

Sorte C: Stückkosten: $8 \cdot 1 = \ 8$ [€/ME]   Gesamtkosten: 16.000 [€]

b)

Ermittlung der Kosten pro Rechnungseinheit (k_{re}) für die zweite Fertigungsstufe:

$$k_{re} = \frac{69.750}{3 \cdot 1.500 + 2 \cdot 4.000 + 1 \cdot 3.000} = 4,50 \ [\text{€/RE}]$$

Daraus resultieren die folgenden stufenbezogenen Stückkosten:

Sorte A: $4,50 \cdot 3 = 13,50$ [€/ME]

Sorte B: $4,50 \cdot 2 = \ 9,00$ [€/ME]

Sorte C: $4,50 \cdot 1 = \ 4,50$ [€/ME]

Die Stückherstellkosten der Sorten ergeben sich aus den Stückkosten der ersten und der zweiten Fertigungsstufe:

Sorte A: 32,00 + 13,50   =   45,50 [€/ME]

Sorte B: 40,00 +   9,00   =   49,00 [€/ME]

Sorte C: 8,00 +   4,50   =   12,50 [€/ME]

Zur Berechnung der Stückselbstkosten sind zunächst die Vertriebskosten pro Stück zu ermitteln. Diese ergeben sich wie folgt (aufgrund der gleich hohen Kosten pro Stück ist die Berücksichtigung von Äquivalenzziffern nicht erforderlich):

$$k_A = \frac{20.000}{2.000 + 3.500 + 2.500} = 2,50 \ [€/ME]$$

Die Stückselbstkosten betragen dann:

Sorte A: 45,50 + 2,50   =   48,00 [€/ME]

Sorte B: 49,00 + 2,50   =   51,50 [€/ME]

Sorte C: 12,50 + 2,50   =   15,00 [€/ME]

Lösung zu Aufgabe II.3-3

a)

Ermittlung der Kosten pro Rechnungseinheit (k_{re1}) für die erste Stufe:

$$k_{re1} = \frac{305.000}{2 \cdot 4.000 + 3 \cdot 3.500 + 4 \cdot 3.000} = 10 \ [€/RE]$$

Daraus resultieren die folgenden Stückkosten und Gesamtkosten für die einzelnen Sorten:

Sorte A: Stückkosten: $10 \cdot 2 = 20$ [€/ME]   Gesamtkosten: 80.000 [€]

Sorte B: Stückkosten: $10 \cdot 3 = 30$ [€/ME]   Gesamtkosten: 105.000 [€]

Sorte C: Stückkosten: $10 \cdot 4 = 40$ [€/ME]   Gesamtkosten: 120.000 [€]

b)

Bei der Ermittlung der Kosten pro Recheneinheit muß beachtet werden, daß nicht die Produktionsmengen gegeben sind, sondern die Gesamtgewichte der Produktionsmengen, in denen die hier verwendeten Äquivalenzziffern bereits enthalten sind.

Ermittlung der Kosten pro Rechnungseinheit (k_{re2}) für die zweite Fertigungsstufe:

$$k_{re2} = \frac{240.000}{6.000 + 6.000 + 3.000} = 16 \ [€/RE]$$

Daraus ergeben sich die folgenden stufenbezogenen Stück- und Gesamtkosten:

Sorte A: Stückkosten: $16 \cdot 2$ =   32 [€/ME]   Gesamtkosten: 96.000 [€]

Sorte B: Stückkosten: $16 \cdot 1,5$ =   24 [€/ME]   Gesamtkosten: 96.000 [€]

Sorte C: Stückkosten: $16 \cdot 1$ =   16 [€/ME]   Gesamtkosten: 48.000 [€]

c)

Die Stückherstellkosten der Sorten ergeben sich aus den Stückkosten der ersten und der zweiten Fertigungsstufe:

Sorte A: $20 + 32 = 52$ [€/ME]

Sorte B: $30 + 24 = 54$ [€/ME]

Sorte C: $40 + 16 = 56$ [€/ME]

Ermittlung der Vertriebskosten pro Rechnungseinheit (k_{reA}):

$$k_{reA} = \frac{28.875}{2 \cdot 4.000 + 2 \cdot 3.000 + 1 \cdot 2.500} = 1,75 \ [€/RE]$$

Die Stückselbstkosten betragen dann:

Sorte A: $52 + 2 \cdot 1,75 = 55,50$ [€/ME]

Sorte B: $54 + 2 \cdot 1,75 = 57,50$ [€/ME]

Sorte C: $56 + 1,75 \quad\ \ = 57,75$ [€/ME]

Lösung zu Aufgabe II.3-4

a)

a1) Selbstkosten pro Stück $\Rightarrow k_s = \dfrac{K}{x} = \dfrac{50.000}{5.000} = 10$ [€/RE]

a2) $k_s = \dfrac{40.000}{5.000} + \dfrac{10.000}{4.000} = 10,50$ [€/RE]

a3) $k_s = \dfrac{22.000}{5.500} + \dfrac{18.000}{5.000} + \dfrac{10.000}{4.000} = 4 + 3,6 + 2,5 = 10,10$ [€/RE]

Es entstehen Lagerbestandszugänge in Höhe von 500 Stück an unfertigen und 1.000 Stück an fertigen Erzeugnissen. Diese sind zu den jeweiligen Herstellkosten zu bewerten.

Output	LB-Zugänge [ME]	Herstellkosten pro Stück [€/ME]	LB-Zugänge [€]
Zwischenprodukt	500	4	2.000
Fertigerzeugnis	1.000	$4 + 3,6 = 7,6$	7.600

a4) $k_h = 2 \cdot \dfrac{22.000}{5.500} + \dfrac{18.000}{2.500} = 8 + 7,2 = 15,20$ [€/ME]

$\quad\ \ k_s = 15,2 + \dfrac{10.000}{2.000} = 20,20$ [€/ME]

b)

b1) $k_{re} = \dfrac{70.000}{1 \cdot 2.500 + 1,2 \cdot 1.500 + 1,4 \cdot 500} = \dfrac{70.000}{5.000} = 14,00$ [€/RE]

$\quad\ \ k_{sA} = 14 \cdot 1,0 = 14,00$ [€/ME]

$\quad\ \ k_{sB} = 14 \cdot 1,2 = 16,80$ [€/ME]

$\quad\ \ k_{sC} = 14 \cdot 1,4 = 19,60$ [€/ME]

b2)

$$k_{re1} = \frac{32.000}{2.268 \cdot 1 + 860 \cdot 1,2 + 500 \cdot 1,4} = 8,00 \ [\text{€/RE}]$$

$$k_{re2} = \frac{28.000}{2.100 \cdot 5 + 1.500 \cdot 8 + 500 \cdot 11} = 1,00 \ [\text{€/RE}]$$

$$k_{reA} = \frac{10.000}{1.000 \cdot 0,9 + 1.800 \cdot 1 + 500 \cdot 2,6} = 2,50 \ [\text{€/RE}]$$

$$k_A = 8 \cdot 1 \quad + 1 \cdot 5 \quad + 2,5 \cdot 0,9 = 15,25 \ [\text{€/ME}]$$

$$k_B = 8 \cdot 1,2 + 1 \cdot 8 \quad + 2,5 \cdot 1 \quad = 20,10 \ [\text{€/ME}]$$

$$k_C = 8 \cdot 1,4 + 1 \cdot 11 + 2,5 \cdot 2,6 = 28,70 \ [\text{€/ME}]$$

Lösung zu Aufgabe II.3-5

Als Grundlage für die Ermittlung der Herstellkosten und der Selbstkosten des Auftrags müssen zunächst die Zuschlagsätze bestimmt werden. Sie betragen hier:

für die Materialgemeinkosten: $\dfrac{10.000}{64.000} = 15,625 \ [\%]$

für die Fertigungsgemeinkosten: $\dfrac{40.000}{60.000} = 66,667 \ [\%]$

für die Verwaltungsgemeinkosten: $\dfrac{12.000}{174.000} = 6,897 \ [\%]$

für die Vertriebsgemeinkosten: $\dfrac{10.000}{174.000} = 5,747 \ [\%]$

Die Herstell- und die Selbstkosten pro Stück lassen sich dann wie folgt bestimmen:

Materialeinzelkosten	800,00 [€/ME]
Materialgemeinkosten	125,00 [€/ME]
(15,625 % von 800)	
Materialkosten	925,00 [€/ME]
Fertigungseinzelkosten	640,00 [€/ME]
Fertigungsgemeinkosten	426,67 [€/ME]
(66,667 % von 640)	
Fertigungskosten	1.066,67 [€/ME]
Herstellkosten	1.991,67 [€/ME]
Verwaltungsgemeinkosten	137,37 [€/ME]
(6,897 % von 1.991,67)	
Vertriebsgemeinkosten	114,46 [€/ME]
(5,747 % von 1.991,67)	
Selbstkosten	2.243,50 [€/ME]

Lösung zu Aufgabe II.3-6

a)

Materialeinzelkosten	148,00 [€/ME]
Materialgemeinkosten	23,68 [€/ME]
Materialkosten	**171,68 [€/ME]**
Fertigungseinzelkosten I	220,00 [€/ME]
Fertigungsgemeinkosten I	132,00 [€/ME]
Fertigungseinzelkosten II	142,00 [€/ME]
Fertigungsgemeinkosten II	56,80 [€/ME]
Sondereinzelkosten der Fertigung	80,00 [€/ME]
Fertigungskosten	**630,80 [€/ME]**
Herstellkosten	**802,48 [€/ME]**
Verwaltungsgemeinkosten	160,50 [€/ME]
Vertriebsgemeinkosten	64,20 [€/ME]
Selbstkosten	**1.027,18 [€/ME]**

b)

Kosten der Fertigungsstelle I:

- mit Hilfe der Maschinenstundensatzrechnung zu verrechnende

  Kosten: 80% von 60.000 = 48.000 [€]

  Maschinenstundensatz: $\dfrac{48.000}{2.000} = 24$ [€/h]

- mit Hilfe der Zuschlagskalkulation zu verrechnende Kosten:

  20% von 60.000 = 12.000 [€]

  Zuschlagsatz: $\dfrac{12.000}{100.000} = 12$ [%]

Materialeinzelkosten	148,00 [€/ME]
Materialgemeinkosten	23,68 [€/ME]
Materialkosten	**171,68 [€/ME]**
Fertigungseinzelkosten I	220,00 [€/ME]
Maschinenabhängige Kosten	96,00 [€/ME]
Fertigungsgemeinkosten I	26,40 [€/ME]
Fertigungseinzelkosten II	142,00 [€/ME]
Fertigungsgemeinkosten II	56,80 [€/ME]
Sondereinzelkosten der Fertigung II	80,00 [€/ME]
Fertigungskosten	**621,20 [€/ME]**
Herstellkosten	**792,88 [€/ME]**
Verwaltungsgemeinkosten	158,58 [€/ME]
Vertriebsgemeinkosten	63,43 [€/ME]
Selbstkosten	**1.014,89 [€/ME]**

Lösung zu Aufgabe II.3-7

a)

Als Grundlage für die Ermittlung der Herstellkosten und der Selbstkosten müssen zunächst die Zuschlagsätze ermittelt werden. Sie betragen hier:

für die Materialgemeinkosten: $\dfrac{40.000}{128.000} = 31,25 \ [\%]$

für die Fertigungsgemeinkosten: $\dfrac{72.000}{120.000} = 60 \ [\%]$

für die Verwaltungsgemeinkosten: $\dfrac{36.000}{360.000} = 10 \ [\%]$

für die Vertriebsgemeinkosten: $\dfrac{24.000}{360.000} = 6,667 \ [\%]$

Die Herstell- und die Selbstkosten ergeben sich wie folgt:

Materialeinzelkosten	700,00 [€/ME]
Materialgemeinkosten	218,75 [€/ME]
Materialkosten	918,75 [€/ME]
Fertigungseinzelkosten	540,00 [€/ME]
Fertigungsgemeinkosten	324,00 [€/ME]
Fertigungskosten	864,00 [€/ME]
Herstellkosten	1.782,75 [€/ME]
Verwaltungsgemeinkosten	178,28 [€/ME]
Vertriebsgemeinkosten	118,91 [€/ME]
Sondereinzelkosten des Vertriebs	160,00 [€/ME]
Selbstkosten	2.239,94 [€/ME]

b)

Sondereinzelkosten der Fertigung	14.400 [€]
maschinenzeitabhängige Gemeinkosten	43.200 [€]
sonstige Gemeinkosten	14.400 [€]

Maschinenstundensatz: $\dfrac{43.200}{1.440} = 30 \ [\text{€/h}]$

Zuschlagsatz für die sonstigen Fertigungsgemeinkosten: $\dfrac{14.400}{120.000} = 12 \ [\%]$

Die Herstell- und die Selbstkosten können dann wie folgt ermittelt werden:

Materialeinzelkosten	700,00 [€/ME]
Materialgemeinkosten	218,75 [€/ME]
Materialkosten	918,75 [€/ME]
Fertigungseinzelkosten	540,00 [€/ME]
Sondereinzelkosten der Fertigung	50,00 [€/ME]
Maschinenabhängige Kosten	150,00 [€/ME]
Sonstige Fertigungsgemeinkosten	64,80 [€/ME]
Fertigungskosten	804,80 [€/ME]
Herstellkosten	1.723,55 [€/ME]
Verwaltungsgemeinkosten	172,36 [€/ME]
Vertriebsgemeinkosten	114,96 [€/ME]
Sondereinzelkosten des Vertriebs	160,00 [€/ME]
Selbstkosten	2.170,87 [€/ME]

Lösung zu Aufgabe II.3-8

a) Zuschlagsätze für:

Materialgemeinkosten: $\dfrac{20.000}{80.000} = 25 \ [\%]$

Fertigungsgemeinkosten 1: $\dfrac{360.000}{60.000} = 600 \ [\%]$

Fertigungsgemeinkosten 2: $\dfrac{200.000}{160.000} = 125 \ [\%]$

Verwaltungsgemeinkosten: $\dfrac{45.500}{910.000} = 5 \ [\%]$

Vertriebsgemeinkosten: $\dfrac{63.700}{910.000} = 7 \ [\%]$

b)

Materialeinzelkosten	140,00 [€/ME]
Materialgemeinkosten	35,00 [€/ME]
Materialkosten	175,00 [€/ME]
Fertigungseinzelkosten 1	200,00 [€/ME]
Fertigungsgemeinkosten 1	1.200,00 [€/ME]
Fertigungseinzelkosten 2	120,00 [€/ME]
Fertigungsgemeinkosten 2	150,00 [€/ME]
Sondereinzelkosten der Fertigung	30,00 [€/ME]
Fertigungskosten	1.700,00 [€/ME]
Herstellkosten	1.875,00 [€/ME]
Verwaltungsgemeinkosten	93,75 [€/ME]
Vertriebsgemeinkosten	131,25 [€/ME]
Selbstkosten	2.100,00 [€/ME]

c) Maschinenstundensatz $\Rightarrow$ $\dfrac{360.000}{1.000} = 360$ [€/h]

Materialeinzelkosten	140,00 [€/ME]
Materialgemeinkosten	35,00 [€/ME]
Materialkosten	175,00 [€/ME]
Fertigungseinzelkosten 1	200,00 [€/ME]
Fertigungsgemeinkosten 1	720,00 [€/ME]
Fertigungseinzelkosten 2	120,00 [€/ME]
Fertigungsgemeinkosten 2	150,00 [€/ME]
Sondereinzelkosten der Fertigung	30,00 [€/ME]
Fertigungskosten	1.220,00 [€/ME]
Herstellkosten	1.395,00 [€/ME]
Verwaltungsgemeinkosten	69,75 [€/ME]
Vertriebsgemeinkosten	97,65 [€/ME]
Selbstkosten	1.562,40 [€/ME]

Lösung zu Aufgabe II.3-9

a) Bedarf an Produktionsfaktor 2: $3 \cdot 200 + 5 \cdot 300 = 2.100$ [ME]

Bei dieser Menge muß ein Preis von 6 [€/ME] für R_2 gezahlt werden.

b)

	X		Y		
	pro Stück	Gesamt	pro Stück	gesamt	**gesamt**
Materialeinzelkosten R_1	8,00	1.600	40,00	12.000	13.600
Materialeinzelkosten R_2	18,00	3.600	30,00	9.000	12.600
Materialeinzelkosten gesamt	26,00	5.200	70,00	21.000	26.200
Materialgemeinkosten	7,80	1.560	21,00	6.300	7.860
Materialkosten	33,80	6.760	91,00	27.300	34.060
Fertigungseinzelkosten 1	6,00	1.200	8,80	2.640	3.840
Fertigungsgemeinkosten 1	30,00	6.000	44,00	13.200	19.200
Fertigungskosten 1	36,00	7.200	52,80	15.840	23.040
Fertigungseinzelkosten 2	4,50	900	1,20	360	1.260
Fertigungsgemeinkosten 2	60,00	12.000	40,00	12.000	24.000
Sondereinzelkosten der Fertigung			18,00	5.400	5.400
Fertigungskosten 2	64,50	12.900	59,20	17.760	30.660
Fertigungskosten	100,50	20.100	112,00	33.600	53.700
Herstellkosten	**134,30**	**26.860**	**203,00**	**60.900**	**87.760**
Verwaltungs- und Vertriebskosten	20,15	4.029	30,45	9.135	13.164
Selbstkosten	**154,45**	**30.889**	**233,45**	**70.035**	**100.924**

Lösung zu Aufgabe II.3-10

a)

Ermittlung des günstigeren Lieferanten:

Lieferant L1:

Rohstoffkosten pro Stück P1: $3 \cdot 3,5 + 6 \cdot 8 + 4 \cdot 6 = 82,5$ [€/ME]

Rohstoffkosten pro Stück P2: $7 \cdot 3,5 + 4 \cdot 8 + 5 \cdot 6 = 86,5$ [€/ME]

Gesamtes Einkaufsvolumen: $82,5 \cdot 400 + 86,5 \cdot 200 = 50.300$ [€]

Lieferant L2:

Rohstoffkosten pro Stück P1: $3 \cdot 3 + 6 \cdot 6 + 4 \cdot 8 = 77$ [€/ME]

Rohstoffkosten pro Stück P2: $7 \cdot 3 + 4 \cdot 6 + 5 \cdot 8 = 85$ [€/ME]

Gesamtes Einkaufsvolumen: $77 \cdot 400 + 85 \cdot 200 = 47.800$ [€]

$\Rightarrow$ Die Rohstoffe sollten von Lieferant L2 bezogen werden.

Zuschlagsätze:

für die Materialgemeinkosten: $\dfrac{16.730}{47.800} = 35$ [%]

für die Fertigungsgemeinkosten von F1: $\dfrac{10.560}{10 \cdot 400 + 13 \cdot 200} = 160\,[\%]$

für die Verwaltungsgemeinkosten: $\dfrac{16.758}{116.563} = 14,38\,[\%]$

für die Vertriebsgemeinkosten: $\dfrac{8.379}{116.563} = 7,19\,[\%]$

Kalkulation:

	P1		P2		
	pro Stück	Gesamt	pro Stück	Gesamt	**gesamt**
Materialeinzelkosten	77,00	30.800,00	85,00	17.000,00	47.800
Materialgemeinkosten	26,95	10.780,00	29,75	5.950,00	16.730
Materialkosten	103,95	41.580,00	114,75	22.950,00	64.530
Fertigungseinzelkosten F1	10,00	4.000,00	13,00	2.600,00	6.600
Fertigungsgemeinkosten F1	16,00	6.400,00	20,80	4.160,00	10.560
Fertigungskosten F1	26,00	10.400,00	33,80	6.760,00	17.160
Fertigungskosten F2	39,00	15.600,00	52,00	10.400,00	26.000
Fertigungskosten	65,00	26.000,00	85,80	17.160,00	43.160
Herstellkosten der Produktion	**168,95**	**67.580,00**	**200,55**	**40.110,00**	**107.690**
Herstellkosten des Umsatzes		84.475,00		32.088,00	116.563
Verwaltungskosten	24,29	12.144,78	28,83	4.613,22	16.758
Vertriebskosten	12,14	6.072,39	14,42	2.306,61	8.379
Sondereinzelkosten Vertrieb		6,25	1.000,00	1.000	
Selbstkosten	**205,38**	**102.692,17**	**250,05**	**40.007,83**	**142.700**

b)

Herstellkosten des Umsatzes P1: $400 \cdot 168{,}95 + 100 \cdot 168{,}95 \cdot 0{,}95 = 83.630{,}25$ [€]

Zuschlagsatz für die Verwaltungsgemeinkosten: $\dfrac{16.758}{115.718{,}25} = 14{,}48$ [%]

Zuschlagsatz für die Vertriebsgemeinkosten: $\dfrac{8.379}{115.718{,}25} = 7{,}24$ [%]

	P1	P2	gesamt
Herstellkosten des Umsatzes	83.630,25	32.088,00	115.718,25
Verwaltungskosten	12.111,10	4.646,90	16.758,00
Vertriebskosten	6.055,55	2.323,45	8.379,00
Sondereinzelkosten Vertrieb		1.000,00	1.000,00
Selbstkosten gesamt	**101.796,90**	**40.058,35**	**141.855,25**
Selbstkosten pro Stück	**203,59**	**250,36**	

Lösung zu Aufgabe II.3-11

a)

a1)

Stufe	1	2	3	4	5
Kosten einer Stufe (einschließlich Rohstoffeinsatz)	32.000	30.000	50.000	10.000	40.000
		12.800	12.800	6.400	
		42.800	62.800	16.400	40.000
					62.800
				16.400	102.800
Kostenträger	A	B	C	D	E
Gesamtkosten	23.777,78	19.022,22	102.800	11.480	4.920
Produktionsmenge	500	400	900	350	150
Stückkosten	47,56	47,56	114,22	32,80	32,80

a2)

$$k_{re} = \frac{162.000}{50 \cdot 500 + 40 \cdot 400 + 130 \cdot 900 + 20 \cdot 350 + 30 \cdot 150} = 0{,}9557522 \ [\text{€/RE}]$$

$k_{hA} = 47{,}79$ [€/ME] $K_{hA} = 23.893{,}81$ [€]

$k_{hB} = 38{,}23$ [€/ME] $K_{hB} = 15.292{,}04$ [€]

$k_{hC} = 124{,}25$ [€/ME] $K_{hC} = 111.823{,}01$ [€]

$k_{hD} = 19{,}12$ [€/ME] $K_{hD} = 6.690{,}27$ [€]

$k_{hE} = 28{,}67$ [€/ME] $K_{hE} = 4.300{,}88$ [€]

a3) Verteilung der Kosten von Stufe 1:

Verwertungsüberschuß Teilprozeß Stufe 2 (Umsatz - Weiterverarbeitungskosten):

$$500 \cdot 50 + 400 \cdot 40 - 30.000 = 11.000 \ [\text{€}]$$

Verwertungsüberschuß Teilprozeß Stufe 3: $900 \cdot 130 - 50.000 - 40.000 = 27.000 \ [\text{€}]$

Verwertungsüberschuß Teilprozeß Stufe 4: $350 \cdot 20 + 150 \cdot 30 - 10.000 = 1.500 \ [\text{€}]$

Zugeordnete Kosten:

Teilprozeß Stufe 2: $\dfrac{32.000}{11.000 + 27.000 + 1.500} \cdot 11.000 \quad = 8.911,39 \ [\text{€}]$

Teilprozeß Stufe 3: $0,8101 \cdot 27.000 \qquad\qquad\qquad = 21.873,42 \ [\text{€}]$

Teilprozeß Stufe 4: $0,8101 \cdot \ 1.500 \qquad\qquad\qquad = \ 1.215,19 \ \text{€}]$

Verteilung der Kosten von Stufe 2:

Verwertungsüberschuß Kostenträger A: $500 \cdot 50 = 25.000 \ [\text{€}]$

Verwertungsüberschuß Kostenträger B: $400 \cdot 40 = 16.000 \ [\text{€}]$

Gesamtkosten:

Kostenträger A: $\dfrac{30.000 + 8.911,39}{25.000 + 16.000} \cdot 25.000 = 23.726,46 \ [\text{€}]$

Kostenträger B: $0,9491 \qquad\qquad \cdot 16.000 = 15.184,93 \ [\text{€}]$

Verteilung der Kosten von Stufe 3:

Die gesamten Kosten werden auf den Teilprozeß Stufe 5 verrechnet.

Zugeordnete Kosten:

Teilprozeß Stufe 5: $21.873,42 + 50.000 + 40.000 = 111.873,42 \ [\text{€}]$

Weiterverrechnung auf Kostenträger C:

Gesamtkosten Kostenträger C: $\qquad\qquad\qquad = 111.873,42 \ [\text{€}]$

Verteilung der Kosten von Stufe 4:

Verwertungsüberschuß Kostenträger D: $350 \cdot 20 = 7.000 \ [\text{€}]$

Verwertungsüberschuß Kostenträger E: $150 \cdot 30 = 4.500 \ [\text{€}]$

Gesamtkosten:

Kostenträger D: $\dfrac{10.000 + 1.215,19}{7.000 + 4.500} \cdot 7.000 \quad = 6.826,64 \ [\text{€}]$

Kostenträger E: $0,9752 \qquad\qquad \cdot 4.500 \quad = 4.388,55 \ [\text{€}]$

Die Stück- und Gesamtherstellkosten der Produktarten A - E lauten dann:

$k_{hA} = 47,45 \ [\text{€/ME}] \qquad K_{hA} = 23.726,46 \ [\text{€}]$

$k_{hB} = 37,96 \ [\text{€/ME}] \qquad K_{hB} = 15.184,93 \ [\text{€}]$

$k_{hC} = 124,30 \ [\text{€/ME}] \qquad K_{hC} = 111.873,42 \ [\text{€}]$

$k_{hD} = 19,50 \ [\text{€/ME}] \qquad K_{hD} = \ 6.826,64 \ [\text{€}]$

$k_{hE} = 29,26 \ [\text{€/ME}] \qquad K_{hE} = \ 4.388,55 \ [\text{€}]$

b) $k_{hC} = \dfrac{162.000 - (50 \cdot 500 + 40 \cdot 400 + 20 \cdot 350 + 30 \cdot 150)}{900} = 121,67 \ [\text{€/ME}]$

Lösung zu Aufgabe II.3-12

a) Produktionsmengen:

$$X_1: \quad 4.000 \cdot ((0,5 \cdot 0,5 + 0,1 \cdot 0,8) \cdot 0,5) \quad = 660 \ [l]$$
$$X_2: \quad 4.000 \cdot ((0,2 + 0,5 \cdot 0,3) \cdot 0,5 \cdot 0,4) = 280 \ [l]$$
$$A_1: \quad 4.000 \cdot (0,1 \cdot 0,2) \qquad\qquad\quad = 80 \ [l]$$
$$A_2: \quad 4.000 \cdot ((0,5 \cdot 0,5 + 0,1 \cdot 0,8) \cdot 0,1) = 132 \ [l]$$

b)

Maximal zulässige Menge von A_1 = 60 $\Rightarrow$ es darf eine Rohstoffmenge von 3.000 ME eingesetzt werden.

Maximal zulässige Menge von A_2 = 105 $\Rightarrow$ die Rohstoffmenge darf nur 3.181,82 ME betragen.

Die kleinere der beiden Rohstoffmengen wirkt begrenzend, daher dürfen maximal 3.000 ME des Rohstoffes eingesetzt werden.

c)

Als Hauptprodukt wird das Produkt mit dem höheren, X_1, gewählt.

$$k_{X_1} = \frac{290.000 - 300 \cdot 280 + 20 \cdot 80 + 450 \cdot 132}{660} = 404,55 \ [\text{€/l}]$$

d)

Stufe	1	2	3	4	5	6
Kosten einer Stufe (einschließlich Rohstoffeinsatz)	140.000,00	20.000,00 ↻ 87.500,00	30.000,00 17.500,00	20.000,00 35.000,00	70.000,00	10.000,00
		107.500,00 ↻	47.500,00	55.000,00 40.312,50	70.000,00 67.187,50	10.000,00
			47.500,00 -38.000,00	95.312,50	137.187,50 38.000,00	10.000,00
					↻	95.312,50
			9.500,00		175.187,50	105.312,50
			↓	↙↓	↓	↓
Kostenträger			A_1	A_2	X_1	X_2
Gesamtkosten			9.500,00	29.197,92	145.989,58	105.312,50
Produktionsmenge			80	132	660	280
Stückkosten			118,75	221,20	221,20	376,12

Lösung zu Aufgabe II.3-13

a)

Stufe	1	2
Kosten einer Stufe (einschließlich Rohstoffeinsatz)	170.000 / -136.000 / 34.000	60.000 / 136.000 / 196.000

Kostenträger	S1	S3	G1
Gesamtkosten [GE]	34.000	78.400	117.600
Produktionsmenge [t]	56	89,6	134,4
Stückkosten [GE/t]	607,14	875	875

b) $\quad k_{G1} = \dfrac{230.000 - 56 \cdot 600 - 89,6 \cdot 700}{134,4} = 994,64\,[\text{GE/t}]$

c)

Materialkosten der Farbpigmente: $\qquad 320 \cdot 0,1 \cdot 1.200 = 38.400\,[\text{GE}]$

Fertigungsgemeinkostenzuschlagsatz Stufe 3: $\quad \dfrac{80.000}{40.000} = 200\ [\%]$

Maschinenstundensatz Stufe 3: $\qquad \dfrac{120.000}{160} = 750\ [\text{GE/h}]$

Maschinenstundensatz Stufe 4: $\qquad \dfrac{90.640}{220} = 412\ [\text{GE/h}]$

Materialeinzelkosten G1	96.000,00 [GE]
Materialeinzelkosten G2	30.000,00 [GE]
Materialeinzelkosten G3	40.000,00 [GE]
Materialeinzelkosten Farbpigmente	38.400,00 [GE]
Materialkosten	204.400,00 [GE]
Fertigungseinzelkosten 3	12.000,00 [GE]
Fertigungsgemeinkosten 3	24.000,00 [GE]
maschinenabhängige Gemeinkosten 3	30.000,00 [GE]
Fertigungseinzelkosten 4	5.000,00 [GE]
maschinenabhängige Gemeinkosten 4	16.480,00 [GE]
Fertigungskosten	87.480,00 [GE]
Herstellkosten der Produktion	291.880,00 [GE]
Herstellkosten des Umsatzes	428.760,00 [GE]
Verwaltungs- und Vertriebsgemeinkosten	85.752,00 [GE]
Selbstkosten	514.512,00 [GE]

Herstellkosten pro Stück: $\dfrac{291.880}{352} = 829,20\,[\text{GE/t}]$

Herstellkosten des Umsatzes: $900 \cdot 200 + 829,20 \cdot 300 = 428.760\,[\text{GE}]$

Lösung zu Aufgabe II.3-14

April

Gesamtkostenverfahren

Betriebsergebniskonto			
Herstellkosten	450	Umsatz	500
		Wert der Bestandserhöhung	150
Betriebsgewinn	200		
	650		650

Umsatzkostenverfahren

Betriebsergebniskonto			
Herstellkosten	300	Umsatz	500
Betriebsgewinn	200		
	500		500

Mai

Gesamtkostenverfahren

Betriebsergebniskonto			
Herstellkosten	300	Umsatz	750
Wert der Bestandsminderung	150		
Betriebsgewinn	300		
	750		750

Umsatzkostenverfahren

Betriebsergebniskonto			
Herstellkosten	450	Umsatz	750
Betriebsgewinn	300		
	750		750

Lösung zu Aufgabe II.3-15

Gesamtkostenverfahren

Betriebsergebniskonto			
Materialkosten	25.000	Umsatz A	20.700
Fertigungskosten	35.500	Umsatz B	72.000
Vertriebskosten	11.300	Wert der Bestandserhöhung A	1.000
Wert der Bestandsminderung B	6.000		
Betriebsgewinn	15.900		
	93.700		93.700

Umsatzkostenverfahren

Betriebsergebniskonto			
Selbstkosten A	13.800	Umsatz A	20.700
Selbstkosten B	63.000	Umsatz B	72.000
Betriebsgewinn	15.900		
	92.700		92.700

Lösung zu Aufgabe II.3-16

Bestimmung der Absatzmengen:

'Silberbären': $\dfrac{53.000}{10,00} = 5.300$ [Dose]

'Fruchtbären': $\dfrac{39.000}{13,00} = 3.000$ [Dose]

Ermittlung der Herstell- und Selbstkosten pro Dose und gesamt:

	'Silberbären'		'Fruchtbären'		gesamt
	pro Dose	gesamt	pro Dose	gesamt	
Materialkosten	2,00	10.000	3,00	9.600	19.600
Fertigungskosten	4,00	20.000	6,00	19.200	39.200
Herstellkosten d. Produktion	6,00	30.000	9,00	28.800	58.800
Herstellkosten d. Umsatzes	-	31.800	-	27.000	58.800
Vertriebskosten	1,00	5.300	2,00	6.000	11.300
Selbstkosten	7,00	37.100	11,00	33.000	70.100

Ermittlung der Wert der Bestandsveränderungen:

'Silberbären': $(5.000 - 5.300) \cdot 6,00 = -1.800$ [€]

'Fruchtbären': $(3.200 - 3.000) \cdot 9,00 = 1.800$ [€]

Gesamtkostenverfahren:

Betriebsergebniskonto

Materialkosten	19.600	Umsatz 'Silberbären'	53.000
Fertigungskosten	39.200	'Fruchtbären'	39.000
Vertriebskosten	11.300	Wert der Bestandserh. 'Fruchtbären'	1.800
Wert der Bestandsmind. 'Silberbären'	1.800		
Betriebsgewinn	21.900		
Summe	93.800		93.800

Umsatzkostenverfahren:

Betriebsergebniskonto

Selbstkosten 'Silberbären'	37.100	Umsatz: 'Silberbären'	53.000
Selbstkosten 'Fruchtbären'	33.000	'Fruchtbären'	39.000
Betriebsgewinn	21.900		
Summe	92.000		92.000

Lösung zu Aufgabe II.3-17

a)

Materialeinzelkosten: $5.000 \cdot 8 + 4.000 \cdot 15 = 100.000$ [€]

Materialgemeinkosten-Zuschlagsatz: $\dfrac{20.000}{100.000} = 20$ [%]

Fertigungskosten pro Minute: $\dfrac{120}{60} = 2$ [€/min]

Zuschlagsatz für Verwaltungs- und Vertriebsgemeinkosten: $\dfrac{38.340}{19{,}6 \cdot 3.500 + 34 \cdot 5.500} = 15$ [%]

	A		B		gesamt
	pro ME	gesamt	pro ME	gesamt	
Materialeinzelkosten	8,00	40.000	15,00	60.000	100.000
Materialgemeinkosten	1,60	8.000	3,00	12.000	20.000
Materialkosten	9,60	48.000	18,00	72.000	120.000
Fertigungskosten	10,00	50.000	16,00	64.000	114.000
Herstellkosten der Produktion	**19,60**	**98.000**	**34,00**	**136.000**	**234.000**
Herstellkosten des Umsatzes		68.600		187.000	255.600
Verwaltungs- und Vertriebsgemeinkosten	2,94	10.290	5,10	28.050	38.340
Selbstkosten	**22,54**	**78.890**	**39,10**	**215.050**	**293.940**

b)

Gesamtkostenverfahren

Betriebsergebniskonto

Materialkosten	120.000	Umsatz A	105.000
Fertigungskosten	114.000	Umsatz B	220.000
Verwaltungs- und		Wert der Bestandserh. A	29.400
Vertriebskosten	38.340		
Wert der Bestandsmind. B	51.000		
Betriebsgewinn	31.060		
	354.400		354.400

Umsatzkostenverfahren

Betriebsergebniskonto

Selbstkosten A	78.890	Umsatz A	105.000
Selbstkosten B	215.050	Umsatz B	220.000
Betriebsgewinn	31.060		
	325.000		325.000

c)

c1) Bestandsfolgeverfahren FIFO

Stückherstellkosten der Vorperiode

A: $19{,}6 \cdot 0{,}9 = 17{,}64$ [€/ME]

B: $34{,}0 \cdot 0{,}9 = 30{,}60$ [€/ME]

Gesamtkostenverfahren

Betriebsergebniskonto

Materialkosten	120.000	Umsatz A	105.000
Fertigungskosten	114.000	Umsatz B	220.000
Verwaltungs- und		Wert der Bestandserh. A	31.360
Vertriebskosten	38.340		
Wert der Bestandsmind. B	44.200		
Betriebsgewinn	39.820		
	356.360		356.360

Ermittlung der Werte der Bestandsveränderungen (ΔB):

A: AB = 1.000 · 17,64 = 17.640

EB = 2.500 · 19,6 = 49.000 ΔB = 31.360

B: AB = 2.000 · 30,6 = 61.200

EB =   500 · 34   = 17.000 ΔB = -44.200

Umsatzkostenverfahren

Betriebsergebniskonto

Selbstkosten A	76.990,74	Umsatz A	105.000,00
Selbstkosten B	208.189,26	Umsatz B	220.000,00
Betriebsgewinn	39.820,00		
	325.000,00		325.000,00

Bestimmung der Selbstkosten:

	Produkt A	Produkt B
	1.000 ·17,64 = 17.640	2.000 · 30,6 = 61.200
	2.500 · 19,6 = 49.000	3.500 · 34,0 = 119.000
Herstellkosten	66.640	180.200
Vw+Vt-Kosten (15,53%)	10.350,74	27.989,26
Selbstkosten	76.990,74	208.189,26

Herstellkosten gesamt : 66.640 + 180.200 = 246.840 [€]

Zuschlagsatz für Verwaltungs- und Vertriebsgemeinkosten: $\dfrac{38.340}{246.840} = 15,53$ [%]

c2) Bestandsfolgeverfahren LIFO

Gesamtkostenverfahren

Betriebsergebniskonto

Materialkosten	120.000	Umsatz A	105.000
Fertigungskosten	114.000	Umsatz B	220.000
Verwaltungs- und		Wert der Bestandserh. A	29.400
Vertriebskosten	38.340		
Wert der Bestandsmind. B	45.900		
Betriebsgewinn	36.160		
	354.400		354.400

Ermittlung der Werte der Bestandsveränderungen:

A: AB = 1.000 · 17,64 = 17.640

EB = 1.000 · 17,64 + 1.500 · 19,60 = 47.040 ΔB = 29.400

B: AB = 2.000 · 30,6 = 61.200

EB =   500 · 30,6 = 15.300 ΔB = -45.900

Umsatzkostenverfahren

Betriebsergebniskonto

Selbstkosten A	79.099,50	Umsatz A	105.000
Selbstkosten B	209.740,50	Umsatz B	220.000
Betriebsgewinn	36.160		
	325.000		325.000

Bestimmung der Selbstkosten:

	Produkt A	Produkt B
	$3.500 \cdot 19,6 = 68.600$	$1.500 \cdot 30,6 = 45.900$
		$4.000 \cdot 34,0 = 136.000$
Herstellkosten	68.600	181.900
Vw+Vt-Kosten (15,31%)	10.499,5	27.840,5
Selbstkosten	79.099,5	209.740,5

Herstellkosten gesamt : $68.600 + 181.900 = 250.500$ [€]

Zuschlagsatz für Verwaltungs- und Vertriebsgemeinkosten: $\dfrac{38.340}{250.500} = 15,31$ [%]

c3) Durchschnittsbewertung

A: $\dfrac{1.000 \cdot 17,64 + 5.000 \cdot 19,6}{6.000} = \dfrac{115.640}{6.000} = 19,27$ [€/ME]

B: $\dfrac{2.000 \cdot 30,6 + 4.000 \cdot 34}{6.000} = \dfrac{197.200}{6.000} = 32,87$ [€/ME]

Gesamtkostenverfahren

Betriebsergebniskonto

Materialkosten	120.000	Umsatz A	105.000
Fertigungskosten	114.000	Umsatz B	220.000
Verwaltungs- und Vertriebskosten	38.340	Wert der Bestandserh. A	30.535
Wert der Bestandsmind. B	44.765		
Betriebsgewinn	38.430		
	355.535		355.535

Ermittlung der Werte der Bestandsveränderungen:

A: AB = $1.000 \cdot 17,64$ = 17.640

EB = $2.500 \cdot 19,27$ = 48.175 ΔB = 30.535

B: AB = $2.000 \cdot 30,6$ = 61.200

EB = $500 \cdot 32,87$ = 16.435 ΔB = -44.765

Umsatzkostenverfahren

Betriebsergebniskonto

Selbstkosten A	77.862,12	Umsatz A	105.000,00
Selbstkosten B	208.707,88	Umsatz B	220.000,00
Betriebsgewinn	38.430,00		
	325.000,00		325.000,00

Bestimmung der Selbstkosten:

	Produkt A	Produkt B
	$3.500 \cdot 19,27 = \quad 67.445,00$	$5.500 \cdot 32,87 = \quad 180.785,00$
Herstellkosten	67.445,00	180.785,00
Vw+Vt-Kosten (15,45%)	10.417,12	27.922,88
Selbstkosten	77.862,12	208.707,88

Herstellkosten gesamt : 67.445 + 180.785 = 248.230 [€]

Zuschlagsatz für Verwaltungs- und Vertriebsgemeinkosten: $\dfrac{38.340}{248.230} = 15,45 \ [\%]$

Lösungen zu Teil III

Lösung zu Aufgabe III.1-1

a)

Gewinn = Umsatz - Kosten

Gewinn = 1.620.000 - (540.000 + 480.000 + 240.000) = 360.000 [€]

b)

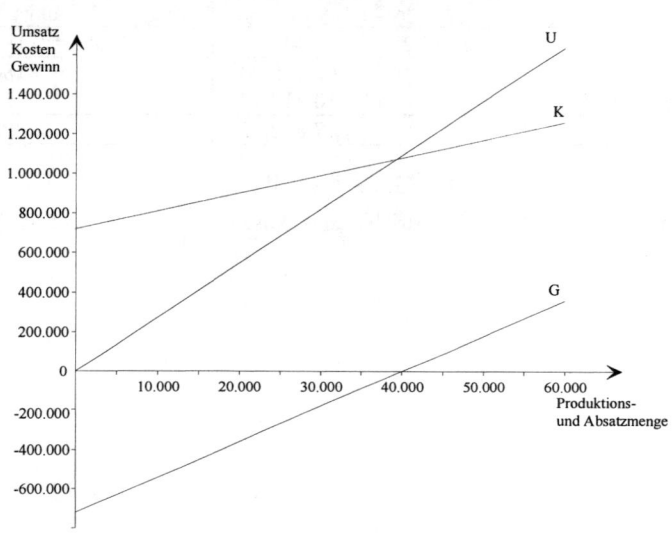

c)

Variable Kosten sind lediglich die Materialeinzelkosten. Die variablen Stückkosten betragen daher:

$$\text{variable Stückkosten} = \frac{540.000}{60.000} = 9 \ [€]$$

Der Stückdeckungsbeitrag (Verkaufspreis - variable Stückkosten) beläuft sich auf:

$$27 - 9 = 18 \ [€]$$

Die Break-Even-Menge läßt sich gemäß der folgenden Formel bestimmen:

$$x_{BE} = \frac{K_f}{p - k_v}$$

Sie beträgt hier:

$$x_{BE} = \frac{720.000}{18} = 40.000 \ [ME]$$

Lösung zu Aufgabe III.1-2

a) Stückdeckungsbeitrag = Preis - variable Stückkosten = 30 - 20 = 10 [€]

$$\text{Break - Even - Menge} = \frac{\text{Fixkosten}}{\text{Stückdeckungsbeitrag}} = \frac{100.000}{10} = 10.000 \quad [\text{ME}]$$

Gewinnmaximale Produktions- und Absatzmenge = 40.000 [ME]

b) $p(x) = 60 - 0,001x$

$x_{opt} \Rightarrow DB_{max}$

$DB = U - K_v$

$U = p(x) \cdot x \qquad K_v = k_v \cdot x$

$DB = (60 - 0,001x) \cdot x - 20x$

$DB = 40x - 0,001x^2$

$DB' = 40 - 2 \cdot 0,001x = 0$

$\Rightarrow x_{opt} = 20.000 \quad [\text{ME}] \qquad \Rightarrow p_{opt} = 40 \quad [\text{€}]$

Lösung zu Aufgabe III.1-3

	A	B	C	D
Umsatz [€]	107.300	163.200	120.400	107.100
- variable Kosten [€]	63.800	112.200	67.200	57.800
= Deckungsbeitrag I [€]	43.500	51.000	53.200	49.300
- Erzeugnisfixkosten [€]	10.700	20.400	15.800	13.700
= Deckungsbeitrag II [€]	32.800	30.600	37.400	35.600
- Erzeugnisgruppenfixkosten [€]	19.000		15.000	
= Deckungsbeitrag III [€]	44.400		58.000	
- Betriebsfixkosten [€]	22.000			
= Periodenerfolg [€]	80.400			

Lösung zu Aufgabe III.1-4

a)

	A	B	C	D
maximale Absatzmenge [ME]	100	60	120	90
Absatzpreis [€/ME]	26	10,5	20	14
variable Stückkosten [€/ME]	16	9	14	10
Stückdeckungsbeitrag [€/ME]	10	1,5	6	4
Kapazitätsbeanspruchung [ZE/ME]	2	1	3	1,5
relativer Deckungsbeitrag [€/ZE]	5	1,5	2	2,67
Rangfolge	I	IV	III	II
Produktions- und Absatzmenge [ME]	100	0	80	90
Kapazitätsbedarf [ZE]	200	0	240	135

b) $PUG_i = k_{vi} + db_{rk} \cdot a_i$

$PUG_A = 16 + 2 \cdot 2 \quad = 20 \; [\text{€/ME}]$

$PUG_B = 9 + 2 \cdot 1 \quad = 11 \; [\text{€/ME}]$

$PUG_D = 10 + 2 \cdot 1,5 = 13 \; [\text{€/ME}]$

C ist Grenzprodukt:

Preisuntergrenze für die Eliminierung von C aus dem Programm (C wird durch B verdrängt):

$PUG_{C1} = 14 + 1,5 \cdot 3 \; = 18,5 \; [\text{€/ME}]$

Preisuntergrenze für die Fertigung von C bis zur Absatzhöchstmenge (C verdrängt D):

$PUG_{C2} = 14 + 2,67 \cdot 3 \; = 22,01 \; [\text{€/ME}]$

Lösung zu Aufgabe III.1-5

a)

	A	B	C	D	E
maximale Absatz-/Bedarfsmenge [ME]	80	40	150	80	120
Preis [€/ME]	28	9,9	17,9	9,9	20
variable Stückkosten [€/ME]	14	8,3	10,9	6,9	16
Stückdeckungsbeitrag/Stückkostendifferenz [€/ME]	14	1,6	7	3	4
Kapazitätsbeanspruchung [ZE/ME]	4	2	1,4	1	1
relativer Deckungsbeitrag/relative Kostenersparnis [€/ZE]	3,5	0,8	5	3	4
Rangfolge	III	V	I	IV	II
Produktions- und Absatzmenge [ME]	80	0	150	70	120
Kapazitätsbedarf [ZE]	320	0	210	70	120

b) $PUG_A = 14 + 3 \cdot 4 \quad = 26 \; [\text{€/ME}]$

$PUG_B = 8,3 + 3 \cdot 2 \quad = 14,3 \; [\text{€/ME}]$

$PUG_C = 10,9 + 3 \cdot 1,4 = 15,1 \; [\text{€/ME}]$

$POG_E = 16 + 3 \cdot 1 \quad = 19 \; [\text{€/ME}]$

D ist Grenzprodukt:

Preisuntergrenze für die Eliminierung von D aus dem Programm (D wird durch B verdrängt):

$PUG_{D1} = 6,9 + 0,8 \cdot 1 \; = 7,7 \; [\text{€/ME}]$

Preisuntergrenze für die Fertigung von D bis zur Absatzhöchstmenge (D verdrängt A):

$PUG_{D2} = 6,9 + 3,5 \cdot 1 \; = 10,4 \; [\text{€/ME}]$

c) Verdrängung:

Freie Kapazität	=	30 [ZE]	$\Rightarrow$	30 [ME] E
40 [ME] von B	=	80 [ZE]	$\Rightarrow$	80 [ME] E
10 [ME] von D	=	10 [ZE]	$\Rightarrow$	10 [ME] E
		120 [ZE]		120 [ME] E

$$POG_E = k_{vE} + \frac{db_B \cdot \Delta x_B + db_D \cdot \Delta x_D}{x_E}$$

$$POG_E = 16 + \frac{1,6 \cdot 40 + 3 \cdot 10}{120} = 16,78 \ [\text{€/ME}]$$

Lösung zu Aufgabe III.1-6

a)

Produkt	1	2	3	4	5
maximale Absatz-/Bedarfsmenge [ME]	200	800	400	400	600
Preis [€/ME]	68	90	110	55	160
variable Stückkosten [€/ME]	60	55	40	40	140
Stückdeckungsbeitrag/Stückkostendifferenz [€/ME]	8	35	70	15	20
Kapazitätsbeanspruchung [ZE/ME]	10	7	20	5	5
relativer Deckungsbeitrag/relative Kostenersparnis [€/ZE]	0,8	5	3,5	3	4
Rang	V	I	III	IV	II
Produktions- und Absatzmenge [ME]	0	800	400	280	600
Kapazitätsbedarf [ZE]	0	5.600	8.000	1.400	3.000

b) $PUG_1 = 60 + 3 \cdot 10 = 90 \ [\text{€/ME}]$

$PUG_2 = 55 + 3 \cdot 7 = 76 \ [\text{€/ME}]$

$PUG_3 = 40 + 3 \cdot 20 = 100 \ [\text{€/ME}]$

P4 ist Grenzprodukt:

Preisuntergrenze für die Eliminierung von P4 (P4 wird durch P1 verdrängt):

$PUG_4 = 40 + 0,8 \cdot 5 = 44 \ [\text{€/ME}]$

Preisuntergrenze für die Fertigung von P4 bis zur Absatzhöchstmenge (P4 verdrängt P3):

$PUG_4 = 40 + 3,5 \cdot 5 = 57,5 \ [\text{€/ME}]$

c)

c1) Der Bedarf ist vollständig durch Eigenfertigung oder Fremdbezug zu decken.

Verdrängung:

Freie Kapazität	=	400 [ZE]	$\Rightarrow$	80 [ME]	P5
200 [ME] von P1	=	2.000 [ZE]	$\Rightarrow$	400 [ME]	P5
120 [ME] von P4	=	600 [ZE]	$\Rightarrow$	120 [ME]	P5
		3.000 [ZE]		600 [ME]	P5

$$POG = k_{v5} + \frac{db_1 \cdot \Delta x_1 + db_4 \cdot \Delta x_4}{x_5}$$

$$POG = 140 + \frac{8 \cdot 200 + 15 \cdot 120}{600} = 145,67 \ [\text{€/ME}]$$

c2) Eigenfertigungsmengen in Abhängigkeit vom Bezugspreis q:

$$0 \leq q \leq 140 \qquad \Rightarrow x = 0 \qquad \Rightarrow \text{Bezugspreis ist geringer als die}$$
$$140 < q \leq 140 + 0,8 \cdot 5 \quad \Rightarrow x = 80 \qquad \text{variablen Stückkosten.}$$
$$144 < q \leq 140 + 3 \cdot 5 \quad \Rightarrow x = 480$$
$$q > 155 \qquad \qquad \Rightarrow x = 600$$

(x = Menge, die durch Eigenfertigung bereitgestellt wird)

d)

Fremdbezug des Zubehörteils:

DB der Produkte 1-4		= 63.600
Kosten des Fremdbezugs	= 160 · 600	= 96.000
Gewinn-/Verlustbeitrag		= - 32.400

Eigenfertigung des Zubehörteils:

DB der Produkte 1-4		= 60.200
Kosten der Fertigung von P5 = 140 · 600		= 84.000
Gewinn-/Verlustbeitrag		= - 23.800

Gewinnveränderung = -23.800 – (-32.400) = 8.600 [€]

Lösung zu Aufgabe III.1-7

a)

Zielfunktion :

$$(27 - 25) x_1 + (13 - 10) x_2 \quad \Rightarrow \text{Max}$$
$$2 x_1 + 3 x_2 \quad \Rightarrow \text{Max}$$

Nebenbedingungen :

I	$3 x_1 + 3 x_2$	$\leq$	600
II	$2 x_1 + 5 x_2$	$\leq$	500
	x_1, x_2	$\geq$	0

b)

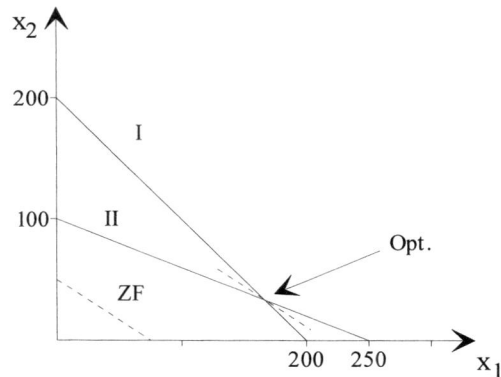

Schnittpunkt von I und II

    I $3x_1 + 3x_2 = 600$

    II $2x_1 + 5x_2 = 500$

    $x_2 = 33{,}33$ [ME]

    $x_1 = 166{,}67$ [ME]

    $G_B = 433{,}33$ [€]

c)   Restriktion I verschiebt sich, da die Kapazität sinkt.

    Schnittpunkt von I und II bleibt Optimalpunkt.

    I $3x_1 + 3x_2 = 600 - 30$

    II $2x_1 + 5x_2 = 500$

    $x_2 = 40$ [ME]

    $x_1 = 150$ [ME]

    $G_B = 420$ [€]

Um den gleichen Gewinn zu erreichen, muß das Unternehmen 13,33 € für die Vermietung verlangen.

Lösung zu Aufgabe III.1-8

Zielfunktion :

$(100-80)\,x_1 + (100-70)\,x_2 \Rightarrow$ Max x_1 = deutsche Trikots

      $20\,x_1 + \quad\quad 30\,x_2 \Rightarrow$ Max x_2 = italienische Trikots

Nebenbedingungen :

    I $3\,x_1 + 2\,x_2 \leq 1.800$

    II $2\,x_1 + 4\,x_2 \leq 1.600$

    III $x_2 \leq \quad 300$

          $x_1, x_2 \geq \quad\quad 0$

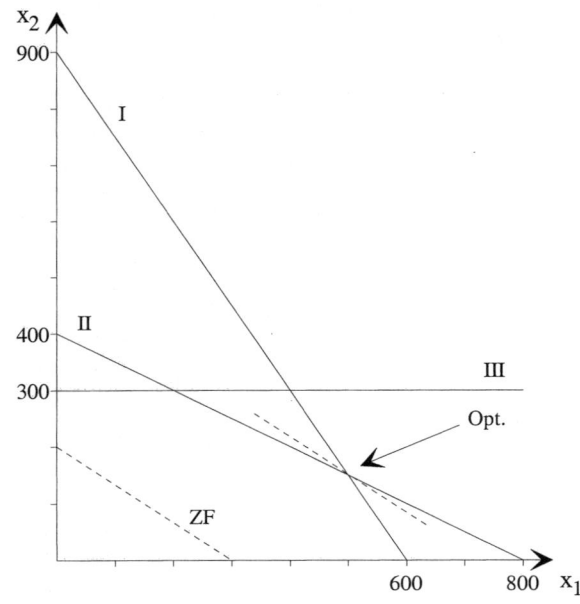

Schnittpunkt von I und II

I $3 x_1 + 2 x_2$ $= 1.800$

II $2 x_1 + 4 x_2$ $= 1.600$

x_1 $=$ 500 [ME]

x_2 $=$ 150 [ME]

DB $=$ 14.500 [€]

Lösung zu Aufgabe III.1-9

a)

Produkt	DB I	Umsatz	Deckungsbeitrags-intensität	Rang
A	81.000	333.000	0,243	3
B	18.000	54.000	0,333	2
C	37.500	71.250	0,526	1
D	132.000	588.000	0,224	4

Produkt	DB II	kum. Erfolg
		-60.000
C	25.000	-35.000
B	14.000	-21.000
A	61.000	40.000
D	98.000	138.000

$$\text{Break - Even - Umsatz} = U_C + U_B + \frac{K_{fU} - DB_{IIC} - DB_{IIB} + K_{fA}}{\dfrac{DB_{IA}}{U_A}}$$

(mit K_{fU} als Unternehmensfixkosten)

$$\text{Break - Even - Umsatz} = 71.250 + 54.000 + \frac{60.000 - 25.000 - 14.000 + 20.000}{\dfrac{81.000}{333.000}} = 293.805,56 \ [\text{€}]$$

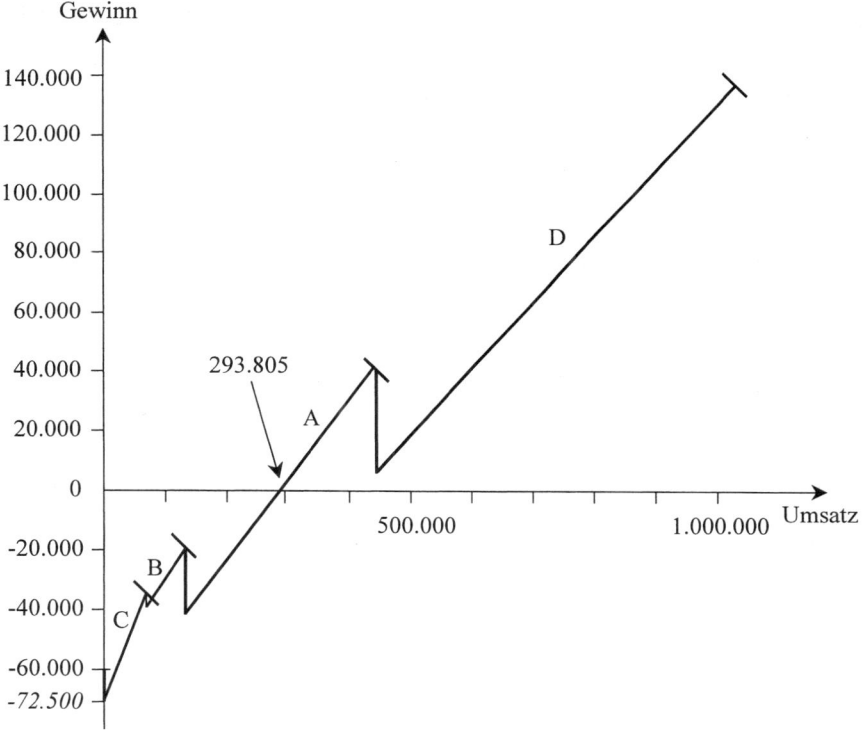

Es sei noch einmal auf die Prämisse hingewiesen, daß produktartspezifische Fixkosten erst dann anfallen, wenn eine Produktart hergestellt und abgesetzt wird.

b)

Produkt	A	B	C	D	Summe
maximale Absatzmenge [ME]	900	300	750	1.200	
Absatzpreis [€/ME]	370	180	95	490	
variable Stückkosten [€/ME]	280	120	45	380	
Stückdeckungsbeitrag [€/ME]	90	60	50	110	
Kapazitätsbeanspruchung [ZE/ME]	3	3	2	4	
relativer Deckungsbeitrag [€/ZE]	30	20	25	27,5	
Rang	I	IV	III	II	
Kapazitätsbedarf [ZE]	2.700	900	1.500	4.800	9.900

In der Ausgangssituation können A, B, C, und D bis zur jeweiligen Absatzhöchstmenge produziert werden. Die Kapazität von 12.000 LE wird nicht voll ausgenutzt.

b1)

Bedarf: $300 \cdot 6 = 1.800$ [ZE]

$1.800 + 9.900 = 11.700$ [ZE] $\Rightarrow$ kein Engpaß

$$PUG = 32 + \frac{4.000}{300} + 0,06 \, PUG$$

$$0,94 \, PUG = 32 + \frac{4.000}{300}$$

$$PUG = \left(32 + \frac{4.000}{300}\right) \cdot \frac{1}{0,94} = 48,23 \ [€/ME]$$

b2)

Bedarf: $800 \cdot 6 = 4.800$ [ZE], die freie Kapazität beträgt nur $12.000 - 9.900 = 2.100$ [ZE]

Verdrängung:

Freie Kapazität:	2.100 [ZE]	$\Rightarrow$	350 [ME] E
300 [ME] von B:	900 [ZE]	$\Rightarrow$	150 [ME] E
750 [ME] von C:	1.500 [ZE]	$\Rightarrow$	250 [ME] E
75 [ME] von D:	300 [ZE]	$\Rightarrow$	50 [ME] E
	4.800 [ZE]	$\Rightarrow$	800 [ME] E

$$PUG = \left(k_{vE} + \frac{K_{fE} + db_B \cdot \Delta x_B + db_C \cdot \Delta x_C + db_D \cdot \Delta x_D}{x_E}\right) + 0,06 \, PUG$$

$$0,94 \, PUG = \left(32 + \frac{4.000 + 60 \cdot 300 + 50 \cdot 750 + 110 \cdot 75}{800}\right)$$

$$PUG = 124,14 \ [€/ME]$$

Lösung zu Aufgabe III.1-10

a)

a1)

Produktgruppe	A			B		C			
Produkt	A1	A2	A3	B1	B2	C1	C2	C3	C4
Umsatz	56.000	10.000	36.000	44.800	3.250	7.200	10.500	35.700	9.360
K_v	9.600	4.200	19.200	24.000	400	2.850	6.440	21.000	6.840
DB I	46.400	5.800	16.800	20.800	2.850	4.350	4.060	14.700	2.520
K_f	22.000	2.100	5.000	6.000	500	4.000	5.000	5.000	2.900
DB II	24.400	3.700	11.800	14.800	2.350	350	-940	9.700	-380
$K_{f,Prodgr}$		10.000		4.000			10.000		
DB III		29.900		13.150			-1.270		
$K_{f,Unt}$				20.000					
Periodenerfolg				21.780					

a2)

Da die Produktarten C2 und C4 jeweils einen negativen Deckungsbeitrag II aufweisen, sollten diese unter der in der Aufgabenstellung aufgeführten Annahme, daß die fixen Kosten kurzfristig abbaubar sind, aus dem Produktionsprogramm genommen werden. Diese Aussage gilt jedoch nur, wenn die Elimination dieser Produktarten keine Auswirkungen auf die anderen Produktarten hat.

Nach Herausnahme von C2 und C4 aus dem Produktionsprogramm ergibt sich für die Produktgruppe C ein positiver DB III, so daß diese weiter hergestellt werden sollte.

Die negativen Deckungsbeiträge II der beiden Produktarten in Höhe von -940 [€] und -380 [€] fallen dann weg, so daß der Unternehmenserfolg um 1.320 [€] auf 23.100 [€] steigt.

a3)

Produktgruppe	A			B		C			
Produkt	A1	A2	A3	B1	B2	C1	C2	C3	C4
Umsatz	56.000	10.000	36.000	44.800	3.250	7.200		33.600	
K_v	9.600	4.200	19.200	24.000	400	2.850		21.000	
DB I	46.400	5.800	16.800	20.800	2.850	4.350		12.600	
K_f	22.000	2.100	5.000	6.000	500	4.000		5.000	
DB II	24.400	3.700	11.800	14.800	2.350	350		7.600	
$K_{f,Prodgr}$		10.000		4.000			10.000		
DB III		29.900		13.150			-2.050		
$K_{f,Unt}$				20.000					
Erfolg				21.000					

Bei einer Verringerung des Preises von C3 auf 80 € sollte auf die Produktion der gesamten Produktgruppe C verzichtet werden. Damit kann der negative Deckungsbeitrag III dieser Produktgruppe vermieden werden, da die fixen Kosten der Produktgruppe C entfallen. Der so erzielbare Unternehmenserfolg beträgt 23.050 €.

a4)

Wenn die fixen Kosten nicht abbaubar sind, sollte das gesamte, in der Ausgangslage angegebene Programm weiter produziert werden.

b)

b1)

Produktgruppe	A			B	
Produkt	A1	A2	A3	B1	B2
Maximale Absatzmenge [ME]	800	250	400	800	50
Absatzpreis [€/ME]	70	40	90	56	65
Variable Stückkosten [€/ME]	12	16,8	48	30	8
Stückdeckungsbeitrag [€/ME]	58	23,2	42	26	57
Kapazitätsbeanspruchung [ZE/ME]	8	2	7	4	10
relativer Deckungsbeitrag [€/ZE]	7,25	11,6	6	6,5	5,7
Rang	II	I	IV	III	V
Kapazitätsbedarf [ZE]	6.400	500		3.100	
Produktionsmenge [ME]	800	250		775	

Umsatz	56.000	10.000		43.400	
variable Kosten	9.600	4.200		23.250	
Deckungsbeitrag I	46.400	5.800		20.150	
produktartfixe Kosten	22.000	2.100	5.000	6.000	500
Deckungsbeitrag II	24.400	3.700	-5.000	14.150	-500
gruppenfixe Kosten		10.000		4.000	
Deckungsbeitrag III		13.100		9.650	
unternehmensfixe Kosten			20.000		
Periodenerfolg			2.750		

b2)

Produkt	Preisuntergrenze
A1	$12 \; + 6,5 \cdot 8 \; = \; 64 \;$ [€/ME]
A2	$16,8 \; + 6,5 \cdot 2 \; = \; 29,8$ [€/ME]
A3	$48 \; + 6,5 \cdot 7 \; = \; 93,5$ [€/ME]

Lösung zu Aufgabe III.1-11

a)

Da für die Produktion der Produktart P3 keine Rohstoffe benötigt werden, kann das Optimierungsproblem auf zwei Produktarten reduziert werden, so daß eine graphische Optimierung möglich wird.

Zielfunktion:

$$DB \quad\quad\quad\quad \Rightarrow \quad Max!$$
$$(140 - 76 - 34)\, x_1 \; + \; (150 - 112 - 14)\, x_2 \quad \Rightarrow \quad Max!$$
$$30\, x_1 \; + \quad\quad\quad\quad 24\, x_2 \quad \Rightarrow \quad Max!$$

Nebenbedingungen:

I: $4\,x_1 + 8\,x_2 \leq 32.000$

II: $6\,x_1 + 4\,x_2 \leq 30.000$

III: $4\,x_1 \quad\quad\quad \leq 16.000$

IV: $4\,x_2 \leq 10.000$

$$x_1, x_2 \geq 0$$

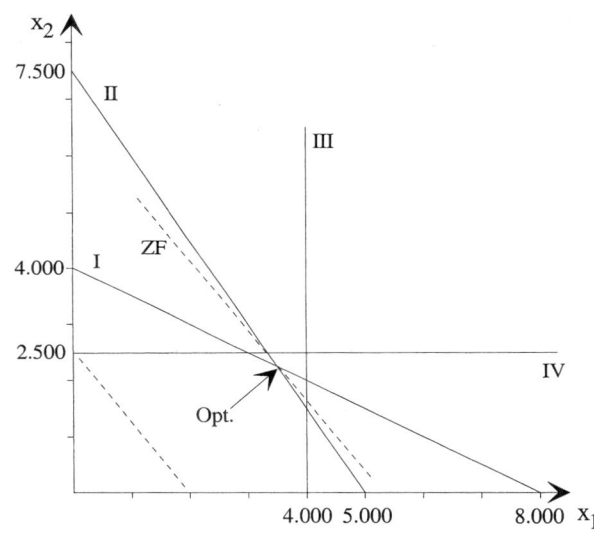

Das Optimum liegt im Schnittpunkt der Restriktionen I und II:

$x_1 = 3.500$ [ME]

$x_2 = 2.250$ [ME]

Mehrstufige Fixkostendeckungsrechnung:

	P_1	P_2	P_3
Menge	3.500	2.250	500
Preis	140	150	350
Umsatz	490.000	337.500	175.000
Var. Materialkosten (ohne Z1)	266.000	252.000	70.000
Kosten für Z1	-	-	35.000
Var. Fertigungs-/Montagekosten	119.000	31.500	20.000
Deckungsbeitrag I	105.000	54.000	50.000
Produktbezogene fixe Kosten	50.000		30.000
Deckungsbeitrag II	109.000		20.000
Unternehmensfixe Kosten	60.000		
Periodenerfolg	69.000		

b)

b1)

Fremdbezug von Z1:

Bisheriger Gewinn: $\quad\quad\quad\quad\quad\quad$ 69.000 [€]

Zusätzliche Kosten: $\quad$ (90 - 70) · 500 = 10.000 [€]

Gewinn bei Fremdbezug: $\quad\quad\quad$ 59.000 [€]

Eigenfertigung von Z1:

Veränderte Nebenbedingungen als Basis für die Bestimmung der nun optimalen Produktionsmengen von P1 und P2:

$$\text{I:} \quad 4\,x_1 + 8\,x_2 \leq 32.000$$

$$\text{II:} \quad 6\,x_1 + 4\,x_2 \leq 30.000 - 8 \cdot 500$$

$$\text{III:} \quad 4\,x_1 \quad\quad\quad \leq 16.000 - 5 \cdot 500$$

$$\text{IV:} \quad\quad\quad\quad 4\,x_2 \leq 10.000$$

$$x_1, x_2 \geq 0$$

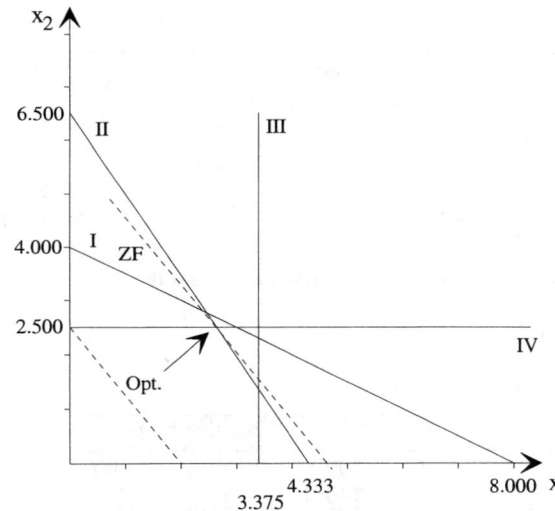

Aufgrund der Veränderung der Nebenbedingungen II und III liegt das Optimum im Schnittpunkt der Restriktionen II und IV.

Optimale Produktionsmengen:

$x_1 = 2.666,66 \Rightarrow$ ganzzahlig: 2.666 [ME]

$x_2 = 2.500$ [ME]

Mehrstufige Fixkostendeckungsrechnung:

	P_1	P_2	P_3
Menge	2.666	2.500	500
Preis	140	150	350
Umsatz	373.240	375.000	175.000
Var. Materialkosten (ohne Z1)	202.616	280.000	70.000
Kosten für Z1	-	-	28.500
Var. Fertigungs-/Montagekosten	90.644	35.000	20.000
Deckungsbeitrag I	79.980	60.000	56.500
Produktbezogene fixe Kosten	50.000		30.000
Deckungsbeitrag II	89.980		26.500
Unternehmensfixe Kosten	60.000		
Periodenerfolg	56.480		

Da bei Fremdbezug des Zubehörteils Z1 ein Gewinn von 59.000 € erwirtschaftet wird und bei Eigenfertigung nur ein solcher von 56.480 €, sollte sich das Management für den Fremdbezug entscheiden.

b2)

Die Preisobergrenze ist der Preis, bei dem bei Fremdbezug der gleiche Gewinn erwirtschaftet wird wie im Fall der Eigenfertigung:

$$69.000 - (POG - 70) \cdot 500 = 56.480$$
$$69.000 - 500\,POG + 35.000 = 56.480$$
$$104.000 - 56.480 = 500\,POG$$
$$47.520 = 500\,POG$$
$$POG = 95,04\ [\text{€/ME}]$$

b3)

Eigenfertigung Z1:

Die Preise von P_1 und P_2 betragen nun jeweils 145 €. Dadurch ändert sich die Steigung der Iso-Gewinnlinie:

$$db_1 = 35 \quad db_2 = 19$$
$$\text{Steigung: } -\frac{35}{19} = -1,842$$

$\Rightarrow$ Aufgrund der Drehung der Isogewinnlinie wird nun der Schnittpunkt der Restriktionen II und III vorteilhaft (nachvollziehbar anhand der Abbildung zu Aufgabenteil b1)):

$$x_1 = 3.375 \quad [\text{ME}]$$
$$x_2 = 1.437,5 \quad [\text{ME}] \quad \Rightarrow \text{ganzzahlig: } 1.437\ [\text{ME}]$$

Mehrstufige Fixkostendeckungsrechnung Eigenfertigung Z1:

	P_1	P_2	P_3
Menge	3.375	1.437	500
Preis	145	145	350
Umsatz	489.375	208.365	175.000
Var. Materialkosten (ohne Z1)	256.500	160.944	70.000
Kosten für Z1	-	-	28.500
Var. Fertigungs-/Montagekosten	114.750	20.118	20.000
Deckungsbeitrag I	118.125	27.303	56.500
Produktbezogene fixe Kosten	50.000		30.000
Deckungsbeitrag II	95.428		26.500
Unternehmensfixe Kosten	60.000		
Periodenerfolg	61.928		

Fremdbezug Z1:

Das optimale Produktionsprogramm im Fall des Fremdbezugs ändert sich ebenfalls aufgrund der Drehung der Isogewinnlinie. Das Optimum liegt jetzt auch im Schnittpunkt der Restriktionen II und III (nachvollziehbar anhand der Abbildung zu Aufgabenteil a)).

Optimales Produktionsprogramm:

x_1 = 4.000 [ME]

x_2 = 1.500 [ME]

Mehrstufige Fixkostendeckungsrechnung Fremdbezug Z1:

	P_1	P_2	P_3
Menge	4.000	1.500	500
Preis	145	145	350
Umsatz	580.000	217.500	175.000
Var. Materialkosten (ohne Z1)	304.000	168.000	70.000
Kosten für Z1	-	-	45.000
Var. Fertigungs-/Montagekosten	136.000	21.000	20.000
Deckungsbeitrag I	140.000	28.500	40.000
Produktbezogene fixe Kosten	50.000		30.000
Deckungsbeitrag II	118.500		10.000
Unternehmensfixe Kosten	60.000		
Periodenerfolg	68.500		

⇒ Der Fremdbezug des Zubehörteils Z1 bleibt weiterhin vorteilhaft.

Lösung zu Aufgabe III.1-12

a)

Bestimmung des optimalen Produktionsprogramms:

	A	B	C	D
maximale Absatzmenge [ME]	200	1.050	500	900
Absatzpreis [€/ME]	40	18	28	50
variable Stückkosten [€/ME]	24	8	16	30
Stückdeckungsbeitrag [€/ME]	16	10	12	20
Kapazitätsbeanspruchung [ZE/ME]	5	2	3	3
relativer Deckungsbeitrag [€/ZE]	3,2	5	4	6,67
Rang	IV	II	III	I
Produktionsmenge [ME]	-	1.050	400	900

Mehrstufige Fixkostendeckungsrechnung:

Umsatz	-	18.900	11.200	45.000
variable Kosten	-	8.400	6.400	27.000
Deckungsbeitrag I	-	10.500	4.800	18.000
produktartfixe Kosten	2.000	5.400	3.500	8.900
Deckungsbeitrag II	-2.000	5.100	1.300	9.100
bereichsfixe Kosten		10.000		
Deckungsbeitrag des Bereichs		3.500		

b)

b1)

Deckungsbeitrag Produktart E: 90 - 60 = 30 [€/ME]

relativer Deckungsbeitrag Produktart E: $\dfrac{30}{5} = 6$ [€/ZE]

neue Rangfolge der relativen Deckungsbeiträge: D - E - B - C – A

Mehrstufige Fixkostendeckungsrechnung:

	A	B	C	D	E
Produktionsmenge	-	1.050	66	900	200
Deckungsbeitrag I	-	10.500	792	18.000	6.000
produktartfixe Kosten	2.000	5.400	3.500	8.900	1.400
Deckungsbeitrag II	-2.000	5.100	-2.708	9.100	4.600
bereichsfixe Kosten			10.000		
Deckungsbeitrag des Bereichs			4.092		

Der Deckungsbeitrag des Bereichs steigt um 592 [€] von 3.500 [€] auf 4.092 [€].

b2)

Zur Produktion von 400 [ME] von E benötigte Kapazität:

400 · 5 = 2.000 [min]

verdrängte Mengen anderer Produktarten:

400 [ME] von C ⇒ Kapazität: 1.200 [min]

400 [ME] von B ⇒ Kapazität: 800 [min]

	A	B	C	D	E	Summe
Produktionsmenge	-	650	-	900	400	
Kapazitätsbedarf	-	1.300	-	2.700	2.000	6.000

$$PUG = k_{vE} + \frac{K_{fE} + db_C \cdot \Delta x_C + db_B \cdot \Delta x_B}{x_E}$$

$$PUG = 60 + \frac{1.400 + 12 \cdot 400 + 10 \cdot 400}{400} = 85,50 \ [€/ME]$$

b3)

Reduzierung von Deckungsbeiträgen:

50 [ME] von D		$\Rightarrow$	$50 \cdot 20$	$= 1.000$ [€]
10% Preisnachlaß bei 50 [ME] von B		$\Rightarrow$	$50 \cdot 18 \cdot 0,1 = 90$ [€]	

Zur Produktion von 350 [ME] von E benötigte Kapazität:

$350 \cdot 5 = 1.750$ [min]

verdrängte Mengen anderer Produktarten:

50 [ME] von D	$\Rightarrow$	Kapazität =	150 [min]
400 [ME] von C	$\Rightarrow$	Kapazität =	1.200 [min]
200 [ME] von B	$\Rightarrow$	Kapazität =	400 [min]

$$PUG = 60 + \frac{1.400 + 1.000 + 90 + 12 \cdot 400 + 10 \cdot 200}{350} = 86,54 \ [€/ME]$$

Alternativlösung:

Bei der Produktion von 350 Stück der Produktart E muß weiterhin ein Deckungsbeitrag von 3.500 € erwirtschaftet werden.

	A	B	C	D	E	Summe
Produktionsmenge	-	850	-	850	350	
Kapazitätsbedarf	-	1.700	-	2.550	1.750	6.000

Deckungsbeitrag des Bereichs = $DB_B + DB_D + (PUG - k_{vE}) \cdot x_E - K_f$

$3.500 = 850 \cdot 10 - 50 \cdot 18 \cdot 0,1 + 850 \cdot 20 + (PUG - 60) \cdot 350 - 31.200$

$3.500 = -26.790 + 350 \ PUG_E$

$PUG = 86,54$ [€/ME]

Lösung zu Aufgabe III.1-13

Zunächst sind die bei isolierter Optimierung der einzelnen Produktarten optimalen Mengen zu ermitteln:

Produktart A: $DB_A = 40x_A - 0{,}02\,x_A^2$ $\Rightarrow$ $DB'_A = 40 - 0{,}04x_A = 0$ $\Rightarrow$ $x_A = 1.000$

Produktart B: $DB_B = 36x_B - 0{,}03\,x_B^2$ $\Rightarrow$ $DB'_B = 36 - 0{,}06x_B = 0$ $\Rightarrow$ $x_B = 600$

Produktart C: $DB_C = 48x_C - 0{,}08\,x_C^2$ $\Rightarrow$ $DB'_C = 48 - 0{,}16x_C = 0$ $\Rightarrow$ $x_C = 300$

Es wird der daraus resultierende Kapazitätsbedarf ermittelt und geprüft, ob ein Engpaß vorliegt:

$$4\cdot1.000 + 3\cdot600 + 5\cdot300 = 7.300 > 2.000 \Rightarrow \text{es liegt ein Engpaß vor}$$

Es ist die Lagrange-Funktion zu bestimmen:

$$L(X) = 40x_A - 0{,}02x_A^2 + 36x_B - 0{,}03x_B^2 + 48x_C - 0{,}08x_C^2 - \lambda\left(4x_A + 3x_B + 5x_C - 2.000\right)$$

Zur Bestimmung der Optimallösung sind die ersten partiellen Ableitungen zu ermitteln:

$$\frac{\delta L}{\delta x_A} = 40 - 0{,}04x_A - 4\lambda = 0$$

$$\frac{\delta L}{\delta x_B} = 36 - 0{,}06x_B - 3\lambda = 0$$

$$\frac{\delta L}{\delta x_C} = 48 - 0{,}16x_C - 5\lambda = 0$$

$$\frac{\delta L}{\delta \lambda} = -(4x_A + 3x_B + 5x_C - 2.000) = 0$$

Die Lösung des Gleichungssystems führt zu den folgenden optimalen Produktions- und Absatzmengen:

$$x_A = 249{,}56 \ [ME]$$
$$x_B = 224{,}78 \ [ME]$$
$$x_C = 65{,}49 \ [ME]$$

Der Wert des Lagrange-Multiplikators sowie der maximale Deckungsbeitrag betragen:

$$\lambda = 7{,}5044 \ [€/LE]$$
$$DB = 18.113{,}50 \ [€]$$

Lösung zu Aufgabe III.1-14

a)

a1)

	A			B		
	A1	A2	A3	B1	B2	
Deckungsbeitrag [€/ME]	9	15	24	26	30	
Kapazitätsbedarf pro Stück [LE/ME]	1	4	6	5	3	
Kapazitätsbedarf gesamt [LE]	1.000	6.400	4.800	8.000	3.600	23.800
						⇒ Engpaß
relativer Deckungsbeitrag [€/LE]	9	3,75	4	5,2	10	
Rangfolge	II	V	IV	III	I	
Produktionsmenge [ME]	1.000		200	1.600	1.200	
Kapazitätsbedarf [LE]	1.000		1.200	8.000	3.600	

	A			B	
	A1	A2	A3	B1	B2
DB I	9.000	-	4.800	41.600	36.000
produktartfixe Kosten	3.600	8.000	10.000	9.500	12.000
DB II	5.400	- 8.000	- 5.200	32.100	24.000
produktgruppenfixe Kosten		5.000		6.000	
DB III		-12.800		50.100	
Bereichsfixe Kosten			26.000		
DB IV			11.300		

a2)

$$0 \leq p \leq 47 \quad \Rightarrow x_{A2} = 0$$
$$47 < p \leq 51,8 \quad \Rightarrow x_{A2} = 300$$
$$p > 51,8 \quad \Rightarrow x_{A2} = 1.600$$

b)

1. Handlungsalternative

Fertigung der Mindestmenge von 100 ME von A2

Produktionsprogramm:

	A			B	
	A1	A2	A3	B1	B2
Produktionsmenge	1.000	100	133	1.600	1.200
Kapazitätsbedarf	1.000	400	798	8.000	3.600

DB = 91.292 - 80.100 = 11.192 [€]

2. Handlungsalternative

Verzicht auf die Fertigung der Mindestmenge von A2 mit der Folge, daß die maximale Absatzmenge von A1 und A3 um 30% sinkt.

Produktionsprogramm:

	A			B	
	A1	A2	A3	B1	B2
Produktionsmenge	700	-	250	1.600	1.200
Kapazitätsbedarf	700	-	1.500	8.000	3.600

DB = 89.900 - 80.100 = 9.800 [€]

$\Rightarrow$ Da die 1. Handlungsalternative, Herstellung der Mindestmenge von A2, zu einem höheren Deckungsbeitrag führt, sollte sie realisiert werden.

c)

c1)

$$db_{A1} = -\frac{1}{300}x_{A1} + 24 - 16$$

$$db_{A2} = -\frac{3}{125}x_{A2} + 79 - 31$$

$$DB_{A1} = -\frac{1}{300}x_{A1}^2 + 8x_{A1} \qquad \Rightarrow \qquad DB'_{A1} = -\frac{1}{150}x_{A1} + 8$$

$$x_{A1} = 1.200 \ [ME]$$

$$DB_{A2} = -\frac{3}{125}x_{A2}^2 + 48x_{A2} \qquad \Rightarrow \qquad DB'_{A2} = -\frac{6}{125}x_{A2} + 48$$

$$x_{A2} = 1.000 \ [ME]$$

$$x_{A3} = 800 \ [ME]$$
$$x_{B1} = 1.600 \ [ME]$$
$$x_{B2} = 1.200 \ [ME]$$

Kapazitätsbedarf:

$1.200 \cdot 1 + 1.000 \cdot 4 + 800 \cdot 6 = 10.000 \qquad \Rightarrow \qquad$ kein Engpaß

c2)

$$L = -\frac{1}{300}x_{A1}^2 + 8x_{A1} - \frac{3}{125}x_{A2}^2 + 48x_{A2} + 24x_{A3} - \lambda\left(x_{A1} + 4x_{A2} + 6x_{A3} - 5.000\right) \Rightarrow \text{Max!}$$

$$\frac{\delta L}{\delta x_{A1}} = -\frac{1}{150}x_{A1} + 8 - \lambda = 0$$

$$\frac{\delta L}{\delta x_{A2}} = -\frac{6}{125}x_{A2} + 48 - 4\lambda = 0$$

$$\frac{\delta L}{\delta x_{A3}} = 24 - 6\lambda = 0$$

$$\frac{\delta L}{\delta \lambda} = -\left(x_{A1} + 4x_{A2} + 6x_{A3} - 5.000\right) = 0$$

λ = 4 [€/ZE]

x_{A1} = 600 [ME]

x_{A2} = 666,67 [ME]

$600 + 4 \cdot 666,67 + 6x_{A3} = 5.000 \quad \Rightarrow \quad x_{A3} = 288,89$ [ME]

Das Produktionsprogramm der Produktgruppe B bleibt unverändert.

Lösung zu Aufgabe III.2-1

a)

$$K^S(x) = 3.000 + \frac{42 \cdot 16 + 102 \cdot 5,3 + 12.600}{300} \cdot x = 3.000 + 46,04x$$

$$K^{VP}(x) = \frac{3.000 + 13.812,6}{300} \cdot x = 56,04x$$

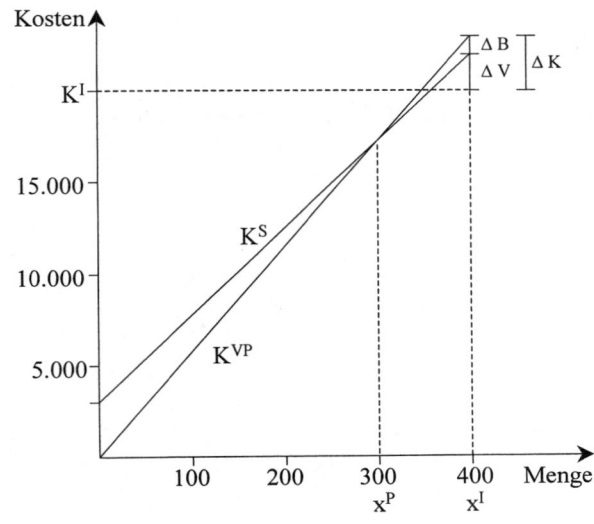

b)

b1)

$K^I = 19.754,50 \; [\text{€}]$

$K^{VP} = 22.416 \; [\text{€}]$

$K^S = 21.416 \; [\text{€}]$

$\Delta K = K^I - K^{VP} = 19.754,50 - 22.416 = -2.661,50 \; [\text{€}]$

b2)

$\Delta B = K^S - K^{VP} = 21.416 - 22.416 = -1.000 \; [\text{€}]$

$\Delta V = K^I - K^S = 19.754,50 - 21.416 = -1.661,50 \; [\text{€}]$

b3)

Verbrauchsabweichung Löhne:

$$\Delta V_L = \left(r^I \cdot q^I\right) - \left(r^P \cdot q^P\right) \cdot \frac{x^I}{x^P} = (45 \cdot 16,5) - (42 \cdot 16) \cdot \frac{400}{300} = -153,5 \; [\text{€}]$$

Preisabweichung: $\Delta Q = \left(q^I - q^P\right) \cdot r^I = (16,5 - 16) \cdot 45 = 22,5 \; [\text{€}]$

Mengenabweichung: $\Delta R = \left(r^I - r^P \cdot \frac{x^I}{x^P}\right) \cdot q^P = \left(45 - 42 \cdot \frac{400}{300}\right) \cdot 16 = -176 \; [\text{€}]$

$\Delta V_L = 22,5 + (-176) = -153,5 \; [\text{€}]$

b4)

Preisabw. 1. Grades: $\left(q^I - q^P\right) \cdot r^P \cdot \frac{x^I}{x^P} = (16,5 - 16) \cdot 42 \cdot \frac{400}{300} = 28 \; [\text{€}]$

Mengenabw. 1. Grades: $\left(r^I - r^P \cdot \frac{x^I}{x^P}\right) \cdot q^P = \left(45 - 42 \cdot \frac{400}{300}\right) \cdot 16 = -176 \; [\text{€}]$

Abw. 2. Grades: $\left(q^I - q^P\right) \cdot \left(r^I - r^P \cdot \frac{x^I}{x^P}\right) = (16,5 - 16) \cdot \left(45 - 42 \cdot \frac{400}{300}\right) = -5,5 \; [\text{€}]$

$\Delta V_L = 28 + (-176) + (-5,5) = -153,5 \; [\text{€}]$

Lösung zu Aufgabe III.3-1

a)

Teil-prozeß	Planprozeß-menge	Basis zur Kostenverteilung	Prozeßkosten			Prozeßkostensatz	
		MJ	lmi/lmn	lmn	gesamt	lmi	gesamt
1	4.000	7	1.400.000	73.684	1.473.684	350	368,42
2	200	6	1.200.000	63.158	1.263.158	6.000	6.315,79
3	800	6	1.200.000	63.158	1.263.158	1.500	1.578,95
4	-	1	200.000				
		20	4.000.000				

b)

Haupt-prozeß	Planprozeß-menge	Prozeßkosten		Prozeßkostensatz	
		lmi	gesamt	lmi	gesamt
1	4.000	2.400.000	2.673.684	600	668,42
2	200	1.800.000	2.013.158	9.000	10.065,79
3	800	1.850.000	2.063.158	2.312,5	2.578,95

c)

Materialeinzelkosten (100,00 [GE/ME])	12.000,00 [GE]
Materialgemeinkosten	
Hauptprozeß 1 (600 · 4)	2.400,00 [GE]
Wertmäßiger Zuschlag	1.200,00 [GE]
Materialkosten	15.600,00 [GE]
Fertigungseinzelkosten (140,00 [€/ME])	16.800,00 [€]
Fertigungsgemeinkosten	
Hauptprozeß 3	2.312,50 [GE]
Hauptprozeß 2 (9.000/600 · 120)	1.800,00 [GE]
Wertmäßiger Zuschlag	2.016,00 [€]
Fertigungskosten	22.928,50 [€]
Herstellkosten	38.528,50 [GE]
Verwaltungs- und Vertriebsgemeinkosten	
Hauptprozeß 4	3.000,00 [GE]
Wertmäßiger Zuschlag	5.779,28 [GE]
Selbstkosten	47.307,78 [GE]

Lösung zu Aufgabe III.3-2

a)

Teil-prozeß	Planprozeß-menge	Basis zur Kostenverteilung	Prozeßkosten			Prozeßkosten-satz	
		MJ	lmi/lmn	lmn	gesamt	lmi	gesamt
1	2.000	5	1.500.000	375.000	1.875.000	750	937,5
2	300	3	900.000	225.000	1.125.000	3.000	3.750
3	-	2	600.000	-			
		10	3.000.000				

b)

Haupt-prozeß	Planprozeß-menge	Prozeßkosten		Prozeßkostensatz	
		lmi	gesamt	lmi	gesamt
1	2.000	2.700.000	3.175.000	1.350,00	1.587,50
2	300	1.700.000	2.025.000	5.666,67	6.750,00
3	800	650.000	800.000	812,50	1.000,00

c)

Materialeinzelkosten	24.000,00 [GE]
Materialgemeinkosten	
Hauptprozeß 1 (1.350 · 3)	4.050,00 [GE]
Wertmäßiger Zuschlag	2.400,00 [GE]
Materialkosten	30.450,00 [GE]
Fertigungseinzelkosten	44.000,00 [GE]
Fertigungsgemeinkosten	
Hauptprozeß 2 (5.666,67/800 · 200)	1.416,67 [GE]
Hauptprozeß 3	812,50 [GE]
Wertmäßiger Zuschlag	6.600,00 [GE]
Fertigungskosten	52.829,17 [GE]
Herstellkosten	83.279,17 [GE]
Verwaltungs- und Vertriebsgemeinkosten	
Hauptprozeß 4	2.500,00 [GE]
Wertmäßiger Zuschlag	12.491,88 [GE]
Selbstkosten	98.271,05 [GE]

Lösungen zu Teil V

Lösung zu Aufgabe V-1

a) Abschreibungen:

Maschine 1:   10.000 [€]

Maschine 2:   7.500 [€]

Maschine 3:   12.000 [€]

b) Gesamte primäre Stellenkosten:

(1) Fertigungshilfsstelle I:	51.600 + 7.200	=	58.800 [€]
(2) Fertigungshilfsstelle II:	27.000 + 5.200	=	32.200 [€]
(3) Fertigungshauptstelle I:	120.300 + 11.000 + 10.000 + 7.500	=	148.800 [€]
(4) Fertigungshauptstelle II:	84.200 + 20.000 + 12.000	=	116.200 [€]
(5) Materialstelle:	30.400 + 5.600	=	36.000 [€]
(6) Verwaltungsstelle:	132.100 + 3.000	=	135.100 [€]
(7) Vertriebsstelle:	52.040 + 2.000	=	54.040 [€]

Hilfsrechnung zur innerbetrieblichen Leistungsverrechnung:

- Leistungen der Kostenstelle 1 an die Kostenstelle 2:

$$\frac{58.800}{140} \cdot 30 = 12.600 \ [€]$$

- Leistungen der Kostenstelle 2 an die Kostenstelle 1:

$$\frac{32.200}{90} \cdot 20 = 7155,56 \ [€]$$

Die Kostenstelle 1 ist vor der Kostenstelle 2 anzuordnen.

Durchführung des Stufenleiterverfahrens:

1	2	3	4	
58.800	32.200	148.800	116.200	
⤷	12.600	25.200	21.000	$q_1 = 420,00$
	44.800	174.000	137.200	
	⤷	32.000	12.800	$q_2 = 640,00$
		206.000	150.000	

Ermittlung der Zuschlagsätze:

Materialgemeinkosten: $\dfrac{36.000}{144.000} = 25 \ [\%]$

Fertigungsgemeinkosten I: $\dfrac{206.000}{515.000} = 40 \ [\%]$

Fertigungsgemeinkosten II: $\dfrac{150.000}{300.000} = 50 \ [\%]$

Verwaltungsgemeinkosten: $\dfrac{135.100}{1.351.000} = 10 \ [\%]$

Vertriebsgemeinkosten: $\dfrac{54.040}{1.351.000} = 4 \ [\%]$

c)

Die Herstell- und die Selbstkosten pro Stück lassen sich dann wie folgt bestimmen:

	Produkt A	Produkt B
Materialeinzelkosten	90,00 [€]	160,00 [€]
Materialgemeinkosten	22,50 [€]	40,00 [€]
Materialkosten	112,50 [€]	200,00 [€]
Fertigungseinzelkosten I	130,00 [€]	200,00 [€]
Fertigungsgemeinkosten I	52,00 [€]	80,00 [€]
Fertigungseinzelkosten II	80,00 [€]	120,00 [€]
Fertigungsgemeinkosten II	40,00 [€]	60,00 [€]
Fertigungskosten	302,00 [€]	460,00 [€]
Herstellkosten	414,50 [€]	660.00 [€]
Verwaltungsgemeinkosten	41,45 [€]	66,00 [€]
Vertriebsgemeinkosten	16,58 [€]	26,40 [€]
Selbstkosten	472,53 [€]	752,40 [€]

d)

Variable Stückkosten Produkt A:

Materialeinzelkosten:	90,00 [€]
Materialgemeinkosten:	11,25 [€]
Fertigungseinzelkosten I:	130,00 [€]
Fertigungseinzelkosten II:	80,00 [€]
Variable Stückkosten:	311,25 [€]

Preis: 320,00 [€]

Stückdeckungsbeitrag: 320,00 - 311,25 = 8,75 [€]

Da der Stückdeckungsbeitrag positiv ist, sollte der Auftrag angenommen werden.

Lösung zu Aufgabe V-2

a)

Zuschlagsätze für:

Materialgemeinkosten: $\dfrac{40.000}{160.000} = 25 \ [\%]$

Fertigungsgemeinkosten 1: $\dfrac{160.000}{100.000} = 160 \ [\%]$

Fertigungsgemeinkosten 2: $\dfrac{90.000}{50.000} = 180 \ [\%]$

Verwaltungsgemeinkosten: $\dfrac{24.000}{600.000} = 4 \ [\%]$

Vertriebsgemeinkosten: $\dfrac{30.000}{600.000} = 5 \ [\%]$

Herstell- und Selbstkosten pro Stück:

Materialeinzelkosten	400,00 [€]
Materialgemeinkosten	100,00 [€]
Materialkosten	500,00 [€]
Fertigungseinzelkosten 1	120,00 [€]
Fertigungsgemeinkosten 1	192,00 [€]
Fertigungseinzelkosten 2	200,00 [€]
Fertigungsgemeinkosten 2	360,00 [€]
Fertigungskosten	872,00 [€]
Herstellkosten	1.372,00 [€]
Verwaltungsgemeinkosten	54,88 [€]
Vertriebsgemeinkosten	68,60 [€]
Sondereinzelkosten des Vertriebs	60,00 [€]
Selbstkosten	1.555,48 [€]

b)

prozeßabhängige Materialgemeinkosten: $40.000 \cdot 0,6 = 24.000 \ [€]$

restliche Materialgemeinkosten: $40.000 \cdot 0,4 = 16.000 \ [€]$

Zuschlagsatz für die restlichen Materialgemeinkosten: $\dfrac{16.000}{160.000} = 10 \ [\%]$

Herstell- und Selbstkosten pro Stück:

Materialeinzelkosten	400,00 [€]
Restliche Materialgemeinkosten	40,00 [€]
Prozeßabhängige Materialgemeinkosten	25,00 [€]
Materialkosten	465,00 [€]

$$\frac{500 \cdot 5}{100} = 25,00 \ [€]$$

Fertigungseinzelkosten 1	120,00 [€]
Fertigungsgemeinkosten 1	192,00 [€]
Fertigungseinzelkosten 2	200,00 [€]
Fertigungsgemeinkosten 2	360,00 [€]
Fertigungskosten	872,00 [€]

Herstellkosten	1.337,00 [€]
Verwaltungsgemeinkosten	53,48 [€]
Vertriebsgemeinkosten	66,85 [€]
Sondereinzelkosten des Vertriebs	60,00 [€]
Selbstkosten	1.517,33 [€]

Lösung zu Aufgabe V-3

a)

Materialgemeinkosten   =   17.200 [€] $(= 312,50 \cdot 32 + 50 \cdot 56 + 100 \cdot 44)$

Fertigungsgemeinkosten =   128.500 [€]

Kosten des Teilprozesses 'Bestellung'	$17.200 \cdot 0,30 =$	5.160 [€]
Kosten des Teilprozesses 'Qualitätskontrolle'	$128.500 \cdot 0,08 =$	10.280 [€]
Kosten des Teilprozesses 'Reinigung der Abfüllanlage'	$128.500 \cdot 0,12 =$	15.420 [€]
Kosten des Gesamtprozeß 'Los bearbeiten'		30.860 [€]

Anzahl der Lose: 32 + 56 + 44 = 132

$$\text{Prozeßkostensatz} = \frac{30.860}{132} = 233,\overline{78} \ [€/\text{Prozeßdurchführung}]$$

b)

Bei der Plan-Kalkulation ist zu beachten, daß nur die Material- und Fertigungsgemeinkosten, die nicht in die Prozeßkosten eingehen, auf Grundlage der entsprechenden Einzelkosten bzw. Fertigungszeiten verrechnet werden. Weiterhin werden die Fertigungsgemeinkosten auf die einzelnen Fertigungsvorgänge verteilt.

$$\text{Zuschlagsatz für die Materialgemeinkosten:} \ \frac{12.040}{86.000} = 14 \ [\%]$$

Kosten pro Fertigungsminute:

Fertigungsvorgang 'Obst waschen':
$$\frac{41.120}{20 \cdot 32 + 40 \cdot 44} = 17,1\overline{3} \ [\text{€/min}]$$

Fertigungsvorgang 'Obst pressen':
$$\frac{14.392}{35 \cdot 32 + 35 \cdot 44} = 5,410526 \ [\text{€/min}]$$

Fertigungsvorgang 'Abfüllung':
$$\frac{12.336}{40 \cdot 32 + 40 \cdot 56 + 40 \cdot 44} = 2,3\overline{36} \ [\text{€/min}]$$

Für den Fertigungsvorgang 'Konzentrat verdünnen' muß kein Kostensatz pro Minute berechnet werden, da dieser nur zur Herstellung von Orangensaft erforderlich ist.

Zuschlagsatz für Verwaltungs- und Vertriebsgemeinkosten: $\dfrac{33.972}{283.100} = 12 \ [\%]$

	AS	ON	MV	Summe
Materialeinzelkosten	50.000,00	14.000,00	22.000,00	86.000,00
Materialgemeinkosten	7.000,00	1.960,00	3.080,00	12.040,00
Materialkosten	57.000,00	15.960,00	25.080,00	98.040,00
Fertigungseinzelkosten	12.000,00	19.600,00	19.800,00	51.400,00
FGK 'Obst waschen'	10.965,33		30.154,67	41.120,00
FGK 'Obst pressen'	6.059,79		8.332,21	14.392,00
FGK 'Konzentrat'		34.952,00		34.952,00
FGK 'Abfüllung'	2.990,55	5.233,45	4.112,00	12.336,00
Fertigungskosten	32.015,67	59.785,45	62.398,88	154.200,00
Kosten des Prozesses 'Los bearbeiten'	7.481,21	13.092,12	10.286,67	30.860,00
Herstellkosten	**96.496,88**	**88.837,57**	**97.765,55**	**283.100,00**
Verwaltungs- und Vertriebskosten	11.579,63	10.660,50	11.731,87	33.972,00
Selbstkosten gesamt	**108.076,51**	**99.498,07**	**109.497,42**	**317.072,00**
Selbstkosten pro Los	**3.377,39**	**1.776,75**	**2.488,58**	

Lösung zu Aufgabe V-4

a)

a1)

	A	B	C
Herstellkosten der aktuellen Periode	10,75	15,00	18,50
Herstellkosten der Vorperiode	11,25	16,60	17,80
Menge aus der aktuellen Periode	1.000	4.900	-
Menge aus der Vorperiode	2.000	5.100	2.500
Herstellkosten	33.250	158.160	44.500
Verwaltungs- und Vertriebskosten	10.000	26.000	8.400
Selbstkosten	43.250	184.160	52.900

Umsatzkostenverfahren

Betriebsergebniskonto

Selbstkosten A	43.250	Umsatz A	54.000
Selbstkosten B	184.160	Umsatz B	240.000
Selbstkosten C	52.900	Umsatz C	40.000
Betriebsgewinn	53.690		
Summe	334.000	Summe	334.000

Die Ergebnisse der Vollkostenrechnung lassen vermuten, daß durch eine Einstellung der Produktion von Produkt C das Betriebsergebnis erhöht werden kann, da bei diesem Produkt die Selbstkosten höher sind als dessen Umsatz.

a2)

	A	B	C
variable Herstellkosten der aktuellen Periode	8,00	11,00	9,00
variable Herstellkosten der Vorperiode	9,00	9,50	10,00
variable Verwaltungs- und Vertriebskosten	2,00	2,00	2,00
Menge aus der aktuellen Periode	3.000	8.000	2.000
Menge aus der Vorperiode	-	2.000	500
variable Herstellkosten	24.000	107.000	23.000
variable Verwaltungs- und Vertriebskosten	6.000	20.000	5.000
Selbstkosten	30.000	127.000	28.000

Berechnung der fixen Kosten:

	A	B	C	Summe
gesamte Herstellkosten	43.000	120.000	37.000	
variable Herstellkosten der produzierten Menge	32.000	88.000	18.000	
fixe Herstellkosten	11.000	32.000	19.000	62.000
gesamte Verwaltungs- und Vertriebskosten	10.000	26.000	8.400	
variable Verwaltungs- und Vertriebskosten	6.000	20.000	5.000	
fixe Verwaltungs- und Vertriebskosten	4.000	6.000	3.400	13.400
gesamte Fixkosten	15.000	38.000	22.400	75.400

Umsatzkostenverfahren

Betriebsergebniskonto

Variable Selbstkosten A	30.000	Umsatz A	54.000
Variable Selbstkosten B	127.000	Umsatz B	240.000
Variable Selbstkosten C	28.000	Umsatz C	40.000
Fixkosten	75.400		
Betriebsgewinn	73.600		
Summe	334.000	Summe	334.000

Die variablen Selbstkosten des Produktes C sind geringer als dessen Umsatzerlöse, so daß sich auch bei Produkt C ein positiver Deckungsbeitrag ergibt und daher dieses Produkt weiter hergestellt werden sollte.

b)

b1)

	A	B	C	Summe
Maximale Absatzmenge [l]	4.000	8.000	2.000	
Preis [€/l]	18,00	24,00	16,00	
variable Stückkosten [€/l]	10,00	13,00	11,00	
Deckungsbeitrag pro Liter [€/l]	8,00	11,00	5,00	
Fertigungszeit in F1 [min/l]	$\frac{60}{4}=15$	$\frac{60}{12}=5$	$\frac{60}{6}=10$	
Kapazitätsbedarf in F1 [min]	60.000	40.000	20.000	120.000

$\Rightarrow$ Es liegt ein Engpaß vor, da die Kapazität nur 89.500 Minuten beträgt.

Fertigungszeit in F2 [min/l]	7	2,5	6	
Kapazitätsbedarf in F2 [min]	28.000	20.000	12.000	60.000

$\Rightarrow$ Es liegt kein Engpaß vor, da die Kapazität von 60.000 Minuten gerade ausgelastet ist.

Berechnung der relativen Deckungsbeiträge für F1:

	A	B	C
Deckungsbeitrag pro Liter [€/l]	8,00	11,00	5,00
Fertigungszeit in F1 [min/l]	15	5	10
relativer Deckungsbeitrag F1 [€/min]	0,53	2,2	0,5
Rangfolge	II	I	III
Produktionsmenge [l]	3.300	8.000	-
Kapazitätsbedarf [min]	49.500	40.000	-

	A	B	C	Summe
Umsatz	59.400	192.000		
variable Kosten	33.000	104.000		
Deckungsbeitrag	26.400	88.000		
fixe Kosten	15.000	38.000	22.400	
Deckungsbeitrag/Gewinn	11.400	50.000	-22.400	39.000

b2) Ausgangspunkt für die Berechnungen sind die maximalen Absatzmengen.

$\Rightarrow$ Durch die Reduzierung der Fertigungszeit entsteht ein zweiter Engpaß.

Berechnung der relativen Deckungsbeiträge für F2:

	A	B	C
Deckungsbeitrag pro Liter [€/l]	8,00	11,00	5,00
Fertigungszeit in F2 [min/l]	7	2,5	6
relativer Deckungsbeitrag F2 [€/min]	1,14	4,4	0,83
Rangfolge	II	I	III

$\Rightarrow$ Da sich in F2 die gleiche Rangfolge der relativen Deckungsbeiträge ergibt wie in F1, kann das optimale Produktionsprogramm anhand der relativen Deckungsbeiträge bestimmt werden. Bei einer anderen Reihenfolge wäre dies nicht möglich, und es müßte zur Lösung des Problems ein lineares Optimierungsmodell formuliert und gelöst werden.

Benötigte Fertigungszeit in F2, wenn das Produktionsprogramm aus b1) hergestellt werden soll:

$3.300 \cdot 7 + 8.000 \cdot 2,5 = 43.100$ [min] $= 718,33$ [h]

$\Rightarrow$ Engpaß liegt in F2 (Kapazität: 695 [h])

Der Kapazitätsbedarf muß um 23,33 [h] (= 1.400 [min]) reduziert werden.

$\Rightarrow$ Die Produktion von A ist um $\dfrac{1.400}{7} = 200$ [l] zu verringern.

Optimale Mengen:

A: 3.100 [l]

B: 8.000 [l]

Der Deckungsbeitrag von 200 Litern A beträgt 1.600 €. Als neuer Gewinn ergibt sich:

$39.000 - 1.600 = 37.400$ [€]

Lösung zu Aufgabe V-5

a) a1)

KS 1:	2.400		+	$60q_2$	=	$6.400\,q_1$
KS 2:	4.575	+	$500q_1$		=	$600\,q_2$
KS 3:	1.600	+	$700q_1$	+ $40q_2$	=	q_3
KS 4:	10.000	+	$1.200q_1$	+ $200q_2$	=	q_4
KS 5:	5.000	+	$900q_1$	+ $250q_2$	=	q_5
KS 6:	3.600	+	$600q_1$	+ $10q_2$	=	q_6
KS 7:	2.800	+	$2.500q_1$	+ $40q_2$	=	q_7

$q_1 = 0,45$ [€/km]

$q_2 = 8$ [€/h]

$q_3 = 2.235$ [€/h]

$q_4 = 12.140$ [€/h]

$q_5 = 7.405$ [€/h]

$q_6 = 3.950$ [€/h]

$q_7 = 4.245$ [€/h]

a2)   Zuschlag- und Verrechnungssätze:

KS 3:   Materialgemeinkosten: $\dfrac{2.235}{14.900} = 15$ [%]

KS 4:   Maschinenstunden: $12.140 \cdot 0,6 = 7.284$ [€]

$\dfrac{7.284}{400} = 18,21$ [€/h]

Fertigungsgemeinkosten: $12.140 \cdot 0,4 = 4.856$ [€]

$\dfrac{4.856}{6.000} = 80,93$ [%]

KS 5:   Maschinenstundensatz: $\dfrac{7.405}{500} = 14,81$ [€/h]

Bestimmung der variablen Herstellkosten:

Materialeinzelkosten	14.900 [€]
Fertigungslöhne	6.000 [€]
Materialgemeinkosten	2.235 [€]
Fertigungsgemeinkosten KS 4	12.140 [€]
Fertigungsgemeinkosten KS 5	7.405 [€]
variable Herstellkosten	42.680 [€]

KS 6: Verwaltungsgemeinkosten: $\dfrac{3.950}{42.680}=9{,}25$ [%]

KS 7: Vertriebsgemeinkosten: $\dfrac{4.245}{42.680}=9{,}95$ [%]

b)
b1)

	A	B
Materialeinzelkosten	15,00 [€/ME]	20,00 [€/ME]
Materialgemeinkosten	2,25 [€/ME]	3,00 [€/ME]
Materialkosten	17,25 [€/ME]	23,00 [€/ME]
Fertigungseinzelkosten KS 4	10,00 [€/ME]	8,00 [€/ME]
maschinenabhängige Gemeinkosten KS 4	3,64 [€/ME]	9,11 [€/ME]
Restfertigungsgemeinkosten KS 4	8,09 [€/ME]	6,47 [€/ME]
maschinenabhängige Gemeinkosten KS 5	59,24 [€/ME]	44,43 [€/ME]
Fertigungskosten	80,97 [€/ME]	68,01 [€/ME]
Variable Herstellkosten	98,22 [€/ME]	91,01 [€/ME]
Verwaltungsgemeinkosten	9,09 [€/ME]	8,42 [€/ME]
Sondereinzelkosten des Vertriebs	20,00 [€/ME]	10,00 [€/ME]
Vertriebsgemeinkosten	9,77 [€/ME]	9,06 [€/ME]
Variable Selbstkosten	137,08 [€/ME]	118,49 [€/ME]

b2)

Betriebsergebniskonto			
Variable Selbstkosten A	34.270,00	Umsatz A	50.000,00
Variable Selbstkosten B	49.765,80	Umsatz B	75.600,00
Fixe Kosten	55.300,00		
		Betriebsverlust	13.735,80
	139.335,80		139.335,80

Lösung zu Aufgabe V-6

a)

Berechnung der temperaturabhängigen Kosten:

Temperatur: $\dfrac{1.000}{1.290} = 0,0015T + 0,35$ $\Rightarrow$ T = 283,46 [°C]

Kosten: $K(T) = 2T^2 - 800T + 100.000$ $\Rightarrow$ K(283,46) = 33.931,14 [€]

Berechnung der Inputmengen:

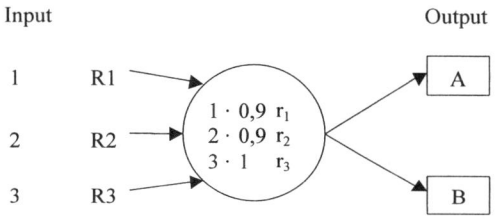

$1.290 = 0,9r_1 + 0,9r_2 + 1r_3 = 0,9r_1 + 1,8\,r_1 + 3r_1 = 5,7r_1$

$r_1 = 226,32$ [kg] $r_2 = 452,63$ [kg] $r_3 = 678,95$ [kg]

Berechnung der Plan-Herstellkosten:

	R_1	R_2	R_3
Inputmenge [kg]	226,32	452,63	678,95
Rohstoffkosten [€/kg]	10	12,5	22,5
Rohstoffkosten [€]	2.263,20	5.657,88	15.276,38
gesamte Rohstoffkosten [€]		23.197,46	
Fixkosten [€]		20.000,00	
Lohnkosten [€]		2.580,00	
Temperaturabhängige Kosten [€]		33.931,14	
Herstellkosten gesamt [€]		79.708,60	
	1.000/1.290		290/1.290
Herstellkosten d. Produkte A u. B [€]	61.789,61		17.918,99

b) $K(T) = 2T^2 - 800T + 100.000$

$K'(T) = 4T - 800 = 0 \Rightarrow T_{opt} = 200°C \Rightarrow K_{min} = 20.000\,€$

$K''(T) = 4 > 0 \Rightarrow$ Minimum

$\dfrac{x_A}{x_A + x_B} = 0,0015T + 0,35 \Rightarrow \dfrac{x_A}{1.290} = 0,0015 \cdot 200 + 0,35 = 0,65$

$$x_{Aopt} = 838{,}50 \ [\text{kg}] \qquad x_{Bopt} = 451{,}50 \ [\text{kg}]$$

$$\Delta K = 33.931{,}14 - 20.000 = 13.931{,}14 \ [\text{€}]$$

c)

Die Fixkosten sind nicht entscheidungsrelevant, gleiches gilt hier aufgrund der vorgegebenen Rohstoffmengen und des damit ebenfalls determinierten Gesamtoutputs auch für die Kosten der Rohstoffe sowie die Lohnkosten.

Zielfunktion:

DB = U - K(T) $\Rightarrow$ max!

$$U = p_A \cdot x_A + p_B \cdot x_B = (-0{,}05x_A + 170) \cdot x_A + (-0{,}5x_B + 215) \cdot x_B$$
$$U = -0{,}05x_A^2 + 170x_A - 0{,}5x_B^2 + 215x_B$$

$K(T) = 2T^2 - 800T + 100.000$

$$\frac{x_A}{1.290} = 0{,}0015T + 0{,}35 \quad \Rightarrow \quad T = \frac{200}{387}x_A - \frac{700}{3}$$

$$K = 2\left(\frac{200}{387}x_A - \frac{700}{3}\right)^2 - 800\left(\frac{200}{387}x_A - \frac{700}{3}\right) + 100.000$$

$$K = \frac{80.000}{149.769}x_A^2 - \frac{1.040.000}{1.161}x_A + \frac{3.560.000}{9}$$

$$DB = \left(-0{,}05x_A^2 + 170x_A - 0{,}5x_B^2 + 215x_B\right) - \left(\frac{80.000}{149.769}x_A^2 - \frac{1.040.000}{1.161}x_A + \frac{3.560.000}{9}\right)$$

$$DB = -0{,}5842x_A^2 + 1.065{,}78x_A - 0{,}5x_B^2 + 215x_B - \frac{3.560.000}{9}$$

Nebenbedingungen:

$x_A + x_B = 1.290$

$x_A \geq 0, \quad x_B \geq 0$

$100 < T < 300$

Die Optimallösung kann mittels einer Lagrange-Funktion L bestimmt werden, die sich aus der Zielfunktion und der ersten Nebenbedingung zusammensetzt:

$$L = -0{,}5842x_A^2 + 1.065{,}78x_A - 0{,}5x_B^2 + 215x_B - \frac{3.560.000}{9} - \lambda(x_A + x_B - 1.290)$$

Allerdings setzt dies voraus, daß die aus der Optimierung der Lagrange-Funktion resultierenden Werte x_A, x_B nichtnegativ sind und sich aus einem Temperaturwert innerhalb der vorgegebenen Grenzen ergeben.

Lösung zu Aufgabe V-7

a)

a1) Fertigungsplanung

Teil-prozeß	Prozeßkosten		
	lmi/lmn	lmn	gesamt
1	500.000	60.000	560.000
2	750.000	90.000	840.000
3	150.000	-	
	1.400.000		

Qualitätssicherung

Teil-prozeß	Prozeßkosten		
	lmi/lmn	lmn	gesamt
1	400.000	30.000	430.000
2	600.000	90.000	690.000

Haupt-prozeß	Prozeßkosten		Prozeßkostensatz	
	lmi	gesamt	lmi	gesamt
1	900.000	990.000	3.600	3960
2	1.350.000	1.530.000	9.000	10.200

a2)

Materialeinzelkosten	2.500 [GE]
Materialgemeinkosten	
Hauptprozeß 0 (300 · 2)	600 [GE]
Wertmäßiger Zuschlag	750 [GE]
Materialkosten	3.850 [GE]
Fertigungseinzelkosten	3.500 [GE]
Fertigungsgemeinkosten	
Hauptprozeß 1 (3.600 · 2)	7.200 [GE]
Hauptprozeß 2 (9.000/400 · 50)	1.125 [GE]
Wertmäßiger Zuschlag	2.800 [GE]
Fertigungskosten	14.625 [GE]
Herstellkosten	18.475 [GE]
Verwaltungs- und Vertriebsgemeinkosten	
Hauptprozeß 3 (500 · 3)	1.500 [GE]
Wertmäßiger Zuschlag	3.695 [GE]
Selbstkosten	23.670 [GE]

b)
b1)
$$K^I = 473.800 \ [GE]$$

$$K^P = 480.000 \ [GE]$$

$$K^{VP} = \frac{480.000}{6.500} \cdot 6.000 = 443.076,92 \ [GE]$$

$$K^S = 100.000 + \frac{380.000}{6.500} \cdot 6.000 = 450.769,23 \ [GE]$$

$$\Delta K = K^I - K^{VP} = 30.723,08 \ [GE]$$

$$\Delta B = K^S - K^{VP} = 7.692,31 \ [GE]$$

$$\Delta V = K^I - K^S = 23.030,77 \ [GE]$$

b2) Verbrauchsabweichung *Löhne*:

$$\Delta V = \left(r^I \cdot q^I\right) - \left(r^P \cdot q^P\right) \cdot \frac{x^I}{x^P} = \left(14.000 \cdot 18\right) - \left(12.000 \cdot 20\right) \cdot \frac{6.000}{6.500} = 30.461,54 \ [GE]$$

Preisabw. 1. Grades: $\Delta Q = \left(q^I - q^P\right) \cdot r^P(x^I) = \left(18 - 20\right) \cdot \frac{12.000}{6.500} \cdot 6.000 = -22.153,85 \ [GE]$

Mengenabw. 1. Grades: $\Delta R = \left(r^I - r^P(x^I)\right) \cdot q^P = \left(14.000 - \frac{12.000}{6.500} \cdot 6.000\right) \cdot 20 = 58.461,54 \ [GE]$

Abw. 2. Grades: $\left(r^I - r^P(x^I)\right) \cdot \left(q^I - q^P\right) = \left(14.000 - \frac{12.000}{6.500} \cdot 6.000\right) \cdot \left(18 - 20\right) = -5.846,15 \ [GE]$

Summe der Teilabw.: -22.153,85 + 58.461,54 - 5.846,15 = 30.461,54 [GE]

c)

c1) $\Delta B = K^S - K^{VP} = \left(400.000 + \frac{100.000}{250} \cdot 200\right) - \left(\frac{500.000}{250} \cdot 200\right) = 80.000 \ [GE]$

c2) $\Delta V = K^I - K^S = 480.000 - \left(400.000 + \frac{100.000}{250} \cdot 200\right) = 0 \ [GE]$

$$\Delta K = K^I - K^{VP} = 480.000 - \left(\frac{500.000}{250} \cdot 200\right) = 80.000 \ [GE]$$

Lösung zu Aufgabe V-8

a)

Umsatz:	504.000.000 [€]	(= 700 · 720.000)
- Gewinnanteil:	35.280.000 [€]	(= 7% von 504.000.000)
= gesamte Zielkosten:	468.720.000 [€]	
- Gemeinkostenanteil für Entwicklung, Verwaltung und Vertrieb:	118.720.000 [€]	
= in die Zielkostenspaltung eingehende Zielkosten:	350.000.000 [€]	
⇒ in die Zielkostenspaltung eingehende Zielkosten pro Produkteinheit:	500.000 [€]	

	A (37 %)	B (33 %)	C (21 %)	D (9 %)	Nutzenanteil
(1)	8,14%	22,11%	7,35%	3,87%	41,47%
(2)	18,50%	1,32%	6,93%	3,33%	30,08%
(3)	0%	0%	1,26%	1,35%	2,61%
(4)	10,36%	0%	5,46%	0%	15,82%
(5)	0%	9,57%	0%	0,45%	10,02%

	Standard-kosten [€]	Ziel-kosten [€]	Kostenreduk-tionsbedarf [€]	Kosten-anteil [%]	Zielkosten-index
(1)	176.400	207.350	-30.950	28	1,48
(2)	144.900	150.400	-5.500	23	1,31
(3)	75.600	13.050	62.550	12	0,22
(4)	94.500	79.100	15.400	15	1,05
(5)	138.600	50.100	88.500	22	0,46

b)

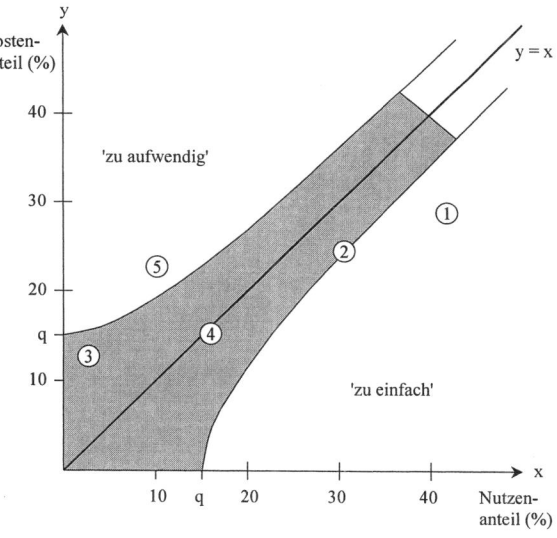

c)

Absatzmenge pro Periode (t = 2, ..., t = 6): $\dfrac{700}{5} = 140$ [ME]

Auszahlungen für die Herstellung der Komponenten pro Periode (t = 2, ..., t = 6):

(630.000 - 0,1 · 630.000) · 140 = 79.380 [T€]

Aufteilung der Gemeinkosten:

      118.720 [T€]

-     20.000 [T€]

-     10.000 [T€]

-     50.000 [T€]

=   38.720 [T€]

$\Rightarrow$ auszahlungswirksame Gemeinkosten pro Periode (t = 2, ..., t = 6): $\dfrac{38.720}{5} = 7.744$ [T€]

Ermittlung der Zahlungsreihe:

	t = 0	t = 1	t = 2	t = 3	t = 4	t = 5	t = 6
Einzahlungen [T€]			100.800	100.800	100.800	100.800	100.800
Auszahlungen für die Herstellung der Komponenten [T€]			-79.380	-79.380	-79.380	-79.380	-79.380
Auszahlungen für Entwicklung und Investitionen [T€]	-10.000	-50.000					
auszahlungswirksame Gemeinkosten [T€]			-7.744	-7.744	-7.744	-7.744	-7.744
Einzahlungsüberschuß [T€]	-10.000	-50.000	13.676	13.676	13.676	13.676	13.676

Kapitalwert = -4.323,08 [T€]

$\Rightarrow$ unter Einbeziehung der Gemeinkosten ist die Produktentwicklung und -einführung nicht lohnend.

Literaturverzeichnis

Agthe, K.: Stufenweise Fixkostendeckungsrechnung im System des Direct (Costing), in: ZfB, 29. Jg., 1959, S. 404-418

Agthe, K.: Zur stufenweisen (Fixkostendeckungsrechnung), in: ZfB, 29. Jg., 1959, S. 742-748

Ahrend, H.-W.: Ökologischer (Produktlebenszyklus) - Wirkungshorizonte und Planungsansätze, in: FB/IE, 47. Jg., 1998, S. 185-190

Andreas, D.; Reichle, W.: Das Rechnen mit (Maschinenstundensätzen), 6. Aufl., Frankfurt a.M. 1987

Arnaout, A.: (Target) Costing in der deutschen Unternehmenspraxis, München 2001

Aschoff, C.: Betriebliches (Humanvermögen) - Grundlagen einer Humanvermögensrechnung, Wiesbaden 1978

Aust, R.: (Kostenrechnung) als unternehmensinterne Dienstleistung, Wiesbaden 1999

Back-Hock, A.: Lebenszyklusorientiertes (Produktcontrolling). Ansätze zur computergestützten Realisierung mit einer Rechnungswesen-Daten- und -Methodenbank, Berlin, Heidelberg u.a. 1988

Back-Hock, A.: Produktlebenszyklusorientierte (Ergebnisrechnung), in: Männel, W. (Hrsg.): Handbuch Kostenrechnung, Wiesbaden 1992, S. 703-714

Baden, A.: Strategische (Kostenrechnung). Einsatzmöglichkeiten und Grenzen, Wiesbaden 1997

Bauer, H.H.; Herrmann, A.; Mengen, A.: Eine (Methode) zur gewinnmaximalen Produktgestaltung auf der Basis des Conjoint Measurement, in: ZfB, 64. Jg., 1994, S. 81-94

Bauer, H.H.; Herrmann, A.; Mengen, A.: (Conjoint) + Cost: Nicht Marktanteile, sondern Gewinne maximieren, in: Controlling, 7. Jg., H. 6, 1995, S. 339-345

Becker, W.: (Stabilitätspolitik) für Unternehmen. Zukunftssicherung durch integrierte Kosten- und Leistungsführerschaft, Wiesbaden 1996

Becker, W.: (Kostenrechnung) und Kostenpolitik, in: Freidank, C.-C. u.a. (Hrsg.): Kostenmanagement. Aktuelle Konzepte und Anwendungen, Berlin, Heidelberg u.a. 1997, S. 25-55

Berliner, C.; Brimson, J.A.: (Cost) Management for Today`s Advanced Manufacturing. The CAM-I Conceptual Design, Boston/Mass. 1988

Berndt, R. (Hrsg.): (Business) Reengineering, Berlin, Heidelberg u.a. 1997

Betz, S.: Operatives (Erfolgscontrolling) - Ein funktionaler Ansatz für industrielle Fertigungsprozesse, Wiesbaden 1996

Beusch, L.H.: Expertensystemgestützte (Dienstleistungskostenrechnung), Stuttgart 1991

Bichler, K.; Gerster, W.; Reuter, R.: (Logistik-Controlling) mit Benchmarking: Praxisbeispiele aus Industrie und Handel, Wiesbaden 1994

Bloech, J.; Bogaschewsky, R.; Götze, U.; Roland, F.: (Einführung) in die Produktion, 5. Aufl., Heidelberg 2004

Bloech, J.; Lücke, W.: (Produktionswirtschaft), Stuttgart, New York 1982

Blohm, H.; Lüder, K.: (Investition): Schwachstellenanalyse des Investitionsbereichs und Investitionsrechnung, 8. Aufl., München, Vahlen 1995

Bogaschewsky, R.: (Benchmarking) für Produktions- und Logistikprozesse, in: Sabisch, H.; Tintelnot, C. (Hrsg.): Benchmarking - Weg zu unternehmerischen Spitzenleistungen, Stuttgart 1997, S. 75-87

Brink, H.-J.: (Einflußfaktoren) auf die Gestaltung der Kostenrechnungssysteme, in: Männel, W. (Hrsg.): Handbuch Kostenrechnung, Wiesbaden 1992, S. 167-181

Bröker, E.W.: (Erfolgsrechnung) im industriellen Anlagengeschäft. Ein dynamischer Ansatz auf Zahlungsbasis, Wiesbaden 1993

Brokemper, A.: Strategieorientiertes (Kostenmanagement), München 1998

Bronner, A.: (Einsatz) der Wertanalyse in Fertigungsbetrieben, Köln 1989

Brors, P.: (Benchmarking). Neugierig gemacht, in: WirtschaftsWoche, Nr. 46 v. 10.11.1994, S. 112-115

Brühl, R.: Die (Produktlebenszyklusrechnung) zur Informationsversorgung des Zielkostenmanagements, in: ZP, Bd. 7, 1996, S. 319-335

Brühl, R.: Führungsorientierte Kosten- und (Erfolgsrechnung), München, Wien 1996

Buch, J.: Entscheidungsorientierte (Projektrechnung). Überlegungen zur Gestaltung eines Projekt-Controlling mit Hilfe der Einzelkosten- und Deckungsbeitragsrechnung, Frankfurt a.M., Bern u.a. 1991

Bürgel, H.D.; Zeller, A.: (Controlling) kritischer Erfolgsfaktoren in Forschung und Entwicklung, in: Controlling, 9. Jg., H. 4, 1997, S. 218-225

Busch, A.; Dangelmaier, W. (Hrsg.): Integriertes (Supply Chain Management), Wiesbaden 2002

Buscher, U.: (Verrechnungspreise) aus organisations- und agencytheoretischer Sicht, Wiesbaden 1997

Buscher, U.: (Time) to Market, in: Götze, U.; Mikus, B.; Bloech, J. (Hrsg.): Management und Zeit, Heidelberg 2000, S. 221-244

Camp, R.C.: (Benchmarking). The search for industry best practices that lead to superior performance, Milwaukee/Wisconsin 1989

Claassen, U.; Hilbert, H.: Durch (Target) Costing und Target Investment zur kompromißlosen Kundenorientierung bei Volkswagen, in: Horváth, P. (Hrsg.): Kunden und Prozesse im Fokus, Stuttgart 1994, S. 145-159

Coenen, M.: (Kostenkontrollmanagement) und Verhaltenssteuerung, Wiesbaden 1998

Coenenberg, A.G.: (Einheitlichkeit) oder Differenzierung von internem und externem Rechnungswesen, in: Der Betrieb, H. 42, 1995, S. 2077-2083

Coenenberg, A.G.: (Kostenrechnung) und Kostenanalyse, 5. Aufl., Stuttgart 2003

Coenenberg, A.G.; Fischer, T.M.: (Prozeßkostenrechnung) - Strategische Neuorientierung in der Kostenrechnung, in: DBW, 51. Jg., H. 1, 1991, S. 21-38

Coenenberg, A.G; Fischer, T.; Schmitz, J.: (Target) Costing und Product Life Cycle Costing als Instrumente des Kostenmanagements, in: Freidank, C.-C. u.a. (Hrsg.): Kostenmanagement. Aktuelle Konzepte und Anwendungen, Berlin, Heidelberg u.a. 1997, S. 195-232

Cooper, R.: The (Rise) of Activity-Based Costing - Part One: What is an Activity-Based Cost System?, in: Journal of Cost Management, Vol. 2, No. 2, 1988, S. 45-54

Cooper, R.: Activity-Based Costing - Was ist ein (Cost-System)?, in: krp, 34. Jg., H. 4, 1990, S. 210-220

Cooper, R.: Activity-Based Costing - Wann brauche ich ein Activity-Based Cost-System und welche (Kostentreiber) sind notwendig? (Teil 2), in: krp, 34. Jg., H. 5, 1990, S. 271-279

Cooper, R.: Activity-Based Costing - (Einführung) von Systemen des Activity-Based Costing (Teil 3), in: krp, 34. Jg., H. 6, 1990, S. 345-351

Cooper, R.; Kaplan, R.S.: How (Cost) Accounting Distorts Product Costs, in: Management Accounting, Vol. 69, H. 4, 1988, S. 20-27

Cooper, R.; Kaplan, R.S.: (Measure) Costs Right: Make the Right Decisions, in: Harvard Business Review, Vol. 66, H. 5, 1988, S. 96-103

Cooper, M.C.; Lambert, D.M.; Pagh, J.D.: (Supply Chain Management): More Than a New Name for Logistics, in: The International Journal of Logistics Management, 8. Jg., 1997, S. 1-14

Decker, H.C.; van Goor, A.R.: (Supply Chain Management) and Management Accounting: A Case Study of Activity Based Costing, in: International Journal of Logistics, 3. Jg., 2000, S. 41-52

Dellmann, K.; Franz, K.P.: Von der (Kostenrechnung) zum Kostenmanagement, in: Dellmann, K.; Franz, K.P. (Hrsg.): Neuere Entwicklungen im Kostenmanagement, Bern, Stuttgart u.a. 1994, S. 15-30

Dierkes, S.: (Planung) und Kontrolle von Prozeßkosten, Wiesbaden 1998

Dierkes, S.: Differenziert-mehrstufige (Fixkostendeckungsrechnungen), in: ZP, Bd. 10, H. 4, 1999, S. 391-406

Drury, C.: (Management) and Cost Accounting, 5. Ed., London 2000

Ebert, G.: Kosten- und (Leistungsrechnung), 9. Aufl., Wiesbaden 2000

Eisinger, B.: Konstruktionsbegleitende (Kalkulation): Modell eines effizienten Kosteninformationssystems, Wiesbaden 1997

Engelhardt, W.H.: (Erlösplanung) und Erlöskontrolle, in: Männel, W. (Hrsg.): Handbuch Kostenrechnung, Wiesbaden 1992, S. 656-670

Ewert, R.: (Target) Costing und Verhaltenssteuerung, in: Freidank, C.-C. u.a. (Hrsg.): Kostenmanagement. Aktuelle Konzepte und Anwendungen, Berlin, Heidelberg u.a. 1997, S. 299-321

Ewert, R.: (Kostenrechnung) unter Unsicherheit, in: Küpper, H.-U.; Wagenhofer, A. (Hrsg.): Handwörterbuch Unternehmensrechnung und Controlling, 4. Aufl., Stuttgart 2002, Sp. 1118-1127

Ewert, R.; Wagenhofer, A.: Interne (Unternehmensrechnung), 5. Aufl., Berlin, Heidelberg u.a. 2003

Fandel, G.; Heuft, B.; Paff, A.; Pitz, T.: (Kostenrechnung), Berlin, Heidelberg u.a. 1999

Fischer, J.: (Zeitwettbewerb). Grundlagen, strategische Ausrichtung und ökonomische Bewertung zeitbasierter Wettbewerbsstrategien, München 2000

Fischer, J.; Heß, O.; Seebauer, G. (Hrsg.): (Buchführung) und Kostenrechnung, Leipzig 1939

Fischer, J.O.: (Relativkosten-Kataloge) als Kosteninformationssysteme für Konstrukteure. Methoden zur Beurteilung und Steigerung der Wirtschaftlichkeit von Relativkosten-Katalogen, Chemnitz 2003

Fischer, T.M.: (Kostenmanagement) strategischer Erfolgsfaktoren, München 1993

Fischer, T.M. (Hrsg.): (Kosten-Controlling), Stuttgart 2000

Fischer, T.M.: (Qualitätskosten), in: Fischer, T.M. (Hrsg.): (Kosten-Controlling), Stuttgart 2000, S. 555-589

Fischer, T.M.; Schmitz, J.: Die Fallstudie aus der Betriebswirtschaft: (Zielkostenmanagement) II, in: WISU, 11/1995, S. 947-949

Fischer, T.M.; Schmitz, J.: (Kapitalmarktorientierung) im Zielkostenmanagement, in: Möller, H.P.; Schmidt, F. (Hrsg.): Rechnungswesen als Instrument für Führungsentscheidungen, Stuttgart 1998, S. 203-230

Franz, K.-P.: Die (Prozeßkostenrechnung) - Darstellung und Vergleich mit der Plankosten- und Deckungsbeitragsrechnung, in: Ahlert, D.; Franz, K.-P.; Göppl, H. (Hrsg.): Finanz- und Rechnungswesen als Führungsinstrument, Wiesbaden 1990, S. 109-136

Franz, K.-P.: Moderne (Methoden) der Kostenbeeinflussung, in: Männel, W. (Hrsg.): Handbuch Kostenrechnung, Wiesbaden 1992, S. 1492-1505

Franz, K.-P.: (Target) Costing. Konzept und kritische Bereiche, in: Controlling, 5. Jg., H. 3, 1993, S. 124-130

Franz, K.-P.: Ein dynamischer (Ansatz) des Target Costing, in: Backhaus, K. u.a. (Hrsg.): Marktleistung und Wettbewerb, Wiesbaden 1997, S. 277-289

Franz, K.-P.; Kajüter, P.: Proaktives (Kostenmanagement), in: Franz, K.-P.; Kajüter, P. (Hrsg.): Kostenmanagement. Wertsteigerung durch systematische Kostensteuerung, 2. Aufl., Stuttgart 2002, S. 3-32

Franz, K.-P.; Kajüter, P.: Kostenmanagement in (Deutschland) - Empirische Befunde zur Praxis des Kostenmanagements in deutschen Unternehmen in: Franz, K.-P.; Kajüter, P. (Hrsg.): Kostenmanagement. Wertsteigerung durch systematische Kostensteuerung, 2. Aufl., Stuttgart 2002, S. 569-585

Franzeck, J.: (Methodik) der Lebenszykluskostenanalyse und -planung, Stuttgart 1997

Freidank, C.-C.: (Kostenrechnung), 7. Aufl., München 2001

Freidank, C.-C.; Zaeh, P.: (Spezialfragen) des Target Costing und des Kostenmanagements, in: Freidank, C.-C. u.a. (Hrsg.): Kostenmanagement. Aktuelle Konzepte und Anwendungen, Berlin, Heidelberg u.a. 1997, S. 233-274

Friedl, B.: (Anforderungen) unterschiedlicher Rechnungsziele an die Prozeßkostenrechnung, in: Männel, W. (Hrsg.): Prozeßkostenrechnung, Wiesbaden 1995, S. 103-113

Friedmann, O.: (Target) Costing in der Produktentwicklung am Beispiel eines Automobilzulieferers, ein methodisch-empirischer Ansatz zur zielkostenorientierten Produktentwicklung, Frankfurt a.M., Berlin u.a. 1997

Fröhling, O.: (Prozeßkostenrechnung) - Verfahren zur Gemeinkostensteuerung, in: DBW, 50. Jg., H. 4, 1990, S. 553-555

Fröhling, O.: (Thesen) zur Prozeßkostenrechnung, in: ZfB, 62. Jg., 1992, S. 723-741

Fröhling, O.: Dynamisches (Kostenmanagement): konzeptionelle Grundlagen und praktische Umsetzung im Rahmen eines strategischen Kosten- und Erfolgs-Controlling, München 1994

Georgi, A.: (Banken), Unternehmensrechnung in, in: Küpper, H.-U.; Wagenhofer, A. (Hrsg.): Handwörterbuch Unternehmensrechnung und Controlling, 4. Aufl., Stuttgart 2002, Sp. 110-117

Gerpott, T.J.; Winzer, P.: Simultaneous (Engineering): Kritische Analyse eines Planungs- und Organisationsansatzes zur Erfolgsverbesserung industrieller Produktinnovationen, in: Götze, U.; Mikus, B.; Bloech, J. (Hrsg.): Management und Zeit, Heidelberg 2000, S. 245-265

Glaser, H.: (Prozeßkostenrechnung) - Darstellung und Kritik, in: ZfbF, 44. Jg., H. 3, 1992, S. 275-288

Glaser, K.: Prozeßorientierte (Deckungsbeitragsrechnung), München 1998

Gleich, R.: (Projektkostenrechnung), in: Küpper, H.-U.; Wagenhofer, A. (Hrsg.): Handwörterbuch Unternehmensrechnung und Controlling, 4. Aufl., Stuttgart 2002, Sp. 1591-1601

Göpfert, I.: (Logistik): Führungskonzeption, Gegenstand, Aufgaben und Instrumente des Logistikmanagements und -controllings, München 2000

Götze, U.: ZP-Stichwort: (Target Costing), in: ZP, Bd. 4, H. 4, 1993, S. 381-389

Götze, U.: (Einsatzmöglichkeiten) und Grenzen der Prozeßkostenrechnung, in: Freidank, C.-C. u.a. (Hrsg.): Kostenmanagement. Aktuelle Konzepte und Anwendungen, Berlin, Heidelberg u.a. 1997, S. 141-174

Götze, U.: (Benchmarking), in: Teichmann, U.; Wolff, J. (Hrsg.): Die Zukunft gestalten, Berlin, Dortmund 1998, S. 279-328

Götze, U.: (Lebenszykluskosten), in: Fischer, T.M. (Hrsg.): Kosten-Controlling, Stuttgart 2000, S. 265-289

Götze, U.: (Life Cycle Costing): Benziner oder Diesel?, in: Burchert, H.; Hering, T.; Keuper, F. (Hrsg.): Controlling. Aufgaben und Lösungen, München, Wien 2001, S. 135-147

Götze, U.; Bloech, J.: (Investitionsrechnung), Modelle und Analysen zur Beurteilung von Investitionsvorhaben, 4. Aufl., Berlin, Heidelberg u.a. 2004

Götze, U.; Glaser, K.: Economic (Value) Added als Instrument einer wertorientierten Unternehmenssteuerung, in: Männel, W. (Hrsg.): Wertorientiertes Controlling, in: krp-Sonderheft, 1/2001, S. 31-38

Götze, U.; Mikus, B.: Strategisches (Management), Chemnitz 1999

Graf, G.: Nutzenorientierte (Qualitätskostenrechnung), Frankfurt a.M. u.a. 1998

Gramoll, E.; Lisson, F.: (Gemeinkosten-Wertanalyse), Darmstadt 1991

Graßhoff, J.; Gräfe, C.: (FuE-Kosten), in: Fischer, T.M. (Hrsg.): (Kosten-Controlling), Stuttgart 2000, S. 325-351

Grevener, H.; Schiffers, E.: (Geschäftsprozesse) - Ihre Effektivität und Effizienz wird durch kombiniertes Prozeß-Benchmarking gesteigert, in: Kreuz, W. (Hrsg.): Mit Benchmarking zur Weltspitze aufsteigen, Landsberg am Lech 1995, S. 83-117

Grob, H.L.: Leistungs- und (Kostenrechnung), 4. Aufl., Münster 2002

Günther, T.: Direkter (Produkt-Profit). Ein besonderer Kostenrechnungsansatz an der Schnittstelle von Handel und Industrie, in: ZfbF, 45. Jg., 1993, S. 460-482

Günther, T.: (Möglichkeiten) und Grenzen des Benchmarking im Controlling, in: Sabisch, H.; Tintelnot, C. (Hrsg.): Benchmarking - Weg zu unternehmerischen Spitzenleistungen, Stuttgart 1997, S. 175-185

Günther, T.: (Neuentwicklungen) der Kostenrechnung - eine Antwort auf geänderte Fragestellungen, in: Freidank, C.-C. u.a. (Hrsg.): Kostenmanagement. Aktuelle Konzepte und Anwendungen, Berlin, Heidelberg u.a. 1997, S. 97-120

Günther, T.; Fischer, J.: (Zeitkostenrechnung), in: Götze, U.; Mikus, B.; Bloech, J. (Hrsg.): Management und Zeit, Heidelberg 2000, S. 269-296

Günther, T.; Kriegbaum, C.: (Life) Cycle Costing, in: WISU, H. 10, 1997, S. 900-912

Günther, T.; Kriegbaum, C.: Die (Fallstudie) aus der Betriebswirtschaftslehre. 'Life Cycle Costing' - Vergleich 'Energiesparlampe versus Glühlampe', in: WISU, H. 12, 1997, S. 1160-1162

Günther, T.; Schuh, H.: (Näherungsverfahren) für die frühzeitige Kalkulation von Produkt- und Auftragskosten, in: krp, 42. Jg., H. 6, 1998, S. 381-389

Gutenberg, E.: (Grundlagen) der Betriebswirtschaftslehre, Bd. 1: Die Produktion, 24. Aufl., Heidelberg, New York 1983

Haberstock, L.: (Kostenrechnung II). (Grenz-)Plankostenrechnung, 7. Aufl., Wiesbaden 1986

Haberstock, L.: (Kostenrechnung) I: Einführung mit Fragen, Aufgaben, einer Fallstudie und Lösungen, 10. Aufl., Berlin 1998

Hahn, D.; Hungenberg, H.: (PuK), Wertorientierte Controllingkonzepte: Planung und Kontrolle, Planungs- und Kontrollsysteme, Planungs- und Kontrollrechnung, 6. Aufl., Wiesbaden 2001

Hahn, D.; Laßmann, G.: (Produktionswirtschaft) - Controlling industrieller Produktion, Bd. 1/2: Grundlagen, Führung und Organisation, Produkte und Produktprogramm, Material und Dienstleistungen, Prozesse, 3. Aufl., Heidelberg 1999

Haller, A.: Herausforderungen an das (Controlling) durch die Internationalisierung der externen Rechnungslegung, in: Horváth, P. (Hrsg.): Das neue Steuerungssystem des Controllers: von Balanced Scorecard bis US-GAAP, Stuttgart 1997, S. 113-131

Hammer, M.; Champy, J.: (Business) Reengineering. Die Radikalkur für das Unternehmen, 6. Aufl., Frankfurt a.M., New York 1996

Hardt, R.: (Entwicklung) eines Informationssystems für das Logistik-Controlling auf der Basis der Prozeßkostenrechnung, Hannover 1995

Hardt, R.: (Kostenmanagement). Methoden und Instrumente, 2. Aufl., München, Wien 2002

Heinen, E.: Betriebswirtschaftliche (Kostenlehre) - Kostentheorie und Kostenentscheidungen, 6. Aufl., Wiesbaden 1983

Heinhold, M.: Kosten- und (Erfolgsrechnung) in Fallbeispielen, 2. Aufl., Stuttgart 2001

Henderson, B.D.: Die (Erfahrungskurve) in der Unternehmensstrategie, 2. Aufl., Frankfurt a.m., New York 1984

Herter, R.N.: (Weltklasse) mit Benchmarking, in: FB/IE, 41. Jg., 1992, S. 254-258

Hess, T.: (Netzwerkcontrolling), Instrumente und ihre Werkzeugunterstützung, Wiesbaden 2002

Hilke, W.: Zielorientierte Produktions- und (Programmplanung), 3. Aufl., Neuwied 1988

Hiromoto, T.: Das (Rechnungswesen) als Innovationsmotor, in: Harvard Manager, 11. Jg., H. 1, 1989, S. 129-133

Höft, U.: (Lebenszykluskonzepte): Grundlage für das strategische Marketing- und Technologiemanagement, Berlin 1992

Hoffjan, A.: (Cost) Benchmarking als Instrument des strategischen Kostenmanagement, in: Freidank, C.-C. u.a. (Hrsg.): Kostenmanagement. Aktuelle Konzepte und Anwendungen, Berlin, Heidelberg u.a. 1997, S. 343-355

Hofmann, C.; Pfeiffer, T.: (Kongruenz) und Divergenz von Erfolgsrechnungen für Planungs- und Steuerungszwecke, in: WISU, H. 7, 2003, S. 389-393

Hohberger, S.: (Operationalisierung) der Transaktionskostentheorie im Controlling, Wiesbaden 2001

Hoitsch, H.-J.; Lingnau, V.: Kosten- und (Erlösrechnung). Eine controllingorientierte Einführung, 4. Aufl., Berlin, Heidelberg u.a. 2002

Homann, K.: (Immobilien), Unternehmensrechnung im Bereich der, in: Küpper, H.-U.; Wagenhofer, A. (Hrsg.): Handwörterbuch Unternehmensrechnung und Controlling, 4. Aufl., Stuttgart 2002, Sp. 703-713

Homburg, C.; Daum, D.: Marktorientiertes (Kostenmanagement), Frankfurt a.M. 1997

Homburg, C.; Werner, H.; Englisch, M.: Kennzahlengestütztes (Benchmarking) im Beschaffungsbereich: Konzeptionelle Aspekte und empirische Befunde, in: DBW, 57. Jg., 1997, S. 48-64

Horngren, C.T.; Bhimani, A.; Datar, S.M.; Foster, G.: (Management) and Cost Accounting, 2. Ed., Upper Saddle River 2002

Horngren, C.T.; Foster, G.; Datar, S.M.: (Cost) Accounting. A Managerial Emphasis, 10. Ed., Upper Saddle River 2000

Horváth, P.: (Controlling), 9. Aufl., München 2003

Horváth, P.; Gaiser, B.: (Aufgaben) und Einsatz der Prozeßkostenrechnung, in: Seicht, G. (Hrsg.): Jahrbuch für Rechnungswesen und Controlling '94, Wien 1994, S. 49-63

Horváth; P.; Gleich, R.; Scholl, K.: Vergleichende (Betrachtung) der bekanntesten Kalkulationsmethoden für das kostengünstige Konstruieren, in: krp, Sonderheft 1, 1996, S. 53-62

Horváth, P.; Herter, R.N.: (Benchmarking) - Vergleich mit den Besten der Besten, in: Controlling, 4. Jg., 1992, S. 4-11

Horváth, P.; Kieninger, M.; Mayer, R.; Schimank, C.: (Prozeßkostenrechnung) - oder wie die Praxis die Theorie überholt. Kritik und Gegenkritik, in: DBW, 53. Jg., 1993, S. 609-628

Horváth, P.; Lamla, J.: (Cost) Benchmarking und Kaizen Costing, in: Reichmann, T. (Hrsg.): Handbuch Kosten- und Erfolgscontrolling, München 1995, S. 63-88

Horváth, P.; Mayer, R.: (Prozeßkostenrechnung) - Der neue Weg zu mehr Kostentransparenz und wirkungsvolleren Unternehmensstrategien, in: Controlling, 1. Jg., H. 4, 1989, S. 214-219

Horváth, P.; Mayer, R.: Prozeßkostenrechnung - (Konzeption) und Entwicklungen, in: krp, Sonderheft 2, 1993, S. 15-28

Horváth, P.; Seidenschwarz, W.: (Zielkostenmanagement), in: Controlling, 4. Jg., H. 3, 1992, S. 142-150

Huch, B.: (Einführung) in die Kostenrechnung, 6. Aufl., Würzburg, Wien 1981

Huch, B.; Behme, W.; Ohlendorf, T.: Rechnungswesenorientiertes (Controlling), 4. Aufl., Heidelberg 2004

Hummel, S.; Männel, W.: (Kostenrechnung) 1. Grundlagen, Aufbau und Anwendung, 4. Aufl., Wiesbaden 1986

Johnson, H.T.; Kaplan, R.S.: (Relevance) Lost: The Rise and Fall of Management Accounting, Boston/Mass. 1987

Johnson, H.T.; Kaplan, R.S.: The (Rise) and Fall of Management Accounting, in: Management Accounting, Vol. 68, No. 1, 1987, S. 22-29

Kagermann, H.: Prozeßkostenrechnungs-(Methodik) eines integrierten Standard-Softwaresystems, in: Männel, W. (Hrsg.): Prozeßkostenrechnung, Wiesbaden 1995, S. 315-327

Kajüter, P.: Proaktives (Kostenmanagement): Konzeption und Realprofile, Wiesbaden 2000

Kano, N. u..a.: Attractive (Quality) and Must be Quality, in: Hinshitsu [Quality, Journal of the Japanese Society for Quality Control, in Japanisch], 14. Jg., 1984, H. 2, S. 39-48

Kaplan, R.S.; Norton, D.P.: Balanced (Scorecard) - Strategien erfolgreich umsetzen, Stuttgart 1997

Kaplan, R.S.; Norton, D.P.: Die strategiefokussierte (Organisation), Stuttgart 2001

Karlöf, B.; Östblom, S.: Das (Benchmarking-Konzept), München 1994

Keun, F.: (Einführung) in die Krankenhaus-Kostenrechnung, 4. Aufl., Wiesbaden 2001

Kieninger, M.; Gehrke, I.: (Prozeßkostenmanagement) mit PROZESSMANAGER, in: Männel, W. (Hrsg.): Prozeßkostenrechnung, Wiesbaden 1995, S. 383-396

Kilger, W.: Optimale Produktions- und (Absatzplanung), Opladen 1973

Kilger, W.: (Einführung) in die Kostenrechnung, 3. Aufl., Wiesbaden 1992

Kilger, W.: Flexible (Plankostenrechnung) und Deckungsbeitragsrechnung, 10. Aufl., Wiesbaden 1993

Kilger, W.; Pampel, J.; Vikas, K.: Flexible (Plankostenrechnung) und Deckungsbeitragsrechnung, 11. Aufl., Wiesbaden 2002

Kistner, K.-P.; Steven, M.: (Produktionsplanung), 3. Aufl., Heidelberg 2001

Klein, G.A.: (Konvergenz) von internem und externem Rechnungswesen auf Basis der International Accounting Standards (IAS), in: krp, Sonderheft 3, 1999, S. 67-77

Klein, G.A.: (Unternehmenssteuerung) auf Basis der International Accounting Standards, München 1999

Kloock, J.: (Kostenrechnung) mit integrierter Umweltschutzpolitik als Umweltkostenrechnung, in: Männel, W. (Hrsg.): Handbuch Kostenrechnung, Wiesbaden 1992, S. 929-940

Kloock, J.: Prozeßkostenrechnung als (Rückschritt) und Fortschritt der Kostenrechnung (Teil 1), in: krp, 36. Jg., H. 4, 1992, S. 183-193

Kloock, J.: (Prozeßkostenrechnung) als Rückschritt und Fortschritt der Kostenrechnung (Teil 2), in: krp, 36. Jg., H. 5, 1992, S. 237-245

Kloock, J.: Flexible Prozeßkostenrechnung und (Deckungsbeitragsrechnung), in: Männel, W. (Hrsg.): Prozeßkostenrechnung, Wiesbaden 1995, S. 137-151

Kloock, J.; Sieben, G.; Schildbach, T.: Kosten- und (Leistungsrechnung), 8. Aufl., Düsseldorf 1999

Koch, H.: Zur (Diskussion) über den Kostenbegriff, in: Zeitschrift für handelswissenschaftliche Forschung N.F., 10. Jg., 1958, S. 355-399

Koch, I.: (Kostenrechnung) unter Unsicherheit. Theoretische Fundierung und Instrumentarium zur Einbeziehung unsicherer Erwartungen in die Kostenrechnung, Stuttgart 1994

Köberle, G.; Reichling, P.: (Prozeßkosten) der Kostenrechnung, in: controller magazin, H. 3, 1993, S. 161-164

Koenigsmarck, O. von; Trenz, C.: (Einführung) von Business Reengineering. Methoden und Praxisbeispiele für den Mittelstand, Frankfurt, New York 1996

Kosiol, E.: Kritische (Analyse) der Wesensmerkmale des Kostenbegriffes, in: Kosiol, E.; Schlieper, F. (Hrsg.): Betriebsökonomisierung durch Kostenanalyse, Abatzrationalisierung und Nachwuchserziehung. Festschrift für Rudolf Seyffert zu seinem 65. Geburtstag, Opladen 1958, S. 7-37

Kosiol, E.: (Kostenrechnung) und Kalkulation, 2. Aufl., Berlin 1972

Krapp, M.; Wotschofsky, S.: Stochastisches (Target) Costing, in: ZP, Bd. 11, 2000, S. 23-40

Kreikebaum, H.: Strategische (Unternehmensplanung), 6. Aufl., Stuttgart, Berlin, Köln 1997

Kreuz, W.: (Kosten-Benchmarking): Konzept und Praxisbeispiel, in: Franz, K.-P.; Kajüter, P. (Hrsg.): Kostenmanagement. Wertsteigerung durch systematische Kostensteuerung, 2. Aufl., Stuttgart 2002, S. 91-103

Krönung, H.-D.: (Kostenrechnung) unter Unsicherheit, Wiesbaden

Krokowski, W.: (Benchmarking) im Beschaffungsmanagement. Vergleich mit den weltbesten Wettbewerbern, in: Beschaffung aktuell, H. 8, 1993, S. 24-26

Kruschwitz, L.: Innerbetriebliche (Leistungsverrechnung) mit nicht-exakten und iterativen Verfahren, in: krp, 23. Jg., H. 3, 1979, S. 105-116

Kruschwitz, L.: (Investitionsrechnung), 9. Aufl., München, Wien 2003

Kühne, A.: (Benchmarking). Ein Mittel zur Leistungssteigerung, in: ZfB-Ergänzungsheft 2, 1995, S. 41-47

Küpper, H.-U.: (Prozeßkostenrechnung) - ein strategisch neuer Ansatz?, in: DBW, 51. Jg., H. 3, 1991, S. 388-391

Küpper, H.-U.: (Angleichung) des externen und internen Rechnungswesens, in: Börsig, C.; Coenenberg, A.G. (Hrsg.): Controlling und Rechnungswesen im internationalen Wettbewerb, Stuttgart 1998, S. 143-162

Küpper, H.-U:: (Marktwertorientierung) - neue und realisierbare Ausrichtung für die interne Unternehmensrechnung?, in: BFuP, H. 5, 1998, S. 517-539

Küpper, H.-U.: (Controlling): Konzeption, Aufgaben und Instrumente, 3. Aufl., Stuttgart 2001

Küting, K.; Lorson, P.: (Grenzplankostenrechnung) versus Prozeßkostenrechnung - Quo vadis Kostenrechnung?, in: Betriebs-Berater, 46. Jg., H. 21, 1991, S. 1421-1433

Küting, K.; Lorson, P.: (Stand), Entwicklungen und Grenzen der Prozeßkostenrechnung, in: Männel, W. (Hrsg.): Prozeßkostenrechnung, Wiesbaden 1995, S. 87-101

Küting, K.; Lorson, P.: (Konvergenz) von internem und externem Rechnungswesen: Anmerkungen zu Strategien und Konfliktfeldern, in: Die Wirtschaftsprüfung, H. 11, 1998, S. 483-493

Küting, K.; Lorson, P.: (Grundsätze) eines Konzernsteuerungskonzepts auf „externer" Basis (Teil I), Ein Beitrag zur Konvergenz von internem und externem Rechnungswesen, in: Betriebs-Berater, 53. Jg., H. 44, 1998, S. 2251-2258

Küting, K.; Lorson, P.: Grundsätze eines (Konzernsteuerungskonzepts) auf „externer" Basis (Teil II), Ein Beitrag zur Konvergenz von internem und externem Rechnungswesen, in: Betriebs-Berater, 53. Jg., H. 45, 1998, S. 2303-2309

Küting, K.; Lorson, P.: (Harmonisierung) des Rechnungswesens aus Sicht der externen Rechnungslegung, in: krp, Sonderheft 3, 1999, S. 47-57

Küting, K.; Lorson, P.: Anmerkungen zum (Spannungsfeld) zwischen externen Zielgrößen und internen Steuerungsinstrumenten, in: Betriebs-Berater, 55. Jg., 2000, S. 451-456

Lackes, R.: (Unternehmensrechnungssoftware), in: Küpper, H.-U.; Wagenhofer, A. (Hrsg.): Handwörterbuch Unternehmensrechnung und Controlling, 4. Aufl., Stuttgart 2002, Sp. 2043-2054

Lamla, J.: (Prozeßbenchmarking), München 1995

Lasch, R.; Steinhart, S.: (Informationsquellen) bei Benchmarking-Projekten in der Logistik, Arbeitspapiere zur Mathematischen Wirtschaftsforschung, Universität Augsburg, Heft 137, Augsburg 1996

Leibfried, K.H.J.; McNair, C.J.: (Benchmarking). Von der Konkurrenz lernen, die Konkurrenz überholen, 2. Aufl., Freiburg 1996

Lengsfeld, S.: (Kostenkontrolle) und Kostenänderungspotentiale, Wiesbaden 1999

Letmathe, P.: Umweltbezogene (Kostenrechnung), München 1998

Letmathe, P.; Wagner, G.R.: (Umweltkostenrechnung), in: Küpper, H.-U.; Wagenhofer, A. (Hrsg.): Handwörterbuch Unternehmensrechnung und Controlling, 4. Aufl., Stuttgart 2002, Sp. 1988-1997

Lingscheid, A.: Unternehmensübergreifendes (Kaizen) Costing, München 1998

Listl, A.: (Target) Costing zur Ermittlung der Preisuntergrenze. Entscheidungsorientiertes Kostenmanagement dargestellt am Beispiel der Automobilzulieferindustrie, Frankfurt a.M., Berlin u.a. 1998

Lorentzen, K.D.: (Logistikkostenrechnung). Die vergessene Grundlage eines effektiven Logistik-Managements, Gernsbach 1998

Lorson, P.: Zum (Entwicklungsstand) der Prozeßkostenrechnung, in: Betrieb und Wirtschaft, H. 1, 1992, S. 537-541

Lücke, W.: (Investitionsrechnungen) auf der Grundlage von Ausgaben oder Kosten?, in: ZfhF, N.F., 7. Jg., 1955, S. 310-324

Lücke, W.: Die kalkulatorischen (Zinsen) im betrieblichen Rechnungswesen, in: ZfB, 35. Jg., Ergänzungsheft, 1965, S. 3-28

Lücke, W.: (Arbeitsleistung), Arbeitsbewertung, Arbeitsentlohnung, in: Jacob, H. (Hrsg.): Industriebetriebslehre, 4. Aufl., Wiesbaden 1990, S. 181-317

Lücke, W.: (Einheitskalkulation), Einflußgrößenrechnung und Prozeßkostenrechnung, in: Freidank, C.-C. u.a. (Hrsg.): Kostenmanagement. Neuere Konzepte und Anwendungen, Berlin, Heidelberg u.a. 1997, S. 121-140

Madauss, B.: (Projektmanagement): ein Handbuch für Industriebetriebe, Unternehmensberater und Behörden, 3. Aufl., Stuttgart 1990

Männel, W.: (Reorganisation) des führungsorientierten Rechnungswesens durch Integration der Rechnungs-kreise, in: krp, 41. Jg., H. 1, 1997, S. 9-19

Männel, W.: (Entwicklungsperspektiven) der Kostenrechnung, 4. Aufl., Lauf an der Pegnitz 1998

Männel, W.: (Harmonisierung) des Rechnungswesens für ein durchgängiges Ergebniscontrolling, in: krp, 43. Jg., H. 1, 1999, S. 11-21

Maltry, H.: Innerbetriebliche (Leistungsverrechnung) bei wechselseitigen Lieferbeziehungen (I), in: WISU, H. 5, 1997, S. 461-468

Maltry, H.: Innerbetriebliche Leistungsverrechnung bei wechselseitigen (Lieferbeziehungen) (II), in: WISU, H. 6, 1997, S. 549-556

Maltry, H.; Strehlau-Schwoll, H.: (Kostenrechnung) und Kostenmanagement im Krankenhaus, in: Freidank, C.-C. u.a. (Hrsg.): Kostenmanagement, Aktuelle Konzepte und Anwendungen, Berlin, Heidelberg u.a. 1997, S. 533-564

Mayer, R.: Prozeßkostenrechnung - (Rückschritt) oder neuer Weg?, in: Controlling, 2. Jg., H. 5, 1990, S. 274-275

Mayer, R.: Prozeßkostenrechnung und (Prozeßkostenmanagement): Konzept, Vorgehensweise und Einsatz-möglichkeiten, in: IFUA Horváth & Partner GmbH Stuttgart (Hrsg.): Prozeßkostenmanagement - Metho-dik, Implementierung, Erfahrungen -, München 1991, S. 75-99

Mayer, R.: Prozeßkostenrechnung und (Prozeß(kosten)optimierung) als integrierter Ansatz, in: Berkau, C.; Hirschmann, P. (Hrsg.): Kostenorientiertes Geschäftsprozeßmanagement. Methoden, Werkzeuge, Erfah-rungen, München 1996, S. 43-67

Mayer, R.: (Kapazitätskostenrechnung) - Neukonzeption einer kapazitäts- und prozeßorientierten Kostenrech-nung, München 1998

Mayer, R.; Kaufmann, L.: (Prozeßkostenrechnung II) - Einordnung, Aufbau, Anwendungen, in: Fischer, T.M. (Hrsg.): (Kosten-Controlling), Stuttgart 2000, S. 291-322

Meffert, H.: (Marketing). Grundlagen marktorientierter Unternehmensführung, 9. Aufl., Wiesbaden 2000

Mellerowicz, K.: (Kosten) und Kostenrechnung I, Theorie der Kosten, 4. Aufl., Berlin 1963

Mellerowicz, K.: Neuzeitliche (Kalkulationsverfahren), 6. Aufl., Freiburg 1977

Mertins, K.; Edeler, H.; Schallock, B.: (Reengineering) auf der Basis von Geschäftsprozessen, in: Mertins, K.; Siebert, G.; Kempf, S. (Hrsg.): Benchmarking. Praxis in deutschen Unternehmen, Berlin, Heidelberg u.a. 1995, S. 1-17

Meyer, J.: (Grundzüge) einer entscheidungsorientierten Anlagenkostenrechnung unter besonderer Berücksichti-gung der Anlagenkostenerfassung, Dortmund 1986

Meyer, J.: (Benchmarking) - Ein Weg zur unternehmerischen Spitzenleistung, in: Meyer, J. (Hrsg.): Benchmar-king: Spitzenleistungen durch Lernen von den Besten, Stuttgart 1996

Meyer-Piening, A.: Zero Base (Planning) - Zukunftssicheres Instrument der Gemeinkostenplanung, Köln 1990

Michel, R.; Torspecken, H.-D.; Großmann, U.: (Grundlagen) der Kostenrechnung, Kostenrechnung 1, 4. Aufl., München, Wien 1992

Michel, R.; Torspecken, H.-D.; Jandt, J.: Neuere (Formen) der Kostenrechnung mit Prozeßkostenrechnung, Kostenrechnung 2, 4. Aufl., München, Wien 1998

Mikus, B.: (Make-or-buy-Entscheidungen) in der Produktion, 2. Aufl., Chemnitz 2001

Miller, J.G.; Vollmann, T.E.: The hidden (factory), in: Harvard Business Review, Vol. 63, H. 5, 1985, S. 142-150

Mönkemeier, S.; Zich, K.: (Konzepte) zur verursachungsgerechten Verrechnung von Fertigungsgemeinkosten und zur Kennzahlenanalyse - am Beispiel der FORON Haus- und Küchentechnik GmbH, Niederschmie-deberg im Rahmen des Verbundprojektes 'Robuste Produktionsprozesse', Arbeitsbericht 1, Lehrstuhl BWL III: Unternehmensrechnung und Controlling, TU Chemnitz, Chemnitz 1998

Monden, Y.: (Wege) zur Kostensenkung. Target Costing und Kaizen Costing, München 1999

Morwind, K.: Praktische (Erfahrungen) mit Benchmarking, in: ZfB-Ergänzungsheft 2, 1995, S. 25-39

Müller, H.: Prozeßkonforme (Grenzplankostenrechnung). Stand - Nutzanwendungen - Tendenzen, 2. Aufl., Wiesbaden 1996

Müller-Hagedorn, L.; Toporowski, W.: (Kostenrechnung) in Handelsbetrieben, in: Freidank, C.-C. u.a. (Hrsg.): Kostenmanagement, Aktuelle Konzepte und Anwendungen, Berlin, Heidelberg u.a. 1997, S. 445-477

Niemand, S.: (Target) Costing - konsequente Marktorientierung durch Zielkostenmanagement, in: FB/IE, 41 Jg., 1992, S. 118-123

Niemand, S.: (Target) Costing für industrielle Dienstleistungen, München 1996

Nowack, K.; Piehl, T.: Erweiterung der (Maschinenstundensatzrechnung) um die NC-Programmierung als neue Sekundärkostenart, in: krp, 38. Jg., H. 5, 1994, S. 331-336

Oecking, G.: Strategisches und operatives (Fixkostenmanagement): Möglichkeiten und Grenzen des theoretischen Konzeptes und der praktischen Umsetzung im Rahmen des Kosten- und Erfolgs-Controllings, München 1994

Oecking, G.: Fixkostenmanagement bei wechselnden (Marktverhältnissen), in: Freidank, C.-C. u.a. (Hrsg.): Kostenmanagement. Aktuelle Konzepte und Anwendungen, Berlin, Heidelberg u.a. 1997, S. 175-194

Ossadnik, W.: (Controlling), 3. Aufl., München, Wien 2003

Otto, A.; Kotzab, H.: Der (Beitrag) des Supply Chain Management zum Management von Supply Chains - Überlegungen zu einer unpopulären Frage, in: ZfbF, 53. Jg., 2001, S. 157-176

Paff, A.: Eine produktionstheoretisch fundierte (Kostenrechnung) für Hochschulen: am Beispiel der Fernuniversität in Hagen, Frankfurt a.M. 1998

Palloks, M.: (Controlling) langfristiger Geschäftsbeziehungen: Konzeption eines kennzahlengestützten Kundenbindungsmanagement im modernen Beziehungsmarketing, in: Lachnit, L. u.a.. (Hrsg.): Zukunftsfähiges Controlling. Konzeptionen, Umsetzungen, Praxiserfahrungen, München 1998, S. 245-274

Pampel, J.: (Kooperation) mit Zulieferern. Theorie und Management, Wiesbaden 1993

Pfaff, D.: (Kostenrechnung), Unsicherheit und Organisation, Heidelberg 1993

Pfaff, D.; Kunz, A.H.: (Beschaffungskosten), in: Fischer, T.M. (Hrsg.): Kosten-Controlling, Stuttgart 2000, S. 353-375

Pfeiffer, W.; Bischof, P.: (Produktlebenszyklen) - Instrument jeder strategischen Produktplanung, in: Steinmann, H. (Hrsg.): Planung und Kontrolle, München 1981, S. 133-166

Pfeiffer, W.; Weiß, E.: (Lean-Management): Grundlagen der Führung und Organisation, Berlin 1992

Pfohl, H.-C.; Stölzle, W.: (Anwendungsbedingungen), Verfahren und Beurteilung der Prozeßkostenrechnung in industriellen Unternehmen, in: ZfB, 61. Jg., H. 11, 1991, S. 1281-1305

Pfohl, H.-C.; Wübbenhorst, K.L.: (Lebenszykluskosten), in: JfB, H. 3, 1983, S. 142-155

Picot, A.: Ein neuer (Ansatz) zur Gestaltung der Leistungstiefe, in: ZfbF, 43. Jg., 1991, S 336-357

Pieske, R.: Am (Klassenbesten) orientieren. Quellen für Wettbewerbsvorteile, in: Absatzwirtschaft, 35. Jg., 1992, H. 10, S. 149-158

Pieske, R.: (Benchmarking) in der Praxis: erfolgreiches Lernen von führenden Unternehmen, Landsberg/Lech 1995

Plinke, W.: (Erlösplanung) im industriellen Anlagengeschäft, Wiesbaden 1985

Plinke, W.: Industrielle (Kostenrechnung): Eine Einführung, 5. Aufl., Berlin, Heidelberg u.a. 2000

Porter, M.E.: (Wettbewerbsvorteile), 6. Aufl., Frankfurt a.M. 2000

Rechberg, U. von: Systemgestützte (Kostenschätzung). Eine Controlling-Perspektive, Wiesbaden 1997

Reckenfelderbäumer, M.: (Entwicklungsstand) und Perspektiven der Prozeßkostenrechnung, Wiesbaden 1994

Reichmann, T.: (Controlling) mit Kennzahlen und Managementberichten: Grundlagen einer systemgestützten Controlling-Konzeption, 6. Aufl., München 2001

Reichmann, T.; Fröhling, O.: Fixkostenmanagementorientierte (Plankostenrechnung) vs. Prozeßkostenrechnung - Zwei Welten oder zwei Partner?, in: Controlling, 3. Jg., H. 1, 1991, S. 42-44

Reichmann, T.; Fröhling O.: Produktlebenszyklusorientierte Planungs- und (Kontrollrechnungen) als Bausteine eines dynamischen Kosten- und Erfolgs-Controlling, in: Dellmann, K.; Franz, K.P. (Hrsg.): Neuere Entwicklungen im Kostenmanagement, Bern, Stuttgart u.a. 1994, S. 281-333

Reichmann, T.; Fröhling, O.: (Prozeßkostenrechnung) und Fixkostenmanagement, in: Männel, W. (Hrsg.): Prozeßkostenrechnung, Wiesbaden 1995, S. 153-175

Reichmann, T.; Schwellnuß, A.G.; Fröhling, O.: Fixkostenmanagementorientierte (Plankostenrechnung) - Kostentransparenz und Entscheidungsrelevanz gleichermaßen sicherstellen, in: Controlling, 2. Jg., H. 2, 1990, S. 60-67

Renner, A.: Kostenorientierte (Produktionssteuerung), München 1991

Rese, M.: (Erlösplanung) und Erlöskontrolle, in: Küpper, H.-U.; Wagenhofer, A. (Hrsg.): Handwörterbuch Unternehmensrechnung und Controlling, 4. Aufl., Stuttgart 2002, Sp. 453-462

Riebel, P.: Das (Rechnen) mit Einzelkosten und Deckungsbeiträgen, in: ZfhF, N.F., 1959, S. 213-238

Riebel, P.: (Überlegungen) zur Formulierung eines entscheidungsorientierten Kostenbegriffs, in: Müller-Merbach, H. (Hrsg.): Quantitative Ansätze in der Betriebswirtschaftslehre, München 1978, S. 127-146

Riebel, P.: Einzelkosten- und (Deckungsbeitragsrechnung). Grundfragen einer markt- und entscheidungsorientierten Unternehmensrechnung, 7. Aufl., Wiesbaden 1994

Riebel, V.: Betriebswirtschaftliches (Rechnungswesen) als Führungsinstrument, in: Kühne-Büning, L.; Heuer, J.H.B. (Hrsg.): Grundlagen der Wohnungs- und Immobilienwirtschaft, 3. Aufl., Frankfurt a.M. 1994, S. 516-531

Riegler, C.: (Verhaltenssteuerung) durch Target Costing, Stuttgart 1996

Riezler, S.: (Lebenszyklusrechnung). Instrument des Controlling strategischer Projekte, Wiesbaden 1992

Rösler, F.: (Target) Costing für die Automobilindustrie, Wiesbaden 1996

Rösler, F.: Target (Costing) für die Automobilindustrie - Ein Anwendungsbeispiel des Zielkostenmanagements, in: Freidank, C.-C. u.a. (Hrsg.): Kostenmanagement. Aktuelle Konzepte und Anwendungen, Berlin, Heidelberg u.a. 1997, S. 275-297

Roolfs, G.: (Gemeinkostenmanagement) unter Berücksichtigung neuerer Entwicklungen in der Kostenlehre, Bergisch Gladbach, Köln 1996

Rückle, D.; Klein, A.: (Product-Life-Cycle-Cost) Management, in: Dellmann, K.; Franz, K.P. (Hrsg.): Neuere Entwicklungen im Kostenmanagement, Bern, Stuttgart u.a. 1994, S. 335-367

Rummel, K.: Einheitliche (Kostenrechnung) auf der Grundlage einer vorausgesetzten Proportionalität der Kosten zu betrieblichen Größen, 3. Aufl., Düsseldorf 1949

Rummel, K.D.: (Zielkosten-Management) - der Weg, Produktkosten zu halbieren und Wettbewerber zu überholen, in: Horváth, P. (Hrsg.): Effektives und schlankes Controlling, Stuttgart 1992, S. 221-244

Sabisch, H.: (Benchmarking) als notwendiger Bestandteil des Innovationsmanagements im Unternehmen, in: Sabisch, H.; Tintelnot, C. (Hrsg.): Benchmarking - Weg zu unternehmerischen Spitzenleistungen, Stuttgart 1997, S. 1-13

Sabisch, H.; Tintelnot, C.: Integriertes (Benchmarking) für Produkte und Produktentwicklungsprozesse, Berlin, Heidelberg u.a. 1997

Sakurai, M.: The (Influence) of Factory Automation on Management Accounting Practices: A Study of Japanese Companies, in: Kaplan, R.S. (Ed.): Measures for Manufacturing Excellence, Boston 1990, S. 39-62

Sakurai, M.: Integratives (Kostenmanagement): Stand und Entwicklungstendenzen des Controlling in Japan, München 1997

Schellhaas, K.-U.; Beinhauer, M.: (Entscheidungsrelevanz) in der Prozeßkostenrechnung, in: krp, 36. Jg., H. 6, 1992, S. 301-309

Scherrer, G.: (Kostenrechnung), 3. Aufl., Stuttgart 1999

Schiffers, E.; Kreuz, W.: (Steuerung) von Cost-Centern mittels Benchmarking, in: Roth, A.; Behme, W. (Hrsg.): Organisation und Steuerung dezentraler Unternehmenseinheiten, Wiesbaden 1997, S. 317-332

Schimmelpfeng, K.: (Kostenträgerrechnung) in Versicherungsunternehmen, Wiesbaden 1995

Schimmelpfeng, K.; Schöffski, I.: (Kostenrechnung) in Versicherungsunternehmen, in: Freidank, C.-C. u.a. (Hrsg.): Kostenmanagement, Aktuelle Konzepte und Anwendungen, Berlin, Heidelberg u.a. 1997, S. 513-531

Schmalenbach, E.: (Selbstkostenrechnung), in: ZfhF, 13. Jg., 1919, S. 257-299 und S. 321-356

Schmalenbach, E.: Pretiale (Wirtschaftslenkung), Bd. 2: Pretiale Lenkung des Betriebes, Bremen-Horn u.a. 1948

Schmalenbach, E.: (Kostenrechnung) und Preispolitik, 8. Aufl., Köln, Opladen 1963

Schmidt, H. (Hrsg.): (Humanvermögensrechnung), Berlin, New York 1982

Schmidt, S.: (Entwicklung) eines Kostenrechnungsmodells für die Qualitätssicherung, Aachen 1996

Schubert, B.: (Entwicklung) von Konzepten für Produktinnovationen mittels Conjoint-Analyse, Stuttgart 1991

Schuster, P.: Interne (Unternehmensrechnung), in: Berndt, R.; Fantapie Altobelli, C.; Schuster, P. (Hrsg.): Springers Handbuch der Betriebswirtschaftslehre 2, Berlin, Heidelberg u.a. 1998, S. 99-148

Schwartz, R.: (Controlling-Systeme), Eine Einführung in Grundlagen, Komponenten und Methoden des Controlling, Wiesbaden 2002

Schweitzer, M.; Friedl, B.: (Aussagefähigkeit) von Kostenrechnungssystemen für das programmorientierte Kostenmanagement, in: Seicht, G. (Hrsg.): Jahrbuch für Rechnungswesen und Controlling '94, Wien 1994, S. 65-100

Schweitzer, M.; Küpper, H.-U.: Produktions- und (Kostentheorie). Grundlagen - Anwendungen, 2. Aufl., Wiesbaden 1997

Schweitzer, M.; Küpper, H.-U.: (Systeme) der Kosten- und Erlösrechnung, 8. Aufl., München 2003

Seicht, G.: Moderne Kosten- und (Leistungsrechnung): Grundlagen und praktische Gestaltung, 11. Aufl., Wien 2001

Seicht, G.: (Gestaltung) der Kosten- und Leistungsrechnung - Alternativen, Vorgehen und Probleme bei der Einführung, in: Lingnau, V.; Schmitz, H. (Hrsg.): Aktuelle Aspekte des Controllings, Heidelberg 2002, S. 225-242

Seidenschwarz, W.: Target Costing. Ein japanischer (Ansatz) für das Kostenmanagement, in: Controlling, 3. Jg, H. 4, 1991, S. 198-203

Seidenschwarz, W.: Target (Costing) und Prozeßkostenrechnung, in: IFUA Horváth & Partner GmbH Stuttgart (Hrsg.): Prozeßkostenmanagement - Methodik, Implementierung, Erfahrungen -, München 1991, S. 47-70

Seidenschwarz, W.: (Target) Costing. Marktorientiertes Zielkostenmanagement, München 1993

Senti, R.: Produktlebenszyklusorientiertes (Kosten- und Erlösmanagement), St. Gallen 1994

Seuring, S.: (Supply) Chain Costing: Kostenmanagement in der Wertschöpfungskette mit Target Costing und Prozesskostenrechnung, München 2001

Shank, J.K.; Govindarajan, V.: (Vorsprung) durch strategisches Kostenmanagement, Landsberg/Lech 1995

Siebert, G.: (Prozeß-Benchmarking) - Methode zum branchenunabhängigen Vergleich von Prozessen, Berlin 1998

Siegwart, H.: Marktorientierte (Erfolgsrechnung), München 2001

Spengler, T.; Hähre, S.; Sieverdingbeck, A.; Rentz, O.: Stoffflussbasierte (Umweltkostenrechnung) zur Bewertung industrieller Kreislaufwirtschaftskonzepte, in: ZfB, 68. Jg., 1998, S. 147-174

Stoi, R.: Prozeßorientiertes (Kostenmanagement) in der deutschen Unternehmenspraxis: eine empirische Untersuchung, München 1999

Strecker, A.: (Prozesskostenrechnung) in Forschung und Entwicklung, München 1991

Striening, H.-D.: (Prozeßmanagement) im indirekten Bereich - Neue Herausforderungen an die Controller, in: Controlling, 1. Jg., H. 6, 1989, S. 324-331

Studt, J.: (Projektkostenrechnung), Thun, Frankfurt a.M. 1983

Tanaka, M.: (Cost) Planning and Control Systems in the Design Phase of a New Product, in: Monden, Y.; Sakurai, M. (Ed.): Japanese Management Accounting, Cambridge/Mass., 1989, S. 49-71

Teichmann, S.: (Logistikkostenrechnung). Untersuchungen zur Bedeutung und Methodik einer betriebswirtschaftlichen Logistikkostenrechnung mittelständischer Industriebetriebe, Berlin 1989

Toffel, R.: Kosten- und (Leistungsrechnung) im Bauunternehmungen, 2. Aufl., Stuttgart 1994

Turney, P.B.B.: How Activity-Based (Costing) Helps Reduce Cost, in: Journal of Cost Management, Vol. 5, No. 4, 1991, S. 29-35

Verband der Chemischen Industrie e.V., Betriebswirtschaft + Finanzen: Chemiespezifische (Kalkulation) - Ihre Bedeutung für das Controlling -, Schriftenreihe des Betriebswirtschaftlichen Ausschusses und des Finanzausschusses, Bd. 23, Frankfurt a.M. 1997

Vikas, K.: Neue (Konzepte) für das Kostenmanagement: Vergleich der aktuellen Verfahren für Industrie- und Dienstleistungsunternehmen, 3. Aufl., Wiesbaden 1996

Voigt, K.-I.: (Strategien) im Zeitwettbewerb. Wiesbaden 1998

Währisch, M.: (Kostenrechnungspraxis) in der deutschen Industrie. Eine empirische Studie, Wiesbaden 1998

Watson, G.H.: (Benchmarking) - Vom Besten lernen, Landsberg am Lech 1993

Weber, H.K.: Zum (System) produktiver Faktoren, in: ZfbF, 32. Jg., 1980, S. 1056-1071

Weber, H.K.: Betriebswirtschaftliches Rechnungswesen, Bd. 2: Kosten- und (Leistungsrechnung), 3. Aufl., München 1991

Weber, H.K.: Betriebswirtschaftliches (Rechnungswesen), Bd. 1: Bilanz- und Erfolgsrechnung, 4. Aufl., München 1993

Weber, J.: Kostenrechnung als (Controlling-Objekt): Zur Neuausrichtung und Weiterentwicklung der Kostenrechnung, in: Kistner, K.-P.; Schmidt, R. (Hrsg.): Unternehmensdynamik, Wiesbaden 1991, S. 443-479

Weber, J.: Kostenrechnung im (System) der Unternehmensführung - Stand und Perspektiven der Kostenrechnung in den 90er Jahren, in: Weber, J. (Hrsg.): Zur Neuausrichtung der Kostenrechnung, Stuttgart 1993, S. 1-77

Weber, J.: Selektives (Rechnungswesen), in: ZfB, 66. Jg., 1996, S. 925-946

Weber, J.: (Kostenrechnung) am Scheideweg? in: Freidank, C.-C. u.a. (Hrsg.): Kostenmanagement. Aktuelle Konzepte und Anwendungen, Berlin, Heidelberg u.a. 1997, S. 3-23

Weber, J.: (Logistikkostenrechnung), 2. Aufl., Berlin, Heidelberg u.a. 2002

Weber, J.: Logistik- und (Supply Chain Controlling), 5. Aufl., Stuttgart 2002

Weber, J.; Hamprecht, M.; Goeldel, H.: (Benchmarking) des Controlling: Ein Ansatz zur Effizienzsteigerung betrieblicher Controllingbereiche, in: Controlling, 7. Jg., 1995, S. 15-19

Weber, J.; Schäffer, U.: Balanced (Scorecard) & Controlling, 3. Aufl., Wiesbaden 2000

Weber, J.; Weißenberger, B.E.: (Einführung) in das Rechnungswesen, 6. Aufl., Stuttgart 2002

Weber, J.; Weißenberger, B.E.; Aust, R.: (Benchmarking) von Kostenrechnungsprozessen: Ansatzpunkte für eine wirtschaftlichere Leistungserbringung, in: krp, 41. Jg., 1997, S. 27-33

Weber, J.; Wertz, B.: (Benchmarking) Excellence, Advanced Controlling 10, Vallendar 1999

Wedell, H.: (Grundlagen) des betriebswirtschaftlichen Rechnungswesens, Bd. 2: Kosten- und Leistungsrechnung, 8. Aufl., Herne u.a. 2001

Welge, M.K.; Al-Laham, A.: Strategisches (Management). Grundlagen - Prozesse - Implementierung, 4. Aufl., Wiesbaden 2003

Welge, M.K.; Amshoff, B.: (Neuorientierung) der Kostenrechnung zur Unterstützung der strategischen Planung, in: Franz, K.-P.; Kajüter, P. (Hrsg.): Kostenmanagement, Wettbewerbsvorteile durch systematische Kostensteuerung, Stuttgart 1997, S. 59-80,

Wildemann, H.: (Kostenprognosen) bei Großprojekten, Stuttgart 1982

Wilken, C.: Strategische (Qualitätsplanung) und Qualitätskostenanalysen im Rahmen eines Total Quality Management, Heidelberg 1993

Wilkens, M.: (Kostenrechnung) in Bankbetrieben, in: Freidank, C.-C. u.a. (Hrsg.): Kostenmanagement, Aktuelle Konzepte und Anwendungen, Berlin, Heidelberg u.a. 1997, S. 479-512

Witt, F.-J.: (Deckungsbeitragsmanagement), München 1991

Wöhe, G.: Allgemeine (Betriebswirtschaftslehre), 17. Aufl., München 1990

Wöhe, G.; Döring, U.: Allgemeine (Betriebswirtschaftslehre), 21. Aufl., München 2002

Womack, J.P.; Jones, D.T.; Roos, D.: Die zweite (Revolution) in der Automobilindustrie, 4. Aufl., Frankfurt, New York 1994

Wübbenhorst, K.L.: (Konzept) der Lebenszykluskosten. Grundlagen, Problemstellungen und technologische Zusammenhänge, Darmstadt 1984

Wübbenhorst, K.L.: (Lebenszykluskosten), in: Schulte, C. (Hrsg.): Effektives Kostenmanagement, Stuttgart 1992, S. 245-272

Zäpfel, G.: (Produktionswirtschaft). Operatives Produktions-Management, Berlin u.a. 1982

Zehbold, C.: (Lebenszykluskostenrechnung), Wiesbaden 1996

Zehbold, C.: Frühzeitige, lebenszyklusbezogene (Kostenbeeinflussung) und Ergebnisrechnung, in: krp, 40. Jg., 1996, S. 46-51

Zillmer, D.: (Target) Costing - japanische und amerikanische Erfahrungen, in: controller magazin, H. 5, 1992, S. 286-288

Zimmerman, J.L.: The (Costs) and Benefits of Cost Allocation, in: The Asccounting Review, Vol. 54, 1979, S. 504-521

Zwicker, E.: (Prozeßkostenrechnung) und ihr Einsatz im System der integrierten Zielverpflichtungsplanung, Berlin 2003

Schlagwortverzeichnis

U. Götze, J. Bloech

Investitionsrechnung

Modelle und Analysen zur Beurteilung von Investitionsvorhaben

4. Aufl. 2004. XIV, 562 S. 79 Abb., Brosch.
Euro 32,95   ISBN 3-540-20310-9

In diesem Buch werden Modelle und Verfahren der Investitionsrechnung dargestellt
und erörtert. Zunächst werden statistische und dynamische Verfahren zur Beurteilung
der absoluten und der relevanten Vorteilhaftigkeit einzelner Investitionen betrachtet. Es
folgen Lösungsverfahren für Entscheidungsprobleme bei mehreren Zielgrößen, bei denen
eine Reihe von Ansätzen einschließlich des Analytischen Hierarchie Prozesses und der
Multi-Attributive Nutzen-Theorie aufgegriffen werden. Danach werden Modelle für die
Nutzungsdauer- und Ersatzprobleme bei verschiedenen Zielgrößen diskutiert, anschließend
Modelle zur Planung von Investitionsprogrammen. Im weiteren Verlauf des Buches wird die
Berücksichtigung der Unsicherheit bei der Analyse einzelner Investitionen und von
Investitionsprogrammen behandelt. Übungsaufgaben bieten dem Leser die Möglichkeit,
seinen Wissensstand bis zum Expertentum auszuweiten. Die am Ende des Buches
angegebenen Lösungen zu den Aufgaben schaffen eine Kontrollmöglichkeit.

Besuchen Sie uns im Internet: springer.de

Die Euro-Preise für Bücher sind gültig in Deutschland und enthalten
7%MwSt. Preisänderungen und Irrtümer vorbehalten.

Springer-Verlag, Kundenservice, Haberstr. 7, 69126 Heidelberg, Deutschland, Fax +49 6221/345-4229, e-mail: orders@springer.de

Druck und Bindung: Strauss GmbH, Mörlenbach